大学计算机应用基础

(Windows 7 + Office 2010)

主　编　徐　辉

副主编　雷金东　卢守东　李　菲　张红霞

北京理工大学出版社
BEIJING INSTITUTE OF TECHNOLOGY PRESS

内容简介

本书是根据教育部计算机基础课程教学指导委员会提出的“大学计算机基础课教学基本要求”以及最新的全国计算机等级考试一级考试大纲的基本要求而编写的。以 Windows 7 和 Office 2010 作为教学软件平台，适应日新月异的计算机发展。

全书共分 11 章，内容包括计算机基础知识、Windows 7 操作系统、文字处理软件 Word 2010、电子表格软件 Excel 2010、网络基础知识、Internet 应用知识、数据库管理软件 Access 2010、多媒体技术基础、演示文稿制作软件 PowerPoint 2010、信息检索和网页设计、Photoshop CS6 基础以及常用工具软件。每章配有例题和习题，方便教学，与本书配套的《大学计算机应用基础实验指导与模拟测试（Windows 7 + Office 2010）》包含大量的实验任务和等级考试模拟测试题。

本书内容新颖，层次清晰，图文并茂，通俗易懂，可操作性和实用性强。本书可作为应用型本科院校非计算机专业的计算机公共基础课教材，也可作为高职院校和成人教育的计算机基础课教材，还适用于其他读者自学。

图书在版编目（CIP）数据

大学计算机应用基础：Windows 7 + Office 2010 / 徐辉主编 .—北京：北京理工大学出版社，2013.11（2021.1 重印）

ISBN 978 - 7 - 5640 - 8470 - 7

Ⅰ.①大…　Ⅱ.①徐…　Ⅲ.①Windows 操作系统 - 高等学校 - 教材②办公自动化 - 应用软件 - 高等学校 - 教材　Ⅳ.①TP316.7②TP317.1

中国版本图书馆 CIP 数据核字（2013）第 256000 号

出版发行 / 北京理工大学出版社有限责任公司
社　　址 / 北京市海淀区中关村南大街 5 号
邮　　编 / 100081
电　　话 /（010）68914775（总编室）
　　　　　82562903（教材售后服务热线）
　　　　　68948351（其他图书服务热线）
网　　址 / http：//www.bitpress.com.cn
经　　销 / 全国各地新华书店
印　　刷 / 涿州市新华印刷有限公司
开　　本 / 787 毫米 × 1092 毫米　1/16
印　　张 / 22.25
字　　数 / 574 千字
版　　次 / 2013 年 11 月第 1 版　2021 年 1 月第10 次印刷
定　　价 / 55.00 元

责任编辑 / 陈莉华
文案编辑 / 陈莉华
责任校对 / 周瑞红
责任印制 / 马振武

前　言

随着计算机技术的飞速发展，以及互联网的广泛应用，人类社会的发展进入了信息时代。在当今的信息时代，掌握计算机的基本操作技能，使用计算机来获取和处理信息，已经成为每一个人在工作和生活中必须具备的基本素质。作为当代大学生，更应该熟练地掌握计算机的操作技能，利用计算机不断提高工作、学习的效率。为此，我们组织长期以来从事计算机基础教学的老师，精心编写了本书。

本书是根据教育部计算机基础课程教学指导分委员会提出的“大学计算机基础课教学基本要求”以及最新的全国计算机等级考试一级考试大纲的基本要求而编写的，并增加了Photoshop 操作知识和工具软件知识，以满足不同层次的计算机基础课程教学需要。以 Windows 7 和 Office 2010 作为教学软件平台，替代了传统的 Windows XP 和 Office 2003，使学生能够学到最新的、当前流行的计算机基本技术，适应日新月异的计算机发展。

本书在内容编排上以理论适度，重在应用为原则，采用案例驱动方式来组织、设计教材内容，全书案例丰富、操作步骤清晰、实用性强，吸收了最新的计算机技术成果，如无线网络、手机 3G 知识等纳入教材内容中。全书共分 11 章：第 1 章介绍计算机的基础知识，第 2 章介绍 Windows 7 操作系统的使用方法，第 3 章介绍 Word 2010 文字处理方法，第 4 章介绍 Excel 2010 电子表格处理方法，第 5 章介绍计算机网络基础知识和 Internet 应用操作知识，第 6 章介绍 Access 2010 数据库管理系统的应用，第 7 章介绍多媒体技术基础知识和 Windows 7 的视频、音频播放器的使用，第 8 章介绍 PowerPoint 2010 演示文稿的制作方法，第 9 章介绍信息检索和网页设计工具的使用，第 10 章介绍图像处理软件 Photoshop CS6 的基本操作，第 11 章介绍一些常用工具软件的使用方法。每章都配有习题，方便学生巩固和掌握所学的知识。本书目录中带 * 的章节为考试大纲以外的内容，可根据实际需要选讲。本书另有配套的《大学计算机应用基础实验指导与模拟测试（Windows 7 + Office 2010）》一书，可以帮助学生快速掌握计算机基础知识，提高计算机操作能力。

本书内容新颖，层次清晰，图文并茂，通俗易懂，可操作性和实用性强；可作为应用型本科院校非计算机专业的计算机公共基础课程教材，也可作为高职院校和成人教育的计算机基础课程教材，还适用于其他读者自学。

本书由徐辉主编，多位长期工作在教学第一线，并有丰富计算机基础教学经验的老师共同编写。李菲编写第 1 章，雷金东编写第 2、10 章，张旭编写第 3 章的 3.1 ~ 3.5 节，张红霞编写第 3 章的 3.6 ~ 3.9 节，卢守东编写第 4 章，徐辉编写第 5 章，白晓丽编写第 6 章，陈绯编写第 7 章，曾晓云编写第 8 章，黄武锋编写第 9 章，黄妍编写第 11 章。全书内容由徐辉、雷金东统稿，由徐辉定稿。

本书在编写和出版过程中得到了北京理工大学出版社的大力支持和帮助，在此表示诚挚的谢意。此外，我们在编写过程中参考了大量的文献资料，对这些文献的所有作者表示衷心的感谢。

由于计算机技术发展很快，新技术层出不穷，加上编者水平有限，书中难免有不妥之处，恳请广大读者批评指正，编者不胜感激。使用本书的学校或老师可与出版社联系或与编者联系（E-mail：xhui28@163. com）。

编　者

目　录

第 1 章

计算机基础知识

本章将介绍计算机的一些基础知识和概念。通过本章的学习，可以了解计算机的发展历程、特点及分类；学会计算机常用数制及其相互转换方法；掌握计算机硬件系统和软件系统的组成；还可以了解微型计算机硬件配置和选购常识等。

1.1 计算机概述

1.1.1 计算机的产生与发展简史

计算机产生的动力是人们想发明一种能进行科学计算的机器，因此称之为计算机。它一诞生，就立即成了先进生产力的代表，掀开自工业革命后的又一场新的科学技术革命。近年来，计算机的应用日益深入到社会的各个领域，如管理、办公自动化等。

1. 计算机的史前时代

要追溯计算机的发明，可以由中国古时开始说起，古时人类发明算盘去处理一些数据，利用拨弄算珠的方法，通过固定的口诀就可以将答案计算出来。人类所使用的计算工具是随着生产的发展和社会的进步，经历了从简单到复杂、从低级到高级的发展过程。计算工具相继出现了如算盘、计算尺、手摇机械计算机、电动机械计算机等，如表 1.1 所示。

表 1.1　计算机史前时代的计算工具

公元前 600 年，中国的算筹和算盘		
1642 年，法国科学家帕斯卡发明了第一部机械式计算器		
1822 年，英国科学家查尔斯 · 巴贝奇发明了差分机		
1944 年，美国科学家霍华德 · 艾肯发明了 Mark I 电磁式计算机		

2. 第一台电子计算机的诞生

1946 年 2 月 14 日，美国物理学家莫奇利任总设计师，和他的学生爱克特研制成功世界上第一台电子数字计算机 ENIAC（埃尼阿克），全称为 The Electronic Numerical Integrator And Calculator，即“电子数值积分计算机”，如图 1.1 所示。ENIAC 代表了计算机发展史上的里程碑，它通过不同部件之间的重新接线来编程。ENIAC 由美国政府和宾夕法尼亚大学合作开发，使用了 18 800 个电子管，70 000 个电阻器，有五百万个焊接点，耗电 160 千瓦，其运算速度比 Mark I 快 1 000 倍，ENIAC 解决了计算速度、计算准确性和复杂计算的问题，标志着计算机时代的到来，但是它存在一个明显的弱点，即不能存储程序。

3. 冯·诺依曼“存储程序”的思想

美籍匈牙利物理学家、数学家、发明家冯·诺依曼（1903—1957 年，见图 1.2），被誉为“现代电子计算机之父”，在数学等诸多领域做出了重大贡献。1945 年，冯·诺依曼参加了 ENIAC 的研制小组，他提出了“存储程序”的通用计算机方案，并设计电子离散变量自动计算机 EDVAC，将程序和数据以相同的格式一起存储在存储器中，即采用二进制形式表示数据和指令，将要执行的指令和要处理的数据按照顺序编写成程序，存储到计算机的主存储器中；计算机自动、高速地执行该程序，解决存储和自动计算的问题。

图 1.1　世界上第一台电子数字计算机 ENIAC

图 1.2　冯·诺依曼

这台计算机由计算器、控制器、存储器、输入设备、输出设备五个部分组成，包括：输入数据和程序的输入设备、记忆程序和数据的存储器、完成数据加工处理的运算器、控制程序执行的控制器、输出处理结果的输出设备。其特点是使用二进制运算，电路大大简化，能够存储程序，解决了内部存储和自动执行的问题。这也是著名的冯·诺依曼“存储程序”的思想。

4. 电子计算机的发展

电子计算机在短短的 60 多年里经过了电子管、晶体管、集成电路（IC）以及大规模和超大规模集成电路（VLSI）四个阶段的发展，使计算机的体积越来越小，功能越来越强，价格越来越低，应用越来越广泛，目前第五代计算机正朝微型化、智能化、网络化方向发展。各阶段的电子计算机发展情况如表 1.2 所示。

表 1.2 电子计算机发展情况表

年代	时间	主要元件	主要元件图例	特点与应用领域
第一代	1946—1958 年	电子管		体积巨大，运算速度较低，耗电量大，存储容量小；主要用于科学计算
第二代	1959—1964 年	晶体管		体积减小，耗电较少，运算速度较高，价格下降；不仅用于科学计算，还用于数据处理和事务管理，并逐渐用于工业控制
第三代	1965—1968 年	中、小规模集成电路		体积、功耗进一步减少，可靠性和速度进一步提高；应用领域进一步拓展到文字处理、企业管理、自动控制、城市交通管理等方面
第四代	1971 年至今	大规模和超大规模集成电路		性能大幅度提高，价格大幅度下降，广泛应用于社会生活的各个方面；在办公室自动化、电子编辑排版、数据库管理、图像识别、语音识别、专家系统等领域中大显身手

1.1.2 计算机的特点

计算机的主要特点是数据处理速度快、计算精度高、存储量大、具有逻辑判断能力且通用性强。

1. 运算速度快

运算速度是计算机的一个重要性能指标。计算机的运算速度通常用每秒执行定点加法的次数或平均每秒执行指令的条数来衡量。运算速度快是计算机的一个突出特点。计算机的运算速度已由早期的每秒几千次（如 ENIAC 机每秒钟仅可完成 5 000 次定点加法）发展到现在的最高可达每秒几千亿次乃至万亿次。计算机高速运算的能力极大地提高了工作效率，把人们从浩繁的脑力劳动中解放出来。

2. 计算精度高

精度主要取决于处理数据的位数，即计算机的字长，字长越长，精度越高。由于计算机内部采用二进制数进行运算，使数值计算非常精确。一般的计算工具只能达到几位有效数字，而计算机对数据的结果精度可达到十几位、几十位有效数字，根据需要甚至可达到任意的精度。

3. 存储容量大

计算机的存储器可以存储大量数据，这使计算机具有了“记忆”功能。目前计算机的存储容量越来越大，已高达千兆数量级的容量。计算机具有“记忆”功能，是与传统计算工具的一个重要区别。

4. 具有逻辑判断功能

计算机的运算器除了能够完成基本的算术运算外，还具有进行比较、判断等逻辑运算的功能。计算机可以进行逻辑推理，具有识别和推理判断能力，可以使用计算机模仿人的智能活动。例如专家系统、机器人等就是智能模拟的结果。

5. 自动化程度高，通用性强

由于计算机的工作方式是将程序和数据先存放在机内，工作时按程序规定的操作，一步一步地自动完成，一般无须人工干预，因而自动化程度高。这一特点是一般计算工具所不具备的。计算机通用性的特点表现在几乎能求解自然科学和社会科学中一切类型的问题，能广泛地应用于各个领域。

1.1.3　计算机的分类

计算机的分类有多种方法，可以按计算机的工作原理、应用范围及规模进行分类。

1. 按工作原理分类

计算机处理的信息，在机内可用离散量或连续量两种不同的形式表示。根据计算机信息表示形式和处理方式的不同，可将计算机分为电子数字计算机、电子模拟计算机以及数模混合计算机。

电子数字计算机主要采用数字技术，处理离散量；电子模拟计算机则采用模拟技术，处理连续变化的模拟量。其中，使用得最多的是电子数字计算机，由于当今使用的计算机绝大多数都是电子数字计算机，故简称为电子计算机。

2. 按应用范围分类

根据计算机的用途和适用领域，可分为通用计算机和专用计算机。专用计算机是为某一特定用途而设计的计算机。其中，通用计算机数量最大，应用最广，目前市面上出售的计算机一般都是通用计算机。

3. 按规模分类

根据计算机的规模大小，可分为：巨型机、大型机、中型机、小型机、微型机。这些类型之间的基本区别通常在于其体积大小、结构复杂程度、功率消耗、性能指标、数据存储容量、指令系统和设备、软件配置等的不同。一般来说，巨型计算机的运算速度很高，可达每秒执行几亿条指令，数据存储容量很大，规模大，结构复杂，价格昂贵，主要用于大型科学计算，它也是衡量一个国家科学实力的重要标志之一。而微型机发展最快，数量最多，应用最普及。

1.1.4　计算机的主要应用领域

计算机的强大功能和良好的通用性，使得计算机的应用领域已扩大到社会各行各业，推动着社会的发展。计算机的主要应用如下。

1. 科学计算

科学计算是指科学和工程中的数值计算。它与理论研究、科学实验一起成为当代科学研究的三种主要方法，主要应用在航天工程、气象、地震、核能技术、石油勘探和密码解译等涉及复杂计算的领域。

2. 信息管理

信息管理是指非数值形式的数据处理，以计算机技术为基础，对大量数据进行加工处理，形成有用的信息。其被广泛应用于办公自动化、事务处理、情报检索、企业管理和知识系统等领域。信息管理是计算机应用最广泛的领域。

3. 过程控制

过程控制又称实时控制，指用计算机及时采集检测数据，按最佳值迅速地对控制对象进行自动控制或自动调节。目前已在冶金、石油、化工、纺织、水电、机械和航天等部门得到广泛应用。

4. 计算机辅助系统

计算机辅助系统指通过人机对话，使用计算机辅助人们进行设计、加工、计划和学习等工作。例如，计算机辅助设计（CAD）、计算机辅助制造（CAM）、计算机辅助教育（CBE）、计算机辅助教学（CAI）、计算机辅助教学管理（CMI）。另外还有计算机辅助测试（CAT）和计算机集成制造系统（CIMS）等。

5. 人工智能

人工智能是研究怎样让计算机做一些通常认为需要人类智能才能做的事情，又称机器智能，主要研究智能所执行的通常是人类智能的功能，如判断、推理、证明、识别、感知、设计、思考、规划、学习和问题求解等思维活动。

6. 计算机网络与通信

计算机网络与通信指利用通信技术，将不同地理位置的计算机互联，以实现世界范围内的信息资源共享，并能交互式地交流信息。网络的出现为计算机应用开辟了空前广阔的前景，对人类社会产生了巨大的影响，给人们的生活、工作、学习带来了巨大变化。人们可以在网上接受教育、浏览信息、网上通信、使用网上银行、网上娱乐和网络购物等。

7. 多媒体应用

多媒体计算机系统扩大了计算机的应用领域，将文字、声音、图形、图像、音频、视频和动画等集成处理，提供了多种信息表现形式，广泛应用于休闲娱乐、电子出版、教学工作、家庭生活等方面。

1.1.5　计算机的发展趋势

21 世纪计算机的发展趋势是高速集成化、多媒体化、资源网络化、处理智能化。世界各国的研究人员正在加紧研究开发新型计算机，计算机的体系结构与技术都将产生一次量与质的飞跃。新型的量子计算机、光子计算机、分子计算机、纳米计算机等，将会在未来走进我们的生活，遍布各个领域。展望未来，计算机将是半导体技术、超导技术、光学技术、纳米技术和仿生技术相互结合的产物。

1.2　计算机中信息的表示

计算机内部采用二进制来保存数据和信息。无论是指令还是数据，若想存入计算机中，都必须采用二进制数编码形式，即使是图形、图像、声音等信息，也必须转换成二进制才能存入计算机中。为什么在计算机中必须使用二进制数，而不使用人们习惯的十进制数？原因在于：

（1）易于物理实现。因为具有两种稳定状态的物理器件很多，例如，电路的导通与截止、电压的高与低、磁性材料的正向极化与反向极化等。它们恰好对应表示为“1”和“0”两个符号。

（2）机器可靠性高。由于电压的高低、电流的有无等都是一种跃变，两种状态分明，所以“0”和“1”两个数的传输和处理抗干扰性强，不易出错，鉴别信息的可靠性好。

（3）运算法则简单。二进制数的运算法则比较简单，例如，二进制数的四则运算法则分别只有三条。由于二进制数运算法则少，使计算机运算器的硬件结构大大简化，控制也就简单多了。

1.2.1　数制

1. 数制的概念

数制也称计数制，是用一组固定的符号和统一的规则来表示数值的方法。按照进位方式，计数的数制叫进位计数制。最常用的运算采用十进制，即逢十进一。生活中也常常遇到其他进制，如六十进制（每分钟60秒、每小时60分钟，即逢60进1）等。计算机中的数据表示使用二进制数制，有时也用八进制或十六进制数制表示。

此外，基数和位权也是进位计数制的两个要素。所谓基数，就是进位计数制的每位数上可能有的数码的个数。例如，十进制数每位上的数码有“0，1，2，3，4，5，6，7，8，9”十个数码，所以基数为10。所谓位权，是指一个数值的每一位上的数字的权值的大小。任何一种数制的数都可以表示成按位权展开的多项式之和。例如，十进制数4567从低位到高位的位权分别为10^0、10^1、10^2、10^3。其展开式可以写成$(4567)_{10}=4\times10^3+5\times10^2+6\times10^1+7\times10^0$。计算机中常用的进制如表1.3所示。

表1.3　计算机中常用的进制

进制名称	基数	数码	进位方法	举例
十进制D（decimal）	10	0，1，2，3，4，5，6，7，8，9	逢十进一	$(976)_{10}$
二进制B（binary）	2	0，1	逢二进一	$(10010)_2$
八进制O（octal）	8	0，1，2，3，4，5，6，7	逢八进一	$(547)_8$
十六进制H（hexadecimal）	16	0，1，2，3，4，5，6，7，8，9 A，B，C，D，E，F	逢十六进一	$(3A6E)_{16}$

2. 不同数制之间的转换

数制转换主要分为二、八、十六进制转换为十进制，十进制转换为二、八、十六进制，以及二进制与八进制、十六进制之间的转换3类。各进制之间的简单对应关系如表1.4所示。

表1.4　各进制之间的简单对应关系

十进制	二进制	八进制	十六进制
1	1	1	1
2	10	2	2
3	11	3	3
4	100	4	4
5	101	5	5
6	110	6	6
7	111	7	7
8	1000	10	8
9	1001	11	9
10	1010	12	A
11	1011	13	B

续 表

十进制	二进制	八进制	十六进制
12	1100	14	C
13	1101	15	D
14	1110	16	E
15	1111	17	F
16	10000	20	10

1）各进制数转换为十进制数

各进制数转换成十进制数采用“按权展开求和法”，即把各进制数按位权依次展开，然后将乘积相加求和。

【例 1.1】 各种进制数转换为十进制数。

$(1011.01)_2=(1\times2^3+0\times2^2+1\times2^1+1\times2^0+0\times2^{-1}+1\times2^{-2})_{10}=(11.25)_{10}$

$(245.1)_8=2\times8^2+4\times8^1+5\times8^0+1\times8^{-1}=(165.125)_{10}$

$(3A4F)_{16}=(3\times16^3+10\times16^2+4\times16^1+15\times16^0)_{10}=(14927)_{10}$

2）十进制数转换为各进制

十进制整数转化为各进制整数采用“余数法”，即除基数取余数。比如将十进制整数转换为二进制整数则称为“除 2 取余法”，把十进制整数逐次除以 2，一直到商是 0 为止，然后将所得到的余数由下而上排列即可。

【例 1.2】 将十进制整数 49 转换成二进制数。

2 | 49
2 | 24 …… 余 1
2 | 12 …… 余 0
2 | 6 …… 余 0
2 | 3 …… 余 0
2 | 1 …… 余 1
0 …… 余 1

即 $(49)_{10}=(110001)_2$。

十进制小数转化为各进制小数采用“取整法”，即乘基数取整数。比如将十进制小数转换为二进制小数则称为“乘 2 取整法”，把十进制的小数部分不断地乘以 2，直到小数的当前值等于 0 或接近 0 为止，最后所得到的积的整数部分由上而下排列即为所求。

【例 1.3】 将十进制小数 0.625 转换成二进制小数。

0.625
× 2
1.25 …… 取 1
× 2
0.5 …… 取 0
× 2
1.0 …… 取 1

即 $(0.625)_{10} = (0.101)_2$。

同样道理，十进制整数转换成八进制整数采用“除 8 取余法”，十进制整数转换成十六进制整数采用“除 16 取余法”。

【例 1.4】 将十进制数 135 转换成八进制。将十进制数 986 转换成十六进制。

```
8 | 135                          16 | 986
  8 | 16   ...... 余 7  ↑           16 | 61  ...... 余 10 (A)  ↑
    8 | 2  ...... 余 0  |             16 | 3 ...... 余 13 (D)  |
        0  ...... 余 2  |                 0 ...... 余 3        |
```

即 $(135)_{10} = (207)_8$，$(986)_{10} = (3DA)_{16}$。

3）二、八、十六进制之间的转换

由于二进制、八进制和十六进制之间存在着特殊关系，即 $8^1 = 2^3$，$16^1 = 2^4$，因此转换方法就比较容易。二进制数转换为八进制数，按“三位并一位法”进行。即以小数点为界，将整数部分从右向左每三位一组，最高位不足三位时，添 0 补足三位；小数部分从左向右，每三位一组，最低有效位不足三位时，添 0 补足三位。然后，将各组的三位二进制数按权展开后相加，得到一位八进制数。

【例 1.5】 将 $(11001110.01010111)_2$ 转换成八进制数。

```
( 011  001  110 . 010  101  110 )2
   ↓    ↓    ↓     ↓    ↓    ↓
(  3    1    6  .  2    5    6  )8
```

即 $(11001110.01010111)_2 = (316.256)_8$。

反之，将八进制数转换成二进制数时，采用“一分为三法”进行，即把八进制数每位的数用相应的三位二进制数表示。

【例 1.6】 将 $(574.632)_8$ 转换成二进制数。

```
(  5    7    4  .  6    3    2  )8
   ↓    ↓    ↓     ↓    ↓    ↓
( 101  111  100 . 110  011  010 )2
```

即 $(574.632)_8 = (101111100.11001101)_2$。

二进制数转换为十六进制数，按“四位并一位法”进行。即以小数点为界，将整数部分从右向左每四位一组，最高位不足四位时，添 0 补足四位；小数部分从左向右，每四位一组，最低有效位不足四位时，添 0 补足四位。然后，将各组的四位二进制数按权展开后相加，得到一位十六进制数。

【例 1.7】 将 $(1101111100011.1001011)_2$ 转换成十六进制数。

```
( 0001  1011  1110  0011 . 1001  0110 )2
    ↓     ↓     ↓     ↓      ↓     ↓
(   1     B     E     3  .   9     6  )16
```

即 $(1101111100011.1001011)_2 = (1BE3.96)_{16}$。

反之，将十六进制数转换成二进制数时，采用“一分为四法”进行，即把十六进制数每位的数用相应的四位二进制数表示。

【例 1.8】将 $(56A.2B)_{16}$ 转换成二进制数。

$$
\begin{array}{ccccccc}
(& 5 & 6 & A & . & 2 & B\ )_{16} \\
 & \downarrow & \downarrow & \downarrow & & \downarrow & \downarrow \\
(& 0101 & 0110 & 1010 & . & 0010 & 1011\ )_{2}
\end{array}
$$

即 $(56A.2B)_{16} = (10101101010.00101011)_2$。

1.2.2　计算机中非数值型数据的信息编码

1. 字符的编码

在计算机系统中，除了处理数字外，还要处理大量符号、字母、文字或图形等非数值型的数据，这些信息在计算机中也是以二进制形式表示的。

目前，国际上广泛采用的字符编码是 ASCII 码（American Standard Code of Information Interchange），即“美国标准信息交换代码”的缩写。该种编码后来被国际标准化组织 ISO 采纳，作为国际通用的字符信息编码方案。ASCII 码用 7 位二进制数的不同编码来表示 128 个不同的字符（因 $2^7=128$），它包含十进制数字 0~9、大小写英文字母及专用符号等 95 种可打印字符，还有 33 种通用控制字符（如回车、换行等），共 128 个。ASCII 码表如表 1.5 所示，如 A 的 ASCII 码为 $(1000001)_2$。ASCII 码中，每一个编码转换为十进制数的值被称为该字符的 ASCII 码值。

表 1.5　ASCII 码表

$b_7b_6b_5$ / $b_4b_3b_2b_1$	000	001	010	011	100	101	110	111
0000	NUL	DLE	SP	0	@	P	、	p
0001	SOH	DC	!	1	A	Q	a	q
0010	STX	DC	″	2	B	R	b	r
0011	ETX	DC	#	3	C	S	c	s
0100	EOT	DC	$	4	D	T	d	t
0101	ENQ	NAK	%	5	E	U	e	u
0110	ACK	SYN	&	6	F	V	f	v
0111	BEL	ETB	′	7	G	W	g	w
1000	BS	CAN	(	8	H	X	h	x
1001	HT	EM	)	9	I	Y	i	y
1010	LF	SUB	*	:	J	Z	j	z
1011	VT	ESC	+	;	K	[	k	{
1100	FF	FS	,	<	L	\	l	|
1101	CR	GS	−	=	M	]	m	}
1110	SO	RS	.	>	M	^	n	~
1111	SI	US	/	?	O	_	o	DEL

2. 汉字的编码

汉字在计算机内也采用二进制的数字化信息编码。由于汉字的数量大，常用的也有几千个汉字，显然汉字编码比 ASCII 码表要复杂得多，用一个字节（8 bit）是不够的。目前的汉字编码方案有二字节、三字节甚至四字节的。在一个汉字处理系统中，输入、内部处理、输出对汉字的要求不同，所用代码也不尽相同。汉字信息处理系统在处理汉字词语时，要进行输入码、国标码、机内码、输出码等一系列的汉字代码转换，如图 1.3 所示。

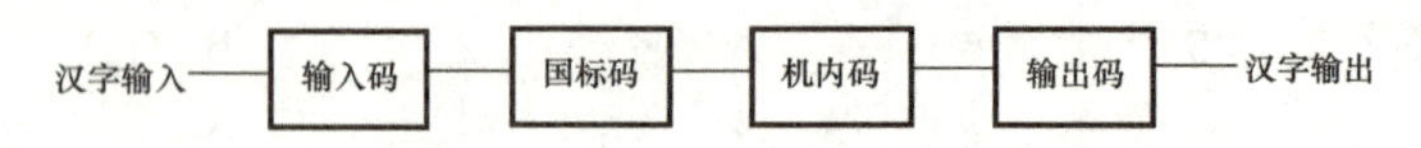

图 1.3　汉字编码的转换过程

1）输入码

输入码，是用来将汉字输入到计算机中的一组键盘符号。每一种输入码都与相应的输入方案有关。根据不同的输入编码方案，一般可分类为：数字编码（如区位码）、音码（如拼音编码）、字形码（如五笔字型编码）及音形混合码等。一种好的编码应有编码规则简单、易学好记、操作方便、重码率低、输入速度快等优点，每个人可根据自己的需要进行选择。

2）国标码

汉字信息交换码简称交换码，也叫国标码。1981 年我国制定了《中华人民共和国国家标准信息交换汉字编码》（GB 2312—1980 标准），这种编码称为国标码。在国标码字符集中共收录了汉字和图形符号 7 445 个，其中一级汉字 3 755 个，二级汉字 3 008 个，西文和图形符号 682 个。两个字节存储一个国标码。国标 GB 2312—1980 规定，所有的国标汉字与符号组成一个 94 × 94 的矩阵。在此方阵中，每一行称为一个区（区号分别为 01 ~ 94），每个区内有 94 个位（位号分别为 01 ~ 94）的汉字字符集。

区位码和国标码之间的转换方法是将一个汉字的十进制区号和十进制位号分别转换成十六进制数，然后再分别加上 20H，就成为此汉字的国标码。

汉字国标码 = 区号位号（十六进制数） + 2020H

例如，通过查表，“啊”字的区位码为 1601，分别将它的区号、位号转换为十六进制数，得 1001H，再加 2020H，得 1001H + 2020H = 3021H。所以，“啊”字的国标码为 3021H。

3）机内码

汉字系统中对汉字的存储和处理使用了统一的编码，即汉字机内码（机内码、内码）。机内码与国标码稍有区别，如果直接用国标码作内码，就会与 ASCII 码冲突。在汉字输入时，根据输入码通过计算或查找输入码表完成输入码到机内码的转换。我们可以使用以下公式计算汉字的机内码：

汉字机内码 = 汉字国标码 + 8080H

例如，“啊”字的国标码是 3021H，则“啊”字的机内码是 3021H + 8080H = B0A1H。

4）输出码

用二进制编码表示的汉字点阵被称为汉字的字模，也称汉字的输出码。汉字字形的表现形式主要是点阵形式。点阵图就是把字符图形放在一个网状的方格内，一个方格就是一个 m 行 n 列的点阵。行数和列数总是字节的倍数。$m \times n$ 的积就是该点阵的总点数（二进制编码）。

汉字在显示和打印输出时，是以汉字字形信息表示的，即以点阵的方式形成汉字图形。图 1.4 所示是一个16 × 16 点阵的汉字“中”，用“1”表示黑点、“0”表示白点，则黑白信息就可以用二进制数来表示。每一个点用一位二进制数来表示，每 8 bit 为 1 字节，所以，需 32 字节的存储空间。可见，随着点阵的增大，所需存储容量也很快变大，其字形质量也越好，但成本也越高。目前汉字信息处理系

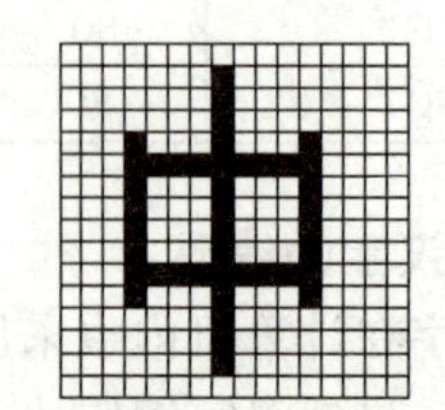

图 1.4　汉字“中”的点阵表示

统中，屏幕显示一般用 16 × 16 点阵，也有32 × 32，48 × 48 等规格的汉字点阵，在质量要求较高时可以采用更大的点阵。

1.2.3　计算机内的算术运算和逻辑运算

1. 算术运算

二进制数的算术运算与十进制的类似，但其运算规则更为简单，其规则见表 1.6。

表 1.6　二进制算术运算规则

运算	规则	运算	规则
加　法	0 + 0 = 0 0 + 1 = 1 1 + 0 = 1 1 + 1 = 10　逢二进一	乘法	0 × 0 = 0 0 × 1 = 0 1 × 0 = 0 1 × 1 = 1
减　法	0 - 0 = 0 1 - 0 = 1 1 - 1 = 0 0 - 1 = 1　借一当二	除法	0/1 = 0 1/1 = 1 1/0　没有意义

2. 逻辑运算

计算机中的逻辑关系是一种二值逻辑，逻辑运算的结果只有“真”或“假”两个值。二值逻辑很容易用二进制的“0”和“1”来表示，一般用“1”表示真，用“0”表示假。逻辑值的每一位表示一个逻辑值，每位之间相互独立，不存在进位和借位关系，运算结果也是逻辑值。逻辑运算有“与”“或”和“非”三种。其他复杂的逻辑关系都可以由这三个基本逻辑关系组合而成。其规则见表 1.7。

表 1.7　逻辑运算规则

运算	运算符	规则	含义	示例 如果 A = 1001111， B = 1011101
逻辑与	AND × 或 · ∩ ∧	0 × 0 = 0 0 × 1 = 0 1 × 0 = 0 1 × 1 = 1	两个逻辑位进行“与”运算，只要有一个为“假”，逻辑运算的结果为“假”	1001111 × 1011101 1001101 A · B = 1001101
逻辑或	OR + ∪ ∨	0 + 0 = 0 0 + 1 = 1 1 + 0 = 1 1 + 1 = 1	两个逻辑位进行“或”运算，只要有一个为“真”，逻辑运算的结果为“真”	1001111 + 1011101 1011111 A + B = 1011111
逻辑非	NOT ~	~1 = 0 ~0 = 1	对逻辑位求反	~A = 0110000 ~B = 0100010

1.3　计算机系统的组成

完整的计算机系统包括两大部分，即硬件系统（Hardware）和软件系统（Software）。计算机硬件是指构成计算机系统的物理设备，即由物理元器件构成。计算机软件是指在计算机硬件上存储、运行的程序，以及开发、使用和维护程序所需的所有文档的集合。

1.3.1　计算机工作原理

现代计算机是一个自动化的信息处理装置，它之所以能实现自动化信息处理，是由于采用了“存储程序”工作原理。这一原理是1946年由冯·诺依曼和他的同事们在一篇题为“关于电子计算机逻辑设计的初步讨论”的论文中提出并论证的。这一原理确立了以下现代计算机的基本组成和工作方式：

（1）计算机硬件由五个基本部分组成：运算器、控制器、存储器、输入设备和输出设备。

（2）计算机内部采用二进制来表示程序和数据。

（3）采用“存储程序”的方式，将程序和数据放入同一个存储器中（内存储器），计算机能够自动高速地从存储器中取出指令加以执行。

可以说计算机硬件的五大部件中每一个部件都有相对独立的功能，分别完成各自不同的功能。计算机的基本工作原理如图1.5所示，五大部件实际上是在控制器的控制下协调统一地工作。首先，把表示计算步骤的程序和计算中需要的原始数据，在控制器输入命令的控制下，通过输入设备送入计算机的存储器存储。其次，当计算开始时，在取指令作用下把程序指令逐条送入控制器。控制器对指令进行译码，并根据指令的操作要求向存储器和运算器发出存储、取数命令和运算命令，经过运算器计算并把结果存放在存储器内。在控制器的取数和输出命令作用下，通过输出设备输出计算结果。

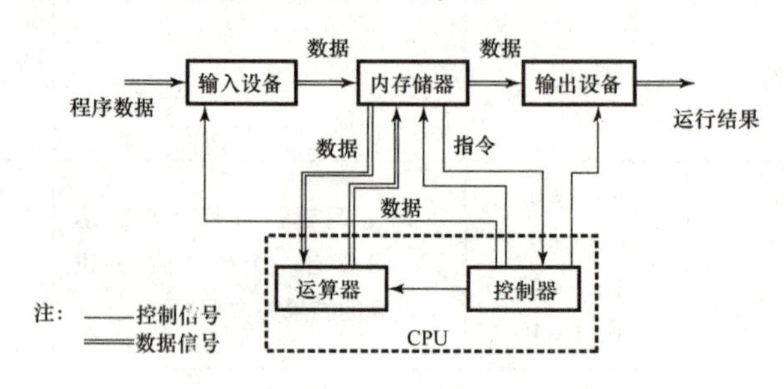

图1.5　计算机的基本工作原理

1.3.2　计算机的硬件系统

计算机的硬件系统由运算器、控制器、存储器、输入设备和输出设备五个基本部分组成，也称为计算机的五大部件。这五大部件在数据处理时有机地结合在一起。

1. 运算器

运算器是一个“信息加工厂”，又称算术逻辑单元ALU（Arithmetic Logic Unit），是计算机对数据进行加工处理的部件，它的主要功能是对二进制数码进行加、减、乘、除等算术运算和与、或、非等基本逻辑运算，实现逻辑判断。运算器在控制器的控制下实现其功能，运算结果由控制器指挥送到内存储器中。

2. 控制器

控制器是一个"指挥中心"，它主要由指令寄存器、译码器、程序计数器和操作控制器等组成。控制器是用来控制计算机各部件协调工作，并使整个处理过程有条不紊地进行。它的基本功能就是从内存中取指令和执行指令，即控制器按程序计数器指出的指令地址从内存中取出该指令进行译码，然后根据该指令功能向有关部件发出控制命令，执行该指令。另外，控制器在工作过程中，还要接受各部件反馈回来的信息。

3. 存储器

存储器是存放程序和数据的地方，具有记忆功能，用来保存数据、指令和运算结果等信息。存储器的主要技术参数是存储容量。字节是计算机中用来表示存储空间大小的基本容量单位。如计算机内存的存储容量以及磁盘的存储容量都是以字节为单位的。一个字节（Byte，简称 B）可以存储 8 位二进制位（8 bits）。当存储器容量较大时，也可以用千字节（KB）、兆字节（MB）、吉字节（GB）、太字节（TB）、皮字节（PB）等大单位来表示。

$1\ KB = 2^{10}\ B = 1\ 024\ B$

$1\ MB = 2^{20}\ B = 1\ 024\ KB = 1\ 024^{2}\ B$

$1\ GB = 2^{30}\ B = 1\ 024\ MB = 1\ 024^{3}\ B$

$1\ TB = 2^{40}\ B = 1\ 024\ GB = 1\ 024^{4}\ B$

$1\ PB = 2^{50}\ B = 1\ 024\ TB = 1\ 024^{5}\ B$

存储器可分为主存储器和辅助存储器两类。主存储器（简称内存或主存），它直接与 CPU 相连接，速度快，但存储容量较小，用来临时存放当前运行程序的指令和数据，并直接与 CPU 交换信息。辅助存储器（简称外存或辅存），它是内存的扩充。外存存储容量大，价格低，但存储速度较慢，一般用来存放大量暂时不用的程序、数据和中间结果，需要时，可成批地和内存储器进行信息交换。外存只能与内存交换信息，不能被计算机系统的其他部件直接访问。

4. 输入/输出设备

输入/输出设备简称 I/O（Input/Output）设备。用户通过输入设备将程序和数据输入计算机，输出设备将计算机处理的结果（如数字、字母、符号和图形）显示或打印出来。常用的输入设备有：键盘、鼠标器、扫描仪、麦克风等。常用的输出设备有：显示器、打印机、绘图仪等。

人们通常把内存储器、运算器和控制器合称为计算机主机。而把运算器、控制器做在一个大规模集成电路块上，称为中央处理器（CPU）。也可以说主机是由 CPU 与内存储器组成的，而主机以外的装置称为外部设备，外部设备包括输入设备、输出设备、外存储器等。

1.3.3 计算机的软件系统

计算机软件系统是计算机运行所需的各种程序和数据及其有关资料的集合，它是计算机系统必不可少的一个重要部分，它与硬件配合起来才会使计算机正常工作，以完成某个特定任务。只有硬件部分，还未安装任何软件系统的电脑叫作"裸机"，裸机是无法工作的。计算机的软件系统分为系统软件和应用软件，其中最重要的系统软件是操作系统。

1. 系统软件

系统软件的主要功能是对计算机系统进行管理、控制、维护及提供服务，提供给用户一个便利的操作界面和提供编制应用软件的资源环境，是使用计算机必不可少的软件。系统软件中最主要的是操作系统，另外还包括语言处理程序、系统实用程序和各种工具软件等。

1）操作系统

操作系统（Operating System，OS），是为了提高计算机工作效率而编写的一种核心软件，用于对所有软硬件资源进行统一管理、调度及分配，是人与计算机进行交流的接口程序，其他程序的运行都需要操作系统支持，我们常常把操作系统称为计算机的“管家”。如图1.6所示，操作系统位于整个软件的核心位置，其他系统软件处于操作系统的外层，应用软件则处于计算机软件的最外层，用户解决具体问题基本上都通过应用软件来完成。计算机的操作系统有许多种，常见的有DOS、UNIX、Linux、Windows、OS/2等。

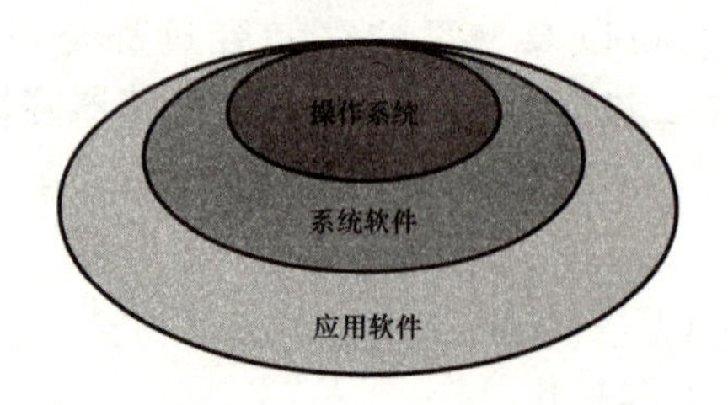

图1.6　操作系统与系统软件、应用软件的关系示意图

2）语言处理程序

编写程序是利用计算机解决问题的重要方法和手段，用于编写程序的计算机语言包括机器语言、汇编语言和高级语言。

（1）机器语言是直接用二进制代码指令表达的计算机语言，指令是用0和1组成的一串代码，计算机只能识别机器语言，而不能识别汇编语言与高级语言。

（2）汇编语言也称为符号语言，它由基本字符集、指令助记符、标号及一些规则构成。使用汇编语言编写的程序，机器不能直接识别，还要由汇编程序或者通过汇编语言编译器转换成机器指令。汇编程序将符号化的操作代码组装成处理器可以识别的机器指令，这个组装的过程称为组合或者汇编。

（3）高级语言是比较接近自然语言和数学公式的编程语言，基本脱离了机器的硬件系统，用人们更易理解的方式编写程序。目前流行的高级语言有C、C++、Visual FoxPro、Visual Basic、Java、C#等。

用汇编语言与高级语言编制的程序，必须经过语言处理程序转换为机器语言，才能为计算机接受和处理。用汇编语言或高级语言书写的程序称为源程序，源程序经过语言处理程序翻译加工，所得到的可由计算机直接执行的机器语言程序，称为目标程序。语言处理程序主要包括汇编程序、编译程序和解释程序三种。其执行过程如图1.7所示。

3）系统实用程序和各种工具软件

实用程序也称为支撑软件，是机器维护、软件开发所必需的软件工具。它主要包括程序编辑程序、连接装配程序、调试程序、诊断程序和程序库等。

2. 应用软件

应用软件是使用者为解决实际问题而编制或购买的软件，其种类繁多，主要有字处理软件、表格处理软件、辅助设计软件、辅助教学软件、信息管理软件、绘图软件、图像处理软件、计算软件、杀病毒软件等。人们在使用计算机的过程中，大量的实际工作都利用各种各样的应用软件来完成相应的工作。常用的应用软件如表 1.8 所示。

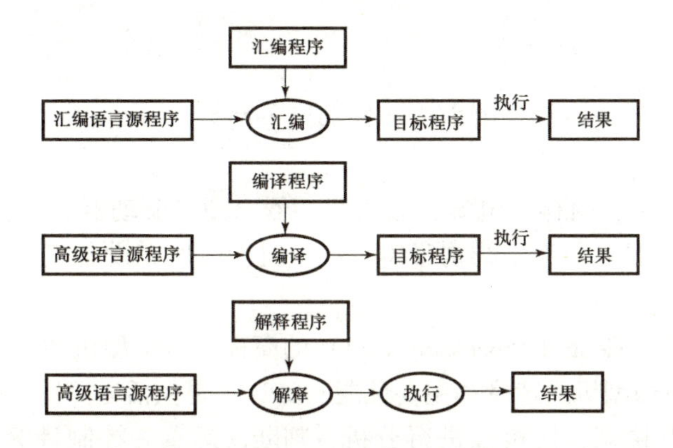

图 1.7 汇编、编译与解释过程

表 1.8 常用的应用软件

类型	示例	类型	示例
办公自动化软件	Office、WPS	图像浏览	ACDSee
解压缩软件	WinRAR、WinZip	图像处理	Photoshop
下载软件	迅雷、FlashGet	杀毒软件	卡巴斯基
影音播放	Media Player	即时通信软件	腾讯 QQ、MSN

计算机硬件与软件相辅相成，二者缺一不可。硬件系统是计算机的“躯干”，是物质基础，而软件系统则是建立在这个“躯干”上的“灵魂”，硬件系统和软件系统互相依赖，不可分割，如图 1.8 所示。

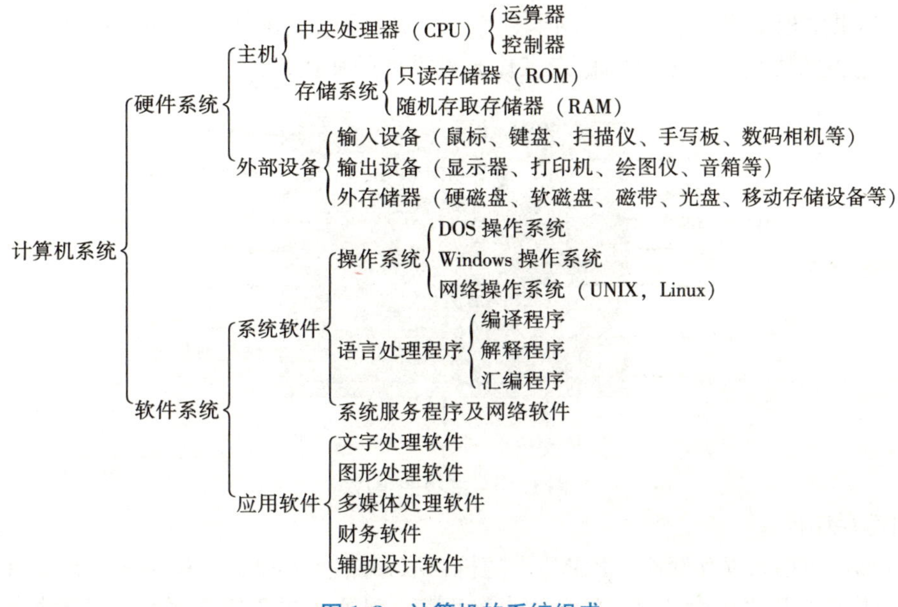

图 1.8 计算机的系统组成

1.4　微型计算机

1.4.1　微型计算机的硬件配置

微型计算机的硬件系统一般是由主机和外部设备两大部分组成。

1. 主机

主机包括主板、CPU、内存、电源、软盘驱动器、硬盘驱动器、光盘驱动器以及插在主板扩展槽的各种功能扩展卡。为了结构紧凑，将主机内的所有设备安装在一个主机箱内。

1）CPU

CPU 是中央处理器（Central Processing Unit）的简称，是微型机的核心，它负责计算机的运算和控制，它决定着微型机的速度和主要性能。CPU 主要包括运算器、控制器、寄存器三个部件。这三个部件相互协调，便可以进行分析、判断、运算并控制计算机各部分协调工作。CPU 的生产厂商主要有 Intel 和 AMD 两家公司。图 1.9 所示是目前较流行的两款 CPU。

图 1.9　Intel Core i5 处理器及 AMD 的 K6 处理器

2）主板

主板（Main Board）又称母板（Mother Board）或系统板（System Board），是一块多层印制电路板，如图 1.10 所示。主板上有 CPU 插座、内存条插座、输入输出扩展槽、键盘接口、硬盘驱动器接口、光盘驱动器接口、USB 接口，连接这些部件的电路、总线，以及 CMOS 等。如果主板集成了显示卡、网卡、声卡，则还有显示器接口、网线接口、声音输入输出接口。主板的质量对微型机的稳定工作起着重要的作用。

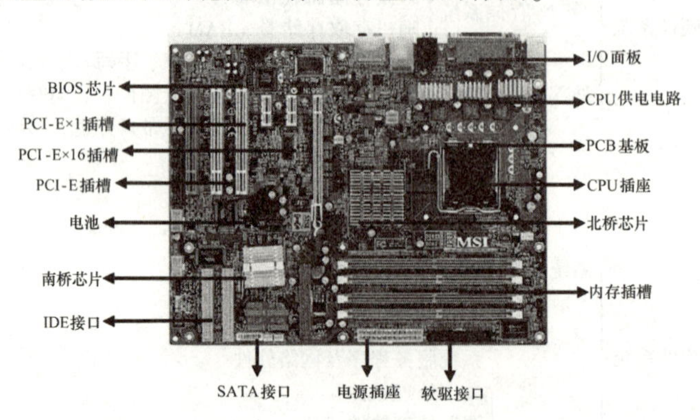

图 1.10　主板的组成

3）内部存储器

内部存储器包括只读存储器（ROM）、随机存取存储器（RAM）和缓冲存储器（Cache）。ROM 的主要作用是用来保存计算机的开机自检程序、基本引导程序和系统配置数据，ROM 集成到主板上，其内容已经固化，不许修改。RAM是微型机的主存储器，即通常所说的内存，它用来临时存储数据和程序。关机后，内存的数据将全部丢失。内存的大小和速度应与CPU的速度相匹配。Cache称为高速缓存，它配置在CPU和内存之间，CPU读写数据时，首先访问Cache，当Cache没有数据时，CPU再去访问内存，从而提高数据的存取速度，又有较好的性能价格比。目前主流内存的容量大多数为4 GB。内存条的结构如图1.11所示。

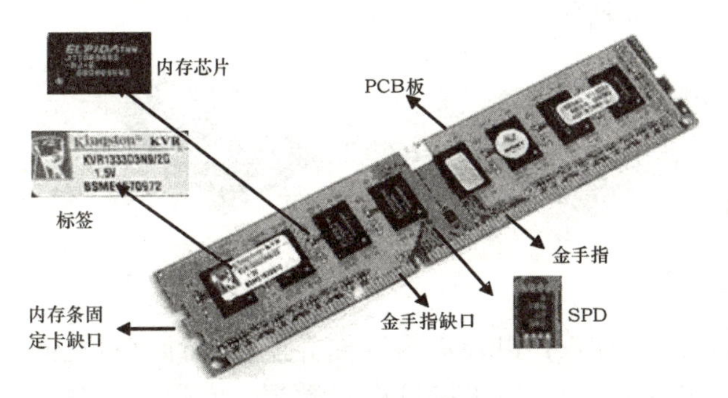

图1.11 内存条的结构

2. 外部存储器

1）硬盘驱动器

硬盘驱动器是微型机中最主要的外存设备，它通过主板的硬盘驱动器接口与主板连接，如图1.12所示。硬盘的存取速度比内存慢，但其最大的特点是记录的信息在关闭主机电源后仍然可以保存。硬盘的逻辑结构主要由扇区、磁道和柱面组成，如果知道硬盘的柱面数、扇区数和磁头数，就可以按照下列公式计算出硬盘的总容量。

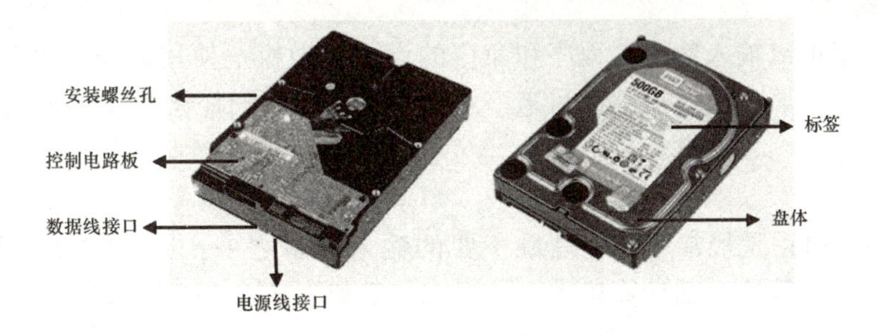

图1.12 硬盘的外部结构

硬盘容量 = 柱面数 × 磁头数 × 扇区数 × 512 字节

硬盘内装有一张或多张盘片，这些盘片安装在主轴电机的转轴上，在主轴电机的带动下高速旋转，其每分钟转速达5 400、7 200甚至更高。由于硬盘盘片旋转速度快，磁头飞行高度低，一旦有小的尘埃进入硬盘密封腔内，或者一旦磁头与盘体发生碰撞，就可能造成数据丢失，形成坏块，甚至造成磁头和盘体的损坏。所以，硬盘的密封性一定要好。

最早的硬盘其容量只有5 MB，随着技术的不断发展，硬盘容量越来越大。目前主流硬盘的容量已经达到500 GB，1 TB的硬盘也逐渐普及，4 TB容量的硬盘也已出现。

2）光盘驱动器

光盘驱动器简称光驱，也是微型机中主要的外存设备，利用“光存储技术”原理来读取DVD和CD-ROM光盘内容，如图1.13所示。因为光盘具有存储容量大、价格低、抗干扰能力强、存储密度高、可靠性高等特点，许多音频、视频和应用软件都选择以光盘的形式销售和传播。光驱作为光盘的读取、写入设备已成为微机的标准配置之一。目前常用的光驱是 CD－ROM（只读光盘）光驱、DVD 光驱、刻录光驱和蓝光光驱。

3）其他外部存储设备

除了硬盘、光盘驱动器以外，U 盘和移动硬盘也是常见的外部存储器，它们通过 USB 接口与主机连接，如图 1.14 所示。

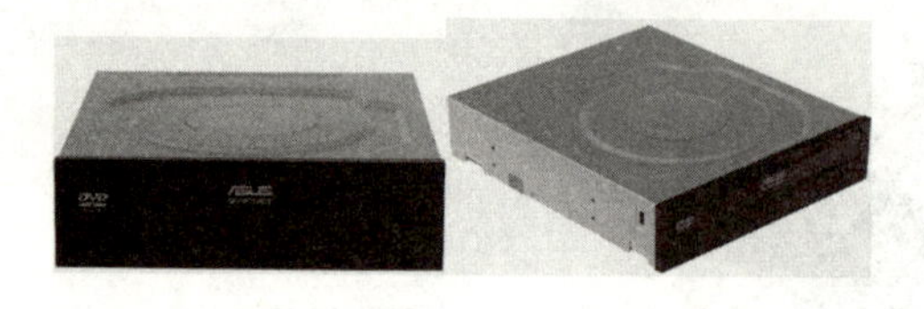

图 1.13　光驱

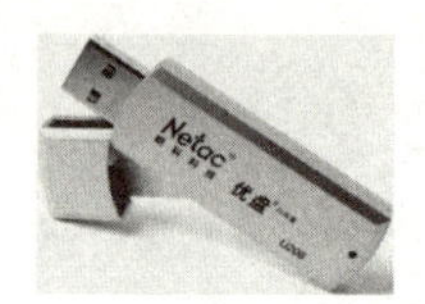

图 1.14　移动硬盘和 U 盘

移动硬盘（Mobile Hard Disk）以硬盘为存储介质，在计算机之间交换大容量数据，存储容量可达到几百 GB 甚至几 TB，用于拷贝海量数据。它以大容量、传输速度快和良好的兼容性逐渐成为市场的主导。

U 盘也称 USB 闪存盘，是使用闪存（Flash Memory）作为存储介质的半导体存储器。闪存盘与使用磁介质的硬盘一样，同样具有掉电后数据不会丢失的特点。虽然闪存盘存储容量通常比移动硬盘小，但是因为体型小巧，方便携带，不含机械设备，耐摔防震，而且随着闪存颗粒价格的不断走低，闪存盘容量越来越大，而价格也越来越便宜，深得用户喜爱，已成为移动存储的主流设备。

3. 输入设备

输入设备是指可以输入数据、程序和命令的设备。微机上使用的输入设备主要有键盘、鼠标、扫描仪、麦克风、摄像头、手写笔、触摸屏、条形码扫描仪等。在此我们着重介绍键盘和鼠标两种。

1）键盘

键盘（Keyboard）是最常用的也是最主要的输入设备之一，通过键盘，可以将英文字母、数字、标点符号等输入到计算机中，从而向计算机发出命令、输入数据等。键盘是必备的标准输入设备，即使在大量使用鼠标的 Windows 下，键盘也仍是不可取代的文字输入设备。键盘的布局一般可以分为主键盘区、编辑键区、功能键区、小键盘区四个区域。根据所有按键的功能可分为 3 类。

（1）字符键：包括主键盘区的字母键 A～Z，数字键 0～9 和“［”“,”“］”“;”“/”“－”“=”“\”等各种符号键。

（2）功能键：包括功能键区的 F1～F12 共 12 个键，其功能由软件决定，对于不同的软件，它们可以有不同的功能。

（3）控制键：除了以上两类键以外的各键均为控制键，包括主键盘区的 Ctrl、Shift、Alt、Tab 等键和编辑键区的光标控制键及其他特殊键。控制键的功能由软件决定。

2）鼠标

除了键盘，鼠标就是平时使用最多的输入设备了。鼠标外形一般是一个小盒子，通过一根导线与主机连接起来，由于其外形像老鼠，故名为鼠标。

鼠标通常的操作有五种：移动、单击、双击、右击和拖动。

（1）移动：移动鼠标器直到屏幕上的光标停在选项处。

（2）单击：指快速按下并释放鼠标左键。单击一般用于选定一个操作对象。

（3）双击：指连续两次快速按下并释放鼠标左键。双击一般用于打开窗口，启动应用程序。

（4）右击：指快速按下并释放鼠标右键。右击一般用于打开一个与操作相关的快捷菜单。

（5）拖动：指按下鼠标左键不放，移动鼠标到指定位置，再释放按键的操作。拖动一般用于选择多个操作对象，复制或移动对象等。

4. 输出设备

输出设备是指可以输出文字、图像、声音、视频等数据的设备。微机上使用的输出设备主要有显示器、打印机、绘图仪、音箱、耳机等。在此我们着重介绍显示器和打印机两种。

1）显示器

显示器是计算机的重要输出设备，它把计算机处理的结果用文字和图像等形式显示出来。显示器按工作原理可分为阴极射线管显示器（CRT）、液晶显示器（LCD）、等离子显示器（PDP）、触摸屏显示器等。目前市场常见的是 CRT 显示器和 LCD 显示器。LCD 显示器与 CRT 显示器相比，具有体积小、重量轻、电磁辐射小等优点，所以越来越受消费者的欢迎，成为市场主流的显示器。CRT 显示器和 LCD 显示器的外观如图 1.15 所示。

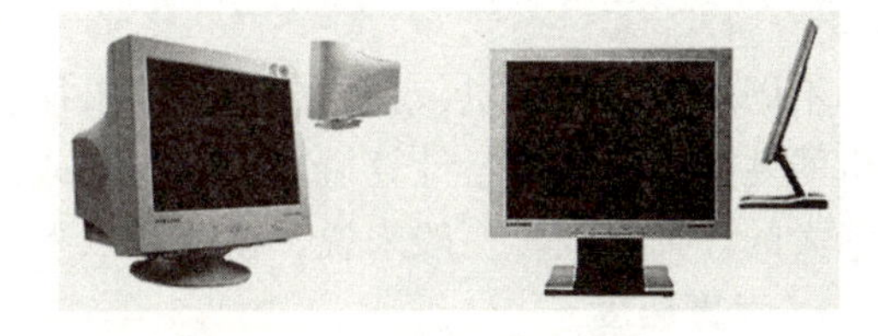

图 1.15　CRT 显示器和 LCD 显示器的外观

显示器的主要性能指标有分辨率、刷新率、显示管尺寸等。

（1）分辨率就是屏幕图像的精密度，是指显示器所能显示的像素的多少。由于屏幕上的点、线和面都是由像素组成的，显示器可显示的像素越多，画面就越精细，同样的屏幕区域内能显示的信息也越多。分辨率以水平显示的像素个数×水平扫描线数表示，如分辨率为 1 024×768，即表示屏幕上共有 768 条水平线，每一条水平线上包含有 1 024 个像素点，即扫描列数为 1 024 列，行数为 768 行。分辨率不仅与显示尺寸有关，还受显像管点距、视频带宽等因素的影响。

（2）刷新率分为垂直刷新率和水平刷新率。垂直刷新率也称场频，它是指每秒钟重复绘制显示画面的次数，也就是指每秒钟屏幕刷新的次数，以 Hz（赫兹）为单位。水平刷新率又称行频，它是指显像管中的电子枪每秒在屏幕上从左到右扫描的次数，单位是 Hz。一般提到的刷新率通常指垂直刷新率。刷新率的高低对保护眼睛很重要，当刷新率低于 60 Hz 的时候，屏幕会有明显的抖动，一般要调到 75 Hz 以上才能较好地保护眼睛。

（3）CRT 显示器显像管的大小通常以对角线的长度来衡量，以英寸为单位（1 英寸＝2.54 cm），常见的有 15 英寸、17 英寸、19 英寸、21 英寸几种。

2）打印机

打印机是计算机重要的输出设备之一。打印机按其工作方式分，可以分为针式打印机、喷墨打印机和激光打印机。

（1）针式打印机由于采用的是机械击打式的打印头，因此穿透力很强，能打印多层复写纸，具备拷贝功能，另外还能打印不限长度的连续纸；使用的耗材是色带，在三种打印机中是最廉价的一种，但噪声大、速度慢、清晰度不高；适用于有专门要求的专业应用场合，例如财务、税务、金融机构等。

（2）喷墨打印机在打印图像时，当打印机喷头快速扫过打印纸时，它上面的无数喷嘴就会喷出无数的小墨滴，从而组成图像中的像素。喷墨打印机通常用于打印彩色图像，在打印机头上一般都有48个或48个以上的独立喷嘴喷出各种不同颜色的墨水。不同颜色的墨滴落于同一点上，形成不同的复色。喷墨打印机打印精度较高，体积小巧，噪声小，通常适合家庭及小型办公室使用。

（3）激光打印机的基本工作原理是由计算机传来的二进制数据信息，通过视频控制器转换成视频信号，再由视频接口/控制系统把视频信号转换为激光驱动信号，然后由激光扫描系统产生载有字符信息的激光束，最后由电子照相系统使激光束成像并转印到纸上。激光打印机的打印速度是三种打印机中最快的，而且噪声很小，成像质量高，但使用成本相对高昂。适合打印数量大、任务重的场合，如大型商务机构，设计、印刷领域等。

*1.4.2　微型机的性能评价指标

不同用途的计算机，其性能指标要求往往有所不同，很难用某项指标来衡量其优劣。计算机的性能指标是衡量计算机功能的强弱或性能优劣的重要因素。如何评价一台计算机是功能强大的计算机呢？一般来说，主要从以下几项基本指标来综合评价。

1. 运算速度

运算速度是衡量计算机性能的一项重要指标，用来衡量计算机运算的快慢程度。运算速度是指每秒平均执行的指令条数，一般以MIPS（每秒百万条指令）为单位。微型计算机一般采用主频来描述运算速度，主频也称时钟频率，以MHz或GHz为单位。一般来说，主频越高，运算速度越快。

2. 字长

字长是每个时钟周期内的数据处理的能力，是计算机运算部件一次能处理的二进制数据的位数。字长不仅标志着计算机的精度，也反映计算机处理信息的能力。一般情况下，字长越长，计算机运算速度越快，运算精度就越高。字长总是取8的整数倍数且是2的整数次幂。常见的计算机字长有8位、16位、32位、64位。

3. 内存容量及其存取速度

CPU只能直接访问存放在内存的信息。内存容量越大，系统功能就越强大，能处理的数据量就越庞大。因此，内存的容量直接影响计算机的整体性能。存取速度是指从内存储器请求写入（或读出）到完成写入（或读出）操作所需要的时间，其单位为纳秒（ns）。它包括查到存储地址和传送数据的时间。在配置内存时，还要考虑与CPU时钟周期的匹配，这有利于最大限度地发挥内存的效率。

4. 硬盘的容量和访问速度

硬盘的性能指标主要有记录密度、存储容量、寻址时间和数据传送速率。

（1）记录密度。记录密度也称存储密度，它是指单位盘片面积的磁层表面上存储二进制信息的量。

（2）存储容量。它是指硬盘格式化后能够存储的信息量。它和内存容量的单位相同。

硬盘容量越大，可存储的信息就越多，可安装的应用软件就越丰富。

（3）寻址时间。寻址时间是指驱动器磁头从起始位置到达所要求的读写位置所经历的时间总和。它由查找时间和等待时间组成。其中，查找时间是指找到磁道的时间，等待时间是指读写扇区旋转到磁头下方所用的时间，它由磁盘转速决定。

（4）数据传送速率。它是指磁头找到地址后，单位时间内读出或写入磁盘的数据量。

5. 系统的可靠性

系统的可靠性用平均无故障时间来衡量。

除了上述基本性能指标外，还应考虑整机的可维护性、可扩充性、系统的兼容性（硬件兼容性和软件兼容性）、接口标准等。各项指标之间不是彼此孤立的，在实际应用时，应该把它们综合起来考虑。

*1.5　微型计算机的选购常识

选购计算机的关键是满足用户的应用需求。用户在选购计算机前，应根据计算机性能的优劣、价格的高低、商家服务质量等因素，确定计算机的选购方案。一般来说，应考虑以下几方面的要素。

1. 购买计算机的目的

购机之前，首先要明确购买计算机的用途，不同用途所要求的计算机配置就不一样。对于普通办公用户，计算机主要应用于办公，如打字、制作报表、上网等，其配置不需要太高。对于技术开发人员、游戏玩家等特殊用户，要求计算机的配置更高，内存要大，CPU要更快，才能满足大型软件的运行需求。当然，不能盲目地追求高档配置，或者为了省钱而配置过低档的计算机，导致无法满足实际需要。

2. 购买者的资金状况

确定计算机配置方案时，还应考虑个人的资金状况。因为计算机硬件的更新换代很快，价格时常变动，所以如果资金不足，可以暂缓购买计算机，过一段时间再选购，会买到性能更好的计算机。

3. 购买品牌机还是组装机

如果用户了解计算机知识不多，建议购买品牌机，可以得到品牌机厂商的良好售后服务。反之，用户已经掌握了一定的计算机知识，想获得配置更高、价格低的计算机，可以选择购买组装机。

4. 购买台式机还是便携式计算机

选择购买台式机或便携式计算机，主要根据计算机的应用场所来决定，对于办公、家庭使用的计算机，可以选择购买台式机。而对于需要在外办公、出差使用计算机的用户，建议购买便携式计算机。

1.6　程序设计

用计算机实现问题求解都离不开程序设计，但是计算机不能分析问题并产生问题的解决方案，必须由人分析问题，确定问题的解决方案，采用计算机语言描述该问题的求解步骤（即编写程序），然后让计算机执行程序，最终获得问题的解。本节介绍程序设计相关的算法、算法描述、算法基本结构等基本内容。

1.6.1　算法、算法描述与程序

1. 算法

算法（Algorithm）是指解题方案的准确而完整的描述，是一系列解决问题的清晰指令。在数学和计算机科学之中，算法是为解决一个问题而采取的计算方法和具体步骤，常用于计算、数据处理和自动推理。一个算法的优劣可以用空间复杂度与时间复杂度来衡量。

一个算法应该具有以下五个重要的特征：

（1）有穷性（Finiteness）。一个算法必须在执行有限个步骤之后终止，且每一步都可在有限时间内完成。

（2）确定性（Definiteness）。算法的每一步骤必须有确切的定义，不会产生二义性，即在任何条件下，算法只有唯一的一条执行路径。

（3）输入项（Input）。一个算法有 0 个或多个输入，以刻画运算对象的初始情况，所谓 0 个输入是指算法本身定出了初始条件。

（4）输出项（Output）。一个算法有一个或多个输出，以反映对输入数据加工后的结果，没有输出的算法是毫无意义的。

（5）可行性（Effectiveness）。算法中执行的任何计算步骤都是可以被分解为基本的可执行的操作步，即每个计算步都是可以完成的。

2. 算法描述

算法可以使用自然语言、伪代码、流程图等多种不同的方法来描述。这里以求解 $sum = 1+2+3+4+5+\cdots+(n-1)+n$ 为例，了解算法的三种常用表示方法。

【例 1.9】使用自然语言描述从 1 开始的连续 n 个自然数求和的算法。

①确定一个 n 的值；

②假设等号右边的算式项中的初始值 i 为 1；

③假设 sum 的初始值为 0；

④如果 $i \leqslant n$ 时，执行⑤，否则转出执行⑧；

⑤计算 sum 加上 i 的值后，重新赋值给 sum；

⑥计算 i 加 1，然后将值重新赋给 i；

⑦转去执行④；

⑧输出 sum 的值，算法结束。

使用自然语言描述算法的方法比较直观，易于掌握，但是存在着很大的缺陷，当算法中含有多分支或循环操作时很难表述清楚。为了解决自然语言描述算法中存在着可能的二义性，人们提出了第二种描述算法的方法——流程图。

【例 1.10】使用流程图描述从 1 开始的连续 n 个自然数求和的算法。

流程图能够明确地指出流程控制方向，即算法中操作步骤的执行次序，因此得到广泛应用。此例的流程图执行过程如图 1.16 所示。但无论是使用自然语言还是使用流程图

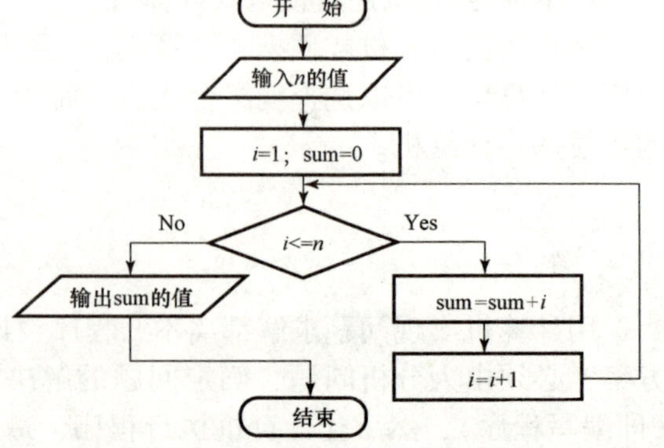

图 1.16　流程图的执行过程

描述算法，仅仅是表述了编程者解决问题的一种思路，都无法被计算机直接接受并进行操作。由此，人们引进了第三种非常接近于计算机编程语言的算法描述方法——伪代码。

【例 1.11】 使用伪代码描述从 1 开始的连续 n 个自然数求和的算法。

①算法开始；

②输入 n 的值；

③i←1；　　　　　/＊为变量 i 赋初值＊/

④sum←0；　　　　/＊为变量 sum 赋初值＊/

⑤do while i <= n　/＊当变量 i <= n 时，执行下面的循环体语句＊/

⑥ {sum←sum + i;

⑦ 　i←i + 1;}

⑧输出 sum 的值；

⑨算法结束。

伪代码是一种用来书写程序或描述算法时使用的非正式、透明的表述方法。它通常采用自然语言、数学公式和符号来描述算法的操作步骤，并非是一种编程语言。

3. 程序

程序（Program）是为实现特定目标或解决特定问题而用计算机语言编写的命令序列的集合，也就是告诉计算机如何完成一个具体的任务。通常是由软件开发人员根据用户需求开发的，适合计算机执行的指令（语句）序列。

一个程序应该包括以下两方面的内容：

（1）对数据的描述。在程序中要指定数据的类型和数据的组织形式，即数据结构（Data Structure）。

（2）对操作的描述。即操作步骤，也就是上面提到的算法（Algorithm）。

即：数据结构 + 算法 = 程序。

1.6.2　程序设计的三种基本结构

从程序流程的角度来看，程序可以分为三种基本结构：即顺序结构、分支结构、循环结构。

1. 顺序结构

顺序结构中各模块只能顺序执行，一个程序模块执行后，按自然顺序执行下一个模块。其流程图如图 1.17 所示。

2. 分支结构

分支结构又称选择结构。在许多情况下，计算机需要根据不同的条件来选择所要执行的模块，即判断条件，如果条件满足就执行某个模块，否则就执行另一模块。如图 1.18 所示，根据给定的条件是否满足执行 A 模块或 B 模块。在实际应用中，计算机还会遇到复杂的多分支结构。

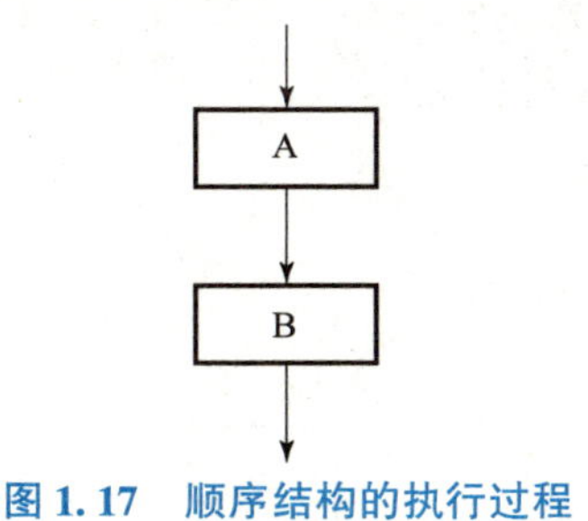

图 1.17　顺序结构的执行过程

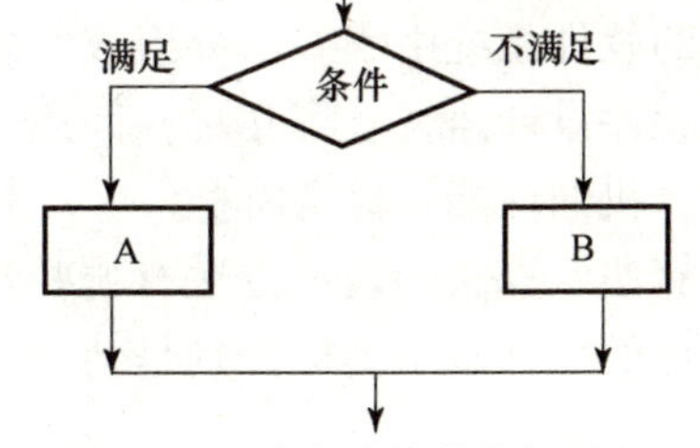

图 1.18　分支结构的执行过程

3. 循环结构

循环结构是指计算机需要反复的执行某些操作，即循环执行某个模块。循环结构通常有“当型”循环和“直到型”循环两种情况。

图 1.19 表示的结构称为“当型”循环，其含义是：当给定的条件满足时执行 A 模块，然后继续判断条件，一旦条件满足则反复执行 A 模块，直到条件不满足才直接跳到下面部分执行。图 1.20 表示的结构称为“直到型”循环，其含义是：先执行 A 模块，然后判断条件，如果条件不满足则继续循环执行 A 模块，直到满足给定的条件才终止，即满足了条件就不再执行 A 模块。这两种循环的区别是：“当型”循环是先判断条件再执行，而“直到型”循环是先执行后判断。

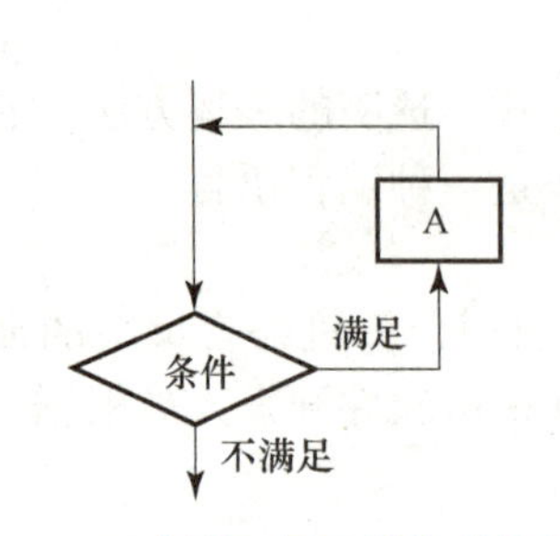

图 1.19　“当型”循环结构的执行过程

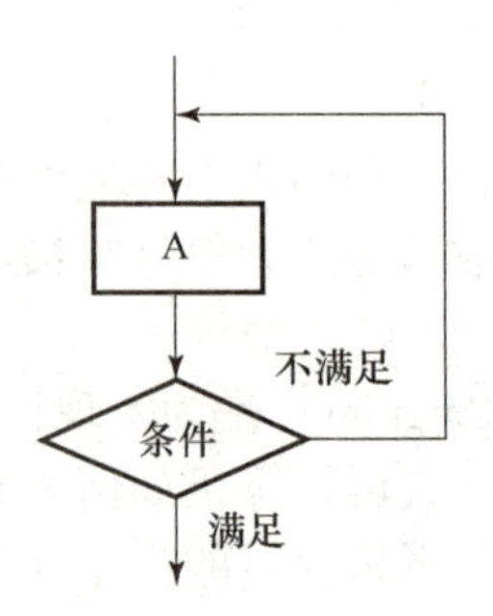

图 1.20　“直到型”循环的执行过程

按照结构化程序设计的观点，任何复杂的程序都可以通过以上三种基本的控制结构进行组合来实现。

习　　题

1. 简述电子计算机的发展历程。
2. 计算机内部为什么采用二进制数编码？
3. ASCII 码的字符编码规律是什么？
4. 简述汉字编码的转换过程。
5. 将十进制数 237 分别转换成二进制数、八进制数、十六进制数。
6. 将二进制数 110110011 分别转换成十进制数、八进制数、十六进制数。
7. 计算机的逻辑运算有哪几种？其运算规则如何？
8. 简述计算机的基本工作原理。
9. 计算机的硬件系统由哪些部分组成？它们是如何工作的？
10. 计算机的软件系统由哪些部分组成？各部分的功能是什么？
11. 计算机程序设计语言有哪几种？简述它们各自的特点。
12. 微型计算机的性能指标有哪些？
13. 什么是算法？算法的表示方法有哪些？
14. 程序设计的三种基本结构分别是什么？

第 2 章

中文操作系统 Windows 7

在使用计算机进行办公操作之前，首先应能熟练、灵活地使用操作系统，目前主流的操作系统为 Windows 7 操作系统，由于其界面更友好、功能更强大、系统更稳定等特点，因而受到了广大用户的青睐。本章主要介绍 Windows 7 操作系统的桌面定制、文件管理、资源管理器的使用、控制面板等基本操作。通过本章的学习，能够熟练掌握 Windows 7 操作系统的基本操作和应用。

2.1　操作系统基本知识

操作系统是计算机系统中最基础的必不可少的系统软件，它是整个计算机系统的灵魂和核心。没有操作系统，计算机就无法正常工作，就不能执行用户的命令或运行简单的程序。操作系统是硬件和软件之间的纽带和桥梁，是对硬件功能的扩充。

2.1.1　操作系统的定义和功能

1. 操作系统的定义

操作系统（Operating System，简称 OS）是管理和控制计算机硬件与软件资源的计算机程序，是最基本的系统软件，任何其他软件都必须在操作系统的支持下才能运行。操作系统是用户和计算机的接口，同时也是计算机硬件和其他软件的接口。从某种意义上来说，操作系统扩充了硬件的功能。用户在使用计算机时，无须过问各个资源具体的分配和使用状况，只需正确地使用操作系统所提供的各种命令及系统功能，计算机系统就会在操作系统的控制下，按照用户的要求自动而协调地运行。操作系统所处的地位如图 2.1 所示。

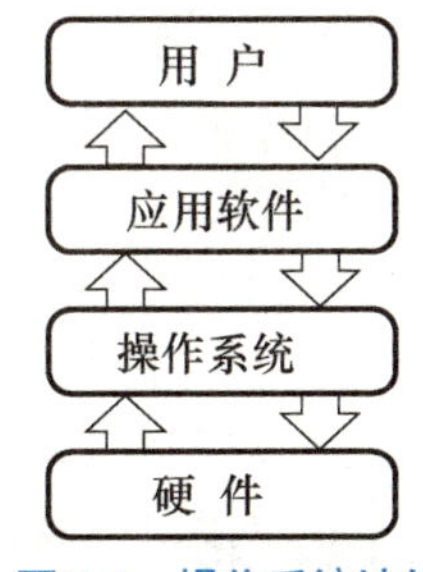

图 2.1　操作系统地位

2. 操作系统的功能

操作系统的功能包括管理计算机系统的硬件、软件及数据资源，控制程序运行，改善人机界面，为其他应用软件提供支持等，使计算机系统所有资源最大限度地发挥作用。操作系统提供了各种形式的用户界面，使用户有一个好的工作环境，为其他软件的开发提供必要的服务和相应的接口。

从完成管理任务的角度看，操作系统的功能主要包括处理器管理、存储管理、设备管理、文件管理和用户接口等五个方面。

（1）处理器管理。处理器管理是操作系统的一个主要功能，它的工作是对处理器资源进行合理的分配和调度，以提高处理器的利用率，使各用户公平地得到处理器资源。处理器的分配和运行都是以进程为基本单位的，因此对处理器的管理归结为进程管理，包括进程控制、进程调度、进程同步和进程通信。

（2）存储管理。存储管理负责给程序和数据分配内存空间，保护内存，扩充内存，从而保证各作业占用的存储空间不发生矛盾，相互之间无干扰，提高内存的利用率。

（3）设备管理。设备管理负责各种输入/输出设备与中央处理器、内存之间的数据传递，根据需要把接口控制器和输入/输出设备分配给请求输入/输出设备操作的程序，并启动设备完成实际的输入/输出操作。

（4）文件管理。文件管理也称信息管理，它属于软件资源的管理者。它负责存取和管理文件，包括文件目录管理、文件存储空间的分配、文件的存取、共享和保护等。

（5）用户接口。提供方便、友好的用户界面，使用户无须了解过多的软、硬件细节就能方便灵活地使用计算机。此外，为编程人员提供系统调用的编程接口。

2.1.2　操作系统的分类

操作系统的分类有多种方法，常见的分类方法有下面几种。

1. 按照操作系统的功能分类

（1）批处理操作系统。在批处理操作系统中，用户将作业交给系统操作员，系统操作员将许多用户的作业组成一批作业，之后输入到计算机中，在系统中形成一个自动转接的连续的作业流，然后启动操作系统，系统自动、依次执行每个作业，最后由操作员将作业结果交给用户。批处理系统分为单道批处理系统和多道批处理系统。

（2）分时操作系统。分时操作系统将中央处理器的时间划分成若干个称为时间片的片段，操作系统以时间片为单位，轮流为每个终端用户服务。每个用户轮流使用一个时间片而使每个用户并不感到有别的用户存在。分时系统具有交互性、多路性、独占性和及时性的特点。

（3）实时操作系统。实时操作系统是指使计算机能及时响应外部事件的请求，在规定的严格时间内完成对该事件的处理，并控制所有实时设备和实时任务协调一致地工作的操作系统。实时操作系统的主要特点是在分配和调度资源时，先要考虑实时性和可靠性，然后才是效率。火车订票系统和股票交易系统就是实时操作系统。

（4）网络操作系统。网络操作系统是建立在计算机原有的操作系统基础上，用于管理网络通信和共享资源，协助计算机上任务的运行，并向用户提供统一、有效的网络接口的软件集合。其目标是相互通信及资源共享。常用的网络操作系统有 Windows Server、UNIX、Linux 等。

（5）分布式操作系统。分布式操作系统是指能直接对系统中的各类资源进行动态分配和管理，有效控制协调任务的并行执行，允许系统中的处理单元无主次之分，并向用户提供统一的、有效接口的软件集合。网络操作系统和分布式操作系统虽然都用于管理分布在不同地理位置的计算机，但最大的差别是：网络操作系统知道确切的网址，而分布式系统则不知道计算机的确切地址。分布式操作系统具有分布性、透明性、并行性、可靠性等特点。

（6）嵌入式操作系统。嵌入式操作系统是一种用途广泛的系统软件，通常包括与硬件相关的底层驱动软件、系统内核、设备驱动接口、通信协议、图形界面、标准化浏览器等。嵌入式操作系统负责嵌入式系统的全部软、硬件资源的分配和任务调度，控制、协调并发活动。它主要应用于机器人、信息家电、导航系统、移动电话等嵌入式系统环境中。常用的嵌入式操作系统有 μC/OS、嵌入式 Linux、Windows CE 等。

2. 按照支持的用户数分类

（1）单用户操作系统。单用户操作系统中，系统的所有硬件和软件资源只能为一个用户使用，如 DOS、Windows 95/98/XP/7 等。

（2）多用户操作系统。它允许多个用户同时使用计算机的硬件、软件资源。如 UNIX、Linux、Windows Server 等。

3. 按照能否运行多个任务分类

（1）单任务操作系统。用户一次只能运行一个任务，当该任务运行完毕后才能运行下一个任务，如 DOS。

（2）多任务操作系统。用户一次可以运行多个任务，如 Windows 95/98/XP/7、Windows Server、UNIX、Linux 等。

2.1.3　典型操作系统的介绍

1. Windows 系列操作系统

Windows 系列操作系统是微软公司所设计开发的窗口式操作系统，也是目前世界上使用最广泛的操作系统。自从微软公司 1985 年推出 Windows 1.0 以来，Windows 操作系统的发展主要经历了 Windows 1.0、Windows 3.0、Windows 95、Windows 98、Windows 2000、Windows XP、Windows Vista、Windows 7、Windows 8 等多个版本。目前，主流的操作系统主要是 Windows XP、Windows 7。以上这些 Windows 都是单用户、多任务操作系统。

2. UNIX 操作系统

UNIX 操作系统，是美国 AT&T 公司于 1971 年推出的操作系统。它是一个强大的多用户、多任务操作系统，支持多种处理器架构，具有多道批处理能力，又具有分时系统功能，因而在世界上得到了广泛的应用。

3. Linux 操作系统

Linux 是一种自由和开放源码的类 UNIX 操作系统，它的内核最初由程序员 Linus Torvalds（林纳斯·托瓦兹）于 1991 年发布。Linux 是开源操作系统内核的杰出代表，也是开源协作的成功案例，它的源码允许任何人自由获取并免费使用。Linux 操作系统由于支持多平台、多用户、多任务，并具有良好的界面、丰富的网络功能、可靠的安全和稳定性能等特点而深受用户的青睐。UNIX、Linux 都是多用户、多任务操作系统。

4. Mac OS 操作系统

Mac OS 操作系统是由苹果公司自行开发的基于 UNIX 内核的图形化操作系统。Mac OS 操作系统是苹果 Macintosh 系列电脑上的专用操作系统，一般情况下在普通的 PC 机上无法安装。Mac OS 操作系统的界面非常独特，主要突出了形象的图标和人机对话，最新的Mac OS操作系统还具有全屏模式、任务控制、快速启动面板、Mac App Store 应用商店等优点。

5. Android 操作系统

Android 操作系统是一种基于 Linux 的自由及开放源代码的操作系统，主要应用于便携设备，如智能手机和平板电脑。Android 操作系统最初主要支持手机，现在已逐渐扩展到平板电脑及其他领域。

2.2　Windows 7 概述

2.2.1　Windows 7 的运行环境

2009 年 10 月 22 日微软正式发布 Windows 7 操作系统，其版本类型主要有简易版、家庭普通版、家庭高级版、专业版、企业版、旗舰版等。其中，旗舰版拥有家庭高级版和专业版的所有功能。微软官方推荐的 Windows 7 最低配置要求为：主频 1 GHz 及以上的 32 位或者 64 位处理器；容量 1 GB 及以上的内存；容量 16 GB 以上可用空间的硬盘；支持 DirectX 9 及以上驱动程序、显存 128 MB 以上的显卡；分辨率在 1 024 × 768 像素及以上的显示器等。

2.2.2 Windows 7 操作系统的启动与关闭

由于 Windows 7 操作系统的版本较多，而目前主要使用的为 32 位的旗舰版操作系统，所以本书将主要以 32 位旗舰版的 Windows 7 简体中文版操作系统来进行讲解。

1. Windows 7 操作系统的启动

Windows 7 的启动和大家所熟知的 Windows XP 操作系统的启动没有很大的区别。按下计算机主机电源开关，即可开始启动 Windows 7 操作系统。如果在安装 Windows 7 时设置了用户名和密码，则 Windows 7 系统加载完后，将显示一个登录界面，此时输入安装系统时所设置的密码，就登录 Windows 7 操作系统；否则将直接进入 Windows 7 操作系统。启动完成后，出现如图 2.2 所示的 Windows 7 桌面。

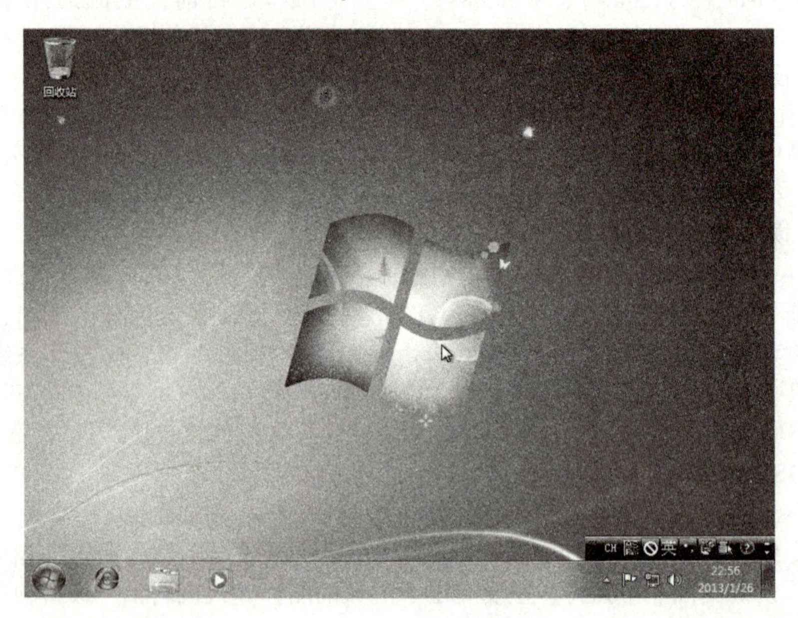

图 2.2　Windows 7 系统的桌面

2. Windows 7 操作系统的关闭

退出 Windows 7 并关闭计算机，不能在 Windows 7 仍在运行时直接关闭计算机主机的电源，而应该是正常退出 Windows 7，让程序关闭计算机。因为 Windows 7 系统是一个多任务的操作系统，有时前台运行一个程序，后台还可能运行着多个程序，不按照正确的步骤关闭系统有可能造成程序数据和处理信息的丢失，严重时甚至会造成系统的损坏。

正确退出 Windows 7 并关闭计算机的步骤如下：

（1）保存所有应用程序的结果，关闭运行着的应用程序。

（2）单击桌面左下角的“开始”按钮，在弹出菜单的右下角单击“关机”按钮，如图 2.3所示，即可关闭计算机。

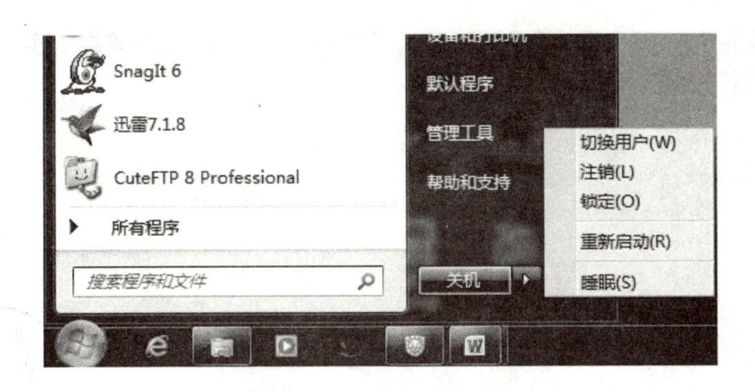

图 2.3　Windows 7 系统的关机菜单

如果把鼠标移动到“关机”按钮右侧的向右三角形▶按钮，则显示一组菜单项（图 2.3 右侧），用户可根据需要选择“切换用户”“注销”“锁定”“重新启动”和“睡眠”等功能选项来进行相应的操作。如果系统中设置了多个用户账号，选择“切换用户”选项，则以其他用户登录到 Windows 7 系统；选择“注销”选项将退出本次登录，则重新登录；当工作过程中需要短时间离开计算机时，可选择“锁定”选项，使计算机处于锁定状态；选择“重新启动”选项，将重新启动计算机；选择“睡眠”选项，将使计算机进入睡眠状态，在“睡眠”状态下计算机把数据保留在内存里，同时给内存微弱供电，但是计算机的电源还没有切断，当重新操作计算机时将直接读取内存里的数据，计算机精确恢复到离开时的状态。

2.3　Windows 7 的基本操作

2.3.1　桌面及其操作

登录 Windows 7 后出现在屏幕上的整个区域称为“桌面”，用户向系统发出的各种操作命令都是直接或间接地通过桌面接收和处理的。与以前的 Windows XP 操作系统相比，Windows 7 操作系统的桌面有了比较大的变化，在设置桌面图标、桌面背景和显示设置等方面都有很大的不同。

1. 桌面图标设置

当 Windows 7 安装完成第一次进入系统时，桌面上只有一个“回收站”图标，“我的电脑”“网上邻居”等图标都没有显示在桌面上，如图 2.2 所示。如果要显示这些图标，则可以通过以下的方法来进行。

(1) 在桌面空白处单击鼠标右键，在弹出的快捷菜单（见图 2.4）中选择“个性化”命令，打开如图 2.5 所示的“Windows 桌面主题设置”窗口。

(2) 单击窗口左上部的“更改桌面图标”选项，出现如图 2.6 所示的“桌面图标设置”对话框，选中图标前面的方框，单击“确定”按钮，即可在桌面上显示相应的图标。

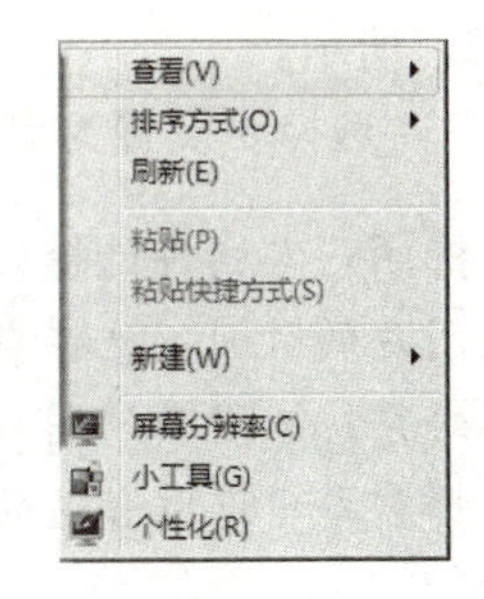

图 2.4　桌面快捷菜单

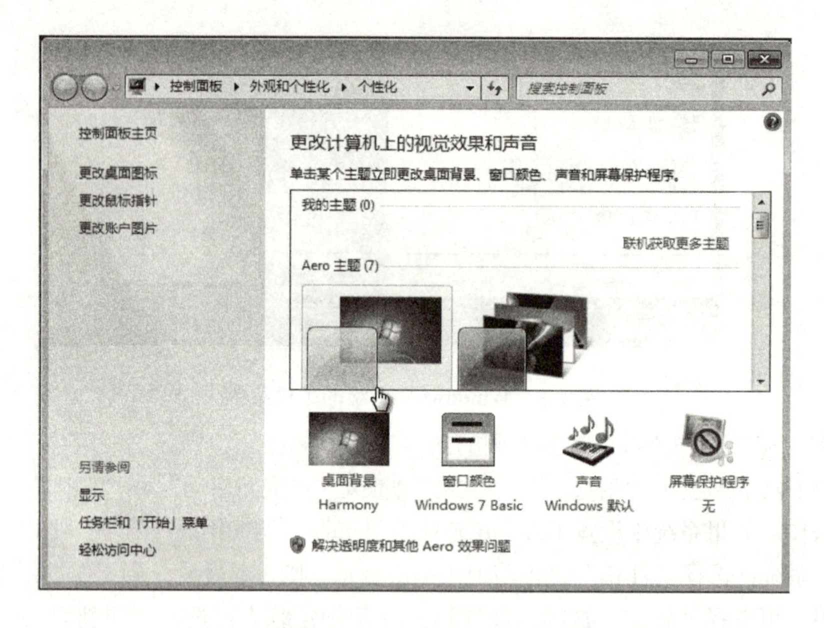

图 2.5　“Windows 桌面主题设置”窗口

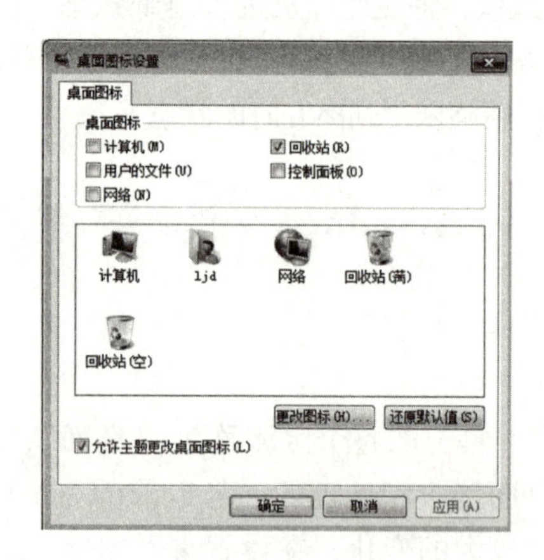

图 2.6　“桌面图标设置”对话框

2. 桌面背景设置

桌面背景又称墙纸，是桌面的背景图案，刚安装好的系统采用的是默认的桌面背景，如果想更改桌面背景，具体步骤如下：

（1）在如图 2.5 所示的窗口中单击“桌面背景”选项，打开“桌面背景”设置窗口，如图 2.7所示。

（2）选择要设置为桌面背景的图片，单击“保存修改”按钮即可完成背景的更改。

提示：在图片选择区域中选择多张图片，然后在“更改图片时间间隔”选项中设置切换图片的时间，这样当预设的时间到了之后，Windows 7 就会自动切换桌面背景。如果不喜欢系统中附带的图片，则可以在图 2.7 所示的窗口中单击“浏览”按钮，然后在文件选择窗口中选取合适的图片作为桌面背景。

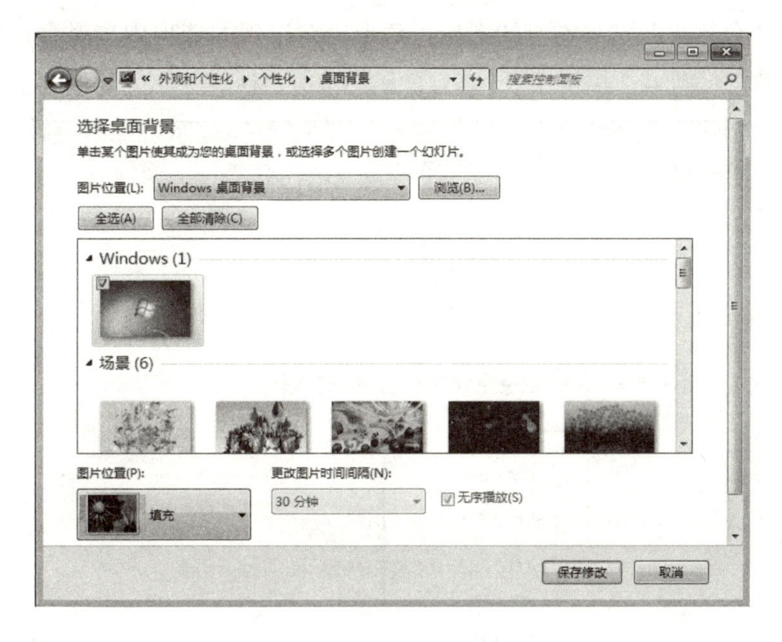

图 2.7　“桌面背景”设置窗口

3. 显示属性设置

第一次使用 Windows 7 时，系统会自动设置显示分辨率，如果想更改显示属性，具体步骤如下：

（1）在图 2.5 所示的窗口中单击左下部的“显示”选项，打开如图 2.8 所示的“显示”设置窗口。

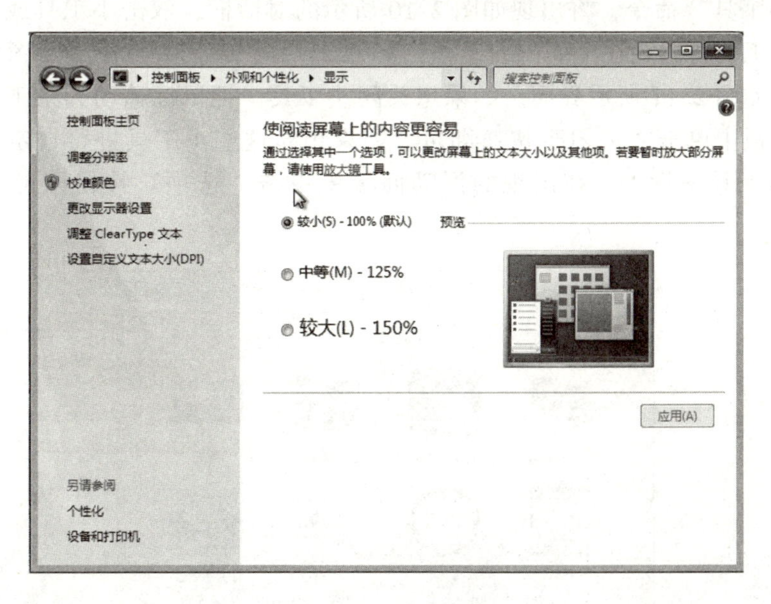

图 2.8　“显示”设置窗口

（2）在“显示”设置窗口中，单击左侧的“调整分辨率”选项或“更改显示器设置”选项，打开“屏幕分辨率”设置窗口。

（3）单击“分辨率”选项右侧的下拉三角形，在出现的选项中选择合适的分辨率，如图2.9所示，单击“确定”按钮即可。

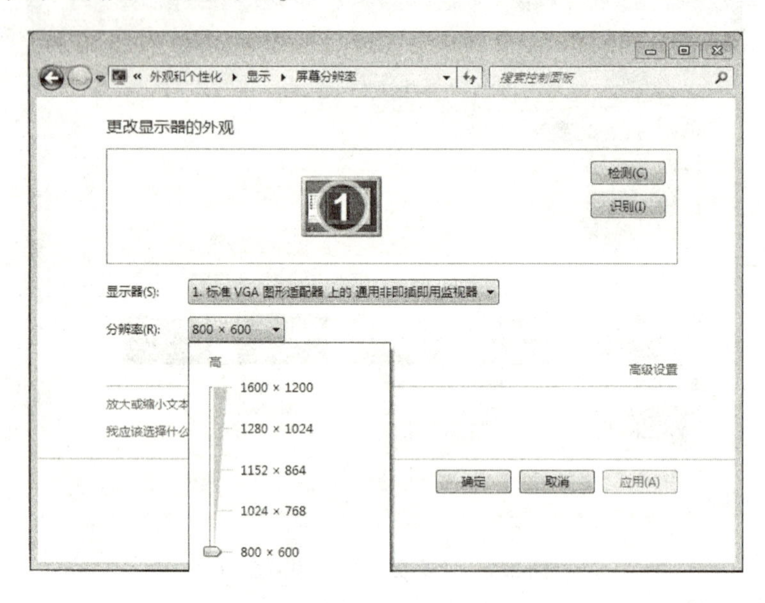

图2.9　“屏幕分辨率”设置窗口

4. 桌面小工具

Windows 7为用户提供了一系列非常实用的小工具，包括CPU仪表盘、幻灯片放映、时钟、日历、天气、货币的实时汇率等。在桌面空白处单击鼠标右键，在弹出的快捷菜单中选择“小工具”命令，将出现如图2.10所示的对话框，双击小工具或者将小工具拖动到桌面，小工具将出现在桌面的右上角，如双击“时钟”和“日历”图标后，桌面的右上角将出现如图2.11所示界面。如果想关闭小工具，把鼠标移动到小工具图标上，在出现的浮动面板中单击“关闭”按钮即可。如果想对这些小工具进行自定义设置，则把鼠标移动到小工具图标上，在出现的浮动面板中单击“选项”按钮即可以进行相应的设置。

图2.10　桌面工具库窗口

图 2.11　显示“时钟”和“日历”小工具的桌面

2.3.2　任务栏

任务栏默认位于桌面的底端，它的主要功能是显示用户桌面当前打开程序的窗口的对应按钮，使用按钮对窗口进行还原到桌面、切换以及关闭等操作。

1. 任务栏的组成

Windows 7 任务栏的最左边为“开始”按钮，从左往右依次是“快速启动区”“任务按钮区”“语言栏”“通知区域”和“显示桌面”按钮，如图 2.12 所示。

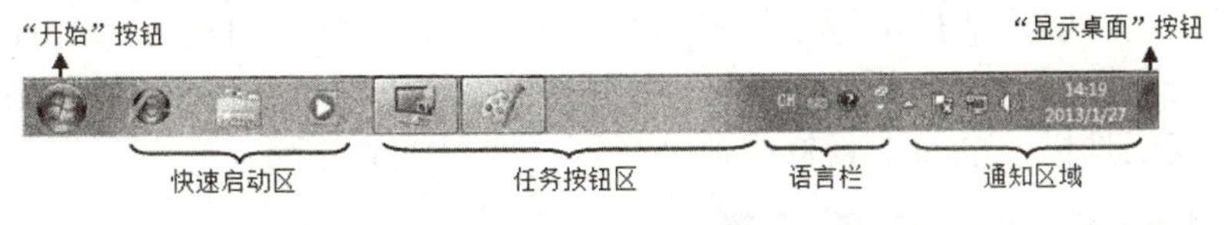

图 2.12　Windows 7 的任务栏

1）快速启动区

Windows 7 默认设置了“Internet Explorer”“Windows 资源管理器”和“Windows Media Player”为快速启动区中的选项，单击其中的图标就可以快速启动相应的程序。经常使用的程序的图标也可以放到快速启动区中，以提高使用率（只需将快捷方式拖动到这个区即可）。如果想删除“快速启动区”中的选项，可在相应图标上单击右键，然后在出现的快捷菜单中选择“将此程序从任务栏解锁”即可，如图 2.13 所示。

2）任务按钮区

“任务按钮区”中显示的是当前所有运行中的应用程序和所有打开的文件夹窗口所对应的图标。在 Windows 7 中，默认情况下，为了使任务栏节省更多的空间，用相同应用程序打开的所有文件只对应一个图标，把鼠标移到指向程序的图标，就可以预览打开文件的多个界面，如图 2.14 所示，单击预览的界面就可以切换到相应的文件或文件夹。

图 2.13　删除“快速启动区”中的选项

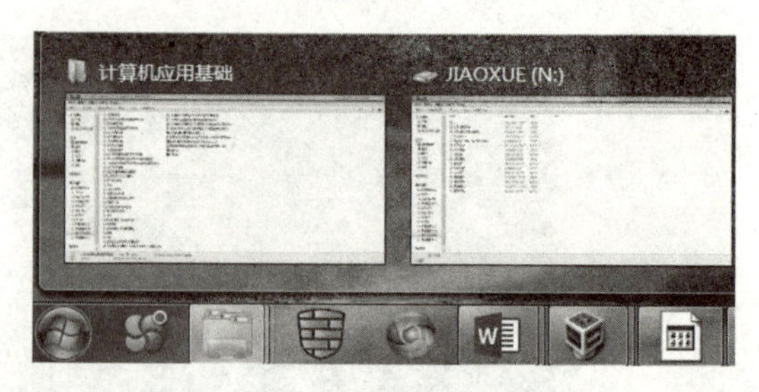

图 2.14　相同程序打开的所有文件只对应一个图标

在 Windows 7 中，按钮和图标的显示顺序完全由用户决定，用户可根据需要对任务栏中的项目进行排序，通过鼠标拖动可将使用率较高的程序对应的按钮或图标放置在便于操作的位置。

3）语言栏

“语言栏”主要用于选择汉字输入法或切换英文输入状态。在 Windows 7 中，单击“语言栏”中的“还原”和“最小化”按钮即可让“语言栏”脱离任务栏或者融入任务栏中。

4）通知区域

一些运行中的应用程序（如杀毒实时监控程序）以及系统音量、网络图标、系统时钟会显示在任务栏右侧的通知区域。

5）“显示桌面”按钮

任务栏最右边的按钮为显示桌面按钮，移动鼠标指向该按钮，就可以预览桌面，单击该按钮，则可以显示桌面。

2. 任务栏属性设置

要对任务栏进行属性设置，可以在任务栏空白区域单击鼠标右键，然后在弹出的快捷菜单中选择“属性”命令，打开“任务栏和「开始」菜单属性”对话框，如图 2.15 所示。在对话框中，可以设置任务栏的外观，包括锁定任务栏、自动隐藏任务栏、使用小图标。此外，还可以设置任务栏的位置以及通知区域中出现的图标和通知。

在任务栏中还可以添加显示其他的工具栏，在任务栏中的空白地方单击右键，在出现的快捷菜单中移动鼠标到“工具栏”选项，在其下一级菜单中可以根据需要选择是否显示地址工具栏、链接工具栏、桌面工具栏或地址栏等，如图 2.16 所示。

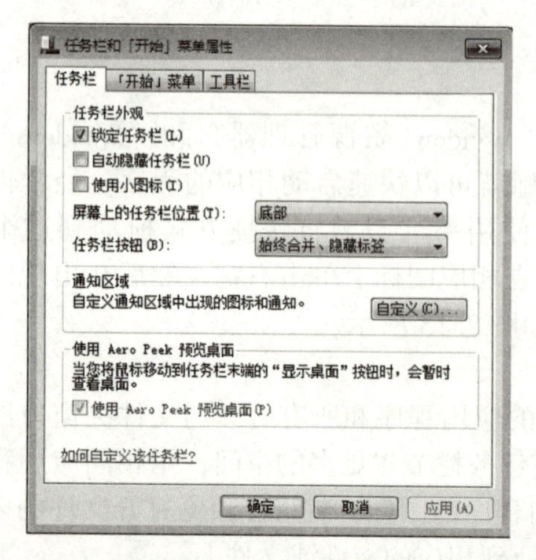

图 2.15　“任务栏和「开始」菜单属性”对话框

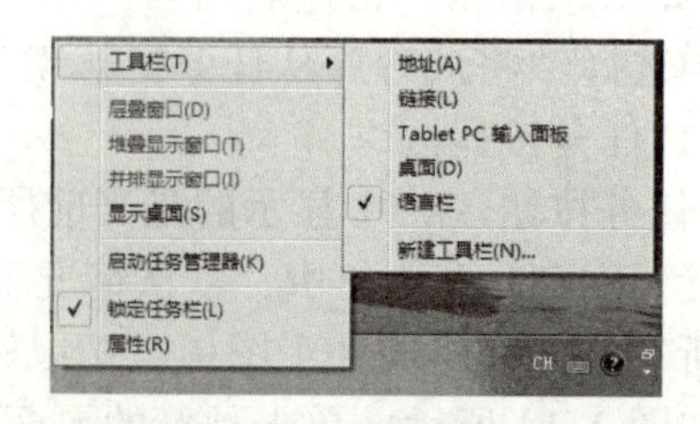

图 2.16　任务栏的快捷菜单

2.3.3　“开始”菜单

“开始”菜单是 Windows 操作系统的重要标志。Windows 7 的“开始”菜单如图 2.17 所示。“开始”菜单左侧区域上部为常用程序列表区，它提供了常用程序的快捷方式，“开始”菜单会根据每个程序的使用频率对项目进行自动排序，使用率较高的程序会被置于顶端。如果希望某个程序不受自动排序影响而始终显示在列表中，可以用鼠标右键单击程序，并选择“附到「开始」菜单”选项，如图 2.18 所示。左侧下部为“所有程序”选项和“搜索程序和文件”框，单击“所有程序”选项或将鼠标停留在该选项上几秒钟就可以进入“所有程序”列表，在列表中列出了系统安装的所有程序的快捷方式和程序所在的子文件夹，单击“返回”选项则返回左侧的快速启动栏。在“搜索程序和文件”框中输入程序名或文件名，系统就可以快速地搜索应用程序、文件等信息。“开始”菜单右侧区域显示的是常用的一些系统文件夹与系统选项，包括“文档”“图片”“音乐”“控制面板”与“设备和打印机”等，单击相应的选项就可以进入相应的文件夹窗口或设置窗口进行相关的操作。

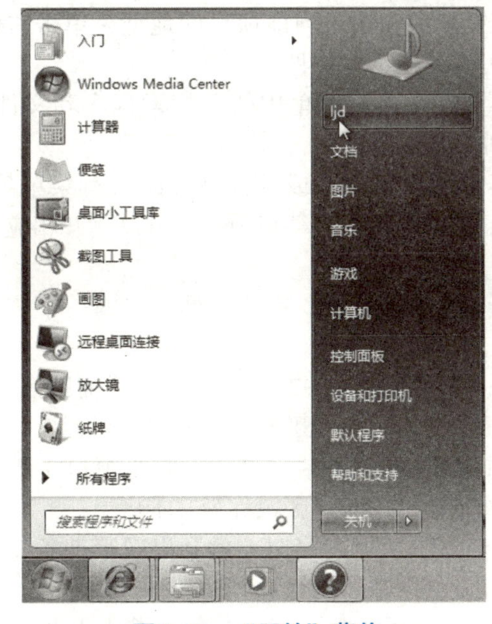

图 2.17　“开始”菜单

图 2.18　固定常用列表中的项目

2.3.4　窗口及其操作

窗口是桌面上用于查看应用程序或文档等信息的一块矩形区域。在 Windows 7 中，无论用户打开磁盘驱动器、文件夹，还是运行应用程序，系统都会打开一个窗口，用于执行相应的工作。

1. 窗口的组成

窗口是 Windows 图形界面最显著的外观特征。窗口主要由标题栏、地址栏、菜单栏、搜索栏、工具栏及状态栏等部分组成。图 2.19 为打开计算机的窗口。

(1) 标题栏。标题栏位于窗口的最上部，标题栏中的标题通常是应用程序名、文档名等（注意：磁盘驱动器窗口、文件夹窗口的标题栏不显示任何标题），最右端有“最小化”按钮、“最大化/还原”按钮、“关闭”按钮，多数窗口标题栏的左边有控制图标，单击控制图标可打开控制菜单，双击可关闭窗口。

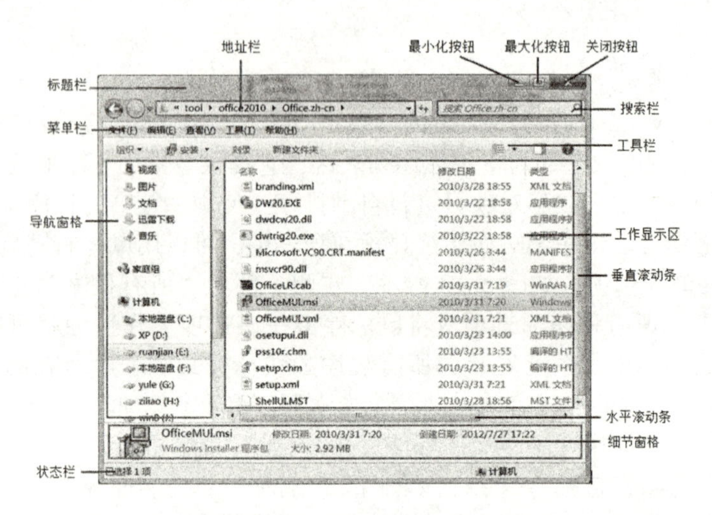

图 2.19　窗口的组成

（2）地址栏。地址栏位于标题栏的下面，用于显示和输入当前窗口的地址，单击右侧向下的三角形按钮，在弹出的列表中选择路径，可以快速浏览文件。

（3）搜索栏。搜索栏位于地址栏的右边，它与“开始”菜单中的“搜索程序和文件”框的作用和用法相同，都具有在计算机中搜索各种文件的功能。

（4）菜单栏。菜单栏位于地址栏的下面，其中包含了程序或文件夹等的所有菜单项，不同窗口菜单栏中的菜单项通常有所不同。单击菜单栏中的一个菜单项，就可以打开相应的子菜单，列出了所包含的各种命令选项。

（5）工具栏。工具栏提供了一些执行常用命令的快捷方式，单击工具栏中的一个按钮相当于从菜单中选择某一命令。

（6）导航窗格。窗格是指在窗口中划出的另一个小部分，并在其中显示一些辅助信息。导航窗格中提供了文件夹列表，它们以树状结构显示，使用户能迅速定位所需的目标。

（7）工作显示区。工作显示区用于显示当前已打开的文件或文件夹，它是窗口中最重要的部分。有的应用程序利用这个区域创建、编辑文档，此时该区域称为文本区。

（8）滚动条。当窗口内容过多，不能同时完全显示所有内容时，就会出现滚动条，拉动它就可以使窗口和界面跟着滚动，从而看到没有显示出来的内容。

（9）细节窗格。细节窗格也称详细信息窗格，主要用于显示当前操作的状态及提示信息，或者当前用户选定对象的详细信息。

（10）状态栏。状态栏用于显示当前所打开窗口的状态。比如，打开一个文件夹，则在状态栏的左侧就会显示当前窗口中共有几个对象，右侧则会显示所打开的位置。默认情况下并不显示状态栏，如果想显示状态栏，可以单击“查看”菜单的“状态栏”项。

2. 窗口的基本操作

1）打开窗口

打开窗口的方法有以下两种：

（1）双击要打开的文件夹图标或应用程序图标。

（2）在文件夹或应用程序图标上单击鼠标右键，在弹出的菜单中选择“打开”命令。

2）关闭窗口

关闭窗口的方法有以下 4 种：

(1) 单击窗口中的“关闭”按钮。

(2) 双击控制图标。

(3) 单击控制图标，在出现的菜单中选择“关闭”命令。

(4) 按【Alt】+【F4】键。

3) 移动窗口

移动窗口的方法有以下两种：

(1) 将鼠标指针指向标题栏，按住鼠标左键不放，拖动鼠标到目标位置后释放鼠标左键。

(2) 单击控制图标，在出现的菜单中选择“移动”命令，按箭头键，移动窗口到目标位置后，按【Enter】键。

4) 改变窗口大小

改变窗口大小的方法有以下两种：

(1) 移动鼠标指针到窗口四周的边框上或者四个角上，当鼠标指针变成双箭头形状时，按住鼠标左键不放进行拉伸或收缩。

(2) 单击控制图标，在出现的菜单中选择“大小”命令，按箭头键，移动窗口边框到合适的窗口大小，按【Enter】键。

此外，单击窗口的“最小化”按钮可以使窗口最小化；单击窗口的“最大化”按钮可以使窗口最大化；使最大化的窗口恢复原尺寸，可以通过单击窗口的“还原”按钮。

5) 多窗口排列

在使用计算机时，如果打开了多个窗口，并且需要把它们全部显示的话，就要对这些窗口进行排列。在 Windows 7 中，窗口的排列方式有层叠窗口、堆叠显示窗口、并排显示窗口 3 种。层叠窗口把窗口按照打开的先后顺序依次排列在桌面上，如图 2.20 所示。堆叠显示窗口是在保证每个窗口大小相当的情况下，使得窗口尽可能沿水平方向延伸，如图 2.21 所示。并排显示窗口则在保证每个窗口都显示的情况下，使窗口尽可能往垂直方向延伸，如图 2.22所示。

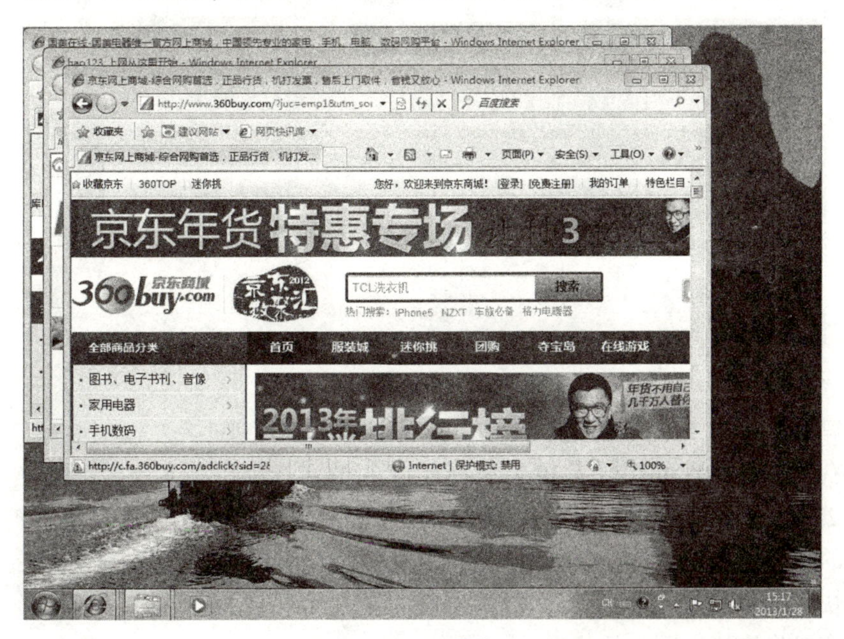

图 2.20　层叠窗口

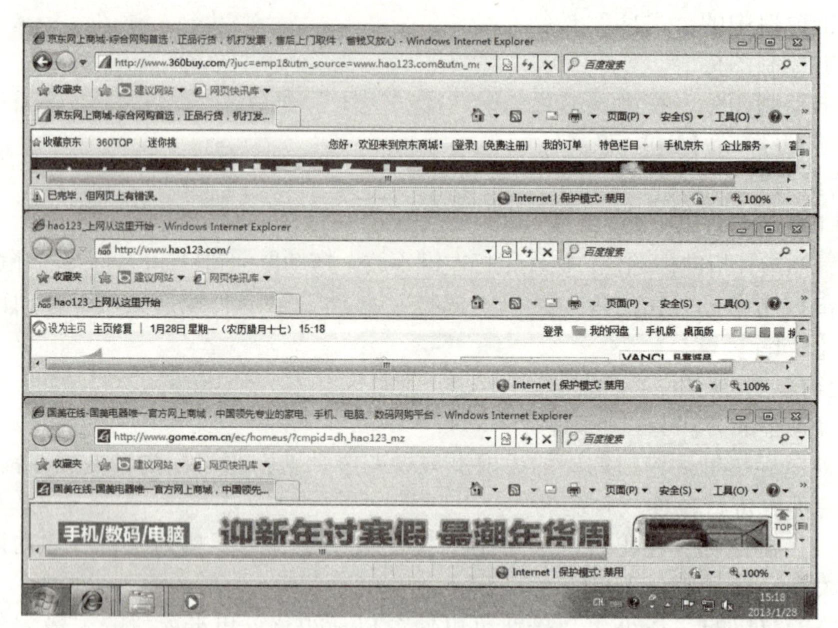

图 2.21　堆叠显示窗口

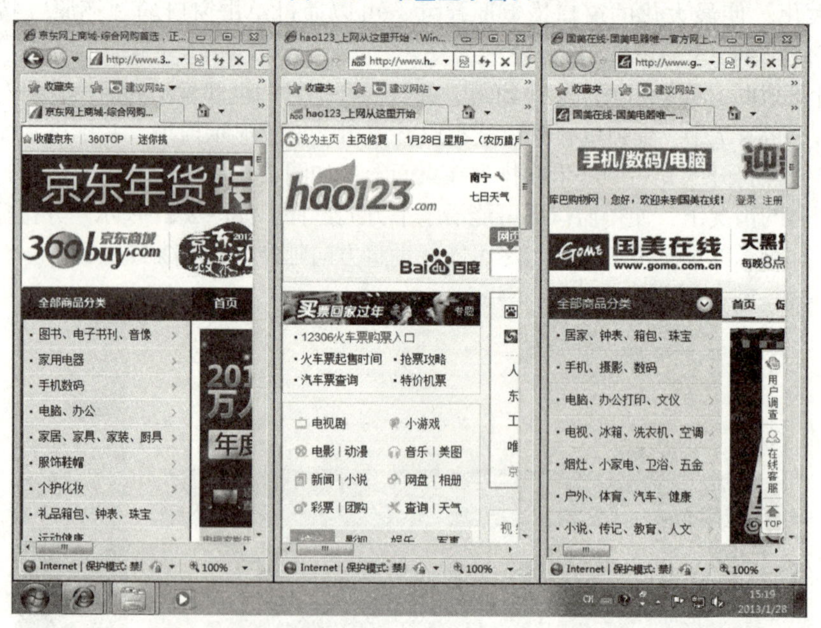

图 2.22　并排显示窗口

改变窗口的排列方式可以通过以下方法：在任务栏的空白处单击鼠标右键，在出现的快捷菜单中选择相应的排列选项即可，如图 2.23 所示。在选择了某项排列后，任务栏快捷菜单中会出现相应的撤销该选项的命令，如选择了“层叠窗口”命令后，任务栏快捷菜单中会增加一条“撤销层叠”的命令，选择此命令后，窗口将恢复为原来的状态。

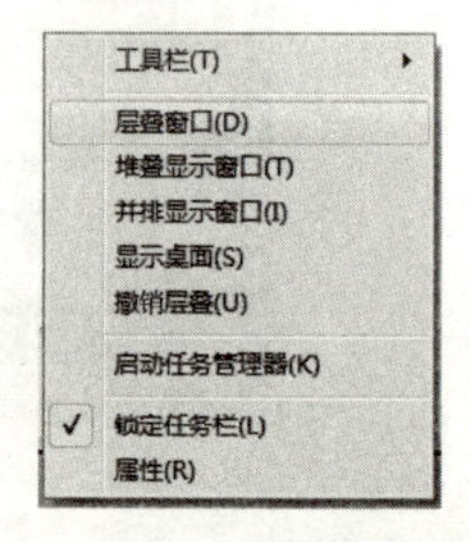

图 2.23　更改窗口的排列方式

6）切换窗口

桌面上可打开多个窗口，但是活动窗口只有一个，切换窗口就是把非活动窗口切换成活动窗口的操作，方法如下：

（1）通过任务栏按钮切换。每当打开一个新的窗口，系统就会在任务栏上自动生成一个以该窗口命名的任务栏按钮，单击该按钮即可打开相应的窗口。将鼠标光标移动到任务栏按钮上，系统会显示该按钮对应窗口的缩略图。

（2）通过【Alt】+【Tab】组合键切换。按下【Alt】和【Tab】键后，屏幕中间位置会出现一个矩形区域，该区域以缩略图的形式显示当前打开的所有窗口，如图 2.24 所示。继续按住【Alt】键不放，再按【Tab】键，就可以在现有窗口缩略图中轮流切换，等切换到需要的窗口时，松开【Alt】键和【Tab】键就可以把该窗口变成活动窗口。

提示：按住【Alt】+【Shift】键不放，再按【Tab】键，窗口缩略图则按反方向轮流突出显示。

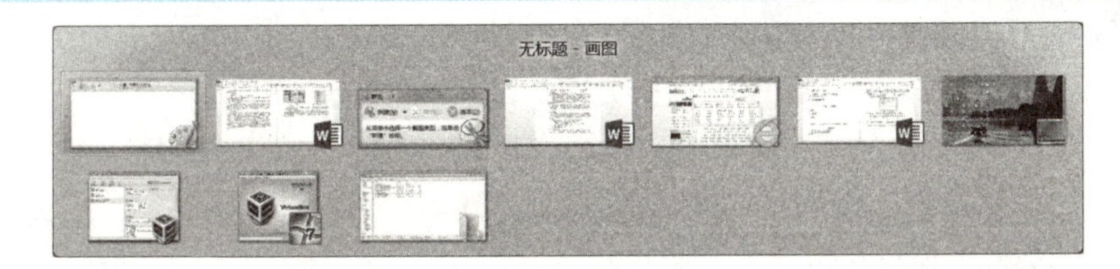

图 2.24　切换活动窗口

（3）利用 Filp 3D 切换。Filp 3D 是 Windows 7 新增的功能。按下【Windows】+【Tab】键后，所有打开的窗口以一种倾斜角度的立体效果显示出来，这就是 Filp 3D 效果，如图 2.25 所示。按住【Windows】键不放，再按【Tab】键就可以轮流切换窗口，等切换到需要的窗口时，松开【Windows】键和【Tab】键就可以把该窗口变成活动窗口。

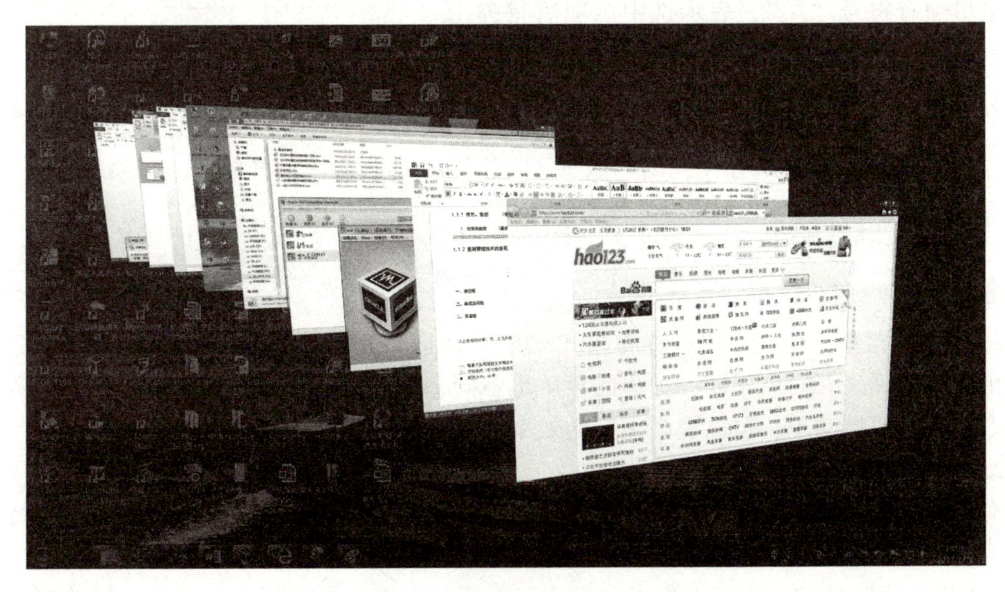

图 2.25　以 Filp 3D 方式切换活动窗口

7）复制窗口或屏幕的内容

将窗口或整个屏幕的内容复制到剪贴板的方法如下：

（1）按【Print Screen】键，复制整个屏幕的内容到剪贴板。

（2）按【Alt】+【Print Screen】组合键，复制活动窗口的内容到剪贴板。

注意： 以上两种操作，内容被复制后都以图片的形式存放在剪贴板中，若要将被复制的内容粘贴到其他程序的文件中，则通过按【Ctrl】+【V】键或其他的方法粘贴出来即可。

2.3.5　菜单、对话框及其操作

1. 菜单及其操作

Windows 菜单的种类很多，有"开始"菜单、控制图标菜单、文件夹窗口菜单、应用程序菜单、下拉菜单、快捷菜单等。

（1）文件夹窗口菜单。文件夹窗口菜单在 Windows 7 默认情况下是不显示的，如果想显示文件夹窗口菜单，可以通过以下的方法进行设置：打开一个磁盘驱动器或者一个文件夹，在出现的窗口左上方选择"组织"，在弹出的下拉菜单中选择"布局"，选择子菜单中的"菜单栏"选项，如图 2.26 所示，这样，以后打开的文件夹窗口都包含了"菜单栏"。

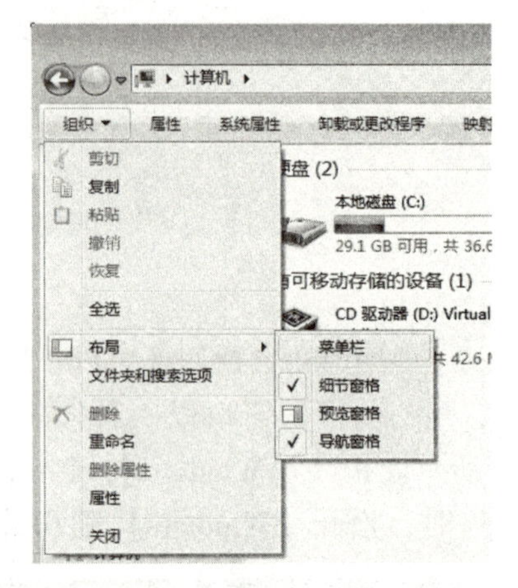

图 2.26　"组织"下拉菜单

（2）下拉菜单。单击一个菜单，其下方显示的菜单就是下拉菜单。在下拉菜单中，如果某个菜单项的显示是暗淡的，则表示当前该选项不能用；如果菜单项右侧有顶点向右的三角形符号 ▸，则表示该项有下一级菜单，选定该项时，就会弹出其子菜单；如果某个菜单项有符号"…"，表示选中该项后将弹出一个对话框；如果选项前面有选择标记 ●，表示该选项所在的一组选项中，只能任选一个，有 ● 标记的为当前选定者；如果选项前面有选择标记 ✓，表示该选项正在起作用，若再次选择此命令，将删去该选择标记，该项命令失效。

注意： 菜单选项的右边若还有另一键符或组合键符，则为该命令的快捷键，如"编辑"菜单中的"剪切"命令，【Ctrl】+【X】键就是执行该命令对应的快捷键。

（3）快捷菜单。快捷菜单也称弹出式菜单，是指在一个项目或一个区域单击鼠标右键时弹出的菜单列表。对象不同，弹出的菜单也不同，但是一般都包含了该对象的大多数常用的命令。通过快捷菜单，可以提高用户的效率，给用户的操作带来更大的方便。

2. 对话框及其操作

对话框主要用于输入或选择一些参数值，或者显示一些提示信息等，是完成某些特定的命令或者任务的途径。对话框与窗口有相似之处，它们的区别在于，对话框没有"最大化"按钮、"最小化"按钮，不能改变形状大小。对话框一般由标题栏、选项卡、复选框、单选框、列表框、文本框、微调按钮、命令按钮等组成。图 2.27 就是一个对话框。

(1) 选项卡。对话框中通常有不同的选项卡，一个选项卡对应一个主题信息，单击不同的选项卡标题，该标题突出显示，对话框便出现不同的主题信息。如图 2.27 所示的“任务栏”选项卡突出显示，该对话框出现的正是该选项卡的信息。

(2) 复选框。复选框中列出了复选项，允许用户选择多个选项，被选择的选项，其左边方框内出现“√”符号。

(3) 单选框。单选框中列出了单选项，选项前面有一个圆圈，用户在这一组选项中只能选择一个，被选择的选项，其圆圈中间出现黑点。

(4) 列表框。列表框中列出了可选择的内容，当框中内容较多时，会出现滚动条，有的列表框是下拉式的，称为下拉式列表框，平时只列出一个选项，当单击框右侧的向下箭头时，可显示其他选项。

(5) 文本框。文本框是提供给用户输入文字和数值信息的地方，其中可能是空白也可能有系统填入的默认值。对文本框进行操作时，用户可以保留文本框中系统提供的默认值，也可以删除默认值，再输入新值。

(6) 微调按钮。微调按钮主要用于调整数值，按钮前面有一个文本框，可以在文本框中输入一个特定的数值，也可以单击微调按钮改变文本框中的数值，如图 2.28 所示。

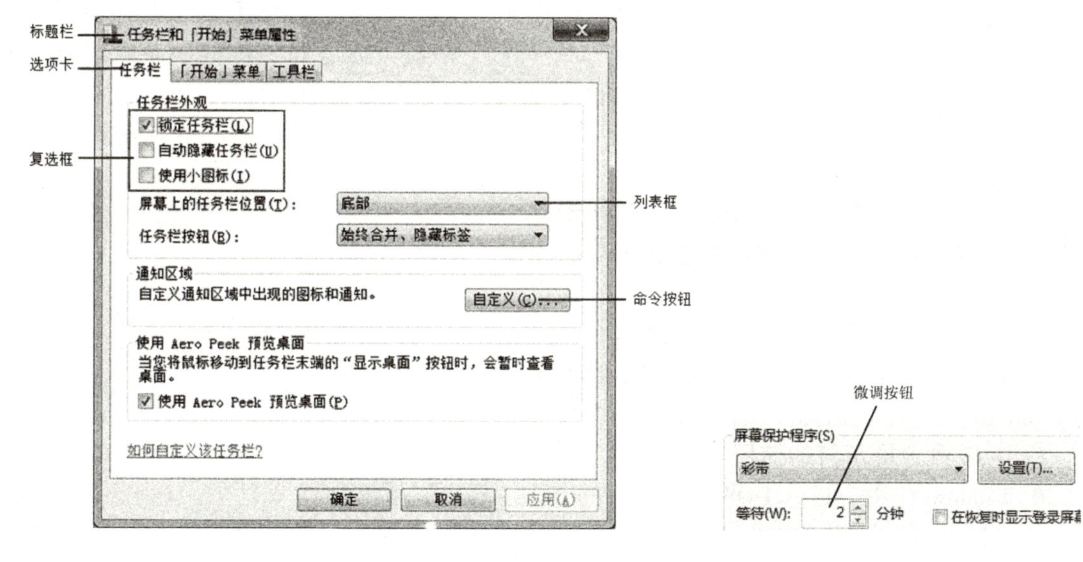

图 2.27　“任务栏和「开始」菜单属性”对话框　　图 2.28　微调按钮

(7) 命令按钮。单击命令按钮，立即执行这个按钮对应的命令。当某个命令按钮的命令周围出现虚线黑框时，表示该按钮处于选定状态，这时按【Enter】键即可执行对应的命令。如果命令名后带有符号“…”，单击该按钮后将打开另一个对话框或窗口。

2.3.6　Windows 7 中“运行”命令框与 DOS 命令提示符的使用

1. “运行”命令框的使用

在 Windows 7 中，默认情况下，“运行”命令选项并不出现在“开始”菜单中，若要在“开始”菜单中显示“运行”命令选项，可以按以下的步骤进行设置。

(1) 在“开始”按钮上单击鼠标右键，选择“属性”选项。

(2) 在出现的“任务栏和「开始」菜单属性”对话框中，选择“「开始」菜单”标签，然后单击“自定义”按钮，如图 2. 29 所示。

(3) 在出现的“自定义「开始」菜单”对话框中，选中“运行命令”复选框，如图 2. 30所示，单击“确定”按钮即可。

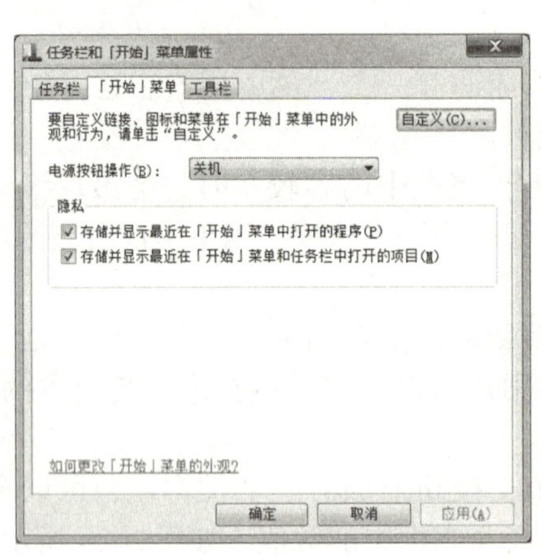

图 2. 29　“「开始」菜单”选项卡　　2. 30　“自定义「开始」菜单”对话框

设置完成后，单击“开始”菜单按钮，在其右下角就可以看到“运行”命令选项，单击“运行...”选项按钮，打开“运行”命令对话框，如图 2. 31 所示。

在“运行”命令对话框中输入命令后，单击“确定”按钮就可以执行相应的操作。下面是一些常用的命令。

Calc　　打开“计算器”应用程序

SnippingTool　　打开“截图工具”应用程序

compmgmt. msc　　打开“计算机管理”窗口

devmgmt. msc　　打开“设备管理器”窗口

diskmgmt. msc　　打开“磁盘管理实用程序”应用程序

Control　　打开“控制面板”窗口

2. DOS 命令提示符的使用

在 Windows 7 中，进入 DOS 命令窗口的方法主要有以下两种：

(1) 在“开始”菜单中单击“运行...”选项按钮，在打开的“运行”命令对话框中输入“cmd”命令，单击“确定”按钮，即可进入 DOS 命令窗口，如图 2. 32 所示。

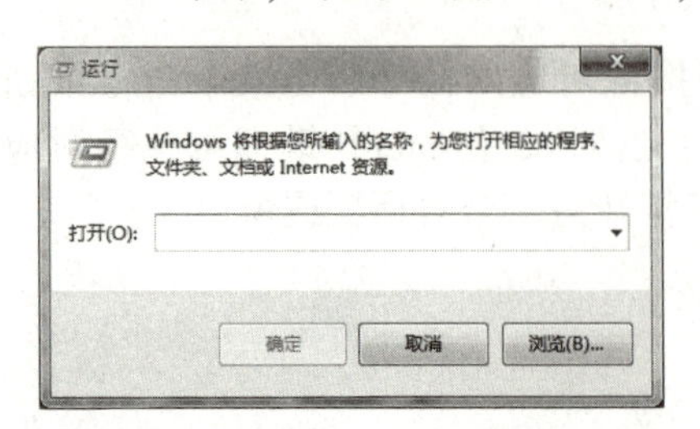

图 2. 31　“运行”命令对话框

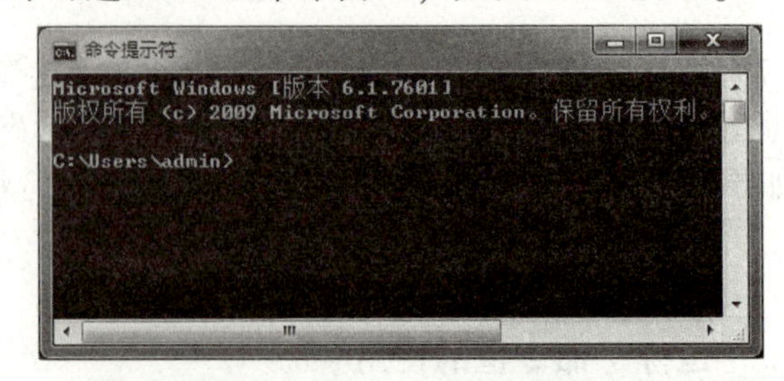

图 2. 32　DOS 命令提示符窗口

(2) 在“开始”菜单中，依次单击“所有程序”→“附件”→“命令提示符”选项，弹出窗口如图 2. 32 所示。

在 DOS 窗口中，输入需要执行的 DOS 命令后，按【Enter】键，执行相应的操作。如输入“ipconfig /all”命令就可以查看计算机的 IP 地址、子网掩码、默认网关等信息。

2.3.7　剪贴板及其操作

1. 剪贴板介绍

剪贴板是内存中用来存放临时性数据的一块空间，它可以存储文本、图形、图像、声音等信息，当信息通过“剪切”或“复制”命令移至剪贴板后，使用“粘贴”命令就可以将这些内容插入到其他地方。一般情况下，剪贴板只保留最后一次存入的内容，每当存入新的内容，旧的内容便会被覆盖。大多数 Windows 程序都可以使用剪贴板。

2. 剪贴板的操作

剪贴板的操作主要有以下四步：选择要复制的对象；执行复制或剪切操作；确定要粘贴的位置；执行粘贴操作。

2.3.8　Windows 7 自带的常用软件

Windows 7 系统自带了很多实用的软件，如记事本、写字板、截图工具、画图等，熟练掌握这些软件的使用方法，将会给计算机的操作带来更大的方便。

1. 写字板

Windows 7 系统中自带了记事本和写字板两个文字处理工具。记事本主要用于编辑纯文本信息，但是功能不强，写字板的功能比记事本的要强大得多，利用它可以进行日常工作中文件的编辑。写字板不仅可以进行中英文文档的编辑，而且还可以进行图文混排，插入图片、声音、视频剪辑等操作。本节主要介绍写字板的使用方法。

1）写字板的启动

在“开始”菜单中，依次单击“所有程序”→“附件”→“写字板”项，即可启动写字板，如图 2.33 所示。

2）写字板的操作界面

写字板的操作界面主要由控制图标、快速访问工具栏、标题栏、窗口控制按钮、写字板按钮、菜单栏、功能区、标尺、文档编辑区和状态栏等组成，如图 2.33 所示。

（1）快速访问工具栏。快速访问工具栏中包含了一些常用的操作工具，如“保存”“撤销”“重做”等，以方便用户快速使用这些功能。单击快速访问工具栏右侧的三角形，还可以展开快速访问工具栏，并进行自定义设置。如把“打印预览”工具显示在快速访问工具栏中等，如图 2.34 所示。

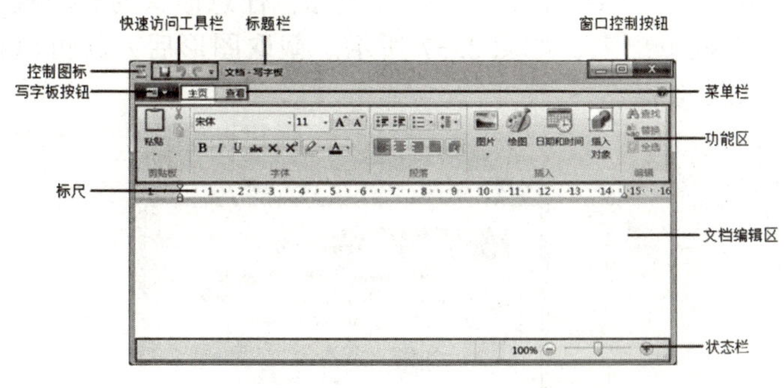

图 2.33　写字板窗口

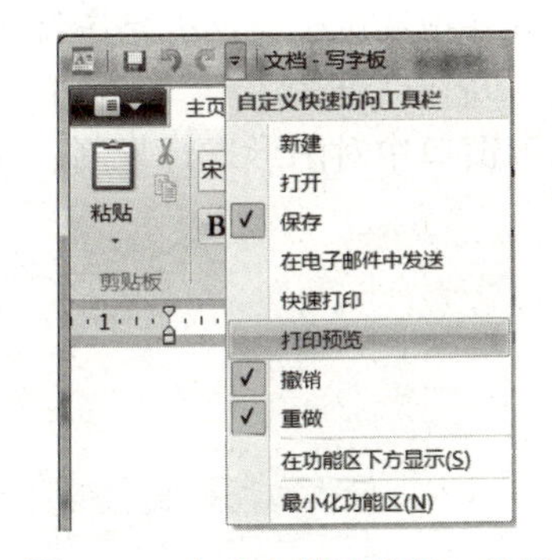

图 2.34　自定义快速访问工具栏

（2）写字板按钮。通过写字板按钮可以进行“打开”“保存”“打印”等操作，如

图 2. 35所示。

（3）功能区。写字板全新的功能区使得它更加简单易用，写字板的选项均已展开显示，而不是隐藏在菜单中。选项中集中了最常用的特性，如字体和段落的格式按钮等，以便用户更加直观地访问它们，从而减少菜单查找操作，提高工作效率。

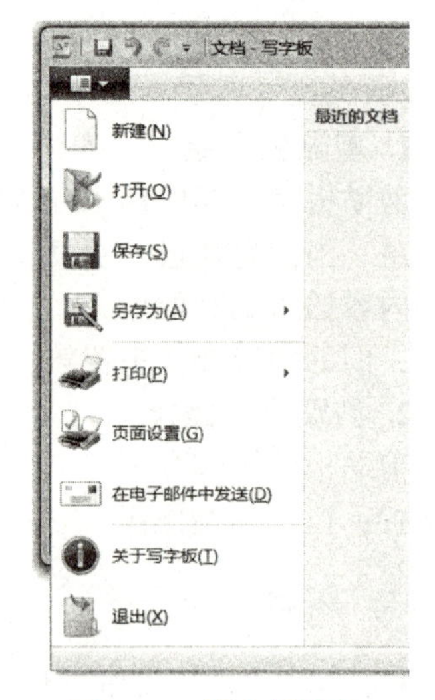

图 2. 35　写字板按钮

（4）标尺。标尺是显示文本宽度的工具，其默认单位是厘米，用户可以通过“查看”菜单中的“度量单位”选项来进行设置。

（5）文本编辑区。文本编辑区是写字板的最重要区域，主要用于输入和编辑文本。

（6）状态栏。在状态栏中，默认情况下只有一个缩放拉杆，通过该拉杆可以调整内容的缩放比例。

写字板是一个用于创建字处理文档的强大工具，利用它可以进行文档的创建、编辑、保存等操作。创建文档后可以对文档进行文字颜色设置、图片插入、打印预览等操作。

2. 截图工具

在平常工作中，经常需要截取计算机屏幕中的画面，如果使用专业的截图软件截图，需先设置好截图快捷键再截取，比较麻烦。在 Windows 7 系统中自带有截图工具，使用它可以快速、方便地截图。

（1）截图工具的启动。在“开始”菜单中依次单击“所有程序”→“附件”→“截图工具”选项，或在“运行”命令对话框中输入“SnippingTool”后按【Enter】键，即可启动截图工具，如图 2. 36 所示。

（2）截图工具的使用。在截图工具的窗口中，单击“新建”选项右边的三角形按钮，在弹出的下拉菜单中可以选择不同的截图模式。截图工具有“任意格式截图”“矩形截图”“窗口截图”和“全屏幕截图”四种截图模式。这几种截图模式的步骤和方法大同小异，只要掌握其中一种截图模式的使用方法，其他模式的截图也就不难掌握了。下面就以“任意格式截图”模式进行讲解。

“任意格式截图”模式能够以任意的形状截取屏幕上的图形。选择该截图模式后，整个屏幕就变成了像蒙上一层白色的样式，鼠标指针也变成了“剪刀”形状。此时，按住鼠标左键并拖动鼠标绘制一条围绕截图对象的不规则线条，然后松开鼠标，任意形状的截图就完成，并在“截图工具”窗口的编辑区中显示出来，如图 2. 37 所示。截取图形后，就可以在编辑窗口中对图形进行复制、保存、擦除等操作。

图 2. 36　“截图工具”窗口

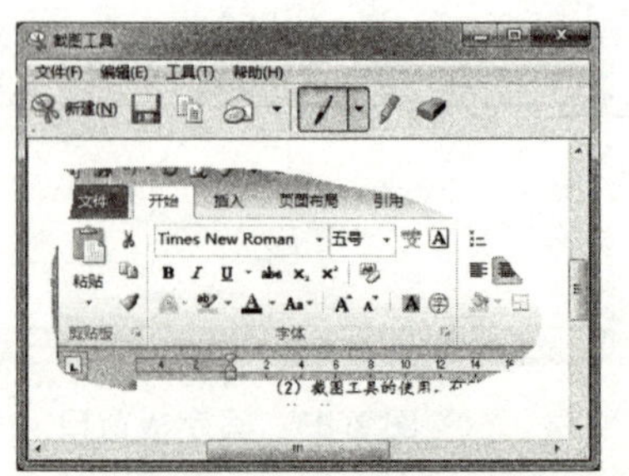

图 2. 37　以任意格式截图截取的图形

其他截图模式的使用方法与“任意格式截图”模式的类似。“矩形截图”模式截取图形的形状为矩形，截图时，需要按住鼠标左键拖动一个矩形形状来对对象进行截取；“窗口截图”模式截取的是活动的窗口，截图时，只需在想要截取的窗口的任意位置单击即可把该窗口截取到截图工具中；“全屏幕截图”模式截取的是整个屏幕，选择该模式后，截图工具会自动把当前的屏幕全部截取到编辑区中。

2.4　文件、文件夹与路径

2.4.1　文件和文件名

1. 文件

文件是存储在磁盘上以文件名标识的信息的集合，这种信息可以是数值数据、图形、图像、声音、视频或应用程序，文件的内容不同，类型也不同。在 Windows 中，文件以图标和文件名来标识，每一个文件对应一个图标，不同类型的文件对应不同的图标，删除了文件图标即删除了文件。

2. 文件名

为了区分不同的文件，必须给文件命名，操作系统根据文件名来对其进行控制和管理。文件名由文件基本名和扩展名组成，文件基本名也叫文件主名，扩展名也叫类型名。主名和扩展名之间由一个小圆点“.”隔开。例如，文件 ljd. doc，“ljd”是文件的基本名，“. doc”是文件的扩展名。文件扩展名可有可无，但是必须要有基本名。扩展名主要用来表示文件类型，它可帮助 Windows 获知文件中包含什么类型的信息以及应该用什么程序打开该文件。在 Windows 系统中，可以使用多间隔符的扩展名，如 gxufe. ini. txt 是一个合法的文件名，但其文件类型由最后一个扩展名“. txt”决定。常见的文件扩展名及其文件类型如表 2. 1 所示。

表 2.1　常见文件类型的扩展名及其含义

扩展名	文件类型	扩展名	文件类型
. exe、. com	可执行文件	. rar、. zip	压缩文件
. txt	文本文件	. pdf	Adobe Acrobat 文档
. doc	Word 97 – 2003 文档文件	. docx	Word 2007 – 2013 文档文件
. xls	Excel 97 – 2003 电子表格文件	. xlsx	Excel 2007 – 2013 电子表格文件
. mdb	Access2000 – 2003 数据库文件	. accdb	Access 2007 – 2013 数据库文件
. ppt	PowerPoint 97 – 2003 演示文稿	. pptx	PowerPoint2007 – 2013 演示文稿
. bat	批处理文件	. bak	备份文件
. bmp、. jpg、. png、. gif	图像文件	. mp3、. wma、. wav、. mid	声音文件
. wmv、. avi、. rmvb、. flv	视频文件	. html	Web 网页文件

3. 文件名的命名规则

不同操作系统对文件命名的规则略有不同，在 Windows 中，同一个位置的文件不能取相同的文件名，文件名最长可达 256 个字符，文件的基本名和扩展名可以是英文字母、数字、汉字、空格符等特殊字符，但是不能出现“ \ ”“/”“?”“:”“ * ”“"”“ > ”“ < ”“ | ”这九个字符。给文件取名时，除了要符合命名规则外，还要考虑以后的方便使用。给文件取的名字要简短、通俗易懂、容易记住、方便识别。

4. 文件名通配符

文件名通配符也称替代法、多义符，主要是指符号“ * ”和“?”，“ * ”通配符可以代表所在位置的多个字符。例如：*. *，可以代表所有的文件夹和文件；*. doc 代表文件基本名任意，扩展名是“. doc”的所有文件；D *. * 代表文件名中第一个字符是 D 的所有文件。“?”通配符代表所在位置的任意一个字符。例如，ABC? . ppt 表示以 ABC 开头，第四个字符任意，扩展名是“. ppt”的所有文件。通配符在查找文件时非常有用，如果查找时忘记了文件的完整名字，可以通过通配符来替代。

5. 设备文件

设备文件实际上是以前的 DOS 操作系统管理设备的一种方法：为设备起一个固定的文件名，可以像使用文件一样方便地管理这些设备。这些设备文件在 Windows 系统的命令提示符操作方式下仍然可以使用。常用设备与其对应的设备文件名如表 2. 2 所示。

表 2. 2　常见的设备文件

物理设备	设备文件名	操作
键盘/CRT 显示器	CON	输入/输出
虚拟的空设备	NUL	输入/输出
串口或通信口	AUX 或 COM1	输入/输出
并行打印机	PRN 或 LPT1	输出

2. 4. 2　文件夹的基本概念

文件夹也叫目录，它是存放文件的区域。文件夹主要用来存放、组织和管理具有某种关系的文件和文件夹。文件夹的图标为一个黄色的公文包。同一类型的文件可以保存在一个文件夹中，或者根据用途将文件存在一个文件夹中。文件夹的名字为 1 ~ 255 个字符，可由用户自己定义。

2. 4. 3　文件目录的结构及路径的表示

1. 文件目录的结构

文件夹可存放文件或子文件夹，子文件夹中还可以存放下一级文件夹，这样就使得所有的文件夹形成了一种树状层次目录结构，如图 2. 38 所示。树状层次目录结构就像一颗倒置的“树”，“树根”为根目录，“树”的每一个“树枝”为子目录，“树叶”为文件。如单击“计算机”项，相当于展开文件夹树形结构的“根”，“根”的下面是磁盘的各个分区，每一个分区下面是第一级文件夹和文件，依此类推。

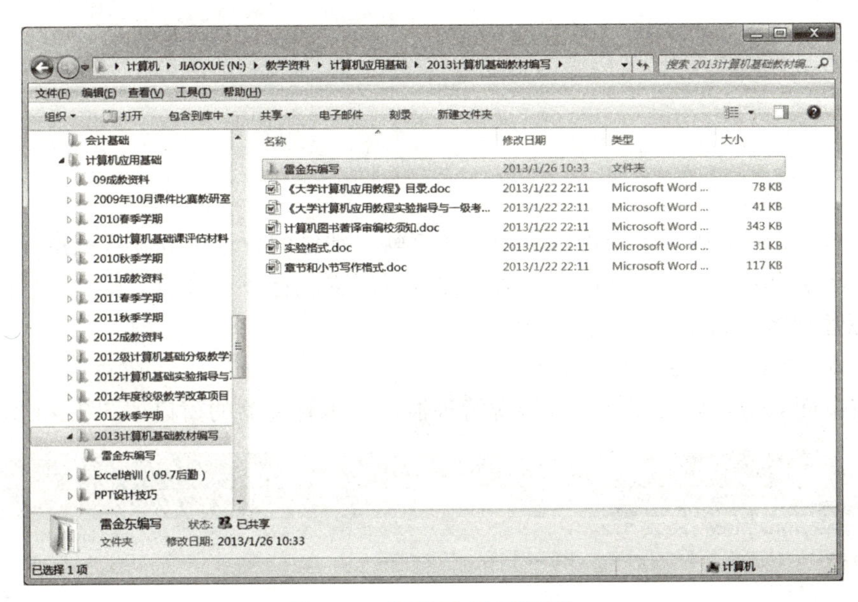

图 2.38　树状层次目录结构

2. 文件路径的表示

文件的路径指示了文件的存储位置。当要访问一个文件时，只知道文件名是不够的，还需要告诉计算机这个文件的位置，如在哪个磁盘的哪个文件夹中，这就是文件的路径。文件的路径由盘符和文件夹及子文件夹名称组成。在以前的操作系统中，文件的路径中间用反斜线分隔，如 D:\ziliao\jiaoxue\ljd. doc，其中 ljd. doc 是文件名，D:\ziliao\jiaoxue\ 是文件的路径，表示文件 ljd. doc 在 D 盘根目录下的子目录 ziliao 下的子目录 jiaoxue 中。在 Windows 7 系统中，地址栏中显示的文件的路径不再以“\”符号来分隔，而是用一个顶点向右的三角形符号来表示，如图 2. 38所示，单击这些三角形会出现一个下拉的三角形，并展开显示该目录中的所有子目录，如图 2. 39 所示。单击地址栏中的子目录，则可以回到该目录位置，从而快速定位。

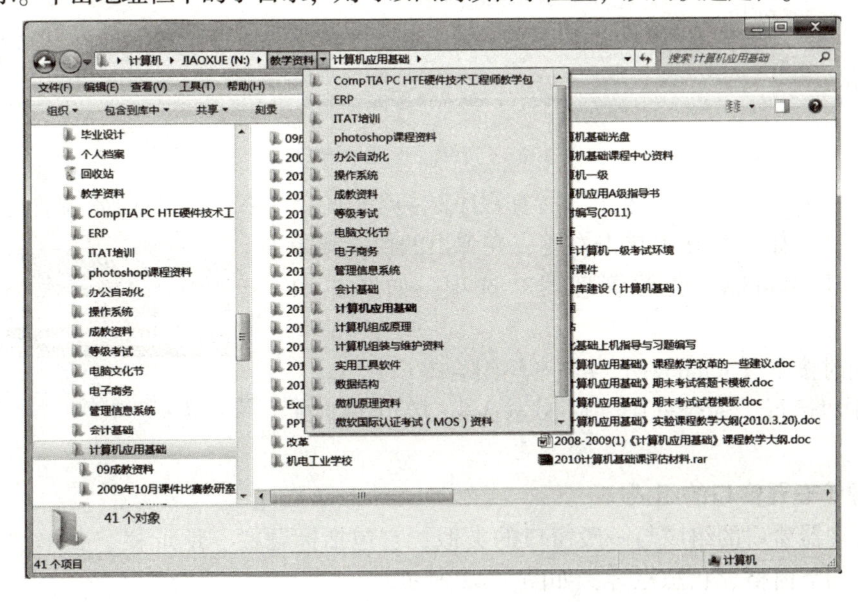

图 2. 39　展开地址栏中的目录结构

2.5　Windows 资源管理器的使用

2.5.1　资源管理器简介

利用 Windows 的资源管理器可以实现对系统软、硬件的管理。资源管理器可以多种方式显示存储在磁盘的所有文件，从而方便对文件进行浏览、查看、移动、复制等操作。

1. 资源管理器的启动

打开资源管理器的方法有以下 5 种：

（1）在桌面双击计算机图标打开资源管理器。资源管理器的窗口如图 2.40 所示。

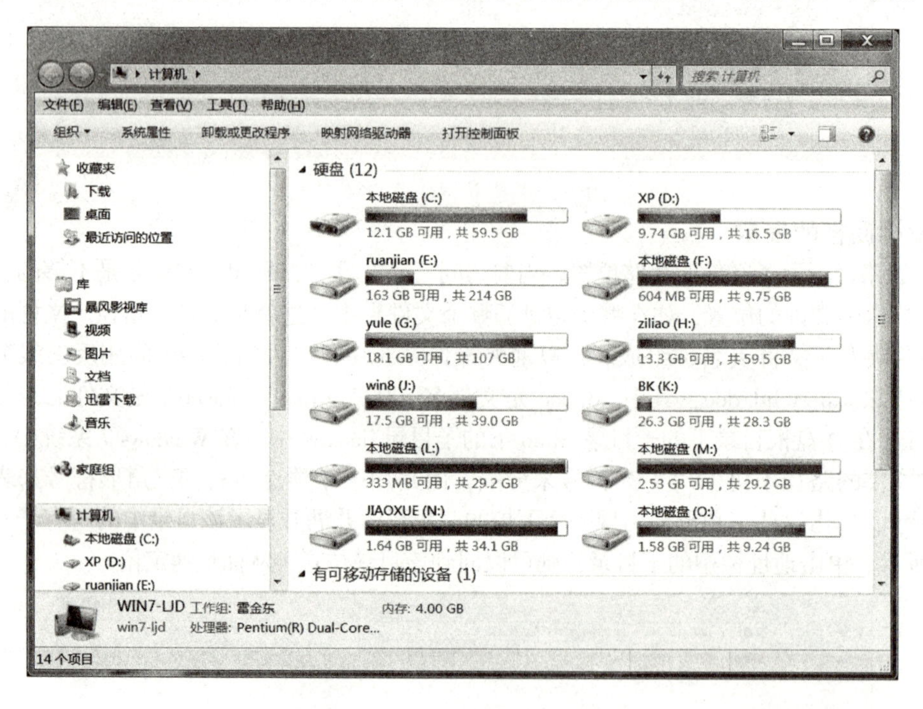

图 2.40　资源管理器的窗口

（2）在“开始”菜单中选择“所有程序”→“附件”→“Windows 资源管理器”项。

（3）在“开始”按钮上单击右键，在弹出的快捷菜单中选择“打开 Windows 资源管理器”选项，如图 2.41 所示。

图 2.41　右键单击“开始”按钮

（4）同时按下【Windows】+【E】组合键。

（5）在“运行”命令框中，输入 explorer 后单击“确定”按钮。

2. 资源管理器窗口的组成

资源管理器窗口的组成与一般窗口的类似，它包括标题栏、地址栏、菜单栏、工具栏、导航窗格、细节窗格、状态栏等，如图 2.42 所示。

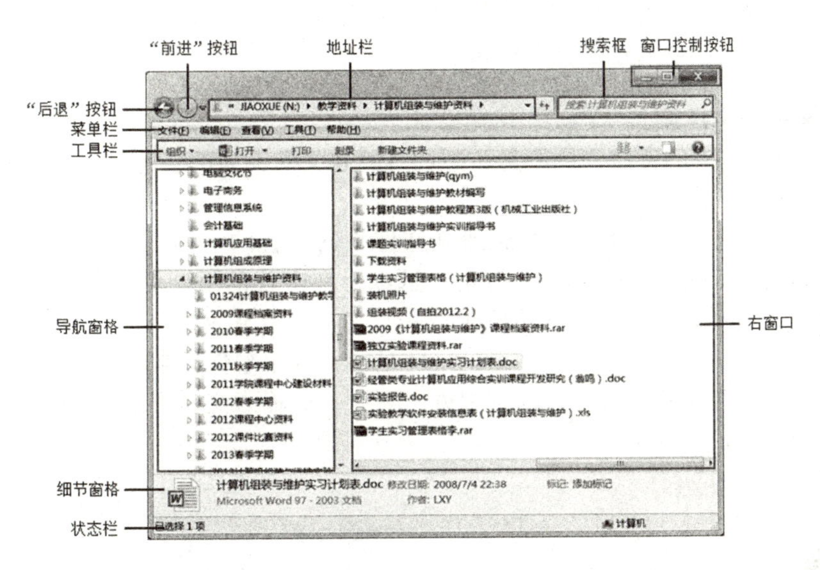

图 2.42　资源管理器窗口的组成

(1) 地址栏。地址栏显示当前文件或文件夹所在目录的完整路径，使用地址栏可以导航至不同的文件夹或库，或返回上一级文件夹或库，也可以直接输入网址来访问网络。

(2) 搜索框。在搜索框中输入文件名或文件名中包含的关键字时，搜索程序便立即开始搜索满足条件的文件，并在右窗口中高亮显示搜索的结果。

(3) 工具栏。工具栏可以快速地执行一些常见的任务，如更改文件或文件夹的显示方式。单击文件、用户文件夹和不同的系统文件夹，工具栏显示的按钮也有所不同。

(4) 导航窗格。资源管理器的工作区分成左右两个窗口，左右窗口之间有分隔条，当鼠标指向分隔条变成双向箭头时，可拖动鼠标改变左右两个窗口的大小。左窗口称为导航窗格，它显示着整个计算机资源的文件夹树形结构，所以也被称为文件夹树形结构框或文件夹框，通过它可以快速访问库、文件。

(5) 右窗口。右窗口显示的是当前文件夹的内容，所以也被称为当前文件夹内容框，简称文件夹内容框。

(6) 细节窗格。当选中文件时，细节窗格会显示其文件属性，包括修改日期、文件大小、作者等信息。

3. 资源管理器的基本操作

(1) 展开文件夹。在资源管理器的导航窗口中，当一个文件夹的左边有顶点向右的空心三角形 ▷ 时，表示它还有下一级文件夹，单击三角形，可在导航窗格中展开其下一级文件夹，此时，文件夹左边的三角形变成一个黑色的直角三角形 ◢ 。如果单击文件夹图标，该文件夹将成为当前文件夹，并在右窗口中显示该文件夹中的内容。

(2) 折叠文件夹。在资源管理器的导航窗口中，当一个文件夹的左边有黑色的直角三角形 ◢ 时，表示已经在导航窗口中展开了其下一级文件夹，单击黑色的直角三角形 ◢ ，可使其下一级文件夹折叠起来。

(3) 选定文件夹。单击一个文件夹的图标，便可选定该文件夹。在导航窗格中选定文件夹，常常是为了在右窗口中显示它所包含的内容；在右窗口中选定文件夹，常常是准备对文件夹做复制、剪切等操作。

2.5.2　文件与文件夹的管理

1. 新建文件或文件夹

新建文件或文件夹的方法大同小异，下面以新建文件夹为例来进行讲解。新建文件夹的方法主要有 3 种。

（1）通过右键快捷菜单建立。在想建立文件夹的位置的空白处单击鼠标右键，弹出快捷菜单，把鼠标指向快捷菜单中的“新建”选项，在出现的下一级菜单中单击“文件夹”命令，如图 2.43 所示。这时便在该位置生成一个名为“新建文件夹”的文件夹，而且该新建文件夹处于更改文件夹名字状态，如图 2.44 所示，如果想保留默认的名字作为文件夹名，可直接按【Enter】键或者单击旁边的空白处；否则，应输入文件夹名字后再按【Enter】键或单击旁边的空白处。

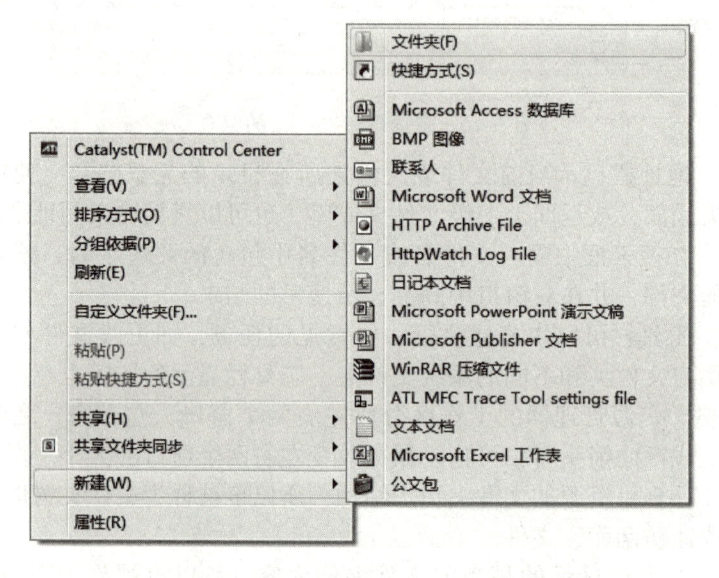

图 2.43　通过右键快捷菜单建立文件夹

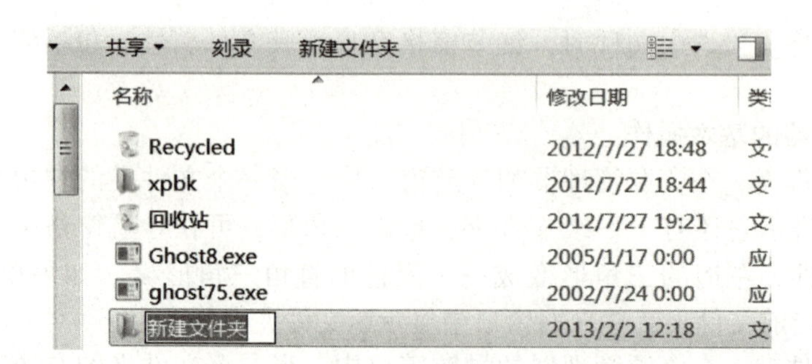

图 2.44　更改文件夹的名字

（2）通过文件夹窗口菜单建立。确定要建立文件夹的位置，在文件夹窗口中选择“文件”→“新建”菜单项，在出现的下一级菜单中单击“文件夹”，如图 2.45 所示，输入新文件夹的名称后按【Enter】键或者在旁边的空白处单击即可。

（3）通过文件夹窗口工具栏按钮建立。确定要建立文件夹的位置，在文件夹窗口中单击工具栏中的“新建文件夹”按钮，如图 2.46 所示，就可以建立一个新的文件夹。

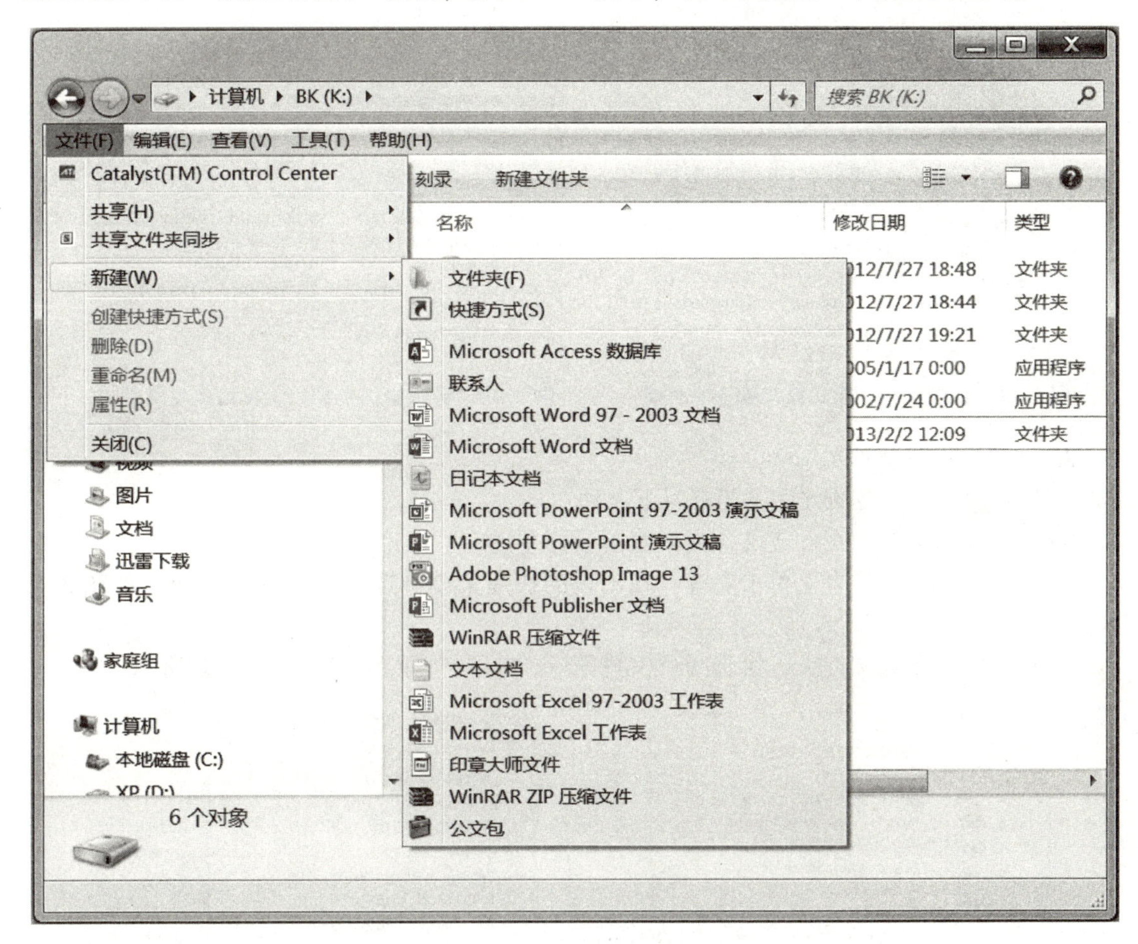

图 2.45　通过文件夹窗口菜单建立文件夹

2. 选定文件或文件夹

选定文件或文件夹包括选定单个、多个和全部 3 种情况。

图 2.46　文件夹窗口工具栏

（1）选定单个文件或文件夹。单击单个文件或文件夹，就可以选择该文件或文件夹。

（2）选定多个文件或文件夹。如果想选择多个连续的文件或文件夹，可以将鼠标移到要选取的第一个文件或文件夹的左上角，按住鼠标左键拖动到要选取的最后一个文件或文件夹的右下角，这样对角线所形成的矩形区域内的文件或文件夹就被选中了，如图 2.47 所示。另一种方法是先选择第一个文件或文件夹，然后按住【Shift】键，再单击最后一个要选择的文件或文件夹。如果想选择多个不连续的文件或文件夹，可以先按住【Ctrl】键，然后单击想要选取的文件或文件夹，如图 2.48 所示。

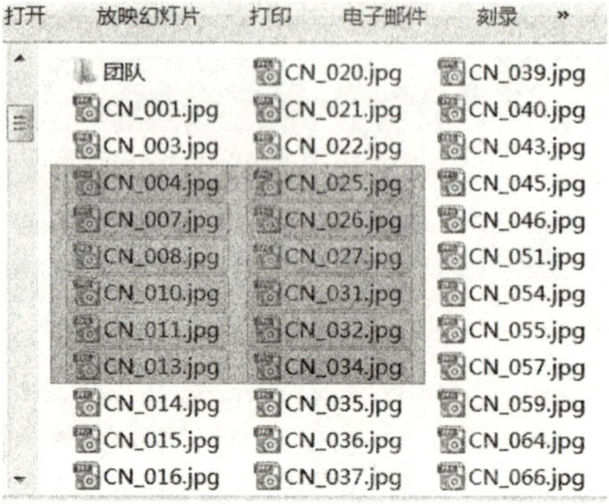

图 2.47　通过文件夹窗口菜单建立文件夹 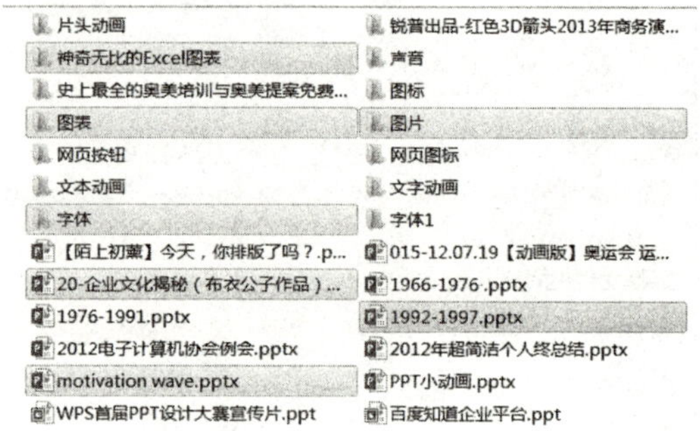　　图 2.48　通过文件夹窗口工具栏建立文件夹

3. 打开文件或文件夹

打开文件或文件夹的方法主要有以下 3 种：

（1）移动鼠标指向文件或文件夹，双击鼠标左键。

（2）在文件或文件夹上单击右键，在出现的快捷菜单中选择“打开”命令，如图 2.49 所示。

（3）选定文件或文件夹，再选择“文件”→“打开”菜单项，如图 2.50 所示。

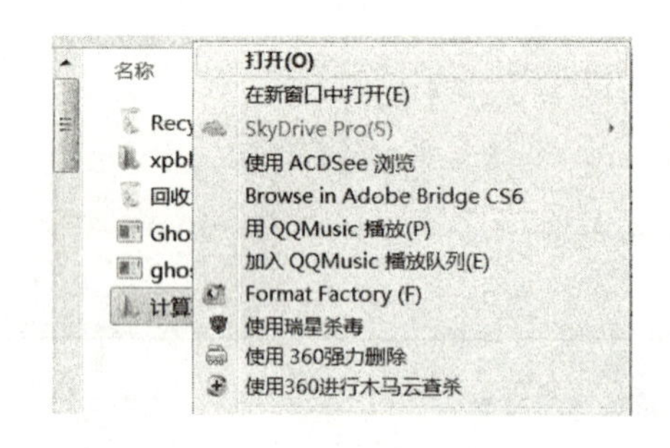

图 2.49　通过右键快捷菜单打开文件夹

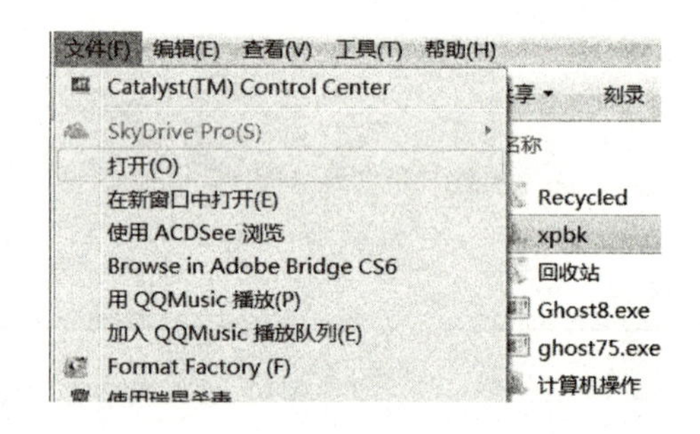

图 2.50　通过文件夹菜单打开文件夹

4. 复制与移动文件或文件夹

在计算机操作过程中，经常要对文件或文件夹进行复制或移动操作。“复制”是指在目标位置建立文件或文件夹的备份，而源文件夹的文件或文件夹仍然保留，“移动”是指把文件或文件夹从原来所在的位置移到另一个目标位置上，原来的位置不再保留原文件或文件夹。

复制与移动文件或文件夹的方法主要有以下 4 种：

（1）通过窗口菜单。选定要复制或移动的文件或文件夹，选择“编辑”→“复制”菜单项（如果是移动文件或文件夹，则选择“剪切”命令），然后定位到目标位置，选择“编辑”→“粘贴”菜单项，则选取的文件或文件夹被复制或移动到目标文件夹中。

（2）通过快捷菜单。把鼠标移到要复制或移动的文件或文件夹上，单击鼠标右键，在弹出的快捷菜单中选择“复制”命令（如果是移动文件或文件夹，则选择“剪切”命令），定位到目标位置，单击鼠标右键，在出现的快捷菜单中选择“粘贴”命令，则选取的文件或文件夹被复制或移动到目标文件夹中。

（3）鼠标拖动。利用鼠标拖动的方法来复制或移动文件或文件夹主要通过资源管理器窗口来实现。当在同一个盘上复制文件或文件夹时，先在资源管理器的右窗口选好源文件或文件夹，然后按住【Ctrl】键，按住鼠标左键将选定的文件或文件夹拖动到左窗口的目标文件夹处即可，如图 2.51 所示。如果是同盘移动文件或文件夹的话，则选定文件或文件夹后，按住鼠标左键直接拖动文件或文件夹到目标位置处，如图 2.52 所示。如果在不同的盘上复制文件或文件夹，则选定文件或文件夹后，按住鼠标左键直接将选定的文件或文件夹拖动到目标文件夹处即可，如图 2.53 所示；如果在不同的盘之间移动文件或文件夹，则要先按住【Shift】键，然后按住鼠标左键将文件或文件夹拖动到目标位置处，如图 2.54 所示。需要注意的是，鼠标拖动的方法不适合长距离的复制或移动。在 Windows 7 中，复制或移动文件或文件夹到资源管理器的左窗口时，鼠标的光标上面会显示复制或移动的文件或文件夹的数量及图标。

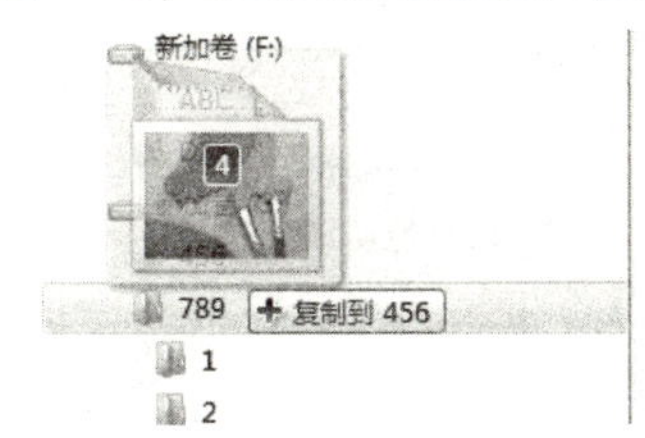

图 2.51　在同盘复制文件或文件夹（按住【Ctrl】键）

图 2.52　在同盘移动文件或文件夹

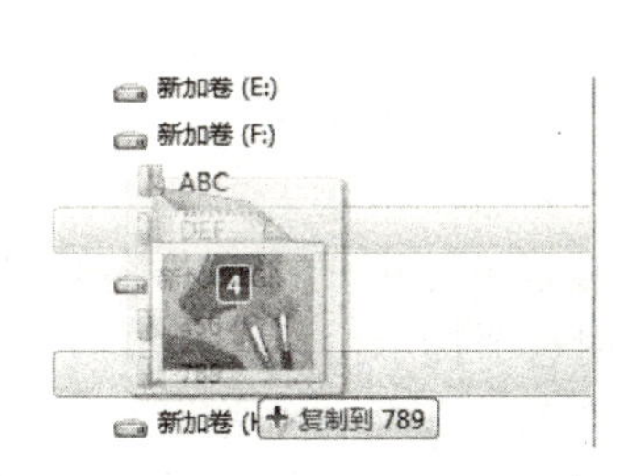

图 2.53　在不同盘复制文件或文件夹

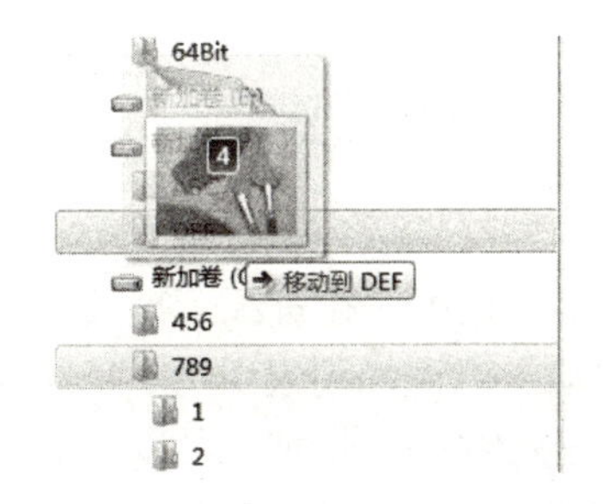

图 2.54　在不同盘移动文件或文件夹（按住【Shift】键）

（4）通过快捷键。复制文件或文件夹时，先选定文件或文件夹，然后按【Ctrl】+【C】键执行复制操作（如果是移动文件或文件夹，按【Ctrl】+【X】键执行剪切操作），然后定位到目标位置处，按【Ctrl】+【V】键执行粘贴命令即可。

5. 重命名文件或文件夹

重命名文件或文件夹的方法主要有以下 4 种：

（1）选定文件或文件夹，单击“文件”→“重命名”菜单项，当原名字反相显示后，输入新的名字，按【Enter】键确认。

（2）在需改名的文件或文件夹上单击鼠标右键，在弹出的快捷菜单中选择“重命名”，然后改名。

（3）选定文件或文件夹，按【F2】键进行重命名。

（4）间隔单击文件或文件夹，当原名字反相显示后改名。

6. 搜索文件或文件夹

1）基本搜索

在资源管理器窗口中，定位到要查找文件或文件夹的位置，在搜索框中输入要查找的条件。例如，要查找某个位置的所有演示文稿，可以输入“*.ppt”，这时，系统便会按照搜索的条件自动进行搜索，在资源管理器窗口的地址栏中会显示搜索的进度，搜索的结果则显示在资源管理器的右侧窗口，如图 2. 55 所示。单击工具栏中的“保存搜索”按钮，可以把搜索的结果以“. search – ms”文件类型保存，以便以后继续寻找时使用。

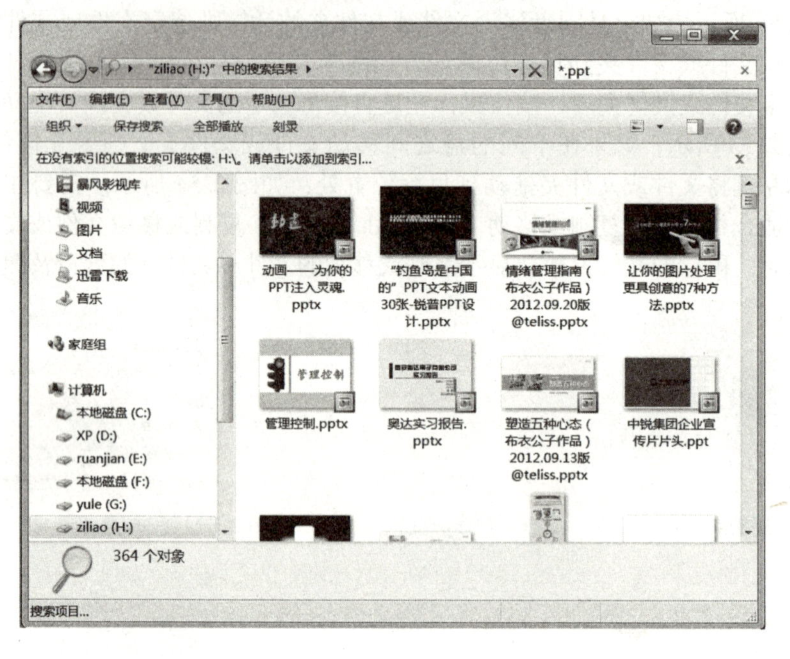

图 2. 55　搜索文件

在搜索过程中，在资源管理器的工具栏下部会出现“在没有索引的位置搜索可能较慢：C：\ 。请单击以添加到索引...”的提示信息。之所以出现这个提示信息，是因为没有为该搜索位置建立索引。此时，可以单击提示信息，在弹出的菜单中选择“添加到索引”选项，如图 2. 56 所示，在出现的对话框中单击“添加到索引”按钮，即可为该搜索位置建立索引，这样下次在该位置进行搜索时，就不会出现提示信息了。

2）筛选搜索

如果知道要搜索的文件或文件夹的大小、修改的日期，可以设置筛选条件，提高搜索的效率。在搜索框中单击鼠标左键，就会激活筛选搜索界面，如图 2. 57 所示。单击“修改日期”或“大小”选项，就可以根据修改日期或大小进行相关搜索条件的设置，如图 2. 58、图 2. 59 所示。

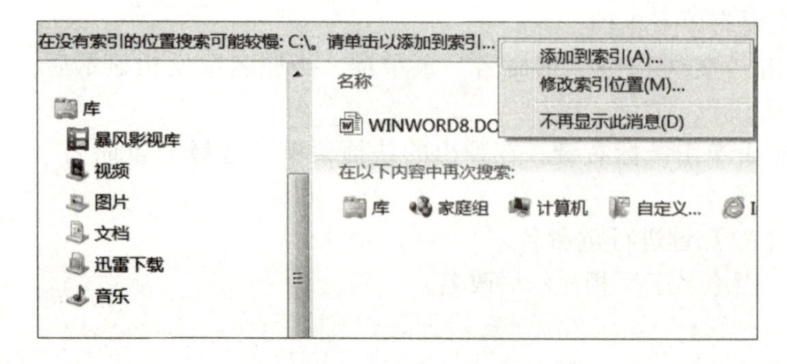

图 2. 56　选择“添加到索引”选项

图 2. 57　激活筛选搜索界面

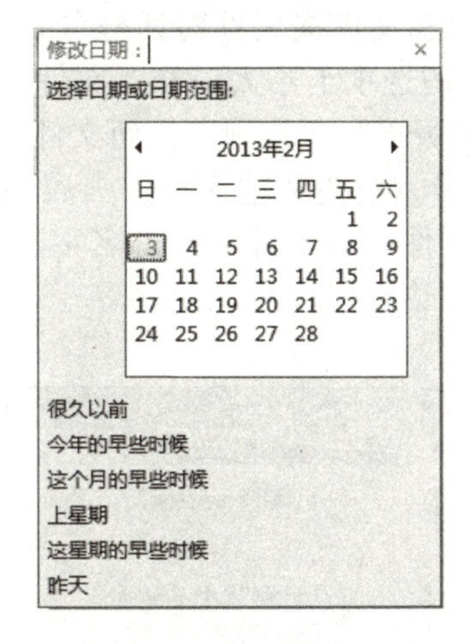

图 2.58　“修改日期”选项

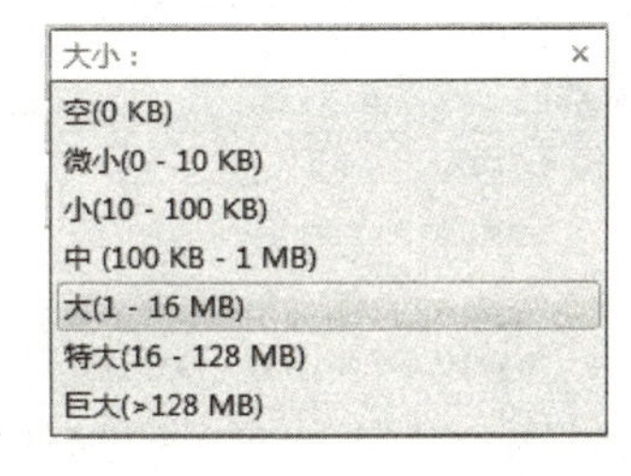

图 2.59　“大小”选项

7. 删除文件或文件夹

删除文件或文件夹的方法主要有以下 4 种：

(1) 选定文件或文件夹后按【Del】键。

(2) 右键选定文件或文件夹，在出现的快捷菜单中选择“删除”命令。

(3) 选定文件或文件夹后，单击“文件”→“删除”菜单项。

(4) 直接拖动选定文件或文件夹到“回收站”中。

注意：①如果没有对回收站的属性进行设置，默认情况下，采用前 3 种方法删除文件或文件夹时，会出现提示是否删除文件或文件夹的提示框。单击“是（Y）”按钮，则删除的文件或文件夹将放入回收站，在“回收站”中再次执行删除操作将把文件或文件夹永久性删除。

②如果要永久性删除硬盘上的文件或文件夹，则选定文件或文件夹后，按【Shift】+【Del】键，会出现提示是否永久性删除文件或文件夹的提示框，单击“是（Y）”按钮，则永久性删除文件或文件夹。

③在 U 盘或网络上删除文件（或文件夹）时，删除的文件或文件夹不会放入回收站，此时为永久性删除。

8. 恢复被删除的文件或文件夹

恢复被删除的文件或文件夹的方法主要有以下 4 种：

(1) 打开回收站，选定要恢复的文件或文件夹后，单击“文件”→“还原”命令。

(2) 打开回收站，选定要恢复的文件或文件夹后，单击窗口工具栏中的“还原此项目”按钮。

(3) 打开回收站，在要恢复的文件或文件夹上单击右键，在出现的快捷菜单中选择“还原”项。

(4) 打开回收站，直接把要恢复的文件或文件夹拖动到要恢复的位置。

9. 查看和更改文件与文件夹的属性

1) 查看文件与文件夹的属性

在文件（或文件夹）上单击鼠标右键，在出现的快捷菜单中选择“属性”命令即可打开文件（或文件夹）属性对话框。文件属性对话框和文件夹属性对话框分别如图 2.60 和图 2.61所示。文件属性对话框和文件夹属性对话框的选项卡不太一样。文件属性对话框一般包括“常规”“自定义”“详细信息”和“以前的版本”等选项卡，而文件夹属性对话框中没有“详细信息”选项卡，但有“共享”选项卡。一些文件或文件夹属性对话框还有“安全”选项卡。在“常规”选项卡中，可以查看文件（或文件夹）的名字、类型、位置、大小、占用空间、创建时间、修改时间、访问时间等信息。

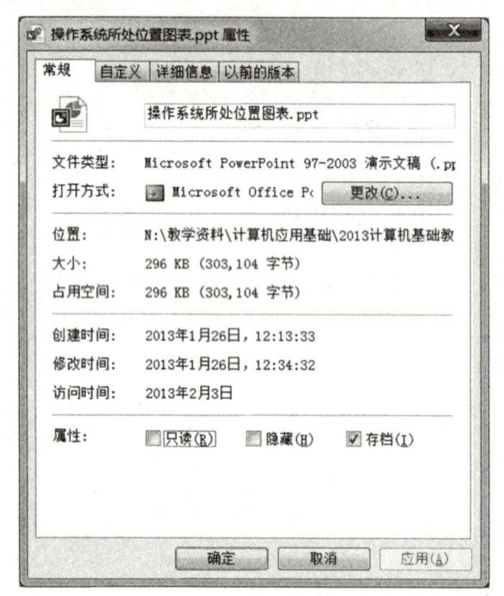

图 2.60　文件属性对话框

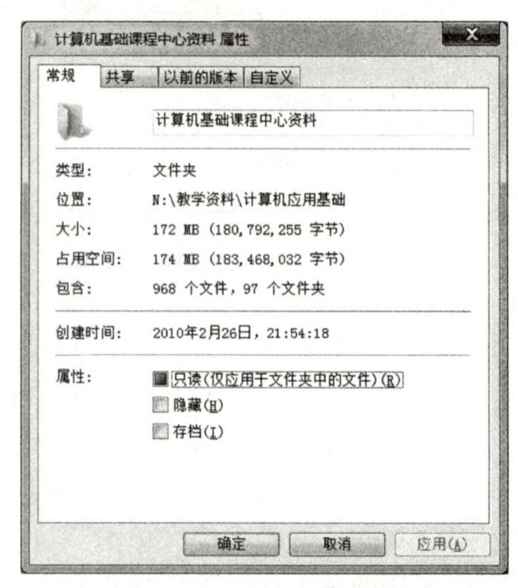

图 2.61　文件夹属性对话框

2）更改文件与文件夹的属性

在文件（或文件夹）属性对话框中可以设置文件（或文件夹）的属性。如果设置“只读”属性，则文件（如果是设置文件夹“只读”属性，则仅应用于文件夹中的文件）只能读取，不能写入；设置“隐藏”属性，则文件不出现在桌面、文件夹或资源管理器中；“存档”属性表示该文件已经存档。

在文件夹属性对话框中，单击“共享”选项卡，接着单击“共享（S）...”按钮，可以打开“文件共享”对话框。在“文件共享”对话框中，可以进行添加或删除共享的用户、设置用户的权限级别等操作，如图 2.62 所示。如果在“共享”选项卡中单击“高级共享”按钮，会打开“高级共享”对话框。在“高级共享”对话框中，可以设置文件夹的共享名、同时共享的用户数量等信息，如图 2.63 所示。

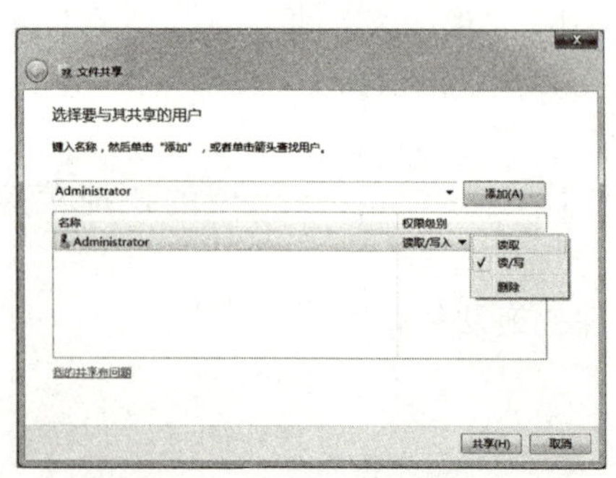

图 2.62　“文件共享”对话框

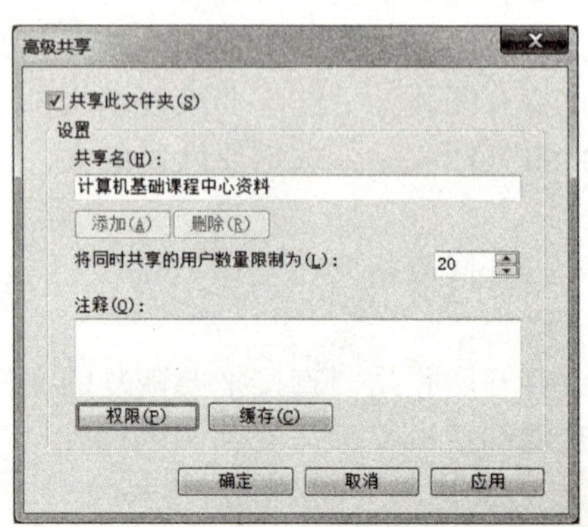

图 2.63　“高级共享”对话框

10. 显示文件扩展名

显示文件扩展名的方法主要有以下两种：

(1) 单击“工具”→“文件夹选项”菜单项，出现“文件夹选项”对话框。在对话框中选择“查看”选项卡，把“隐藏已知文件类型的扩展名”复选框前面的钩去掉，如图 2.64所示，单击“确定”按钮。

(2) 单击文件夹窗口（或资源管理器窗口）工具栏中的“组织”按钮，在出现的下拉菜单中选择“文件夹和搜索选项”命令，在出现的“文件夹选项”对话框中选择“查看”选项卡，把“隐藏已知文件类型的扩展名”复选框前面的钩去掉，单击“确定”按钮。

11. 创建文件或文件夹的快捷方式

通过快捷方式可以快速启动程序、打开文件或文件夹。在 Windows 7 系统中，快捷方式也是采用图标加上名字的形式来表示，但与普通文件或文件夹图标不同的是，快捷方式图标的左下角有一个带蓝色箭头的白色矩形，如图 2.65 与图 2.66 所示。

注意： 快捷方式图标不是文件（或文件夹、程序）的备份，而仅仅是指向文件（或文件夹、程序）的一个指针。如果和快捷方式对应的程序或文件夹不存在，则快捷方式图标无效。

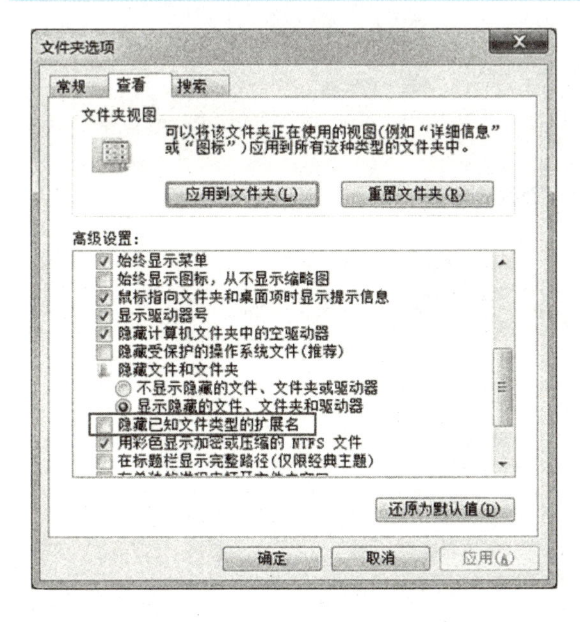

图 2.64　显示文件的扩展名

图 2.65　快捷方式图标

图 2.66　普通文件图标

创建文件或文件夹的快捷方式分以下两种情况：

(1) 为一个文件或文件夹在桌面创建快捷方式。在文件或文件夹上单击鼠标右键，弹出快捷菜单，移动鼠标到“发送到”选项，在下一级菜单中选择“桌面快捷方式”命令，如图 2.67 所示。

（2）在任意位置创建快捷方式。在任意位置创建快捷方式有两种方法，一是在想创建快捷方式的位置空白处单击鼠标右键，弹出快捷菜单，选择“新建”→“快捷方式”命令，如图 2. 68 所示，在出现的“创建快捷方式”对话框中，单击“浏览”按钮，如图 2. 69 所示，找到想要创建快捷方式的文件或文件夹后单击“下一步”按钮，最后再单击“完成”按钮即可，如图 2. 70 所示；二是在要创建快捷方式的文件或文件夹上单击鼠标右键，在弹出的快捷菜单中选择“创建快捷方式”命令，此时，该文件或文件夹的快捷方式就出现在同一目录中，接着把快捷方式复制或移动到所需的位置即可。

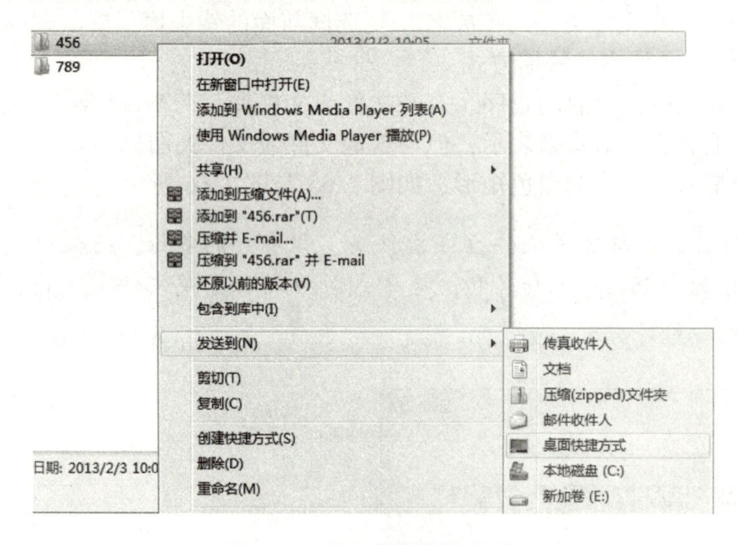

图 2. 67　创建桌面快捷方式

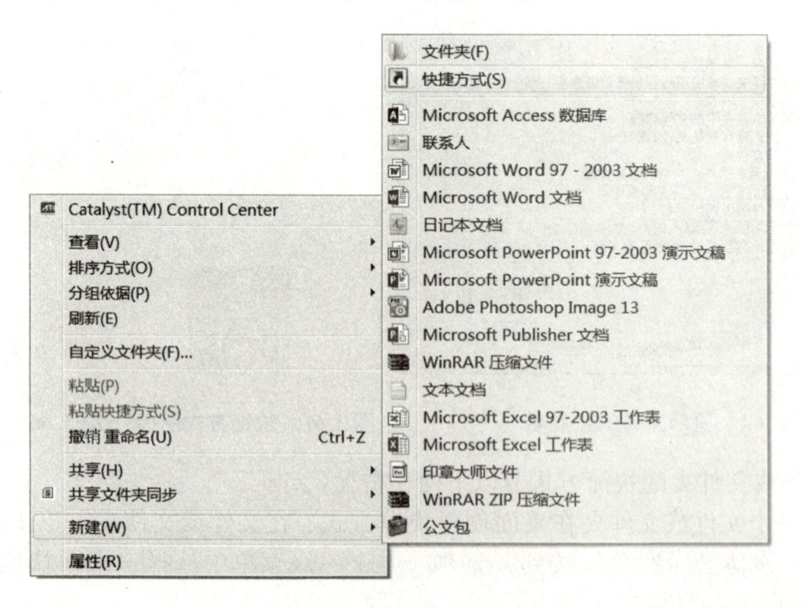

图 2. 68　创建快捷方式

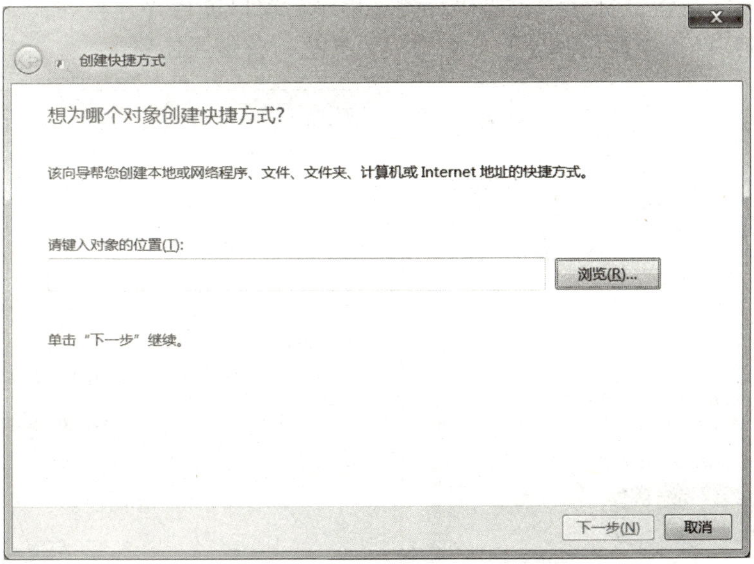

创建快捷方式

想为哪个对象创建快捷方式?

该向导帮您创建本地或网络程序、文件、文件夹、计算机或 Internet 地址的快捷方式。

请键入对象的位置(T):

浏览(R)...

单击"下一步"继续。

下一步(N)　取消

图 2.69　"创建快捷方式"对话框（1）

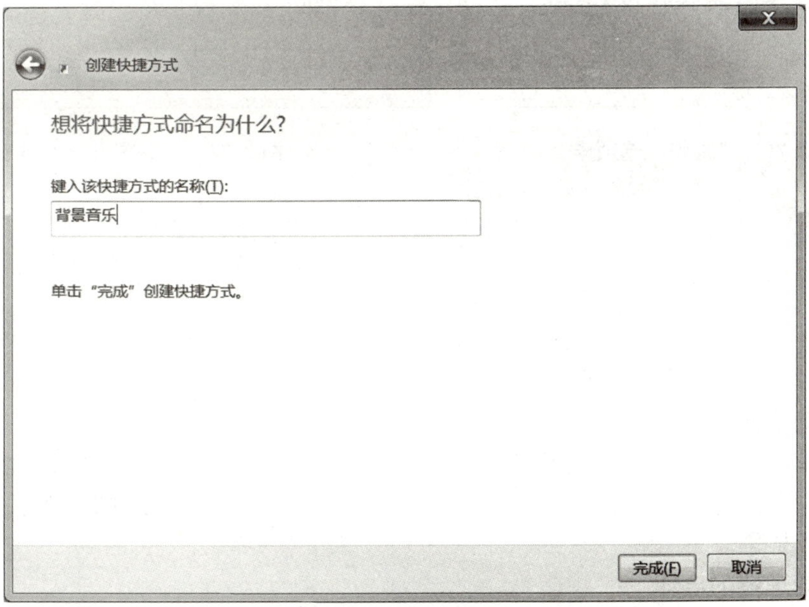

创建快捷方式

想将快捷方式命名为什么?

键入该快捷方式的名称(T):

背景音乐

单击"完成"创建快捷方式。

完成(F)　取消

图 2.70　"创建快捷方式"对话框（2）

2.5.3　查看和管理磁盘

在磁盘分区上单击鼠标右键，在弹出的快捷菜单中选择"属性"命令，出现磁盘分区属性对话框，选择"常规"选项卡可以查看磁盘的卷标名、类型、文件系统、空间使用等信息，如图 2.71 所示。单击"磁盘清理"按钮，启动磁盘清理程序。单击"工具"选项卡，可以看到三个磁盘维护程序，如图 2.72 所示。单击"开始检查（C）..."按钮，打开"检查磁盘"对话框，在对话框中单击"开始"按钮运行磁盘检查程序；单击"立即进行碎片整理（D）...”按钮，打开“磁盘碎片整理程序”窗口进行碎片整理；单击“开始备份（B）...”按钮，打开“备份和还原”窗口对系统进行备份或还原。

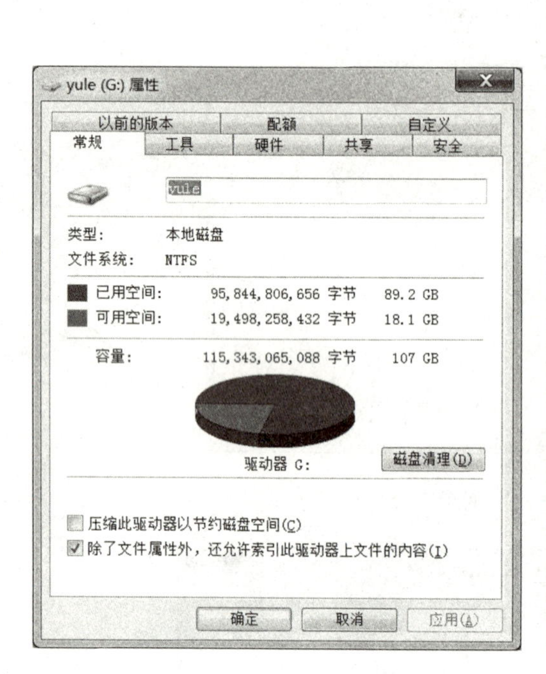

图 2.71　“常规”选项卡

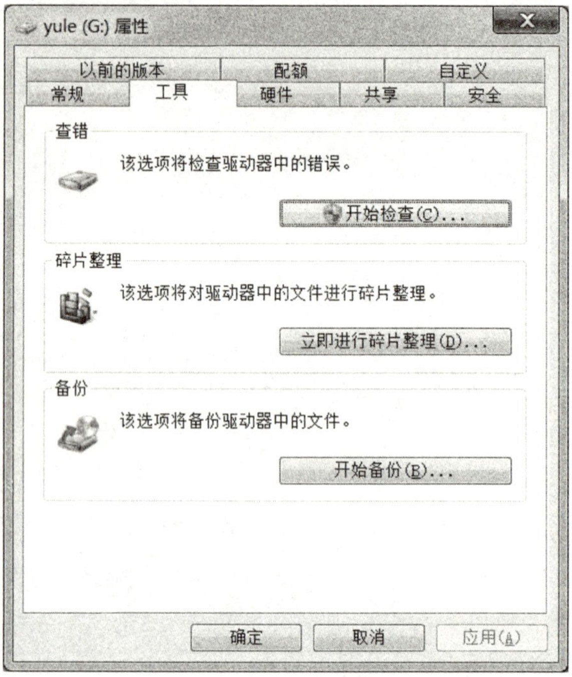

图 2.72　“工具”选项卡

2.6　任务管理器

2.6.1　任务管理器简介

1. 任务管理器的作用

任务管理器提供了计算机上所运行的程序和进程的详细信息，通过它可以快速查看正在运行的程序的状态、终止没有响应的程序、切换运行的程序、运行新的任务、查看 CPU 与内存的使用情况等。

2. 任务管理器的启动

启动任务管理器的方法主要有以下 4 种：

（1）按住【Ctrl】+【Shift】+【Esc】键。

（2）按住【Ctrl】+【Alt】+【Delete】键，在出现的界面中选择“启动任务管理器”选项。

（3）在任务栏的空白处单击鼠标右键，在出现的快捷菜单中选择“启动任务管理器”。

（4）在“运行”命令对话框中输入“taskmgr”，单击“确定”按钮。

3. 任务管理器窗口的组成

Windows 7 的任务管理器窗口主要由标题栏、窗口大小控制按钮、菜单栏、选项卡、状态栏等组成，如图 2.73 所示。菜单栏中包括“文件”“选项”“查看”“窗口”“帮助”菜单，菜单栏下面有“应用程序”“进程”“服务”“性能”“联网”“用户”等五个选项卡，窗口底部则是状态栏，在状态栏中可以查看到当前系统的进程数、CPU 使用率和内存容量使用率等信息。

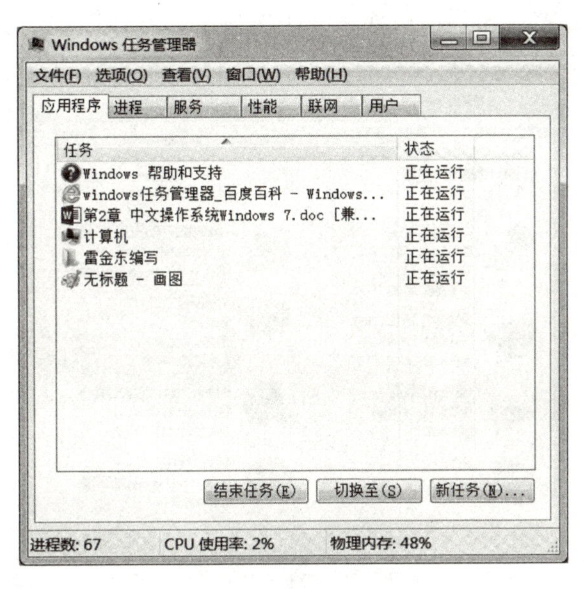

图 2.73　任务管理器窗口

2.6.2　任务管理器的使用

1. 切换或结束任务

单击任务管理器窗口中的“应用程序”选项卡，此时，窗口的中间列出了已打开的应用程序及其运行状态。如果想切换任务，则选定该任务后，单击“切换至”按钮，这样，该任务所对应的应用程序窗口就变成了活动窗口。当某个任务没有响应时，选定该任务，单击“结束任务”按钮即可结束该任务的运行。

2. 快速最小化多个窗口

选择“应用程序”选项卡，按住【Ctrl】键的同时选择需要最小化的应用程序项目，在选中的任意一个任务上单击鼠标右键，在出现的快捷菜单中选择“最小化”命令即可快速最小化所有选择的任务的窗口；在快捷菜单中选择“层叠”“横向平铺”和“纵向平铺”命令可以让所有选中的任务窗口同时显示在屏幕，并按照所选的平铺方式展示。

2.7　控制面板及其使用

2.7.1　控制面板简介

控制面板是 Windows 系统的一个重要的设置工具，通过它可以查看和设置系统状态，比如添加硬件、添加/删除程序、管理用户账户、调整系统的各种属性等。

打开控制面板的方法主要有以下几种：

(1) 在“开始”菜单中，选择“控制面板”命令。

(2) 通过“开始”→“所有程序”→“附件”→“系统工具”→“控制面板”命令。

(3) 在“计算机”窗口中单击工具栏上的“打开控制面板”按钮。

(4) 在“运行”命令对话框中输入“Control”，单击“确定”按钮。

默认情况下，控制面板窗口中的各种选项按“类别”方式显示，如图 2.74 所示。单击“查看方式”后面的三角形按钮，可以选择“大图标”或“小图标”方式显示。

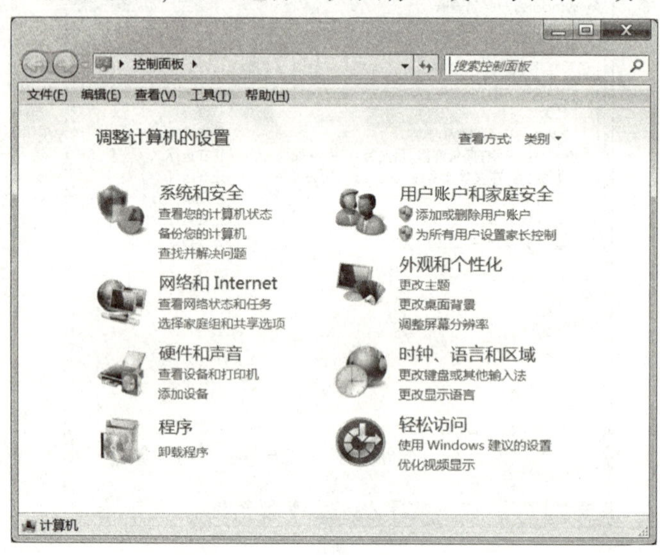

图 2.74　控制面板窗口

2.7.2　控制面板的使用

1. 添加或更改用户

在控制面板窗口中选择“用户账户和家庭安全”栏的“添加或删除用户账户”选项，进入“管理账户”窗口，如图 2.75 所示。在“管理账户”窗口中，选择“创建一个新账户”选项，然后根据提示给账户命名并选择账户类型后，单击“创建账户”按钮，即可创建一个新的用户。如果想更改已有账户的名称、密码、图片等信息，则在“管理账户”窗口中，单击账户的图标，进入“更改账户”窗口后修改即可。

2. 添加新的硬件设备和驱动程序

Windows 7 系统的兼容性比 Windows XP 系统的要好很多。大部分硬件在 Windows 7 系统下安装时，将硬件插入计算机中后，系统便会自动安装硬件。如果该硬件在 Windows 7 系统下可用，系统会自动查找并安装驱动程序，否则，系统将提示插入驱动程序的光盘以识别硬件（驱动程序光盘一般随硬件设备附带）。如果想在控制面板中手动安装硬件，先选择“硬件和声音”栏的“添加设备”选项，出现“添加设备”对话框，此时，系统自动搜索设备，搜索到设备后，单击“下一步”按钮，并根据提示一步一步安装即可。

3. 鼠标属性的设置

在控制面板中，单击“硬件和声音”选项，然后在“设备和打印机”栏中选择“鼠标”选项，可以打开“鼠标属性”对话框，如图 2.76 所示。在“鼠标属性”对话框中，切换到“鼠标键”选项卡，选中“切换主要和次要的按钮”复选框，可以设置鼠标左右键的操作方式。此外，还可以设置鼠标的双击速度。切换到“指针”选项卡，可以设置鼠标的指针方案；切换到“指针选项”选项卡，可以设置鼠标指针的移动速度、对齐、可见性等属性；切换到“滑轮”选项卡，可以设置鼠标滑轮的一次垂直滚动或水平滚动的距离。

图 2.75　"管理账户"窗口

提示：控制面板窗口同样具有很强的搜索功能。例如，在搜索框中输入"鼠标"字样后，控制面板中就会显示与鼠标相关的设置选项。

4. 网卡属性设置

对于联网的计算机来说，网络参数是很重要的。设置网卡 IP 地址参数的方法如下：

(1) 在控制面板窗口中，选择"网络和 Internet"栏中的"查看网络状态和任务"选项，在出现的"网络和共享中心"对话框中，选择"查看活动网络"栏中的"本地连接"链接。单击"详细信息..."按钮，可以查看本机的网络参数详细信息。

(2) 在打开的"本地连接状态"对话框中，单击"属性"按钮，打开"本地连接属性"对话框，如图 2.77 所示。

(3) 在"本地连接属性"对话框中，双击"Internet 协议版本 4 (TCP/IPv4)"选项，打开"Internet 协议版本 4 (TCP/IPv4) 属性"对话框，如图 2.78 所示。在对话框中，设置好计算机的 IP 地址后单击"确定"按钮即可。

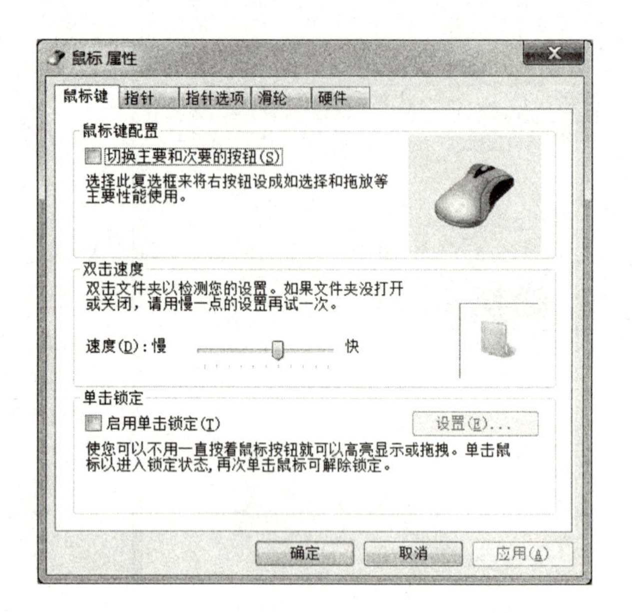

图 2.76　“鼠标属性”对话框

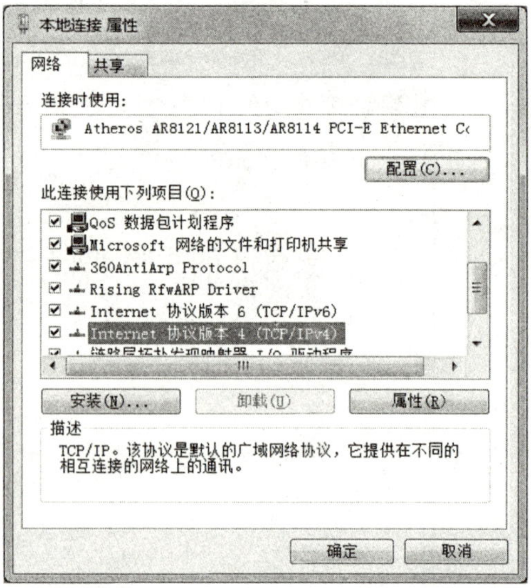

图 2.77　“本地连接属性”对话框

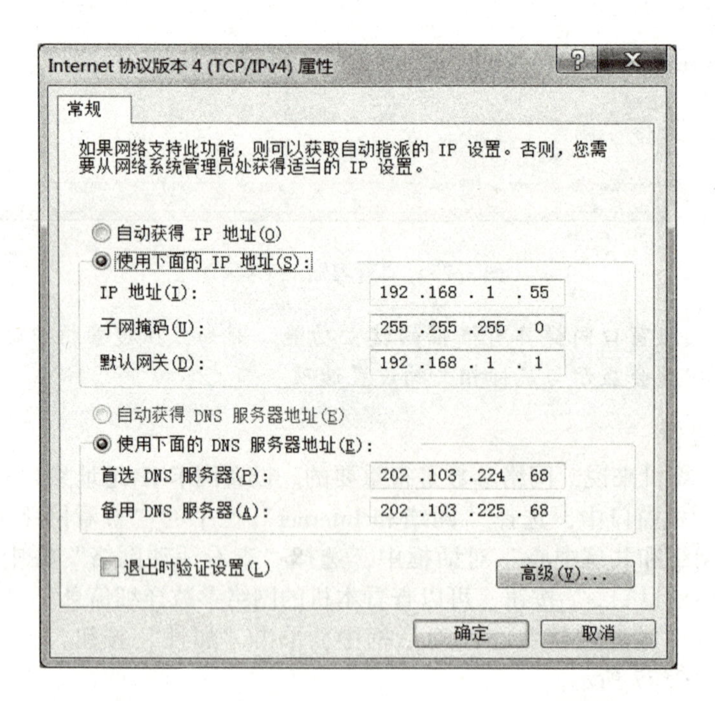

图 2.78　“Internet 协议版本 4（TCP/IPv4）”对话框

5. 汉字输入法的安装与配置

在控制面板中，添加输入法的步骤如下：

（1）单击“时钟、语言和区域”栏中的“更改键盘或其他输入法”或“更改显示语言”选项，打开“区域和语言”对话框。

（2）在“区域和语言”对话框中，选择“键盘和语言”选项卡，单击“更改键盘”按钮，打开“文本服务和输入语言”对话框，如图 2.79 所示。

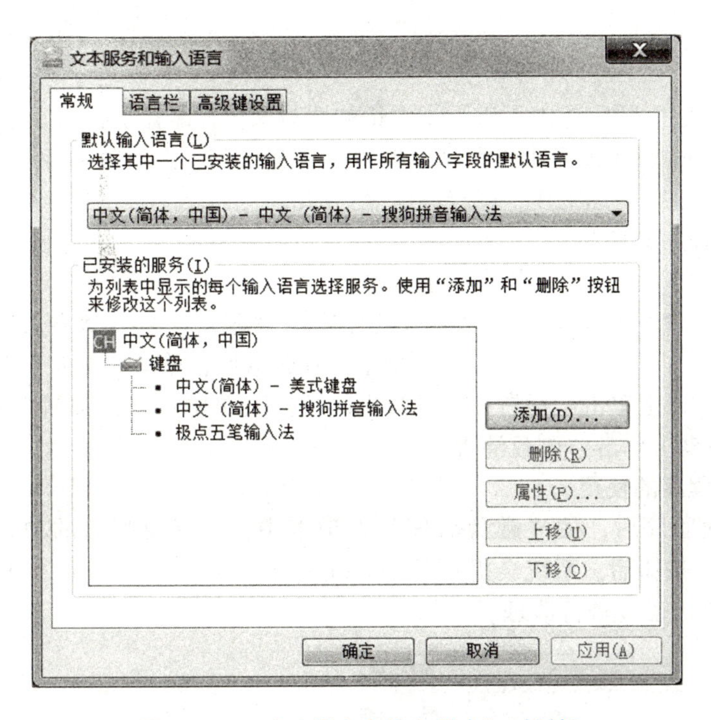

图 2.79　“文本服务和输入语言”对话框

(3) 选择“常规”选项卡，单击“添加”按钮，打开“添加输入语言”对话框，在对话框中添加所需的输入法后，单击“确定”按钮即可，如图 2.80 所示。

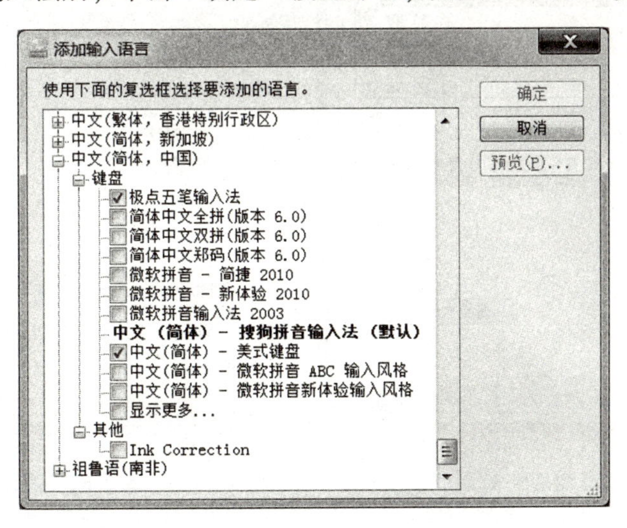

图 2.80　“添加输入语言”对话框

* 2.8　Windows 7 的系统维护工具

Windows 7 提供了很多实用的系统维护程序，如磁盘清理程序、磁盘碎片整理程序、系统还原程序等。本节主要讲解磁盘清理程序、磁盘碎片整理程序的使用方法。

2.8.1　磁盘清理

计算机使用一段时间后，由于进行了大量的读写操作，磁盘上会留下很多临时文件和已经没用的程序，这些残留的文件和程序不但占用磁盘空间，还会影响系统的整体性能。所以，要定期对磁盘进行清理工作，以释放磁盘空间。

1. 磁盘清理程序的启动

磁盘清理程序的启动方法主要有以下两种：

(1) 依次单击“开始”菜单→“所有程序”→“附件”→“系统工具”→“磁盘清理”命令，在出现的“驱动器选择”对话框中选择磁盘后，单击“确定”按钮。

(2) 在一个分区上单击鼠标右键，在弹出的快捷菜单中选择“属性”命令，在出现的“磁盘属性”对话框中单击“磁盘清理”按钮。

2. 磁盘清理程序的使用

启动磁盘清理程序后，在“磁盘清理”选项卡中，选择要删除的项目，如图 2.81 所示。单击“确定”按钮后，系统会提示是否删除文件，如图 2.82 所示，单击“删除文件”按钮，即可对所选的磁盘进行清理。

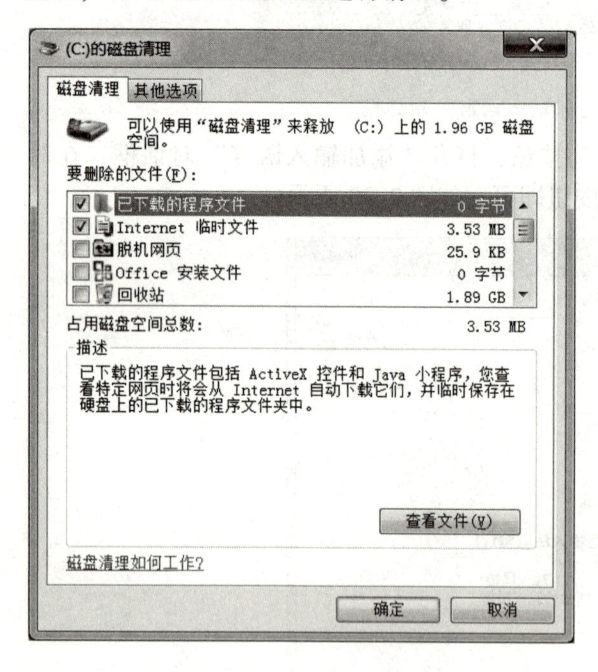

图 2.81　“磁盘清理”对话框

图 2.82　提示是否删除文件

2.8.2　磁盘碎片整理

在使用计算机过程中，经常需要对文件进行复制、剪切、粘贴等操作，这些操作涉及了频繁的磁盘读写过程，久而久之，磁盘中就会产生大量的碎片文件。碎片文件不但浪费磁盘的空间，而且系统读取这些文件会花费更多的时间，引起系统性能下降。所以，必须定期对磁盘进行碎片整理。

Windows 系统自带的磁盘碎片整理程序可以将碎片文件和文件夹的不同部分移动到磁盘

卷上的同一位置，使得文件和文件夹占用单独而连续的磁盘空间，从而让系统更有效地访问文件和文件夹，提高运行效率。

1. 磁盘碎片整理程序的启动

磁盘碎片整理程序的启动方法主要有以下两种：

(1) 依次单击“开始”菜单→“所有程序”→“附件”→“系统工具”→“磁盘碎片整理”命令。

(2) 在控制面板窗口中，单击“系统和安全”选项，在“管理工具”栏中选择“对硬盘进行碎片整理”选项。

2. 磁盘碎片整理程序的使用

磁盘碎片整理程序的窗口如图 2. 83 所示。单击“配置计划”按钮，打开“修改计划”对话框，在对话框中可以设置磁盘碎片整理的频率、日期、时间和磁盘等信息，如图 2. 84 所示。在磁盘碎片整理程序窗口的“当前状态”栏中，显示了各个磁盘的碎片整理的情况。选择磁盘后，单击“分析磁盘”按钮，可以先对磁盘进行碎片分析，然后，单击“磁盘碎片整理”按钮，对磁盘进行碎片整理。

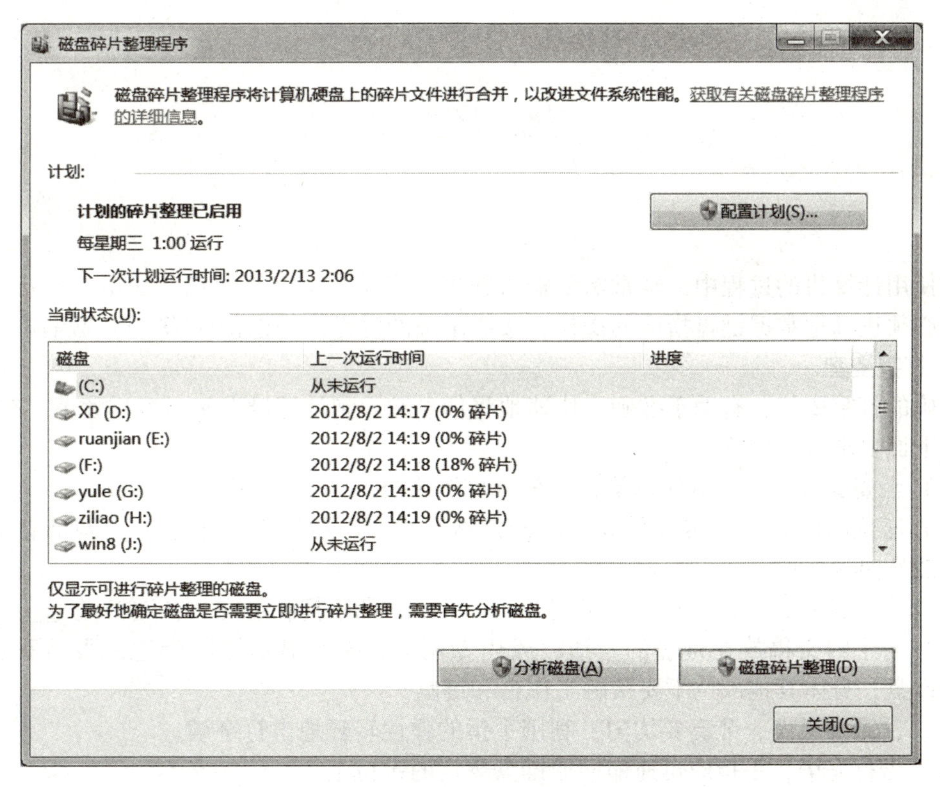

图 2. 83　“磁盘碎片整理程序”窗口

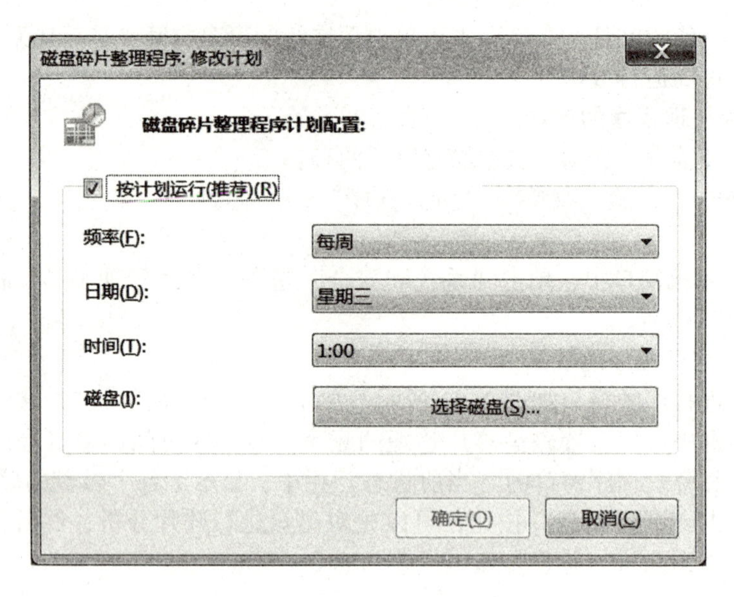

图 2.84　“修改计划”窗口

2.9　中英文键盘输入法

2.9.1　英文键盘输入

在使用计算机的过程中，经常需要输入数据、字符、文字等信息，初学计算机的用户，开始就必须正确地掌握键盘指法的操作，按照正确的键盘指法进行训练，以提高输入速度。

1. 打字姿势

正确的打字姿势，有助于准确、快速地将信息输入到计算机而又不容易疲劳。初学者应严格按下面要求进行训练。

（1）坐姿要端正，上身保持笔直，全身自然放松。

（2）座位高度适中，两脚平放，两臂自然下垂，两肘轻贴于腋边，与两前臂成直线，手指自然弯曲成弧形。

（3）手腕悬起，手指轻轻放在字键的正中面上，两手拇指悬空放在空格键上。

（4）打字的文稿放在键盘的左边，或用专用夹，夹在显示器的旁边，眼睛看着稿件，不要看键盘，身体其他部位不要接触工作台和键盘。

（5）击键要迅速，节奏要均匀，利用手指的弹性轻轻地击打字键。

（6）击打完毕，手指应迅速缩回原键盘规定的键位上。

2. 打字的基本指法

键盘第三排上的“A”“S”“D”“F”“J”“K”“L”“;”共 8 个键位为基本键位，其中，在“F”“J”两个键位上均有一个突起的短横条，用左右手的两个食指可触摸这两个键以确定其他手指的键位，如图 2.85 所示。打字时，除拇指外，其余的 8 个手指分别放在基本键位上，拇指放在空格键上。各个手指的分工如图 2.86 所示。

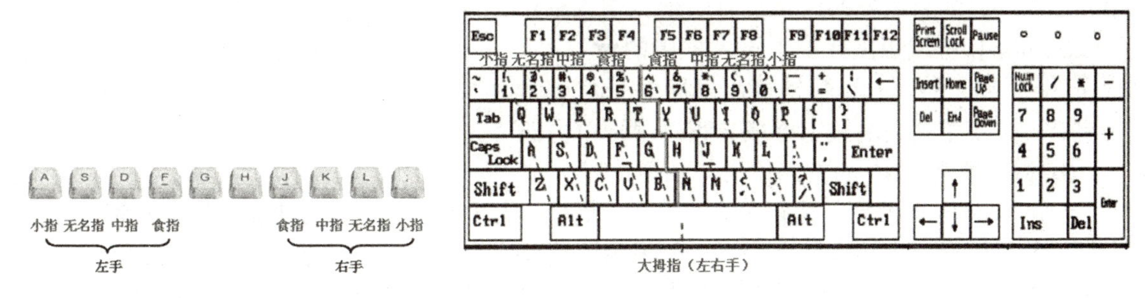

图 2.85　基本键位　　　　图 2.86　主键盘上各个手指的基本分工

在打字时，手指要轻而迅速，不要缓慢按键，击键后手指要迅速返回基本键位，击键力度要适中、快慢均匀。初学时，切忌为了求快而忽视指法的正确性。

2.9.2　微软拼音 2010 输入法

微软拼音 2010 输入法是一种基于语句的智能型拼音输入法，它具有反应快捷敏锐、打字准确流畅、词汇多、支持在线搜索查询等特点，因此受到了很多用户的青睐。

1. 微软拼音 2010 输入法介绍

微软拼音 2010 输入法提供了“新体验”和“简捷”两种输入风格。其中“新体验风格”秉承微软拼音传统设计，采用嵌入式输入界面和自动拼音转换（基于词来进行输入），如图 2.87 所示；“简捷风格”则为微软拼音 2010 输入法全新设计，它采用光标跟随输入界面和手动拼音转换（基于句子来输入，类似于搜狗等输入法），如图 2.88 所示。两种不同的输入风格可以满足不同的打字习惯需要。

图 2.87　新体验风格　　　　图 2.88　简捷风格

微软拼音 2010 的状态条在 Windows 7 下默认停靠在任务栏中，用户可以通过右键菜单中的“还原语言栏”来将状态条悬浮于桌面上。

状态条由“输入法切换、中英文切换、全/半角切换、中英文标点切换、软键盘、输入板开关、选择搜索提供商、功能菜单、帮助”9 个功能按钮所组成，如图 2.89 所示。

2. 使用微软拼音 2010 输入汉字

（1）新体验风格下汉字的输入。在新体验风格下，输入汉字的拼音后，输入法提示框中会出现候选的汉字。此时，按回车键，将输入汉字的拼音字母；按空格键，输入框中的第一个汉字就出现在文本区的光标处，并以带下划虚线的蓝色形式显示，再次按空格键或者回车键即可确定输入，按【Esc】键则取消输入。如果需要的汉字没有出现在输入框中，按【+】键（或【]】键、【Page Down】键或用鼠标单击输入框中的▶符号）可以往下翻页；按【-】键（或【[】键、【Page Up】键或用鼠标单击输入框中的◀符号）可以往上翻页。翻到需要的汉字后，按汉字前面的数字键或者移动鼠标单击即可选择汉字。

（2）简捷风格下汉字的输入。在简捷风格下，输入汉字的拼音后，输入法提示框中会出现候选的汉字。此时，按回车键，将输入汉字的拼音字母；按空格键，将输出输入框中的第一个汉字。如果需要的汉字没有出现在输入框中，按【+】键（或【]】键、【>】键、【Page Down】键或用鼠标单击输入框中的▼符号）可以往下翻页；按【-】键（或【[】键、【<】键、【Page Up】键或用鼠标单击输入框中的▲符号）可以往上翻页。翻到需要的汉字后，按汉字前面的数字键或者移动鼠标单击即可选择汉字。

3. 微软拼音 2010 的常用设置与使用技巧

（1）简拼输入设置。微软拼音 2010 在默认情况下开启了简拼的功能，在该功能下，输入词语的首字母即可输入某个词语，如果想取消该功能，则通过以下方法来设置：

①单击状态条中的“功能菜单”按钮，选择“输入选项”命令，如图 2.90 所示。

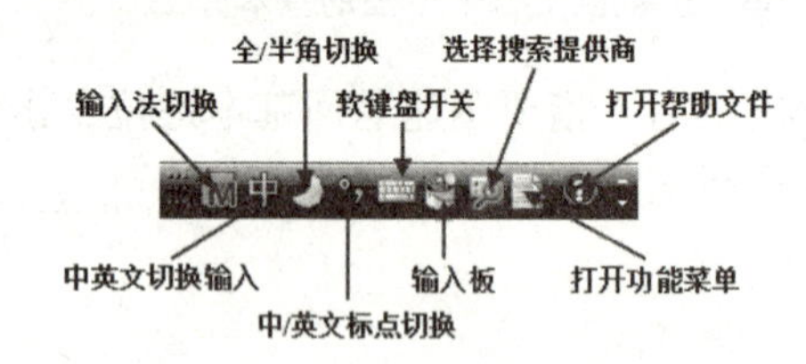

图 2.89　微软拼音 2010 的状态条

图 2.90　选择“输入选项”命令

②在出现的“输入选项”对话框中，选择“常规”选项卡，不选中“支持简拼”复选框，如图 2.91 所示。单击“确定”按钮。

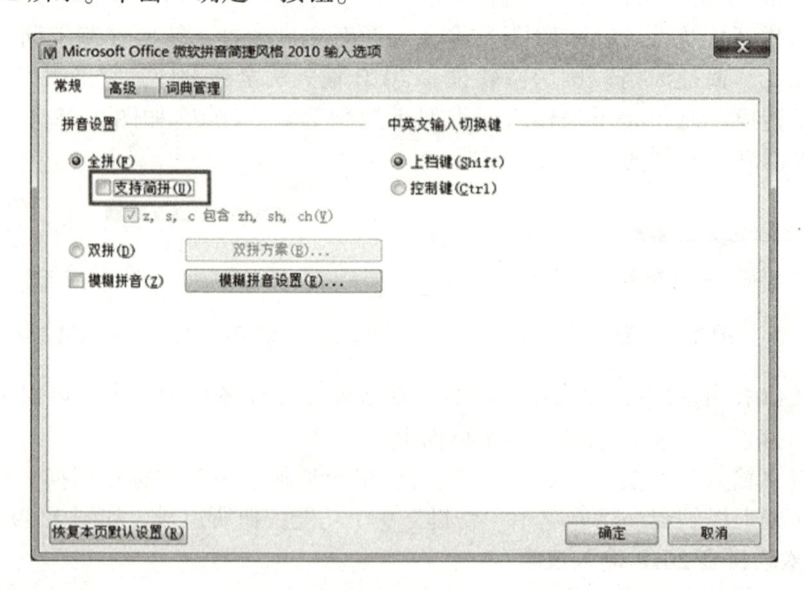

图 2.91　“输入选项—常规”选项卡

（2）模糊音设置。如果用户对卷舌音与非卷舌音分不清楚，可以开启“模糊拼音”功能，当开启该功能后，微软拼音 2010 将自动识别用户的不标准发音输入，进而让用户也能“歪打正着”。开启“模糊音”功能的方法为：在图 2.91 所示的“输入选项”对话框中，选择“常规”选项卡，然后选中“模糊拼音”复选框。如果单击“模糊拼音设置”按钮，则可以对模糊拼音进行设置，如图 2.92 所示。

（3）“自造词”工具的使用。通过微软拼音 2010 的“自造词”工具，用户可以编辑自定义词条，设置该词条的快捷键，还可以选择多音字的拼音音调、导入导出自定义词条库。

添加自造词的方法如下：

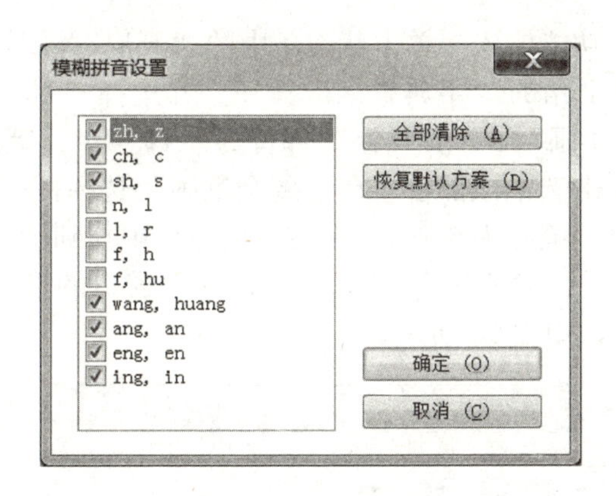

图 2.92　“模糊拼音设置”对话框

①单击状态条中的“功能菜单”按钮，选择“自造词工具”命令。

②在出现的“自造词工具”窗口中，选择“自造词”选项卡。

③双击“用户自造词”栏目中的“1”序号，进入“词条编辑”对话框，输入自造词并设置快捷键，如图 2.93 所示，单击“确定”按钮。

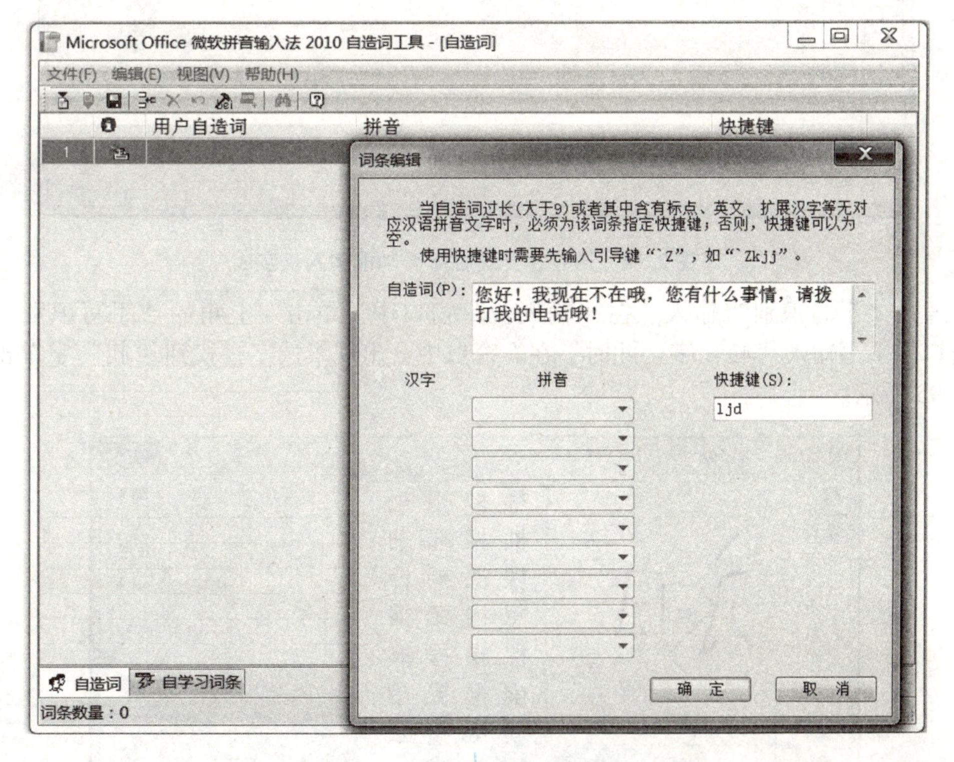

图 2.93　输入自造词并设置快捷键

设置好自造词后，在中文输入模式下，键入“Z” + 快捷键，然后按空格键即可输出相应的自造字。

(4)“输入板”工具的使用。利用微软拼音 2010 的“输入板”工具，用户可以通过“字典查询”中的“部首检字”功能或者“手写识别”来输入不知道拼音的字。下面以输入“昶”字为例来讲解这两种方法的不同。

①通过“部首检字”功能输入。单击状态条中的“开启/关闭输入板”按钮，打开“输入板”窗口。单击窗口左上角的“字典查询”按钮，并选择“部首检字”选项卡。在“部首笔画”选择框中选择“4 画”（“昶”字的部首为“日”字，笔画为 4 画），拖动垂直滚动条，找到“日”字后单击选中该部首。在“剩余笔画”选择框中选择“5 画”（“昶”字的剩余的部分为“永”字，笔画为 5 画），在右边的窗口中找到“昶”字后单击即可。当用户移动鼠标到所需的汉字时，微软拼音 2010 还会以浮动窗口的形式来显示该字的读音与内码编码，以便下次输入，如图 2.94 所示。

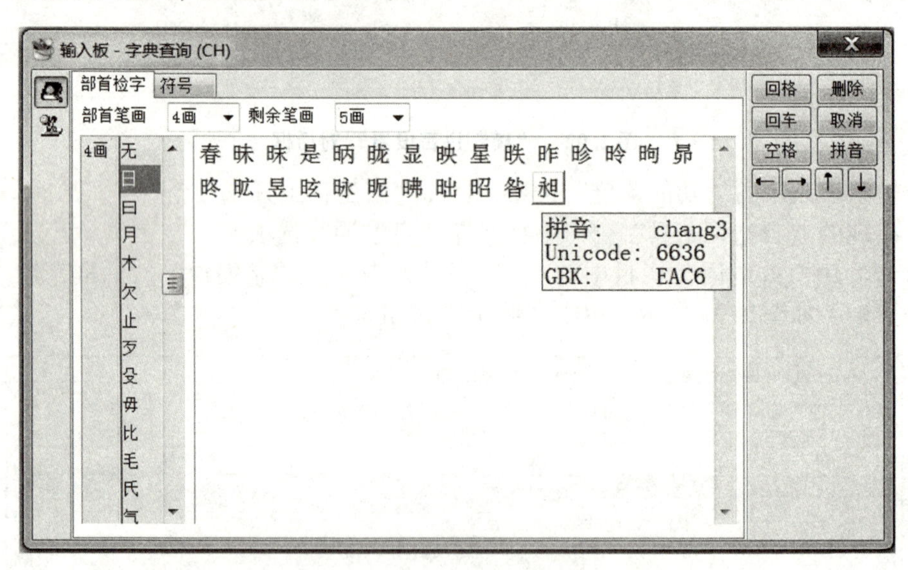

图 2.94　通过“部首检字”功能输入汉字

②通过“手写识别”输入。在“输入板”窗口中，单击左上角的“手写识别”按钮。在左窗口中手写输入“昶”字，此时，在右窗口中会出现候选字，找到“昶”字单击即可，如图 2.95 所示。

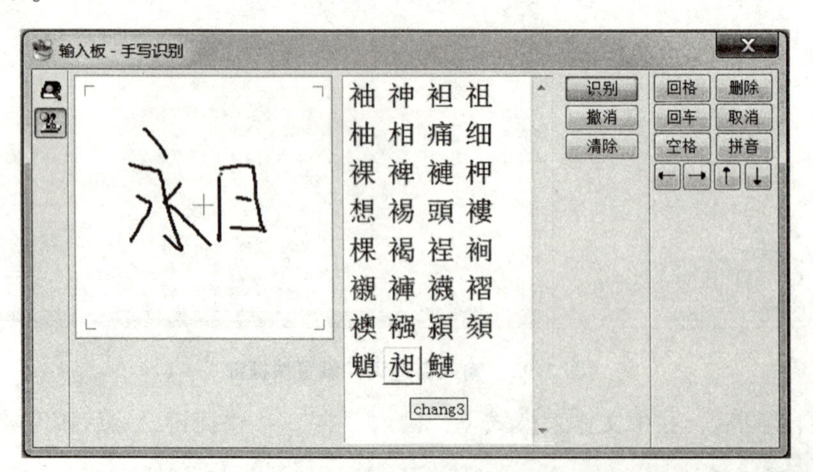

图 2.95　通过“手写识别”功能输入汉字

（5）微软拼音 2010 的一些使用技巧。

①在中文模式下，按【Shift】+【@】键（或按【Shift】+【|】键）可以输入人名

分隔符“·”。

②在中文模式下，按【Shift】+【$】键可以输入人民币符号“￥”。

③在中文模式下，按【\】键可以输入“、”号。

④在中文模式下，按【Shift】+【^】键可以输入“……”号。

⑤在中文模式下，按【Shift】+【<】键可以输入“《”号。

⑥在中文模式下，按【Shift】+【>】键可以输入“》”号。

⑦按【Shift】键可以在中英文输入法之间切换。

⑧按【Shift】+空格键可以在全角、半角之间切换。

2.9.3　输入法的添加、删除与设置

1. 输入法的添加

在 Windows 7 中，添加输入法的方法主要有两种。一种方法是通过控制面板添加输入法，其步骤在前面的 2.7.2 小节已介绍。另一种方法是通过语言栏添加输入法。

通过语言栏添加输入法的步骤如下：

（1）单击语言栏中的下拉三角形，选择“设置”命令，或者右键单击语言栏，选择“设置”命令。

（2）在出现的“文本服务和输入语言”对话框中，选择“常规”选项卡，单击“添加”按钮。在出现的“添加输入语言”对话框中，找到要添加的输入法后，选中相应的输入法复选框，单击“确定”按钮即可。

2. 输入法的删除

删除输入法的方法与添加输入法的方法类似，只不过进入“文本服务和输入语言”对话框后，在“常规”选项卡中，选择要删除的输入法后单击“删除”按钮而已。

3. 默认输入法的设置

在 Windows 7 中，默认的输入法为英文输入法，而用户经常使用的输入法一般为用习惯了的中文输入法，这样每次使用的时候都要对输入法进行切换，为了避免麻烦，可以将常用的输入法设为默认的输入法。设置默认输入法的操作方法为：在“文本服务和输入语言”对话框中，选择“常规”选项卡。单击“默认输入语言”栏的下拉列表，选择用户习惯的输入法，单击“确定”按钮。

2.9.4　字体的安装和使用

Windows 7 操作系统提供了很多字体，使用不同的字体可以在编辑文档时显示不同的效果。除了系统自带的字体外，用户还可以从网上下载各种字体来安装使用。

1. 字体的安装

安装字体的方法主要有 3 种。

1）直接安装字体

（1）将下载的字体文件解压，得到“.ttf”格式或“.otf”格式的字体文件。

（2）右键单击字体文件，在弹出的快捷菜单中选择“安装”菜单项，即可进行字体安装，如图 2.96 所示。字体安装成功后，就可以在应用程序中使用已经安装好的字体。

提示：如果右击字体文件后，在弹出的快捷菜单中没有“安装”选项，可以选择“打开方式”，在其下拉菜单中选择“Windows 字体查看器”选项，如图 2.97 所示。接着在打开的“Windows 字体查看器”中单击“安装”按钮进行安装。

图 2.96　选择“安装”菜单项

图 2.97　选择“Windows 字体查看器”菜单项

2）通过复制方式安装字体

（1）在地址栏输入“C:\WINDOWS\Fonts”，打开 Windows 7 的字体文件夹。

（2）复制“.ttf”或“.otf”格式的字体文件，然后粘贴到字体文件夹中。粘贴后，系统会自动完成字体的安装。

3）通过快捷方式安装字体

通过复制方式来安装字体会将字体文件全部复制到 C:\Windows\Fonts 文件夹中，这样就会占用系统盘的空间，而通过快捷方式来安装字体可以节省系统盘的空间。该方法的具体操作步骤如下：

（1）在地址栏输入“C:\WINDOWS\Fonts”，打开 Windows 7 的字体文件夹。

（2）单击文件夹窗口左侧的“字体设置”选项，如图 2.98 所示。

（3）在打开的“字体设置”对话框中，选中“允许使用快捷方式安装字体（高级）(A)”复选框，如图 2.99 所示。单击“确定”按钮保存设置。

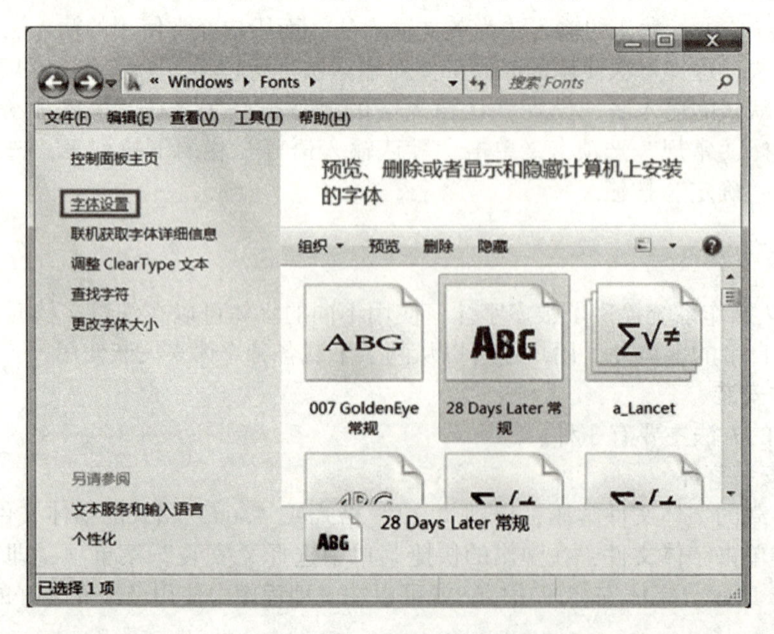

图 2.98　选择“字体设置”选项

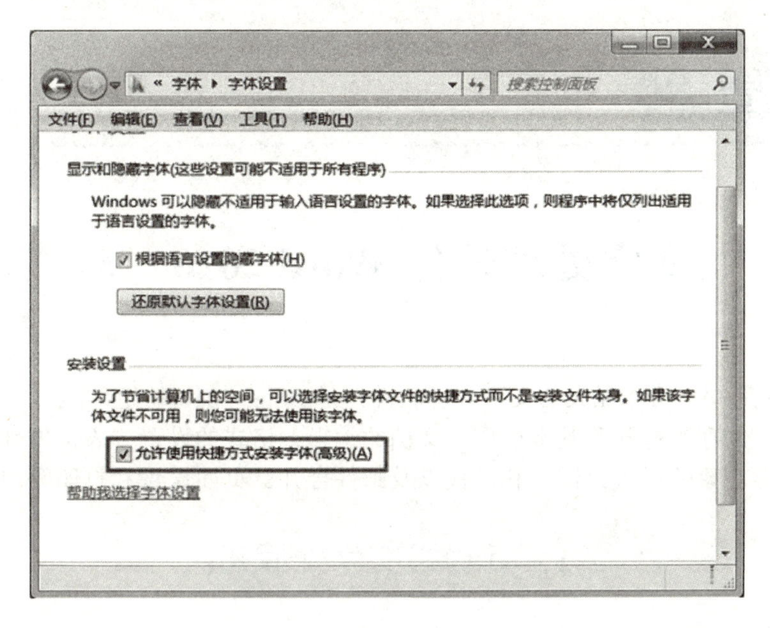

图 2.99　“字体设置”对话框

(4) 右键单击字体文件，在弹出的快捷菜单中选择“作为快捷方式安装”选项即可进行字体安装。

提示：如果右击字体文件后，在弹出的快捷菜单中没有“作为快捷方式安装”选项，可以选择“打开方式”中的“Windows 字体查看器”选项，然后在打开的“Windows 字体查看器”中选中“使用快捷方式”复选框，单击“安装”按钮即可进行快捷方式安装。

习　题

1. 打开资源管理器的方法有哪些？
2. 在资源管理器中如何实现不同盘之间文件的复制、移动？如何实现同盘文件的复制、移动？
3. 列出三种复制文件的方法。
4. 在资源管理器中，如何选择连续的文件或文件夹？如何选择不连续的文件或文件夹？
5. 在 Windows 7 中，如何显示文件的扩展名？如何查看隐藏的文件夹、文件？
6. 如何安装、删除中文输入法？
7. 使用 Windows 7 中的“截图工具”可以截取哪些类型的截图？
8. 在 Windows 7 中，“写字板”程序具有“记事本”所没有的哪些功能？

第3章

文字处理软件 Word 2010

Word 2010 是一个功能强大的文字处理软件，是 Office 2010 的组件之一。本章将主要介绍文档的创建、保存和打开等基本操作，文档的编辑，格式的设置，表格处理以及公式编辑器的使用，图形对象的插入，样式和模板以及邮件合并，页面设置和打印等内容。

3.1 计算机文字处理知识

计算机文字处理的基础是文字信息的数字化。首先要解决用 0、1 代码串表示文字符号的问题，也就是编码问题；其次将文字信息数字化后输入到计算机进行处理之后，输出结果时再把编码还原成字符，从而实现文字信息的计算机处理。键盘是最常用的计算机文字输入设备，光学字符阅读器、手写板输入等智能化的输入方法也得到广泛应用。

3.1.1 文字信息的输入

1. 键盘输入

键盘是最常用的输入设备，键盘原本是为英文输入而设计的，一个键对应于一个英文字符或标点符号。当用户敲击按键时，键盘的译码电路就会产生所击的键对应的代码，即 ASCII 码，并输入到计算机的内存中。汉字总数超过 6 万个，常用汉字大约 6 700 个，字符数目远远多于英文键盘键的数目。因此，要用几个键的组合来表示一个汉字，这种键的组合称为“汉字输入编码”。常见的输入编码有“形码”和“音码”两大类。形码有五笔字型码、郑码等，音码有谷歌拼音、智能 ABC、微软拼音、清华紫光、搜狗拼音等。

2. 其他输入设备

近几年来，由于计算机硬件、软件技术的进步，智能化的输入方法开始取得研究成果。

（1）光学字符阅读器（Optical Character Recognition，OCR）是指采用电子设备（例如扫描仪或数码相机）检查纸上打印的字符，通过检测暗、亮的模式确定其形状，然后用字符识别方法将形状翻译成计算机文字。即对文本资料进行扫描，然后对图像文件进行分析处理，获取文字及版面信息的过程。

（2）手写输入指的是通过内置的触控笔在屏幕上手写，计算机通过内部的识别系统把手写的各种字体转换为可识别的标准字体显示在屏幕上，这样就大大地提高了输入的速度。目前具有手写输入的手机大部分出现在高端手机上。

（3）鼠标输入和我们平时看见的用手写板输入的原理是一样的，只不过鼠标输入是利用鼠标指针的轨迹来“写”字的，我们可以利用微软输入法 3.0 版本（以及以上版本）中的“框式输入”来实现。

(4) 语音输入就是用声音来输入文字，根据操作者的讲话，由计算机识别成汉字的输入方法（又称声控输入）。它是用与主机相连的话筒读出汉字的语音，现在微软 Office 2003 以上级别都可以使用语音输入。

3.1.2　英文文字处理过程

文字信息处理完毕后，要把处理结果的代码转换成文字输出。输出的方式包括显示和打印。为此，在计算机系统中要存储有关字符的字型点阵。计算机输出处理结果时，根据字符的代码计算字符点阵在存储器的存储地址，按照这一地址读出字符的点阵信息，供显示器或打印机输出使用。英文字符字型比较简单，用 5×7 或 7×11 的点阵就可以表示（见图 3.1）。

3.1.3　中文文字处理过程

1. 汉字字符的点阵

把一个汉字看成一个二维图形，并把笔画离散化，用一个点阵来表示一个汉字。点阵的每个点位只有两种状态：有笔画（有点）或无笔画（无点）。这就可以用一位二进制代码来表示，该位取值为 1 表示"有点"，取值为 0 表示"无点"。那么，一个二进制代码串就可以表示点阵的一行上的点。若干个代码串就表示整个汉字的点阵信息。在输出时，点阵上取值为 1 就显示或打印一个"点"，否则不显示或不打印。如汉字"模"就可用图 3.2 的点阵图来表示。

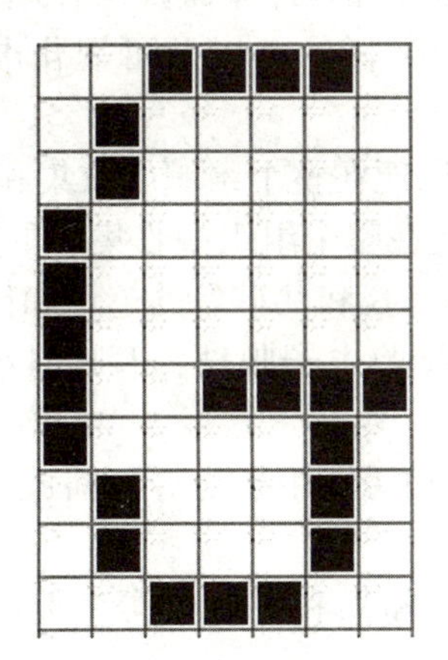

图 3.1　英文字符点阵表示

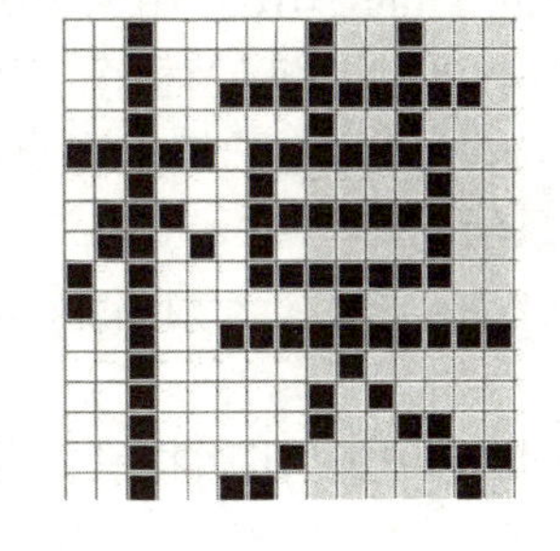

图 3.2　中文字符点阵表示

常用的几种汉字点阵类型的参数见表 3.1。

表 3.1　汉字的点阵类型

点阵类型	点阵参数（行×列）	每个汉字占的字节数
简易型	16×16	32
普及型	24×24	72
提高型	32×32	128
精密型	48×48	288

2. 汉字字库

描述汉字点阵信息的二进制代码组成的矩阵称为汉字的"字模"，所有汉字和标点符号、其他符号的点阵信息就组成汉字的“字模库”（简称字库）。

1981 年 5 月 1 日，中华人民共和国国家标准总局发布《信息交换用汉字编码字符集——基本集》汉字库编码，简称为《GB 2312—1980》。其中“GB”为“国家标准”的汉语拼音缩写，1981 年 10 月 1 日开始实施。《GB 2312—1980》是汉字库的编码，收录了简化汉字字符 6 763 个，特殊字符 682 个（其中，运算符、序号、数字、拉丁字母、日文假名、希腊字母、俄文字母、汉语拼音符号、汉语注音字母），共 7 445 个图形字符。

3.2　Word 2010 基本知识

3.2.1　Office 2010 和 Word 2010 简介

1. Office 2010 简介

Office 2010 是微软推出的新一代办公软件，开发代号为 Office 14，实际是第 12 个发行版。该软件共有 6 个版本，分别是初级版、家庭及学生版、家庭及商业版、标准版、专业版和专业高级版。Office 2010 可支持 32 位和 64 位 Vista 及 Windows 7，仅支持 32 位 Windows XP，不支持 64 位 Windows XP。Office 2010 在 2010 年 7 月同时以在线和零售方式上市。Office 2010 包含下列组件：

（1）Access 2010：数据库管理系统，用来创建数据库和程序来跟踪与管理信息。

（2）Excel 2010：数据处理程序，用来执行计算、分析信息以及可视化电子表格中的数据。

（3）InfoPath Designer 2010：用来设计动态表单，以便在整个组织中收集和重用信息。

（4）InfoPath Filler 2010：用来填写动态表单，以便在整个组织中收集和重用信息。

（5）OneNote 2010：笔记程序，用来搜集、组织、查找和共享您的笔记和信息。

（6）Outlook 2010：电子邮件客户端，用来发送和接收电子邮件；管理日程、联系人和任务，以及记录活动。

（7）PowerPoint 2010：幻灯片制作程序，用来创建和编辑用于幻灯片播放、会议和网页的演示文稿。

（8）Publisher 2010：出版物制作程序，用来创建新闻稿和小册子等专业品质出版物及营销素材。

（9）SharePoint Workspace 2010：相当于 Office 2007 的 Groove。

（10）Word 2010：图文编辑工具，用来创建和编辑具有专业外观的文档，如信函、论文、报告和小册子。

（11）Office Communicator 2007：统一通信客户端软件。

2. Word 2010 简介

Word 是微软公司的一个文字处理应用程序，提供了更加直观、方便的操作界面。Word 2010 在继承以往 Word 功能的基础上，还新增了多项新功能。

（1）改进的搜索和导航体验。使用 Word 2010 新增的改进查找体验，按照图形、表、脚注和注释来查找内容，可更加便捷地查找信息。改进的导航窗格提供了文档的直观表示形式，这样就可以对所需内容进行快速浏览、排序和查找。

（2）与他人同步工作。Word 2010 重新定义了人们一起处理某个文档的方式。利用共同创作功能，可以编辑论文，同时与他人分享您的思想观点。对于企业和组织来说，与 Office Communicator 的集成，使用户能够查看与其一起编写文档的某个人是否空闲，并在不离开 Word 的情况下轻松启动会话。

（3）几乎可在任何地点访问和共享文档。联机发布文档，然后通过用户的计算机或基于 Windows Mobile 的 Smartphone 在任何地方访问、查看和编辑这些文档。

（4）向文本添加视觉效果。用户可以向文本应用图像效果（如阴影、凹凸、发光和映像），也可以向文本应用格式设置，以便与用户的图像实现无缝混合，操作起来快速、轻松，只需单击几次鼠标即可。

（5）将用户的文本转化为引人注目的图表。用户可将视觉效果添加到文档中，也可从新增的 SmartArt 图形中选择，以在数分钟内构建令人印象深刻的图表。SmartArt 中的图形功能同样也可以将列出的文本转换为引人注目的视觉图形，以便更好地展示用户的创意。

（6）向文档加入视觉效果。Word 2010 中新增的图片编辑工具，无须其他照片编辑软件，即可插入、剪裁和添加图片特效。用户也可以更改颜色饱和度、色温、亮度以及对比度，以轻松地将简单文档转化为艺术作品。

（7）恢复已丢失的文档。Word 2010 可以让用户像打开任何文件一样恢复最近编辑的草稿，即使没有保存该文档。

（8）跨越语言沟通障碍。用户可以轻松跨越不同语言进行沟通交流。用户利用 Word 2010，可翻译单词、词组或文档，甚至可以将完整的文档发送到网站进行并行翻译。

（9）将屏幕快照插入到文档中。插入屏幕快照，以便快捷捕获可视图形，并将其合并到用户的文档中。当跨文档重用屏幕快照时，利用“粘贴预览”功能，可在放入所添加内容之前查看其外观。

（10）利用增强的用户体验完成更多工作。Word 2010 简化了使用功能的方式。新增的 Microsoft Office Backstage 视图替换了传统文件菜单，只需单击几次鼠标，即可保存、共享、打印和发布文档。利用改进的功能区，可以快速访问常用的命令，并创建自定义选项卡，将体验个性化为符合自己的工作风格需要。

3.2.2　Word 2010 的启动和退出

1. Word 的启动

启动 Word 与其他 Windows 应用程序一样，有以下几种方法：

（1）单击“开始”按钮，选择“所有程序”→“Microsoft Office”→“Microsoft Office Word 2010”命令。

（2）双击桌面上的 Word 2010 快捷方式图标。

（3）双击某一个 Word 2010 文档，也可以启动 Word 2010，并在其窗口显示文档内容。

（4）选择“开始”→“运行”命令，出现“运行”对话框，在该对话框的文本框中输入 WinWord 命令。

2. Word 的退出

退出 Word 2010 有以下几种方法：

（1）单击 Word 窗口右上角的关闭按钮。

（2）单击“文件”菜单，选择“退出”命令。

（3）双击 Word 窗口左上角的“控制图标”按钮。

（4）按【Alt】+【F4】键。

退出 Word 2010 时，若用户对当前文档曾做过改动，且尚未执行保存这些改动操作，则系统将出现如图 3.3 所示的提示框，询问用户是否保存对文档的修改。若保存，则单击“保存（S）”按钮，若此文档已保存过，选择“保存（S）”按钮后，系统再次保存该文档后即退出 Word；若此文档从未执行过保存命令，系统将进一步询问保存文档的有关信息。

若用户不想保存对当前文档的修改，则单击“不保存（N）”按钮，即刻退出 Word；若用户此时不想退出 Word，则单击“取消”按钮，将重新返回文档的编辑状态。

3.2.3　Word 2010 工作窗口的组成

启动 Word 2010 后，如图 3.4 所示的窗口会出现在屏幕上，窗口中有标题栏、状态栏、功能区和工作区等。功能区包含若干个围绕特定方案或对象进行组织的选项卡，并且根据执行的任务类型不同会出现不同的选项卡。

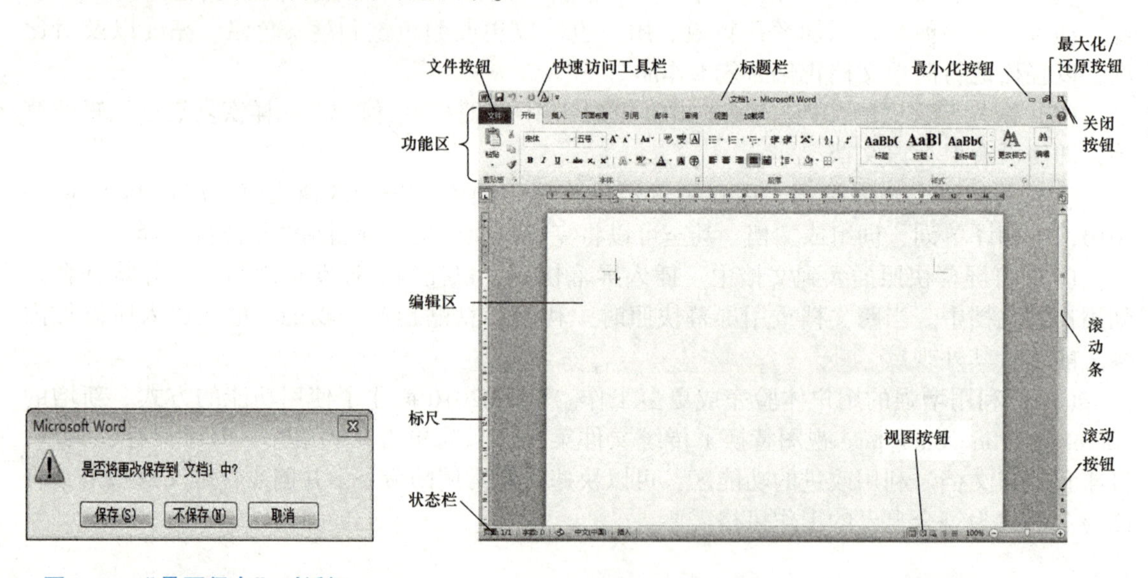

图 3.3　“是否保存”对话框

图 3.4　Word 2010 窗口界面

Word 2010 的工作窗口主要由以下几个部分组成。

1. 标题栏

标题栏位于窗口的最上端，左边依次为“控制图标”“快速访问工具栏”，中间是当前编辑的文档名和应用程序名，右边 3 个按钮依次为“窗口最小化”按钮、“最大化/还原”按钮和“关闭”按钮。单击标题栏左边的“控制图标”按钮，会弹出 Word 2010 的控制菜单，可以改变窗口的大小，或移动、恢复、最小化、最大化及关闭窗口，双击此按钮将退出 Word 2010。

2. 快速访问工具栏

默认情况下，“快速访问工具栏”位于 Word 窗口的顶部，使用它可以快速访问频繁使用的工具。自定义“快速访问工具栏”有以下两种方法：

（1）单击“快速访问工具栏”右侧向下的箭头，弹出下拉列表，单击其中的“其他命令”项，调出“Word 选项”对话框，即可将其他命令添加到“快速访问工具栏”。

（2）依次单击“文件”→“选项”命令，在打开的“Word 选项”对话框中切换到

“快速访问工具栏”选项卡，然后在“从下列位置选择命令”列表中单击需要添加的命令，并单击“添加”按钮即可。

3. 文件按钮

Word 从 Word 2007 升级到 Word 2010，其中最显著的变化就是使用“文件”按钮代替了 Word 2007 中的“Office”按钮，使用户更容易从 Word 2003 和 Word 2000 等旧版本中转移。单击“文件”按钮，从中可以选择“新建”“打开”“转换”“保存”“另存为”“打印”等命令。“最近使用的文档”列表中会显示新近使用过的文档，若要对这些文档进行编辑可以直接选择。“最近使用的文档”列表会随着操作文档的增多进行替换，可以根据需要单击右侧文档名右侧的图钉按钮，将该文档固定在“最近使用的文档”列表中。

4. 功能区

功能区是 Word 的重要组成部分之一，为了便于浏览，功能区包含若干个围绕特定方案或对象进行组织的选项卡，每个选项卡的控件又细化为几个组。在通常的情况下，Word 2010 的功能区包含了“开始”“插入”“页面布局”“引用”“邮件”“审阅”“视图”和“开发工具”8 个选项卡。

5. 编辑区

编辑区是进行文本输入和编辑的区域，在 Word 2010 中，不断闪烁的插入点光标“|”表示用户当前的编辑位置。文本区左边的狭窄区域，称“选定区”，专门用于快捷选定文本块，鼠标指针移入此区时，将成为向右倾斜的空心箭头。

6. 视图方式按钮

在文本区右下方或单击“视图”选项卡，可以选择“页面视图”“阅读版式视图”“Web 版式视图”“大纲视图”和“草稿视图”。

页面视图具有“所见即所得”的显示效果，即显示效果与打印效果相同。这种视图下，可作正常编辑，查看文档的最后外观。

阅读版式视图考虑到自然阅读习惯，隐藏了不必要的工具栏等元素，将窗口分割成尽可能大的两个页面显示优化后便于阅读的文档，文字放大，行长度缩短，如图 3.5 所示。

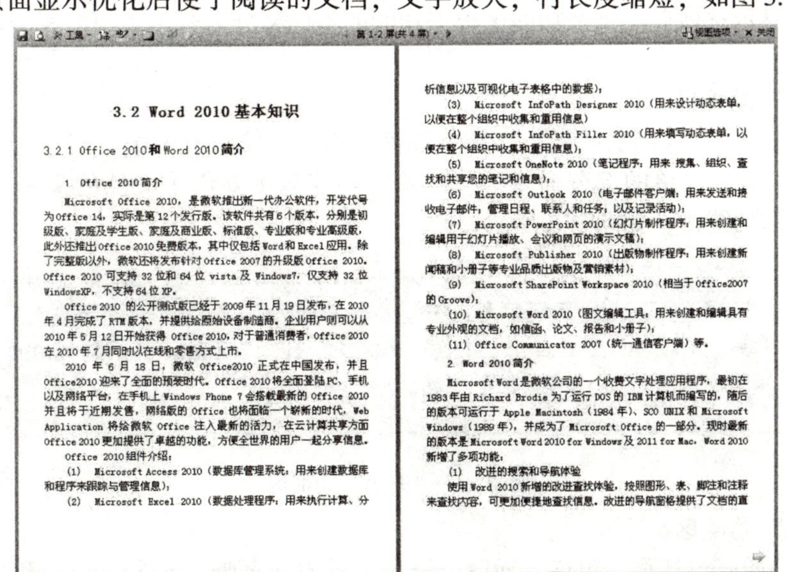

3.2 Word 2010 基本知识

3.2.1 Office 2010和Word 2010简介

1. Office 2010简介

Microsoft Office 2010，是微软推出新一代办公软件，开发代号为Office 14，实际是第 12 个发行版。该软件共有 6 个版本，分别是初级版、家庭及学生版、家庭及商业版、标准版、专业版和专业高级版，此外还推出Office 2010免费版本，其中仅包括Word和Excel应用。除了完整版以外，微软还将发布针对Office 2007的升级版Office 2010。Office 2010 可支持 32 位和 64 位 vista 及 Windows7，仅支持 32 位 WindowsXP，不支持 64 位 XP。

Office 2010 的公开测试版已经于 2009 年 11 月 19 日发布，在 2010 年 4 月完成了 RTM 版本，并提供给原始设备制造商。企业用户则可以从 2010 年 5 月 12 日开始获得 Office 2010，对于普通消费者，Office 2010 在 2010 年 7 月同时以在线和零售方式上市。

2010 年 6 月 18 日，微软 Office2010 正式在中国发布，并且Office2010迎来了全面的预装时代。Office 2010将全面登陆PC、手机以及网络平台，在手机上 Windows Phone 7 会搭载最新的 Office 2010 并且将于近期发售，网络版的 Office 也将面临一个崭新的时代，Web Application 将给微软 Office 注入最新的活力，在云计算共享方面Office 2010更加提供了卓越的功能，方便全世界的用户一起分享信息。

Office 2010组件介绍：

(1)　Microsoft Access 2010（数据库管理系统：用来创建数据库和程序来跟踪与管理信息）；

(2)　Microsoft Excel 2010（数据处理程序：用来执行计算、分析信息以及可视化电子表格中的数据）；

(3)　Microsoft InfoPath Designer 2010（用来设计动态表单，以便在整个组织中收集和重用信息）

(4)　Microsoft InfoPath Filler 2010（用来填写动态表单，以便在整个组织中收集和重用信息）；

(5)　Microsoft OneNote 2010（笔记程序：用来 搜集、组织、查找和共享您的笔记和信息）；

(6)　Microsoft Outlook 2010（电子邮件客户端：用来发送和接收电子邮件；管理日程、联系人和任务；以及记录活动）；

(7)　Microsoft PowerPoint 2010（幻灯片制作程序：用来创建和编辑用于幻灯片播放、会议和网页的演示文稿）；

(8)　Microsoft Publisher 2010（出版物制作程序：用来创建新闻稿和小册子等专业品质出版物及营销素材）；

(9)　Microsoft SharePoint Workspace 2010（相当于Office2007的Groove）；

(10) Microsoft Word 2010（图文编辑工具：用来创建和编辑具有专业外观的文档，如信函、论文、报告和小册子）；

(11) Office Communicator 2007（统一通信客户端）等。

2. Word 2010简介

Microsoft Word是微软公司的一个收费文字处理应用程序，最初在1983年由 Richard Brodie 为了运行 DOS 的 IBM 计算机而编写的，随后的版本可运行于 Apple Macintosh（1984 年）、SCO UNIX 和 Microsoft Windows（1989 年），并成为了 Microsoft Office 的一部分。现时最新的版本是Microsoft Word 2010 for Windows及 2011 for Mac，Word 2010 新增了多项功能：

(1)　改进的搜索和导航体验

使用 Word 2010 新增的改进查找体验，按照图形、表、脚注和注释来查找内容，可更加便捷地查找信息。改进的导航窗格提供了文档的直

图 3.5　阅读版式

Web 版式视图是将文档显示为在 Web 浏览器中的形式。

大纲视图简化了文本格式的设置，有利于将精力集中在文档结构及其调整上。

草稿视图取消了页面边距、分栏、页眉、页脚和图片等元素，仅显示标题和正文，是最节省计算机系统硬件资源的视图方式。

用户可以在“视图”功能区中选择需要的文档视图模式，也可以在 Word 2010 文档窗口的右下方单击视图按钮选择视图。

7. 状态栏

状态栏位于窗口底部，显示当前文档的有关信息，如插入点所在页的页码位置、文档字数、语法检查状态、中/英文拼写和插入/改写状态等。单击按钮可完成“插入”与“改写”状态的切换。

8. 水平标尺和垂直标尺

水平标尺位于文本区顶端，显示和隐藏标尺可单击右边垂直滚动条上端的“标尺”按钮或选中“视图”功能区的“标尺”复选框。在“页面”视图状态下，垂直标尺会出现在文本区左边，如图 3.4 所示。

水平标尺上的缩进标记，随着用户移动插入点到不同段落，而会有相应的变化，以反映当前段落中的格式设置。

9. 滚动框与拆分块

单击 Word 2010 滚动条上的滚动框，会出现当前页码等相关信息提示，拖动滚动框，使文档内容快速滚动时，提示信息将随滚动框位置的变化即时刷新。垂直滚动条顶部上的“拆分块”，双击之可将当前文档窗口一分为二或合二为一。

3.2.4 Word 2010 功能区

Word 2010 取消了传统的菜单操作方式，而代之以各种功能区。在 Word 2010 窗口上方看起来像菜单的名称其实是功能区的名称，当单击这些名称时并不会打开菜单，而是切换到与之相对应的功能区面板。单击窗口右上角的三角箭头“功能区最小化”按钮，即可隐藏功能区，只显示选项卡。每个功能区根据功能的不同又分为若干个组，每个功能区所拥有的功能如下。

1. “开始”功能区

“开始”功能区中包括剪贴板、字体、段落、样式和编辑五个组，对应于 Word 2003 的“编辑”和“段落”菜单的部分命令。“开始”功能区主要用于文档的文字编辑和格式设置，是最常用的功能区，如图 3.6 所示。

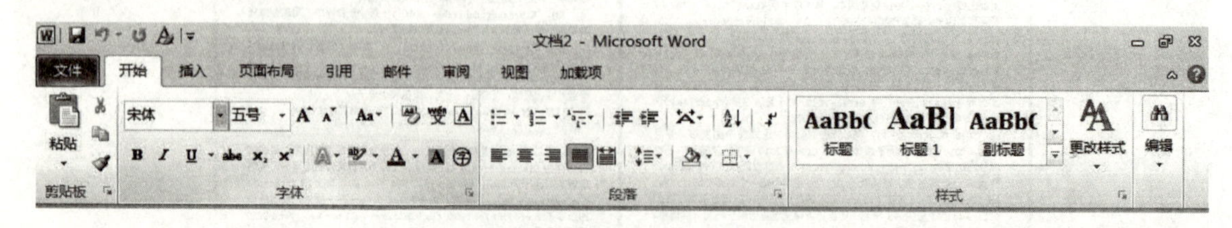

图 3.6　“开始”功能区

2. “插入”功能区

“插入”功能区包括页、表格、插图、链接、页眉和页脚、文本、符号和特殊符号几个组，对应 Word 2003 中“插入”菜单的部分命令，该功能区主要用于在文档中插入各种元素，如图 3.7 所示。

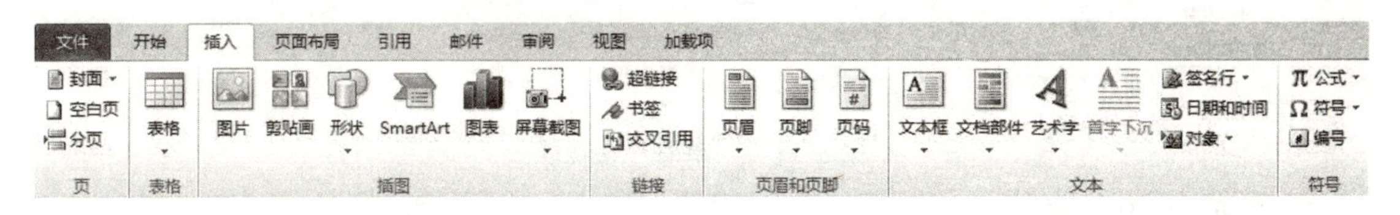

图 3.7　“插入”功能区

3. “页面布局”功能区

“页面布局”功能区包括主题、页面设置、稿纸、页面背景、段落、排列几个组，对应 Word 2003 的“页面设置”菜单命令和“段落”菜单中的部分命令，用于设置文档的页面样式，如图 3.8 所示。

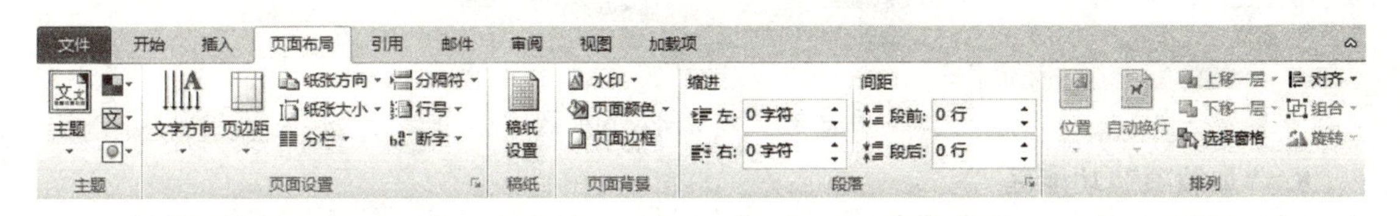

图 3.8　“页面布局”功能区

4. “引用”功能区

“引用”功能区包括目录、脚注、引文与书目、题注、索引和引文目录几个组，用于在文档中插入目录等比较高级的功能，如图 3.9 所示。

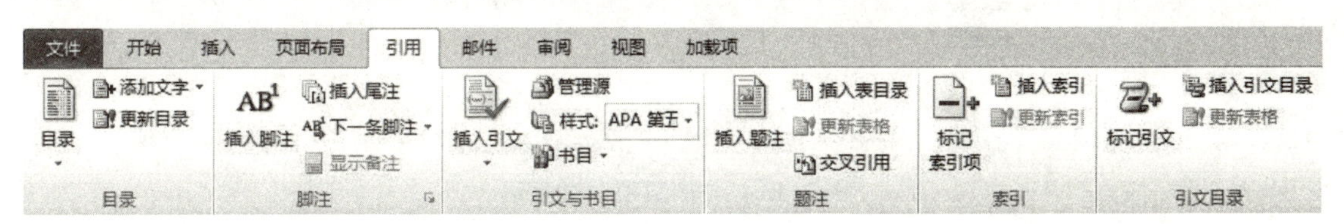

图 3.9　“引用”功能区

5. “邮件”功能区

“邮件”功能区包括创建、开始邮件合并、编写和插入域、预览结果和完成几个组，该功能区的作用比较专一，专门用于在文档中进行邮件合并方面的操作，如图 3.10 所示。

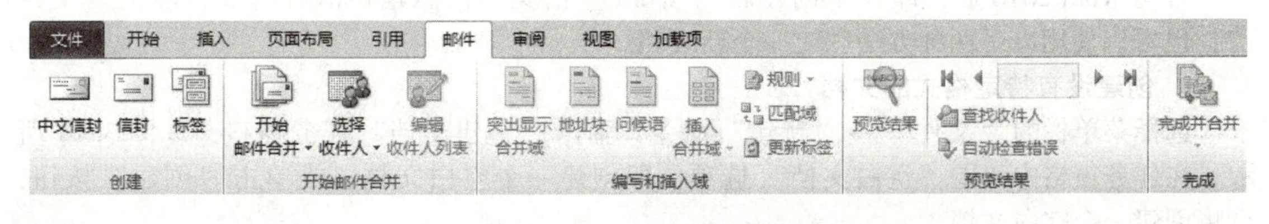

图 3.10　“邮件”功能区

6. “审阅”功能区

“审阅”功能区包括校对、语言、中文简繁转换、批注、修订、更改、比较和保护几个组，主要用于对文档进行校对和修订等操作，适用于多人协作处理 Word 2010 长文档，如图 3.11所示。

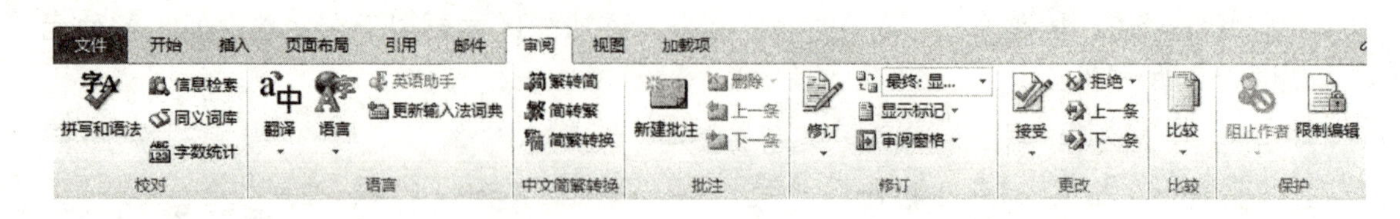

图 3.11　“审阅”功能区

7. “视图”功能区

“视图”功能区包括文档视图、显示、显示比例、窗口和宏几个组，主要用于设置 Word 2010 操作窗口的视图类型，以方便操作，如图 3.12 所示。

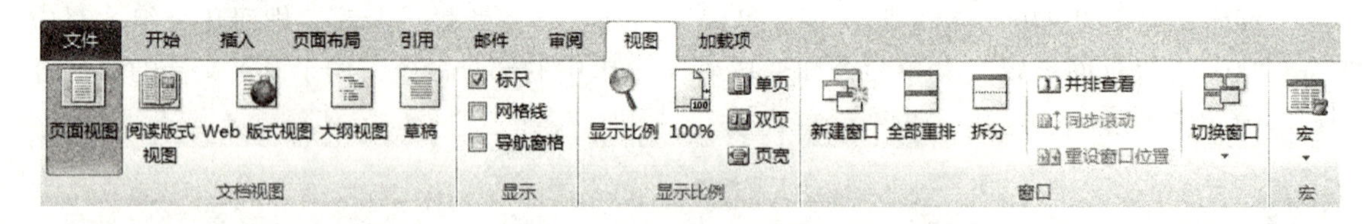

图 3.12　“视图”功能区

8. “加载项”功能区

“加载项”功能区包括菜单命令一个组，加载项是可以为 Word 2010 安装的附加属性，如自定义的工具栏或其他命令扩展。“加载项”功能区则可以在 Word 2010 中添加或删除加载项，如图 3.13 所示。

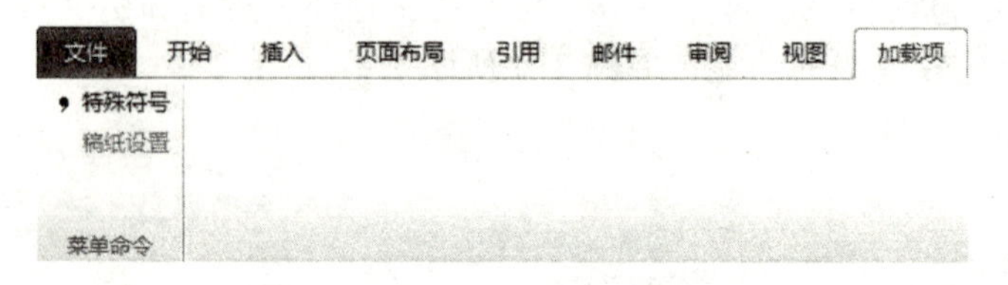

图 3.13　“加载项”功能区

3.3　文档的创建和保存

3.3.1　新建文档

启动 Word 2010 后，即开始创建新的 Word 空白文档，标题栏的临时文件名为“文档 1”，也可以使用以下两种方法创建一个新文档。

1. 创建没有特定格式的文档

选择菜单栏的“文件”→“新建”命令，弹出“新建文档”任务窗口，如图 3.14 所示。在任务窗格中双击“空白文档”选项，即创建一个空白文档。或单击“创建”按钮，也将创建一个空白文档。

2. 利用模板或向导创建特定格式的文档

Word 2010 提供了很多不同类型的模板供用户选择。利用模板和向导创建文档的方法是：单击菜单栏的“文件”→“新建”命令，在打开的任务窗格中选择“样本模板”选项，弹出“模板”对话框，如图 3.15 所示，从中选择需要的模板样式。有些模板中还带有向导，可以根据向导的提示完成文档的创建。

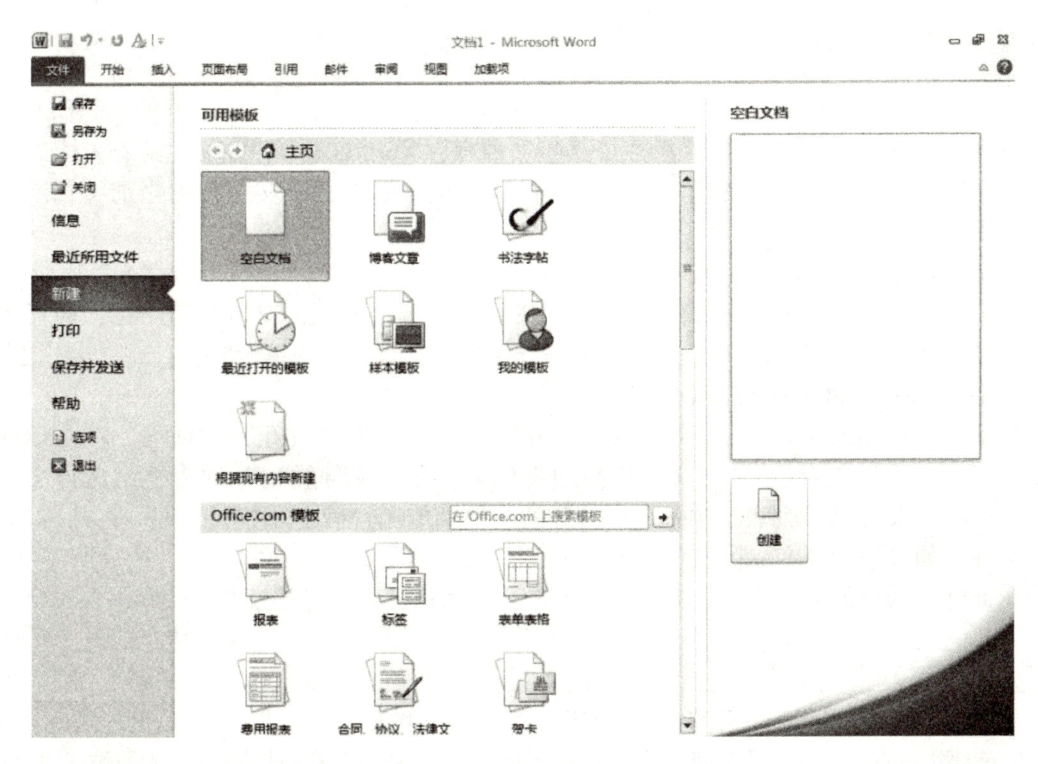

图 3.14　“新建文档”窗口

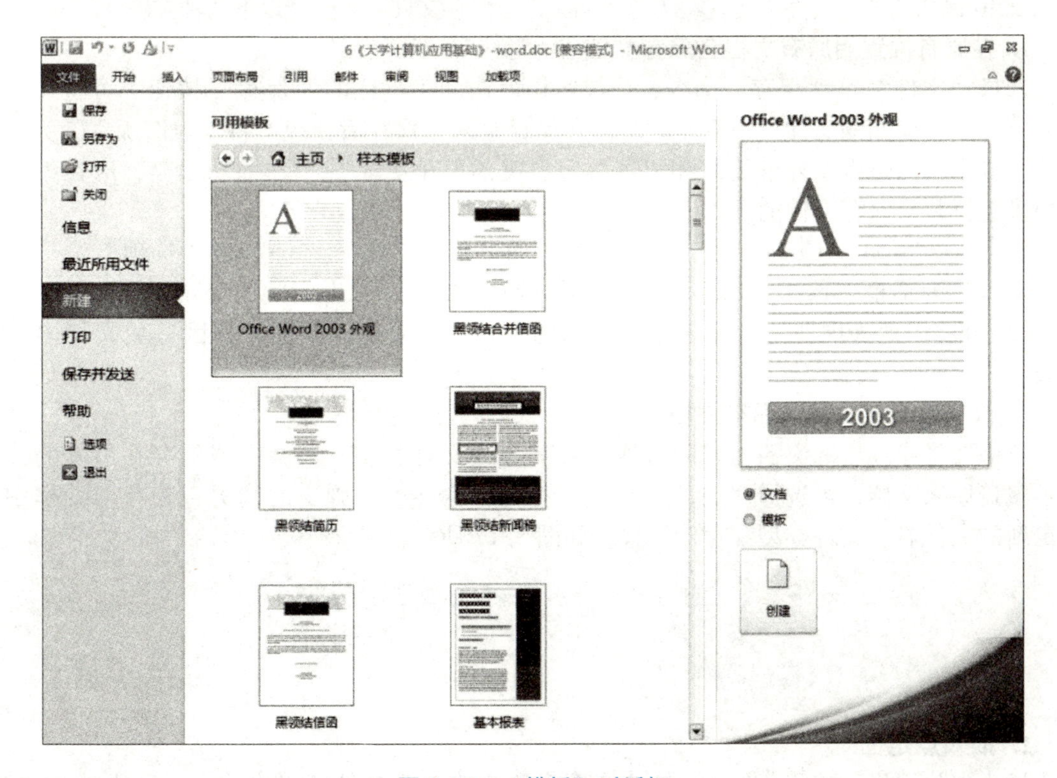

图 3.15　“模板”对话框

3.3.2　打开文档

打开文档就是将存储在磁盘上的文档调入内存，Word 2010 可以打开多个文档进行处理，但只有一个文档处于“活动”状态，即处于可编辑状态，该文档称为当前文档。打开文档可采用以下方法。

1. 在 Windows 的文件夹窗口中打开

在 Windows 的“资源管理器”窗口中，找到待打开的文档，双击文档图标，即可启动 Word 2010，然后自动在 Word 2010 窗口中打开该文档，直接进入编辑状态。

2. 在 Word 2010 编辑窗口中打开

启动 Word 2010，单击“文件”→“打开”命令，弹出“打开”对话框。在对话框的“查找范围”下拉列表框中选择文件所在的文件夹，在“文件类型”列表框中选择文件类型，然后在“文件名”列表框中选定要打开的文档，单击“确定”按钮，即可打开该文档。

另外，如果想打开 Word 最近处理过的某个文档，可选择“文件”→“最近所用文件”命令，此时会列出最近编辑过的文档名，单击某个文档名就可将其打开。

3.3.3　文档的保存和另存

在 Word 2010 中所做的各种编辑处理工作，都是针对调入内存中的文档进行的。因此，处理完毕后就要执行存盘操作，将处理过的文档存到磁盘上，这样文件的最新版本才能被长久保存。Word 2010 保存的文档文件扩展名默认为“. docx”。保存文件可以选择以下两种方法。

1. 在原有位置用原有文档名保存文档

选择“文件”→“保存”命令，或单击快速访问工具栏的“保存”按钮，可将文档当前内容在原来存储的文件夹中用原有文档名保存起来，保存后新版本将覆盖旧版本。为了保存阶段成果，以防因意外事故（如机器故障、突然断电）造成工作前功尽弃，应在编辑过程中多进行几次保存文件的操作。

实际上，Word 2010 提供了“自动保存”的功能。单击“文件”→“选项”命令，弹出“选项”对话框。选择“保存”选项，在其中设定自动保存时间间隔，如图 3. 16 所示，Word 2010 将以此为周期定时保存正在编辑的文档，以防由于断电等原因造成文档内容的丢失。

2. 改变位置或文档名另存文档

如果要将修改后的文档内容以另外的名字（或文件类型）存盘，或保存在另外的位置而不覆盖原来文档，可选择“文件”→“另存为”命令。在弹出的“另存为”对话框中可指定新的文件名、文件类型和存储位置，如图 3. 17 所示。

3.4　文档的基本编辑操作

3.4.1　文本的键盘编辑操作

1. 插入点定位

插入点位置指示着将要插入的文字或图形的位置以及各种编辑修改命令将生效的位置。常用的方法有：

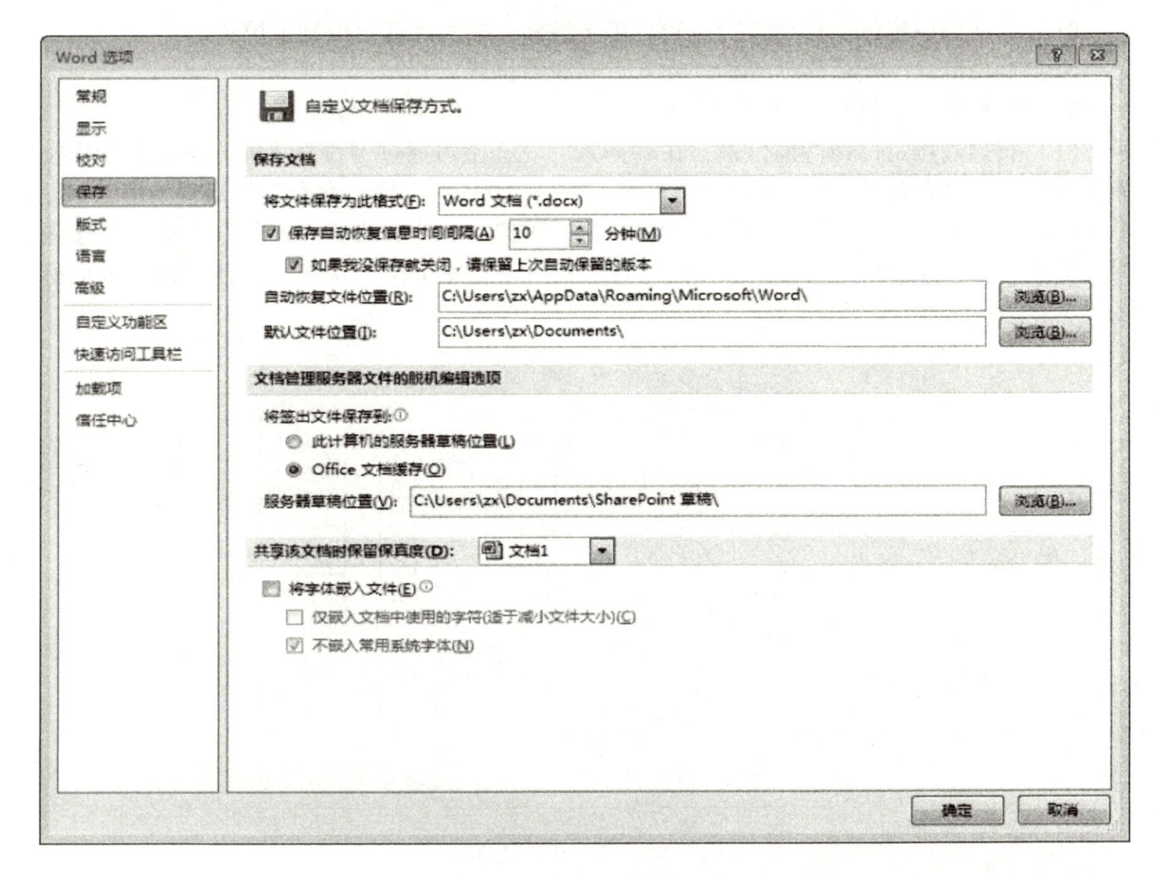

图 3.16　文件自动保存设置

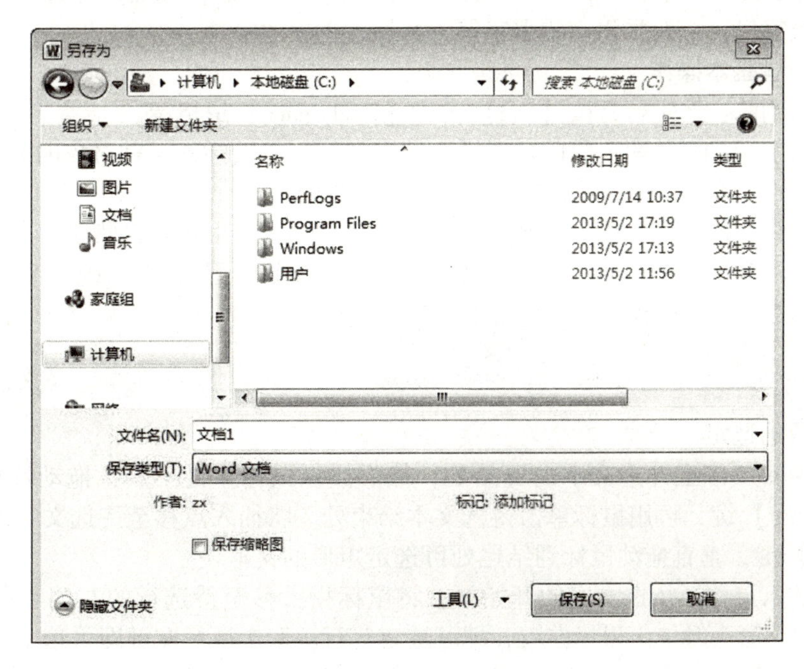

图 3.17　文件“另存为”对话框

（1）在文档中将鼠标移到指定位置，单击鼠标，插入点就定位到该位置。

（2）利用键盘的光标移动键移动插入点到新的位置。

2. 字符的插入、删除、修改

（1）将插入点定位到待插位置，在“插入”状态下可通过键盘直接输入键盘上的字符，涉及各种符号的输入可选择“插入”→“符号”→“其他符号”命令，将出现如图 3.18 所示的对话框。在“字体”栏选择特定的符号集，再选择要插入的字符，单击“插入”按钮，便可将选定的字符插入到插入点所在的位置。利用“特殊字符”选项卡，还可以输入商标、版权所有等特殊符号。

图 3.18　“符号”对话框

（2）删除字符：按【BackSpace】键删除光标左边字符；按【Delete】键删除光标右边字符。

（3）修改字符：一般先删除错误字符，再插入正确的字符。

3. 行的一些基本操作

（1）行的删除：选定行，按【Del】键或【BackSpace】退格键。

（2）插入空行：在某两个段落之间插入若干空行（以便插入某种对象时），可将插入点移动到前一行的段落结束标记处，按回车键若干次即可。

（3）分行且分段：定位插入点到分行处，按回车键，产生两个自然段。

（4）分行不分段：定位插入点到分行处，按【Shift】+【Enter】键，产生一个向下箭头，产生两个逻辑行，仍属同一物理段落。

3.4.2　文本块的选定、删除、移动和复制

1. 文本块的选定

（1）将插入点移至待选文字的开始处，然后按住鼠标左键不放，拖动鼠标到结尾处；或者按住【Shift】键，再用鼠标单击待选文本结束处。将插入点移至待选文字的开始处，然后按住【Alt】键，垂直拖动鼠标到结尾处可选定矩形的文本块。

（2）将插入点移至待选文字的开始处，将鼠标指针移至待选行的左侧空白区，当鼠标变成向右指的空箭头时单击鼠标左键，即可选定该行；双击鼠标左键即可选中该自然段；三击鼠标左键即可选中全文。

2. 文本的复制、移动和删除

（1）选中文本，选择“开始”→“复制”或“开始”→“剪切”命令，或单击右键，在弹出的快捷菜单中选择“复制”或“剪切”命令，选中的内容就被复制到剪贴板，再选择“开始”→“粘贴”命令，可复制或移动所选文本到别处。

（2）要删除文本，则可选中该文本，按【Delete】键删除。

3.4.3 查找和替换

借助 Word 2010 的“查找”功能，用户可以在 Word 文档中快速查找特定的字符。

1. 查找

选择“开始”→“编辑”→“查找”命令，在“查找内容”栏中输入要查找的字符。若要设定查找范围，或对查找对象作一定的限制时，可单击“更多”按钮，对话框如图 3. 19所示，在其中可设置搜索范围，选择“区分大小写”等。单击“查找下一处”按钮，Word 开始查找，并定位到查找到的第一个目标处，用户可以对查找到的目标进行修改，再单击“查找下一处”按钮可继续查找。若要查找特定的格式或特殊字符，如“手动换行符”等，可单击“更多”按钮，选择对话框底部的“格式”或“特殊字符”按钮。

2. 替换

选择“开始”→“编辑”→“替换”命令，出现如图 3. 19 所示的对话框。选择“替换”选项卡，在“查找内容”栏中键入要查找的字符，在“替换为”栏中键入要替换的文本。如果要从文档中删除查找到的内容，则将“替换为”这一栏清空。单击“替换”按钮，可确定对查找到的某目标字符进行替换；单击“全部替换”按钮，Word 将自动替换搜索范围中所有查找到的文本。系统默认查找替换的范围为整个文档，且区分全角和半角。如果需要设定替换范围，而且要对替换后的对象做一定格式上的设置，如改变字形、字体、颜色等，在图 3. 19 中，可单击“替换”选项卡的“更多”按钮，然后选择“高级”命令，将插入点定位在“替换为”文本框中，再单击“格式”按钮选择有关的设置命令。

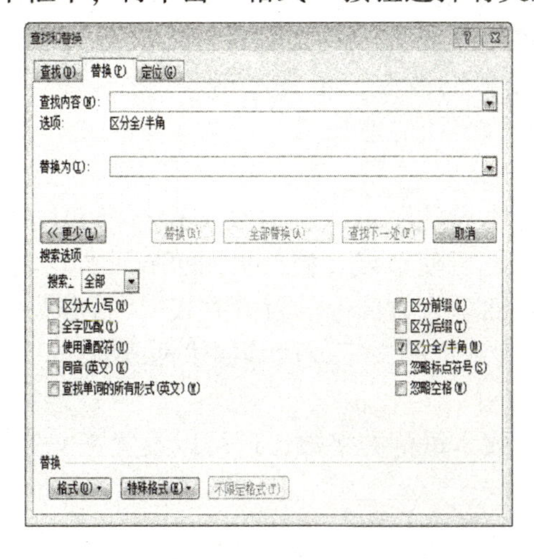

图 3. 19　“查找和替换”对话框

3.4.4 编辑操作的撤销与恢复

选择快速访问工具栏的“撤销”命令可将上一步操作取消，使文档还原到操作前的状态。“恢复”命令与“撤销”命令的功能正好相反，可以将文档恢复到撤销操作前的状态。

如果删除错误，可以选择“撤销”命令或单击“撤销”按钮。

3.5　文档的版面设置

3.5.1　页面设置

在编辑文件之前，一般要根据实际情况设置纸张大小、打印方向、页边距等，这些页面设置对文件打印出来的效果有很大的影响。在编辑文章之前先设置好这些参数，以便利用Word的页面视图方式“所见即所得”进行排版。页面设置通常在“页面布局”→“页面设置”下进行，“页面设置”对话框包含四个选项卡。

1. “页边距”选项卡

用于设置页面的上、下、左、右边缘应留出多少空白区域、装订线的位置、文字排列的方向等。微调按钮可以调整系统默认值，也可以在相应的框内直接输入数值。“纸张方向”栏可设置打印输出页面为“纵向”或“横向”，“纵向”改为“横向”后，左、右页边距的值将自动转成上、下页边距的值。“页边距”设置选项卡如图3.20所示。

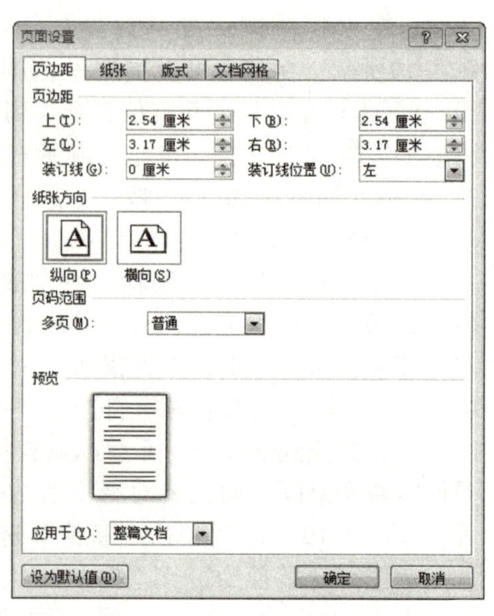

图3.20　“页面设置”对话框

2. “纸张”选项卡

用于设置文档页面布局时使用的纸张大小和打印输出时纸张的来源。单击“纸张大小”列表框，出现纸张列表供用户选择，通常使用A4、B5或16K。如果对纸张大小有特殊要求，可在列表中选择“自定义大小”，在“宽度”和“高度”框中输入具体的值。随着设置的改变，可在对话框左下方的预览框中随时显示文档的外观。

3. “版式”选项卡

用于设置页眉、页脚到边界的距离，页眉页脚在整个文档中始终相同还是奇偶页不同等，选中“首页不同”复选框可使节或文档首页的页眉页脚与其他页的不同。“垂直对齐方式”选项可以设定内容在页面垂直方向上的对齐方式。“行号”按钮为文档的部分或全部内容添加行号。“边框”按钮为选定的文字或段落加边框或底纹。

4. “文档网格”选项卡

用于设置文档的每页行数、每行的字数，还可以设置正文的字体、字号、栏数、正文的排列方式等。

3.5.2　字符格式设置

字符格式设置是指对字符的屏幕显示和打印输出形式的设定，字符的格式化一般通过单击“开始”功能区中的“字体”工具组来完成，也可以单击“字体”工具组右下角的对话框启动器，弹出的“字体”对话框有两个选项卡，如图3.21所示。

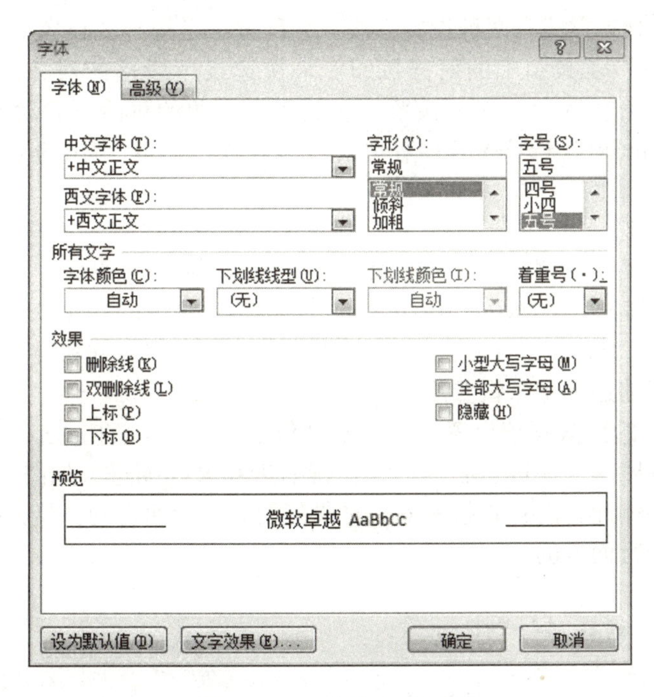

图 3.21　“字体”对话框

1. “字体”选项卡设置

“字体”选项卡中可以设置字符的字体和字号；字符的字形，即加粗、倾斜等；字符颜色、下划线、着重号等；字符的阴影、空心、上标或下标等特殊效果。表示字的大小有两种方式：一种是汉字的“字号”，字号越大，字越小；另一种是“磅数”，磅数越大，字体越大。字体设置的效果显示在“预览”窗口中。

2. “高级”选项卡设置

“高级”选项卡设置中可以调整字符的缩放比例、位置与间距。间距默认值为“标准”，欲加宽或紧缩字符间距可输入需要的数值或利用磅值的微调按钮。“位置”栏用于设置字符的垂直位置，可选“标准”“提升”或“降低”。

3. 格式刷的使用

在编辑文本中，有时会碰到多处文本和段落需要设置相同格式的情况。利用“格式刷”工具，可以将设置好的格式复制到其他字符和段落上。格式刷的使用步骤如下：

(1) 先设置好一段文本的格式，然后将光标定位到这段文本中。

(2) 鼠标单击“开始”功能区中的“格式刷”按钮，此时鼠标变成刷子形状。

(3) 拖动鼠标刷过要设置成相同格式的文本即可。

(4) 再次单击“格式刷”工具，可取消格式刷，返回到正常光标。

3.5.3　段落格式设置

段落格式是以段落为基本单位的格式设置。在 Word 2010 中，段落格式主要是指段落的对齐方式、段落缩进、段内行距和段间距等内容。

1. 段落对齐方式

在 Word 2010 中段落的对齐方式分为左对齐、右对齐、居中对齐、两端对齐和分散对齐

5 种对齐方式。段落对齐方式有两种设置方法：一种方法是选择要设置对齐格式的段落，单击“开始”→“段落”工具组中的对齐按钮，来快速设置段落的对齐方式，如图 3.22 所示。另一种方法是单击“开始”→“段落”工具组右下角的对话框启动器弹出“段落”对话框，打开“缩进和间距”选项卡，接着单击“对齐方式”，从弹出的下拉列表框中设置对齐方式。

2. 设置段落的缩进

段落的缩进是指段落两侧与页边的距离。段落的缩进有 4 种形式，分别为首行缩进、悬挂缩进、左缩进与右缩进。在 Word 2010 中，有很多种方法可以实现段落缩进，例如通过制表位设置缩进，通过“段落”对话框设置缩进，使用工具按钮和快捷键设置缩进。另外，还可以用标尺上段落缩进标记来设置缩进。

（1）使用标尺上的段落标记设置缩进。拖动位于文档窗口的上方水平标尺上的段落缩进标记可以快速设置段落左缩进、右缩进、首行缩进和悬挂缩进，如图 3.23 所示。左、右缩进是对一个段落整体而言的；首行缩进是对段落的第一行而言的；悬挂缩进是对一个段落中除首行以外的其余行而言的。

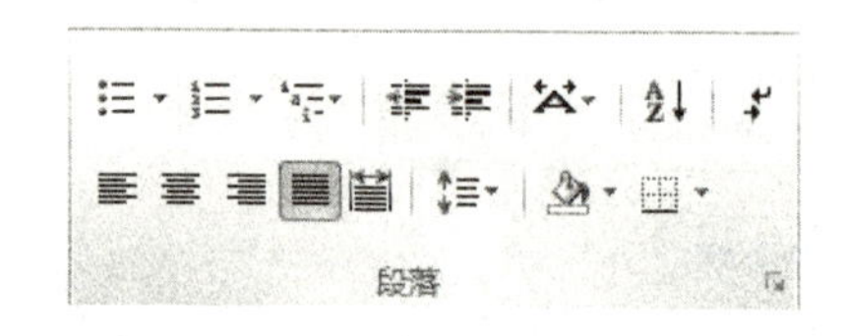

图 3.22　段落工具组

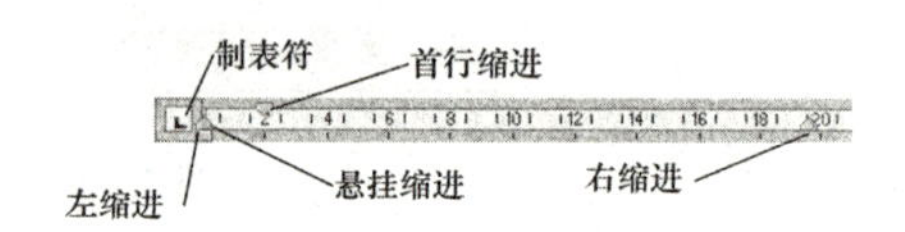

图 3.23　水平标尺

（2）使用“段落”工具组设置缩进。在“开始”功能区的“段落”工具组有两个按钮：“减少缩进量”按钮和“增加缩进量”按钮（见图 3.22），使用这两个按钮可以实现段落的缩进。

（3）使用“段落”对话框设置缩进。使用“段落”对话框设置缩进，可使缩进量更加精确。在此对话框中主要是通过“缩进和间距”选项卡中的“缩进”选项组进行设置的，如图 3.24 所示。在“缩进”选项组中，“左侧”下拉列表框用于设置段落的左边缩进，“右侧”下拉列表框用于设置段落的右边缩进。在“特殊格式”下拉列表框中有首行缩进和悬挂缩进两个选项：“首行缩进”用于设置首行缩进，“悬挂缩进”用于设置悬挂缩进。

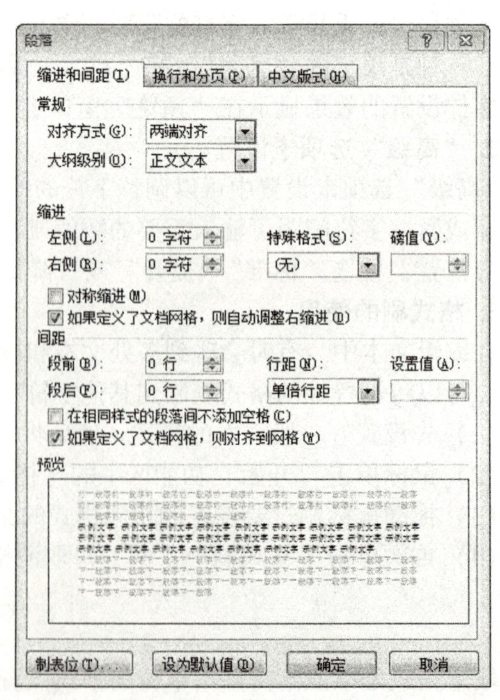

图 3.24　“段落”对话框

3. 设置行间距与段间距

段间距指段落与段落之间的距离，而行间距指段落中行与行之间的距离。段间距和行间距的设置也是在“段落”对话框中进行设置的。具体操作如下：

先将光标定位到某段落中，或者选中多个需要调整间距的段落。打开“段落”对话框中的“缩进和间距”选项卡。用户可以通过该选项卡上的“间距”选项组，调整“段前”与“段后”文本框中的数值来改变段落之间的距离；在“行距”下拉列表框中可以选择各种不同的行距，并在其后面的“设置值”文本框中设定各种行距的准确数字。设置好数值后，单击“确定”按钮即可调整段间距或行间距。

3.5.4　样式和模板

1. 样式

“样式”是系统或用户定义并保存了的一组排版格式。一个样式就是一组排版指令，包括定义好的字体、字号、对齐方式等字体格式和段落格式的组合。Word 2010 提供了“标题 1”“标题 2”“标题 3”“副标题”等预设样式供直接套用。单击“开始”功能区的“样式”组，即可显示目前可供套用的样式列表：例如对文本设置多级标题时，可以直接选择列表框中的“标题 1”“标题 2”，可大大简化标题设置的工作。当 Word 提供的样式不能满足排版需要时，可创建新样式或修改样式。

2. 模板

在 Word 2010 中使用模板创建文档除了通用型的空白文档模板之外，Word 2010 中还内置了多种文档模板，如博客文章模板、书法字帖模板等。另外，Office. com 网站还提供了证书、奖状、名片、简历等特定功能模板。借助这些模板，用户可以创建比较专业的 Word 2010 文档。除了使用 Word 2010 已安装的模板，用户还可以使用自己创建的模板和 Office. com提供的模板。在下载 Office. com 提供的模板时，Word 2010 会进行正版验证，非正版的 Word 2010 版本无法下载 Office Online 提供的模板。在 Word 2010 中使用模板创建文档的步骤如下：

（1）打开 Word 2010 文档窗口，单击“文件”→“新建”按钮。

（2）在打开的“新建”面板中，用户可以单击“博客文章”“书法字帖”等 Word 2010 自带的模板创建文档，还可以单击 Office. com 提供的“名片”“日历”等在线模板。

（3）打开样本模板列表页，单击合适的模板后，在“新建”面板右侧选中“文档”或“模板”单选框，然后单击“创建”按钮（见图 3. 15）。

（4）打开使用选中的模板创建的文档，用户可以在该文档中进行编辑。

3.5.5　分节、分页和分栏

1. 分节

“节”是文档的一部分，可以在其中单独设置某些页面格式设置选项。如果需要修改属性，例如行编号、列数或页眉和页脚时，可创建一个新的节，并对这个新的节应用新的页面设置选项。除非插入分节符，否则 Word 会将整个文档视为一个节。分节符是为表示节结束而插入的标记。分节符中保存有节的格式设置元素，如页边距、页的方向、页眉和页脚以及页码的顺序。分节符在文档中显示为包含有“分节符”字样的双虚线。插入分节符可使用“页面布局”→“分隔符”工具组，分节符类型有以下 3 种：

（1）“下一页”：插入一个分节符，新节从下一页开始。

（2）“连续”：插入一个分节符，新节从同一页开始。

（3）“奇数页”或“偶数页”：插入一个分节符，新节从下一个奇数页或偶数页开始。

2. 分页

分页符主要用于在Word 2010文档的任意位置强制分页，使分页符后边的内容转到新的一页。使用分页符分页不同于Word 2010文档自动分页，分页符前后文档始终处于两个不同的页面中，不会随着字体、版式的改变合并为一页。用户可以通过以下3种方式在文档中插入分页符：

（1）切换到“页面布局”功能区，在“页面设置”组中单击“分隔符”按钮，并在打开的“分隔符”下拉列表中选择“分页符”选项。

（2）切换到“插入”功能区，在“页”组中单击“分页”按钮即可。

（3）按下【Ctrl】+【Enter】组合键插入分页。

3. 分栏

分栏是指将页面分为横向的多个栏，文档内容在其中逐栏显示。利用“分栏”命令用户可以很方便地设置任意栏数的分栏，并且可以随意地更改各栏栏宽和栏间距。具体的操作步骤如下：

在当前文档中，选定需要分栏的文本。选择“页面布局”选项卡，在“页面设置”组中单击“分栏”按钮。单击“更多分栏”命令，打开“分栏”对话框并设置参数，如图3.25所示。单击“确定”按钮即可完成分栏。

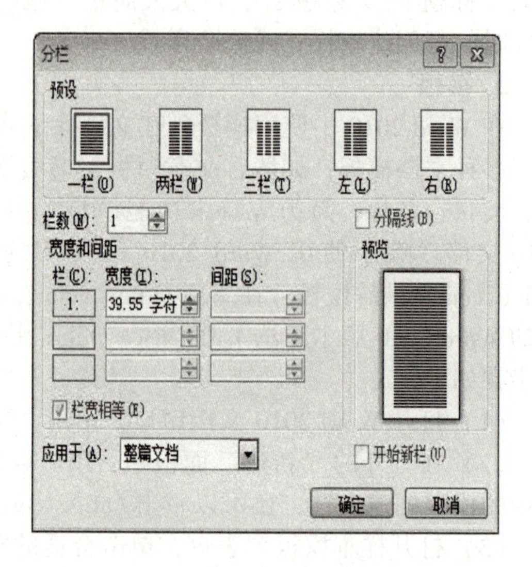

图3.25　“分栏”对话框

若不想要分栏效果，则可以取消分栏。取消分栏的实质就是将栏数设置为1。取消分栏的方法有以下两种：

（1）选中需要取消分栏的文本，单击“分栏”按钮，在弹出的列表框中单击“一栏”选项即可。

（2）选中需要取消分栏的文本，选择“页面布局”选项卡。在“页面设置”选项组中，单击“分栏”按钮。单击“更多分栏”命令，打开“分栏”对话框，选择“预设”选项区中的“一栏”选项，然后单击“确定”按钮也可达到同样的效果。

3.5.6　设置页眉和页脚

在文档中除正文以外，还会有很多对文档起修饰作用或对文档起概括作用的部分，如常用于显示文档名称和页面概括性内容的页眉、页脚。页眉是在文档一页的顶端插入的文本或者图形，页脚是在文档底部插入的文本或者图形。插入页眉页脚的具体操作步骤如下：

单击“插入”选项卡，在“页眉和页脚”选项组中单击“页眉”“页脚”选项，就可以分别插入页眉、页脚了。同时自动打开“页眉和页脚工具设计”选项卡，其中包括了5个下列主要的选项组：

（1）“页眉和页脚”组：设置页眉、页脚和页码。

（2）“插入”组：设置页眉和页码的类型，可以是日期和时间、文档部件、图片或者是剪贴画。

(3)“导航”组：可进行页眉和页脚的切换，以及各小节的页眉和页脚之间的切换。

(4)“选项”组：可以为首页设置不同的页眉和页脚，为奇偶页设置不同的页眉和页脚及设置是否显示文档内容。

(5)“位置”组：设置页眉和页脚在页面中的位置与对齐方式。

(6)关闭：单击“关闭页眉和页脚”按钮可以关闭“页眉页脚”工具栏。

3.5.7　插入页码

在文档中插入页码，可以选择“插入”选项卡，单击“页码”按钮下方的箭头后，可以选择相应命令对页码的位置、格式等进行设计，其功能包括：

(1)“页面顶端”对应的其实就是将页码插入到页眉，“页面底端”其实就是将页码插入到页脚。比如选择“页面底端”→“X/Y 加粗显示的数字”项，就可以在页脚中插入“当前页码/共计页数”这种形式的页码。

(2)“页边距”功能可以插入一些有动感的侧边页码样式。

(3)“当前位置”允许我们在页面的任何位置插入指定形式的页码。我们可以用文本对齐等操作控制用“当前位置”这种方式插入的页码位置。

(4)“设置页码格式”可以在这里设置是否在页码中包含章节号、章节号的样式，以及页码编号的起始页码等，如图 3.26所示。

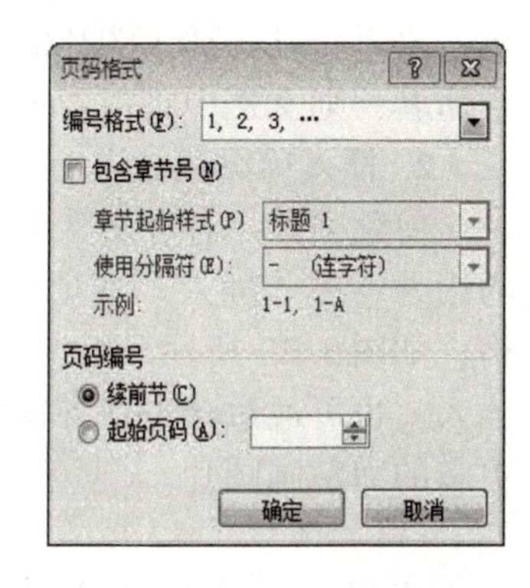

图 3.26　“页码格式”对话框

3.6　图文混排

图文混排是将文字与图片、剪贴画、文本框、自选图形、艺术字、SmartArt 图形等各种图形混合编排，创建出更专业、更美观、更实用的高质量文档。

3.6.1　插入图片和剪贴画

1. 插入图片

在 Word 2010 中，插入图片的操作步骤如下：

(1) 在文档中单击要插入图片的位置。

(2) 在“插入”选项卡上的“插图”组中，单击“图片”项，如图 3.27 所示。

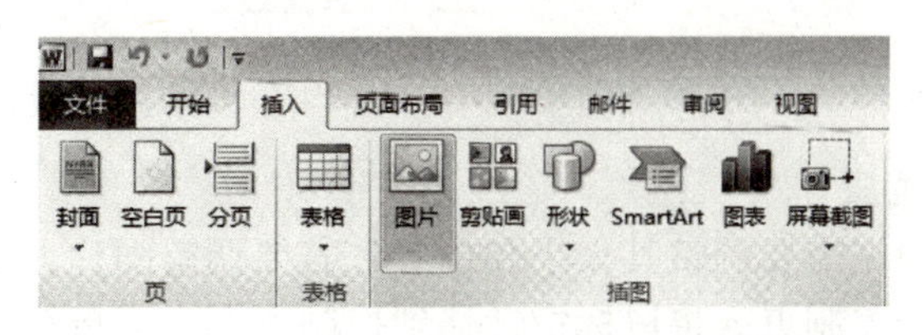

图 3.27　“插入”选项卡上的“插图”组

（3）在“插入图片”对话框中，找到并选中要插入的图片。

（4）单击“插入”按钮或双击要插入的图片，即可将选中的图片插入到文档中。

默认情况下，在 Word 2010 文档中插入图片后，该图片即成为文档的一部分，如果原始图片被修改了，文档中的图片并不会改变。如果希望当原始图片更新时文档中的图片也随着更新，可以借助 Word 2010 提供的“链接”功能。其操作方法为：在“插入图片”对话框中，单击“插入”旁边的箭头，然后单击“链接到文件”选项，如图 3.28 所示。

如果选择“链接到文件”选项，当原始图片位置被移动或图片被重命名时，Word 2010 文档中将显示不出图片。

如果选择“插入和链接”命令，选中的图片将被插入到文档中，当原始图片内容被更新时，重新打开 Word 2010 文档将看到图片已经更新（必须先关闭所有打开的 Word 2010 文档，再重新打开插入图片的 Word 文档才能看到更新），如果原始图片位置被移动或图片被重命名，则文档中将保留最近的图片版本。

2. 插入剪贴画

剪贴画是用各种图片和素材剪贴合成的图片，在制作一些电子报或海报时都会派上很大的用处。在“插入”选项卡的“插图”组中，单击“剪贴画”项，打开“剪贴画”任务窗格，如图 3.29 所示。根据剪贴画的关键字搜索到要插入的剪贴画后，单击该剪贴画后即可插入。也可通过单击任务窗格下方的“在 Office.com 中查找详细信息”，到微软的官网下载更多的剪贴画图片。

图 3.28　将图片链接到文件

图 3.29　“剪贴画”窗格

3. 调整图片大小和位置

图片插入后，可以根据需要调整其大小和位置。若要调整图片大小，可先选定图片，此时在图片四周会出现 8 个控制点，将鼠标指针移到控制点上，当指针变为双向箭头时，拖动鼠标即可调整图片的大小。如果需要更精确地调整图片大小，可在“图片工具”栏中的“格式”选项卡的“大小”组中进行设置。

若要调整图片的位置，只需将鼠标指针移到图片上，此时指针变成十字形状，将图片拖动到目标位置即可。

4. 设置图片周围的文字环绕方式

在 Word 中，默认情况下图片是以嵌入式方式插入文档中的。嵌入式图片与文字在同一层上，图片会随文字移动而移动，但文字只能位于图片的上下两侧，图片移动不能超过页边距。如果需要在图片周围都能环绕文字，可以将图片设置为浮动式，此时不仅可以任意移动图片，也可以设置图片周围的文字环绕方式。

若要将嵌入式图片更改为浮动式图片，可通过在“图片工具”的“格式”选项卡的“排列”组的“位置”列表中任选一种文字环绕方式，如图 3.30 所示。或在“自动换行”中选择嵌入式以外的其他文字环绕方式，如图 3.31 所示。若要将图片由浮动式更改为嵌入式，则选择“嵌入型”。

图 3.30　“位置”列表

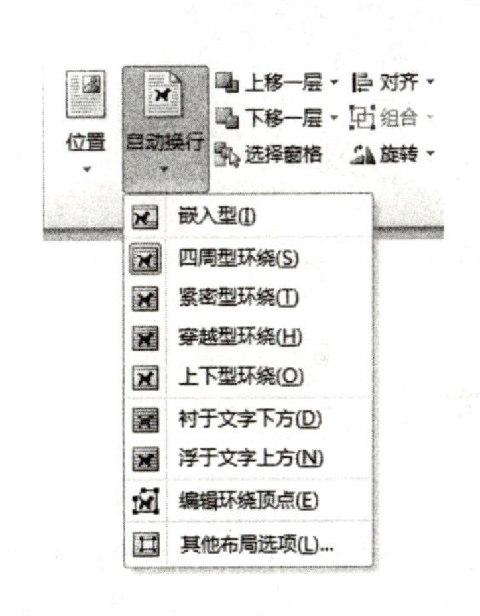

图 3.31　“自动换行”列表

5. 图片处理

在 Word 2010 中内建了强大的图片处理功能，如删除背景、设置图片边框、图片效果、调整颜色、增加艺术效果、旋转以及剪裁等。可以对图片应用复杂的艺术效果，而无须使用其他图片处理程序。其操作也非常容易，选中图片后通过“图片工具”栏中“格式”选项卡中的相应选项进行处理即可。

3.6.2　插入屏幕截图

在 Word 2010 中，在“插入”选项卡的“插图”组中，单击“屏幕截图”项，可以快速而轻松地将屏幕截图插入到文档中。但一次只能添加一个屏幕截图，且只能捕获没有最小化到任务栏的窗口。单击“屏幕截图”按钮时，可以插入整个程序窗口，也可以使用“屏幕剪辑”工具选择窗口的一部分。插入屏幕截图后，可以使用“图片工具”选项卡上的工具编辑该屏幕截图。

3.6.3　插入艺术字

在“插入”选项卡的“文本”组中，单击“艺术字”项，在打开的样式列表框中选择所需的样式，输入艺术字文本内容即可。

插入艺术字后，可通过“格式”选项卡中的“艺术字样式”组进一步设置艺术字样式。如图 3.32 所示。

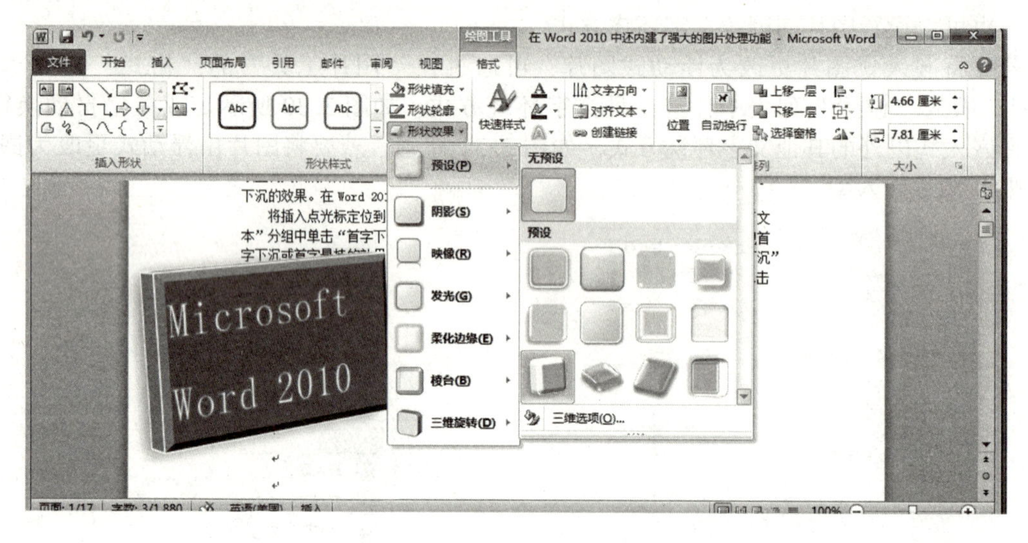

图 3.32　艺术字样式设置

3.6.4　首字下沉

首字下沉是指将 Word 文档中段首的一个文字放大并进行下沉或悬挂设置，以凸显段落或整篇文档的开始位置。在 Word 2010 中设置首字下沉或悬挂的步骤如下：

首先将插入点光标定位到需要设置首字下沉的段落中。然后在“插入”选项卡的“文本”组中单击“首字下沉”项，在菜单中选择“下沉”或“悬挂”选项，就可以实现首字下沉或首字悬挂的效果了，如图 3.33 所示。

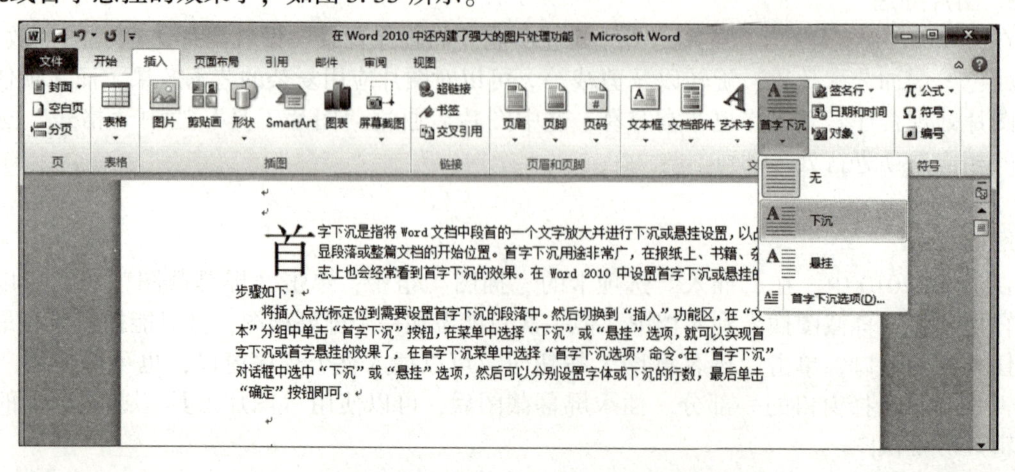

图 3.33　首字下沉的设置及效果

在首字下沉菜单中选择“首字下沉选项”，打开“首字下沉”对话框，在对话框中选中“下沉”或“悬挂”选项，可以分别设置字体或下沉的行数，下沉文字距正方的距离等。

3.6.5　插入数学公式

Word 2010 提供了非常强大的公式编辑功能。可以输入各种数学符号和编辑专业的数学公式。

1. 使用内置的公式

Word 2010 内置了一些常用的数学公式。在“插入”选项卡的“符号”组中，单击“公式”按钮，即可打开内置的公式下拉列表，在其中选择所需的公式即可。

插入公式后，功能区中随即会出现“公式工具设计”选项卡，可以根据实际需求对公式进行编辑和修改。

2. 构造自己的公式

在“插入”选项卡的“符号”组中，单击按钮 π，在插入点位置随即会出现公式占位符，功能区中同时出现“公式工具设计”选项卡，其中的“结构”组中包含数学公式结构，如图 3. 34 所示。“符号”组中则包含了很多数学符号，用户可根据需求自行编辑公式。

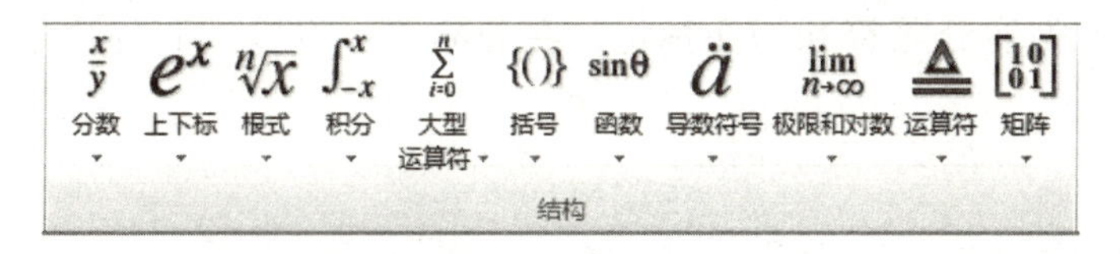

图 3. 34　公式工具设计中的结构组

3.6.6　文本框与文字方向

通过使用文本框，用户可以将文本很方便地放置到 Word 文档中的指定位置，不会受到段落格式、页面设置等因素的影响。Word 2010 内置有多种样式的文本框供用户选择使用。

1. 插入文本框

在 Word 2010 文档中插入文本框的步骤为：在“插入”选项卡的“文本”组中单击“文本框”按钮，在打开的“内置文本框面板”中单击所需的文本框类型，即可在文档中插入相应的文本框，所插入的文本框处于编辑状态，直接在文本框中输入所需的文本内容即可。

2. 文本框中的文字方向

如果希望插入竖排文本框，可以在插入文本框时在内置文本框面板的下方选择“绘制竖排文本框”。

文本框插入后，可以对其进行编辑修改，其步骤为：选中要修改的文本框，此时在功能区中会出现“绘图工具”选项卡，通过该选项卡中的“文本”组，可以设置文本框中的文字方向和对齐方式等，图 3. 35 所示是不同文字方向的文本框。在“形状样式”组可以设置文本框的填充色、线条颜色、形状效果等，通过“排列”组则可以设置文本框对象和文字之间的环绕方式。也可以通过在文本框上单击右键，在弹出的快捷菜单中选择“设置对象格式”，在出现的对话框中对文本框格式进行设置。

图 3.35　不同文字方向的文本框

3.6.7　插入脚注、尾注和题注

1. 插入脚注和尾注

脚注和尾注是对文本的补充说明。脚注一般位于页面的底部，可以作为文档某处内容的注释，如添加在一篇论文首页下端的作者情况简介。尾注则是在文档尾部添加的注释，如添加在一篇论文末尾的参考文献目录。

脚注和尾注由两个关联的部分组成：注释标记和其对应的注释文本。

在 Word 2010 中插入脚注的步骤如下：

（1）将插入点移到要插入脚注的位置。

（2）单击“引用”选项卡，在“脚注”组中单击“插入脚注”项，此时在文档当前页的底部会出现一个脚注分隔符和脚注标记，在分隔符下方输入脚注内容即可，如图 3.36 所示。

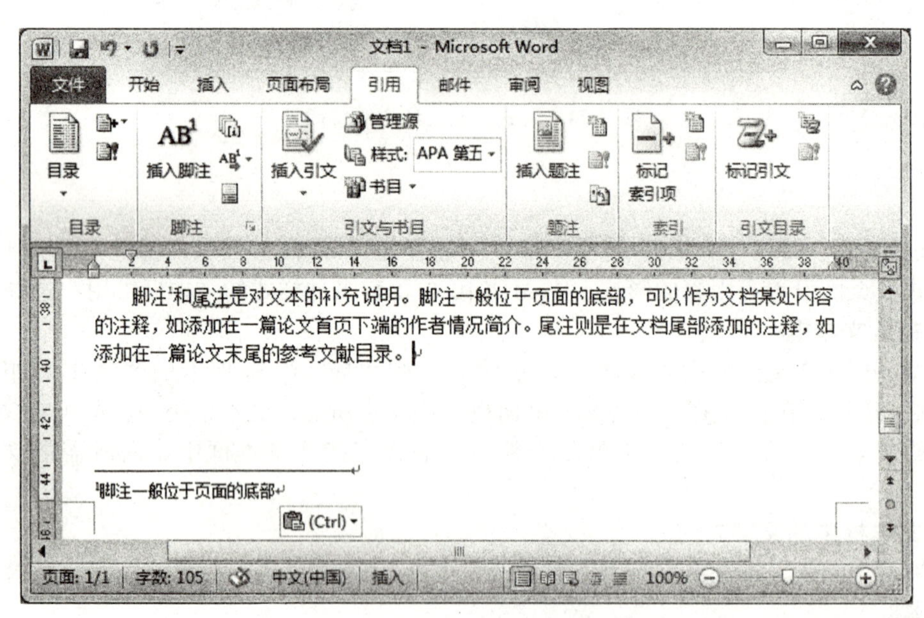

图 3.36　为文档添加脚注

若在“引用”选项卡的“脚注”组中单击“插入尾注”项即可在文档末尾插入尾注。

2. 插入题注

如果文档中含有大量图片，为了能更好地管理这些图片，可以为图片添加题注，对其进行编号和说明。添加了题注的图片会获得一个编号，并且在删除或添加图片时，所有的图片编号会自动改变，以保持编号的连续性。

在 Word 2010 文档中添加图片题注的步骤如下：

（1）选中要插入题注的图片，单击“引用”选项卡，在“题注”组中单击“插入题注”项，打开“题注”对话框；或在图片上单击右键，在出现的快捷菜单中单击“插入题注”项，也可打开“题注”对话框，如图 3.37 所示。

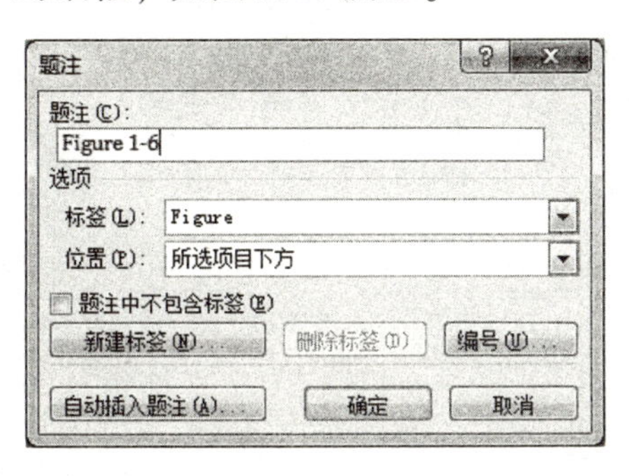

图 3.37　“题注”对话框

（2）在打开的“题注”对话框中单击“编号”按钮，打开“题注编号”对话框，在“格式”下拉列表中选择合适的编号格式。设置完毕单击“确定”按钮。

（3）Word 2010 内置了几个题注标签，如果希望使用自定义的标签，则可以在“题注”对话框中单击“新建标签”按钮，在打开的“新建标签”对话框中创建自定义标签，然后在“标签”列表中选择自定义的标签。

（4）在文档中添加图片题注后，可以单击题注进入编辑状态，输入图片的描述性内容。

3.7　表格的制作

Word 2010 提供了多种在文档中插入表格的方法，可以对插入的表格进行编辑处理。利用 Word 2010，可以制作出专业、美观的表格。

3.7.1　绘制表格

在文档中绘制表格之前，先将插入点定位到需插入表格的位置。然后可以使用以下方法在文档中绘制表格。

1. 使用“插入表格”对话框插入表格

单击“插入”选项卡，在“表格”组中单击“表格”按钮，在打开的下拉列表中选择“插入表格（I）...”选项，在弹出的“插入表格”对话框中设置表格行数、列数，如图 3.38 所示，单击“确定”按钮即可在文档的当前位置插入指定行数、列数的表格。

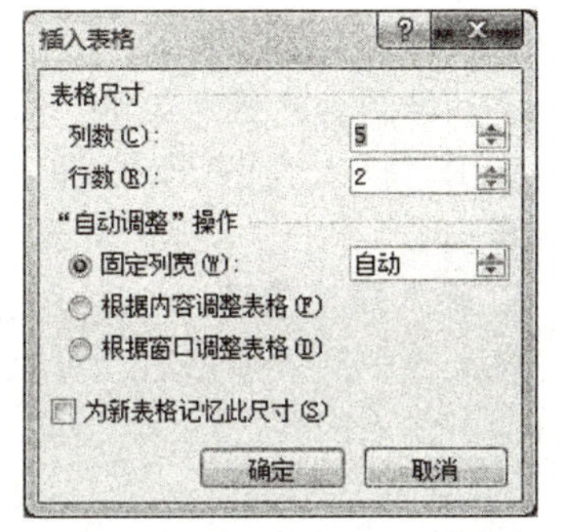

图 3.38　“插入表格”对话框

2. 快速插入表格

在“插入”选项卡的“表格”组中单击“表格”按钮，在表格下拉列表中拖动鼠标选中合适的行数和列数，单击鼠标即可在文档中快速插入表格，如图 3.39 所示。

3. 使用内置样式插入表格

Word 2010 中内置了一些常用的表格样式，用户也可以使用它们来插入表格。具体操作步骤如下：

在“插入”选项卡的“表格”组中单击“表格”按钮，在表格下拉列表选择“快速表格”项，在随后出现的“内置”表格列表中选择所需样式，单击该样式即可在文档中插入所选样式的表格。

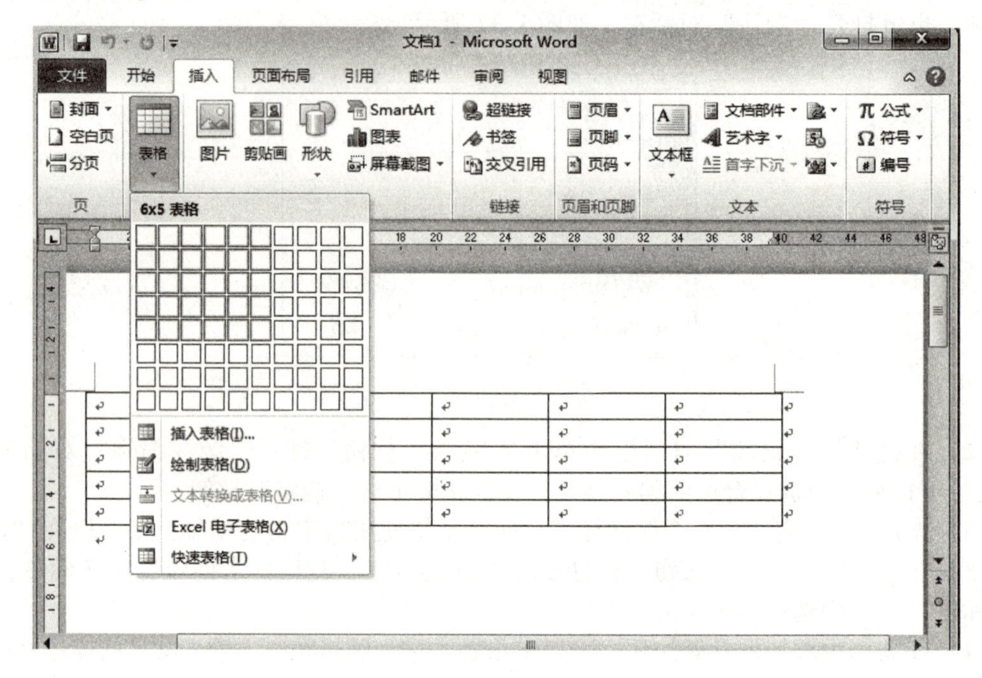

图 3.39　快速插入表格

4. 手动绘制表格

在“插入”选项卡的“表格”组中单击“表格”按钮，在表格下拉列表选择“绘制表格”项，此时鼠标指针会变为铅笔形状，拖动鼠标即可绘制表格。绘制完成后，在任意空白位置双击鼠标左键，即可退出绘制表格状态。

如果在绘制或设置表格的过程中需要删除某行或某列的线条，可以切换到“表格工具”功能区的“设计”选项卡，单击“绘图边框”组中的“擦除”按钮，此时鼠标指针呈橡皮擦形状，在特定的行或列线条上拖动鼠标即可删除该线条。在键盘上按下【Esc】键即可取消擦除状态。

手动绘制表格虽然灵活，可以按用户需求绘制各种不规则表格，但比较麻烦，所以一般都是使用“插入表格”对话框或快速插入方式在文档中插入表格后，再按需要对表格进行编辑修改。

5. 输入表格内容

在文档中插入表格后，可以在需要输入内容的单元格中单击鼠标，使其处于编辑状态，然后即可输入内容。除文本外，在表格中还可以插入图片、图表等内容。

3.7.2　表格的编辑与设置

1. 表格的选择

在 Word 2010 中选中表格有多种方法。

（1）鼠标拖动选择。在需选择的区域内拖动鼠标即可选择该区域，在拖动鼠标时按下【Ctrl】键，还可以选择表格中不连续的多个区域。

（2）鼠标选择。把鼠标指针移到表格中相应的位置，鼠标指针在不同位置会呈不同的形状，此时单击鼠标即可选择单元格、行、列或整个表格。

选中单元格：将鼠标指针移到准备选中的单元格内部左侧位置，当鼠标指针呈右上黑色箭头形状时，单击鼠标即可选中该单元格。

选中行：将鼠标指针移到表格左边的区域，当鼠标指针呈右上空心箭头形状时，单击鼠标即可选中鼠标所在行。

选中列：将鼠标指针移到准备选中的列的上部，当鼠标指针呈向下黑色箭头形状时，单击鼠标即可选中该列。

选中整个表格：将鼠标指针移到准备选中的表格中的任意位置，此时在表格左上角会出现一个⊞图标，单击该图标即可选中整个表格。

（3）通过功能区选择。将鼠标指针定位到准备选中的表格的相应位置，切换到“表格工具”中的“布局”选项卡，在“表”组中单击“选择”项，在出现的下拉列表项中单击相应选项即可。

2. 调整行高和列宽

在 Word 2010 中调整行高和列宽有以下几种方法。

（1）通过鼠标拖动表格分隔线可以手动调整行高和列宽，拖动的同时如果按下【Alt】键则可以对行高和列宽进行微调。

（2）将插入点定位到需要调整行高或列宽的单元格中，切换到“表格工具”的“布局”选项卡，在“单元格大小”组中即可设置当前行的行高或当前列的列宽，如图 3.40 所示。其中的“分布行”可以将所选多行的高度平均分布，“分布列”则可将所选多列的宽度平均分布。

（3）将插入点定位到需要调整行高或列宽的单元格中，单击鼠标右键，在出现的快捷菜单中选择“表格属性”，在弹出的“表格属性”对话框中的“行”选项卡中可以设置行高，在“列”选项卡中可以设置列宽。

3. 合并和拆分单元格

合并和拆分单元格是在表格绘制时经常用到的功能。单元格的拆分和合并既可以通过功能区实现，也可以通过单击鼠标右键后在出现的快捷菜单中进行操作。

（1）合并单元格。选中要合并的多个单元格，单击鼠标右键，在弹出的快捷菜单中单击“合并单元格”菜单项，即可将选中的多个单元格合并成一个单元格。或在选中要合并的单元格后，切换到“表格工具”中的“布局”选项卡，在“合并”组中单击“合并单元格”项，也可实现单元格合并，如图 3.41 所示。

（2）拆分单元格。将光标定位到要拆分的单元格，单击鼠标右键，在弹出的快捷菜单中单击“拆分单元格”菜单项，打开“拆分单元格”对话框，如图 3.42 所示，在其中设置单元格拆分的行数和列数，单击“确定”按钮即可。

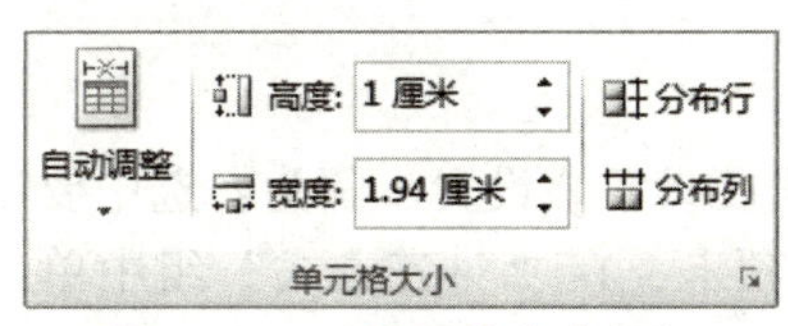

图 3.40　“单元格大小”组

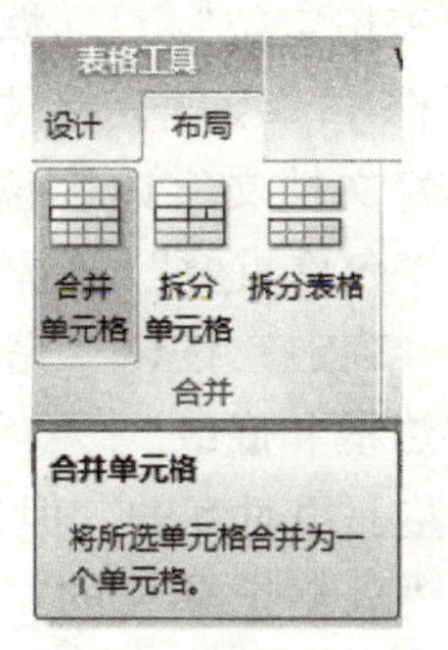

图 3.41　合并单元格

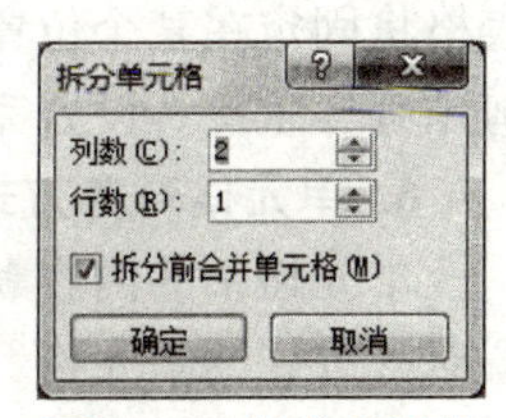

图 3.42　拆分单元格

4. 在表格中插入和删除行、列

表格中行、列的插入和删除既可以通过功能区实现，也可以通过单击鼠标右键，在右键快捷菜单中进行操作。

（1）插入行或列。将插入点定位到表格中需要插入行或列的位置，单击鼠标右键，在快捷菜单中选择“插入”，在出现的级联菜单中单击相应选项即可，如图 3.43 所示。

如果先选中多行或多列，然后再执行以上的插入操作，还可以在表格中一次插入多行或多列。另外，当插入点位于表格中的最后一个单元格时，按【Tab】键可在表格末尾插入一新行。

（2）删除行、列和表格。将插入点定位到表格中需要删除的行或列中，单击鼠标右键，在快捷菜单中选择“删除单元格”菜单项，打开“删除单元格”对话框，如图 3.44 所示。在对话框中选择相应选项，单击“确定”按钮即可。

如果先选择多行或多列，再执行删除操作，则可以一次删除多行或多列。

要删除整个表格，先将插入点定位到表格中，在“表格工具”功能区中切换到“布局”选项卡，单击“删除”按钮，在打开的下拉列表中单击“删除表格”即可，如图 3.45 所示。

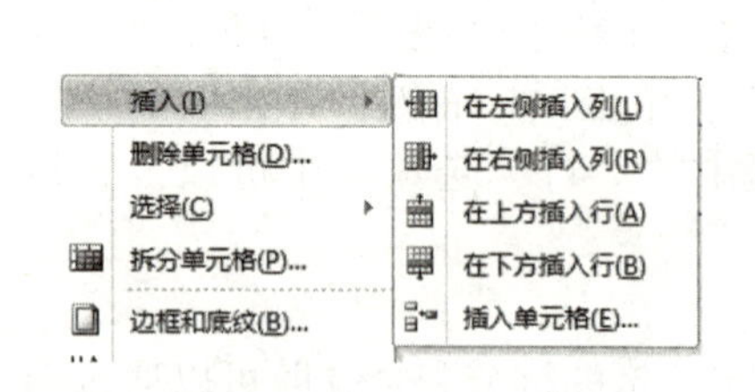

图 3.43　插入行或列的菜单

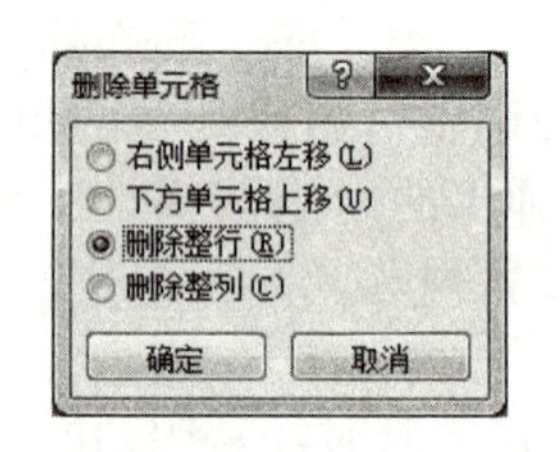

图 3.44　“删除单元格”对话框

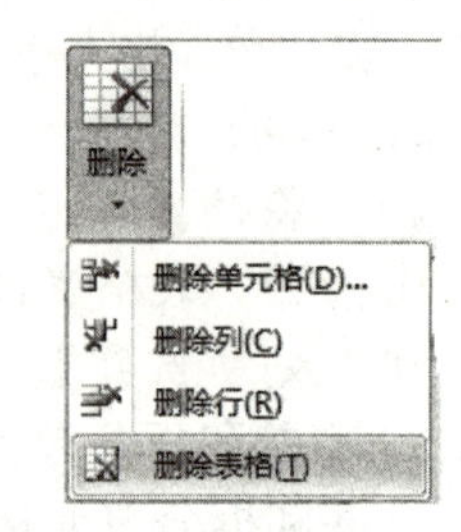

图 3.45　“删除”列表

5. 设置表格的文字环绕方式

在 Word 2010 文档中，用户可以为表格设置文字环绕方式，使表格更好地融入文字中。为 Word 表格设置文字环绕方式的步骤如下：

（1）在表格中的任意位置单击鼠标右键，在出现的快捷菜单中单击“表格属性”菜单项，打开“表格属性”对话框，如图 3.46 所示。

（2）在“表格属性”对话框中的“表格”选项卡的“文字环绕”区域选中“环绕”，并单击“定位”按钮，打开“表格定位”对话框。

（3）在“表格定位”对话框中，设置表格位置及表格与文字之间的距离。选中“随文字移动”复选框可以使表格随着文档文字内容位置的变化而改变位置；取消该复选框，则表格将固定在某个位置。选中“允许重叠”复选框，则允许表格与文档中其他对象如图片、剪贴画等重叠。设置完毕单击“确定”按钮，完成设置。

6. 单元格对齐方式、表格边框和底纹

单元格中的内容默认是靠左上角对齐的，但也可以按需要设置。设置步骤为：选中要设置对齐方式的单元格，切换到“表格工具”的“布局”选项卡，在“对齐方式”组中单击所需的对齐方式即可，如图 3.47 所示。

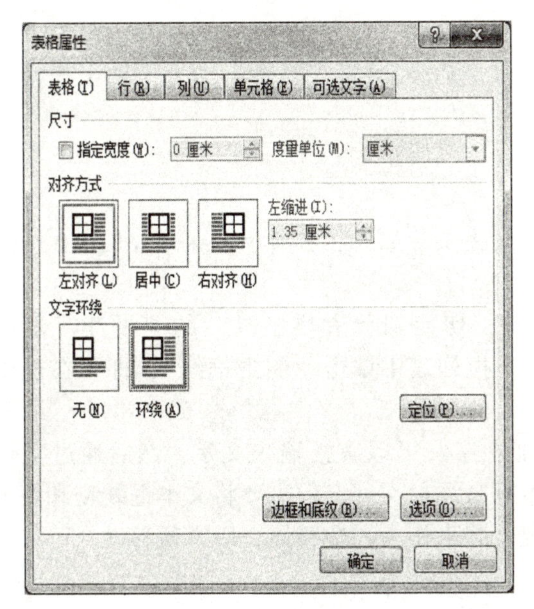

图 3.46　“表格属性”对话框

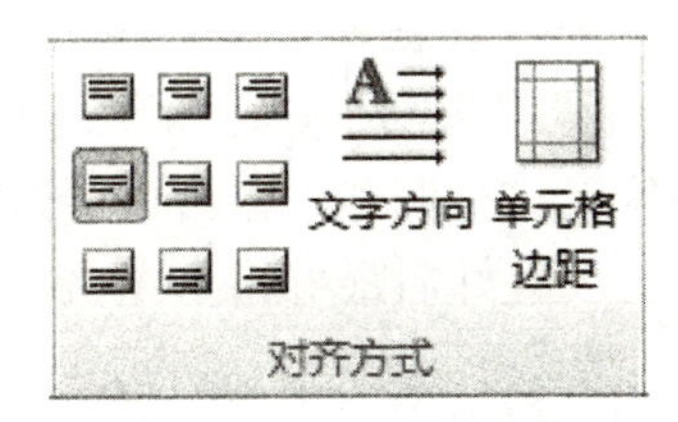

图 3.47　单元格对齐方式

如果单击该组中的“文字方向”按钮，则可以设置单元格中的文字方向，多次单击可在各个可用的方向间切换。

设置表格边框和底纹的步骤为：选中要设置边框或底纹的单元格区域，单击鼠标右键，在出现的快捷菜单中单击“边框和底纹”菜单项，打开“边框和底纹”对话框，如图 3.48 所示。在“边框”选项卡中即可设置选中区域的边框，在“底纹”选项卡中则可以设置选中区域的底纹。

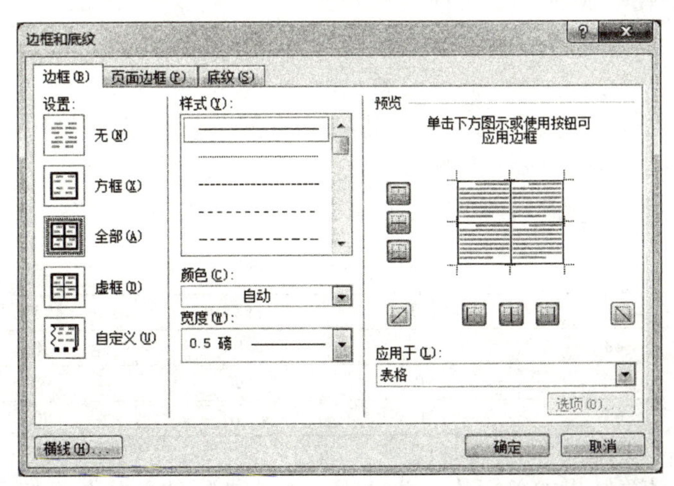

图 3.48　“边框和底纹”对话框

7. 合并和拆分表格

在 Word 中可以将两个表格合并成一个，也可以将一个表格拆分为两个表格。

(1) 合并表格。如果两个表格一个在上方，一个在下方，且都是无文字环绕的，只需要把两个表格之间内容删除即可将两个表格合并成一个表格。

（2）拆分表格：将鼠标定位到表格中要拆分的行，切换到“表格工具”中的“布局”选项卡，在“合并”组中单击“拆分表格”项，即可将表格拆分为上下两个表格，光标所在行将成为新表格的首行。

*3.7.3　斜线表头的制作

表格制作的过程中，有时需要设置斜线表头，如表 3.2 所示。在 Word 2010 中绘制只有一条斜线的表头的操作步骤如下：

（1）选中需要添加斜线表头的单元格，切换到“表格工具”的“设计”选项卡，在“表格样式”组中单击“边框”项，在其下拉列表中单击“斜下框线”，即可在选中的单元格中添加一条斜下框线。

（2）斜线表头绘制好之后，还要添加文字。可以直接输入文字，然后通过空格和换行对文字的位置进行调整。也可以通过文本框来添加文字，但需要将文本框线型和填充色均设置为无色，设置好后最好将多个文本框组合起来作为一个整体，以方便移动。

表 3.2　带斜线表头的表格

星期 时间	星期一	星期二	星期三	星期四	星期五
8：00—12：00					
2：30—5：50					

如果需要添加多条斜线表头，可以使用“插入”选项卡的“插图”组中的“形状”中的“线条”组件，插入直线来手动绘制斜线表头，然后再通过文本框来添加表头文字。不过比较麻烦，不似 Word 2003 那么方便。

*3.7.4　表格数据计算

在 Word 2010 文档中，用户可以借助其提供的数学公式对表格中的数据进行加、减、乘、除以及求和、求平均值等常见的数学运算。

例如，在表 3.3 的学生成绩表中，要计算每个学生的总分，操作步骤如下：

表 3.3　学生成绩表

姓名	高数	大学英语	计算机	体育	总分
张丽	88	90	80	80	
李娜	80	90	90	90	
王强	65	70	70	80	

（1）单击存放计算结果的单元格，此处为张丽所在行的总分单元格，然后切换到“表格工具”的“布局”选项卡，单击“数据”分组中的“公式”按钮，打开“公式”对话框，如图 3.49 所示。

（2）在“公式”对话框中，公式下的编辑框中会根据表格中的数据和当前单元格所在位置自动推荐一个公式。公式都是以“=”开头，例如“=SUM（LEFT）”是指计算当前单元格左侧所有单元格的数据之和。本例中我们需要的公式就是“=SUM（LEFT）”，完成公式编辑后单击“确定”按钮即可得到计算结果。

在“公式”对话框中，用户可以单击“粘贴函数”下方的下拉三角按钮选择合适的函数，例如平均数函数 AVERAGE、计数函数 COUNT 等。其中公式中括号内的参数包括四个，分别是左侧（LEFT）、右侧（RIGHT）、上面（ABOVE）和下面（BELOW）。除此之外，用户还可以在“公式”编辑框中编辑包含“+、-、*、/”运算符的公式，如编辑公式“=F2/4”，表示将 F2 单元格的值除以 4。

（3）公式的复制：选中已计算出总分的单元格，将其内容复制到其他要计算总分的单元格中，此时会发现所有单元格的总分都相同，不用担心，分别右击其他总分单元格，在出现的快捷菜单中单击“更新域”菜单项即可更新数据，如图 3.50 所示。

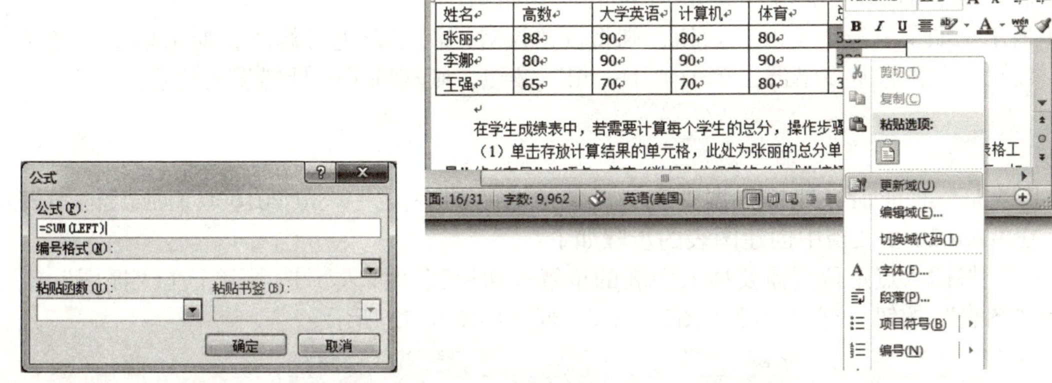

图 3.49　“公式”对话框　　　　图 3.50　通过“更新域”更新公式计算结果

*3.8　Word 2010 的其他功能

3.8.1　拼写和语法检查

用户可以借助 Word 2010 中的“拼写和语法”功能检查文档中存在的单词拼写错误或语法错误，并且可以根据实际需要设置“拼写和语法”选项，使拼写和语法检查功能更适合自己的使用需要。

在 Word 2010 中设置“拼写和语法”选项的步骤为：切换到“文件”选项卡，单击“选项”，打开“Word 选项”对话框，单击“校对”选项卡，根据需要设置各选项即可。

其中某些选项的含义如下：

（1）仅根据主词典提供建议：选中该选项，将仅依据 Word 内置词典进行拼写检查，而忽略自定义的词典中的单词。

（2）自定义词典：选中该选项启用自定义词典，但受到“仅根据主词典提供建议”的限制。

（3）键入时检查拼写：选中该选项，将在输入单词或短语时同步检查并用红色波浪线标记拼写错误。

（4）键入时标记语法错误：选中该选项，将在输入英文短语和句子等内容时使用绿色波浪线标记出可能存在语法错误的位置。

（5）随拼写检查语法：选中该选项，将在检查单词或短语的拼写正误时同步检查语法错误。

（6）只隐藏此文档中的拼写错误：选中该选项，则隐藏红色波浪线，但拼写检查功能并没有被关闭。

（7）只隐藏此文档中的语法错误：选中该选项，则隐藏绿色波浪线，但语法检查功能并没有被关闭。

当文档编写完成后，可通过“拼写和语法”功能检查文档中存在的拼写或语法错误。其操作步骤如下：

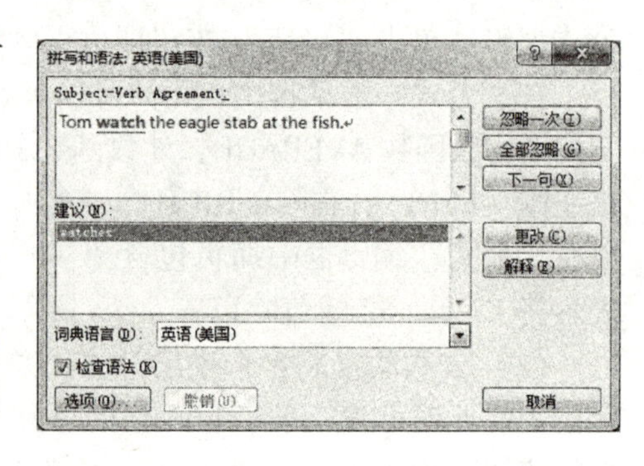

图 3.51　“拼写和语法”对话框

在“审阅”选项卡中单击“校对”组的“拼写和语法”项，打开“拼写和语法”对话框，如图3.51 所示。如果单击“更改”按钮，则将按建议对语法错误进行修改，如果单击“忽略一次”按钮，则将忽略该错误，单击“下一句”按钮，则转到下一处错误的位置。

3.8.2　图表制作

图表是一种能很好地将数据直观、形象地表示的手段。Word 2010 具有强大的图表功能。在 Word 2010 文档中创建图表的步骤如下：

（1）将插入点定位到需要插入图表的位置，切换到“插入”选项卡，在“插图”组中单击“图表”按钮，打开“插入图表”对话框，如图 3.52 所示。

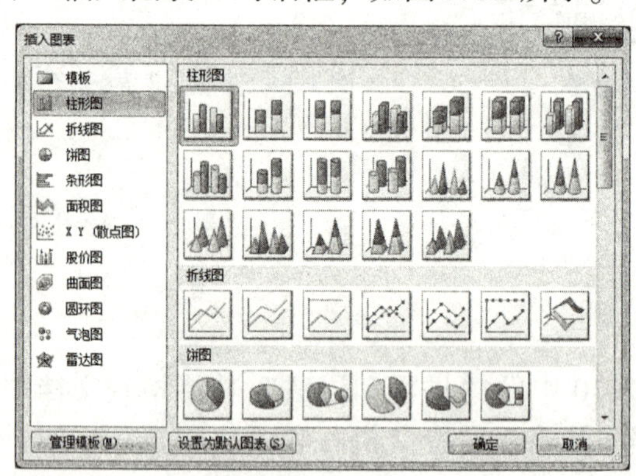

图 3.52　“插入图表”对话框

（2）在“插入图表”对话框中选择合适的图表，单击“确定”按钮，即可在文档中的指定位置插入所选类型图表，同时系统还会自动打开一个 Excel 电子表格，用户需要在Excel 工作表中编辑图表数据。例如，修改系列名称、类别名称、数据值等，文档中插入的图表会随着电子表格中数据的更改而自动改变。

（3）完成 Excel 表格数据的编辑后关闭 Excel 窗口，在 Word 窗口中可以看到创建完成的图表。

3.8.3　项目符号、编号和多级列表

1. 项目符号和编号

在文档中合理使用项目符号和编号，可以使文档的层次结构更清晰、更有条理。添加项目符号或编号的步骤如下：

（1）选中需要添加项目符号的段落。

（2）切换到“开始”选项卡，在“段落”组中单击“项目符号”右侧的下三角箭头，在出现的项目符号库中选择所需符号，即可为选中的段落增加项目符号，如图 3.53 所示。

如果单击下拉列表中的“定义新项目符号”，可以打开“定义新项目符号”对话框，用户可以在其中设置新的项目符号。

添加项目编号的方法是：在“段落”组中单击“编号”右侧的下三角箭头，则可在出现的编号库中为选中的段落设置编号。单击下拉列表中的“定义新编号格式”，可以打开“定义新编号格式”对话框，用户可以在对话框中自定义项目编号格式。

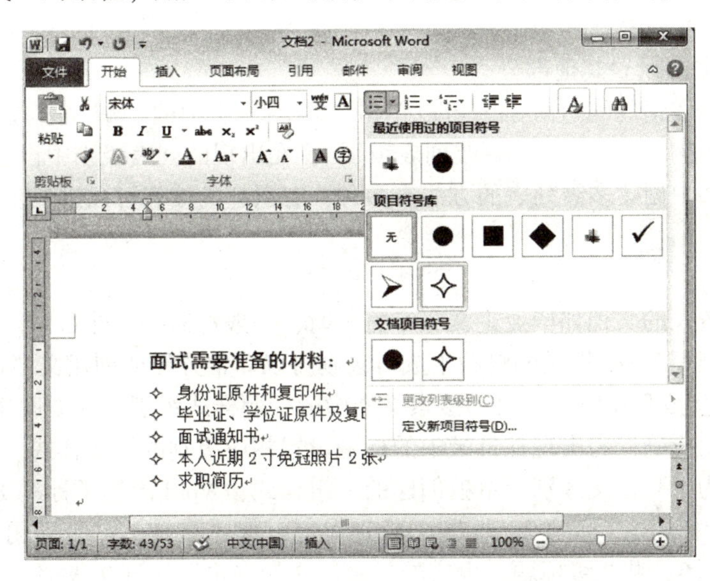

图 3.53　插入项目符号

2. 多级列表

多级列表是用于为文档设置层次结构而创建的列表。通过创建多级列表，可以使文档层次结构更加清晰，Word 2010 中的多级列表最多可以达到九个层次。如图 3.54 所示是一个三个层次的多级列表。

创建图中所示三级列表的步骤如下：

（1）输入文字内容。

（2）选中所有文字，单击“开始”选项卡，在“段落”组中单击“多级列表”右侧的下三角箭头，在出现的列表库中选择所需的列表样式，本例所选列表样式如图 3.55 所示。

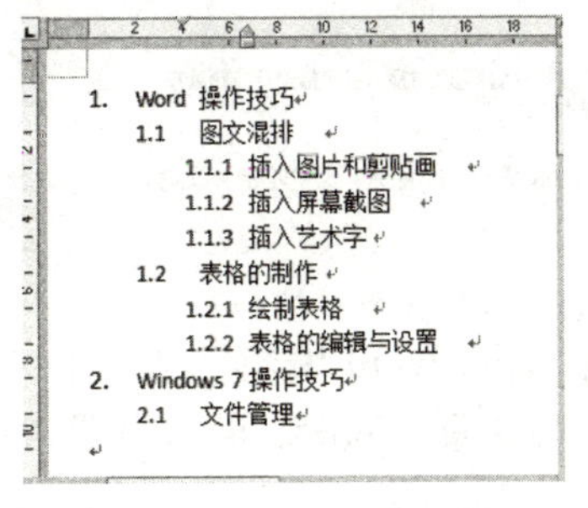

图 3.54　三级列表示例

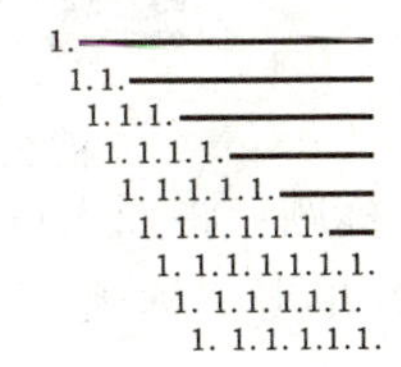

图 3.55　多级列表样式

（3）此时文本内容变为图 3.56 所示，文字前面的数字是系统自动加上的。

（4）选中文本“图文混排”，在“段落”组中单击“增加缩进量”按钮 1 次，此时可看到“图文混排”前面的数字由 2 变成为 1.1，表示该部分内容缩进为第 2 级别。

（5）同时选中第 3、4、5 段文字，单击“增加缩进量”按钮 2 次，则可将选中段落设置为第 3 级别。或单击“多级列表”右侧的箭头，在列表库下方选择“更改列表级别”，在出现的列表级别中选择所需级别。

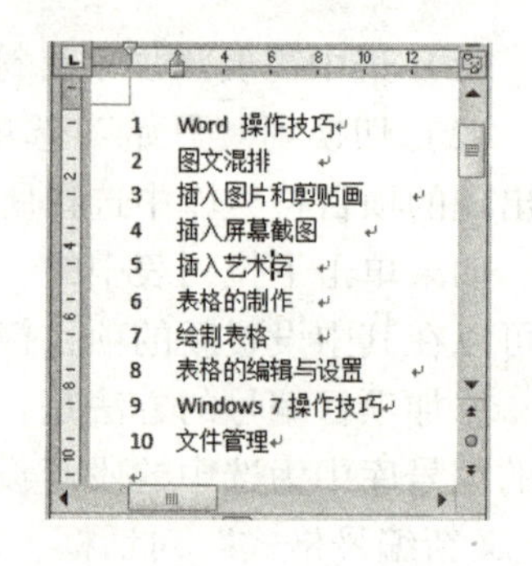

图 3.56　未设置缩进量前的列表

（6）按同样方法设置其他部分。

如果需要减少段落的缩进级别，可以单击“段落”组中的“减少缩进量”按钮。或在“多级列表”的列表库下方单击“更改列表级别”，在出现的列表级别中设置。

在 Word 2010 中创建多级列表的方法有多种，有兴趣的读者可以进一步学习。

3.8.4　自动生成目录

在撰写篇幅较长的文档如毕业论文、专著等时，一般都需要创建目录。如果是手动创建会非常麻烦，而利用 Word 提供的自动生成目录则可以非常方便地创建文档目录。

Word 在自动生成目录时，会自动搜索文档中的标题样式级别，并据此生成目录。因此，在生成目录之前，应确保为出现在目录中的标题设置相应级别的标题样式。

标题样式是为了与正文区别而单独创建的一组样式，Word 内置了标题 1、标题 2、标题 3 和正文等样式，标题 1、标题 2、标题 3 分别对应一级、二级、三级标题。除此之外，还有标题 4 直到标题 9，共 9 级标题，生成的目录层次最多也可达到 9 级。

下面以图 3.57 所示文档为例，说明在 Word 2010 中用自动生成目录功能创建包含三个层次的文档目录。其操作步骤如下：

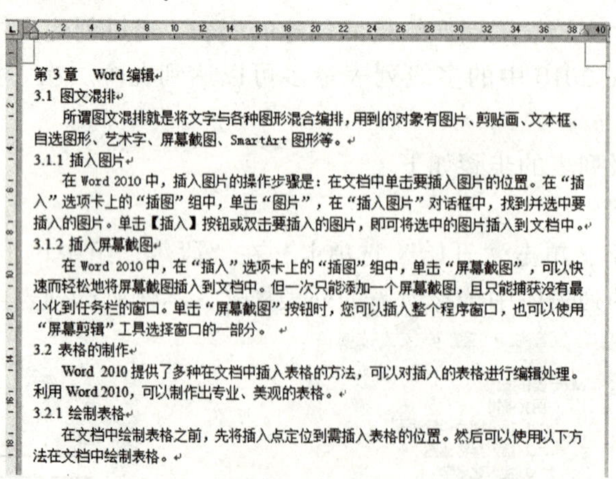
第 3 章　Word 编辑
3.1 图文混排
所谓图文混排就是将文字与各种图形混合编排，用到的对象有图片、剪贴画、文本框、自选图形、艺术字、屏幕截图、SmartArt 图形等。
3.1.1 插入图片
在 Word 2010 中，插入图片的操作步骤是：在文档中单击要插入图片的位置。在“插入”选项卡上的“插图”组中，单击“图片”，在“插入图片”对话框中，找到并选中要插入的图片。单击【插入】按钮或双击要插入的图片，即可将选中的图片插入到文档中。
3.1.2 插入屏幕截图
在 Word 2010 中，在“插入”选项卡上的“插图”组中，单击“屏幕截图”，可以快速而轻松地将屏幕截图插入到文档中。但一次只能添加一个屏幕截图，且只能捕获没有最小化到任务栏的窗口。单击“屏幕截图”按钮时，您可以插入整个程序窗口，也可以使用“屏幕剪辑”工具选择窗口的一部分。
3.2 表格的制作
Word 2010 提供了多种在文档中插入表格的方法，可以对插入的表格进行编辑处理。利用 Word 2010，可以制作出专业、美观的表格。
3.2.1 绘制表格
在文档中绘制表格之前，先将插入点定位到需插入表格的位置。然后可以使用以下方法在文档中绘制表格。

图 3.57　自动生成目录的示例文档

（1）设置一级标题：将插入点定位到“第 3 章 Word 编辑”处，在“开始”选项卡的“样式”组中找到并单击“标题 1”，即可将“第 3 章 Word 编辑”设置为标题 1 样式，即为一级标题。

（2）设置二级标题：将插入点定位到“3.1 图文混排”中，在“样式”组中找到并单击“标题 2”，即可将“3.1 图文混排”设置为标题 2 样式，即为二级标题。用同样方法将“3.2 表格的制作”设置为二级标题。

（3）设置三级标题：依次将“3.1.1 插入图片、3.1.2 插入屏幕截图、3.2.1 绘制表格”设置为标题 3 样式，即为三级标题。

（4）标题样式设置完成后，把插入点定位到需要生成目录的位置，一般为文档开头，切换到“引用”选项卡，单击“目录”组中的“目录”按钮，在出现的下拉列表中单击“自动目录 1”项，即可在文档的当前位置自动生成目录，如图 3.58 所示。

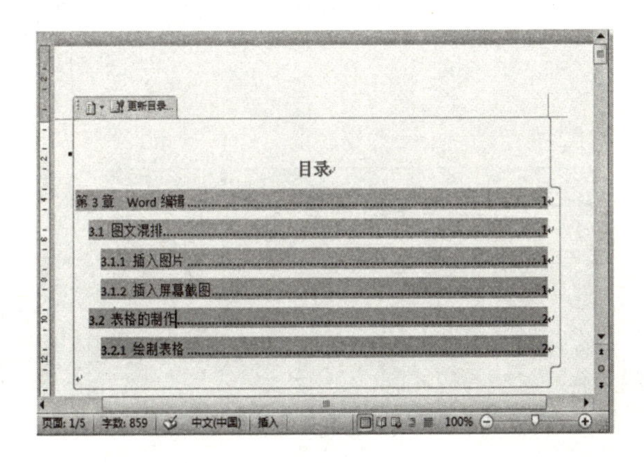

图 3.58　Word 自动生成的目录

（5）更新目录：当文档内容发生改变后，在目录区域内单击右键，在出现的快捷菜单中单击“更新域”菜单项，可以让目录内容更新，以与文档内容保持一致。另外，在目录域中通过按【Ctrl】+鼠标单击可以转到文档中相应的章节。

如果需要更详细地设置目录，可以在单击“目录”按钮后在出现的下拉列表中选择“插入目录”项，打开“目录”对话框，在对话框中进行更具体的设置，如图 3.59 所示。

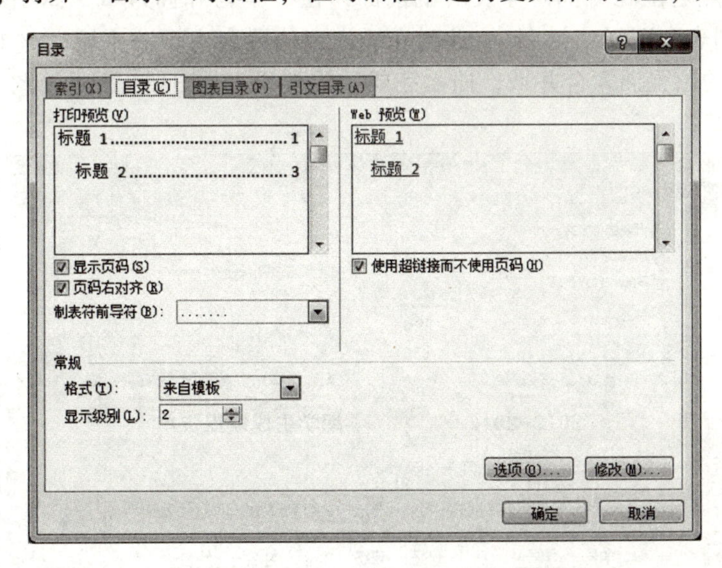

图 3.59　“目录”对话框

3.8.5　邮件合并

在实际工作中，有时需要编辑大量格式一致、数据字段相同，但具体数据内容不同的文档，如职工工资单、考试准考证、学生成绩通知单等。如果逐个单独处理，工作量会很大而且非常麻烦。这时采用 Word 的邮件合并功能则可以轻松完成工作。

下面以编辑学生成绩通知单为例，利用一个已经建立好的 Excel 文件“学生成绩.xlsx”，内容如图 3.60 所示，说明使用邮件合并功能制作学生成绩单的具体操作步骤。

（1）创建一个 Word 文档，内容如图 3.61 所示。

	A	B	C	D	E	F
1	学号	班级	姓名	高数	英语	计算机
2	100101	会计1001	王强	80	86	85
3	100102	会计1002	李兵	80	75	90
4	100103	会计1003	余莉莉	85	90	88
5	100104	会计1004	高山	90	82	90
6	100105	会计1005	张云	87	85	90
7	100106	会计1006	李雨	78	80	78
8	100107	会计1007	王红	90	70	80
9	100108	会计1008	赵云龙	60	50	80

图 3.60　将用于邮件合并的学生成绩

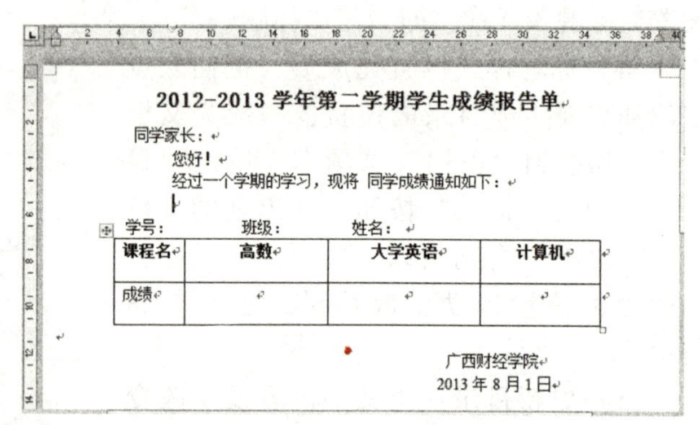

图 3.61　用于邮件合并的 Word 文档内容

（2）切换到“邮件”选项卡，在“开始邮件合并”组中单击“选择收件人”，在出现的下拉列表中选择“使用现有列表”项，打开“选取数据源”对话框，找到并选中已经创建好的“学生成绩.xlsx”文件，单击“打开”按钮，这时会弹出“选择表格”窗口，选择学生成绩所在的工作表，单击“确定”按钮。

（3）将插入点定位到“同学家长”的前面，在“编写和插入域”组中单击“插入合并域”，在出现的列表中选择“姓名”，此时在插入点位置会出现一个域“《姓名》”，用同样的方法，在需要的位置插入合并域，插入完成后的效果如图 3.62 所示，图中加了红线的地方都是插入的域。

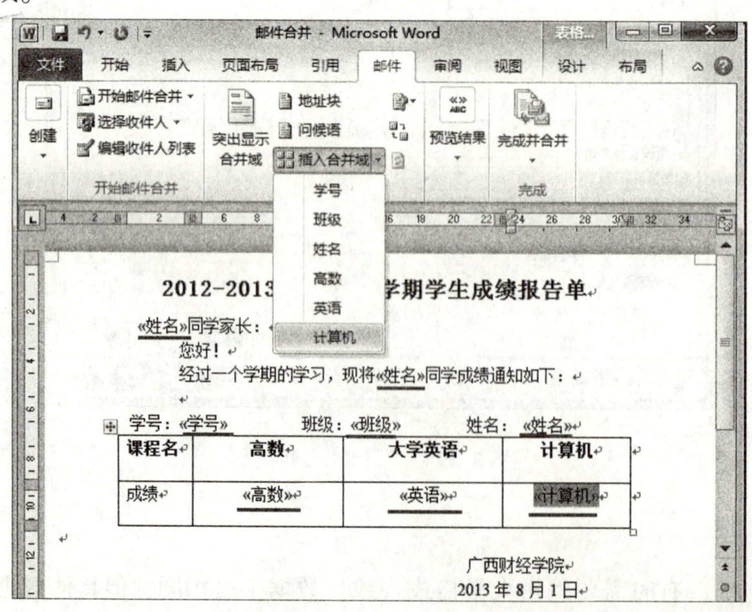

图 3.62　插入合并域的文档

（4）单击“完成”组中的“完成并合并”按钮，在出现的下拉列表中单击“编辑单个文档”项，打开“合并到新文档”对话框，如图 3.63 所示，选择需要合并的记录范围，本例选“全部”，然后单击“确定”按钮，完成邮件合并。

（5）邮件合并完成后系统会自动打开一个新文档，在文档中自动生成每位学生的成绩报告单，如图 3.64 所示。

图 3.63　“合并到新文档”对话框

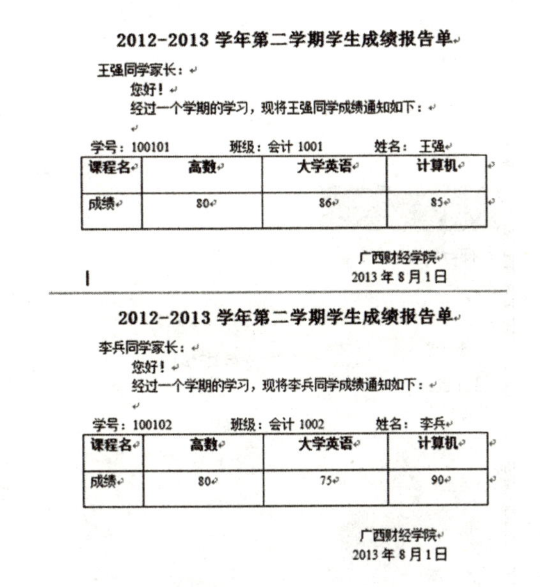

2012-2013 学年第二学期学生成绩报告单

王强同学家长：

您好！

经过一个学期的学习，现将王强同学成绩通知如下：

学号：100101　　班级：会计 1001　　姓名：王强

课程名	高数	大学英语	计算机
成绩	80	86	85

广西财经学院

2013 年 8 月 1 日

2012-2013 学年第二学期学生成绩报告单

李兵同学家长：

您好！

经过一个学期的学习，现将李兵同学成绩通知如下：

学号：100102　　班级：会计 1002　　姓名：李兵

课程名	高数	大学英语	计算机
成绩	80	75	90

广西财经学院

2013 年 8 月 1 日

图 3.64　使用邮件合并功能制作的学生成绩通知单

3.9　打印预览和打印

文档编写完成后，有时需要将文档打印出来，为了能取得良好的打印效果，节约打印纸张，在打印之前要进行页面设置、打印预览等工作，以确保打印出来的文档能满足用户需求。

打印前通过“打印预览”功能查看文档打印出的效果，可以及时调整页边距、纸张大小等设置，确保打印效果。

打印预览：在“文件”菜单中单击“打印”命令，在出现的“打印”窗口右侧的预览区域即可查看文档打印预览效果，如图 3.65 所示。可以通过预览区右下方的滑块调整预览视图的大小，如果预览效果不满意，可再进行页面设置。

打印设置：在“打印”窗口的中间区域，还可以进行打印设置，如打印范围、打印份数、多份打印时的打印方式等，单击该区域下方的“页面设置”，还可打开页面设置对话框。

打印：当所有设置完成后，单击中间区域的“打印”按钮即可开始打印。

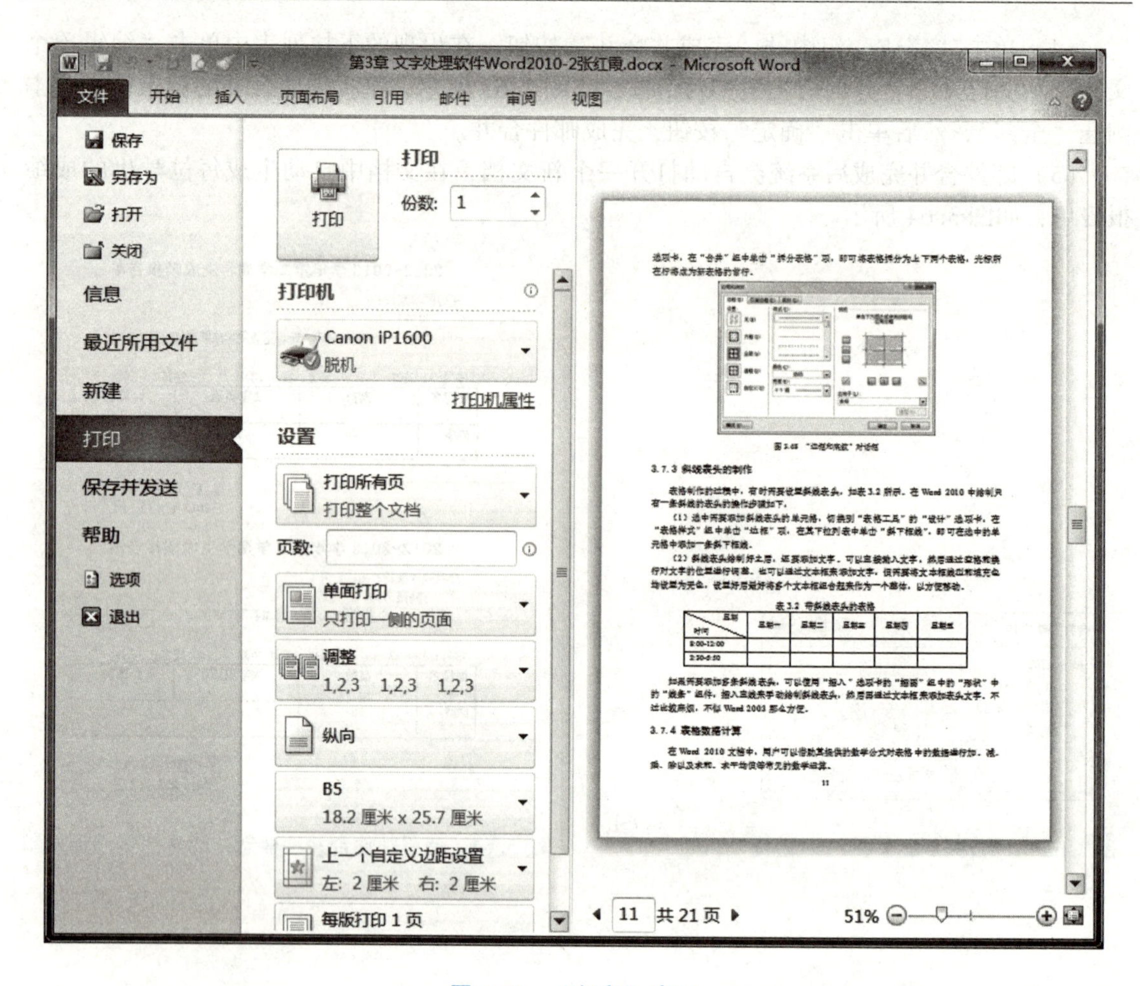

图 3.65　“打印”窗口

习　题

1. Word 中的“格式刷”的作用是什么？简述其使用方法。
2. 如何选定一行、一段、一块矩形文字乃至整个文档？
3. Word 窗口有哪些主要组成元素？“功能区”包括哪些常用的选项卡？
4. 如何自定义“快速访问工具栏”？
5. Word 提供了几种视图方式？它们之间有何区别？
6. Word 文档中嵌入式图片与浮动式图片有什么区别？
7. Word 2010 中绘制表格的方法有哪些？
8. 简述如何设置表格的边框和底纹。
9. 在表格中进行数据计算时，常用的函数有哪些？公式“=SUM（LEFT）”表示什么？
10. 什么是脚注、尾注和题注？
11. 简述自动生成目录的方法。

第 4 章

电子表格软件 Excel 2010

在日常的生活、学习与工作中，表格的应用十分广泛，且随处可见，如成绩表、工资表、销售表等。通过表格，可清晰地呈现大量的相关数据，并便于人们的处理与应用。目前，我们通常使用计算机制作和处理各种表格，并称之为电子表格。Excel 是微软公司 Office 办公套装软件中的一个组件，也是当前最为流行的一种电子表格软件，可用于制作各类电子表格，对相关数据进行相应的计算、排序、筛选、分类汇总与统计分析，或快速生成各种直观的图表。由于 Excel 具有强大的数据计算与处理功能，且界面友好、易学易用，因此在电子表格处理领域始终独领风骚，已成为国内外广大用户管理公司和个人财务、统计数据、绘制专业化图表的得力助手。本章主要介绍电子表格的基础知识以及 Excel 2010 的使用方法与简单应用。

4.1 Excel 2010 概述

Excel 2010 是微软公司 Office 2010 办公套装软件中的一个组件。作为目前电子表格软件 Excel 的最新版本，Excel 2010 的功能得到了进一步的改进或增强，从而提供了更多分析、管理与共享数据的方式，有利于更好地跟踪信息并做出更明智的决策。

4.1.1 Excel 电子表格的基本概念

对于 Excel 电子表格来说，工作簿、工作表与单元格是最为重要的三个基本概念，在此先做简单介绍。

1. 工作簿

工作簿是 Excel 用以存储和处理数据的文件。一个工作簿其实就是一个 Excel 文件，其默认扩展名为“*.xls”（Excel 2003 及此前各版本）或“*.xlsx”（Excel 2007 与 Excel 2010）。每个工作簿由若干张工作表组成，默认为 3 张，其名称分别为 Sheet1、Sheet2 与 Sheet3。

在早期的 Excel 版本中，一个工作簿最多只能容纳 255 张工作表。但从 Excel 97 开始，该限制便已被突破，具体数量只受限于计算机的可用内存。

2. 工作表

工作表是工作簿中的二维表，由行与列构成，用于存储和处理数据。如果将工作簿比作账本，那么账本中的每一页就相当于一张工作表。当前正在操作的工作表称为当前工作表。

工作表的行与列分别用行号与列标来表示。其中，行号为数字（1、2、3、…），列标为字母（A、B、C、…）。在 Excel 97 至 Excel 2003 的各个版本中，工作表的大小为 65 536 行 ×256 列（即 2^{16} 行 × 2^{8} 列），最后一列的列标为 IV。而在 Excel 2007 与 Excel 2010 中，工作表的大小为 1 048 576 行 ×16 384 列（即 2^{20} 行 × 2^{14} 列），最后一列的列标为 XFD。

3. 单元格

单元格是工作表中行与列的交叉区域，也是工作表的最小组成单位，用于保存具体的各项数据。每个单元格由列标与行号进行标识，并称之为单元格地址。例如，第 1 行第 1 列的单元格地址为 A1，第 2 行第 3 列的单元格地址为 C2。

当前正在操作的单元格称为活动单元格或当前单元格。在 Excel 中，活动单元格的四周以黑框围住。

4.1.2　Excel 2010 的启动和退出

Excel 2010 是基于 Windows 操作系统的应用软件，其启动与退出的方法与 Windows 的其他应用程序类似。

1. 启动 Excel 2010

在 Windows 7 中，单击“开始”按钮，在“开始”菜单中选择“所有程序”→“Microsoft Office”→“Microsoft Office Word 2010”命令，即可启动 Excel 2010。Excel 2010 启动成功后，将打开如图 4.1 所示的窗口。

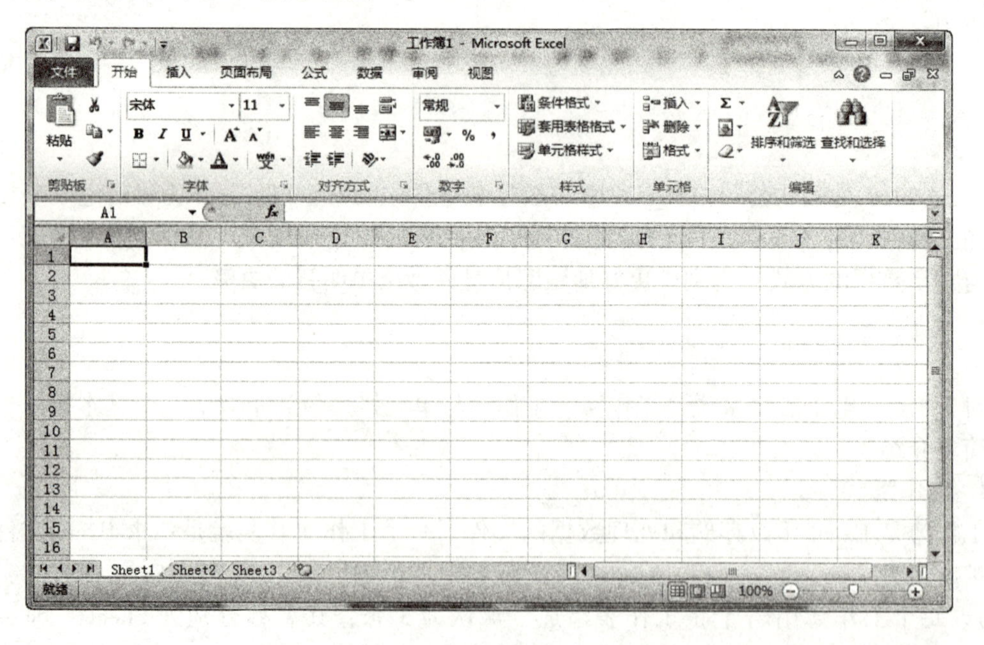

图 4.1　Excel 2010 窗口

为启动 Excel 2010，还可采用以下方法之一：

（1）双击 Excel 2010 的快捷方式。为在桌面上创建 Excel 2010 的快捷方式，可在“开始”菜单中右击“Microsoft Office Word 2010”命令，并在随之打开的快捷菜单中选择“发送到”→“桌面快捷方式”命令。

（2）双击某个 Excel 文件。用“资源管理器”找到某个 Excel 文件后，直接双击之，即可在启动 Excel 2010 的同时打开该文件。

2. 退出

退出 Excel 2010 的方法如下：

（1）单击“文件”按钮，并在随之打开的菜单中选择“退出”命令。

（2）单击标题栏右侧的“关闭”按钮。

（3）双击标题栏左侧的控制图标。

（4）单击控制图标（或按【Alt】+【Space】组合键），并在其菜单中选择“关闭”命令。

（5）直接按【Alt】+【F4】组合键。

注意：在退出 Excel 2010 时，如果文件已进行了修改但还没有存盘，那么在退出之前将打开相应的对话框，提示用户是否保存对该文件的最后修改。

4.1.3　Excel 2010 工作窗口简介

Excel 2010 的工作窗口与 Excel 2007 的类似（与 Excel 2003 及此前各版本的相比则有较大不同），主要由标题栏、功能区、编辑栏、工作区、状态栏以及视图工具栏等组成。

1. 标题栏

标题栏位于窗口的顶部，由程序控制图标、快速访问工具栏、工作簿与应用程序名称以及窗口控制按钮组成。其中，快速访问工具栏用于放置在 Excel 中常用的一些命令按钮，如“保存”“撤销”与“恢复”按钮等。必要时，可自行设置快速访问工具栏中所包含的命令按钮。

2. 功能区

功能区位于标题栏的下方，由“文件”按钮与“开始”“插入”“页面布局”“公式”“数据”“审阅”“视图”等选项卡以及一些功能或控制按钮（包括“隐藏”或“显示”按钮、“帮助”按钮与文档控制按钮等）组成。单击“文件”按钮，可打开“文件”菜单，其中包含有文件的新建、打开、保存、关闭、打印以及程序的退出等命令。单击各选项卡的标签，可切换至相应的选项卡。各选项卡中均包含有若干个功能组，并内置有相关的命令按钮，以分门别类地提供程序的有关功能。

3. 编辑栏

编辑栏位于功能区的下方，由名称框、编辑框以及二者之间的“取消”“输入”与“插入函数”等功能按钮组成。其中，名称框用于设置或显示活动单元格的地址，编辑框则用于显示或编辑活动单元格的内容（数据或公式）。将插入点定位到编辑框中或双击某个单元格时，将自动激活“取消”与“输入”按钮。单击“取消”按钮可取消输入的内容，单击“输入”按钮可确认输入的内容，而单击“插入函数”按钮则可通过“插入函数”对话框选择并插入相应的函数。

4. 工作区

工作区是窗口界面中最大的一个区域，实际上就是工作表的编辑区，其主要构成元素包括列标、行号、单元格、垂直滚动条、水平滚动条、工作表标签及工作表标签滚动按钮等。其中，工作表标签用于切换当前工作表以及显示或编辑工作表的名称，工作表标签滚动按钮则用于滚动显示各个工作表的标签（当工作表较多以至于其标签未能全部显示时使用）。

5. 状态栏

状态栏位于窗口的底部，用于显示工作表中当前用户的操作状态或模式（就绪、输入或编辑）。

6. 视图工具栏

视图工具栏位于状态栏的右侧，主要用于调整工作表的显示方式与显示比例。单击“普通”“页面布局”或“分页预览”按钮，可分别将工作表切换到普通视图、页面布局视图或分页预览视图。单击“减小”或“放大”按钮，可分别减小或放大工作表的显示。拖动“显示比例”滑块，则可随意调整工作表的显示比例。

4.2　工作簿的基本操作

工作簿即 Excel 文件，是 Excel 应用的基础。与工作簿有关的基本操作主要包括工作簿的建立、打开、保存、关闭与保护等。

4.2.1　工作簿的建立

启动 Excel 2010 后，系统将自动创建一个名为“工作簿 1”的空白工作簿。此外，选择“文件”→“新建”命令，并在随之打开的“可用模板”窗格中选择所需要的工作簿模板类型，再单击“创建”按钮，也可创建一个新的工作簿。

4.2.2　工作簿的打开

要查看或编辑已存在的工作簿，应先将其打开。为此，可选择“文件”→“打开”命令（或按【Ctrl】+【O】组合键），并在随之打开的“打开”对话框中选定相应的工作簿，最后再单击“打开”按钮。

4.2.3　工作簿的保存

在工作簿中输入数据或进行处理后，应及时保存相应的操作结果。为此，可选择“文件”→“保存”命令（或按【Ctrl】+【S】组合键）。此外，也可直接单击快速访问工具栏中的“保存”按钮。需要注意的是，对于新建的尚未保存过的工作簿，在执行保存操作时，将自动打开“另存为”对话框。此时，应根据需要指定工作簿的名称及其保存位置与类型，再单击“确定”按钮。

对于已命名的工作簿，必要时也可改变其名称、保存位置或类型。为此，应选择“文件”→“另存为”命令，并在随之打开的“另存为”对话框中进行相应的操作。

提示： 为防止因死机或断电等突发事件而导致数据的丢失，可启用 Excel 2010 的自动保存功能。为此，应选择“文件”→“选项”命令，打开“Excel 选项”对话框，并在其中选择“保存”选项卡，选中“保存自动恢复信息时间间隔”复选框，同时在其后的数值框中指定相应的时间间隔，最后再单击“确定”按钮。

4.2.4　工作簿的关闭

工作簿操作完毕后，应及时将其关闭掉，以避免因意外情况或错误操作而造成损失。为此，可选择“文件”→“关闭”命令，或单击功能区右上角的“关闭”按钮。

4.2.5 工作簿的保护

为防止工作簿的结构或窗口被更改，需对工作簿进行保护。其基本操作步骤如下：

(1) 单击“审阅”→“更改”功能组中的“保护工作簿”按钮，打开“保护结构和窗口”对话框，如图4.2所示。

(2) 选中“结构”与“窗口”复选框，并在“密码”文本框中输入保护密码，然后单击“确定”按钮，打开“确认密码”对话框。

(3) 在“重新输入密码”文本框中输入同样的密码，然后单击“确定”按钮，完成工作簿的保护操作。

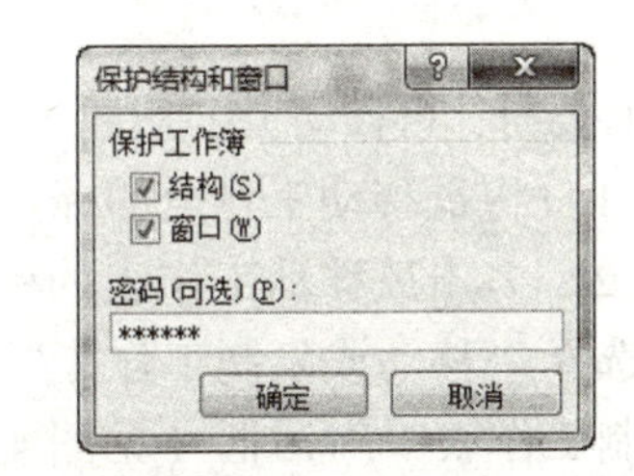

图4.2　“保护结构和窗口”对话框

工作簿被保护后，“保护工作簿”按钮将呈选中状态，且功能区右侧的文档控制按钮也会同时消失。在这种状态下，将禁止添加、删除、移动、复制、隐藏或重命名工作表等更改工作簿结构的任何操作，同时也不能再对工作簿执行最小化、最大化、还原与关闭等操作。

为取消对工作簿的保护，应再次单击“保护工作簿”按钮，打开“撤销工作簿保护”对话框，并在“密码”文本框中输入正确的密码，然后单击“确定”按钮。

4.3　工作表的管理操作

工作表是工作簿中的主要对象，也是进行数据处理的重要场所。为提高效率，应熟悉与其相关的管理操作，包括工作表的选择、添加、删除、移动、复制、更名、隐藏与保护等。

4.3.1　工作表的选择

在对工作表进行操作前，通常要先完成相应的选择操作。为选中某一张工作表，只需直接单击其标签即可。若要同时选中多张工作表，可按住【Ctrl】键不放并逐一单击相应工作表的标签。特别地，若要选中多张相邻的工作表，还可先单击其中第一张（或最后一张）工作表的标签，然后按住【Shift】键不放并单击最后一张（或第一张）工作表的标签。

4.3.2　工作表的添加

为在工作簿中添加新的工作表，可执行以下操作之一。

(1) 单击工作表标签栏右侧的“插入工作表”按钮（或按【Shift】+【F11】组合键）。

(2) 单击“开始”→“单元格”功能组中的“插入”下拉按钮，并在其列表中选择“插入工作表”命令。

(3) 右击工作表的标签，并在其快捷菜单中选择“插入”命令，打开“插入”对话框，然后在“常用”选项卡中选择“工作表”选项，最后再单击“确定”按钮。

4.3.3　工作表的删除

为在工作簿中删除不再需要的工作表，可执行以下操作之一。

（1）单击“开始”→“单元格”功能组中的“删除”下拉按钮，并在其列表中选择“删除工作表”命令。

（2）右击工作表的标签，并在其快捷菜单中选择“删除”命令。

4.3.4　工作表的移动

必要时，可移动工作表的位置，以使工作簿的结构更加清晰。为此，可执行以下操作之一。

（1）将欲移动工作表的标签直接拖放至目标位置。

（2）右击欲移动工作表的标签，并在其快捷菜单中选择“移动或复制工作表”命令，打开“移动或复制工作表”对话框（见图4.3），在“工作簿”下拉列表框中选择某个工作簿，在“下列选定工作表之前”列表框中选择某个工作表或“（移至最后）”，最后再单击“确定”按钮。

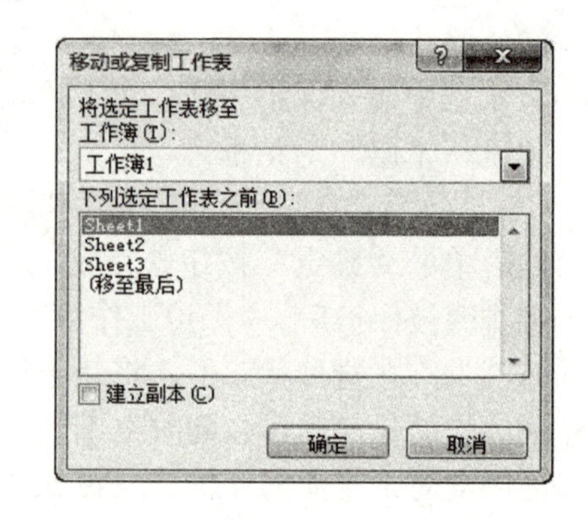

图4.3　“移动或复制工作表”对话框

4.3.5　工作表的复制

为备份工作表或提高工作效率（如制作结构类似的工作表等），可对工作表进行复制。为此，可执行以下操作之一。

（1）按住【Ctrl】键不放，将欲复制工作表的标签直接拖放至目标位置。

（2）右击欲复制工作表的标签，并在其快捷菜单中选择“移动或复制工作表”命令，打开“移动或复制工作表”对话框，在“工作簿”下拉列表框中选择某个工作簿，在“下列选定工作表之前”列表框中选择某个工作表或“（移至最后）”，选中“建立副本”复选框，最后再单击“确定”按钮。

4.3.6　工作表的更名

对于工作簿中的每一张工作表，Excel均会自动对其进行命名。为使工作表的名称与其内容更加吻合，以便于用户的识别与查看，可根据需要更改其名称。为此，只需双击欲重命名工作表的标签（或右击其标签并在快捷菜单中选择“重命名”命令），然后再输入新的工作表名称即可。

4.3.7　工作表的隐藏

对于工作簿中的各个工作表，均可根据需要进行隐藏。为此，只需右击欲隐藏工作表的标签，并在其快捷菜单中选择“隐藏”命令即可。工作表被隐藏后，其标签也会同时消失。

对于已被隐藏的工作表，也可随时让其重新显示出来。为此，只需右击某个工作表标签，并在其快捷菜单中选择“取消隐藏”命令，打开“取消隐藏”对话框，并在其中选中相应的工作表，最后再单击“确定”按钮即可。

4.3.8　工作表的保护

为防止无关人员对工作表进行更改，需对工作表进行保护，即对其编辑权限进行相应的设置。以锁定工作表并禁止对单元格进行更改为例，实现工作表保护的基本操作步骤如下：

（1）选中要对其进行保护的工作表，单击“审阅”→“更改”功能组中的“保护工作表”按钮，打开“保护工作表”对话框，如图 4.4 所示。

（2）选中“保护工作表及锁定的单元格内容”复选框，并在“取消工作表保护时使用的密码”文本框中输入密码，同时在“允许此工作表的所有用户进行”列表框中选中“选定锁定单元格”与“选定未锁定的单元格”复选框，然后单击“确定”按钮，打开“确认密码”对话框。

（3）在“重新输入密码”文本框中输入同样的密码，然后单击“确定”按钮，完成对工作表的保护操作。

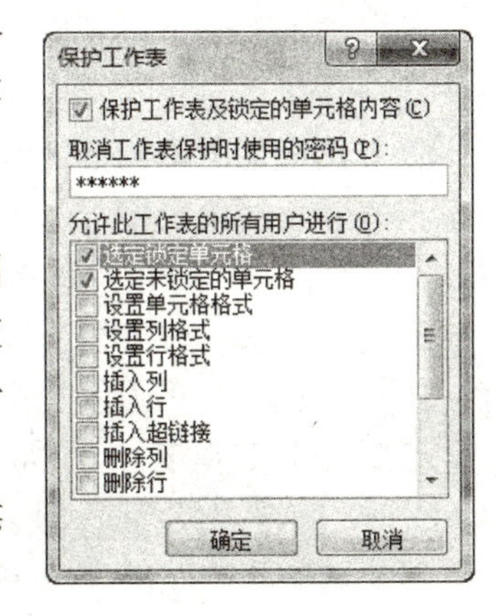

图 4.4　“保护工作表”对话框

工作表被保护后，原来的“保护工作表”按钮将改变为“撤销工作表保护”按钮。此时，若试图对工作表中的单元格进行删改等操作，将显示相应的警告信息。

为取消对工作表的保护，应单击“撤销工作表保护”按钮，打开“撤销工作表保护”对话框，并在其中输入正确的密码，然后单击“确定”按钮。

4.4　数据的编辑

数据的编辑包括数据的输入、修改、复制、粘贴、插入与删除等操作。下面结合案例，分别进行相应介绍。

4.4.1　案例简介

创建一个“学生成绩”工作簿，并在其中建立一个“学生成绩”工作表，内含学生的学号、姓名、性别、专业以及高等数学、大学英语、程序设计课程的成绩，如图 4.5 所示。其中，各门课程成绩的有效取值范围为 0 ~ 100。

	A	B	C	D	E	F	G
1	学生成绩表						
2	学号	姓名	性别	专业	高等数学	大学英语	程序设计
3	201200001	赵菊	女	计算机应用	72	70	80
4	201200002	李成	男	计算机应用	90	85	96
5	201200003	韦华	女	计算机应用	80	77	57
6	201200004	黄芳	女	计算机应用	78	80	82
7	201200005	刘大军	男	计算机应用	70	68	58
8	201200006	覃小刚	男	网络工程	56	65	80
9	201200007	周丽	女	网络工程	62	55	90
10	201200008	卢铭	男	网络工程	92	93	95
11	201200009	周小玉	女	电子商务	88	90	85
12	201200010	唐小花	女	电子商务	80	81	83
13	201200011	赵鸿	男	电子商务	75	68	65
14	201200012	覃壮	男	电子商务	80	74	78
15	201200013	苏英	女	电子商务	80	77	75
16	201200014	龚山	男	电子商务	85	82	88
17	201200015	朱英	女	电子商务	60	50	55

图 4.5　“学生成绩”工作表

4.4.2　单元格的选定

由于工作表中所包含的各项数据都是存放在单元格之中的，因此在对数据进行各种操作前，应先选定相应的单元格。

若只需选定某个单元格，则直接单击之即可。此外，在名称框中输入某个单元格的地址并按【Enter】键，也可直接将其选中。

若要选定某个单元格区域，则可先选定区域某一角（如左上角）的单元格，然后拖动鼠标至其对角的单元格（如右下角）。此外，在名称框中输入某个单元格区域的地址并按【Enter】键，也可直接将其选中。

若要选中某一行（列）单元格，只需直接单击其行号（列标）即可。通过在行号（列标）上拖动鼠标，可连续选中多行（列）单元格。

若要选中工作表中的所有单元格，只需直接单击其左上角的“全选”按钮（或按【Ctrl】+【A】组合键）即可。

若要选中不连续的多个单元格、单元格区域、行或列，则只需按住【Ctrl】键不放并完成相应的操作即可。

4.4.3　基本数据的输入

在 Excel 的单元格中，可以输入文本、数值、日期、时间与公式等不同类型的数据。其中，文本、数值、日期与时间为最基本的数据类型，相应数据的输入也具有某些特殊的规定。

为输入数据（或对已有的数据进行修改），应先选定相应的单元格为活动单元格，然后在单元格内或编辑框中完成数据的输入（或修改）操作。数据输入（或修改）完毕后，为进行确认，只需单击“输入”按钮（或按【Enter】/【Tab】键）即可。反之，如果要取消当前的输入（或修改），那么应单击“取消”按钮（或按【Esc】键）。

说明：单击某个单元格，将使之成为活动单元格。而双击某个单元格，则可直接进入其编辑状态。

1. 文本的输入

文本指的是由一系列字符、汉字或其他符号等所组成的字符串。在本案例中，成绩表的标题“学生成绩表”以及各列的标题与学生的姓名等均属于文本。文本数据只需直接输入即可，在单元格中自动左对齐。当文本太长而所在单元格的宽度过小时，若右边相邻的单元格内没有数据，则文本会扩展显示到右边的单元格中；反之，若右边的单元格内已有数据，则超出的文本就会被隐藏起来。此时，可通过扩大单元格所在列的宽度来显示更多的文本。

说明：默认情况下，单元格中的文本是作为一行进行显示的。必要时，可通过按【Alt】+【Enter】组合键对文本进行换行。此外，也可将单元格的文本控制方式设置为“自动换行”，以便根据列宽自动将文本分为多行显示。

对于纯数字形式的文本数据（如本案例中的学号以及邮政编码、电话号码、身份证号码等其他编码），在输入时应以英文单引号“'”作为前导符。例如，对于学号

“201200001”，应以“'201200001”的方式输入。

2. 数值的输入

数值数据是指可进行数值运算的数据，包括整数、实数、分数等，一般由数字 0～9 与一些特殊字符（如“+”“-”“.”“/”“E”“e”等）构成。在本案例中，学生各门课程的成绩即为数值数据。数值数据只需直接输入即可，在单元格中自动右对齐，并以通用数字格式显示。若所输入的数值超出通用数字格式所能显示的范围，则在单元格中将自动改为科学计数法显示格式。若所在单元格的宽度过小而不能显示相应的数值，则自动以一连串的“#”表示之。此时，可通过扩大单元格所在列的宽度来正确显示其中的数值。

对于正数，输入时不必加“+”。若加“+”，Excel 会自动将其删掉。对于负数，输入时必须加“-”。此外，也可用圆括号“( )”将数据括起来表示负数。例如，输入“-1.23”或“(1.23)”均表示数值为“-1.23”。对于真分数，则要以“0”与一个空格作为引导。例如，输入“0 1/2”表示数值为“二分之一”（在单元格中显示为“1/2”，在编辑框中则显示为 0.5）。对于假分数，则要在其整数部分与分数部分加一个空格。例如，输入“1 1/2”表示数值为“一又二分之一”（在单元格中显示为“1 1/2”，在编辑框中则显示为 1.5）。

3. 日期与时间的输入

日期由年、月、日构成，时间由时、分、秒构成，因此在输入时必须遵循一定的规范。在单元格中，日期与时间默认以右对齐方式显示。Excel 内置了一些日期与时间的格式，当输入的数据与这些内置的格式相匹配时，便自动识别为日期与时间数据。若输入格式不对，或者超出了正确日期与时间的范围，则所输入的内容将作为文本数据处理，自动左对齐。

在输入日期时，其各部分之间要以“-”或“/”分隔，一般采用“yyyy-mm-dd”或“yyyy/mm/dd”的格式（即先输入年份，然后输入月份，最后再输入日）。例如，“1996-06-26”或“1996/06/26”均表示 1996 年 6 月 26 日。如果输入时不包括年份，那么年份就是当前日期的年份。若要输入当前日期，可直接按【Ctrl】+【;】组合键。

在输入时间时，其各部分之间要以“:”分隔，格式为“hh:mm:ss”（即先输入时，然后输入分，最后再输入秒），默认为 24 小时制。例如，“15:30:50”表示 15 时 30 分 50 秒。如果要以 12 小时制输入时间，则应在其后留一空格并输入 AM 或 PM（大小写均可，分别表示上午或下午）。例如，“3:30 PM”表示下午 3 时 30 分（在单元格中显示为“3:30 PM”，在编辑框中则显示为“15:30:00”）。若要输入当前时间，可直接按【Ctrl】+【Shift】+【;】组合键。

如果要同时输入日期与时间，那么二者之间应以空格隔开。

4.4.4　数据序列的填充

数据序列是一系列具有一定规律的有序数据，包括相同数据、等差数列、等比数列、日期序列以及系统预定义及用户自定义的序列等。在本案例中，学生的学号就构成了一个数据序列。利用 Excel 所提供的填充功能，可快速完成有关序列数据的输入，而无须逐一输入相应的数据。

1. 数据的自动填充

Excel 具有自动填充功能，可根据初始值自行决定相邻的一系列单元格的填充项，其基本操作方法为：先选定初始值所在的单元格为活动单元格，然后移动鼠标指针至其右下角的填充柄处，当鼠标指针变为实心十字形时，按住鼠标左键不放，同时向水平或垂直方向拖动鼠标至结束单元格处，最后再释放鼠标左键。

根据初始值性质、类型或其构成等的不同，自动填充的结果也会有所不同。常见的自动填充情形主要有以下几种。

（1）若初始值为数值型数据（如 123、123.789 等）或不包含有数字的纯文本型数据（如“abc”“中国”等），则自动填充相同的数据，即相当于数据复制。在本案例中，学生的专业数据可用此方法快速输入。

（2）若初始值为日期、时间、纯数字文本（如表示编号的“01001”“2001001”等）以及包含有日期、时间或数字的文本（如“2000 年”“第 1 章”“Part 1”等），则按递增或递减的方式自动进行填充（向右、向下填充时递增，向左、向上填充时递减）。在本案例中，学生的学号可用此方法进行填充。

（3）若初始值为系统预定义序列或用户自定义序列中的一项，则按该序列填充。例如，若初始值为“星期一”，则向右或向下自动填充“星期二”“星期三”……

为便于用户的输入，Excel 预定义了一批常用的中、英文序列，包括星期、月份、季度序列等。在 Excel 中选择“文件”→“选项”命令，打开“Excel 选项”对话框，选择“高级”选项卡，然后在“常规”下单击“编辑自定义列表”按钮，打开“自定义序列”对话框（见图 4.6），即可在其中的“自定义序列”列表框中查看到 Excel 预定义的有关序列。对于系统预定义的序列，用户是不能进行修改或删除的。

在“自定义序列”对话框中，用户可自行定义一些数据序列。为此，应先在“自定义序列”列表框中选中“新序列”选项，然后在“输入序列”列表框中逐一输入相应的数据项（每行一项），最后再单击“添加”或“确定”按钮。如图 4.6 所示，即为“课程名称”自定义序列。与系统预定义序列不同，对于用户自定义的序列，是可以根据需要随时进行修改或删除的。

提示： 用户自定义序列也可直接从工作表中导入。为此，可先在工作表中选中包含有序列数据的单元格区域，然后再打开“自定义序列”对话框，并单击“导入”按钮。

2. 序列数据的填充

对于等差数列、等比数列、日期序列等序列数据，可按以下方法进行填充。

（1）选定包含有起始值的单元格为活动单元格。

（2）单击“开始”→“编辑”功能组的“填充”按钮，并在其列表中选择“系列”命令，打开“序列”对话框，如图 4.7 所示。

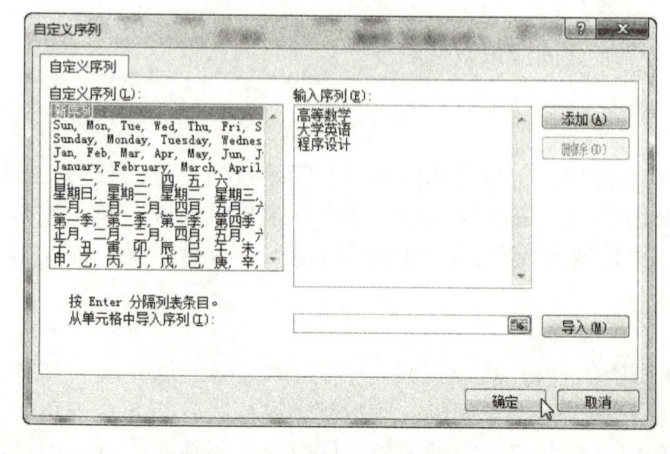

图 4.6　“自定义序列”对话框

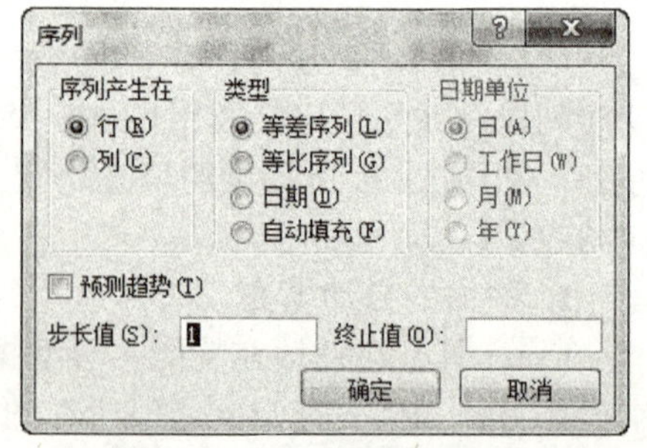

图 4.7　“序列”对话框

（3）选定序列的产生方式（行或列）及其类型（等差序列、等比序列或日期序列），并设定相应的步长值与终止值（对于日期序列，还应选定相应的日期单位）。

（4）单击“确定”按钮。

说明： 若在打开“序列”对话框前已选定了填充区域，则可不指定终止值。此外，也可在“序列”对话框中选定“自动填充”单选按钮，以实现序列的自动填充。

4.4.5 有效数据的设置

默认情况下，Excel 对单元格中所输入的数据是不加任何限制的。为确保数据的有效性，可预先为有关单元格设置相应的限制条件（如数据类型、取值范围等），以便在其中输入数据时自动进行检查，并拒绝接收错误的数据。在本案例中，需将课程的成绩限制在 0 ~ 100 的范围之内。以此为例，有效数据规则的设置方法如下：

（1）选定需要进行数据有效性设置的单元格或单元格区域。在此，所选单元格区域为 E3 : G17。

（2）单击“数据”→“数据工具”功能组中的“数据有效性”按钮，打开“数据有效性”对话框，如图 4.8 所示。

（3）在“设置”选项卡中设定有效条件，包括允许输入数据的类型及相应的操作符与限定值。在此，应在“允许”下拉列表框中选定类型“整数”（或“小数”），然后在“数据”下拉列表框中选定操作符“介于”，最后在“最小值”与“最大值”编辑框处输入 0 与 100。

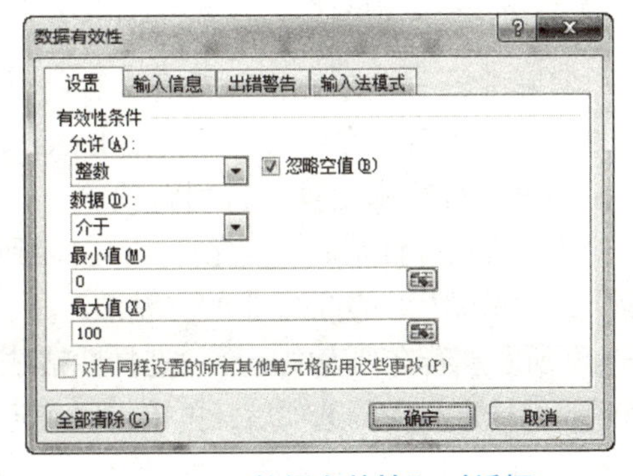

图 4.8 “数据有效性”对话框

提示： 如果不允许出现空值，那么还应取消选中“忽略空值”复选框。

（4）在“输入信息”选项卡中设置相应的输入提示信息（必要时）。在此，分别将标题与输入信息设为“成绩”与“0 ~ 100”。

（5）在“出错警告”选项卡中设置相应的出错警告信息（必要时）。在此，分别将标题与错误信息设为“错误”与“成绩有误!”。

（6）单击“确定”按钮。

对于已有的数据，也可通过设置有效数据规则进行检查，并将其中的无效数据通过标识圈标记出来。为此，应在“数据”→“数据工具”功能组中单击“数据有效性”下拉按钮，并在其列表中选择“圈释无效数据”命令。反之，若要消除无效数据的标识圈，则应在该列表中选择“清除无效数据标识圈”命令。

4.4.6 外部数据的导入

必要时，可将各种外部数据源（包括文本文件、Access 数据库等）中的数据导入到当前工作表中。为此，只需在“数据”→“获取外部数据”功能组中单击相应的按钮（如“自文本”按钮、“自 Access”按钮等）并完成相应的后续操作即可。

4.4.7　数据的移动与复制

为实现数据的移动，只需先选定数据所在的单元格或单元格区域，然后移动鼠标指针至其边框处，当鼠标指针变为雪花形时，按住鼠标左键不放，同时拖动鼠标至目标单元格处，最后再释放鼠标左键即可。若按住【Ctrl】键再拖动鼠标，则可实现数据的复制。

此外，利用剪贴板，也可实现数据的移动或复制。为此，应先选定数据所在的单元格或单元格区域，然后执行剪切或复制操作，待选定目标位置或目标区域后，再执行粘贴操作。为实现剪切、复制、粘贴操作，可在“开始”→“剪切板”功能组中单击“剪切”“复制”“粘贴”按钮，或直接按【Ctrl】+【X】、【Ctrl】+【C】、【Ctrl】+【V】组合键。

说明： 在执行剪切或复制操作后，被选中的单元格或单元格区域的四周将出现闪烁的虚线框，表明所选内容已被剪切或复制到剪贴板中。此时，若按一下【Esc】键或双击某个单元格，则虚线框会随即消失，表明已清除了剪贴板中的内容。另外，在剪切后，最多只能粘贴一次，且在粘贴后虚线框会自动消失；而在复制后，粘贴可以进行多次，直至让虚线框消失为止。若只需粘贴一次，则更简单的方法是在目标区域直接按一下【Enter】键。

实际上，一个单元格包括有多种特性，如公式、数值、格式、批注等。在复制数据时，有时只需复制其部分特性。为此，Excel 提供了极为灵活的选择性粘贴功能。通过选择性粘贴，还可进行算术运算、行列转置等。

为实现选择性粘贴，应先将数据复制到剪贴板，并选定待粘贴的目标区域，然后再单击“开始”→“剪贴板”功能组中的“粘贴”下拉按钮，并在其列表中选择相应的“粘贴”选项，如图4.9 所示。若在列表中选择“选择性粘贴”命令，则可打开“选择性粘贴”对话框，如图4.10 所示。待选定相应的选项后，再单击“确定”按钮，也可完成选择性粘贴操作。

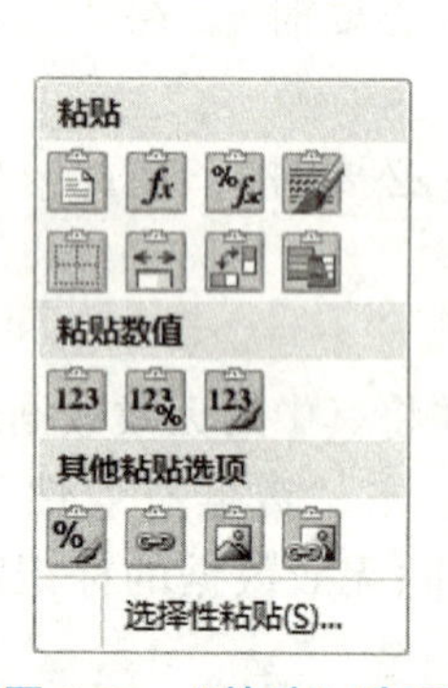

图4.9　“粘贴”选项

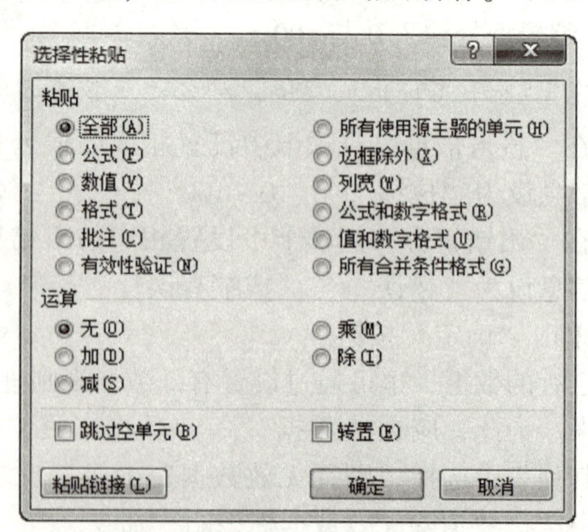

图4.10　“选择性粘贴”对话框

“选择性粘贴”对话框中的选项可分为三类，即粘贴选项、运算选项与其他选项。各个选项含义如表4.1 所示。

表 4.1　“选择性粘贴”对话框的选项及其含义

类别	选项	含义
粘贴	全部	粘贴单元格的所有内容与格式（默认选项）
	公式	仅粘贴编辑栏中输入的公式
	数值	仅粘贴单元格中显示的值
	格式	仅粘贴单元格的格式
	批注	仅粘贴单元格的批注
	有效性验证	仅粘贴单元格的数据有效性规则
	所有使用源主题的单元	使用应用于复制区域的主题粘贴所有单元格内容和格式
	边框除外	粘贴单元格的所有内容与格式，但边框除外
	列宽	仅粘贴单元格的列宽
	公式和数字格式	仅粘贴单元格的公式和数字格式
	值和数字格式	仅粘贴单元格的值和数字格式
	所有合并条件格式	仅粘贴单元格的条件格式规则
运算	无	不进行数学运算，仅粘贴复制区域的内容（默认选项）
	加	将粘贴区域中的值加上复制区域中的值
	减	将粘贴区域中的值减去复制区域中的值
	乘	将粘贴区域中的值乘以复制区域中的值
	除	将粘贴区域中的值除以复制区域中的值
其他	跳过空单元	避免复制区域中的空单元格替换粘贴区域中的值（即不粘贴空单元格）
	转置	将复制区域的数据行列交换后粘贴到粘贴区域
	粘贴链接	将指向复制区域数据的链接粘贴到粘贴区域

4.4.8　数据的插入与删除

为插入数据，可先插入所需要的单元格、行或列，然后再输入相应的数据。右击已选定的单元格或单元格区域，并在其快捷菜单中选择“插入”命令，然后在随之打开的“插入”对话框中选定插入方式（见图 4.11），最后再单击“确定”按钮，即可插入相应的单元格、行或列。此外，右击已选定的行或列，并在其快捷菜单中选择“插入”命令，也可直接插入相应的行或列。

为删除数据，只需先选定相应的单元格、行或列，然后再按一下【Delete】键即可。若要同时删除数据所在的单元格或单元格区域，可直接右击之，并在其快捷菜单中选择“删除”命令，然后在随之打开的“删除”对话框中选定删除方式（见图 4.12），最后再单击“确定”按钮。此外，若要同时删除数据所在的行或列，也可直接右击之，并在其快捷菜单中选择“删除”命令。

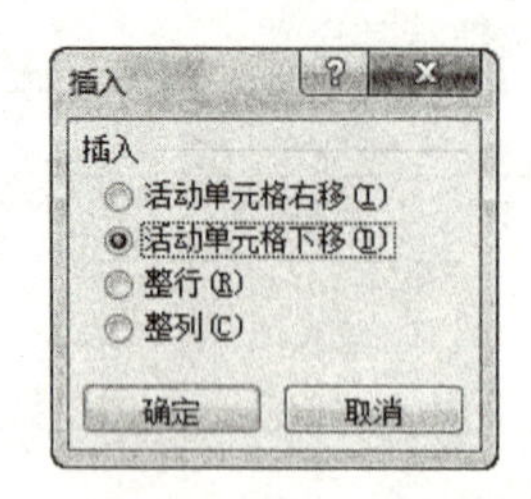

图 4.11　“插入”对话框

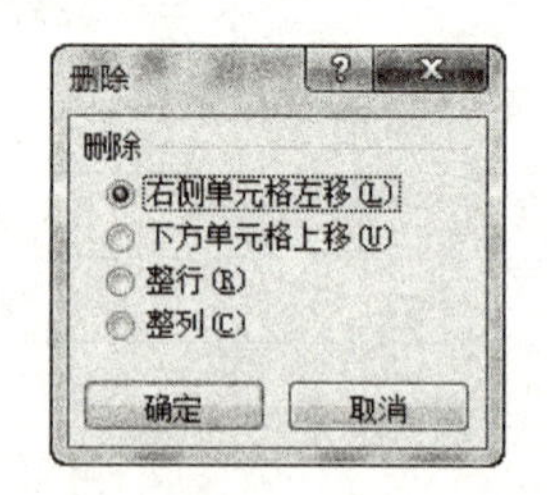

图 4.12　“删除”对话框

另外，单元格、行、列的插入或删除操作也可通过单击“开始”→“单元格”功能组中的“插入”或“删除”按钮来实现。

4.4.9　操作的撤销与恢复

对于最近的操作结果（特别是因误操作而导致的结果），必要时可将其撤销掉。为此，只需单击快速访问工具栏中的“撤销”按钮（或按【Ctrl】+【Z】组合键）即可。

对于已撤销的操作，必要时也可以进行恢复。为此，只需单击快速访问工具栏中的“恢复”按钮（或按【Ctrl】+【Y】组合键）即可。

4.4.10　窗口的拆分与冻结

1. 窗口的拆分

工作表窗口的拆分是指将单个工作表窗口分为几个窗格，而每个窗格均可显示工作表的数据，并可通过滚动条控制其内容的显示。对于大型工作表来说，通过拆分其窗口，即可方便地查看不同部分的数据，或对相距甚远的数据进行对照。

工作表窗口的拆分可分为三种情况，即水平拆分、垂直拆分以及水平与垂直同时拆分。为实现工作表窗口的拆分，只需先选定相应的行、列或单元格，然后再单击“视图”→“窗口”功能组中的“拆分”按钮即可。此外，通过拖放水平滚动条右侧与垂直滚动条上端的拆分条，也可灵活地对窗口进行拆分。

为取消对工作表窗口的拆分，只需双击相应的拆分线，或再次单击一下“拆分”按钮即可。

2. 窗口的冻结

工作表窗口的冻结是指固定工作表窗口的上部或左部，使其在垂直滚动或水平滚动时始终显示在屏幕上。对于大型工作表来说，通过冻结其窗口，即可在滚动查看数据的过程中方便地识别出每一项数据。

工作表窗口的冻结可分为三种情况，即水平冻结、垂直冻结以及水平与垂直同时冻结。为实现工作表窗口的冻结，只需先选定相应的行、列或单元格，然后再单击“视图”→“窗口”功能组中的“冻结窗格”按钮，并在其列表中选择“冻结拆分窗格”命令即可。

为取消对工作表窗口的冻结，只需再次单击一下“冻结窗格”按钮，并在其列表中选择“取消冻结窗格”命令即可。

4.5　数据的计算

Excel 具有强大的数据计算功能。通过为单元格中输入相应的公式，可方便地实现对工作表中有关数据的计数、求和、求平均值、求最大值、求最小值以及其他更为复杂的计算，并将计算结果显示在相应的单元格中。此后，随着相关数据的修改，公式的计算结果也会自动地进行更新。

4.5.1　案例简介

为“学生成绩”工作表建立一个副本“学生成绩 - 计算”，并在其中使用公式计算出各个学生的总分与平均分，并根据平均分给出排名与总评情况，同时求出各门课程的最高分、最低分、平均分以及参考人数与及格人数（见图 4.13）。

	A	B	C	D	E	F	G	H	I	J	K
1	学生成绩表										
2	学号	姓名	性别	专业	高等数学	大学英语	程序设计	总分	平均分	排名	总评
3	201200001	赵菊	女	计算机应用	72	70	80	222	74.00	9	中等
4	201200002	李成	男	计算机应用	90	85	96	271	90.33	2	优秀
5	201200003	韦华	女	计算机应用	80	77	57	214	71.33	10	中等
6	201200004	黄芳	女	计算机应用	78	80	82	240	80.00	6	良好
7	201200005	刘大军	男	计算机应用	70	68	58	196	65.33	14	及格
8	201200006	覃小刚	男	网络工程	56	65	80	201	67.00	13	及格
9	201200007	周丽	女	网络工程	62	55	90	207	69.00	12	及格
10	201200008	卢铭	男	网络工程	92	93	95	280	93.33	1	优秀
11	201200009	周小玉	女	电子商务	88	90	85	263	87.67	3	良好
12	201200010	唐小花	女	电子商务	80	81	83	244	81.33	5	良好
13	201200011	赵鸿	男	电子商务	75	68	65	208	69.33	11	及格
14	201200012	覃壮	男	电子商务	80	74	78	232	77.33	7	中等
15	201200013	苏英	女	电子商务	80	77	75	232	77.33	7	中等
16	201200014	龚山	男	电子商务	85	82	88	255	85.00	4	良好
17	201200015	朱英	女	电子商务	60	50	55	165	55.00	15	不及格
18	最高分				92	93	96				
19	最低分				56	50	55				
20	平均分				76.53	74.33	77.80				
21	参考人数				15	15	15				
22	及格人数				14	13	12				

图 4.13　“学生成绩 - 计算”工作表

4.5.2　公式的组成

公式是对有关数据进行计算的算式。在 Excel 中，公式以“=”开头，由操作数（如常量、单元格引用、函数等）与运算符组成。例如，公式“=A10+100”表示将单元格 A10 的值加上 100。

1. 运算符

公式中常用的运算符可分为四种类型，即算术运算符、比较运算符、文本运算符与引用运算符。

算术运算符包括：+（正）、-（负）、+（加）、-（减）、*（乘）、/（除）、%（百分比）与^（乘方），用于完成有关数值的数学运算，结果为数值。例如，公式“=-10+2^3+1/5”的结果为 -1.8。

比较运算符包括：=（等于）、>（大于）、<（小于）、>=（大于等于）、<=（小于等于）与 <>（不等于），用于实现两个数据的比较，结果为逻辑值 TRUE 或 FALSE。例如，公式“=100>10”的结果为 TRUE，而公式“=100<10”的结果则为 FALSE。

文本运算符为 &（连接），用于将两个文本或相关数据连接为一个组合文本。例如，公式“ ="中国"&"China"”的结果为“中国 China”，公式“ ="10 + 1 = "&11”的结果为“10 + 1 = 11”。

引用运算符包括区域运算符冒号（:）、联合运算符逗号（,）与交叉运算符空格。其中，区域运算符用于连接两个单元格地址、行号或列标，以实现对一个单元格区域的引用；联合运算符用于连接多个引用，并将其合并为一个引用；交叉运算符用于连接两个引用，以实现对其重叠区域的引用。例如，“A1:C2”表示引用以 A1、C2 单元格为左上角、右下角的单元格区域（共 6 个单元格），“1:3”表示引用从第 1 行到第 3 行的所有单元格，“A:C”表示引用从 A 列到 C 列的所有单元格，“A1，B2，C3:E5”表示同时引用单元格 A1、B2 与单元格区域“C3:E5”，“A2:C2 B1:B3”表示引用单元格区域“A2:C2”与“B1:B3”的重叠区域（即单元格 B2），“1:3 A:C”表示引用单元格区域“1:3”与“A:C”的重叠区域（即单元格区域“A1:C3”）。

当公式中同时出现多个运算符时，Excel 将根据其优先级的高低按顺序进行计算。若优先级相同，则按从左到右的顺序进行。必要时，可将公式中的相关部分置于圆括号“( )”中，以便先对其进行计算。各种运算符按其优先级由高到低的顺序为：( ) →区域运算符（:）→交叉运算符（空格）→联合运算符（,）→正负（+、-）→百分比（%）→乘方（^）→乘除（*、/）→加减（+、-）→连接（&）→比较运算符（=、>、<、>=、<=、<>）。

2. 单元格引用

在 Excel 中，公式的使用十分灵活、方便，其灵活性主要体现在单元格的引用上，而方便性则主要体现在公式的复制或填充上。所谓单元格引用，是指在公式中将单元格地址作为变量来使用，而变量的值就是相应单元格中的数据。在复制或填充公式时，根据其中所引用的单元格的地址能否自动进行调整，可将单元格的引用分为三种方式，即相对引用、绝对引用与混合引用。

相对引用是单元格引用的默认方式，只需直接使用单元格的地址即可。使用相对引用时，相应单元格的列标与行号会根据公式所复制或填充到目标单元格的具体位置而自动进行调整，以确保所引用的单元格与存放公式的目标单元格的相对位置保持不变。例如，公式“ = E3 + F3 + G3”中各单元格的引用方式即为相对引用。

与相对引用不同，绝对引用可确保所引用的单元格在将公式复制或填充到任何目标单元格时均保持不变。为实现单元格的绝对引用，只需在其地址的列标与行号之前均加上“$”即可。例如，公式“ = $E$3 + $F$3 + $G$3”中各单元格（E3、F3 与 G3）的引用方式即为绝对引用。

混合引用是相对引用与绝对引用的融合，即在一个单元格地址中，既有相对地址引用，又有绝对地址引用。对于混合引用来说，在进行公式的复制或填充时，相对地址部分会随之改变，而绝对地址部分则保持不变。为实现单元格的混合引用，只需在其地址的列标或行号之前加上“$”即可。例如，公式“ = $E3 + $F3 + $G3”中各单元格（E3、F3 与 G3）的引用方式即为混合引用（绝对地址部分为列，相对地址部分为行）。

在输入或编辑公式时，若选中相应的单元格引用部分，并反复按【F4】键，即可实现对其引用方式的自动转换。以单元格 A1 为例，其引用方式的转换顺序为：A1→$A$1→A$1→$A1→A1。

如果要引用同一工作簿中其他工作表内的单元格，那么应在相应单元格的地址前标明工作表的名称，并以感叹号（！）作为分隔。例如，“Sheet1！A1”表示引用工作表 Sheet1 的单元格 A1。

4.5.3　公式的创建

创建公式最基本的方法就是直接输入公式。为此，应先选定要创建公式的单元格（即存放计算结果的单元格），然后在编辑框中（或单元格内）输入具体的公式（注意必须以“=”开头），最后再按【Enter】键（或单击“输入”按钮）进行确认。随着公式的确认，其所在的单元格内便立即显示出相应的计算结果。

在本案例中，学生的总分是高等数学、大学英语与程序设计三门课程的成绩之和，而平均分则是总分除以 3。为计算总分，应先选中第一个学生赵菊的总分单元格 H3，然后在编辑框中输入公式“=E3+F3+G3”，最后再按【Enter】键确认。类似地，为计算赵菊的平均分，应在单元格 I3 中输入公式“=（E3+F3+G3）/3”或“=H3/3”。

如果要对公式进行修改，那么应先选中公式所在单元格，然后在编辑框中完成公式的修改，最后再进行确认。如果在修改过程中出现错误，那么可按【Esc】键（或单击“取消”按钮）予以撤销。

提示：双击包含有公式的单元格，可在单元格内显示公式并对其进行修改。

4.5.4　公式的复制

在 Excel 中，公式也可以进行复制。更为重要的是，通过公式的复制，可有效避免重复输入类似的或相同的公式，并自动完成相应的计算。显然，这对于数据处理效率的提高是极其有利的。

在本案例中，各个学生的总分与平均分的计算方法是相同的。因此，在利用公式完成第一个学生赵菊的总分与平均分的计算后，只需将其总分与平均分单元格复制到其他学生的总分与平均分单元格（其实是复制相应的公式），即可自动完成相应学生的总分与平均分的计算。

特别地，可利用 Excel 所提供的自动填充功能，将公式复制到相邻的一系列单元格中。例如，先选中本案例中第一个学生赵菊的总分与/或平均分单元格，然后拖动其填充柄至最后一个学生的相应单元格，即可快速完成其他所有学生的总分与/或平均分的自动计算。

4.5.5　函数的使用

1. 函数简介

为便于对大量的数据进行高效的运算、分析与处理，Excel 提供了许多内置的函数。根据功能的不同，可将函数分为财务函数、日期与时间函数、数学与三角函数、统计函数、查找与引用函数、数据库函数、文本函数、逻辑函数、信息函数等类别。每个函数都有一个唯一的名称，而函数的调用就是通过其名称来进行的。

在 Excel 中，函数相当于系统预设的公式，执行后将返回相应的结果（该结果通常称之为函数的返回值）。根据调用时是否需要为其提供数据（通常称之为参数），可将函数分为无参函数与有参函数两大类。函数调用的基本格式为：

函数名（[参数1 [，参数2 [，参数3 [，…]]]]）

其中，函数名后的圆括号“()”是必需的，而方括号“[]”表示可选，用以说明相应的参数只在需要时才加以指定。对于无参函数，在调用时无须指定任何参数，此时圆括号内保持为空即可。对于有参函数，则应根据需要在圆括号内指定一个或多个参数。若有多个参数，则各参数之间应以逗号“,”分隔。作为函数的参数，其具体形式是多种多样的，可以是相应的常量、单元格引用、单元格区域引用、函数或表达式等。

例如，函数调用 SUM(E3,F3,G3)返回单元格 E3、F3 与 G3 中有关数值的和，而函数调用 AVERAGE（E3:G3）则返回单元格区域 E3:G3 中有关数值的平均值。

2. 函数的输入

在公式中，可根据需要调用相应的函数。函数既可直接输入，也可通过“插入函数”对话框选择插入。单击编辑框之前的“插入函数”按钮（或“公式”→“函数库”功能组中的“插入函数”按钮），即可打开“插入函数”对话框，如图 4.14 所示。

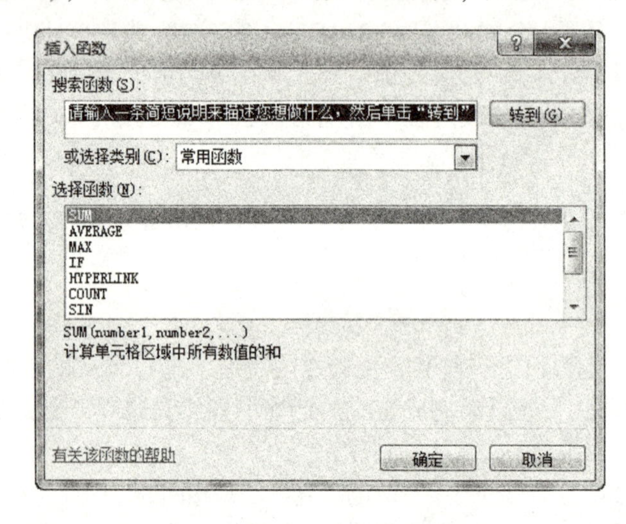

图 4.14　“插入函数”对话框

在“插入函数”对话框中，先在“选择类别”下拉列表框中选择函数的类型（在此为默认类别“常用函数”），然后在“选择函数”列表框中选择相应的函数（在此为求和函数 SUM），再单击“确定”按钮，将打开“函数参数”对话框，如图 4.15 所示。

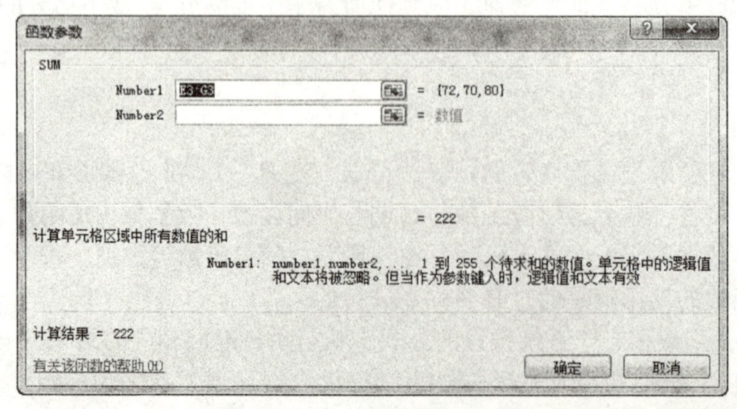

图 4.15　“函数参数”对话框

在“函数参数”对话框中，根据需要输入相应的参数（在此为需要对其数值进行求和的单元格区域引用“E3:G3”），然后再单击“确定”按钮，即可完成所选函数的插入。

在“函数参数”对话框中输入参数时，对于单元格引用或单元格区域引用，只需先将插入点定位至相应的参数编辑框，然后再利用鼠标选定相应的单元格或单元格区域，即可自动生成其引用地址。为便于实现对单元格或单元格区域的选取，可通过单击参数编辑框右侧的“折叠”按钮暂时将对话框折叠起来。反之，对于已被折叠的“函数参数”对话框，只需单击其右下角的“展开”按钮，即可恢复为原来的状态。

为插入函数，也可在“公式”→“函数库”功能组中单击相应的函数类别按钮，然后在随之打开的列表中进行选择。

3. 常用函数的使用

下面，结合本案例中有关数据的计算，简要说明一些常用函数的基本用法。

1）SUM 函数

SUM 为求和函数，其调用格式为：

SUM(number1,number2,…)

该函数的返回值为 number1、number2 等参数（最多 30 个）所指定的数值之和。

在案例中，为计算第一个学生课程成绩的总分，可编写公式“=SUM（E3:G3)”。

2）AVERAGE 函数

AVERAGE 为求平均值函数，其调用格式为：

AVERAGE(number1,number2,…)

该函数的返回值为 number1、number2 等参数（最多 30 个）所指定的数值的平均值。

在案例中，为计算第一个学生课程成绩的平均分，可编写公式“=AVERAGE(E3:G3)”；为计算高等数学成绩的平均分，可编写公式“=AVERAGE(E3:E17)”。

3）MAX 函数

MAX 为求最大值函数，其调用格式为：

MAX(number1,number2,…)

该函数的返回值为 number1、number2 等参数（最多 30 个）所指定的数值的最大值。

在案例中，为计算高等数学成绩的最高分，可编写公式“=MAX(E3:E17)”。

4）MIN 函数

MIN 为求最小值函数，其调用格式为：

MIN(number1,number2,…)

该函数的返回值为 number1、number2 等参数（最多 30 个）所指定的数值的最小值。

在案例中，为计算高等数学成绩的最低分，可编写公式“=MIN(E3:E17)”。

5）COUNT 函数

COUNT 为计数函数，其调用格式为：

COUNT(number1,number2,…)

该函数的返回值为 number1、number2 等参数（最多 30 个）所指定的数值的个数。

在案例中，为计算高等数学课程的参考人数，可编写公式“=COUNT(E3:E17)”。

6）COUNTIF 函数

COUNTIF 为条件计数函数，其调用格式为：

COUNTIF(range,criteria)

该函数的返回值为单元格区域 range 中满足条件 criteria 的单元格的个数。

在案例中，为计算高等数学课程的及格人数，可编写公式“=COUNTIF(E3:E17,">=60")”。

7）RANK 函数

RANK 为排位函数，其调用格式为：

RANK(number,reference,order)

该函数的返回值为数值 number 在数列 reference 中按排序方式 order（当 order 为 0 或未指定时，按降序排列；当 order 为非 0 值时，按升序排列）相对于其他数值的大小排位。

在案例中，为确定第一个学生的成绩排名，可编写公式“=RANK(I3,$I$3:$I$17,0)”。其中，在指定成绩区域时，使用了单元格的绝对引用方式。这样，在进行公式的复制或填充时，成绩区域保持不变，从而能得到正确的结果。

8）IF 函数

IF 为条件检测函数，其调用格式为：

IF(logical_test,value_if_true,value_if_false)

该函数的功能为：当条件 logical_ test 成立时，返回表达式 value_ if_ true 的值；反之，当条件 logical_ test 不成立时，则返回表达式 value_ if_ false 的值。

在案例中，为确定第一个学生平均成绩的等级，可编写公式“=IF(I3>=90,"优秀",IF(I3>=80,"良好",IF(I3>=70,"中等",IF(I3>=60,"及格","不及格"))))”。在此，通过 IF 函数的嵌套（最多可嵌套 7 层），逐步确定平均成绩所在的区间，并将其转换为相应的等级（优秀、良好、中等、及格或不及格）。

4.6　格式的设置

完成工作表的数据输入与计算后，通常还要对其有关单元格、行、列进行相应的格式设置，以便使其具有良好的外观，同时使数据排列整齐、重点突出、一目了然。

4.6.1　案例简介

为“学生成绩 - 计算”工作表建立一个副本“学生成绩 - 格式”，并对其进行相应的格式设置，最终效果如图 4.16 所示。要求如下：

（1）标题“学生成绩表”按表格实际宽度居中对齐，字体为隶书，字形为加粗，字号为 18 磅，颜色为蓝色，且加双下划线，行高为 25 磅。

（2）表头各列标题居中对齐，字形为加粗，字号为 13 磅，填充浅灰色底纹，行高为 18 磅。

（3）表末 5 行的行标题（最高分、最低分、平均分、参考人数与及格人数）分别在学号至专业列中居中对齐，填充浅灰色底纹。

（4）平均分保留两位小数。各门课程中不及格的成绩（小于 60 分）以红色粗斜体表示，优秀的成绩（大于或等于 90 分）以绿色粗体表示。总评中“优秀”以绿色字体、浅蓝色底纹表示，“不及格”以红色字体、浅橙色底纹表示。

（5）成绩表的边框线、标题行的下框线及最高分行的上框线为紫色粗线，其余的框线为紫色细线。

	A	B	C	D	E	F	G	H	I	J	K
1	学生成绩表										
2	学号	姓名	性别	专业	高等数学	大学英语	程序设计	总分	平均分	排名	总评
3	201200001	赵菊	女	计算机应用	72	70	80	222	74.00	9	中等
4	201200002	李成	男	计算机应用	90	85	96	271	90.33	2	优秀
5	201200003	韦华	女	计算机应用	80	77	*57*	214	71.33	10	中等
6	201200004	黄芳	女	计算机应用	78	80	82	240	80.00	6	良好
7	201200005	刘大军	男	计算机应用	70	68	*58*	196	65.33	14	及格
8	201200006	覃小刚	男	网络工程	*56*	65	80	201	67.00	13	及格
9	201200007	周丽	女	网络工程	62	*55*	90	207	69.00	12	及格
10	201200008	卢铭	男	网络工程	92	93	95	280	93.33	1	优秀
11	201200009	周小玉	女	电子商务	88	90	85	263	87.67	3	良好
12	201200010	唐小花	女	电子商务	80	81	83	244	81.33	5	良好
13	201200011	赵鸿	男	电子商务	75	68	65	208	69.33	11	及格
14	201200012	覃壮	男	电子商务	80	74	78	232	77.33	7	中等
15	201200013	苏英	女	电子商务	80	77	75	232	77.33	7	中等
16	201200014	龚山	男	电子商务	85	82	88	255	85.00	4	良好
17	201200015	朱英	女	电子商务	60	*50*	*55*	165	55.00	15	不及格
18	最高分				92	93	96				
19	最低分				56	50	55				
20	平均分				76.53	74.33	77.80				
21	参考人数				15	15	15				
22	及格人数				14	13	12				

图 4.16　“学生成绩 – 格式”工作表

4.6.2　单元格格式的设置

工作表由单元格构成，因此其最主要的格式设置就是单元格格式的设置。为设置单元格的格式，最快捷的方法就是使用功能区中“开始”选项卡内有关功能组的按钮，而最基本的方法则是使用“单元格格式”对话框。

单击“开始”→“单元格”功能组中的“格式”按钮，并在其列表中选择“设置单元格格式”命令，即可打开“设置单元格格式”对话框，如图 4.17 所示。此外，单击功能区中“开始”选项卡内有关功能组右下角的“设置单元格格式”按钮，也可直接打开相应的“设置单元格格式”对话框。

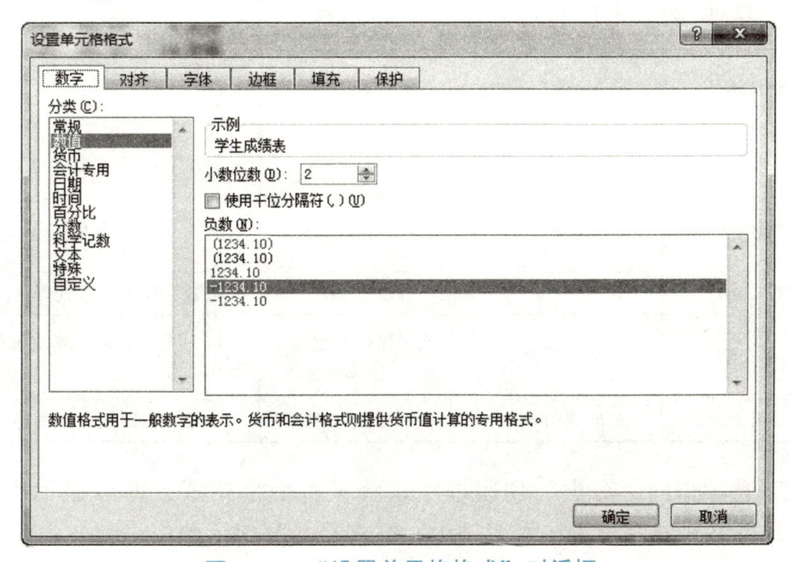

图 4.17　“设置单元格格式”对话框

“设置单元格格式”对话框包含有“数字”“对齐”“字体”“边框”“填充”“保护”选项卡，可分别用于设置单元格的数字格式、对齐方式、字体格式及其边框与底纹。

1. 数字格式的设置

所谓数字格式，是指单元格中各类数字的显示格式。Excel 所提供的数字格式类型包括常规、数值、货币、会计专用、日期、时间、百分比、分数、科学记数、文本、特殊与自定义等，其简要说明及示例如表 4.2 所示。其中，“自定义”格式类型为用户提供了自行设置所需格式的有效途径，可直接以格式符形式进行设定。例如，“0”表示以整数方式显示；“0.00”表示以两位小数方式显示；“#，##0.00”表示小数部分保留两位，整数部分每千位用逗号隔开；“［红色］”表示当数值为负时用红色显示。在默认情况下，Excel 使用的是“G/通用格式”，即数值右对齐、文本左对齐、公式以值方式显示，当数值长度超出单元格宽度时用科学记数法显示。

表 4.2　数字格式类型及其示例与说明

类型	输入	所选格式项	显示	说明
常规	1234.567		1234.567	不包含特定的数字格式
数值	1234.567	两位小数、千位分隔符	1,234.57	用于数字的显示，包括小数位数、千位分隔符与负数的显示格式
货币	1234.567	¥、两位小数	¥1,234.56	用于货币的显示，除包括数值的格式外，还增加¥等货币符号
会计专用	1234.567	¥、两位小数	¥1,234.56	与货币格式相似，增加小数点对齐
日期	2013－3－12 14：25	2001 年 3 月 14 日	2013 年 3 月 12 日	把日期、时间序列的数字以日期形式显示
时间	2013－3－12 14：25	下午 1 时 30 分	下午 2 时 25 分	把日期、时间序列的数字以时间形式显示
百分比	1234.567	两位小数	123456.70%	将数字乘以 100 再加%，也可指定小数位数
分数	1234.567	分母为两位数（21/25）	1234 55/97	以分数显示
科学记数	1234.567	3 位小数	1.235E+03	以科学记数法表示，可指定小数位数
文本	1234.567		1234.567	将数字作为文本处理
特殊	1234.567	中文大写数字	壹仟贰佰叁拾肆.伍陆柒	以中文大小写、邮政编码、电话号码等显示
自定义	1234.567	¥#，##0.00	¥1,234.57	由用户自定义所需的格式

在“数字”选项卡的“分类”列表框中选择某种数字格式，即可显示出相应的示例，并可根据需要进行格式的设置。在本案例中，要求平均分保留两位小数。为此，只需先选定所有的平均分单元格，然后在“数字”选项卡中选择“数值”类型，并在“小数位数”数

值框中输入 2 即可。

2. 对齐方式的设置

默认情况下，Excel 根据输入的数据自动调整其对齐方式，如文本内容左对齐、数值内容右对齐等。必要时，可自行设置单元格的对齐方式（包括文本对齐方式、文本控制与文本方向等），以产生更好的效果。

文本对齐方式分为水平对齐与垂直对齐两种。在“对齐”选项卡中，“水平对齐”下拉列表框用于设置水平方向的文本对齐方式，包括常规、靠左（缩进）、居中、靠右（缩进）、填充、两端对齐、跨列居中与分散对齐（缩进）共 8 种；“垂直对齐”下拉列表框用于设置垂直方向的文本对齐方式，包括靠上、居中、靠下、两端对齐与分散对齐共 5 种。

文本控制共有 3 种基本方式，即自动换行、缩小字体填充与合并单元格。若选中“自动换行”复选框，则所输入的文本可根据单元格的列宽自动进行换行；若选中“缩小字体填充”复选框，则可自动缩小单元格中字符的大小，以便使数据的宽度与单元格的列宽相同；若选中“合并单元格”复选框，则可将多个单元格合并为一个单元格。

提示：“合并单元格”功能与“居中”对齐方式相结合，常用于标题的对齐显示。“开始”→“对齐方式”功能组中的“合并后居中”按钮直接提供了该功能。

系统默认的文本方向为水平方向。必要时，可将单元格内的文本方向改为垂直方向或其他方向。若选中“方向”处左侧的“文本”选框，可直接将文本方向设为垂直方向。若在“方向”处右侧的选框中用鼠标拖动“文本”指针，或在下方的数值框中输入旋转的角度（-90°至 90°），可相应设定文本的旋转方向。

3. 字体格式的设置

在“字体”选项卡中，可灵活设置并预览字体的格式，包括字体的类型、形状、大小、颜色、下划线及其删除线、上标、下标等特殊效果。

4. 边框的设置

默认情况下，Excel 的网格线都是统一的淡色细线，是无法打印输出的。必要时，可为其添加具有相应样式（线型）与颜色的边框线。在所选区域各单元格的上、下、左、右、对角及四周（外框），均可根据需要添加边框线。

在“边框”选项卡中，通过“样式”列表框与“颜色”下拉列表框选择边框线的样式（包括虚线、细实线、粗实线、双线等）与颜色后，再通过单击预置选项及边框按钮（或预览草图），即可灵活设定所要添加的边框线。

5. 底纹的设置

所谓底纹，是指单元格的背景颜色或图案。适当设置单元格的底纹，可使工作表更显错落有致、生动活泼。在“图案”选项卡中，可在“背景色”处选定背景颜色（必要时可单击“填充效果”按钮以设置其填充效果），在“图案颜色”及“图案样式”下拉列表框中选定图案的颜色与样式。

4.6.3 行高与列宽的调整

默认情况下，工作表中所有的单元格均具有相同的宽度与高度。若所输入的文本超过列宽，则超长部分将被截去；若所输入的数值超过列宽，则以由“#”所构成的字符串表示。

其实，完整的数据依然保存在单元格之中，只是暂时没有显示出来。在这种情况下，可通过调整行高或列宽，使数据能够完整地加以显示。

为对行高（或列宽）进行调整，只需将鼠标指针指向要调整其行高（或列宽）的行号（或列标）分隔线，当鼠标指针变为双向箭头时，再拖动分隔线至适当的位置即可。

若要精确地调整行高（或列宽），则应单击“开始”→“单元格”功能组中的“格式”按钮，并在其列表中选择“行高”（或“列宽”）命令，打开“行高”（或“列宽”）对话框，然后输入所需要的高度（或宽度），最后再单击“确定”按钮。

此外，也可由系统根据选定行（或列）中最高（或最宽）的数据的高度（或宽度）自动对行高（或列宽）进行调整。为此，只需单击“格式”按钮，并在其列表中选择“自动调整行高”（或“自动调整列宽”）命令即可。

4.6.4 条件格式的设置

在处理大量数据时，通常要将满足相应条件的数据分别以指定的格式进行显示或打印。为此，Excel 提供了灵活高效的条件格式功能。实际上，一个条件格式是由一组相关的格式规则构成的。在 Excel 中，条件格式的规则类型是十分丰富的，而且其设置方式也相当灵活。

在本案例中，要求以红色粗斜体标注不及格的成绩（小于 60 分），以绿色粗体标注优秀的成绩（大于或等于 90 分）。现以此为例，简要说明条件格式的设置方法，主要操作步骤如下：

（1）选定要设置条件格式的区域（在此为“E3：G17”）。

（2）单击“开始”→“样式”功能组中的“条件格式”按钮，并在其列表中选择“新建规则”命令，打开“新建格式规则”对话框。

（3）选定规则的类型，并指定具体的规则。对于本案例，应在“选择规则类型”列表框中选中“只为包含以下内容的单元格设置格式”选项，然后在“编辑规则说明”处指定相应的条件与格式，如图 4.18 所示。在此，共有“单元格值小于 60”与“单元格值大于或等于 90”两种条件，其对应的格式分别为“红色、加粗倾斜”与“绿色、加粗”（通过单击“格式”按钮打开“设置单元格格式”对话框进行设置）。

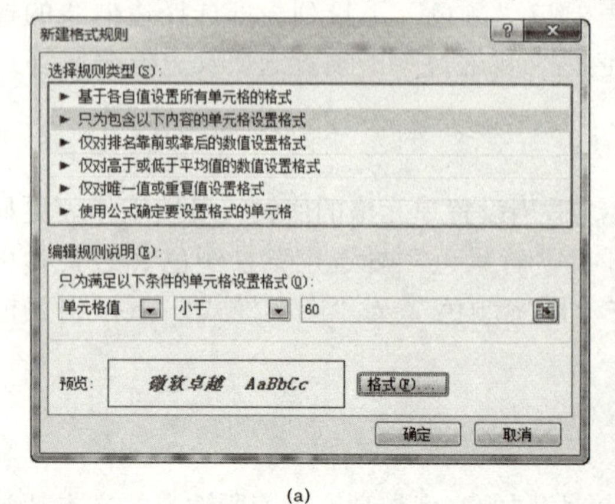

(a)

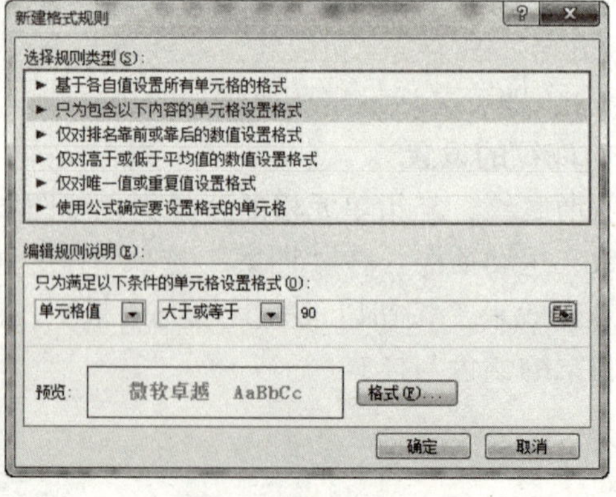

(b)

图 4.18　“新建格式规则”对话框

类似地，对于本案例中优秀与不及格总评的分别标注（“绿色字体、浅蓝色底纹”与“红色字体、浅橙色底纹”），也可通过条件格式的设置加以实现。

选中相应的单元格或单元格区域，再单击“条件格式”按钮，并在其列表中选择“管理规则”命令，即可打开“条件格式规则管理器”对话框（见图 4.19），并在其中列出当前已设置的各种格式规则。选中某个格式规则后，再单击“编辑规则”或“删除规则”按钮，即可对其进行修改或删除。若要添加新的格式规则，可单击“新建规则”按钮，并在随之打开的“新建格式规则”对话框中完成相应的操作。

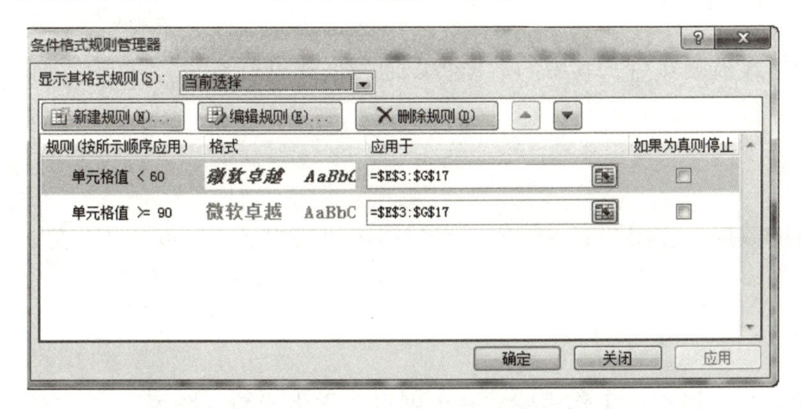

图 4.19　“条件格式规则管理器”对话框

4.6.5　表格格式的套用

Excel 预定义了一系列的表格格式（或表格样式），在对单元格区域进行格式化时可直接加以套用，从而节省时间，并取得良好的效果。

表格格式的套用方法十分简单，只需先选定要套用格式的单元格区域，然后再单击“开始”→“样式”功能组中的“套用表格格式”按钮，并在其列表中选择相应的表格样式，最后再进行确认即可。

套用表格格式后，相应的单元格区域将自动转换为表格，并具有强大的表格功能。作为表格，其行标题将出现排序与筛选箭头。选中表格或其中的某个单元格后，在功能区中将自动出现内含“设计”选项卡的“表格工具”。若只想应用表格的样式，而无须表格的功能，则可将表格转换为工作表上的常规数据区域。为此，只需单击“设计”→“工具”功能组中的“转换为区域”按钮并进行确认即可。

4.6.6　格式的复制与删除

对于已设置好的格式，必要时可将其复制到其他单元格或单元格区域上。若不满意，也可随时将其删除掉。

1. 格式的复制

复制格式的常用工具是“格式刷”。先选定具有所需格式的单元格或单元格区域，然后单击“开始”→“剪贴板”功能组中的“格式刷”按钮（此时鼠标指针将带上一把刷子），最后再单击目标单元格或用鼠标拖动选中目标单元格区域，即可完成格式的复制。如果要将格式复制到多个目标位置，那么应双击“格式刷”按钮；待格式复制操作完成后，再单击一下“格式刷”按钮。

格式的复制也可通过“选择性粘贴”加以实现。先对具有所需格式的单元格或单元格区域执行“复制”操作，然后选定目标单元格或单元格区域，最后再单击“开始”→“剪贴板”功能组中的“粘贴”下拉按钮，并在其列表中单击“格式”选项。

2. 格式的删除

格式的删除操作十分简单，只需先选定要删除其格式的单元格或单元格区域，然后再单击“开始”→“编辑”功能组中的“清除”按钮，并在其列表中选择“清除格式”命令即可。

单元格的格式被删除后，其中的数据将以通用格式进行显示。

4.7　数据的图表化

对于大量的数据，使用图表更能表示出数据之间的相互关系或变化趋势，并增强数据的可读性与直观性。为此，Excel 提供了强大的图表功能，可在工作表中创建各种类型的图表。

4.7.1　案例简介

为“学生成绩 - 格式”工作表建立一个副本“学生成绩 - 图表”，并在其中创建一个类型为“簇状柱形图”的图表——学生成绩柱形图，其最终效果如图 4.20 所示。

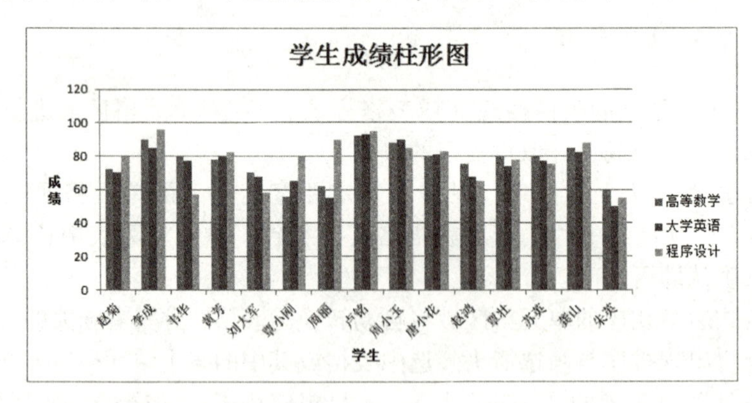

图 4.20　学生成绩柱形图

4.7.2　图表简介

在 Excel 中，图表是工作表中相关数据的图形化表示方式，可形象直观地反映出数据之间的相互关系，或揭示出数据的变化规律与发展趋势。图表生成后，可对其进行各种编辑操作。更为重要的是，在修改相关数据后，图表中的相应部分也会自动进行更新。

Excel 的图表功能十分强大，所支持的图表类型为数众多，而且每一种类型又分为若干种子类型。不同类型的图表有其各自的适用场合，并表示出不同的数据意义。表 4.3 列出了实际应用中常见的一些图表类型及其主要用途。

表 4.3　常见图表类型及其主要用途

图表类型	主要用途
柱形图	用于说明数据之间的差异或显示一段时间内数据的变化，是最常用的一种图表类型
条形图	与柱形图类似，但图形为横向排列
折线图	用于显示等间隔内数据的变化趋势，强调随时间的变化率
饼图	用于显示各项与总体的比例关系（一般只显示一个数据系列）
散点图	用于比较在不等的时间间隔或其他可测的增量上的趋势，如显示随机取样的数据、数据点的图案或分散情况等
面积图	用于显示局部与整体的关系，强调幅值随时间的变化趋势
股价图	用于显示股票价格的走势，也可用于显示随时间变化的数据

根据存放位置的不同，图表可分为嵌入图表与独立图表两种。嵌入图表（又称嵌入式图表）通常与其所依赖的数据存放在同一个工作表中，可在工作表内随意移动，其大小与宽高比例也可根据需要进行调整；独立图表（又称图表工作表）则单独存放在一个工作表中（具有自己的工作表标签），而其所依赖的数据则存放在另一个工作表内。嵌入图表和独立图表均与工作表数据相链接，可随工作表数据的更改而自动更新。

一个 Excel 图表实际上是由一系列的图表元素构成的。在此，先简要介绍一下常见的图表元素及相关术语。

1）数据系列与图例

图表的数据来自工作表的行或列，并按行或列分组而构成相应的数据系列（即表示数据的序列）。在图表中，同一个数据系列的颜色或图案是相同的，而各个数据系列的颜色或图案则各不相同。所谓图例，就是用来标明各数据系列的颜色或图案的示例。默认情况下，图例显示在图表的右侧。在本案例中，按课程构成数据系列，同一课程的成绩为同一颜色，即按列定义数据系列，图例文字为每一列的列标题（课程名称）。

在创建图表时，所选数据区域的最上面一行与最左边一列通常作为图例的文字或分类轴的刻度名（由数据系列的产生方式确定），而其他部分则为相应的数据。

2）数据标记

数据标记是图表中用来表示数据大小的图形，如柱形、条形、饼形等。图表中的每个数据标志均对应着一个单元格的数据，而工作表中同一行或同一列数据的数据标记便构成一个数据系列。在本案例中，数据标记为柱形，其长短即表示出数据的大小。

3）分类轴与数值轴

分类轴为图表坐标的横轴或 x 轴（水平方向），常用于表示数据的分类，显示坐标刻度名。数值轴为图表坐标的纵轴或 y 轴（垂直方向），常用来表示数值的大小，显示坐标刻度值。在本案例中，分类轴表示学生，数值轴表示成绩。

在分类轴与数值轴上，均有相应的坐标刻度。所谓坐标刻度，其实就是等分坐标轴的短线。为便于图表的查阅，可在图表中显示相应的网格线（即坐标刻度的延长线）。

4）图表标题

图表标题用于标明图表的内容，相当于图表的名称。一般情况下，每个图表都有一个标题。在本案例中，图表的标题为“学生成绩柱形图”。

5）轴标题

轴标题包括分类轴标题与数值轴标题，用于标明分类轴与数值轴的含义。在本案例中，分类轴的标题为“学生”，数值轴的标题为“成绩”。

4.7.3 图表的创建

在 Excel 中，图表的创建方法较为简单，其基本步骤为（以本案例中的图表为例）：

（1）选定要为其生成图表的数据区域，包括相应的行标题与列标题。在此，应选中的数据区域为并不相邻的“B2：B17”与“E2：G17”。

（2）单击“插入”→“图表”功能组中相应的图表类型（在此为“柱形图”）按钮，并在其列表中选择所需要的图表子类型（在此为“簇状柱形图”），生成相应的基本图表。与此同时，在功能区中将自动出现内含“设计”“布局”与“格式”选项卡的“图表工具”。

提示： 图表类型及其子类型也可通过“插入图表”对话框进行选定（见图 4.21）。为打开“插入图表”对话框，只需单击“插入”→“图表”功能组右下角的“创建图表”按钮即可。

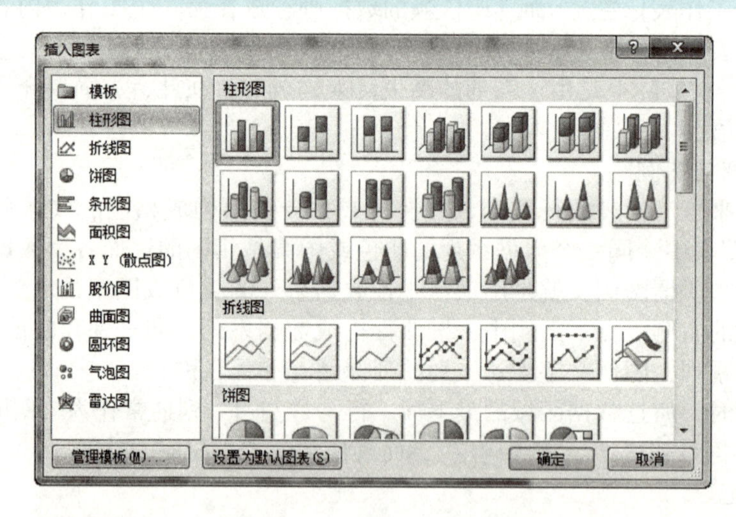

图 4.21　“插入图表”对话框

（3）单击“布局”→“标签”功能组中的“图表标题”按钮，并在其列表中选择“图表上方”命令，添加图表标题，并将标题文字修改为所需要的内容（在此为“学生成绩柱形图”）。

（4）单击“布局”→“标签”功能组中的“坐标轴标题”按钮，并在其列表中选择“主要横坐标轴标题/坐标轴下方标题”命令，添加分类轴标题，并将标题文字修改为所需要的内容（在此为“学生”）。

（5）单击“布局”→“标签”功能组中的“坐标轴标题”按钮，并在其列表中选择“主要纵坐标轴标题/竖排标题”命令，添加数值轴标题，并将标题文字修改为所需要的内容（在此为“成绩”）。

（6）拖动图表边框上的缩放点，适当调整图表的大小与宽高比例。

（7）拖动图表至合适位置，完成图表的创建过程。

默认情况下，Excel 所创建的图表为嵌入图表。必要时，可将其改变为独立图表。为此，应单击“设计”→“位置”功能组中的“移动图表”按钮，并在随之打开的“移动图表”对话框中选中“新工作表”单选按钮，然后输入相应的工作表名称，最后再单击“确定”按钮。反之，对于独立图表，也可随时将其改变为嵌入图表。为此，应在打开的“移动图表”对话框中选中“对象位于”单选按钮，并在其右侧的下拉列表框中选中相应的工作表。

当图表不再需要时，可随时将其删除掉。对于嵌入图表，只需先选中之，然后再按一下【Delete】键即可。而对于独立图表，则应删除其所在的工作表。

4.7.4　图表的编辑

对于已创建的图表，必要时可对其进行相应的编辑操作，包括更改图表数据源、图表类型、图表元素等。当然，在编辑图表前，应先将其选中。对于嵌入图表，只需单击之即可。对于独立图表，则应单击其工作表标签。选中图表后，功能区中将自动出现“图表工具”。

1. 图表数据源的更改

为更改图表的数据源，可单击“设计”→“数据”功能组中的“选择数据”按钮（或右击图表并在其快捷菜单中选择“选择数据”命令），打开“选择数据源”对话框（见图 4.22），并在其中进行相应的操作，如重新选定图表的数据区域、添加新的数据系列、编辑或删除已有的数据系列、编辑分类轴的标签、切换行与列（即切换数据系列的产生方式）等。

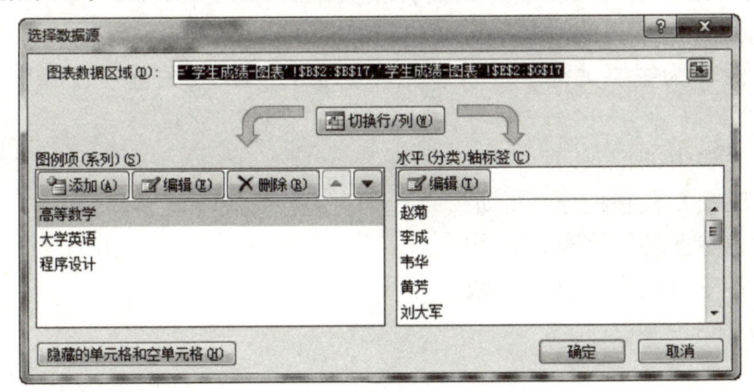

图 4.22　“选择数据源”对话框

2. 图表类型的更改

为更改图表的数据源，可单击“设计”→“类型”功能组中的“更改图表类型”按钮（或右击图表并在其快捷菜单中选择“更改图表类型”命令），打开“更改图表类型”对话框，并在其中重新选定所需要的图表类型及其子类型。对于每一种图表，均有相应的图表样式，必要时可在“设计”→“图表样式”功能组中进行选定。

3. 图表元素的更改

在图表中，可随时添加所需要的图表元素。为此，应在“布局”选项卡中单击相应的图表元素按钮，并在其列表中选择适当的添加方式（必要时还需输入相应的内容）。

对于图表中不再需要的图表元素，可随时将其删除掉。为此，可先选中之，然后再按一下【Delete】键。此外，也可直接右击之，并在其快捷菜单中选择“删除”命令。

4.7.5　图表的格式化

图表的格式化其实就是设置有关图表元素的格式，包括字体、字形、字号、颜色、对齐方式、填充方式、阴影效果及相关选项等。

为设置图表元素的格式，可直接双击之，并在随之打开的设置格式对话框中进行相应的操作。此外，也可右击之，并在其快捷菜单中选择相应的格式化命令（如“字体”命令以及与当前图表元素相关的设置格式命令）。

现假定要将图表的背景设置为系统预设的渐变色“金色年华”，其基本操作方法为：双击图表的图表区，打开“设置图表区格式”对话框，并在其中选中“填充”选项卡，再选中“渐变填充”单选按钮，然后在“预设颜色”下拉列表框中选择“金色年华”选项，最后再单击“关闭”按钮。

4.8　数据清单的管理

使用公式与函数，Excel 可灵活地实现有关数据的计算。除此以外，Excel 还具有强大的数据管理功能，可方便高效地实现对数据的排序、筛选与分类汇总等管理操作。

4.8.1　案例简介

为“学生成绩 - 格式”工作表建立一个副本“学生成绩 - 管理”，并删除其中的第 18 行至第 22 行，然后按要求完成相应的数据管理操作。

（1）按“总分”由高到低对学生记录进行排序。

（2）以“专业”为主要关键字（升序）、“总分”为次要关键字（降序）对学生记录进行排序。

（3）筛选出男学生的记录。

（4）筛选出成绩不及格的学生记录。

（5）统计出各专业各门课程的平均分。

（6）统计出各专业的男、女生人数。

4.8.2　数据清单简介

在 Excel 中，为实现数据的管理，需要创建相应的数据清单。数据清单又称为数据列表，实际上是工作表中有关单元格所构成的满足特定条件的矩形区域，相当于一张二维表。作为数据清单，一般应具有以下几个特点：

（1）由行与列构成，第一行通常为表头（标题行），其余各行则为具体的数据（数据行）。行又称为记录，列又称为字段。作为表头，一般由若干个列标题（或字段名）组成。

（2）同一列中各数据的性质与类型相同。

（3）不允许出现空行或空列。

在 Excel 中，可按要求直接创建相应的数据清单，数据清单也可像一般工作表那样直接进行编辑。此外，系统也可自动将符合条件的单元格区域作为数据清单使用。

4.8.3　数据的排序

排序是指在数据清单中按指定字段值的大小重新调整记录的先后次序。其中，作为排序依据的字段称为排序关键字。在 Excel 中，可根据一个或多个字段值的升序或降序对数据清单进行排序。在排序时，若排序关键字只有一个，则称之为简单排序；反之，若排序关键字具有多个（除第一个关键字称为主要关键字外，其余的关键字均称为次要关键字），则称之为复合排序（或多条件排序）。

为实现简单排序，只需先选中排序关键字所在列中的任意一个单元格，然后再单击"数据"→"排序和筛选"功能组中的"升序"或"降序"按钮即可。在本案例的简单排序中，排序关键字为"总分"，排序方式为"降序"。

为实现复合排序，则应先选中整个数据清单或数据清单中的任意一个单元格，然后再单击"数据"→"排序和筛选"功能组中的"排序"按钮，打开"排序"对话框（见图 4.23），并在其中指定相应的主要关键字与次要关键字及其排序依据与方式（若数据清单有标题行，则应选中"数据包含标题"复选框），最后再单击"确定"按钮。在本案例的复合排序中，主要关键字与次要关键字分别为"专业"与"总分"，排序依据均为"数值"，排序方式则分别为"升序"与"降序"。

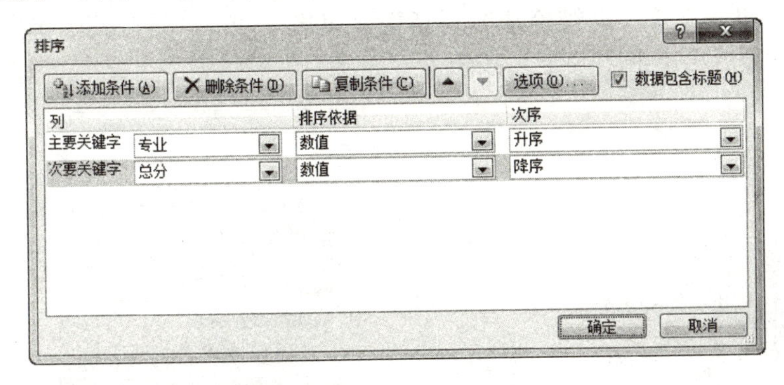

图 4.23　"排序"对话框

4.8.4　数据的筛选

筛选是指将符合条件的记录显示出来，而暂时隐藏不满足条件的记录。在 Excel 中，具有两种不同的数据筛选功能，即自动筛选与高级筛选。

1. 自动筛选

对于简单条件的筛选，可使用自动筛选功能。在本案例中，为筛选出男学生的记录，可按以下步骤进行操作：

（1）先选中整个数据清单或数据清单中的任意一个单元格，然后单击"数据"→"排序和筛选"功能组中的"筛选"按钮，进入自动筛选状态。

（2）单击"性别"字段名右侧的下拉按钮，打开筛选列表（见图 4.24），确保只选中"男"复选框。

（3）单击"确定"按钮，关闭筛选列表，显示筛选结果。

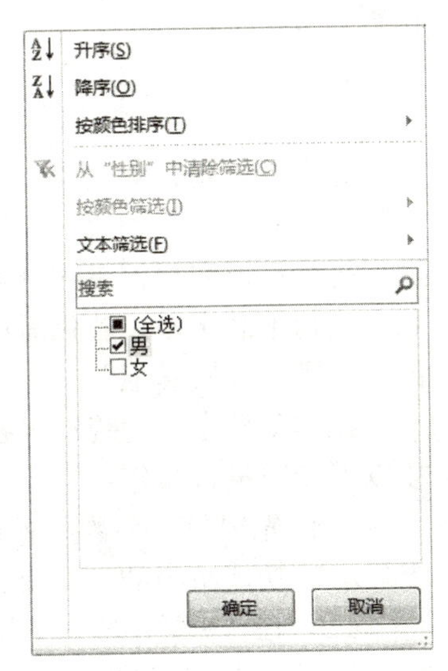

图 4.24　筛选列表

进入自动筛选状态后，可根据需要重复多次指定不同的筛选条件（包括自定义的筛选条件），以获取相应的筛选结果。若要取消筛选条件，以便重新显示所有的记录，可单击"数据"→"排序和筛选"功能组中的"清除"按钮。若想退出自动筛选状态，则应再次单击一下"筛选"按钮。

2. 高级筛选

对于复杂条件的筛选，可使用高级筛选功能。高级筛选的结果，可根据需要显示在原来的区域中（不符合条件的记录则被隐藏起来），或复制到指定的区域内（不符合条件的记录依然显示在数据清单中）。

在使用高级筛选功能前，应先定义好相应的条件区域。条件区域的第一行为所需要的字段名，其下各行则为具体的条件。其中，同一行的各个条件为“逻辑与”（AND）的关系，而不同行的条件则为“逻辑或”（OR）的关系。在本案例中，为筛选出成绩不及格的学生记录，相应的条件为“高等数学 <60 OR 大学英语 <60 OR 程序设计 <60”，因此应定义如图 4. 25 所示的条件区域。

定义好条件区域后，为完成高级筛选操作，应单击“数据”→“排序和筛选”功能组中的“高级”按钮，打开“高级筛选”对话框（见图 4. 26），并在其中指定相应的列表区域与条件区域，最后再单击“确定”按钮。

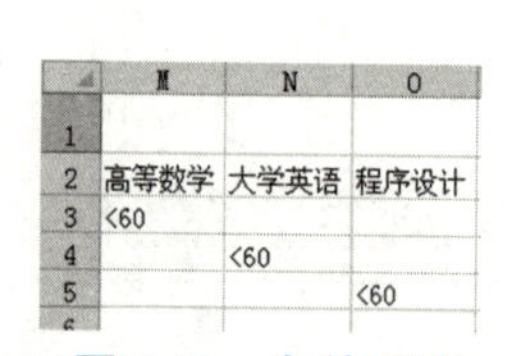

	M	N	O
1			
2	高等数学	大学英语	程序设计
3	<60		
4		<60	
5			<60

图 4. 25　条件区域

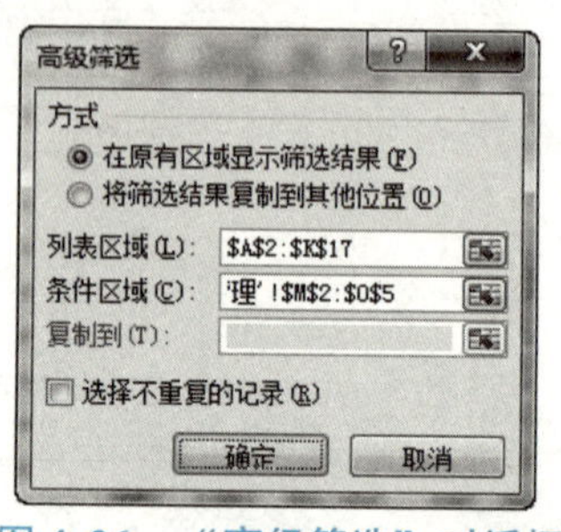

图 4. 26　“高级筛选”对话框

执行高级筛选功能后，若要取消筛选条件，以便重新显示所有的记录，可单击“数据”→“排序和筛选”功能组中的“清除”按钮。

在进行高级筛选时，如果要将筛选结果复制到指定的区域，那么应在“高级筛选”对话框中选中“将筛选结果复制到其他位置”单选按钮，并在“复制到”处指定相应的目标位置。

4. 8. 5　数据的分类汇总

分类汇总是指对数据清单中的数据按照某个字段的值进行分类，然后再对各类数据进行计数、求和、求平均值、求最大值、求最小值等汇总运算。在分类汇总前，应先按分类字段进行排序，以实现记录的分类。在分类汇总时，应选择相应的分类字段，并确定所需要的汇总方式与汇总字段。若只需进行一种方式的汇总，称为简单汇总；若要同时进行多种方式的汇总，则称为嵌套汇总。

在本案例中，为统计出各专业各门课程的平均分，应先按“专业”进行排序，然后再按以下步骤进行操作：

（1）先选中整个数据清单或数据清单中的任意一个单元格，然后单击“数据”→“分级显示”功能组中的“分类汇总”按钮，打开“分类汇总”对话框，如图 4. 27 所示。

（2）在“分类字段”下拉列表框中选定“专业”，在“汇总方式”下拉列表框中选定“平均值”，在“选定汇总项”列表框中选中“高等数学”“大学英语”与“程序设计”。

（3）单击“确定”按钮，关闭“分类汇总”对话框，显示分类汇总结果。

必要时，可先后进行多次分类汇总。在此过程中，如果要删除前面的汇总结果，那么应在“分类汇总”对话框中选中“替换当前分类汇总”复选框。反之，如果要保留已有的汇总结果，那么应取消对“替换当前分类汇总”复选框的选中状态。例如，在汇总出本案例所需要的结果后，如果要进一步求出各专业的学生人数，那么应再次打开“分类汇总”对话框，将分类字段、汇总方式与汇总项分别选定为“专业”“计数”与“高等数学”，并确保不选中“替换当前分类汇总”复选框。

进行分类汇总后，工作表的左侧将出现分级显示区。通过单击其中的分级显示按钮或“展开/折叠”按钮，可对数据的显示进行灵活的控制。

如果要取消分类汇总的所有结果，那么应打开“分类汇总”对话框，并单击其中的“全部删除”按钮。

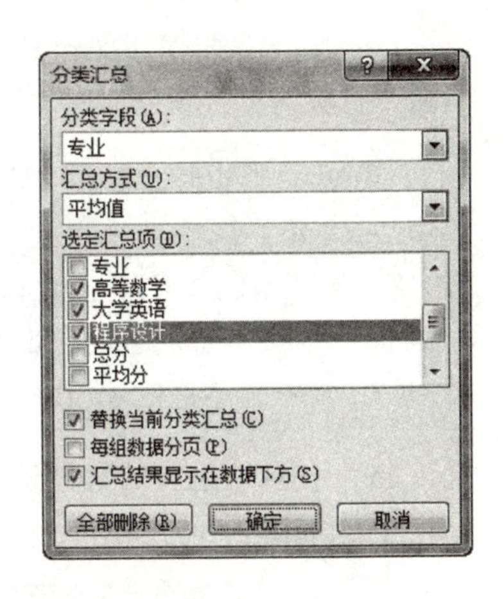

图 4.27　“分类汇总”对话框

* 4.8.6　数据透视表的创建

分类汇总可对一个或多个字段进行汇总，但只能按一个字段进行分类。如果要按多个字段进行分类并汇总，那么使用分类汇总功能就难以实现了。为此，Excel 提供了一个强有力的工具，即数据透视表。

在本案例中，要求统计出各专业的男、女生人数。由于既要按专业分类，又要按性别分类，因此可通过创建数据透视表的方法来达到目的。其基本操作步骤如下：

(1) 选中整个数据清单或数据清单中的任意一个单元格。

(2) 单击“插入”→“表格”功能组中的“数据透视表”按钮，打开“创建数据透视表”对话框（见图 4.28），并在其中选定数据清单所在的区域，同时指定数据透视表的存放位置（新建工作表或现有工作表）。

(3) 单击“确定”按钮，关闭“创建数据透视表”对话框，进入数据透视表的设计状态，显示“数据透视表字段列表”窗格（见图 4.29）。

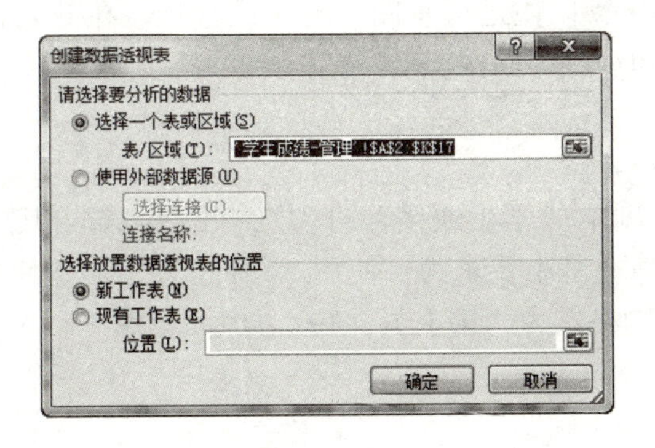

图 4.28　“创建数据透视表”对话框

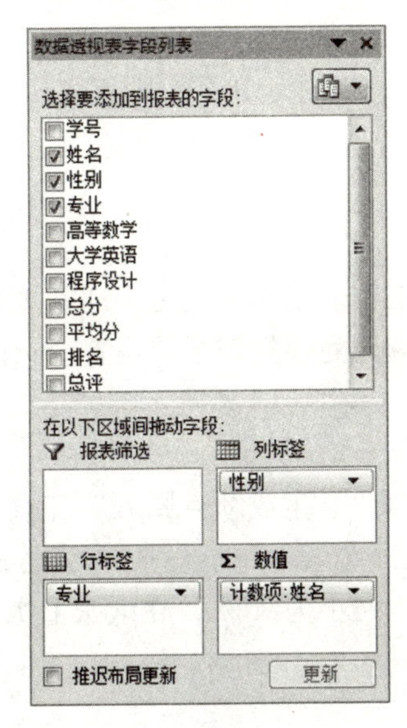

图 4.29 “数据透视表字段列表”窗格

（4）在“选择要添加到报表的字段”列表框中选中“专业”“性别”与“姓名”字段，然后从“行标签”区域分别将“性别”与“姓名”字段拖放到“列标签”与“数值”区域。

说明：可根据需要在“数据透视表字段列表”窗格下部的各个区域之间拖放其中的字段。另外，根据放入“数值”区域的汇总字段类型的不同，其默认的汇总方式也有所不同。对于数值型字段，默认为求和；对于非数值型字段，则默认为计数。必要时，可在“数值”区域单击相应的汇总项，并在其菜单中选择“值字段设置”命令，打开“值字段设置”对话框（见图 4.30），并在其中设定汇总方式与数字格式。

（5）在自动生成的数据透视表中，分别将“行标签”与“列标签”修改为“专业”与“性别”，如图 4.31 所示。

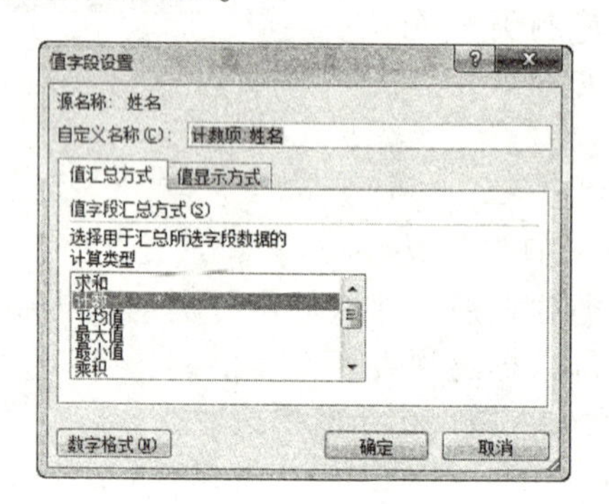

图 4.30　“值字段设置”对话框

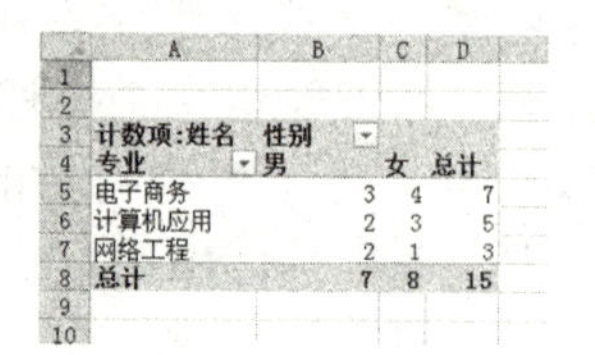

计数项:姓名	性别		
专业	男	女	总计
电子商务	3	4	7
计算机应用	2	3	5
网络工程	2	1	3
总计	7	8	15

图 4.31　数据透视表

对于已有的数据透视表，可根据需要对其进行设置或修改。为此，只需选中之，然后再通过“数据透视表字段列表”窗格或功能区中自动出现的“数据透视表工具”进行相应的操作即可。

利用数据透视表还可以创建图表——数据透视图，其创建方法与一般图表的创建方法相同。若单击“插入”→“表格”功能组中的“数据透视表”下拉按钮，并在其列表中选择“数据透视图”命令，则可直接创建数据透视图（同时也创建数据透视表）。

4.9　工作表的打印输出

工作表创建好之后，通常要将其打印出来，以便进行查阅、提交或存档。在开始打印前，应先完成打印区域设置、页面设置、打印预览等操作。

4.9.1　案例简介

为“学生成绩 - 图表”工作表建立一个副本“学生成绩 - 打印”，并打印输出其中的“学生成绩表”（不包括“学生成绩柱形图”）。基本要求为：使用 A4 纸，左、右边距为 1 厘米；缩小为 90%，在纸张上水平居中；页脚格式为“第 1 页，共 ? 页”。

4.9.2　打印区域设置

在默认情况下，打印工作表时将包括其中所有的内容。若只需打印工作表中的部分数据或图表，则可通过设置打印区域来解决。其操作方法为：先在工作表中选定要打印的区域（本案例为 A1：K22），然后单击“页面布局”→“页面设置”功能组中的“打印区域”按钮，并在其列表中选择“设置打印区域”命令。

打印区域设置好之后，其四周的边框上将出现虚线。一旦设置了打印区域，则打印工作表时只输出打印区域之中的内容。若要取消打印区域，则应单击“打印区域”按钮，并在其列表中选择“取消打印区域”命令。

4.9.3　页面设置

Excel 具有默认的页面设置，因此用户可直接打印工作表。必要时，可使用页面设置功能合理设定工作表的打印方向、缩放比例、纸张大小、页边距、页眉、页脚等。

为进行页面设置，最基本的方法就是使用“页面设置”对话框。单击“页面布局”→“页面设置”功能组右下角的“页面设置”按钮，即可打开“页面设置”对话框，如图 4.32所示。

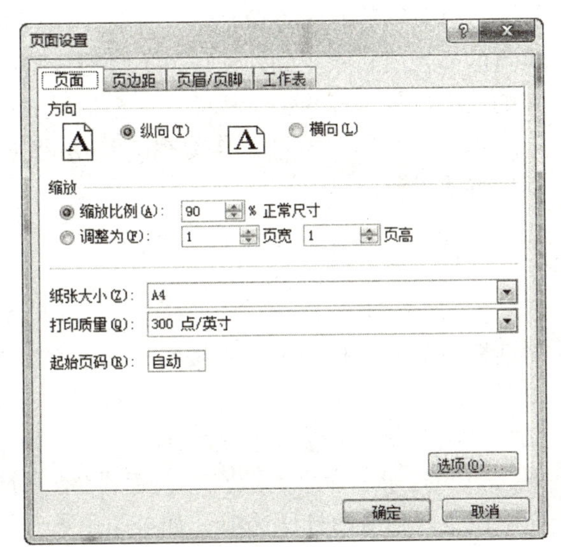

图 4.32　“页面设置”对话框

“页面”选项卡用于设定打印方向、缩放比例、纸张大小、打印质量与起始页码等。在本案例中，应在此选项卡中将缩放比例设置为 90%，将纸张大小设置为 A4。

“页边距”选项卡用于设置打印内容与页面边缘、页眉与页面顶端、页脚与页面底端的距离以及打印内容在页面上的居中方式。在本案例中，应在此选项卡中将左、右边距设置为 1，并选中“居中方式”处的“水平”复选框。

“页眉/页脚”选项卡用于设置页眉/页脚的内容与格式，必要时还可自定义页眉/页脚。在本案例中，应在此选项卡的“页脚”下拉列表框中选中内置的页脚“第 1 页，共 ? 页”。

“工作表”选项卡用于设置工作表的打印区域、打印标题、打印顺序以及相关的打印选项。其中，“顶端标题行”用于指定在各页上端作为列标题打印的行，“左端标题列”用于指定在各页左端作为行标题打印的列。

4.9.4　分页与分页预览

1. 分页

根据工作表的大小及其页面的设置，Excel 会自动为工作表分页。必要时，可通过插入分页符对工作表进行人工分页，包括水平分页与垂直分页。

选中要另起一页的起始行（或该行最左边的单元格），再单击“页面布局”→“页面设置”功能组中的“分隔符”按钮，并在其列表中选择“插入分页符”命令，即可实现水平分页（在起始行上方将出现一条水平分页虚线）。类似地，选中要另起一页的起始列（或该列最上端的单元格），再执行“插入分页符”命令，即可实现垂直分页（在起始列左侧将出现一条垂直分页虚线）。特别地，在执行“插入分页符”命令前，若选中的不是最左边和最上端的单元格，则可同时实现水平分页与垂直分页。

为删除已插入的某个分页符，应先选中相应分页虚线的下一行或右一列中的某个单元格，再单击“分隔符”按钮，并在其列表中选择“删除分页符”命令。特别地，若选择列表中的“重设所有分页符”命令，则可同时删除工作表中所有的人工分页符。

2. 分页预览

为查看工作表的分页情况，可进行分页预览。单击“视图”→“工作簿视图”功能组中的“分页预览”按钮，即可进入分页预览视图。其中，蓝色粗虚线或实线即为分页线，所分各页中均显示有暗淡的页码。另外，打印区域为浅色背景，非打印区域则为深色背景。

在分页预览时，可像平常一样对工作表进行编辑，包括打印区域的设置或取消、人工分页符的插入或删除。此外，还可通过拖放打印区域边界线或分页线的方式，直接调整打印区域的大小或分页符的位置。

单击“视图”→“工作簿视图”功能组中的“普通”按钮，可结束分页预览状态，并返回普通视图。

4.9.5　打印预览与打印

打印预览指的是在打印之前浏览文件的外观，模拟显示打印的效果。在“页面设置”对话框中单击“打印预览”按钮（或选择“文件”→“打印”命令），即可显示“打印预览”界面。单击其中的“上一页”或“下一页”按钮，可逐页预览工作表打印效果。

工作表设置完毕且正确无误后，即可在打印机上正式打印输出。为此，应选择“文件”→“打印”命令（或在“页面设置”对话框中单击“打印”按钮），并在“打印”界面中设置好相应的打印选项（如打印份数、打印范围等），最后再单击“打印”按钮。

习　　题

1. 简述工作簿、工作表与单元格之间的关系。
2. 简述编辑栏的构成及其作用。
3. 简述工作表标签、工作表标签滚动按钮的作用。
4. 如何进行工作簿与工作表的保护？
5. 如何进行工作表的插入、删除、移动、复制、更名与隐藏？
6. 在 Excel 中，常见的数据类型有哪几种？
7. 在单元格中输入文本时如何换行？
8. 如何输入学号、手机号码、身份证号码等文本数据？如何输入分数？如何输入日期与时间？
9. 如果在单元格中输入“（100）”，则所输入的数据是什么？其默认的对齐方式是什么？
10. 在单元格中出现“#####”是什么意思？应如何处理？
11. 为什么在单元格中输入编号 123123123123123123 时，却显示为 1. 23123E + 17？如何解决？
12. 输入 2/3 时，显示的是什么？

13. 如何进行数据的移动与复制？如何对已复制的数据进行选择性粘贴？

14. 自动填充有哪几种方式？各有何作用？如何进行操作？

15. 如何设置数据的有效性规则以保证输入数据的合法性？

16. 如何插入一行或一列？如何删除一行或一列？

17. 在单元格中输入公式时，应先以什么开始？

18. 什么是单元格的相对引用、绝对引用与混合引用？在表示方法上有何差别？Excel 默认采用哪种引用方式？

19. 在表示同一工作簿内不同工作表中的单元格时，工作表名与单元格地址之间应使用什么符号分隔？“Sheet3！$A$2:$C$5”表示什么？

20. 将单元格 E1 中的公式“=$A$1+B2”复制到 E5 单元格后是什么？

21. 现要求将 B2 单元格中的公式同时复制到“B3:B10”区域中，应怎样进行操作？

22. 在公式中可以调用函数吗？常用的函数有哪些？

23. SUM、MAX、COUNT、COUNTIF、RANK、IF 函数的格式与功能是什么？

24. 在 F3 单元格中输入公式“=RANK（E3，E$3:E$25）”时，能否将单元格引用中的“$”去掉？为什么？

25. 对数值型数据如何显示千位分隔符？

26. 将某单元格数值格式选项设置为“#，##0.00”的含义是什么？

27. 如何使单元格中的内容保持水平、垂直居中？

28. 如何设置单元格的边框与底纹？

29. 如果工作表的行高与列宽不合适，可以用哪几种方法进行调整？如何操作？

30. 如何设置单元格的条件格式？简述其操作过程。

31. 如何进行表格格式套用？

32. 常用的图表类型有哪些？

33. 嵌入图表与独立图表有何区别？

34. 图表主要由哪些元素构成？请简述创建图表的操作步骤。

35. 工作表的数据更改后，图表中的数据是否随之更新？为什么？

36. 什么是数据清单？数据清单有何特点？

37. 什么是简单排序与复合排序？主要关键字与次要关键字在排序中有何作用？简述排序的操作步骤。

38. 简述自动筛选与高级筛选的基本过程。

39. 在进行高级筛选时，如何建立条件区域？

40. 在对数据进行分类汇总前，首先要完成什么操作？请简述分类汇总的操作过程。

41. 分类汇总后，如何隐藏明细数据？

42. 数据透视表与分类汇总有何不同？

43. 如何修改数据透视表中汇总项的汇总方式？

44. 如何进行打印区域的设置？

45. 页面设置的主要内容有哪些？

46. 如何进行分页预览与打印预览？

第 5 章

计算机网络基础和 Internet 应用

计算机网络是 20 世纪对人类产生重大影响的科技成果之一，它不仅推动了许多领域的技术进步，而且改变了人们的工作条件和生活方式，人们可以通过网络从 Internet 信息海洋中快速地获取所需要的信息。本章将介绍计算机网络基础知识、局域网应用、Internet 应用等知识。学习本章知识后，读者应了解计算机网络的形成与发展概况，知道计算机网络的定义、功能、分类，以及网络的组成，学会如何组建一个简单的局域网，学会浏览器软件的使用、电子邮件的接收与发送、FTP 文件传输，以及计算机信息安全防治等知识。

5.1 计算机网络基础知识

目前，计算机网络已经广泛应用于社会经济的各个领域，如银行业务系统、企业综合管理系统、校园一卡通系统、图书借阅管理系统等。那么，什么是计算机网络？计算机网络是如何发展起来的？它有哪些功能？有哪些类型的网络？等等。本节对这些网络基础内容进行介绍。

5.1.1 计算机网络的形成与发展

计算机网络是计算机技术与通信技术发展过程中相结合的产物，并随着两者的发展而发展。计算机网络的发展经历了从单主机到多主机的发展过程，一般将计算机网络的形成与发展分为 4 个阶段。

1. 面向终端的多用户系统

20 世纪 50 年代到 60 年代中期，以计算机终端系统为主要代表，出现了计算机网络的雏形。它把多台终端用电话线路连接到一台计算机上，每个用户通过终端，共同使用同一台计算机，这就是早期的远程终端多用户系统，如图 5.1 所示。这种多用户系统既可以让更多的人使用计算机，又提高了计算机的利用率。终端只具有输入和输出能力，没有计算能力，不能独立工作，这些终端离开了计算机主机就失去了意义。因此，远程终端多用户系统不是真正的计算机网络，但是本地终端可以通过电话线使用远程的计算机。这是最初的计算机和通信线路相结合的产物。

2. 分组交换网络

20 世纪 60 年代中期提出了分组交换网络概念，并实现了多台计算机主机之间的互联，实现了计算机与计算机之间的通信。1969 年，美国的专用分组交换网络 ARPANET 投入运行。这是早期的计算机网络。分组交换网络把计算机网络分成两大部分，第一部分是由接入网络的各台计算机主机构成的用户资源子网，第二部分是由负责传输数据的通信线路及通信处理机构成的通信子网，计算机主机则集中处理数据和进行科学计算，如图 5.2 所示。通信处理机通过调制解调器，利用电话线实现了两台主机之间的数据传输。其目的是提高价格昂贵的大型计算机主机的利用率，实现通信线路和计算机硬件的共享。

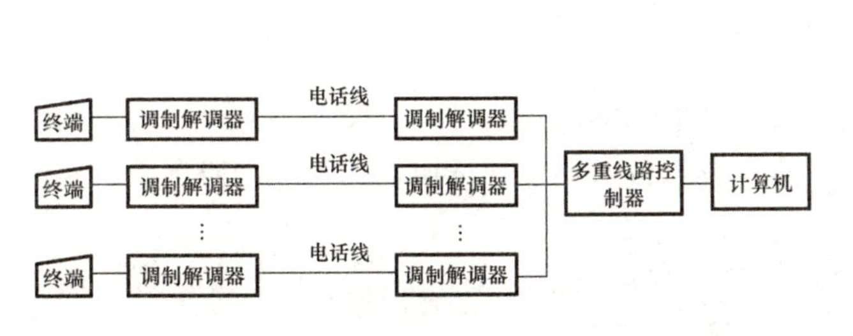

图 5.1　面向终端连接的多用户系统

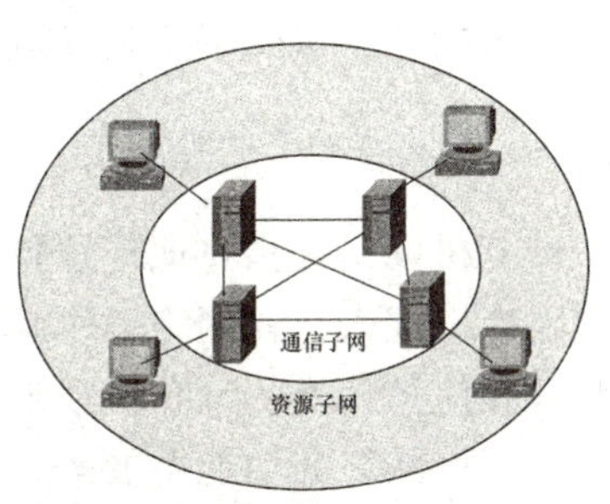

图 5.2　分组交换网络结构图

3. 计算机网络互联

20 世纪 70 年代中期起，随着计算机网络的迅猛发展，各大公司纷纷推出自己的网络产品。但由于没有统一的标准，出于商业竞争和企业技术保密的原因，不同网络厂家建立的网络之间难于互联通信，限制了计算机网络的发展。1984 年，国际标准化组织（International Standard Organization，ISO）正式颁布了一个国际标准，即开放系统互联参考模型（Open System Interconnection Reference Model，OSI－RM），使不同网络的软硬件产品有了共同的标准，实现了不同厂家生产的网络产品的互联。OSI－RM 对互联网络技术的发展起到了举足轻重的作用，极大地推动了网络技术的进步。后来又出现了更加实用的 TCP/IP（Transmission Control Protocol/Internet Protocol）网络体系结构，解决了异构网的互联问题。TCP/IP 协议也成为事实上的国际标准。

20 世纪 80 年代初，随着个人计算机（Personal Computer，PC）的推广应用，出现了各种基于 PC 机联网的局域网。利用局域网实现软件和数据的共享成为网络应用的主要目的。此期间，局域网的典型代表是 Novell 网，在当时的 PC 局域网中，它占了全球 60% 的装机量。当时局域网的典型应用是银行业务系统，取代了过去的手工操作，极大地方便了储户。后来，UNIX、Windows 系列操作系统，以及自由软件平台 Linux 对局域网的发展都起到了重要作用。

4. 国际互联网

1990 年以后迅速发展起来的国际互联网（Internet）把已有的计算机网络通过统一的 TCP/IP 协议连成一个世界性的大计算机网，构造出一个虚拟的网络世界。高速化、多媒体化、智能化、全球化成为互联网发展的主要特征。互联网上的各种应用逐步深入到了人们的工作、学习各个方面，已成为人们生活中不可缺少的一部分。

随着笔记本电脑、PDA（Personal Digital Assistant，个人数字助理）和平板电脑等便携式计算机的日益发展和普及，以及无线移动通信技术的发展，出现了无线网络，手机通信也进入了 3G 时代。3G（3rd－Generation）是第三代移动通信技术的简称，是指支持高速数据传输的蜂窝移动通信技术。相对第一代模拟制式手机（1G）和第二代 GSM、CDMA 等数字手机（2G），第三代手机（3G）是指将无线通信与国际互联网等多媒体通信结合的新一代移动通信系统，3G 服务能够同时传送语音和数据信息。其特征是提供高速数据业务，在声音和数据的传输速度上有较大的提高，能够更好地实现无线漫游，并处理图像、音乐、视频流等多种媒体形式，提供网页浏览、电话会议、电子邮件、电子商务等各种互联网信息服务。

未来的计算机网络将朝着融合化、移动化、智能化的趋势发展。

5.1.2　网络的定义和功能

计算机网络是指将地理位置不同的具有独立功能的多台计算机及其外部设备等，通过通信线路连接起来，在网络操作系统、网络管理软件及网络通信协议的管理和协调下，实现资源共享和信息传递的计算机系统。

计算机网络的功能主要表现在资源共享、数据通信、集中管理、分布式处理、负载均衡、提高系统可靠性等六个方面。

（1）资源共享。资源共享是指硬件、软件、数据资源的共享。硬件资源共享可以在全网范围内提供对处理器、外部存储器、输入输出设备等昂贵设备的共享，可节省投资和便于集中管理。软件资源共享允许网络用户远程访问各种服务器，得到网络文件传送服务，获得各种计算机软件，避免软件上的重复投资。数据资源共享允许网络用户远程访问各种大型数据库，获取各种信息数据。

（2）数据通信。数据通信功能是用来在计算机与终端、计算机与计算机之间快速传送各种数据信息，包括文字、新闻信息、图片等。利用这一功能，可以将不同地点的计算机网络，进行统一的调配、控制和管理。用户也可以通过计算机网络传送电子邮件、发布新闻消息，进行电子商务、电子金融贸易、远程网络教育等活动。

（3）集中管理。目前许多 MIS 系统、OA 系统都实现了计算机网络化。通过这些系统，对计算机网络中的计算机资源和权限进行统一的控制和管理，实现日常工作的集中管理，提高工作效率。

（4）分布式处理。对于一项大型复杂的计算任务，由单台计算机来完成可能难以胜任，可以将计算任务分成多个子任务，将各个子任务交给网络中不同的计算机分工协作并行处理，由网络中的计算机共同完成复杂任务，这就是分布式计算的基本原理。利用网络形成的计算机群，就能大大提高计算能力。

（5）负载均衡。负载均衡是指计算任务被均匀地分配到网络上的各台计算机。当网络中某台计算机负载过重时，系统自动地将某些任务转移到其他负载较轻的计算机进行处理，这样能够均衡各计算机的负载。

（6）提高系统可靠性。一旦某台计算机出现故障，网络中的其他计算机可以立即承担该故障计算机所承担的任务，避免了系统的瘫痪，使计算机的可靠性得到了很大的提高。

5.1.3　计算机网络的分类

计算机网络有多种分类标准。按照不同的分类标准，计算机网络分为不同的类型。

1. 按照网络覆盖的地理范围划分

按照这种分类标准，计算机网络分为局域网、城域网和广域网 3 种。

（1）局域网（Local Area Network，LAN）。局域网是最常用、应用最广的网络，其分布范围一般在 10 km 以内，通常是把一个单位的计算机连接在一起而构成局域网。局域网的特点是分布范围小，配置简单，传输速率高。目前，常用的局域网是 100 Mbps 和 1 000 Mbps 以太网，最高速率是 10 Gbps 以太网。

（2）城域网（Metropolitan Area Network，MAN）。城域网是在一个城市内建立的计算机通信网，是介于局域网和广域网之间，覆盖一个城市范围的高速网络，是将同一城市内多个局域网互联起来的网络，地理分布通常在 10 ~ 100 km 的区域，传输速率为 50 kbps ~ 1 000 Mbps。城域网通常作为城市的骨干网，传输速率通常是 1 000 Mbps 以太网。

（3）广域网（Wide Area Network，WAN）。广域网也称远程网，覆盖范围比城域网更广，地理范围可从几百千米到几千千米，实现不同地区、国家的局域网和城域网的互联，提供国际性的远程网络。广域网的数据传输率比局域网低，通常在几千位/秒至几十兆位/秒之间。广域网最典型的代表是国际互联网（Internet）。Internet 又称为因特网，是全球范围的网络，采用 TCP/IP 协议族，由各个国家的广域网互相连接而形成的全球最大的开放式计算机网络。

2. 网络的其他分类

除了按地理范围划分计算机网络外，还有其他分类方法。按传输介质划分，网络分为有线网络和无线网络；按数据通信技术不同，网络分为广播式网络和点对点网络；按用途可把网络分为公用网和专用网；按照网络的服务模式不同，网络分为对等网、客户机/服务器，等等。

5.1.4　计算机网络的组成

计算机网络在逻辑上划分为通信子网和资源子网两部分，参见图 5.2。通信子网是网络中实现通信功能的设备及其软件的集合，由网络结点处理机和通信链路组成，负责数据传输、加工、转发和变换等。资源子网是实现资源共享功能的计算机、外围设备及其软件的集合，负责数据处理工作。

计算机网络在物理组成上分为网络硬件和网络软件两部分，如图 5.3 所示。网络硬件是网络运行的实际设备，对网络性能起决定作用。网络软件是支持网络运行、提供网络服务和开发网络资源的软件。

- 计算机网络
  - 网络硬件
    - 计算机
      - 服务器
      - 客户机
    - 传输介质
      - 有线传输介质：同轴电缆、双绞线、光纤
      - 无线传输介质：红外线、微波、卫星等
    - 网络设备：网卡、路由器、交换机等
  - 网络软件
    - 网络系统软件
    - 网络应用软件

图 5.3　计算机网络的组成

1. 网络硬件

计算机网络是通过网络通信设备和通信线路将不同地点的计算机及其外围设备在物理上连接起来的系统。因此，计算机网络硬件主要由可独立工作的计算机、传输介质和网络设备等组成。

1）计算机

根据用途不同可以将网络中的计算机分为服务器和客户机。服务器是计算机网络中向其他计算机或网络设备提供某种服务的计算机，并按提供的服务被冠以不同的名称，如数据库服务器、邮件服务器、WWW 服务器等。一般由高性能计算机作为服务器。客户机（亦称工作站）是具有独立处理能力的计算机，并请求服务器提供各种服务，如请求浏览 WWW 服务器的网页。一般地，服务器的性能比客户机的性能高，其价格也比较昂贵。

2）传输介质

传输介质是指在网络中承担信息传输的载体，它是网络中发送方与接收方之间的物理通路。传输介质分为有线传输介质和无线传输介质两类。

（1）有线传输介质。有线传输介质包括电话线、同轴电缆、双绞线、光纤等。

①电话线。电话线传输的是连续变化的模拟电信号，而计算机内部处理的是由 0、1 组成的数字化信号。因此，通过电话线传输计算机信息时，需要通信的计算机端安装调制解调器（Modem），并使用调制解调器进行数字化信号和模拟电信号之间的转换，才能实现计算机间的通信。使用调制解调器通信时不能同时打电话。

②同轴电缆。同轴电缆是由绕在同一轴线上的两个导体组成，如图 5.4（a）所示。同轴电缆分为 75 Ω 的粗缆和 50 Ω 的细缆，在局域网中粗缆的传输距离可达 500 米，细缆的传输距离可达 180 米。目前，同轴电缆已被非屏蔽双绞线和光纤取代。

③双绞线。双绞线由两根绝缘铜导线相互缠绕而成。目前常用的双绞线主要有五类线、超五类线和六类线三种，五类线用于百兆位快速以太网，传输速率为 100 Mbps。超五类线传输速率为 100 Mbps，具有衰减小，串扰少的性能，主要用于千兆位以太网。六类线应用于千兆位以太网，传输速率为 1 000 Mbps，性能比超五类线更高。图 5.4（b）所示是五类双绞线，其内部有 8 根导线，双绞线的两端分别是 RJ－45 水晶头。双绞线分为非屏蔽双绞线和屏蔽双绞线，常用的是非屏蔽双绞线。双绞线价格低廉，易于连接，适用于较短距离（100 米内）的局域网信息传输。

④光纤。光纤又称为光缆或光导纤维，由光导纤维纤芯、玻璃网层和能吸收光线的保护套组成，如图 5.4（c）所示。光纤的优点是：不受外界电磁场的影响，无限制的带宽，尺寸小、重量轻，数据可传送几百千米，但价格昂贵。

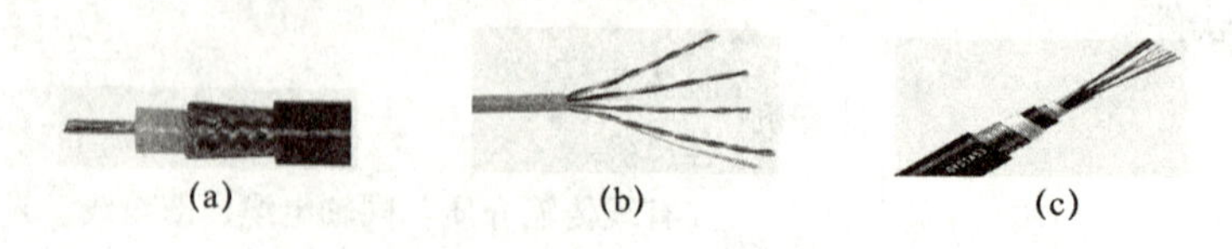

(a)　(b)　(c)

图 5.4　传输介质

（a）同轴电缆；（b）双绞线；（c）光纤

（2）无线传输介质。无线传输介质利用空气作为传输介质，使用电磁波作为载体来传输数据，它包括无线电、微波、红外线、卫星等。目前，采用无线传输介质访问网络资源已经成为一种发展趋势，许多高校、宾馆、机场等场所都建立无线网络，供用户访问网络资源。

3）网络设备

在计算机网络中，除了计算机和传输介质外，还需要用于实现计算机之间、网络与网络之间通信的网络设备。网络设备的功能是确保发送端发送的信息能够快速、正确地发送到接收端，并被接收端接收。常用的网络设备包括网络适配器、调制解调器、集线器、交换机、中继器、路由器、网关等。

（1）网络适配器。网络适配器也叫网卡，如图 5.5（a）所示，是局域网中连接计算机和传输介质的接口设备。网卡插在计算机主板插槽中，有的网卡集成到主板上，负责网络数据的接收和发送。目前常用的网卡传输速率有 100 Mbps、1 Gbps。

（2）调制解调器。调制解调器（Modem），俗称“猫”，是一种实现数字信号和模拟信号之间相互转换的设备。调制解调器是通过电话线上网的硬件设备。目前，它已经被淘汰了。

（3）集线器。集线器（Hub）是网络专用设备，利用集线器，可以把多台计算机通过线缆连接在一起。计算机通过网卡向外发送信息时，首先传送到集线器，集线器再将信息发送到与其相连的所有计算机。当计算机接收到信息时，检查该信息发往的目的地址是否是自己，如果是，则接收信息并进行处理；否则，就丢掉该信息。集线器的特点是可以发送或接收信息，但不能同时发送和接收信息。目前集线器已经被交换机所取代。

（4）交换机。交换机和集线器类似，如图 5.5（b）所示，是一种多端口网络连接设备，其外观与集线器相同，但交换机能够识别接收信息的目的地址。因此，它只会将信息发送到相应端口连接的计算机。交换机的特点是可以同时发送和接收信息，速度快于集线器，价格比集线器略高。

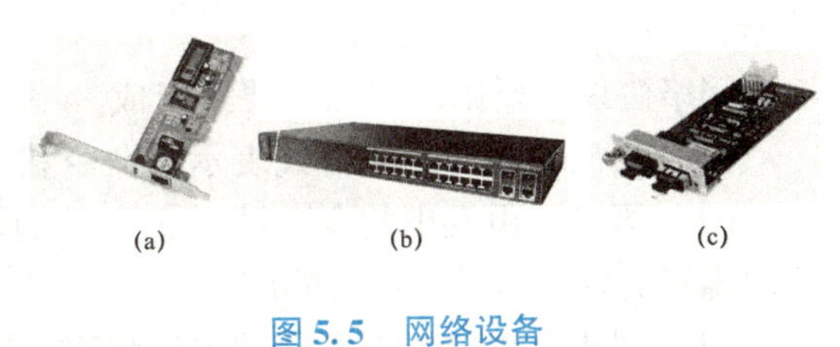

图 5.5　网络设备

（a）网卡；（b）交换机；（c）中继器

（5）中继器。中继器也称为转发器，如图 5.5（c）所示，用于延伸一个局域网或连接两个同类型的局域网。当一个局域网的距离超过了线路的规定长度时，传输信号的质量会随之下降，为了保证网络信号的正确性，需要用中继器对局域网进行延伸；中继器也可以收到一个网络的信号后将其放大发送到另一个网络，起到连接两个同类型局域网的作用。

（6）路由器。路由器是 Internet 中的网络核心设备，具有转发数据、选择路径、滤波、流量控制等功能。路由器用于连接两个不同类型的网络，把一个网络的数据传输到另一个网络。路由器是一台专用计算机，简单的路由器可由服务器兼任。

（7）网关。网关是最复杂的网络互联设备，可用于广域网互联，也可用于局域网互联。它具有路由和网络协议转换的功能。当一台计算机发送信息到另一台计算机时，首先，发送端将数据发送到网关，由网关来确定该数据是否发往局域网内部的计算机，如果是，则由网关负责发往该数据到目标主机；否则，网关将该数据发送到路由器，由路由器负责发送该数据到其他网络的目标主机。

2. 网络软件

网络软件是在网络环境下运行、使用、控制和管理网络，实现通信双方交换信息的计算机软件。网络软件分为网络系统软件和网络应用软件两大类。

（1）网络系统软件。网络系统软件是控制和管理网络运行、提供网络通信、管理和维护共享资源的网络软件。它包括网络操作系统、网络通信软件、网络协议软件、网络管理软件等。网络操作系统是控制和管理网络运行和网络资源访问的系统软件，是最核心的网络软件。常用的网络操作系统有 Windows Server、UNIX、Linux 等。网络通信软件是用于管理计算机之间信息传输的软件。网络协议软件是实现通信协议规则和功能的软件。网络管理软件是管理和维护网络资源的软件。

（2）网络应用软件。网络应用软件是为某一网络应用而开发的网络软件。例如，浏览器软件 Internet Explorer、QQ 软件、CuteFTP 下载工具、电子邮件收发软件 Foxmail 等。

5.1.5　计算机网络的体系结构

1. 网络协议

网络协议是网络中所有设备（网络服务器、客户机、交换机、路由器、防火墙等）之间通信规则的集合。从本质上讲，网络协议是运行在各个网络设备上的程序或协议组件，用于定义通信时必须采用的数据格式及其含义，以便实现网络模型中各层的功能。网络协议规定了网络通信的详细规则和标准，网络中的所有计算机和网络设备都必须使用相同的网络协议才能联通，在主机之间进行数据交换。常见的网络协议有 TCP/IP 协议、Novell 的 IPX/SPX 协议、微软的 NetBEUI 协议和 IBM 的 SNA 协议等。其中，TCP/IP 协议已经成为 Internet 的标准协议。

网络协议主要由以下三个要素组成。

（1）语法：以二进制形式表示的命令和相应的结构，如数据与控制信息的格式。

（2）语义：由发出的命令请求、完成的动作和返回的响应组成的集合，用来控制信息的内容和需要做出的动作及响应。

（3）同步：规定事件发生的先后顺序，即确定通信状态的变化和过程。

大多数网络协议都采用分层的体系结构，每一层向它的上一层提供一定的服务，而把如何实现这一服务的细节对上一层加以屏蔽。网络中一台主机的第 n 层与另一台主机的第 n 层进行通信的规则就是第 n 层协议。在网络的各层中存在着许多协议，接收方和发送方同层的协议必须一致，否则一方将无法识别另一方发出的信息。

2. 网络体系结构

网络体系结构（Network Architecture）是指计算机网络各层次及其协议的集合。它涵盖了分层方法、每一层的协议等内容，网络体系结构仅定义了网络各层应该完成的功能，而这些功能由何种硬件或软件完成，则是网络体系结构的实现问题。最早的网络体系结构是 IBM 公司 1974 年提出的 SNA（System Network Architecture），它是世界上第一个按照分层方法制定的网络设计标准，在 IBM 公司的主机环境中得到广泛的应用，实现了 IBM 公司的大型机（S/390、ES/9000 等）和中型机（AS/400）的互联。对计算机网络发展影响最大的体系结构是 OSI 模型和 TCP/IP 模型。

1）OSI 模型

国际标准化组织（ISO）于 1984 年颁布的“开放系统互联参考模型 OSI - RM”对计算机网络产生了深远的影响。OSI 模型定义了网络互联的 7 层框架，它详细规定了每一层的功能，以实现开放系统环境中不同计算机的互联、互操作和应用的可移植性。OSI 体系结构从下至上分为 7 层，如图 5.6（a）所示。

（1）物理层。物理层提供相邻结点间进行比特流的传输。它利用物理通信介质，为上一层提供一个物理连接，通过物理连接透明地传输比特流。

（2）数据链路层。以帧为单位，在两个相邻结点间无差错地传送数据。每一帧包括一定的数据和必要的控制信息，接收方收到出错数据时要通知发送方重发，直到这一帧数据无误地到达接收方。

（3）网络层。其任务是选择合适的路径，使源站的数据包能够跨越结点和网络到达最终目的站。

（4）传输层。其任务是确保数据可靠、顺序、无差错地从一个结点传输到另一个结点。它提供建立、维护和拆除传输连接、端到端可靠透明数据传输、差错控制和流量控制等功能。

（5）会话层。会话是两个应用进程之间为交换数据而按一定规则建立起来的连接。会话层负责建立、维护、同步和结束会话活动，并管理其数据交换过程。

（6）表示层。表示层用于处理两个通信系统中交换数据的表示方式，主要有数据编码格式的转换、数据加密和解密、数据压缩与恢复等功能。

（7）应用层。应用层是 OSI 参考模型的最高层，它提供常见的网络应用服务，如文件服务、网络管理、电子邮件服务、打印服务、通信服务、域名解析服务等。

OSI 模型是一种理想化的结构，试图使全世界的计算机网络都遵循统一的标准，方便地进行互联和交换数据，但其结构复杂、有些功能出现在多个层次，造成效率较低、实现困难，现实中没有任何厂家实现 OSI 模型。OSI 模型的理论指导作用大于其实际应用，为人们描述了网络互联的理想框架和蓝图。

2）TCP/IP 模型

TCP/IP 模型因其两个主要协议——传输控制协议（TCP）和网络互联协议（IP）而得名，实际上是一组协议，称为 TCP/IP 协议族。TCP/IP 模型体系结构由下至上分图 5.6（b）所示的 4 层。

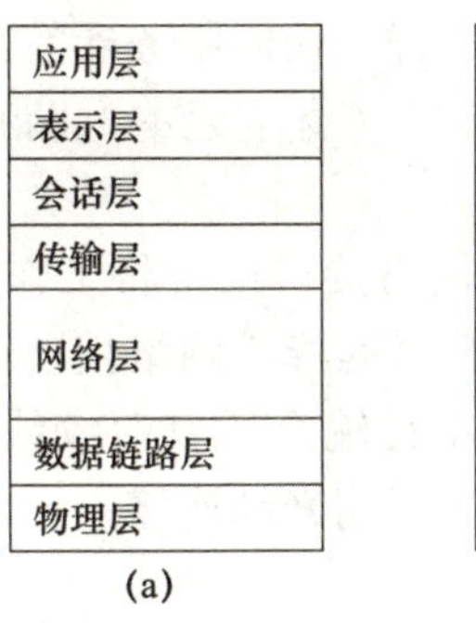

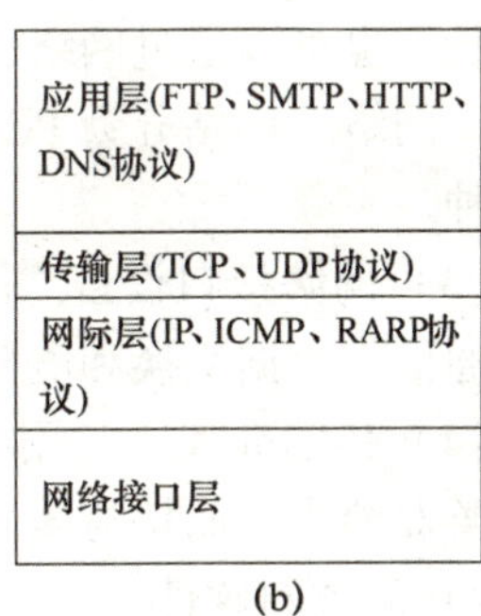

图 5.6　OSI 模型与 TCP/IP 模型的对应关系

（a）OSI 模型；（b）TCP/IP 模型

（1）网络接口层。网络接口层是主机与网络的实际连接层，包括网络适配器和操作系统的网络设备驱动程序等细节，完成数据帧在网络中的传输。

（2）网际层。也称为 IP 层、网络层，负责处理数据包在网络中的传输，将数据包从一台主机传输到目标主机。网际层的主要协议是网际协议（IP），IP 是无连接的、不可靠的数据包传递协议，主要负责在主机之间寻址和路由数据包。该层使用 IP 协议，把传输层送来的消息组装成 IP 数据报，并把 IP 数据报传递给网络接口层。

（3）传输层。为应用程序提供端到端通信的功能，该层协议处理 IP 层没有处理的通信问题，保证通信连接的可靠性。传输层协议主要有传输控制协议（TCP）和用户数据报协议（UDP）。TCP 是一种可靠、面向连接的协议，实现信息的无差错传输。UDP 是不可靠的、无连接的协议，不保证数据是否传输到目标主机。

（4）应用层。应用层是 TCP/IP 体系结构的最高层，它向用户提供一些常用应用程序，如电子邮件收发软件、网页浏览、文件传输软件等。应用层协议主要有远程登录协议 Telnet、文件传输协议 FTP、简单邮件传输协议 SMTP、域名系统 DNS、超文本传输协议HTTP等。

5.1.6 局域网的组成与拓扑结构

局域网是计算机网络的重要分支，自20世纪70年代中期产生至今30多年时间里，得到了飞速的发展。局域网是指地理范围在几十米到几千米内的计算机互相连接所构成的计算机网络。一个局域网可以容纳几台到几千台计算机，已经广泛应用于校园、工厂、企事业单位的个人计算机的组网。局域网具有覆盖范围小、传输率高（100 Mbps以上）、低误码率（$10^{-8} \sim 10^{-10}$）、价格低廉、专用性（为一个单位所拥有，不对外提供服务）等特点。

1. 局域网的组成

局域网包括局域网硬件和局域网软件两大部分。

1）局域网硬件

局域网硬件一般由服务器、工作站、网络接口设备、传输介质4个部分组成。

（1）服务器。服务器是提供网络服务的计算机。服务器上运行网络操作系统，提供硬盘、文件及打印共享等服务功能，是网络控制的核心。可以选用配置较高的PC机作为服务器，但为了提高网络的性能，一般选用专用服务器更好。

服务器分为文件服务器、打印服务器、数据库服务器，在Internet上，还有WWW、FTP、E-mail等专用服务器。

（2）工作站。工作站是从事上网操作的主机系统。工作站有自己的操作系统，可以独立运行，也可以通过网络软件，访问服务器的共享资源。工作站配置低，面向一般网络用户使用。网络工作站分为PC机（含笔记本电脑）、无盘工作站、网络计算机、移动网络终端等4种。

（3）网络接口设备。网络接口设备将工作站和服务器连接到网络上，实现资源共享和相互通信、数据交换和电信号匹配。网络接口设备包括网卡和接口部件。

（4）传输介质。常用的传输介质有双绞线、同轴电缆、光纤等，室内布线常用五类及超五类双绞线，而楼与楼之间用光纤连接。

2）局域网软件

局域网软件主要包括网络操作系统和网络应用软件。网络操作系统实现操作系统的所有功能，并且能够对网络资源进行管理和共享。常用的网络操作系统有微软公司的Windows Server系列、Novell公司的NetWare、UNIX和Linux等。网络应用软件是实现某种网络应用的专用软件，其种类繁多，功能越来越强。

2. 局域网的拓扑结构

局域网的拓扑结构是指网络中通信线路和设备（计算机或网络设备）的几何连接形状。局域网典型的网络拓扑结构有星型结构、总线型结构、环型结构、树型结构等4种。

1）星型结构

星型拓扑结构如图5.7所示。在这种结构中，网络中的各结点分别连接到一个中央结点（一般是集线器或交换机）上，由该中央结点向目的结点传送信息。中央结点执行集中式通信控制策略，因此中央结点相当复杂，负担比各结点重得多。在星型结构网络中任何两个结点必须经过中央结点控制才能通信。

星型结构是当前局域网组网最常用的方式。当前应用广泛的以太网，如快速以太网、千兆以太网都使用星型结构组网。

2）总线型结构

在总线型网络结构中所有结点共享一条数据通道，如图 5.8 所示。总线型网络安装简单、方便，需要铺设的电缆最短，成本低，某个结点的故障一般不会影响整个网络，但传输介质的故障会导致网络瘫痪。总线型网络安全性低，监控比较困难，增加新结点也不如星型网容易。

总线型局域网是 20 世纪 80 年代主要的组网结构，从 20 世纪 90 年代后基本不再采用。

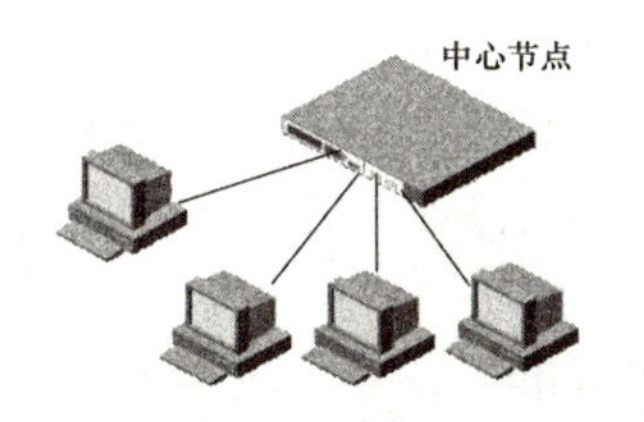

图 5.7　星型网络结构

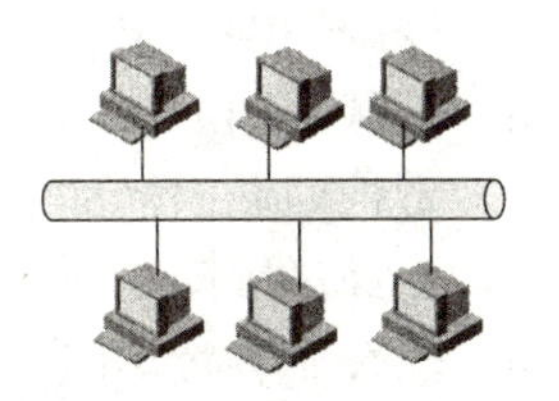

图 5.8　总线型网络结构

3）环型结构

环型拓扑结构中各结点通过通信线路组成闭合回路，环中数据只能单向传输，如图 5.9 所示。其优点是结构简单、适合使用光纤、传输距离远、传输延迟确定。缺点是任意结点出现故障都会造成网络瘫痪，中断通信。另外，故障诊断也比较困难。因此，环型网络基本上已经被淘汰了。

早期使用环型结构组网的局域网是令牌环网络和光纤分布式数据接口（FDDI）网络。

4）树型结构

树型拓扑结构是一种分级结构，其形状像一棵倒置的树，如图 5.10 所示。其优点是线路利用率高、网络成本低、结构简单，缺点是对根结点依赖比较大。树型结构适用于局域网规模比较大，且网络覆盖的单位存在隶属关系的场景。

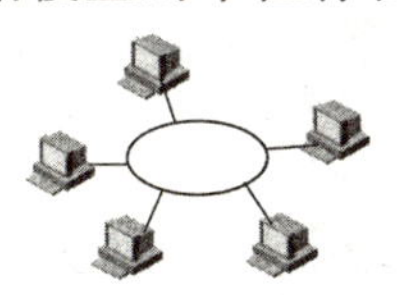

图 5.9　环型网络结构

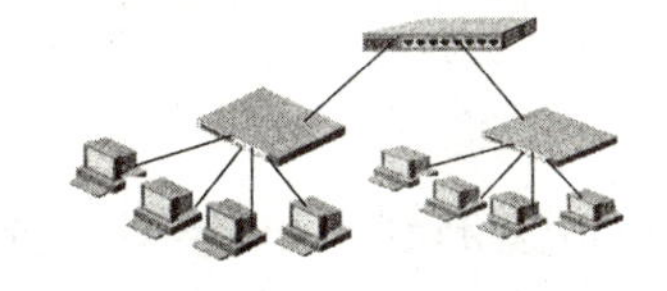

图 5.10　树型网络结构

实际组网时，采用的网络拓扑结构是上述 4 种拓扑结构的混合型结构，如星型 + 总线型结构，混合型拓扑结构可以充分利用各种拓扑结构的优点，从而获得较高的通信效率。

5.1.7　局域网的标准

从 20 世纪 70 年代后期开始，局域网迅速发展，其产品的数量和品种剧增。为了使不同厂商生产的网络设备之间具有兼容性、互换性和互操作性，国际标准化组织开展了局域网的标准化工作。美国电气电子工程师协会（Institute of Electrical and Electronic Engineers，IEEE）于 1980 年 2 月成立了局域网络标准化委员会（简称 IEEE 802 委员会），专门进行局域网标准的制定，经过多年的努力，IEEE 802 委员会公布了一系列标准，称为 IEEE 802 标准。随着局域网技术的迅速发展，新的局域网标准不断推出，新的吉比特以太网技术目前已标准化。

IEEE 802 共有 13 个分委员会，分别制定了相应的标准。IEEE 802 标准主要包括：

- IEEE 802. A：局域网和城域网标准、综述及体系结构。
- IEEE 802. B：局域网的寻址、网络互联及网络管理。
- IEEE 802. 2：逻辑链路控制 LLC，是高层协议与局域网 MAC 子层间的接口。
- IEEE 802. 3：定义了 CSMA/CD 总线访问控制及物理层技术规范。
- IEEE 802. 4：令牌总线网。定义令牌总线访问控制方法及物理层技术规范。
- IEEE 802. 5：令牌环网。定义了令牌环网访问控制方法及物理层技术规范。
- IEEE 802. 6：城域网 MAN。定义了城域网访问控制方法及物理层技术规范。
- IEEE 802. 7：宽带局域网标准。
- IEEE 802. 8：光纤局域网标准。
- IEEE 802. 9：综合业务数字网（ISDN）技术标准。
- IEEE 802. 10：可互操作的局域网的安全标准。
- IEEE 802. 11：无线局域网标准。
- IEEE 802. 12：新型高速局域网标准（100 Mbps）。
- IEEE 802. 13：有线电视（Cable - TV）。
- IEEE 802. 14：协调混合光纤同轴（HFC）网络的前端和用户站点间数据通信的协议。
- IEEE 802. 15：近距离个人无线网络技术标准，其代表技术是蓝牙（Bluetooth）。
- IEEE 802. 16：宽带无线局域网标准。

5. 2　Internet 基础知识

Internet 的中文名称是因特网，也称为互联网，它是全球性的最大的计算机网络。该网络将遍布全球的计算机连接起来，人们可以通过 Internet 共享全球信息，它的出现标志着网络时代的到来。

5. 2. 1　Internet 的起源和发展

Internet 的起源可以追溯到 1969 年美国国防部的高级研究计划署（Advanced Research Projects Agency，ARPA）建立的名为 ARPANET（阿帕网）的计算机网络。ARPANET 网络最初只有 4 个结点，将 4 所大学中研究机构的大型计算机连接起来，位于各结点的计算机采用分组交换技术，用通信线路和通信交换机相互连接。ARPANET 最初主要用于军事研究，要求一旦发生战争，当网络的某一部分因遭受攻击而失去工作能力时，网络的其他部分仍能正常地通信工作。

1975 年，ARPANET 已经连接了 100 多台主机，并投入正式运行。ARPANET 采用 TCP/IP 协议进行通信，在网络运行的基础上逐步开发出 TCP/IP 的一系列协议，形成了 TCP/IP 协议族。

1983 年，TCP/IP 协议开始用于非军事领域，美国加利福尼亚伯克利分校把该协议作为其 BSD UNIX 的一部分，使得该协议得以在社会上流行起来。1986 年，美国国家科学基金会（National Science Foundation，NSF）建立了 NSFNET 网络，NSF 在全美国建立了按地区划分的计算机广域网，用 TCP/IP 协议将这些地区的网络和超级计算机中心各种不同类型的计算机互联起来。后来 NSFNET 不断完善和扩大，很多大学、政府资助的研究机构甚至私营的研究机构纷纷把自己的局域网并入 NSFNET 中。NSFNET 覆盖了全美的大学和科研机构。1989 年开始使用 Internet 这个名称，NSFNET 于 1990 年取代了 ARPANET，此后越来越多的国家和地区的计算机网并入 Internet。20 世纪 90 年代，Internet 以惊人的速度发展，成为全球连接范围最大、用户最多的互联网络。

我国真正全功能接入 Internet 是在 1994 年 4 月 20 日，中关村地区教育与科研示范网络（NCFC）以 64 K 国际专线接入 Internet，标志着中国与 Internet 正式互联。自 1994 年以来，我国的互联网事业高速发展，建立了覆盖全国的多个公用计算机网络主干网。典型的全国公用计算机网络有中国科技网（CSTNET）、中国公用计算机互联网（CHINANET）、中国教育和科研计算机网（CERNET）、中国金桥信息网（CHINAGBN）、中国移动互联网（CMNET）、中国联通公用计算机互联网（UNINET）等。许多政府机构、单位、社会团体纷纷连接到 Internet，并建立了网站，许多家庭用户也接入 Internet，互联网应用日益普及。

根据中国互联网络信息中心发布的统计报告，截至 2012 年 6 月底，中国网民数量达到 5.38 亿，保持全球第一。手机上网已逐渐成为一种主流的网络接入方式，用手机上网的网民数量已经达到 3.88 亿，无线互联网将会呈现爆发式的增长。

5.2.2　Internet 的主要服务功能

Internet 的迅速发展，提供的服务功能不断增加，应用领域越来越广泛，已经渗透到人们的工作和生活中，成为人们交流不可缺少的组成部分。Internet 的主要服务功能如下。

1. 电子邮件（E-mail）

电子邮件是 Internet 上最早、最常用的功能。通过 Internet，使用电子邮件，可以在几秒内将信件快速地发送给世界各地的朋友。

2. 万维网服务（WWW）

万维网（World Wide Web，WWW）是一种基于超文本方式的信息查询系统。它通过超文本方式把互联网上不同地址的信息有机地组织在一起，以多媒体形式，把文字、声音、动画、图片、视频等内容展现出来。WWW 服务是互联网的主要服务形式，人们通过 WWW 浏览器可以直观地查询到互联网上的各种信息内容。

3. 文件传输服务（FTP）

文件传输（File Transfer Protocol，FTP）是 Internet 的一种主要功能。Internet 的一些主机运行 FTP 服务程序，这些主机称为 FTP 服务器。用户可以将 FTP 服务器的文件下载到自己的计算机，也可以把自己计算机上的文件上传到 FTP 服务器。

4. 新闻讨论组（NewsGroup）

用户可以加入感兴趣的专门讨论组，阅读他人的文章或发表自己的见解，与他人一起讨论。同时通过邮递目录，方便地接收指定主题的信息。

5. 即时通信

即时通信（Instant Messager，IM）是指能够即时发送和接收互联网消息的一种网络服务。它以网络电话、网络聊天的形式出现。即时通信比电子邮件更为快捷和方便。利用即时通信，人们可以与地球上任何一个人交流，立即看到对方发来的消息。常见的即时通信软件有 QQ、MSN 等。

6. 电子商务和电子政务

企业可以在互联网上建立自己的网站，向客户、供应商提供有价值的商品信息和业务信息，进行网上买卖交易。各级政府机关通过互联网发布政策、消息，实现网上办公，提高了政府为民服务的工作效率。

除了以上主要服务功能以外，互联网还提供了搜索引擎、论坛（BBS）、博客、微博客、远程登录（Telnet）、数字图书馆、虚拟现实、网络电话、视频聊天等服务功能。

5.2.3　TCP/IP 协议

TCP/IP 协议是为广域网设计的网络通信协议的集合，是互联网的标准协议。其中最重要的是 TCP 协议和 IP 协议。因此，通常将这些协议的集合简称为 TCP/IP 协议。

TCP/IP 协议分为 4 层，从上到下分别是应用层、传输层、网际层和网络接口层，其体系结构参见图 5.6（b），各层的功能参见 5.1.5 节的介绍。TCP 是传输层的传输控制协议，是一种可靠的、面向连接的协议。IP 是网际协议，是无连接的、不可靠的数据包传递协议。

5.2.4　IP 地址和子网掩码

1. IP 地址

网络中的两台主机之间进行通信时，所传输的数据包里除了数据以外，还包含有指明发送数据的源计算机地址和接收数据的目标计算机地址。IP 地址就是给每个连接到网络的计算机分配的一个地址，它具有唯一性。IP 协议是使用 IP 地址在计算机之间传递信息的一种互联网协议。IP 地址是互联网中的主机和网络设备的唯一标识，以确定计算机在互联网上的位置。目前，IP 协议有 IPv4 和 IPv6 两个版本。下面介绍常用的 IPv4。

IP 地址由 4 个字节组成，共有 32 位二进制数，用点号分隔，以十进制数表示，如 210.36.136.35。每个十进制数代表其中的一个字节，用十进制表示，每个字节的值范围为 0 ~ 255；用二进制表示，每个字节在 00000000 ~ 11111111。由 4 个字节表示的 IP 地址称为 IPv4。IP 地址由网络地址和主机地址两部分组成。网络地址代表一个 TCP/IP 子网，而主机地址代表这个子网中的一台主机。IP 地址分为 A 类 ~ E 类共 5 类，常用的有 A、B、C 类。

（1）A 类 IP 地址。A 类 IP 地址的二进制最高位为 0，第一字节取值 1 ~ 126 为网络地址（00000001 ~ 01111110），可支持（126 - 1 + 1） = 126 个 A 类网络，其余 3 个字节为主机地址，主机地址全 0 和全 1 的 IP 地址是特殊地址，不分配给主机。每个 A 类网络可安装 256 × 256 × 256 - 2 = 16 777 214 台主机。A 类网络用于组建有大量主机的大型网络。

A 类 IP：	网络地址	主机地址	主机地址	主机地址

注：上面 4 个格子表示 4 个字节的 IP 地址，每格代表 IP 地址的 1 个字节，即 8 位二进制数。

（2）B 类 IP 地址。B 类 IP 地址的二进制最高两位是 10，第一字节取值 128 ~ 191 为网络地址（10000000 ~ 10111111），第一字节和第二字节为网络地址，可支持（191 - 128 + 1） × 256 = 16 384 个 B 类网络，第三字节和第四字节为主机地址，主机地址全 0 和全 1 的 IP 地址是特殊地址，不分配给主机。每个 B 类网络可安装 256 × 256 - 2 = 65 534 台主机，适用于组建中型网络。

B 类 IP：	网络地址	网络地址	主机地址	主机地址

（3）C 类 IP 地址。C 类 IP 地址的二进制最高三位是 110，第一字节取值 192 ~ 223 为网络地址（11000000 ~ 11011111），第一、二、三字节为网络地址，可支持（223 - 192 + 1） × 256 ×

256 = 2 097 152 个 C 类网络，第四字节为主机地址，主机地址全 0 和全 1 的 IP 地址是特殊地址，不分配给主机。每个 C 类网络可安装 254 台主机，适用于组建小型网络。

C 类 IP：	网络地址	网络地址	网络地址	主机地址

（4）D 类 IP 地址。TCP/IP 协议除了规定上述三种常用的 IP 地址以外，还规定了 D 类和 E 类两种特殊的 IP 地址。D 类 IP 地址的二进制数中最高四位为 1110，第一字节取值 224 ~ 239，D 类 IP 地址称为多点广播地址，用于 IP 组播。

（5）E 类 IP 地址。E 类 IP 地址的二进制数中最高四位是 1111，第一字节取值 240 ~ 255，E 类 IP 地址保留未使用，用于未来特殊用途。

需要注意的是，其中有些 IP 地址用作特殊用途，不能分配。

- 主机地址为全 0 的地址代表是本网络，如 C 类 IP 地址 192. 168. 1. 0 代表网络 192. 168. 1，而 A 类地址 10. 0. 0. 0 则代表网络 10。
- 主机地址为全 1 的地址是当前网络的广播地址，表示向主机所在网络的所有主机发送数据。例如，一个数据包发送到 C 类地址 192. 168. 1. 255，则这个数据包实际发送到了 192. 168. 1 这个网络的所有主机。
- 127. 0. 0. 1 为本地主机的回环地址，用于同一台主机各网络进程之间通信。
- 私有 IP 地址只能用于单位内部网络。A 类的私有 IP 地址范围是 10. X. X. X，只有一个私有网；B 类的私有 IP 地址范围是 172. 16. X. X ~ 172. 31. X. X，共有 16 个 B 类私有网；C 类网的私有 IP 地址范围是 192. 168. 0. X ~ 192. 168. 255. X，共有 256 个 C 类私有网。

在实际组网时，IP 地址的分配必须遵守这样的规则：在同一个网络段内，网络地址必须相同，主机地址必须不同。例如，网络中一台计算机的 IP 地址为 192. 168. 1. 2，可以看出，该 IP 属于 C 类 IP 地址，其前三个字节 192. 168. 1 为网络地址。因此，给该网络的其他计算机分配 IP 地址时，前三个字节的值必须相同，第 4 个字节的值互不相同，如 192. 168. 1. 5 可以是另一台计算机的 IP 地址。

2. IPv6 地址

如今 IPv4 的 IP 地址已经分配完，成为互联网上最紧缺的资源。IPv6 是为了解决目前互联网的 IP 地址紧缺问题而提出的。IPv6 是网际协议第 6 版（Internet Protocol Version 6）的缩写，称为下一代互联网协议，由互联网工程任务组（Internet Engineering Task Force，IETF）设计的一种新的协议，用来取代现在的 IPv4。IPv6 采用 128 位二进制数的 IP 地址，可表示 2^{128} 个不同地址，满足互联网的 IP 地址需要，从而利用网络控制电视机、电冰箱、汽车等产品将成为现实。

3. 子网掩码

子网是指在一个 IP 地址上生成的逻辑网络，它把一个网络分成多个子网，要求每个子网使用不同的网络 ID。通过把主机地址分成两个部分，就为每个子网生成唯一的网络 ID。一部分作为网络的子网标识号，另一部分作为子网中的主机标识号。

子网掩码是一个 32 位地址，用于屏蔽 IP 地址的一部分，以区别网络 ID 和主机 ID，将网络分割为多个子网；还可以判断目标主机的 IP 地址是在本局域网还是在远程网。TCP/IP 网络上的每台主机都要求有子网掩码。这样主机 IP 地址和子网掩码按照二进制数的按位逻辑“与”运算，所得结果就是网络地址。由此判断源主机和目标主机是否在同一个网络段内。逻辑“与”运算的规则是：0 和任何数的“与”运算都等于 0，1 和任何数的“与”都等于那个数本身。

例如，IP 地址 210.36.136.35，子网掩码 255.255.255.0，将这两个数据进行逻辑与运算，结果是 210.36.136.0，非 0 的部分（210.36.136）即为网络地址。

各类 IP 地址所默认的子网掩码是：A 类 IP 地址的子网掩码为 255.0.0.0；B 类 IP 地址的子网掩码是 255.255.0.0，C 类 IP 地址的子网掩码 255.255.255.0。

5.2.5　域名和域名系统

1. 域名系统（DNS）

IP 地址是联网计算机的地址标识，但是 IP 地址比较难记。所以在 TCP/IP 协议之上提供了域名系统（Domain Naming System，DNS），允许为主机分配域名。域名是网络计算机的一种标识，具有唯一性。DNS 服务器是提供将主机域名转换为 IP 地址软件功能的主机。访问一个网站时可以通过其域名访问，也可以通过其 IP 地址访问。例如，在浏览器的地址栏输入域名 www.sina.com.cn 来访问新浪网，DNS 服务器自动地将此域名解析转换为对应的 IP 地址，然后把 IP 地址返回给客户机的浏览器，实现计算机之间的连接和通信。DNS 是 Internet 上通用的成熟技术。

2. 域名

域名由主机名和若干个不同级别的域名组成，它们之间用圆点分隔。最右边的域名级别最高，称为顶级域名，越往左边域名级别越低，分别是二级域名，三级域名，...，最左边是主机名。比如 www.sina.com.cn 的顶级域名是 cn（中国），二级域名是 com（商业），三级域名是 sina（新浪），主机名是 www，表示该域名是中国的、商业的、新浪公司的一台基于 HTTP 的 Web 服务器。

顶级域名分为机构类型域名和地理域名两种类型。地理顶级域名用两个字母表示国家或地区；机构顶级域名表示机构的类型。表 5.1 列出了常见的机构顶级域名，表 5.2 列出了部分国家或地区的顶级域名。

表 5.1　机构顶级域名

域名	机构类型
com	商业类
gov	政府部门
edu	教育类
int	国际组织
mil	军事类
net	网络机构
org	非营利组织
info	信息服务

表 5.2　地理顶级域名

域名	国家或地区	域名	国家或地区
au	澳大利亚	in	印度
ca	加拿大	it	意大利
cn	中国	jp	日本
de	德国	my	马来西亚
es	西班牙	nl	荷兰
fr	法国	sg	新加坡
gb	英国	tw	中国台湾
hk	中国香港	us	美国

在机构类型域名中，com、net、org 这 3 个是通用顶级域名，任何国家的用户都可以申请注册它们的二级域名；而 edu、gov、mil 这 3 个顶级域名只向美国专门机构开放申请。

5.3　计算机接入 Internet 的方式

为了让计算机访问 Internet 的资源，需要配置用户的计算机网络参数，正确地连接到网络上。计算机连接 Internet 的接入方式主要包括以下几种。

（1）电话拨号。电话拨号上网是较早出现的一种上网方式，它利用电话线为通信介质和公用电话交换网，通过调制解调器（Modem）拨号实现计算机接入 Internet。这种上网方式需要将一个调制解调器连接到计算机的串行口，并连接电话线即可。但电话拨号上网速度慢，最高速率为 56 kbps，一旦上网不能拨打电话和接听电话。目前该技术已经被淘汰，已被 ADSL 技术取代。

（2）ISDN 拨号。综合业务数字网（ISDN）在用户端计算机上增加 ISDN 卡和网络终端 NT1，使用普通的电话线传输数字信号，实现在上网的同时，可以拨打电话、收发传真。ISDN 拨号的上网最高速率达 128 kbps。目前 ISDN 拨号已经被淘汰了。

（3）DDN 专线接入。数字数据网络（DDN）是数据通信迅速发展起来的一种新型数字传输网络，DDN 主干网采用光纤、微波、卫星作为通信介质，提供高速的通信网络，为用户传输数据、图像、声音等信息。DDN 的通信速率可在 $N \times 64$ kbps（$N = 1 \sim 32$）之间选择。由于 DDN 专线接入的租用费用较贵，主要是一些大单位向电信部门租用一条 DDN 专线，就可以将本单位的局域网接入到 Internet。

（4）局域网接入。局域网接入方式是利用以太网技术，采用光纤和双绞线为传输介质，对学校、公司、小区等社区进行网络布线，一般采用千兆光纤布线到楼宇，百兆双绞线布线到办公室或家庭用户。局域网的出口一般是通过光纤连接到高速的城域网。

（5）ADSL 接入。非对称数字用户环路（ADSL）是目前家庭用户接入 Internet 最多的一种接入方式。ADSL 使用电话线为通信介质，配上 ADSL 设备，实现高速、宽带上网，其最高下行速率达 24 Mbps，最高上行速率可达 1 Mbps，传输距离为 3 ~ 7 千米。

（6）有线电视网接入。它通过现成的有线电视网（CATV）接入 Internet，用户端需要安装有线调制解调器（Cable Modem），其传输速率范围为 500 kbps ~ 10 Mbps。

（7）无线网接入。无线接入是指从用户端到网络交换结点采用无线通信方式。无线接入方式分为两种：一种是基于移动通信的无线接入，如手机上网；另一种是基于无线局域网（WLAN）技术，很多高校、商场等单位都建立了无线局域网。无线网接入方式是未来几年内高速发展和广泛应用的技术之一。

在上述接入方式中，电话拨号、ISDN 已经被 ADSL 拨号所取代。目前，针对个人用户，常用的接入 Internet 方式是局域网接入、ADSL 拨号和无线网接入。下面分别介绍这 3 种常用的接入方式的网络配置。

5.3.1　局域网接入方式

1. 安装网卡

局域网接入方式需要购买 PCI 网卡、五类双绞线，将网卡安装到主机箱的主板对应的 PCI 扩展槽。目前大多数主板已集成了网卡，不再需要购买网卡。五类双绞线的一端连接到计算机的网卡接口，另一端连接到墙上的五类模块。

2. 安装网卡驱动程序

通常情况下，安装 Windows 7 系统时会自动搜索并安装新增网卡的驱动程序。如果找不到网卡驱动程序，则运行网卡附带的 SETUP 程序，按照提示一步步操作，可以完成网卡驱动程序的安装。

3. 配置网络连接参数

（1）依次选择“开始”→“控制面板”→“网络和共享中心”命令，显示图 5.11 所示的窗口。

（2）单击窗口左侧的“更改适配器设置”项，显示图 5.12 所示的“网络连接”窗口，该窗口显示了本计算机接入网络的所有方式，包括局域网接入方式（本地连接）、无线网络接入方式（无线网络连接）、ADSL 连接方式（创建后显示）等。

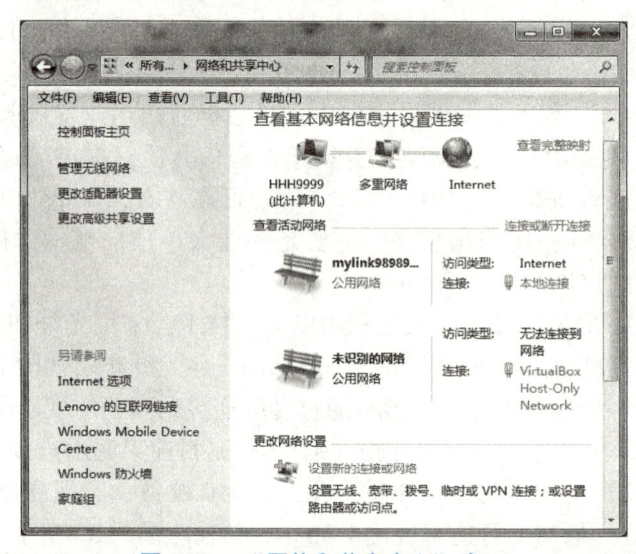

图 5.11 “网络和共享中心”窗口

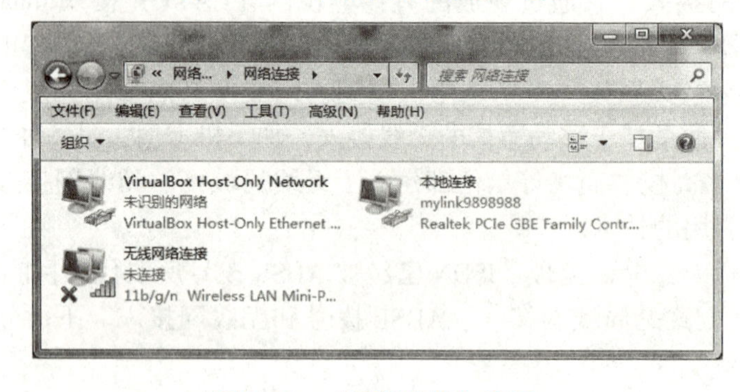

图 5.12 “网络连接”窗口

（3）双击“本地连接”项，显示“本地连接 状态”对话框，单击“属性”按钮，显示图 5.13 所示的“本地连接 属性”对话框。双击“Internet 协议版本 4（TCP/IPv4）”选项，显示图 5.14 所示的对话框。

（4）在图 5.14 所示的对话框中，根据网络管理员提供的网络参数修改方法，更改其中的选项值。如果选择“自动获得 IP 地址”单选按钮，则由局域网的 DHCP 服务器动态地为本计算机分配 IP 地址和其他参数的值。如果选择“使用下面的 IP 地址”单选按钮，则需要在其下面输入 IP 地址、子网掩码、默认网关的值。类似地，下面的 DNS 服务器地址参数的设置方法也要从网络管理员获得。设置好网络参数后，单击“确定”按钮，完成局域网接入方式的网络参数设置工作，就可以访问 Internet 资源了。

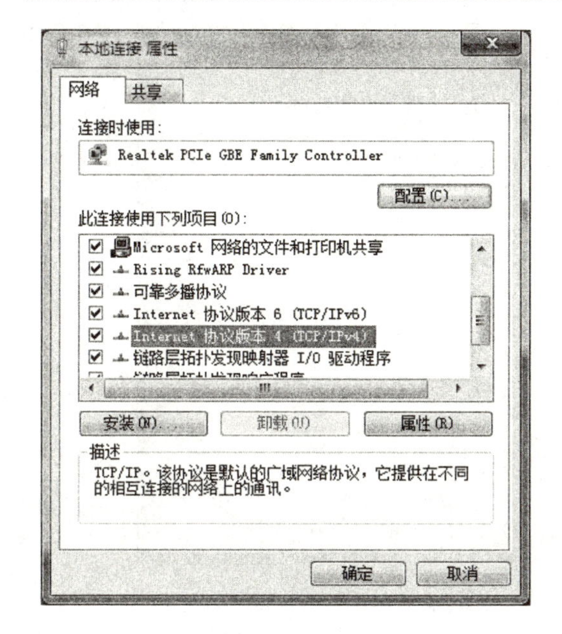

图 5.13　“本地连接属性”对话框

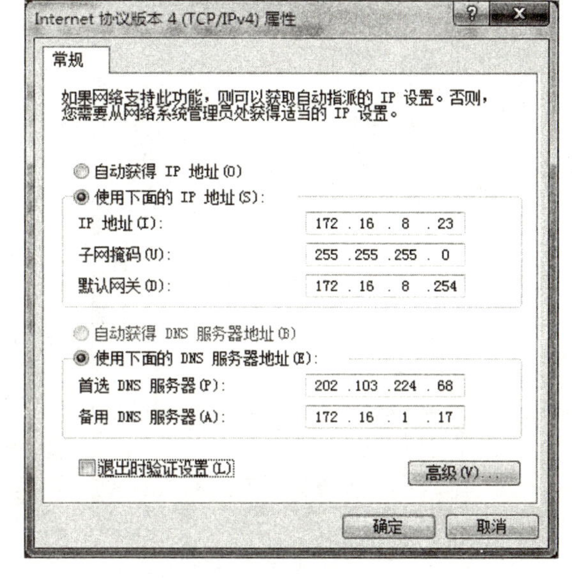

图 5.14　设置本计算机的 TCP/IP 网络参数

5.3.2　无线网络接入方式

无线网络接入方式是近年来被广大用户使用的一种网络接入方式。它在硬件上要求局域网必须有无线接入点（AP），用户端计算机安装了无线网卡，才能使用无线上网。

1. 安装无线网卡及其驱动程序

无线网卡有 USB 接口、PCI 接口和笔记本计算机的 PCMCIA 接口三种不同类型。安装 PCI 接口的无线网卡与安装普通网卡相同，USB 无线网卡插入到 USB 接口，PCMCIA 无线网卡插入到笔记本计算机的 PCMCIA 接口。安装了无线网卡后，安装其驱动程序，其安装方法与安装普通网卡的相同。

2. 配置网络连接参数

（1）参照局域网接入方式中配置网络连接参数的（1）和（2）步，打开如图 5.12 所示的“网络连接”窗口。

（2）双击“无线网络连接”项，在屏幕右下角显示图 5.15 所示的界面，该界面显示了当前可用的无线网络列表。

（3）双击一个无线网络名，如果该无线网络设置了安全验证，则提示用户输入网络安全密钥，该安全密钥由提供无线网络的管理员提供。输入正确的安全密钥后，无线网络连接成功，如图 5.16 所示，可以通过无线网络连接到 Internet。同时，任务栏的右下角显示无线连接状态图标 。

图 5.15　无线网络列表

图 5.16　无线网络连接后的列表

5.3.3　ADSL 接入方式

1. 安装网卡和 ADSL 设备

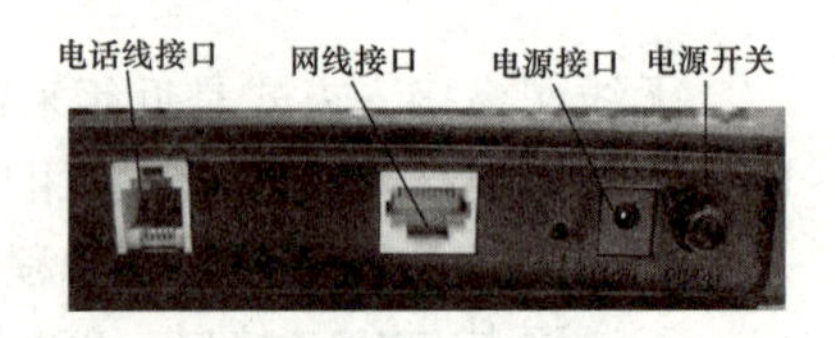

图 5.17　ADSL 设备的接口

安装网卡的方法参见 5.3.1 小节。ADSL 设备上有多个接口，如图 5.17 所示，将电源线连接到电源接口；双绞线的一端连接到网线接口，另一端连接到计算机的网卡接口，使计算机与 ADSL 设备相连；电话线连接到 ADSL 的电话线接口，使 ADSL 设备通过电话线连接到 Internet。

2. 安装 ADSL 拨号程序和设置网络连接参数

Windows 7 有 ADSL 拨号程序，设置了该程序的一些网络参数后，即可用它拨号上网。

（1）在 5.3.1 小节图 5.11 所示的“网络和共享中心”窗口中，单击“设置新的连接或网络”链接，显示图 5.18 所示的“设置连接或网络”对话框。在该窗口中选择“连接到 Internet”选项，然后单击“下一步”按钮，显示图 5.19 所示的对话框。

（2）选择“宽带（PPPoE）（R）”选项，显示图 5.20 所示的对话框。输入从电信、铁通或联通等 Internet 服务提供商申请获得的用户名、密码和连接名称。在该对话框中，可以选中“记住此密码”复选框，以后每次拨号登录时不需要再输入密码；选中“允许其他人使用此连接”复选框，则计算机上的其他用户可以使用该拨号程序进行 ADSL 拨号上网。单击“连接”按钮，如果输入的用户名和密码都正确，则连通了 Internet，可以上网了。同时，在图 5.12 所示的“网络连接”窗口中增加了一个“宽带连接”图标。

以后每次需要使用 ADSL 拨号上网时，在图 5.12 所示的“网络连接”窗口中，双击“宽带连接”图标，显示图 5.21 所示的“连接 宽带连接”对话框，单击“连接”按钮就可以上网了。

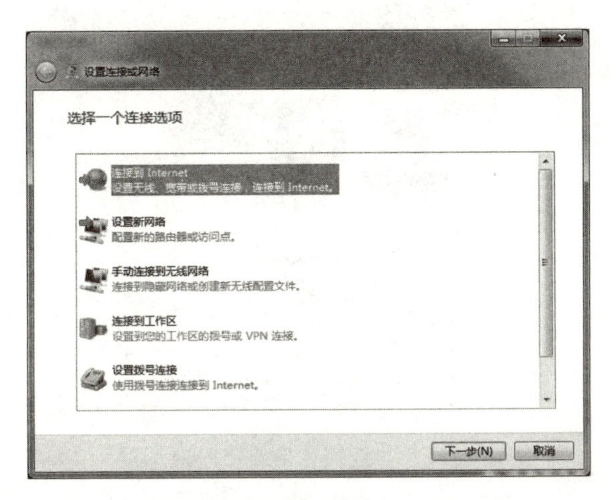

图 5.18　“设置连接或网络”对话框

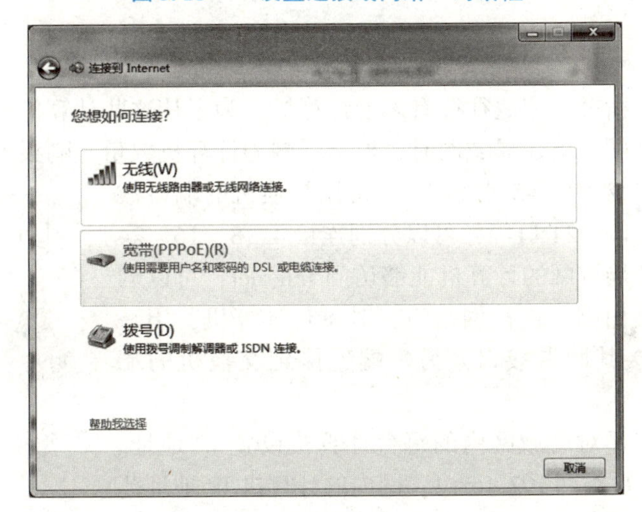

图 5.19　选择连接到 Internet 的方式

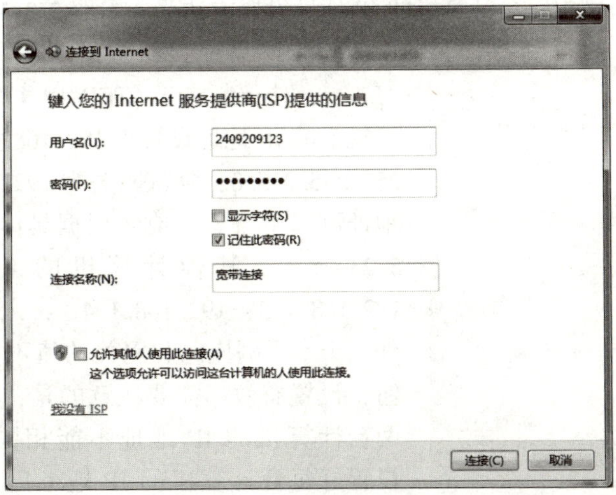

图 5.20　Internet 连接窗口

图 5.21　“连接宽带连接”对话框

5.4　局域网的组建

许多公司、学生宿舍、家庭往往有多台计算机，为了让这些计算机能够共享资源，可以组建一个小型的局域网。组建局域网时，根据联网的计算机数量，购买不同端口数量的交换机和相应的双绞线（含 RJ－45 水晶头），常用交换机的端口数量有 4 口、8 口、16 口、24 口等，可以分别连接 4、8、16、24 台计算机。如果要让局域网的计算机能够访问 Internet，可以购买含有路由功能的路由器。连接网络时，对每台计算机，用一根双绞线的一端连接其网卡接口，另一端连接到交换机的端口，如图 5.22 所示。

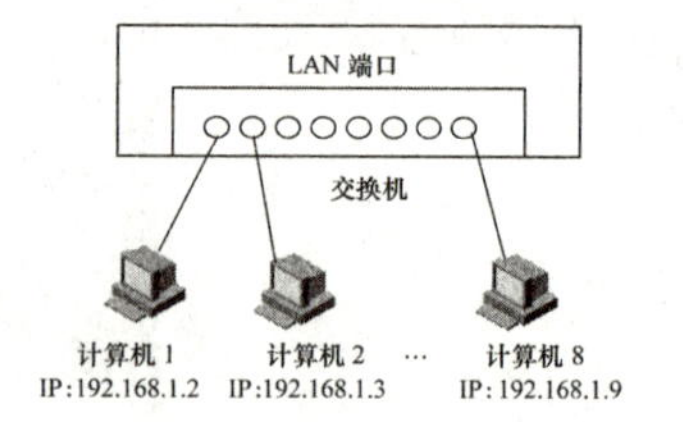

图 5.22　单一交换机的组网

连接网络后，需要对局域网内的每台计算机设置 IP 地址。例如，假设局域网为 C 类网 192. 168. 1，网内的计算机 IP 地址范围为 192. 168. 1. 2 ~ 192. 168. 1. 254，网关 IP 地址为 192. 168. 1. 1，由网关路由到其他网络（如 Internet）。那么，局域网内每台计算机的 IP 地址设置方法为：参照 5. 3. 1 小节局域网接入方式中的配置网络连接参数的步骤，打开图 5. 14 所示的“Internet 协议版本 4（TCP/IPv4）属性”对话框，将计算机 1 的 IP 地址设置为 192. 168. 1. 2，子网掩码设置为 255. 255. 255. 0，默认网关为 192. 168. 1. 1，DNS 服务器地址可以不设置，或者根据具体网络环境而定，如图 5. 23 所示。其他计算机的 IP 地址分别设置为 192. 168. 1. 3，192. 168. 1. 4，. . . ，192. 168. 1. 254 中的任一个，子网掩码和网关的值不变。单击“确定”按钮，设置有效。需要注意的是，同一个网段内的任何两台计算机的 IP 地址不能相同；否则，设置失败。设置好每台计算机的 IP 地址后，就实现了它们之间的网络连接。

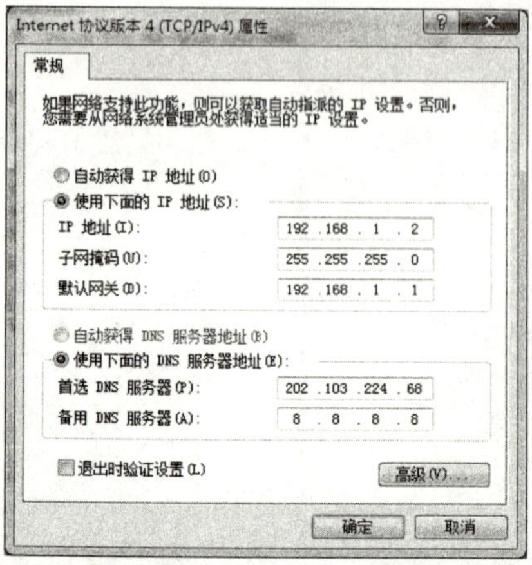

图 5.23　局域网内计算机的 IP 地址设置

*5.5　Windows 7 网络资源的管理

为了让局域网的其他计算机能够访问自己计算机的文件夹内容，需要共享该文件夹。本节介绍 Windows 7 的用户管理和文件夹的共享设置和使用知识。

5.5.1　用户账户的管理

在 Windows 7 中，可以创建多个用户账户，为每个用户建立互相独立的工作环境。Windows 7 系统提供了 3 种不同类型的账户：Administrator 账户、标准账户和 Guest 账户。Administrator 账户拥有对计算机的完全控制；标准账户可以执行 Administrator 账户下的几乎所有的操作，但是如果要执行影响该计算机其他用户的操作（如安装软件或更改安全设置），则 Windows 7 可能会要求输入 Administrator 账户的密码。Guest 账户是临时使用计算机的账户，该账户不能安装硬件、软件，也不能更改和创建密码。

1. 建立新的用户账户

（1）依次选择“开始”→“控制面板”→“用户账户”命令，显示图 5.24 所示的“用户账户”窗口。窗口右侧显示了当前登录的用户账户名。

（2）单击窗口下侧的“管理其他账户”链接，显示图 5.25 所示的“管理账户”窗口。窗口上半部显示了当前系统中已有的所有用户账户。

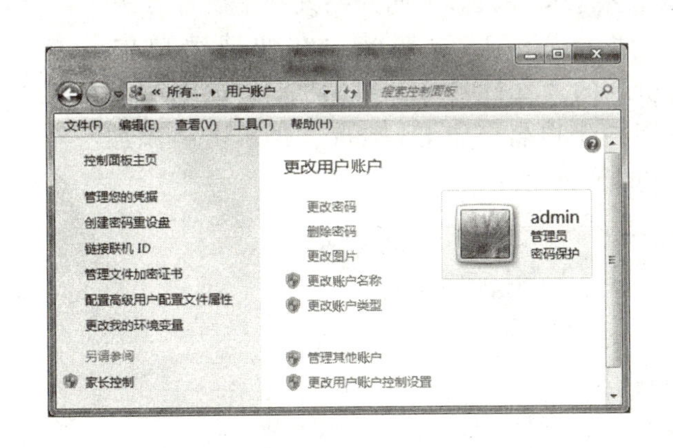

图 5.24　“用户账户”窗口

图 5.25　“管理账户”窗口

（3）单击“创建一个新账户”链接，显示图 5.26 所示的“创建新账户”窗口。在该窗口中，输入要创建的用户账户名，比如 user1。单击“创建账户”按钮完成创建新用户。返回到图 5.25 所示的窗口，可以看到新创建的用户 user1。

注意： 不要把新用户账户设置为管理员。

2. 管理用户账户

创建了新用户账户后，可以对其更改账户信息。在图 5.25 所示窗口中，单击要更改的账户名，如单击 user1，显示图 5.27 所示的“更改账户”窗口。可根据需要，更改账户名称、密码、图片、账户类型等内容。

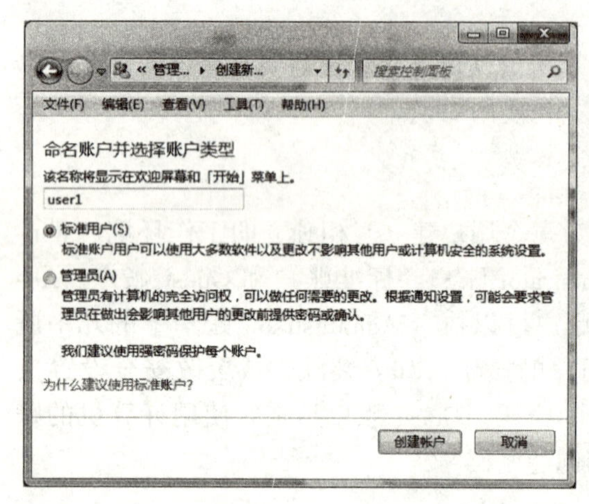

图 5.26　“创建新账户”窗口

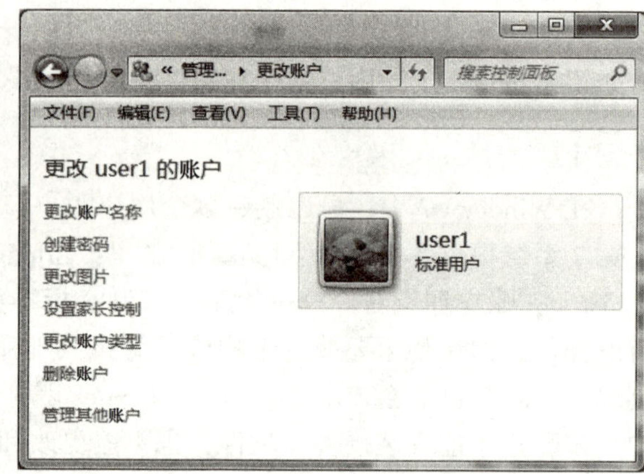

图 5.27　“更改账户”窗口

5.5.2　网络资源共享的设置

网络的主要功能之一是资源共享，可把某台计算机上的文件夹、磁盘、打印机等资源共享出来，供网络的其他用户共同使用。为此，需要在提供共享资源的计算机上将文件夹、磁盘、打印机等资源设置为共享。例如，将 IP 地址为 192.168.1.2 的计算机（主机名 HHH9999）上的 D:\books 文件夹设置为只读的共享文件夹。下面介绍其共享设置方法。

（1）右击要共享的文件夹或磁盘号，如 D:\books 文件夹，在快捷菜单中选择“共享”→“特定用户”命令，显示图 5.28 所示的“文件共享”对话框。在“选择要与其共享的用户”下方单击下拉列表，选择某一用户账户名，如 Everyone，再单击“添加”按钮，所选择的账户名将添加到窗口的下方，如图 5.29 所示。

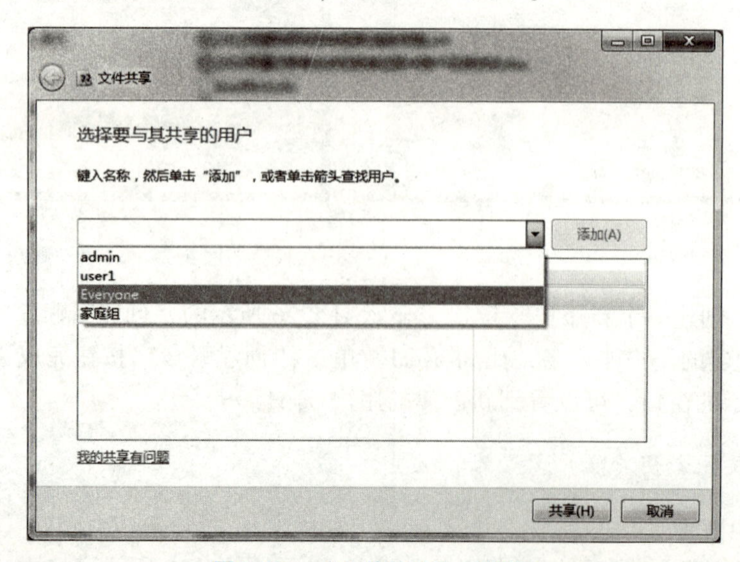

图 5.28　“文件共享”对话框

(2) 设置用户对共享文件夹或磁盘的访问权限。访问权限是指用户对共享资源的读取、读写操作权限。在图 5.28 的窗口下方（即图 5.29），右击要设置权限的账户名，选择读取、读/写、删除三种操作之一。如果选择“删除”操作，则该账户不能访问共享文件夹或磁盘。需要说明的是，当对 Everyone 账户设置为读取权限时，网络中的其他计算机访问该共享文件夹时，不需要输入用户名和密码即可访问。设置权限后，单击“共享”按钮。

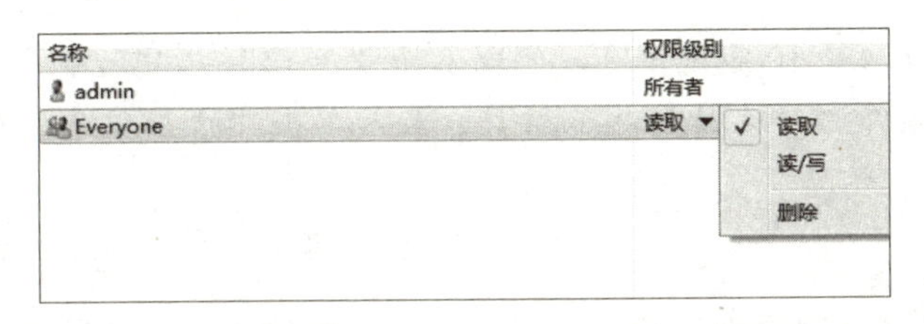

图 5.29　设置共享文件夹访问权限

5.5.3　访问网络共享资源

要访问网络上的计算机共享资源，可以通过以下几种方式进行访问。

1. 使用 Windows 资源管理器的“网络”功能

单击任务栏的“Windows 资源管理器”图标，打开资源管理器窗口。单击窗口左侧导航窗格的“网络”图标，则右侧窗口显示出当前网络中含有共享资源的计算机名，如图 5.30 所示。然后双击要访问的计算机名图标，输入该计算机的用户名和密码，即可看到该计算机的共享资源。

例如，要访问 5.3.2 小节中 HHH9999 计算机的 books 共享文件夹，则在图 5.30 所示的窗口右侧，双击计算机 HHH9999，再双击共享文件夹名 books，即可看到该共享文件夹的文件，如图 5.31 所示。

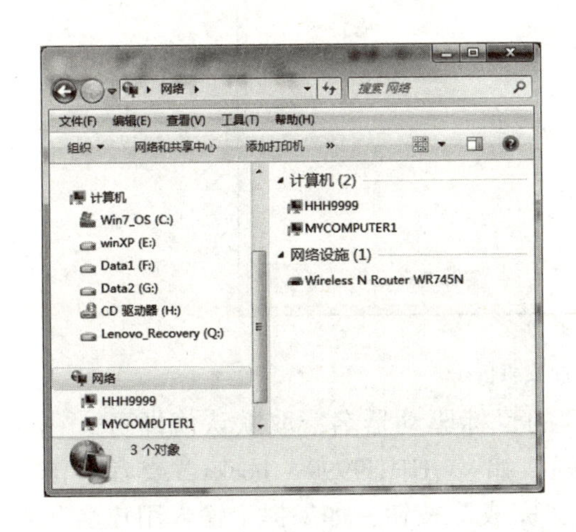

图 5.30　网络中共享的计算机

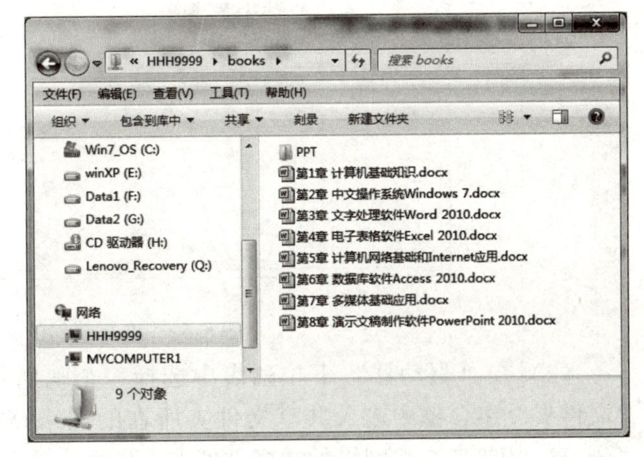

图 5.31　共享文件夹的资源

2. 使用地址栏方式

对于网络中的共享文件夹，其访问路径可以表示为“\\ 计算机名 \ 共享文件夹名”或者“\\ IP 地址 \ 共享文件夹名”格式。因此，打开资源管理器窗口，在“地址栏”输入

"\\ IP 地址"或者"\\ 计算机名"（注：IP 地址和计算机名用具体的值代替），按回车键后，可以访问该计算机上的共享资源。如果提示输入登录的用户名和密码，则必须输入正确的用户名和密码后，才能访问。例如，对于上面的实例，在资源管理器窗口的地址栏上输入 \\ HHH9999 \ books 或者 \\ 192. 168. 1. 2 \ books，也可以看到如图 5. 31 所示的共享文件夹内容。

注：查看本计算机的 IP 地址，可以依次选择"开始"→"控制面板"→"网络和共享中心"命令，然后单击"本地连接"链接，最后单击"详细信息（E）"按钮，即可看到 IP 地址等网络参数信息。

3. 映射网络驱动器

映射网络驱动器是将网络中的共享文件夹或磁盘资源作为本地计算机的一个磁盘分区来使用。这样，网络共享资源的操作与本地磁盘文件夹的操作相同。映射网络驱动器的操作步骤如下：

（1）打开"资源管理器"窗口，右击左侧导航窗格的"计算机"图标，在显示的快捷菜单中选择"映射网络驱动器"菜单项，显示图 5. 32 所示的"映射网络驱动器"对话框。

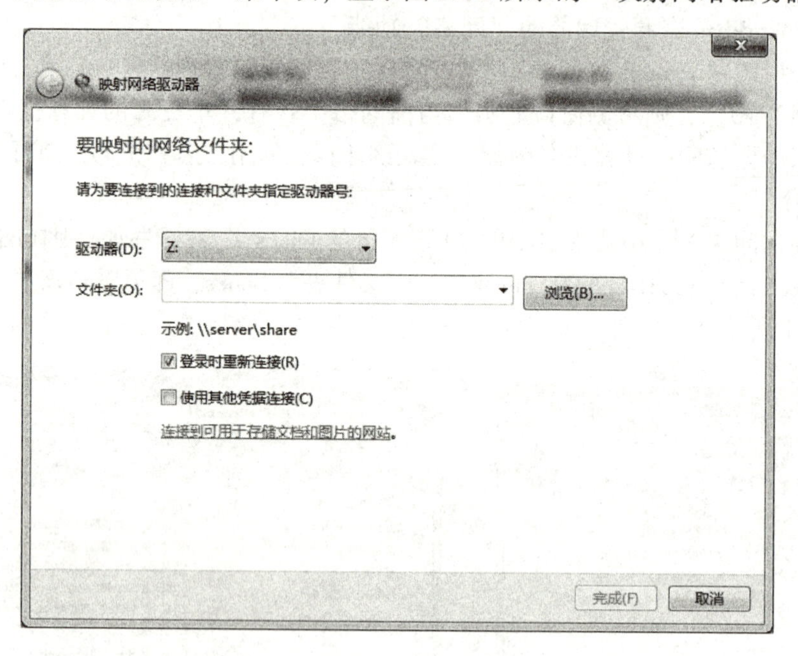

图 5. 32　选择映射的共享文件夹

（2）在"驱动器"下拉列表中选择一个映射到的目标驱动器名，取默认值即可。在"文件夹"组合框中输入共享文件夹所在的网络路径，如 \\ HHH9999 \ books，或者单击"浏览"按钮来查找网络的共享文件夹。最后，单击"完成"按钮，如果提示输入用户名和密码，则输入正确的用户名和密码，完成网络驱动器的映射，如图 5. 33 所示。在左侧的 Z: 盘就是映射的网络驱动器号，它代表共享文件夹 \\ HHH9999 \ books。

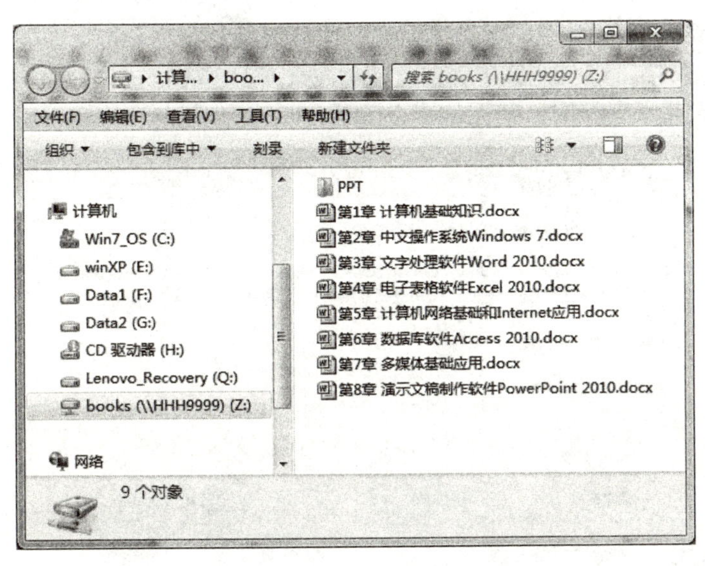

图 5.33　网络驱动器

4. 家庭组

家庭组是 Windows 7 新增的家庭信息共享的网络，它简化了家庭网络中共享资源的设置过程，实现音乐、文档、图片、视频、打印机等资源的共享。Windows 7 所有版本都可以加入家庭组，但 Windows 7 简易版和家庭版不能创建家庭组。计算机只有处于家庭网络时才可以创建和加入家庭组，加入到家庭组的计算机之间可以共享“库”（包括音乐、图片、视频和文档）和打印机。创建家庭组的步骤如下：

（1）设置网络环境为家庭网络。依次选择“开始”→“控制面板”→“网络和共享中心”项，显示“网络和共享中心”窗口（参见图 5.11）。在右侧“查看活动网络”栏中单击“工作网络”或者“公用网络”链接，显示图 5.34 所示的“设置网络位置”对话框。

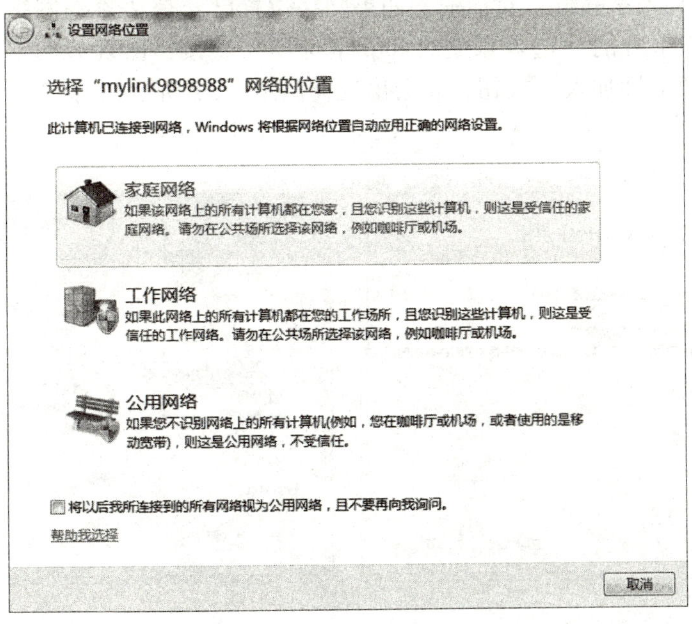

图 5.34　“设置网络位置”对话框

（2）选择“家庭网络”项，在显示的窗口中选择要共享的内容，如图 5.35 所示。单击“下一步”按钮，在弹出的对话框中显示一串自动生成的密码，记下此密码。当家庭网络中的其他计算机加入此家庭组时，需要输入此密码。单击“完成”按钮，完成家庭组的创建。

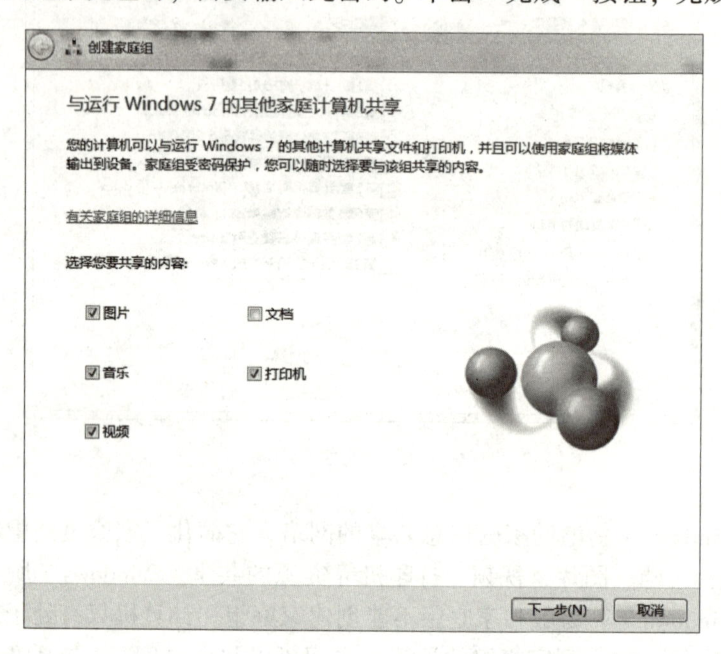

图 5.35　选择共享内容

创建了家庭组后，家庭网络的其他计算机就可以加入该家庭组，实现“库”和打印机的共享。其他计算机加入家庭组的步骤如下：

（1）设置网络位置为家庭网络。在图 5.34 所示的窗口中单击“家庭网络”，出现类似图 5.35 所示的“加入家庭组”对话框。如果网络位置已经是“家庭网络”，则单击“网络和共享中心”窗口下方的“选择家庭组和共享选项”链接，出现如图 5.36 所示的“家庭组”窗口。单击“立即加入”按钮，就会出现类似图 5.37 所示的窗口。

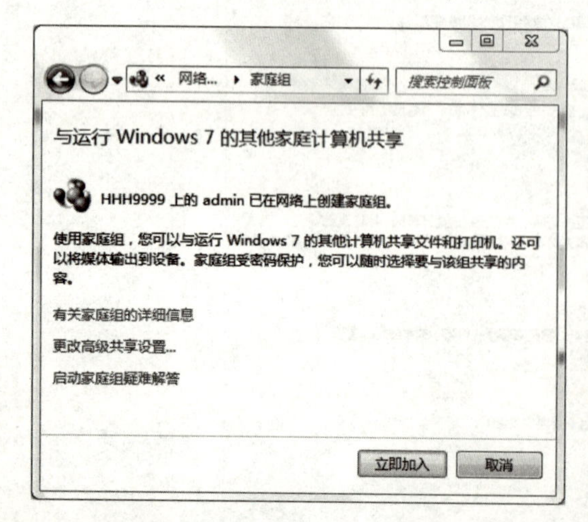

图 5.36　加入家庭组

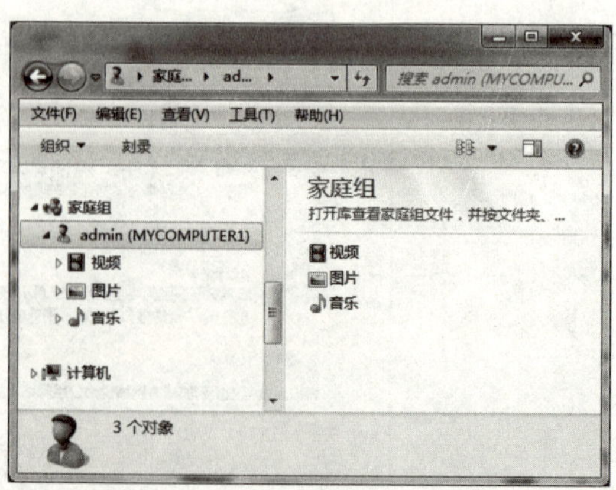

图 5.37　家庭组的共享资源

（2）选择当前计算机需要与其他计算机共享的内容，单击“下一步”按钮，出现要求用户输入家庭组密码的窗口。输入创建家庭组时记下的密码，单击“下一步”按钮，然后单击“确定”按钮，计算机便加入到该家庭组。

加入到家庭组后，在 Windows 资源管理器窗口的左侧导航窗格中单击“家庭组”图标，便看到家庭组的其他计算机及其共享资源。

5.6　Internet Explorer 浏览器的使用

浏览器软件主要用于浏览 Internet 的网页信息。常用的浏览器软件有微软的 Internet Explorer（IE）、Firefox、Opera、谷歌的 Chrome 等。安装 Windows 7 后自动安装了 Internet Explorer 8.0（简称 IE 8）浏览器软件。IE 8 几乎包含所有的浏览器功能，例如多标签浏览、RSS 订阅、隐私保护等。

5.6.1　WWW 基本概念

1. WWW 基本工作原理

WWW（World Wide Web，万维网）也称为 Web，是 Internet 上所有服务器中运行的多媒体信息系统的集合。WWW 将位于全世界 Internet 上不同地点的多种信息（包括文本、图形、图像、声音和视频等）通过超链接有机地组织在一起，构成一个庞大的信息网，为用户提供了一种有效的浏览、检索及查询信息的方式。

WWW 服务采用客户机/服务器（Client/Server，C/S）工作模式。客户机是连接到 Internet 的无数计算机，服务器（也称为 Web 服务器）是 Internet 中专门发布 Web 信息，运行 Web 服务程序的计算机。客户机通过浏览器程序向服务程序发出请求，服务程序响应请求，把所请求的 HTML 文档传送到客户机，从而在浏览器上看到相应的网页内容。多个相关的网页一起构成了一个 Web 站点，放置 Web 站点的计算机称为 Web 服务器。

2. 超文本传输协议（HTTP）

超文本传输协议（Hyper Text Transfer Protocol，HTTP）是 WWW 上使用的协议，它属于 TCP/IP 体系结构中的应用层协议。HTTP 协议负责浏览器和 Web 服务器之间网页的请求和传输。

3. HTML 语言

HTML（Hyper Text Markup Language，超文本标记语言）是一种制作网页的标准语言。它利用一系列标记定义网页内容的显示格式。

4. 网页和超链接

网页是采用 HTML 语言编写的，由 HTML 标记和文本、图形、声音和图像等多媒体信息组成的超文本文件。网页中可以包含跳转到其他网页的超链接。用 HTML 语言编写的网页文件扩展名是“.htm”或“.html”。

5. Web 站点

Web 站点是指 Web 服务器中的多个网页的集合。Web 站点中第一个被访问的网页称为主页，主页文件名一般为 index.htm，index.html 或 default.htm，default.html。

6. 统一资源定位符（URL）

在 WWW 中，每一个信息资源都有唯一的地址，该地址称为统一资源定位符（Uniform Resource Locator，URL）。URL 是一种描述 Internet 信息资源地址的标识方法。URL 的格式为：

协议名：//主机 IP 地址或域名［：端口］/路径/文件名

其中，协议名可以是 http、https、ftp 等；主机 IP 地址或域名指明要访问的服务器；端口指明 Web 服务器所监听的站点的端口号，HTTP 的默认端口号是 80；路径和文件名指明要访问的网页所在路径和文件名。例如 http://java. csdn. net/n/0728/070. htm 就是一个 URL。

5.6.2　IE 8 浏览器的使用

IE 8 是微软公司开发的浏览器软件，与其他窗口程序类似，主要由标题栏、搜索栏、菜单栏、工具栏、选项卡、页面显示区和状态栏等组成，如图 5.38 所示。

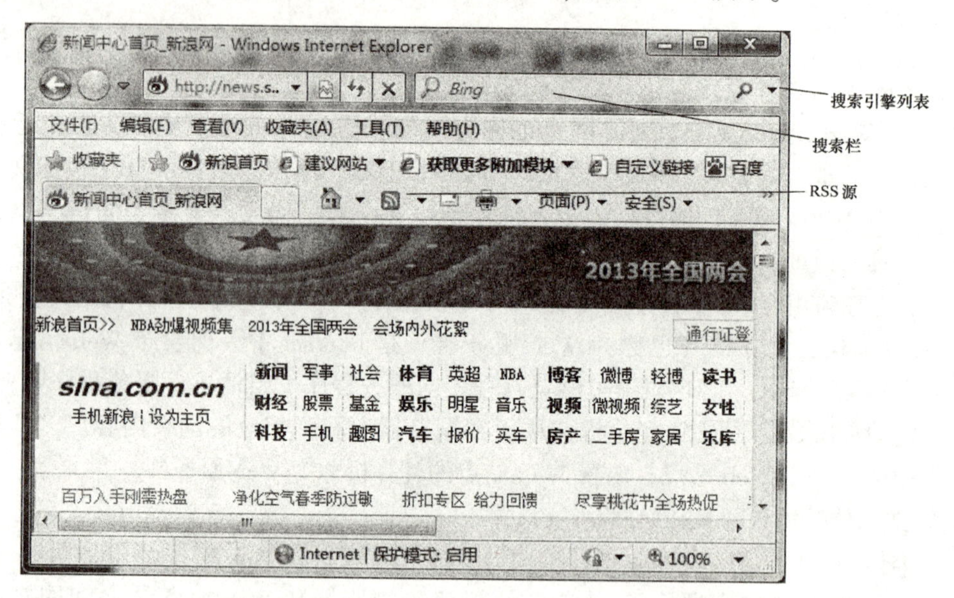

图 5.38　IE 8 浏览器界面

1. 浏览网页

在 IE 浏览器的地址栏输入要浏览的网页的 URL，然后按回车键，显示相应的网页内容。例如，输入 http://www. sina. com. cn 后回车，则显示新浪网的主页。

鼠标移到页面中的文字、图片、动画时，如果鼠标指针变成手形，表明该处是一个超链接，单击鼠标，浏览器将显示该超链接所指向的网页。

2. 保存网页

在浏览网页时，看到有用的网页内容时，可以把网页内容保存到本机硬盘。将网页保存到硬盘的方法有两种：一种是“复制 – 粘贴”方法，先选中要复制的页面内容，然后“复制”，再“粘贴”到一个文档中。另一种方法是在 IE 浏览器中执行“文件”→“另存为”菜单项，根据需要，保存为单个文件的 Web 档案（. mht）、网页文件（. htm 或 . html），或者文本文件（. txt）。

3. 保存网页的图片

要将网页中的图片保存，将鼠标移到图片上，单击右键，选择“图片另存为”菜单项，然后选择保存位置和文件名。如果要保存背景图片，则在背景图上右击鼠标，选择“背景另存为”菜单项，然后选择保存位置和文件名。

4. 收藏夹的使用和管理

对于一些经常访问的网站，比如新浪、百度、谷歌等，为了避免每次访问这些常用网站时，都要手工输入其网址，可以利用收藏夹功能，把经常访问的网址保存到收藏夹。这样，只要用鼠标单击收藏夹中的某一网址，就显示相应的网页。将网址添加到收藏夹的方法是：先访问一个网站，然后执行“收藏夹”→“添加到收藏夹”菜单项即可。如果收藏夹的内容太多，可执行“收藏夹”→“整理收藏夹”命令对收藏的网址进行分类整理。

5. RSS 的订阅和查看

RSS 也称为 RSS 源，包含由网站发布的经常更新的内容。通常将其用于新闻和博客网站。当访问一些网站时，如新浪新闻 http://news. sina. com. cn，IE 8 浏览器工具栏上显示橙色的 RSS 图标，如图 5. 38 所示，表示该网页中包含 RSS 源。IE 8 浏览器查看这种网页时，可以发现并显示 RSS 源，也可以订阅 RSS 源，以便自动检查和下载最新的信息。

订阅 RSS 源的步骤为：在 IE 浏览器打开一个包含 RSS 源的网页，此时工具栏的“RSS 源”按钮变亮。单击“RSS 源”按钮，查看该网页的源，如图 5. 39 所示，单击页面中的“订阅该源”链接，显示一个“订阅该源”对话框。输入源的名称，单击“订阅”按钮，完成 RSS 源的订阅，并且在 IE 收藏夹的“源”选项卡中添加了该 RSS 源的网址。

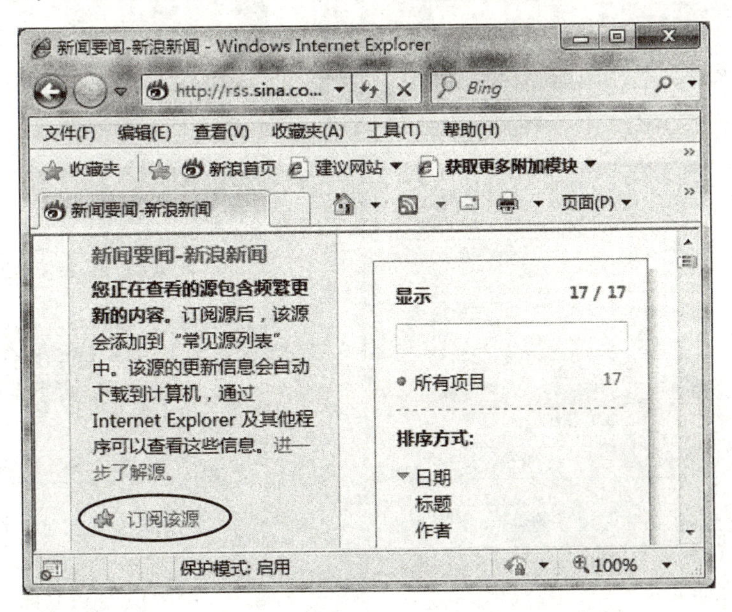

图 5. 39　查看网页的 RSS 源

订阅 RSS 源之后，在 IE 浏览器“收藏夹”的“源”选项卡中可以查看已经订阅的 RSS 源，单击其中的 RSS 源链接，便可查看相应网站有无更新的信息了。

6. Internet 选项的设置

Internet 选项中包含一些常用的高级功能，掌握它们的用法，能够安全地使用 IE 浏览器。执行“工具”→“Internet 选项”，打开“Internet 选项”对话框，它有 7 个选项卡，如图 5.40 所示。下面对其一些常用功能做介绍。

1）“常规”选项卡

在图 5.40 所示的“常规”选项卡中，可以设置默认主页的网址，清除浏览的历史记录，即 Cookie 和临时文件，比如访问论坛、网上银行时，会把登录的用户名和密码保存到 Cookie 中。因此，单击“删除”按钮，清除 Cookie 信息和浏览过的网页。单击浏览历史记录区域的“设置”按钮，可以更改 IE 浏览器使用的缓存区大小和网页保存的天数。

注意：在网吧、学校机房等公用计算机上，不要用浏览器访问网上银行，以免带来不安全的财产损失。

2）“安全”选项卡

在图 5.41 所示的“安全”选项卡中，可以设置 IE 8 浏览器的安全级别，共有 4 个安全区域可以选择。其中最主要的是 Internet 安全区域，其安全级别的设置对所有网站有效。其默认设置为“中 - 高”。未使用安全设置的网站是位于本地 Intranet 区域的网站，或者受信任的或受限的站点。

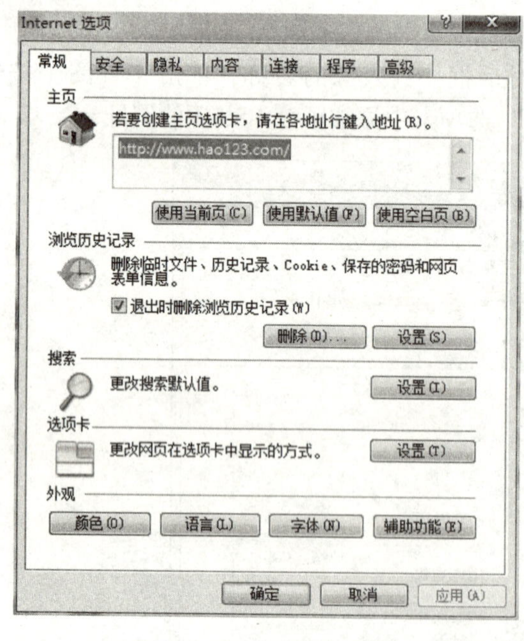

图 5.40　“常规”选项卡

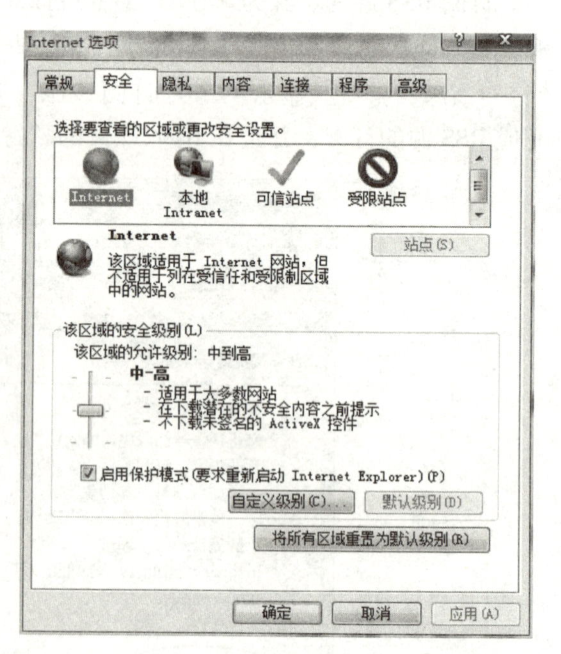

图 5.41　“安全”选项卡

3）“内容”选项卡

“内容”选项卡中比较常用的是“自动完成”功能，它可以保存用户输入到网页表单中的用户名、密码等信息。这样，IE 浏览器在以后要求用户输入相同的信息时自动填写表单和密码。默认情况下，IE 浏览器的“自动完成”功能是打开的。当在网页表单中输入密码并按回车键，会弹出“自动完成密码”对话框 。如果希望 IE 浏览器记住该密码，则单击

“是”按钮。如果只是希望这次不保存密码，则单击“否”按钮。如果不希望保存密码，并且以后不再显示此对话框，则选中“不再保存密码”复选框，然后单击“否”按钮。

如果关闭了“自动完成”功能，可以按这样的步骤将其打开。在“内容”选项卡中单击自动完成区域的“设置”按钮，显示图 5.42 所示的“自动完成设置”对话框，选中“地址栏”“表单”“表单上的用户名和密码”“在保存密码之前询问我”复选框，然后单击“确定”按钮，完成设置。

4）设置代理服务器

互联网中的一些网站是不能直接访问的，比如许多高校的内部网，在校园网外不能访问，需要通过代理服务器才能访问。代理服务器大多数在单位或者公司的局域网中使用。设置代理服务器的步骤是：在“Internet 选项”对话框中，选择“连接”选项卡，单击“局域网设置”按钮，显示“局域网（LAN）设置”对话框，如图 5.43 所示，选中“为 LAN 使用代理服务器”复选框，输入网络管理员提供的代理服务器的 IP 地址和端口号，单击“确定”按钮，完成代理服务器的设置。

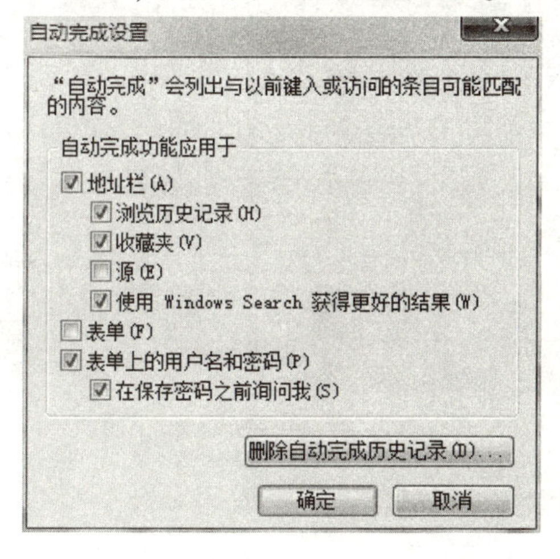

图 5.42　“自动完成设置”对话框

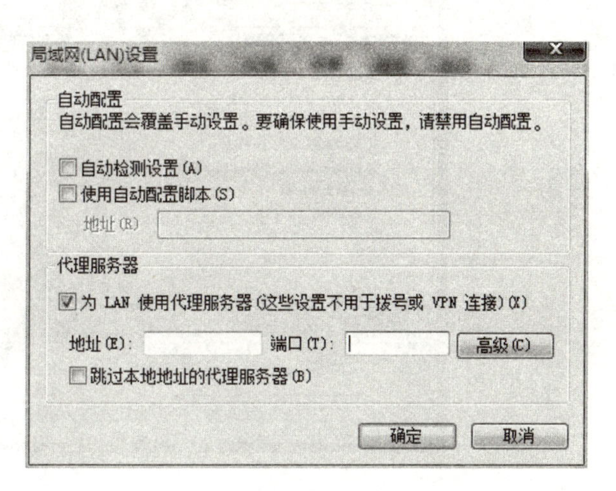

图 5.43　“局域网（LAN）设置”对话框

5.7　文件的下载和上传

下载是指将互联网的文件保存到本地计算机的过程。互联网除了文字信息外，还有大量的软件、MP3、电影、图片等文件。可以在通过搜索引擎查找到所需要的文件后，单击文件的超链接来下载。但也有一部分文件存放在称为 FTP 服务器的计算机中，这类文件需要使用文件传输协议（FTP）来下载。

5.7.1　文件的下载

1. 用 IE 8 浏览器下载文件

在浏览器中打开文件的下载页面，单击相应的下载链接，显示“文件下载”对话框，单击“保存”按钮，便开始下载文件。这种方法主要适用于下载容量大小较小的文件。对于较大的文件，因网络的不稳定，容易造成下载过程中断，又需要重新下载的问题。

在网上有很多提供软件下载的网址，例如，华军软件园（http://www. onlinedown. net）、太平洋软件下载（http://dl. pconline. com. cn）和绿色软件联盟（http://www. xdowns. com）都是软件资源丰富的网站。绿色软件联盟网站的绝大多数软件都是绿色的，不需要安装，直接运行。

2. 用 FTP 工具软件下载文件

常用的 FTP 工具软件是 CuteFTP。以 CuteFTP 为例，说明 FTP 文件的下载方法。

首先，双击下载的 CuteFTP 软件 cuteftppro803. exe，按照屏幕上的提示，不断单击“Next”按钮，完成该软件的安装。安装完 CuteFTP 软件后，依次选择“开始”→“所有程序”→“GlobalSCAPE”→“CuteFTP Professional”项，执行 CuteFTP 软件，打开其窗口界面，如图 5. 44 所示。

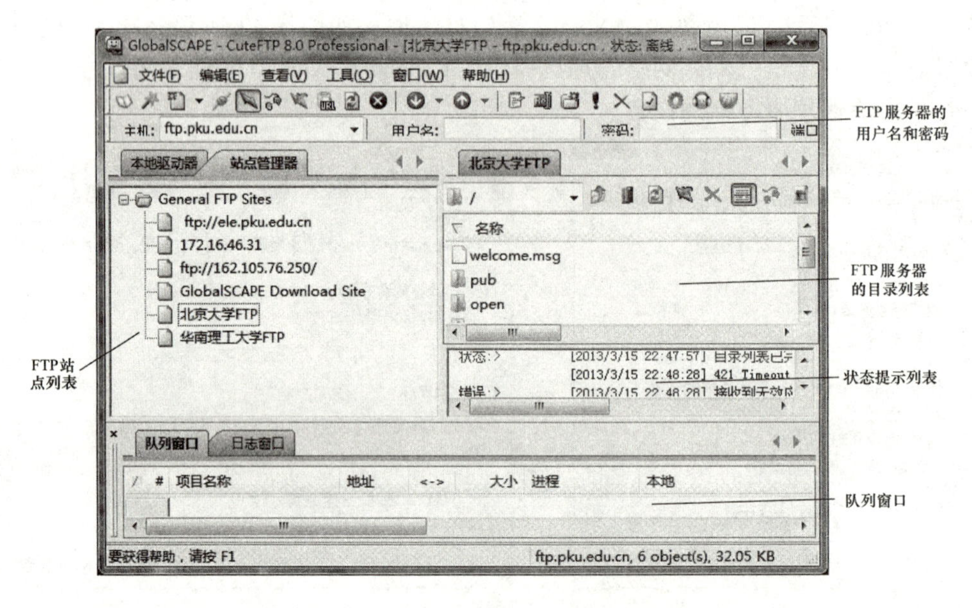

图 5. 44　CuteFTP 界面

在“站点管理器”面板上右击鼠标，选择“新建”→“FTP 站点”命令，出现图 5. 45 所示的“站点属性”对话框。在“主机地址”栏输入 FTP 服务器域名或 IP 地址，如北京大学 FTP 域名 ftp. pku. edu. cn，然后单击“连接”按钮，建立与 FTP 服务器的连接，连接成功后，便显示出 FTP 服务器的文件目录列表，找到要下载的文件后，右击文件名，选择“下载”菜单项，便开始下载文件了。

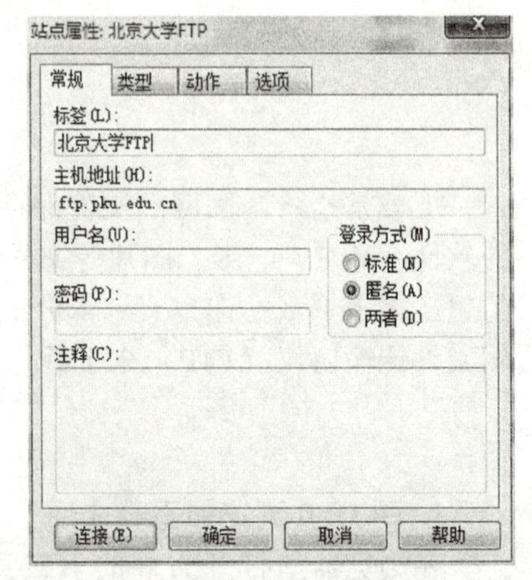

图 5. 45　“站点属性”对话框

除了利用浏览器、CuteFTP 软件下载文件以外，还有一些常用的文件下载工具软件，如迅雷、网际快车（FlashGet）等，可参阅网上资料了解它们的用法。

5.7.2　文件的上传

文件上传是指将本地计算机的文件上传到服务器。对于 FTP 服务器，如果用户拥有 FTP 站点上传权限的合法用户名和密码，就可以利用 CuteFTP 软件实现文件上传。上传文件的方法很简单，在 CuteFTP 窗口左侧，单击“本地驱动器”选项卡，选中本计算机磁盘的文件或文件夹，将其拖到右边的 FTP 服务器目录中即可。

5.8　电子邮件 E-mail 的收发

电子邮件是 Internet 上应用最广泛的服务之一。现实生活中，要收信需要一个信箱，寄信需要通过邮局投送。同理，Internet 上电子邮件的接收需要一个电子邮箱和一个 POP3 服务器，发送电子邮件需要一个 SMTP 服务器。POP3 服务器是接收邮件服务器，专门存储发给用户的邮件，STMP 服务器是发送邮件服务器，把电子邮件转发到其他服务器。

5.8.1　申请和使用在线 Web 的电子信箱

1. 申请电子邮箱

用户要使用电子邮件，首先要申请一个电子邮箱。网易、新浪、搜狐等门户网站都提供了免费的电子邮箱服务功能。提供免费电子邮箱服务的常用网站如表 5.3 所示。

各个网站的免费电子邮箱的申请方法基本相同。下面以腾讯电子邮箱的申请为例来说明。在浏览器的地址栏输入免费邮箱的网址 http://mail.qq.com，进入网站，如图 5.46 所示，单击“立即注册”按钮，根据屏幕提示，填写有关信息，完成电子邮箱的申请。

电子邮箱地址的格式为“用户名@域名”，其中用户名是申请电子邮箱时填写的账号或者 QQ 号，域名是电子邮件服务器的域名 qq.com。例如，申请了一个 QQ 号 469288581，则其电子邮箱地址为 469288581@qq.com。

表 5.3　提供免费电子邮箱服务的网站

网站名称	网址
网易免费邮箱	http://mail.163.com
网易免费邮箱	http://www.126.com
新浪免费邮箱	http://mail.sina.com.cn
搜狐免费邮箱	http://mail.sohu.com
雅虎免费邮箱	http://cn.mail.yahoo.com
腾讯免费邮箱	http://mail.qq.com

注意： 如果以 QQ 号为电子邮箱的账户名，则申请 QQ 号后可以使用在线电子邮箱。如果要使用电子邮件客户端软件（如 Windows Live Mail），必须过了 14 天才能激活使用。

2. 在线电子邮箱的使用

在浏览器地址栏输入 http://mail.qq.com，显示电子邮箱的登录界面，如图 5.46 所示，输入邮箱的用户名或 QQ 号，以及密码，单击“登录”按钮，如果输入的用户名和密码正确，则进入在线邮箱主界面，如图 5.47 所示。如果用 QQ 号作为邮箱的用户名，第一次登录邮箱时，屏幕上会提示开通电子邮箱，按提示完成即可。

图 5.46　邮箱登录界面

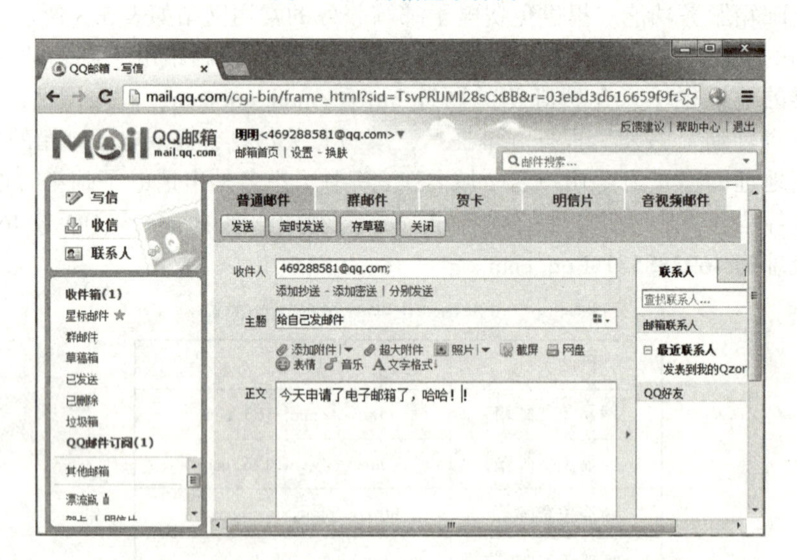

图 5.47　写邮件界面

（1）写邮件。写邮件功能是给朋友撰写和发送电子邮件。方法很简单，单击左边的“写信”链接，显示写邮件界面（见图 5.47），“收件人”栏输入对方的电子邮箱地址，可以输入多个邮箱地址，它们之间用逗号分开；“主题”栏输入邮件相关的文字；“正文”栏输入邮件的具体内容。如果需要在邮件中添加照片、Word 文档、MP3 音乐等各种文件，单击“添加附件”链接，把所需的文件添加到邮件的附件中，然后单击“发送”按钮，把邮件发送给对方。

（2）收邮件。单击左边的“收件箱”链接，可以看到别人发给自己的电子邮件，单击某个邮件，查看其具体邮件内容。

（3）回复邮件。打开某个邮件的具体内容后，单击“回复”按钮，填写回复的内容，然后单击“发送”按钮，给发件人回复邮件。

5.8.2　电子邮件客户端软件 Windows Live Mail 的使用

电子邮件客户端软件是一种收发电子邮件的软件，能够把收到的邮件保存到本计算机中，而且不需要进入在线邮箱。Windows 7 自带的电子邮件软件是 Windows Live Mail，它具有收发邮件、阅读订阅 RSS 源的功能。

1. 设置 Windows Live Mail 的电子邮箱账户

Windows Live Mail 可以管理多个不同的电子邮箱账户，以便对多个邮箱的邮件内容进行管理。因此，需要在 Windows Live Mail 中设置电子邮箱账户。其设置方法如下：

（1）依次选择“开始”→“所有程序”→“Windows Live”→“Windows Live Mail”命令，启动 Windows Live Mail 程序。第一次启动 Windows Live Mail 时，需要配置电子邮件账户，如图 5.48 所示。

（2）输入自己的电子邮箱地址、密码，以及显示名称（别人收到自己发送的邮件后看到自己的名称），单击“下一步”按钮，显示一个新的对话框。

（3）设置电子邮件服务器。在“待收服务器”栏输入 POP3 服务器域名 pop. qq. com；在“待发服务器”栏输入 SMTP 服务器域名 smtp. qq. com；选中“待发服务器要求身份验证”复选框，如图 5.49 所示。单击“下一步”按钮，再单击“完成”按钮，即可完成电子邮件账户的设置。

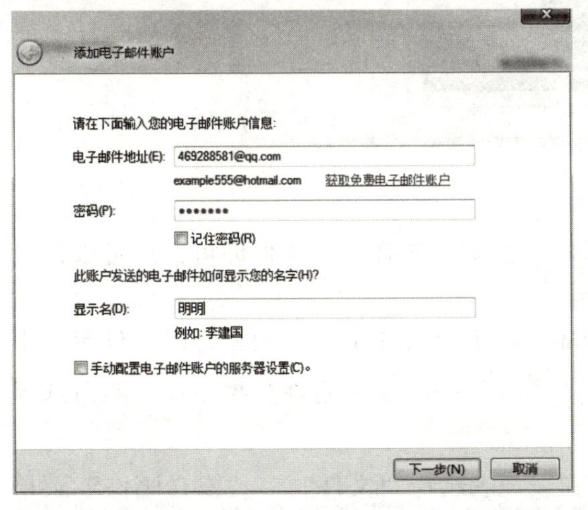
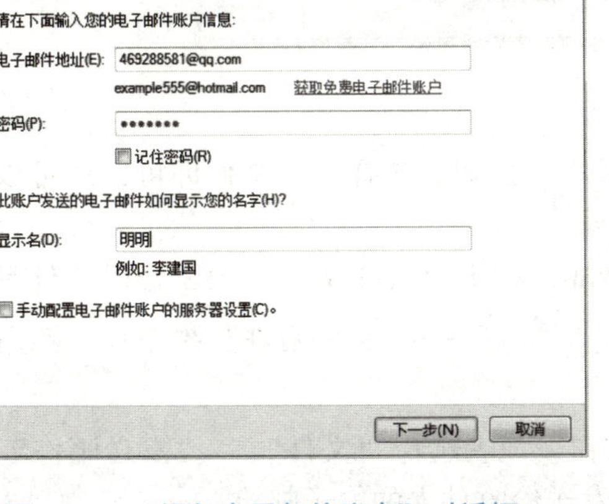

图 5.48　“添加电子邮件账户”对话框

图 5.49　设置电子邮件服务器

注意： 使用腾讯电子邮箱时，除了完成上述设置以外，还需要在浏览器上登录腾讯的在线邮箱，选择“设置”→“账户”，在页面中选中“POP3/SMTP 服务”“IMAP/SMTP 服务”两个复选框，开启这两个服务，然后单击“保存修改”按钮，才能使用电子邮件客户端软件 Windows Live Mail 来收发邮件。

2. 显示 Windows Live Mail 窗口的主菜单

默认情况下，Windows Live Mail 窗口不显示其主菜单，但是有一些操作需要使用菜单。为此，在该软件窗口中单击工具栏右边的菜单按钮，选择“显示菜单栏”项。

3. 写邮件和发送邮件

（1）写邮件内容。在 Windows Live Mail 窗口中，单击工具栏的“新建”按钮，显示“新邮件”窗口。在“收件人”栏输入对方的电子邮箱地址（也可以是发件人自己的邮箱地址），“主题”栏输入邮件内容的主题文字，“正文”区域输入邮件内容，如图 5.50 所示。

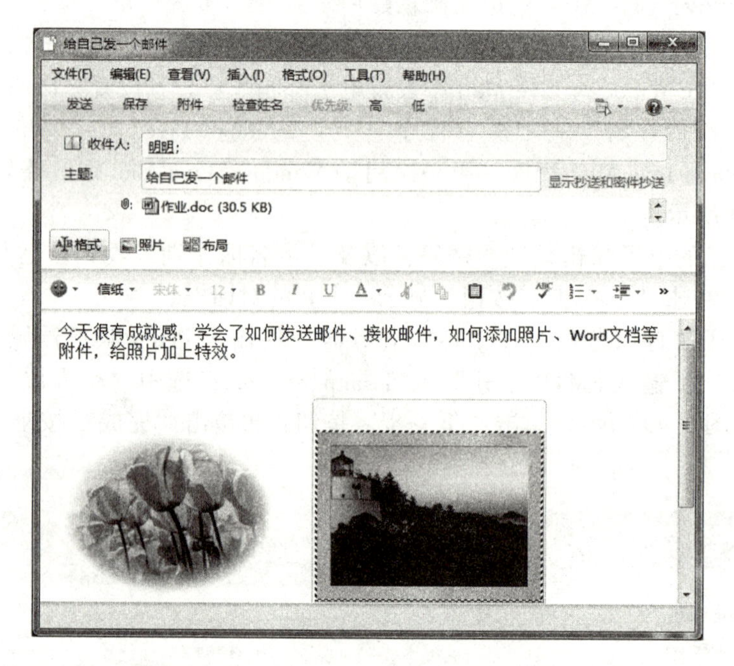

图 5.50　写新邮件

（2）添加照片。单击窗口中间的“添加照片”按钮，选择图片文件即可，还可以设置邮件中照片的特效，以及照片与文字之间的布局。

（3）添加附件。如果需要在邮件中添加 Word 文档、Excel 文件、MP3 音乐文件等，则单击工具栏的“附件”按钮 附件 ，或者选择“插入”→“文件附件”菜单项，然后选择所要添加的文件。

（4）发送邮件。单击工具栏的“发送”按钮，或者选择“文件”→“发送邮件”菜单项，如果当前网络已经联网，就把所写的邮件发送给收件人的电子邮箱。

（5）邮件另存为。对于当前所写的新邮件，选择“文件”→“另存为”菜单项，选择保存邮件的目标文件夹，便将邮件内容和附件、照片一起保存到扩展名为“.eml”的邮件文件。

注：机试时，由于同时参加机试的学生较多，为避免网络堵塞现象，一般不要求发送邮件，而是要求将邮件保存到指定文件夹的邮件文件中，就需要使用“邮件另存为”操作。

(6) 保存邮件。对于当前编辑的新邮件，单击工具栏的“保存”按钮，便将邮件保存到“草稿箱”，但不发送，下次可以对草稿箱的邮件进行编辑。

4. 发送/接收邮件

在 Windows Live Mail 窗口中，单击工具栏的“同步”按钮，则邮件列表窗格会添加显示所有账户新收到的邮件，或单击工具栏中“同步”右侧的下三角按钮，选择接收邮件账户，则邮件列表窗格会添加当前账户新收到的邮件。

5. 阅读邮件

在 Windows Live Mail 窗口中，单击左边邮件导航窗格的“收件箱”，再单击某一邮件，则在右侧窗格显示该邮件的内容，如图 5. 51 所示。

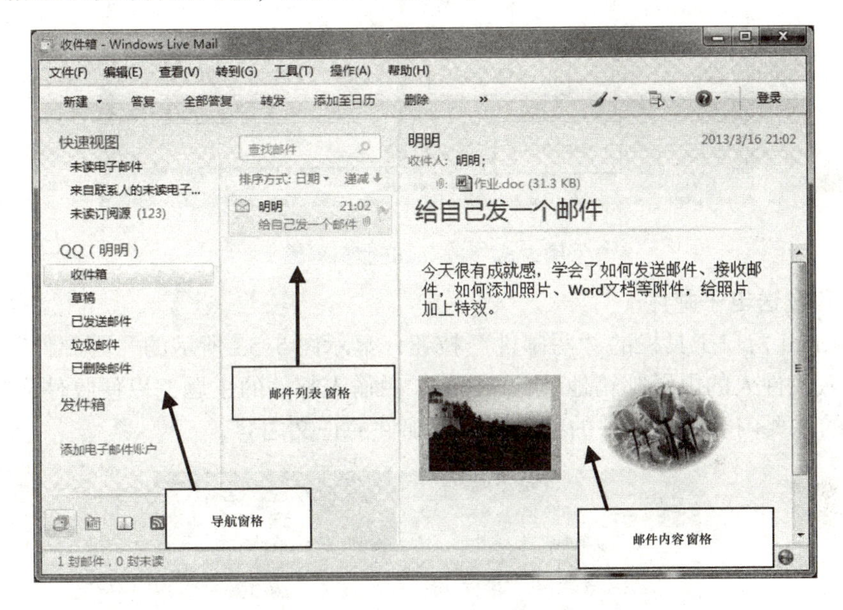

图 5. 51　收件箱

6. 答复邮件

在邮件列表窗格中，选择某一邮件，单击工具栏的“答复”按钮，填写回复内容，然后单击“发送”按钮，便给发件人回信。

7. 转发邮件

在邮件列表窗格中，选择要转发的邮件，单击工具栏的“转发”按钮，在“收件人”栏输入第三方的电子邮箱地址，其余操作与上述写邮件的过程相同，此略。

5. 8. 3　电子邮件软件 Foxmail 的使用

Foxmail 是腾讯公司开发的一款优秀的国产电子邮件客户端软件，其最新版本为 Foxmail 7. 0 版，下载网址为 http://foxmail. com. cn。该软件具有同时管理多个电子邮箱、超大邮件发送、快速回复、服务器配置自动化、账户配置工作简化、管理日程安排等功能。

1. 配置 Foxmail 电子邮箱

第一次启动 Foxmail 7 后，首先要设置新账号，才能收发电子邮件。在显示的“新建账号向导”对话框中，根据提示，依次输入自己的 E-mail 地址、电子邮箱的密码，最后单击

"完成"按钮，完成新账户的设置。同时 Foxmail 软件根据自己的电子邮箱中的域名，自动地设置好 POP3 服务器和 SMTP 服务器地址，从而简化了用户的配置工作。设置好账户后，显示 Foxmail 窗口界面，如图 5.52 所示。

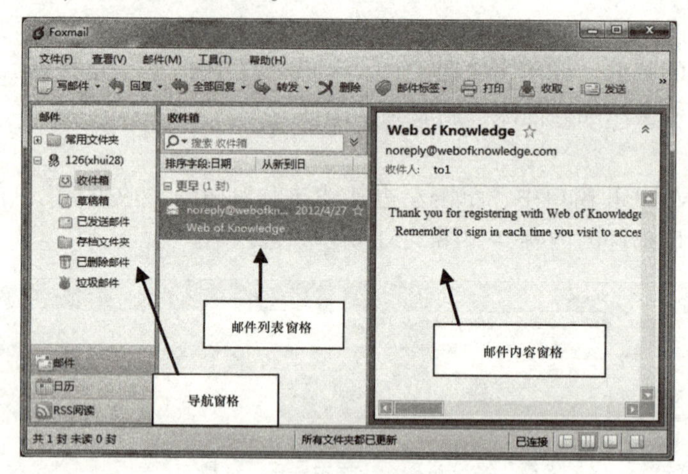

图 5.52　Foxmail 窗口界面

2. 撰写和发送电子邮件

单击 Foxmail 窗口工具栏的"写邮件"按钮，显示图 5.53 所示的"写邮件"窗口。"收件人"栏输入收件人的电子邮箱地址；"主题"栏输入邮件的主题，以便收件人打开邮箱后便看到邮件的主要内容；在邮件的编辑区输入邮件的正文内容。

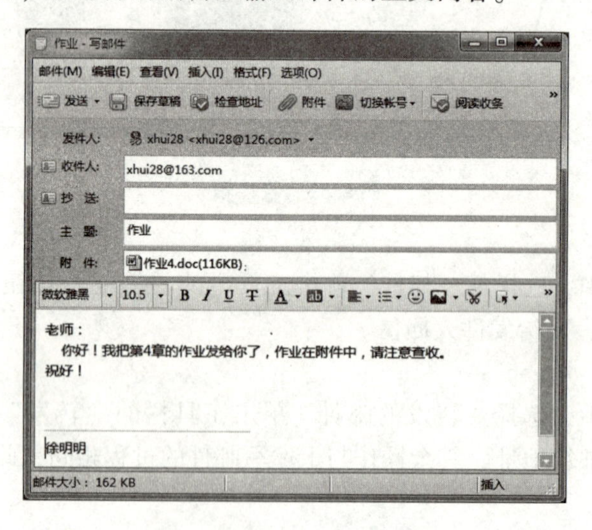

图 5.53　"写邮件"窗口

如果需要把 MP3 文件、Word 文档、照片等文件与邮件一起发送给收件人，就把这些文件作为附件添加到邮件中，操作方法是：单击工具栏的"附件"按钮，选择附件所在的盘号和文件夹，再双击所需的文件。

撰写完邮件内容后，单击工具栏的"发送"按钮，即可发送邮件。如果发送成功，则有发送成功的提示。如果发送不成功，显示发送失败的提示。

单击工具栏的"保存草稿"按钮，则将当前编辑的邮件保存到草稿箱，但不发送邮件，以便继续修改邮件内容。

3. 接收和阅读电子邮件

在 Foxmail 窗口中，单击工具栏的“收取”按钮，则收取新邮件，存放到收件箱中。单击“收件箱”文件夹，则邮件列表窗格就显示收件箱的所有邮件列表，单击某一个邮件，则在右边的邮件内容窗格中显示出邮件的详细内容。

4. 导出邮件

可以将 Foxmail 的某一个邮件导出为邮件文件（扩展名为 . eml），操作方法是：在 Foxmail 窗口的邮件列表中，选择要导出的邮件，然后选择“文件”→“导出”→“邮件”菜单项，选择保存邮件文件的文件夹，输入邮件文件名，单击“确定”按钮即可。

*5.9　其他 Internet 资源的访问

由于互联网技术的发展，WWW 的发展已经从通过浏览器浏览网页的 Web 1.0 时代，向内容更丰富，互动性、个性化更强的 Web 2.0 时代发展。在 Web 2.0 时代，以网民为中心，广大网民既是信息的创造者和信息的传播者，也是信息的受众。典型的 Web 2.0 应用有网络社区、社交网站、博客、微博、Wiki 等。

5.9.1　论坛

论坛又称 BBS（Bulletin Board System，电子公告板），是 Internet 上的一类可以发表言论，与其他人讨论问题的网站。每个论坛都有相应的主题，都会聚焦一些有共同爱好的网友。比较著名的论坛有天涯社区（www. tianya. cn）和猫扑网（www. mop. com）等。国内许多大学网站都有论坛，师生可以在大学论坛中交流，学习到有用的知识。表 5.4 列出部分大学的论坛网址。

表 5.4　国内部分大学 BBS

大学 BBS 站名	网址	大学 BBS 站名	网址
清华大学（水木社区）	www. newsmth. net	中国科技大学（瀚海星云）	bbs. ustc. edu. cn
北京大学（北大未名）	www. bdwm. net	中山大学（逸仙时空）	bbs. sysu. edu. cn
复旦大学（日月光华）	bbs. fudan. edu. cn	武汉大学（珞珈山水）	bbs. whu. edu. cn
上海交通大学（饮水思源）	bbs. sjtu. edu. cn	南开大学（我爱南开）	bbs. nankai. edu. cn
浙江大学（西子浣纱城）	bbs. zju. edu. cn	吉林大学（牡丹园）	bbs. jlu. edu. cn
南京大学（小百合）	bbs. nju. edu. cn	大连理工大学（碧海青天）	bbs. dlut. edu. cn

5.9.2　博客与微博

1. 博客

“博客”是从英文单词 Blog 翻译而来的。Blog 是 Weblog 的简称，而 Weblog 则是由 Web 和 Log 两个英文单词组成。Weblog 就是在网络上发布和阅读的流水记录，通常称为“网络日志”，简称为“网志”。“博客”是以网络作为载体，迅速、便捷地发表自己的心得，及时有效地与他人进行交流，是集丰富多彩的个性化展示于一体的综合性平台。

博客实际上就是一个网页，通常由简短且经常更新的帖子构成，可以写一些网络日志，上传一些照片或者视频，它们一般是按照年份和日期倒序排列的，别人可以看你写的日志并发表评论。博客的内容可以是个人的想法和心得，包括对时事新闻、国家大事的个人看法，也可以是基于某一主题或者某一共同领域内由一群人集体创作的内容。

Blog 和论坛有很多相似之处，都可以发表文章，都可以回复，而且发帖和回复的操作也基本相同，不同之处在于论坛是公共场所，所有的人都可以发帖；而博客是私人场所，只有自己能发帖，其他用户只能回帖。另外，博客的管理权完全掌握在自己手上，可以随意删除文章或别人的回复。

目前国内比较大的博客网站有新浪博客（blog. sina. com. cn）、网易博客（blog. 163. com）、百度空间（hi. baidu. com）、搜狐博客（blog. sohu. com）、天涯博客（blog. tianya. cn）等。这些博客网站都提供了博客申请和使用博客的功能，进入某个博客网站，注册一个博客账户，按照提示逐步操作，完成博客申请，然后就可以登录自己的博客，设置页面风格，发表博客内容等。具体操作参考相应博客网站的操作提示。

2. 微博

微博是微博客（microblog）的简称，是一种迷你型博客的服务网站，是一个基于用户关系的信息分享、传播以及获取信息的平台，用户可以通过网页、WAP 页面、手机短信、即时通信软件（QQ、MSN 等）以及微博客户端软件等途径，随时随地把文字、图片或视频链接发布到微博，实现即时共享。微博内容限制在 140 个汉字以内，时效性强。第一个微博网站是 2006 年 6 月在美国发布的 Twitter。

目前，国内规模较大的微博网站有新浪微博（www. weibo. com）、搜狐微博（t. sohu. com）、腾讯微博（t. qq. com）、网易微博（t. 163. com）。用户可以免费注册微博账户，在微博发布微博文、视频链接地址，上传图片，也可以转发、评价微博；可以查看热门话题，发现相关用户。微博用户可以基于某一事件或某一主题，将相关的微博用户加为关注对象，也可以被关注，构成微博上的社会网络团体。

5.9.3 网盘

网盘是网络硬盘的简称，又称网络空间、云硬盘等，是提供文件存储、文件上传和下载服务的网站，旨在方便用户访问文件。由于文件存储在服务提供商提供的服务器内，所以任何人都可以在任何时间、任何地点通过互联网来访问文件。免费的网络硬盘可用空间较少，一般对文件大小、下载速度、存放时间等做出限制；付费的网络硬盘能提供大容量空间，文件大小、下载速度、存放时间及格式都不限制。电子信箱所提供的附件功能是最早的网络硬盘，随着空间的增大，附件功能独立出来，成为网络硬盘。

网络硬盘的功能主要体现为：可以取代实时通信软件，无须通信双方在线，便快速传送文件；随时随地下载文件。通过浏览器访问网盘网站，或者网盘专用软件进行文件的上传和下载。

国内知名的网盘网站有 115 网盘、华为网盘、搜狐企业网盘、新浪微盘、百度云、腾讯微云、联想网盘、金山快盘、360 云盘等。大部分网盘都对网民免费开放申请，用户只要在相应网盘网站上申请了账户，便可以利用网盘来存储自己的文件了。

5.10　计算机信息安全知识

随着操作系统、数据库技术、网络技术和信息系统的广泛应用，信息安全问题变得更加重要。近年来，云计算模式的出现，信息安全技术不断向前发展，也面临新的挑战。本节介绍信息安全的基本概念和基本技术。

5.10.1　计算机信息安全的重要性

1. 网络的开放性对信息安全的危害

当前，Internet 已经得到了广泛应用，已经渗透到我们的生活和工作中，构成了一个信息时代。然而，由于 Internet 本身的开放性、跨国界、不设防和无约束等特性带来了信息安全事件不断暴露的问题。一旦网络中传输的用户信息被恶意窃取、篡改，对用户和企业都将造成不可估量的损失。无论是那些庞大服务提供商的网络，还是一个企业的某一个业务部门的局域网络，信息安全的实施都迫在眉睫。如何使网络信息系统不受黑客及非法授权人的入侵，已成为社会信息化健康发展所要考虑的重要问题之一。

2. 计算机病毒、黑客行为对信息系统安全的威胁

计算机病毒、网络蠕虫、木马程序的广泛传播，网络黑客的恶意攻击，DDOS 攻击的强大破坏力、网上窃密和犯罪的增多，使得网络安全性问题关系到网络应用的深入发展。由于安全漏洞导致的信息篡改、数据破坏、信息泄密、恶意信息的发布，以及服务瘫痪等信息安全事件层出不穷，由此造成的经济损失和社会不良影响难以估计。

据国家计算机病毒应急处理中心发布的全国信息网络安全状况调查分析报告显示，2011 年，68.83% 的被调查单位发生过信息网络安全事件，比 2010 年下降了 5.08%，导致网络安全事件的主要原因是未修补网络安全漏洞、弱口令、攻击者使用拒绝服务攻击、安全管理存在漏洞。感染计算机病毒的比例为 48.87%，较 2010 年的 60% 有所下降，并且已经连续四年呈现下降趋势。计算机病毒主要通过电子邮件、网络下载或浏览、局域网和移动存储介质等途径传播。但是，制作病毒、贩卖、传播木马的产业快速发展。2011 年年底，出现了大规模的信息泄露事件，用户的个人信息安全受到威胁和侵害，网络安全形势严峻。同时，我国智能手机、平板电脑等移动终端的逐步普及，移动终端的病毒感染率从 2010 年的 40.94% 上升到 67.43%。针对手机的病毒、木马和吸费软件等恶意软件发展迅速，其安全问题将成为新的焦点。

3. 系统漏洞对信息安全的威胁

在计算机信息中，不管是网络通信协议、操作系统，还是应用程序，都存在着不同的漏洞，这些漏洞都会带来安全威胁。为此，必须正确使用防火墙，将内网和外网隔离，过滤或屏蔽外部的安全威胁。

由此可见，信息安全关系到个人用户、企业的财产安全，乃至关系到国家的经济安全、政治安全、军事安全和文化安全。信息安全已经成为维护国家安全和社会稳定的一个重要因素。

5.10.2　计算机信息安全概念和信息安全技术

信息安全是指保护信息和信息系统的安全性，以防止其在未经授权而被访问、泄露、窃取、冒充、盗用或破坏。信息安全的主要目标是保证信息的保密性、完整性和可用性。保密性是指确保信息资源仅被授权的用户访问，使信息不泄露给未授权的用户。完整性是指信息资源只能以授权的方式修改，在存储、传输和使用过程中不丢失、不被破坏。可用性是指信息可被合法用户访问并使用信息相关资源的特性而不遭到拒绝服务。

计算机信息安全技术分为两个层次，即计算机系统安全和计算机数据安全。对于每一个层次，采取相应的安全技术。

1. 系统安全技术

系统安全技术可分为物理安全技术、网络安全技术。

1）物理安全技术

物理安全是指保护计算机网络设备、设施等免遭地震、水灾、火灾等自然灾害或人为操作错误导致的破坏。物理安全包括环境安全和硬件安全。

环境安全的主要因素包括温度、湿度、灰尘、振动、电源和电磁。如果环境条件不能满足设备的要求，系统的可靠性就会降低，元器件及材料就会加速老化，设备故障率增加，使用寿命缩短，甚至会导致系统瘫痪，还可能丢失重要数据。因此，机房环境应选择电源供应稳定、环境污染低、灰尘少的区域，避开潮湿、雷电频繁的区域，采取电磁干扰、低辐射技术、屏蔽技术等防电磁泄漏措施；加强防火、防水等管理。

硬件是犯罪分子偷窃和破坏的对象，操作人员的人为疏忽也会引发故障。因此，加强硬件的访问控制，可以有效避免设备被盗、被破坏等事件。在技术上，采取指纹识别系统、门禁系统等限制非授权人员进出重要区域，安装安全软件实现对用户访问行为的控制。管理上制定详细的规章制度，对人员使用设备的行为进行规范。对人员进行培训，减少因错误操作造成的损失。

2）网络安全技术

网络的快速发展不仅方便了人们的通信，还提供了获取丰富共享资源的途径。但是，网络的开放性使网络面临的安全威胁也大大增加。网络安全环境具有共享性、匿名访问、攻击点多、传输路径的不确定性、边界的不确定性等特征。此外，网络安全的另一个重要威胁来自于恶意程序，如病毒程序和木马程序，它们借助网络进行快速传播，能够很快在全世界范围内蔓延。恶意程序是信息安全、计算机安全和网络安全的重要威胁。

网络安全技术主要有防火墙、身份认证、访问控制、入侵检测、数字签名、虚拟私有网络等。

（1）防火墙。防火墙（Firewall）是应用最广的一种网络安全防范技术。防火墙是在受保护的网络（内部网）与不可信网络（外部网）之间对所有通信进行过滤的设备，它可以是一台专门的硬件，也可以是部署在一般硬件上的一套软件。

防火墙放置在内部网与外部网之间信息流必经的位置，对所有经过防火墙的数据包进行检查和过滤，如图 5.54 所示。防火墙是内部网络的安全屏障。

防火墙的作用是保护内部网的安全，拦截来自外部网的、可能对内部网安全产生威胁的数据包，并阻止内部信息的外泄。为此，防火墙使用设计好的安全策略来过滤数据包，根据事先设定的规则来确定是否拦截数据包的进出。基于设定好的安全策略，防火墙只允许符合安全策略的数据包通过，其他的数据包则都被丢弃，但是，防火墙不对来自内部网的数据包进行过滤。

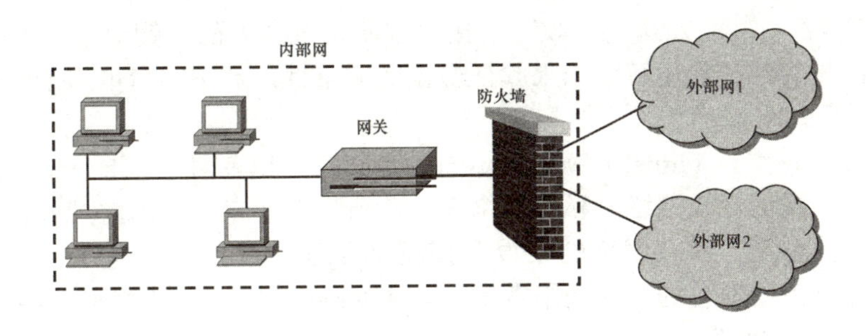

图 5.54　防火墙示意图

防火墙的主要类型有包过滤防火墙、状态审查防火墙、应用代理防火墙和个人防火墙。

(2) 入侵检测系统。入侵检测系统（Intrusion Detection System，IDS）是近年发展起来的一种防范技术。它是一种能够对网络传输进行即时监视，识别恶意的或可疑的事件，发出警报或者采取主动反应措施的网络安全系统。与防火墙不同，入侵检测是一种积极主动的安全防护技术，不需要跨接在网络链路中，不要求网络流量经过系统，而是监听网络。

根据检测数据来源的不同，可以将入侵检测系统分为基于网络的入侵检测系统和基于单机的入侵检测系统。基于网络的入侵检测系统通常建立在一个单独的机器上，监视经过该网络的通信数据包来检测入侵行为。基于单机的入侵检测系统则运行在单个工作站、服务器或客户端计算机上，对该机的事件日志、审计记录和系统状态进行监控，以便及时发现入侵行为，保护该系统。基于单机的入侵检测系统的缺点是与操作系统平台相关、难以检测到网络资源的攻击，一般只能检测该主机上发生的入侵。

(3) 身份认证。身份认证是用户进入系统或访问不同保护级别的系统资源时，系统确认该用户是否真实、合法的手段。认证技术是信息安全的重要组成部分，是对访问系统的用户进行访问控制的前提。目前，常用的认证技术有：用户名/口令技术、令牌、生物信息等。用户名/口令技术是最早出现的认证技术之一。根据使用口令的不同，可分为静态口令认证技术和动态口令认证技术。静态口令认证技术中每个用户都有一个用户 ID 和口令。用户访问时，系统通过用户 ID 和口令验证用户的合法性。动态口令认证技术采用随机生成的口令进行认证。令牌认证是一种加强的认证技术，可以提高认证的安全性。生物信息认证技术使用用户的指纹、面容、虹膜等生物特征来识别用户身份。

(4) 访问控制。访问控制是对信息和信息系统进行保护的重要措施。其主要任务是防止信息资源未经授权的访问和使用，它包括限制非法用户访问系统，以及限制合法用户的非授权资源的访问。访问控制决定哪些合法用户能够访问信息系统，能访问系统中的哪些资源以及如何使用这些资源。访问控制通常以身份认证为前提，身份认证通过后，才能实施各种访问控制策略来控制用户对系统资源的访问。

访问控制通常用于系统管理员控制用户对服务器、目录、文件等网络资源的访问。其功能主要有以下三种：防止非法的主体进入受保护的网络资源；允许合法用户访问受保护的网络资源；防止合法用户对受保护的网络资源进行非授权的访问。

(5) 数字签名。数字签名，也称为电子签名，是指鉴别与消息数据相关的签名人并表明签名人确认消息数据中所含的消息。数字签名是普通签章的数字化，技术上采用非对称加密算法实现，其数字签名过程为：首先，数据发送方使用自己的私钥对数据进行加密处理，完成数据的“签名”，然后发送给接收方；接收方使用发送方的公钥对数字签名部分进行解密，确认签名的真实性，再用解密结果验证数据的完整性。数字签名可用于网络的身份认证和信息完整性验证。

（6）虚拟私有网络（Virtual Private Network，VPN）。私有网络一般是指企业内部的局域网以及连接各局域网的专线网络。私有网络完全归所属企业专用，因此具有良好的物理安全性和管理安全性。但是，私有网络的架设和使用都非常昂贵，特别是对地域分布较广的企业。人们希望能够借助现有的公共网络资源，如 Internet，架设和使用更为廉价的“私有网络”，虚拟私有网由此而生。

虚拟私有网是指使用不安全的公共网络构建的私有专用网络。它利用公共网络进行数据传输，主机之间传递加密数据。数据在不可信任的公共网络中传输，但是只有虚拟私有网络的网关或主机才能对数据解密，整个网络看上去就像是私有的网络。

建立虚拟私有网络所需要的设备包括专用 VPN 设备、内嵌 VPN 功能的网关、路由器和防火墙等。

2. 数据安全技术

为了防止网络攻击者通过监听网络来窃取数据，一种保证数据安全有效的方式就是对网络中传输的数据进行加密，即密码技术。其基本思想是将真实的信息通过加密进行伪装，隐藏需要保护的信息，使未授权者即使获得传递的消息也无法理解其真实含义。密码技术是保证信息安全的有效手段，它涉及数据的加密和解密两个过程。

加密是利用某种加密算法将原始信息变换为新的信息的处理过程。加密前的原始信息称为明文，加密后的信息称为密文，密文是不可阅读的数据。由密文恢复为明文的过程称为解密。对密文进行解密所采用的恢复规则称为解密算法。加密算法和解密算法通常需要一组密钥来控制执行，用于加密算法的密钥称为加密密钥，用于解密算法的密钥称为解密密钥。密钥通常是一组数字，可理解为加密算法和解密算法执行的输入参数。根据加密和解密所用的密钥是否相同，可以将加密算法分为对称加密算法和非对称加密算法。

（1）对称加密算法。对称加密算法在加密和解密过程中使用相同的密钥。使用对称加密算法发送信息时，发送方先使用加密算法和密钥对明文进行处理产生密文，再将密文发送给接收方。接收方收到密文后，需要使用相同的密钥及解密算法对密文进行解密，获得明文。虽然对称加密算法及其逆算法都是公开的，但是，只有获得密钥的人才能对数据进行正确的加解密，这就要求接收方事先必须知道加密的密钥。对称加密算法加解密速度快，但是，由于每对用户都需要使用同一且唯一的密钥，因此，密钥管理困难。典型的对称加密算法有 DES、AES。DES 使用 56 位的密钥，已经有人在 24 小时内破解过 DES 密码，它不再是安全的加密算法。AES 加密算法使用 128 位的密钥，安全性更高。

（2）非对称加密算法。非对称加密算法也称为公钥加密算法，其特点是在加密和解密过程中使用不同的密钥。也就是说，每个用户拥有两个密钥：公钥和私钥。公钥用于加密，任何用户都可以使用；私钥用于解密，只有解密人拥有。典型的非对称加密算法有 RSA、DSA 算法。

5.10.3　计算机信息安全法规

1. 计算机犯罪

根据公安部计算机管理监察司的定义，计算机犯罪（Computer Crime）就是在信息活动领域中，利用计算机信息系统或计算机信息知识作为手段，或者针对计算机信息系统，对国家、团体或个人造成危害，依据法律规定，应当予以刑罚处罚的行为。

计算机犯罪可分为 3 种类型：破坏计算机系统犯罪、非法侵入计算机系统罪、计算机系统安全事故罪。

2. 计算机信息安全相关的法律法规

为了依法打击计算机犯罪，加强计算机信息系统的安全保护和国际互联网的安全管理，我国已经制定了一系列有关法律法规。计算机信息安全管理的法律法规主要有：

（1）1994 年 2 月 18 日国务院发布的《中华人民共和国计算机信息系统安全保护条例》。

（2）1996 年 1 月 29 日公安部发布的《关于对与国际互联网的计算机信息系统进行备案工作的通知》。

（3）1996 年 2 月 1 日国务院发布的《中华人民共和国计算机信息网络国际联网管理暂行规定》，并于 1997 年 5 月 20 日作了修订。

（4）1997 年 12 月 30 日公安部发布的《计算机信息网络国际联网安全保护管理办法》。

（5）1999 年 10 月 7 日国务院发布的《商用密码管理条例》。

（6）2000 年 1 月 1 日国家保密局发布执行的《计算机信息系统国际联网保密管理规定》。

（7）2000 年 3 月 30 日公安部发布的《计算机病毒防治管理办法》。

（8）2000 年 12 月 28 日第九届全国人民代表大会常务委员会通过的《全国人民代表大会常务委员会关于维护互联网安全的决定》。

其次，在我国《刑法》第 285 条到第 287 条，针对计算机犯罪给出了相应的规定和处罚。对于非法入侵计算机信息系统罪，《刑法》第 285 条规定："违反国家规定，侵入国家事务、国防建设、尖端技术领域的计算机信息系统，处三年以下有期徒刑或拘役。"对于破坏计算机信息系统罪，《刑法》第 286 条明确规定了三种罪，包括破坏计算机信息系统功能罪、破坏计算机信息数据和应用程序罪、制作和传播计算机病毒破坏性程序罪。《刑法》第 287 条规定："利用计算机实施金融诈骗、盗窃、贪污、挪用公款、窃取国家秘密或其他犯罪，依照本法有关规定定罪处罚。"

5.11　计算机病毒及其防治

个人计算机、网络以及互联网的普及为计算机病毒在全球范围内的广泛传播提供了有利条件。那么，计算机病毒是什么？它是如何传染的？又有哪些危害？如何防治？本节将对这些问题进行解释。

5.11.1　计算机病毒的定义和特点

1. 计算机病毒的定义

1983 年 11 月美国学者 Fred. Cohen 第一次从科学角度提出"计算机病毒"（Computer Virus）概念。1987 年 10 月美国公开报道了首例造成灾害的计算机病毒。

我国的《中华人民共和国计算机信息系统安全保护条例》的有关规定解释了计算机病毒的定义，即"计算机病毒，是指编制或者在计算机程序中插入的破坏计算机功能或者毁坏数据，影响计算机使用，并能自我复制的一组计算机指令或者程序代码"。

根据这一定义，计算机病毒实质上就是一段程序，它不仅破坏计算机系统，而且还能传染到其他计算机。计算机病毒通常隐藏在其他程序或文件中，这些程序和文件可以是引导程序、可执行文件、网页文件、图片、文档等。计算机病毒能够通过某种途径潜伏在计算机存储介质或程序中，当达到某种条件时即被激活。它用修改其他程序的方法将自身代码复制到其他程序中，从而感染它们。计算机病毒的执行方式可以是编译执行，也可以是嵌入到网页脚本程序中以解释方式执行。

2. 计算机病毒的特点

计算机病毒具有破坏性、隐蔽性、潜伏性、可激发性、传染性、不可预见性等特点。

（1）破坏性。任何计算机病毒只要侵入系统，都会对系统及应用程序产生不同程度的影响，凡是由软件手段能触及计算机资源的地方均可能受到计算机病毒的破坏。轻者会降低计算机工作效率，占用系统资源，严重者直接破坏数据，甚至损坏硬件，导致系统崩溃，如CIH病毒、红色代码等。

（2）隐蔽性。为提高病毒的生存能力，避免被发现，病毒制造者会想出各种办法来隐藏病毒程序。病毒程序通常附在正常程序、文档或磁盘较隐蔽的地方，随着正常程序的运行或文档的打开操作而被启动，用户很难发现它们的存在，甚至通过任务管理器也看不到单独的病毒进程。计算机病毒代码量都很小，这样不仅利于传播，而且容易隐蔽。

（3）潜伏性。计算机病毒进入系统后通常不会立即出现破坏性的后果，往往潜伏一段时间，待一定条件成立时被触发，再产生破坏性后果。病毒潜伏期间并不是静态的，往往伴随着大肆的传播。因此，一般潜伏期越长，传播范围越广，受感染的文件数量越多，危害就越大。

（4）可激发性。病毒程序一般都有触发攻击的条件，平时潜伏，隐蔽活动，而一旦触发条件满足，就会根据病毒程序设定的方式对系统进行攻击。病毒触发的条件多样化，可以是日期或时间，也可以是键盘操作，还可以是病毒感染次数等，例如，PETER－2病毒在每年的2月27日会提三个问题，答错后会将硬盘加密。著名的“黑色星期五”病毒的触发条件就是日期为13的星期五这天发作。这些病毒在平时隐藏得很好，只有在发作日才会显露出其破坏性。

（5）传染性。计算机病毒的传染性是指病毒具有把自身复制到其他程序的特性。计算机病毒程序代码一旦进入计算机并得以执行，它会搜索符合其传染条件的其他程序或文档，再将自身代码插入其中，达到自我繁殖的目的。只要一台计算机染毒，如果不及时处理，那么病毒就会在这台计算机上迅速扩散，其他可执行文件会被感染。而被感染的文件又成了新的病毒传染源，再与其他机器进行数据交换或通过网络接触，病毒会在整个网络中继续传染。是否具有传染性是判别一个程序是否为计算机病毒的最重要条件。

（6）不可预见性。从病毒检测的角度看，计算机病毒具有不可预见性，不存在一种“一劳永逸”方式可以查杀所有病毒，病毒相对于反病毒软件永远是超前的。新一代的病毒往往采取更隐蔽性的传播方式，是现有反病毒软件所无法侦测的。因此，反病毒软件必须不断更新病毒库才能保证对新出现病毒查杀的效果。

5.11.2 计算机病毒的分类

计算机病毒按照其特性不同可以有多种分类方法，下面介绍几种常用的分类方法。

1. 按照计算机病毒攻击的系统分类

（1）攻击 DOS 系统的病毒。这种病毒出现得最早，数量较多，泛滥于 20 世纪八九十年代，如“小球”病毒、“黑色星期五”病毒等。目前已经基本没有这类病毒。

（2）攻击 Windows 系统的病毒。随着 Windows 的普及，这类病毒也随之广泛流行。如 CIH 病毒是一个典型的 Windows 病毒。

（3）攻击 UNIX 系统的病毒。当前 UNIX 系统应用非常广泛，许多大型系统均采用 UNIX 作为操作系统，这类病毒也随之产生。

（4）攻击 OS/2 系统的病毒。

2. 按照计算机病毒的代码链接方式分类

（1）源码型病毒。这类病毒主要使用高级语言编写，在程序编译前插入源程序中，经编译成为合法程序的一部分。这种病毒较少。

（2）嵌入型病毒。这类病毒将自身嵌入到正常程序中，把病毒程序以插入的方式链接到正常程序的代码中。这种病毒难以编写，一旦感染也较难清除。

（3）外壳型病毒。这类病毒将自身代码放在主程序的首部或尾部，对原来的程序不做修改。这种病毒易于编写，也容易发现，一般观察文件大小即可发现。

（4）操作系统型病毒。这种病毒将自身代码加入或取代部分操作系统部分功能模块进行工作，具有很大的破坏力，可以使整个系统瘫痪。

3. 按照计算机病毒的寄生方式分类

（1）磁盘引导型病毒。磁盘引导区传染的病毒主要是用病毒的全部或部分代码取代正常的引导记录，而将正常的引导记录隐藏在磁盘的其他地方。这种病毒在系统刚启动时就获得控制权，其传染性较大。由于磁盘引导区存储着重要信息，如果对磁盘上被移走的正常引导记录不进行保护，则在运行过程中就会导致引导记录的破坏。例如，“大麻”和“小球”病毒属于磁盘引导型病毒。

（2）操作系统型病毒。操作系统是应用程序运行的支持环境，它包括 .EXE、.DLL、.SYS 等许多可执行程序及程序模块。操作系统型病毒就是利用操作系统中的一些程序及程序模块寄生并传染的病毒。通常，这类病毒作为操作系统的一部分，只要计算机开始工作，病毒就处在随时被触发的状态。而操作系统的开放性和不绝对完善性给这类病毒出现的可能性与传染性提供了方便。“黑色星期五”病毒就是这类病毒。

（3）文件型病毒。通过可执行程序传染的病毒通常寄生在可执行程序中，一旦程序被执行，病毒就会被激活。病毒程序首先被执行，并将自身驻留内存，然后设置触发条件进行传染。

（4）宏病毒。随着 Word 文字处理软件的广泛使用及网络的普及，给宏病毒提供了传播的空间。宏病毒寄存于文档或模板的宏中，一旦打开文档，宏病毒就会被激活并转移到计算机中，且驻留在 Normal 模板中，从此所有自动保存的文档都会感染这种宏病毒。如果用户打开了已感染宏病毒的文档，宏病毒又会转移到该用户的计算机中。

4. 按照计算机病毒的传播方式分类

（1）单机病毒。单机病毒的载体是磁盘，一般情况下，病毒从 U 盘、移动硬盘传入硬盘，感染系统，然后再传染其他 U 盘和移动硬盘，接着传染其他系统。

（2）网络病毒。网络病毒传播的介质是网络，这种病毒传染能力更强，破坏力更大，例如，尼姆达病毒。

5. 按照计算机病毒的破坏性质分类

（1）良性计算机病毒。良性病毒是指其不包含对计算机系统产生直接破坏作用的代码。这类病毒为了表现其存在，只是不停地进行扩散，并不破坏计算机内的数据。这类病毒取得系统控制权后，会导致整个系统的运行效率降低，系统可用内存总数减少，使某些应用程序暂时无法执行。例如，维也纳病毒、小球病毒等。

（2）恶性计算机病毒。恶性病毒是指在其代码中包含破坏计算机系统的操作，在其传染或发作时会对系统产生直接的破坏作用。这类病毒有很多，如米开朗基罗病毒、黑色星期五病毒、CIH 病毒等。

5.11.3　计算机病毒的防治

1. 计算机病毒的传播途径

（1）软盘、硬盘、光盘和 U 盘。早期的计算机病毒主要是通过这些存储介质进行传播的。它们通常作为文件交换的媒介，当一个磁盘感染了计算机病毒后，又将该磁盘的文件复制到其他计算机时，其他计算机就容易感染病毒程序了。

（2）网络。网络是计算机病毒传播速度最快的途径。病毒制作者把病毒程序隐藏到网上的下载资源中，或者在网页中嵌入病毒代码，网民上网浏览网页或者下载资源时便将病毒传染到用户的计算机中。一些病毒制作者设计钓鱼网站，或者将病毒附加到电子邮件中，也达到计算机病毒传播的目的。

系统安全漏洞也是网络病毒传播的重要途径。一些病毒是利用 Windows 操作系统存在的安全漏洞进行传播的，这种网络病毒运行后，会自动扫描目标主机，一旦发现目标计算机没有修复该漏洞，就会感染目标主机，达到远程控制计算机的目的。

2. 计算机病毒常见的症状

病毒程序感染计算机后，通常不会立即发作，而是等待触发时机满足时才发作。在此期间，病毒不断传播、感染。一旦条件满足，病毒便激活，表现出各种破坏性的症状。常见的病毒症状有：

（1）计算机运行速度明显变慢，内存或外存空间被大量占用。

（2）操作系统无法正常启动。

（3）计算机出现无故死机、黑屏或启动时间延长。

（4）文件属性发生变化。

（5）U 盘或磁盘读写异常，等等。

3. 计算机病毒的防治措施

（1）给计算机安装防病毒软件、防火墙软件，定期更新病毒库，定期使用杀毒软件对计算机进行检测、清除计算机病毒。常用的防病毒软件厂商有卡巴斯基、诺顿、瑞星、金山毒霸、江民、360 等，其中瑞星、360 等公司提供免费的杀毒软件和防火墙软件。

（2）使用 Windows Update 功能及时更新系统补丁程序，避免出现系统漏洞。

（3）定期备份系统中的重要数据，将数据备份到其他存储设备中。

（4）使用正版软件，不随意复制、下载、使用来历不明的软件。

（5）不要打开陌生邮件及邮件的附件，避免通过电子邮件传播病毒。不要随便打开

QQ、MSN 等聊天工具上发来的链接信息。

(6) 局域网的计算机用户尽量避免创建可写的共享目录，已经创建共享目录的应立即停止共享。

(7) 关闭一些不需要的服务，如关闭自动播放功能。

(8) 建议安装好 Windows 系统后，使用 Ghost 软件对 Windows 系统所在的硬盘分区（一般为 C：盘）进行克隆，以便因病毒程序破坏系统时，能够快速地从克隆文件中恢复 Windows 系统。

习　题

1. 计算机网络的发展经历了哪几个主要阶段？
2. 什么是计算机网络？计算机网络的主要功能有哪些？计算机网络硬件有哪些？
3. 什么是服务器？什么是客户机？网络传输介质有哪些？
4. 按照网络覆盖的地理范围划分，网络分为哪几类？
5. 按照传输介质不同划分，网络分为哪几类？
6. 常见的网络拓扑结构有哪些？
7. 什么是网络协议？TCP 的含义是什么？IP 的含义是什么？
8. Internet 的主要服务功能有哪些？
9. IPv4 的 IP 地址是多少位的二进制数？它常用什么方法表示？
10. IP 地址分为几类？C 类网的 IP 地址中第一字节的值范围是多少？
11. IPv6 的 IP 地址用多少位二进制数表示？
12. DNS 的含义是什么？其功能是什么？
13. 计算机连接到 Internet 的接入方式有哪些？
14. 为了更改本计算机网卡的 IP 地址、子网掩码，如何操作？
15. Windows 7 有哪几种用户账户？哪个账户的权限最高？如何添加一个标准用户账户？
16. 对于共享的文件夹或磁盘，其访问权限有哪些？为了让局域网的用户只能复制本计算机的 D:\myfolder 文件夹中的文件和文件夹，应将该文件夹的访问权限设置为什么权限？
17. 为了在资源管理器打开 IP 地址为 172.16.18.8 的主机上的共享文件夹“资料”，应在资源管理器窗口的地址栏输入什么内容和回车键？
18. SMTP 服务器、POP3 服务器的主要功能是什么？
19. 什么是信息安全？信息安全分为哪几个层次？
20. 什么是防火墙？什么是入侵检测系统？
21. 对称加密算法与非对称加密算法有什么区别？
22. 什么是计算机病毒？它有哪些主要特点？按照病毒的破坏性不同，分为哪些病毒？
23. 计算机病毒有哪些传播途径？
24. 如何防治计算机病毒？

第 6 章

数据库软件 Access 2010

数据库作为数据管理的最新技术，是计算机科学的重要分支。数据库不仅应用于事务处理，而且还应用于人工智能、情报检索、计算机辅助设计等各个领域。本章主要讲解数据库的基本概念和基本原理，并介绍 Microsoft Access 2010 数据库、数据表、查询、窗体和报表的创建及维护等。

6.1 数据库系统的概述

本节介绍数据库的基本概念，包括数据库系统常用术语、数据库管理系统、数据模型及数据库系统的组成，本节是后面各节的准备和基础。

6.1.1 数据管理技术的发展

计算机处理的中心问题就是数据管理，计算机对数据的管理是指如何对数据分类、组织、编码、存储、检索和维护。数据管理技术的发展大致经历了人工管理、文件系统和数据库系统 3 个阶段。

1. 人工管理阶段（20 世纪 50 年代）

数据和程序不具有独立性，一组数据对应一组程序，数据不能长期保存，而且依赖于计算机程序。一个程序中的数据不能被其他程序使用，因而程序和程序之间存在大量的冗余数据。

2. 文件管理阶段（20 世纪 60 年代）

程序和数据有一定的独立性，程序和数据分开存储，程序文件和数据文件有各自的属性。数据文件可以长期保存。但数据的共享性差，数据冗余大。

3. 数据库系统阶段（20 世纪 60 年代后期）

实现了数据共享，减少了数据的冗余，数据库使用了特定的数据模型，使得数据库有较高的数据独立性，数据库系统有统一的数据控制和数据管理。

6.1.2 数据库基本概念

李四期考总分是 500 分，陈五的品德评分为优，这样的数据在计算机中如何处理，才能使得这些数据变得有意义？比如跟评三好生及奖学金有关等，这里面就涉及了数据和信息。

1. 数据

数据是指存储在某一种介质上能够被识别的物理符号，数据的形式不仅包括数字、字母、文字和其他特殊字符组成的文本形式，而且还包括图形、图像、动画、影像、声音等多媒体形式。

2. 信息

信息是经过加工处理过的有用数据，这种数据形式是具有确定意义的，它会对接收者的决策具有实际意义。

3. 数据库（DataBase，DB）

现今社会中，数据库应用无处不在，如购销存数据库、学生管理数据库、银行管理数据库等，那么什么是数据库呢？

简单地说，数据库就是数据的仓库。它是存储在计算机存储设备中结构化的相关数据的集合。它不仅包括数据本身，还包括相关事物之间的关系。

4. 数据库管理系统（DataBase Management System，DBMS）

数据库管理系统是位于用户和操作系统之间的一层数据管理软件，是数据库系统的一个重要组成部分，DBMS 是为数据库的建立、使用和维护而配置的软件，常见的数据库管理系统主要有：Access、SQL Server、Oracle 等。

5. 数据库应用程序

数据库应用程序是系统开发人员利用数据库系统资源开发的面向某一类实际应用的软件系统。例如，图书管理系统、人事管理系统、学生管理系统、进销存系统等，就是以数据库为基础的数据库应用系统。

6. 数据库系统（DataBase System，DBS）

数据库系统是指计算机系统中引入了数据库后的系统，一个完整的数据库系统由硬件系统、系统软件、数据库、数据库管理系统（包括应用开发工具）、数据库应用系统、人员（数据库管理员、程序员、用户）等部分组成，如图 6.1 所示。

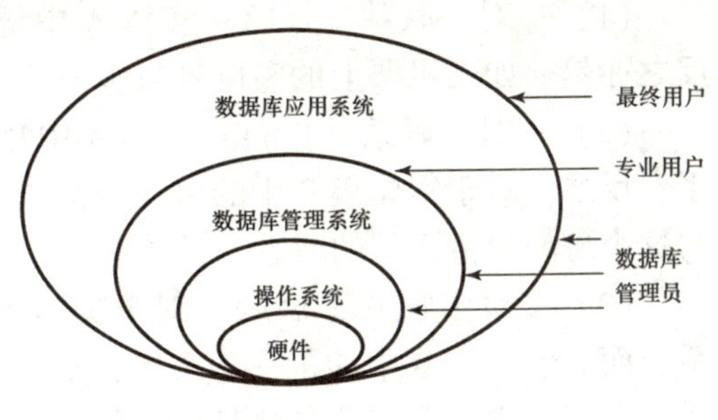

图 6.1　数据库系统的组成

数据库系统有如下特点：

（1）数据共享性高、冗余度低。数据库系统是从整体的角度来组织和描述数据的，它并不面向某个单一的系统。因此，数据库内的数据可以被多个用户、多个应用所共享。从根本上减少了数据的冗余，节约了存储空间。

（2）数据独立性高。数据的独立性是指数据和应用程序之间彼此独立，不存在相互依赖的关系。数据库系统使得程序和数据在物理结构和逻辑结构上都具有独立性。用户只需通过简单的逻辑结构来操作数据，无须考虑数据在存储器的物理结构和位置。

（3）数据由 DBMS 统一管理和控制。数据的统一管理与控制包括数据的完整性检查、安全性检查和并发控制等 3 个方面。DBMS 统一地控制数据库的建立、运用和维护，使用户能方便地定义和操作数据，并保证数据的安全性、完整性。DBMS 还能保证多用户对数据的并发处理及发生故障后的系统恢复。

6.1.3　数据模型

数据模型是用来抽象地表示和处理现实世界中的数据和信息的工具。我们知道，计算机只能处理数据，要从现实世界中客观存在的事物到计算机中数据的表示，要经历两个抽象过程。我们先把现实世界的事物抽象为一种既不依赖于某种特定的计算机系统，也不局限于某种 DBMS 支持的概念模型，然后再把概念模型转换为某种 DBMS 所支持的数据模型。层次关系如图 6.2 所示。

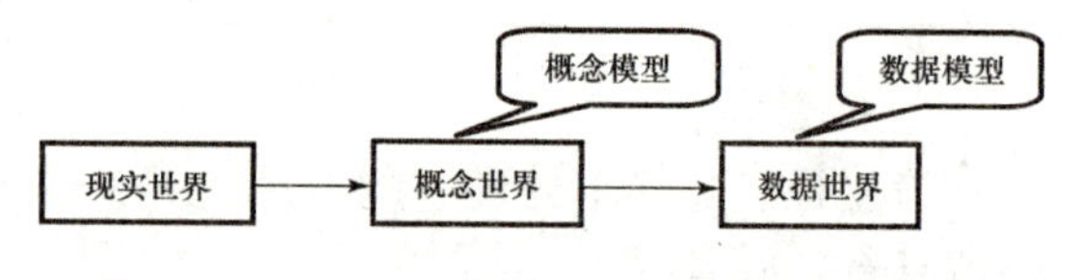

图 6.2　从现实世界到数据世界的过程

1. 概念模型

在概念模型中，常常用到以下几个术语：

（1）实体（Entity）：实体是指客观存在并相互区别的事物。实体既可以是具体的人、事、物，如学生、课程、教师等，也可以是抽象的概念或联系，如教师授课、一场球赛等。

（2）属性（Attribute）：实体所具有的某一特性称为属性，一个实体可以由若干个属性来描述。如学生实体可以用“学号、性别、姓名、成绩”等来描述其特征，其中的“学号、性别、姓名、成绩”都可以看成“学生”这个实体的属性。

（3）实体集（Entity Type）：同类型实体的集合。如对学生来说，全体的学生就是一个实体集。

实体之间的对应关系称为联系，它反映现实世界事物之间的相互关系。两个实体间的关系可以分为以下三种：

（1）一对一联系（1∶1）：实体 A 中每一个实体，实体 B 中至多有一个实体与之联系，反之亦然。如飞机票上的座位号与座位的关系。

（2）一对多联系（1∶n）：实体 A 中每一个实体，实体 B 中有 n（$n \geq 2$）个实体与之联系；反之，对于实体集 B 中的每一个实体，A 中至多有一个实体与之联系。如一个班的班长与这个班的学生之间的联系。

（3）多对多联系（m∶n）：对于实体 A 中的每一个实体，实体 B 中有多个实体与之相联系，而对于实体 B 中的每一个实体，实体 A 中亦有多个实体与之相联系。如学校中教师和学生之间的联系等都是多对多的联系。

2. 数据模型

数据模型是面向数据库全局逻辑结构的描述，任何一个数据库管理系统都是基于某种数据模型的。数据库管理系统所支持的传统数据模型分为层次模型、网状模型和关系模型三种。

（1）层次模型：用树型结构来表示各类实体以及实体间联系的模型，如图 6.3 所示。

（2）网状模型：用网状结构来表示各类实体及实体间的联系的模型，如图 6.4 所示。

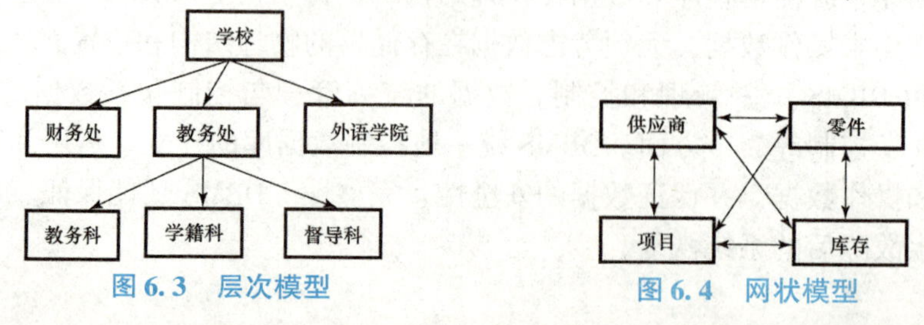

图 6.3　层次模型　　图 6.4　网状模型

（3）关系模型：用二维表来表示实体及实体间联系的模型，如表 6.1 所示。

表 6.1　关系模型

学号	姓名	性别	出生年月
01	张三	男	1992－12－14
02	李四	女	1993－10－13

3. 关系数据库

使用关系数据模型的数据库称为关系数据库。现在比较流行的关系型数据库管理系统主要有 FoxPro、Access、SQL Server、Oracle 等软件。关系数据模型就是用二维表的形式来表示实体和实体间联系的数据模型。一个关系的逻辑结构就是一张二维表，下面介绍与关系数据库的相关术语。

（1）关系（Relation）：一个二维表就是一个关系，每个关系都有一个关系名。

（2）元组（Tuple）：表中的一行称为一个元组，也叫记录，与实体相对应。

（3）属性（Attribute）：表中一列称为一个属性，每一个属性取一个名字，称为属性名，在 Access 中属性名表示为字段名。

（4）关键字：能够唯一标识实体的属性或属性的组合称为关键字。如“学号”可以作为关键字，但“姓名”可能有重名，因而不能作为关键字。

（5）主键（Primary Key）：主键是能够唯一地标识一个元组的属性或属性的组合。在 Access 中，一个表只能有一个主键，主键可以是一个字段，也可以由若干字段组合而成。

（6）值域：属性的取值范围。如“性别”的域为“男”和“女”。

一个关系就是一个二维表，但是它却不能将日常手工处理的表格，直接存放到数据库中，在关系模型中对关系是有一定的要求的，关系必须有以下特点：

（1）关系必须规范化。最基本的要求是每一个属性都必须是不可分割的数据单元，即不允许表中有表。

（2）表中不允许两个相同的元组。

（3）在一个关系中，不允许出现两个属性具有相同的属性名。

（4）在一个关系中，属性间的顺序和元组间的顺序都是无关紧要的。

4. 关系的完整性

关系的完整性规则是对关系的一种约束条件。有实体完整性、参照完整性和用户自定义完整性三类。

（1）实体完整性：关系对应到现实世界的实体集，元组对应到实体。实体是相互区分的，可以通过主键来唯一标识。因此，实体的完整性要求每个元组的主键的字段值不能相同，也不能是空值。

（2）参照完整性：参照完整性规则定义了主键与外键之间的引用规则，即表中外键的值必须引用另外一表中已经存在的主键的值。如“学号”在学生表中是主键，但在成绩表中是外键，因此，成绩表中“学号”的值只能取学生表中“学号”的值或只能取空。

（3）用户自定义完整性：前面两种完整性规则适用于任何关系数据库系统，而用户自定义完整性规则是用户针对具体的应用环境定义完整性的约束条件。如定义学生表中的“性别”字段的值只能是“男”或“女”。

6.2　Access 2010 数据库的基本操作

在当今信息时代，我们的工作和生活都离不开各种信息，面对海量的数据，如何进行有效的管理成为困扰人们的一个难题。要解决这样的难题，首先就要解决数据存储的问题，这就需要数据库。运用数据库，用户可以对各种数据进行合理的归类、整理，并使其转换为高效的有用数据。

本节以一个简单的“学生管理”数据库为例，介绍在 Access 2010 中设计数据库的过程，在本章后续章节中也以这个数据库作为例子。

学生管理系统中所包含的功能如图 6.5 所示。

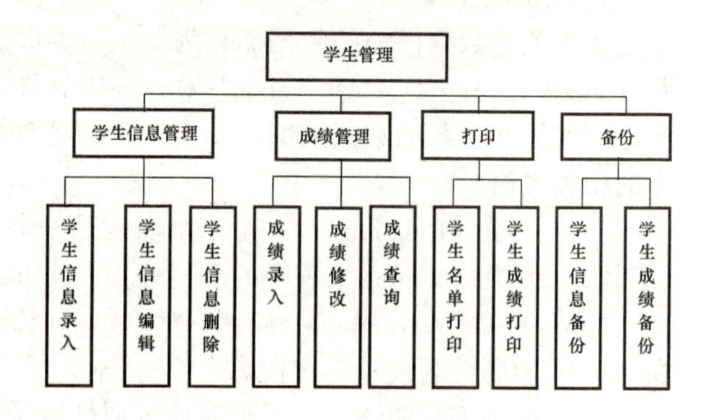

图 6.5　“学生管理”系统功能图

6.2.1　Access 2010 数据库简介

Access 2010 是 Microsoft 公司推出的办公软件包 Office 2010 的一个组件。Microsoft Access 2010 是一个面向对象的、基于事件驱动的新型关系型数据库。

Access 2010 提供了表生成器、查询生成器、宏生成器、报表设计器等许多可视化的操作工具，以及数据库向导、表向导、查询向导、窗体向导、报表向导等多种向导，可以使用户很方便地构建一个功能完善的数据库系统，用户还可以通过 VBA 编程功能，使高级用户可以开发功能更加完善的数据库系统。

Access 2010 还可以与 SQL Server、Oracle 等其他数据库相连，实现数据的交换和共享。作为 Office 的一员，Access 2010 还可以与 Word、Outlook、Excel 等软件进行数据交互和共享。Access 2010 是运用于新一代的操作系统 Windows 7 上的数据库软件。从外观上看，它继承了 Office 2010 的风格。一个全新的 Access 2010 界面如图 6.6 所示。

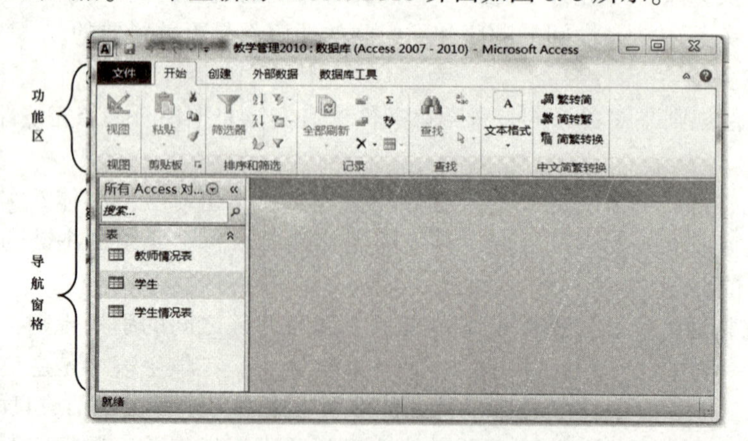

图 6.6　Access 2010 的主界面

Access 2010 创建的数据库文件扩展名为“.accdb”，并分为 6 种不同的对象，分别是表、查询、窗体、报表、宏、模块。不同的数据对象在数据库中起着不同的作用。

1. 表（Table）

表是数据库用来存储数据的对象，是数据库的基础和核心。表存放着数据库的所有数据信息，是所有对象的数据来源，所以又称为基本表。表的每一行数据称为一条记录，每一列称为字段。一个数据库中可包含多张表，如“学生管理”数据库中，可以包含学生信息表、学生成绩表等，如图 6.7 所示。

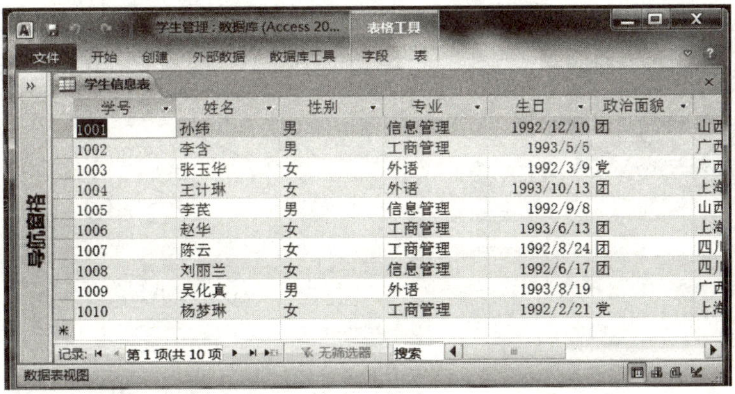

学号	姓名	性别	专业	生日	政治面貌	
1001	孙纬	男	信息管理	1992/12/10	团	山西
1002	李含	男	工商管理	1993/5/5		广西
1003	张玉华	女	外语	1992/3/9	党	广西
1004	王计琳	女	外语	1993/10/13	团	上海
1005	李芪	男	信息管理	1992/9/8		山西
1006	赵华	女	工商管理	1993/6/13	团	上海
1007	陈云	女	工商管理	1992/8/24	团	四川
1008	刘丽兰	女	信息管理	1992/6/17	团	四川
1009	吴化真	男	外语	1993/8/19		广西
1010	杨梦琳	女	工商管理	1992/2/21	党	上海

图 6.7　数据表

2. 查询（Query）

利用查询可以按照一定的条件从一个表或几个表中检索出所需要的数据和字段，形成一个动态数据集，显示在一个虚拟的数据表中，这个虚拟表是以二维表的形式显示，但它并不是基本表。查询也可以作为其他查询、窗体、报表等其他数据库对象的数据源。

3. 窗体（Form）

窗体是用户和数据库应用程序交互的主要接口，用户可以建立和设计不同风格的窗体，使得输入数据更加方便，程序界面更加友好。

4. 报表（Report）

报表是实现数据库中数据打印的最简单有效的方式，它与窗体不同，报表只能输出数据，不能用来输入数据。

5. 宏（Macro）

可以将宏当成一种简化的编程语言，它是由一些操作组成的集合，用户可以创建这些操作自动完成一些常规任务。

6. 模块（Module）

模块是一个用 VBA（Visual Basic for Application）代码编写的程序。数据库中一些较为复杂的应用功能，就需要使用 VBA 编写程序来实现。

6.2.2　数据库的创建和打开

数据库就是存放各个对象的容器，执行数据仓库的功能。因此在创建数据库系统之前，首先应当做的就是创建一个数据库。

1. 数据库的建立

在 Access 2010 中创建数据库的方法有多种，既可以使用数据库建立向导建立，也可以直接创建一个空白数据库。建立了数据库之后，就可以在里面添加表、查询、窗体、报表等数据库对象了。用向导建立数据库比较简单，下面只介绍建立空数据库的方法。

【例 6.1】在 F:\盘中创建“学生管理”数据库。

（1）启动 Access 2010，弹出如图 6.8 所示的对话框。

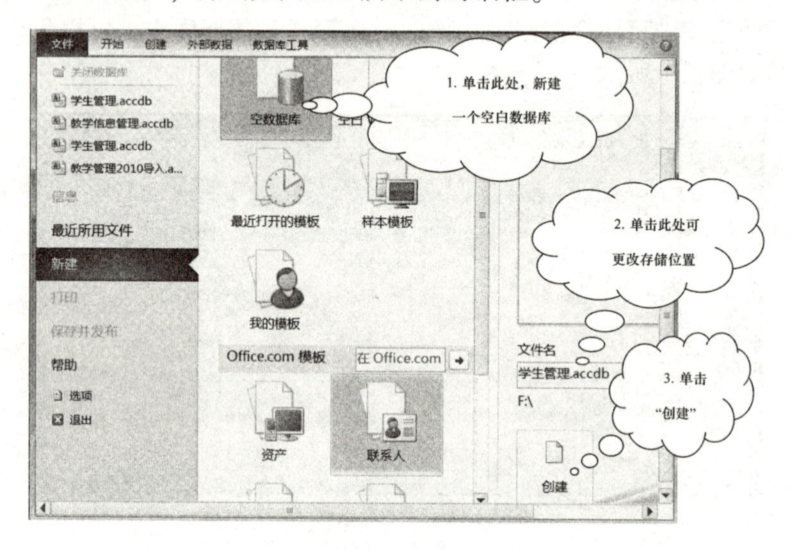

图 6.8　数据库文件创建窗口

（2）在弹出的对话框中单击“空数据库”项，然后在保存的位置输入“学生管理”，最后单击“创建”按钮，一个新的空白数据库就建好了。

2. 数据库文件的打开

保存新建的数据库，当下一次对数据库进行修改或添加对象时，就需要先打开数据库。数据库文件是一个文档文件，可以通过双击“.accdb”文件打开数据库。也可以用以下两种方式打开：

（1）打开 Access，在“文件”选项卡下会显示已建立的数据库文件，单击需要打开的数据库名即可。

（2）打开 Access，在“文件”选项卡下单击“打开”按钮，若是在多用户环境下单击要打开的数据库文件，在“打开”对话框中，单击对话框右下角“打开”按钮旁的下三角形箭头，如图 6.9 所示，可以选择相应的打开方式。各种打开方式的作用如下：

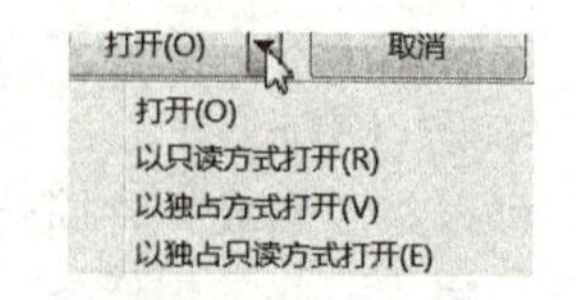

图 6.9　数据库打开方式

①打开：以共享方式打开。这是默认的打开方式，采用这种方式时，网络上其他用户可以打开这个文件，也可以同时编辑这个文件。

②以只读方式打开：采用这种方式，只能查看这个数据库，但不能编辑和修改数据库，这样可以防止数据库被无意地修改。

③以独占方式打开：当有一个用户使用该数据库时，其他用户都无法使用该数据库，这样可以有效地保护自己对共享数据库的修改。

④以独占只读方式打开：采用这种方式，可以防止网络上其他用户同时访问这个数据库文件，而且不需对数据库进行修改。

6.3　创建数据表

建好数据库后，下一步便是建立数据库表和建立表之间的关系。在数据库中，数据表是用来存储信息的仓库，是整个数据库的基础。

本节以“学生管理”数据库为例，介绍如何创建和使用表，包括设置表的字段、主关键字、索引、控制数据的输入，以及显示、设置表之间的关系和参照完整性等。

6.3.1　表的组成和数据类型

数据表分为表的结构和数据类型两部分。

1. 表的结构

表的结构是指表的框架，包括表名和字段属性两部分。

（1）表名：表的名称一般都要表现出表数据的主题，比如在“学生管理”数据库中，两个表的表名分别为“学生基本信息表”“成绩表”。

（2）字段属性：包括表中字段的个数，每个字段的名称、数据类型、字段大小、格式、输入掩码、有效性规则等。

2. 数据类型

Access 2010 支持 12 种不同的数据类型，每个类型都有特定的用途，如表 6.2 所示。

表 6.2　Access 2010 数据类型及其用途

数据类型	用途	字段大小
文本	用于文字或文字和数字的组合及不需要计算的数字	0～255 个字符
备注	用于较长的文本及数字	0～65 535 个字符
数字	用于需要进行算术计算的数值数据	1、2、4、8 或 16 个字节
日期/时间	表示日期和时间	8 个字节
货币	用于货币值，还能在计算时禁止四舍五入	8 个字节
自动编号	添加记录时自动插入的唯一顺序或唯一编号	4 个字节
是/否	用于记录逻辑型数据，值为 Yes（－1）或 No（0）	1 位
OLE 对象	图像、图形、声音、视频	最多为 1 G
超链接	用于超链接，可以是 UNC 路径或 URL 网址	0～6 400 个字符
查阅向导	允许使用组合框来显示另一个表的数据	通常为 4 个
附件	任何受支持的文件类型，如图像、电子表格、文档、图表等	取决于附件
计算字段	用于计算的结果。计算时必须引用同一张表中其他字段的值	

6.3.2　建立表结构

Access 2010 提供了多种创建表的方式。本节主要介绍使用表设计器、通过输入数据来创建表这两种方法。

1. 使用表设计器创建表

【**例 6.2**】使用表设计器创建数据表“学生信息表”，其结构如表 6.3 所示。

表 6.3　学生信息表结构

字段名	类型	字段大小	字段名	类型	字段大小
学号（主键）	文本	4	政治面貌	文本	2
姓名	文本	4	籍贯	文本	15
性别	文本	1	简历	附件	
专业	文本	10	入学英语成绩	数字	单精度
生日	日期时间	8	入学计算机成绩	数字	单精度
			入学测试总分	计算（数字）	

步骤 1：打开 F:\盘的“学生管理”数据库。

步骤 2：切换到“创建”选项卡，单击“表格”组的“表设计”按钮，进入表的设计视图，如图 6.10 所示。

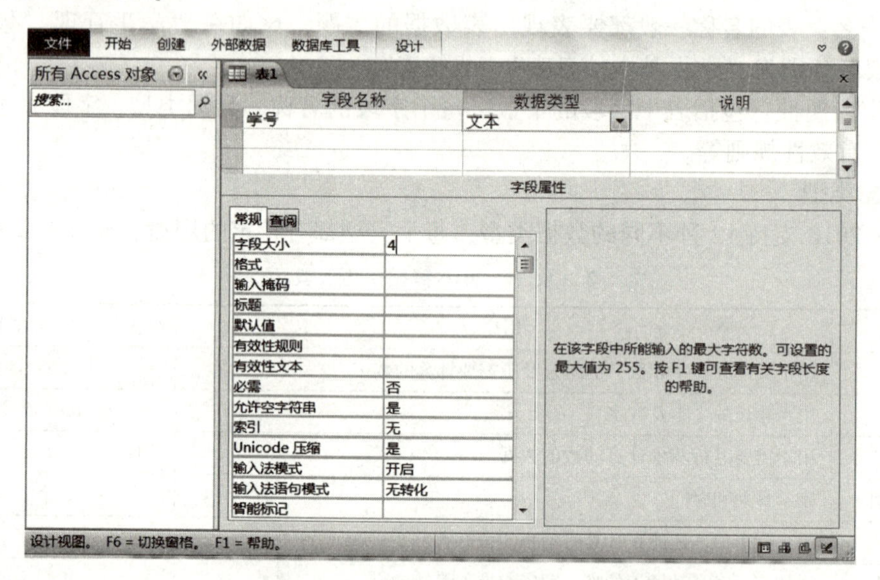

图 6.10　表设计视图

表设计视图分为两部分，上半部分是字段输入区，在“字段名称”中输入“学号”，在“字段类型”的下拉列表框中选择“文本”。下半部分是字段属性区，在此区域中可以设置字段的属性值，例如，把学号的“字段大小”设置为“4”。

步骤 3：同样的方法，参照表 6.3 中的内容定义表中其他字段。

注意：“入学测试总分”字段定为“计算”型后，会弹出如图 6.11 所示的“表达式生成器”对话框。

在该对话框中输入图中“入学测试总分”的计算表达式即可。

步骤 4：单击“学号”，然后在“设计”选项卡中单击“主键”按钮。这样就确定了表的主键。

步骤 5：单击“保存”按钮，在“另存为”对话框中输入“学生基本信息表”，单击“确定”按钮，完成表结构的创建。

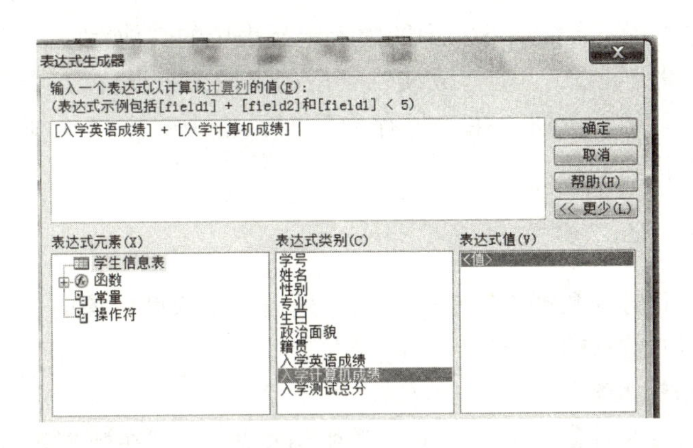

图 6.11　"表达式生成器"对话框

2. 使用数据表视图创建表

在"数据表视图"下，可以对表中的数据进行编辑、添加、删除等操作，也可以更改字段名、类型等结构方面的操作。但是在设置字段属性方面有一定的局限性，比如对于数字型的字段，无法设置具体的字节型还是整数型等。因此，需要通过"设计视图"来对该表的结构设计做进一步修改。

【**例 6.3**】在数据表视图中创建表，其结构如表 6.4 所示。

表 6.4　成绩表结构

字段名	类型	字段大小
学号	文本	4
课程	文本	10
成绩	数字	单精度

步骤 1：打开 F:\盘的"学生管理"数据库。

步骤 2：切换到"创建"选项卡，单击"表格"组中的"表"按钮，进入表数据视图，如图 6.12 所示。

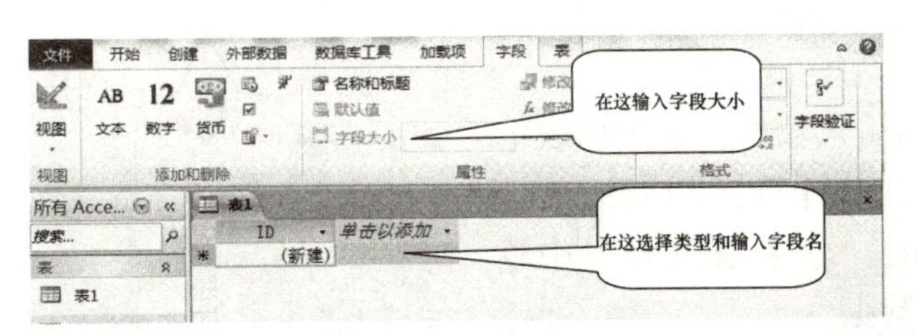

图 6.12　数据表视图创建表

注意：新表包含一个名为 ID 的字段，这是表的主键，因此不必创建主键。当然可以对它进行修改。

步骤 3：若要添加字段，单击第一个空白字段标题，即"单击以添加"字样，这时会启动一个数据类型菜单，可用于为此字段选择数据类型，此时选择"文本"，然后，字段标题将变为可写，此时可输入字段名"学号"，在工具栏上的字段大小处输入"4"。

步骤4：同样的方法，参照表6.4中的内容定义表中的其他字段。

步骤5：进入“设计视图”，将“成绩”字段的字段大小设置为“单精度”。

步骤6：单击“保存”按钮，在“另存为”对话框中输入“成绩”，单击“确定”按钮，完成了成绩表结构的创建。

6.3.3　输入表中数据

创建表结构后，此时的数据表还是个空表，所以接下来就应该向表中输入数据。下面介绍一些常用数据类型的数据输入方法。

1. 打开表，准备输入数据

在数据库窗口左边的对象栏中，双击“学生信息表”，即在数据表视图中打开该表，如图6.13所示。

图6.13　在数据表视图中打开的空学生信息表

2. 文本、数字、货币类型数据的输入

它们的输入比较简单，直接在相应的列输入数据即可，所以在此不特别说明。

3. “是/否”类型数据的输入

在出现的复选框中选择即可，如选中表示选择“是（-1）”，不选中表示选择“否（0）”。

4. 日期/时间型数据的输入

日期的默认格式按“年/月/日”或“年-月-日”的格式输入，如“1990/09/08”或“1990-09-08”。如果该日期设置了“输入掩码”属性值，则系统会按输入掩码来规范输入格式。

5. 附件型数据的输入

双击“附件”，在出现的对话框中选择“添加”按钮，选择作为附件的文件，再单击“确定”按钮即可，如图6.14所示。

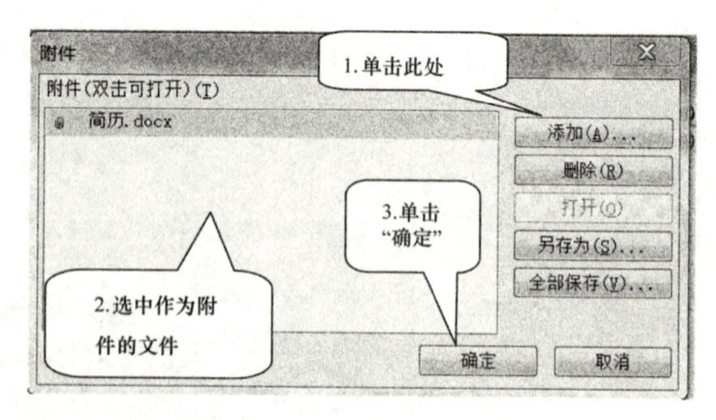

图6.14　添加附件的窗口

6. 计算型字段

计算型字段不用输入数据，它根据表结构中设计的表达式自动计算出相应的值填入。按照上述方法向“学生信息表”中输入如图6.15所示的数据。

学生信息表

学号	姓名	性别	专业	生日	政治面貌	籍贯	附件	入学英语成	入学计算机	入学总分
1001	孙纬	男	信息管理	1992/12/10	团	山西	(1)	100	93	193
1002	李含	男	工商管理	1993/5/5		广西	(0)	98	67	165
1003	张玉华	女	外语	1992/3/9	党	广西	(0)	96	87	183
1004	王计琳	女	外语	1993/10/13	团	上海	(0)	102	94	196
1005	李芪	男	信息管理	1992/9/8		山西	(0)	95	65	160
1006	赵华	女	工商管理	1993/6/13	团	上海	(0)	98	78	176
1007	陈云	女	工商管理	1992/8/24	团	四川	(0)	92	79	171
1008	刘丽兰	女	信息管理	1992/6/17	团	四川	(0)	93	83	176
1009	吴化真	男	外语	1993/8/19		广西	(0)	88	89	177
1010	杨梦琳	女	工商管理	1992/2/21	党	上海	(1)	87	98	185
*							(0)			

图6.15　学生信息表的数据

7. 设置主键

主键也叫主关键字，是唯一能识别一条记录的字段或字段的组合。指定表的主键后，在表中输入新记录时，系统会检查该字段是否有重复数据。如果有，则禁止重复数据输入到表中。同时，系统也不允许主关键字段中的值为 Null。

一般在建立表的结构时，就需要定义主键，否则在保存操作时系统会询问是否要创建主键，如果选择“是”，系统将自动创建一个“自动编号（ID）”字段作为主键。该字段在输入记录时会自动输入一个具有唯一顺序的数字。

6.3.4　修改表结构和数据

1. 字段属性的设置

表结构中的每个字段都有一系列的属性定义，字段属性决定了如何存储和显示字段中的数据。每种类型的字段都有一个特定的属性集。Access 为大多数的属性都提供了默认设置，用户也可以根据需要改变默认设置。

（1）字段大小。“字段大小”属性用在文本、数字、自动编号中，其中数字的字段大小有 6 个选项，包括字节、整数、长整数、单精度、双精度、小数，它们决定着该列数字的允许范围，其中前三者不带小数，后三者可以含有小数点。

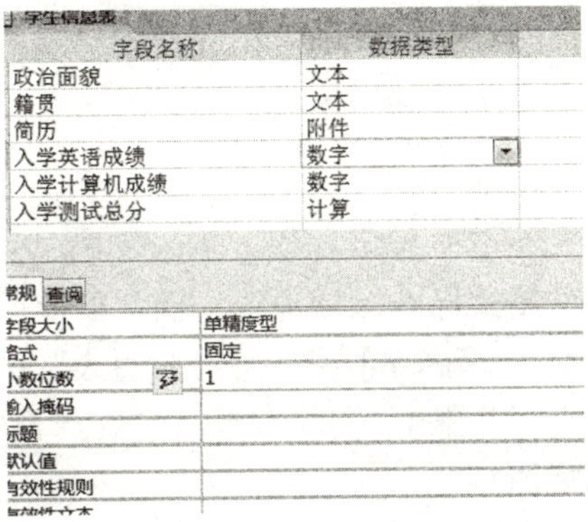

【例 6.4】分别将“学生信息表”中的“入学英语成绩”“入学计算机成绩”两个字段的“字段大小”都设置成“单精度”、小数位数为 1。

步骤 1：打开数据库，在导航窗格中右击“学生信息表”，在弹出的菜单中选择“设计视图”。

步骤 2：单击“入学英语成绩”字段，单击“字段大小”属性框，选择“单精度型”；将“格式”栏的属性设置为“固定”，“小数位数”改为 1。其效果如图 6.16 所示。

图 6.16　更改数字型字段的小数位

步骤 3：用同样的方法，更改“入学计算机成绩”字段的大小及小数位。

注意：设置小数位时，一定要更改“格式”属性，将其改成“标准”或“固定”，这样小数位的设置才有效。

另外，除数字型的字段大小的设置和修改不能在数据视图中完成以外，其他类型的字段大小都可以在数据视图中完成。如图 6.17 所示。

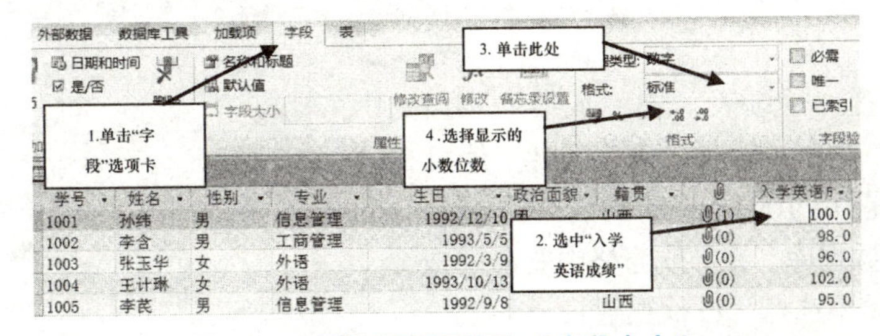

图 6.17　用数据视图修改“字段大小”

（2）格式。“格式”属性用来决定数据的显示方式。“格式”属性只影响值如何显示，而不影响在表中如何存储。

【例 6.5】将“学生信息表”中“生日”字段的“格式”设置为“长日期”。

步骤 1：打开数据库，在导航窗格中右击“学生信息表”，在弹出的菜单中选择“设计视图”。

步骤 2：单击“生日”字段，单击“格式”属性框，将属性设置为“长日期”。

步骤 3：单击工具栏上的视图切换按钮进入数据表视图，观察数据显示的变化。

另外，“格式”的修改也可以在数据视图中完成，如图 6.18 所示。

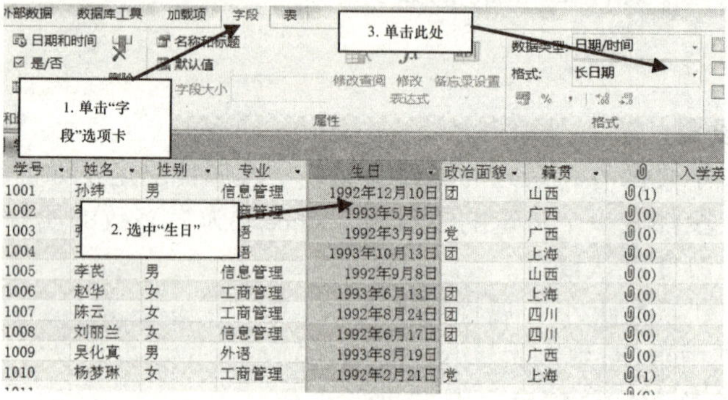

图 6.18　用数据视图修改“格式”

（3）输入掩码。输入掩码是用来设置用户输入这字段数据时的格式。这样可以使数据的格式标准保持一致，也可以检查输入时的错误。

【例 6.6】将“学生信息表”中“生日”字段的“输入掩码”设置为“长日期（中文）”。

步骤 1：打开数据库，在导航窗格中右击“学生信息表”，在弹出的菜单中选择“设计视图”。

步骤 2：单击“生日”字段，单击“输入掩码”属性框右边的[...]，在出现的对话框中选择“长日期（中文）”。

步骤 3：单击工具栏上的视图切换按钮进入数据表视图，如果“生日”字段没有输入数据时，当光标移入该字段时，皆显示“__年__月__日”。

（4）定义有效性规则和有效性文本。有效性规则是一个表达式，用户输入的数据必须满足该表达式，这样可以防止非法数据的输入。有效性文本是当输入的值不能满足有效性规则时，系统给出的提示信息。有效性规则和有效性文本往往配合使用。

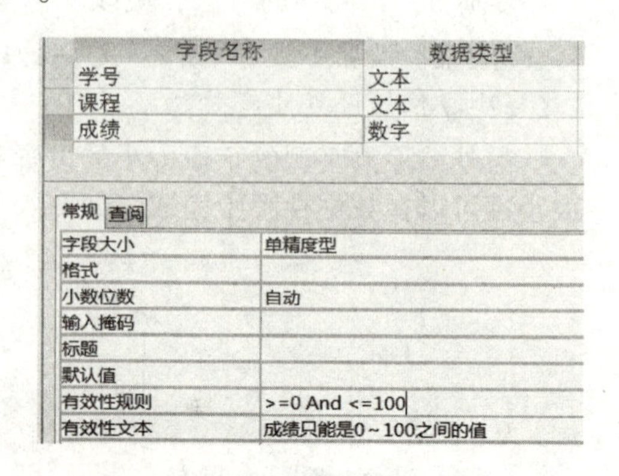

图 6.19　设置有效性规则

【例 6.7】设置“成绩表”中“成绩”字段的“有效性规则”为“0≤成绩≤100”，出错信息提示为“成绩只能是 0 ~ 100 之间的值”。

步骤 1：打开数据库，在导航窗格中右击“成绩表”，在弹出的菜单中选择“设计视图”。

步骤 2：单击“成绩”字段，在“有效性规则”属性框中输入“ > =0 And < =100”，在“有效性文本”中输入“成绩只能是 0 ~ 100 之间的值”，如图 6.19 所示。

步骤 3：单击工具栏上的视图切换按钮进入数据表视图，在“成绩”中输入一个负值或者大于 100 的数，观察其效果。

(5) 其他属性。

①标题属性：指定该字段在数据视图中所显示的列标题文字，若不设置标题属性，则默认使用字段名称作为该字段在数据视图中的标题。

②默认值属性：指定在添加新记录时自动输入的值。

③必需属性：指定该字段必须输入数据。当取值为“否”时，该字段可以不输入数据，即允许该字段有空值，主键字段都是必填的。

【例 6.8】 将“学生信息表”中“生日”字段的标题设为“出生日期”，“性别”的默认值设为“女”，将“姓名”字段的必需属性设置为“是”。

步骤 1：打开数据库，在导航窗格中右击“学生信息表”，在弹出的菜单中选择“设计视图”。

步骤 2：选择“生日”字段，在其“标题”属性框输入“出生日期”；选择“性别”字段，在其默认值框输入“女”；选择“姓名”字段，其“必需”属性框选择“是”。

也可以在数据视图中设置上述属性，在数据视图中先单击“字段”选项卡，然后分别选择所需的字段进行设置，如图 6.20 所示。

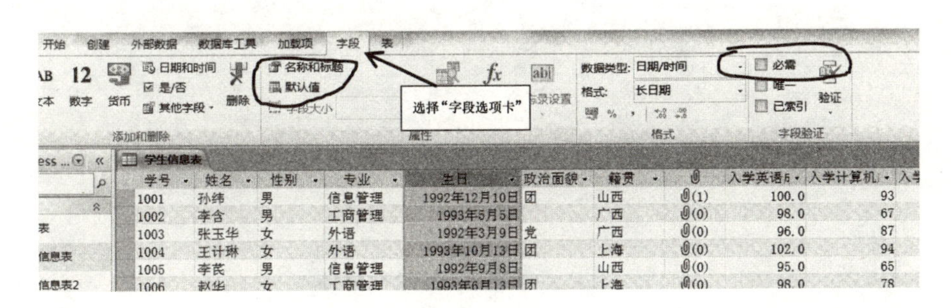

图 6.20　利用数据视图设置字段属性

2. 修改表的结构

一个好的表结构将给数据库的管理带来相当大的方便，然而第一次定义的数据表结构不一定是最优的，因此对表结构进行适当的修改是必需的。

对表结构的修改主要包括添加字段、删除字段、改变字段的顺序及更改字段的属性。修改数据表的结构可以在设计视图进行，也可以在数据表视图中进行。

(1) 在设计视图中修改表的结构。

步骤 1：打开数据库，在导航窗格中右击需要修改的表，在弹出的菜单中选择“设计视图”。

步骤 2：在设计视图中，可以使用工具栏的按钮或属性框进行修改，如图 6.21 所示。

(2) 用数据视图修改表结构。

步骤 1：在打开的数据库中双击需要修改结构的数据表。

步骤 2：在出现的数据表视图中单击“字段”选项卡，就可以对表结构进行相应的修改，参见图 6.22。

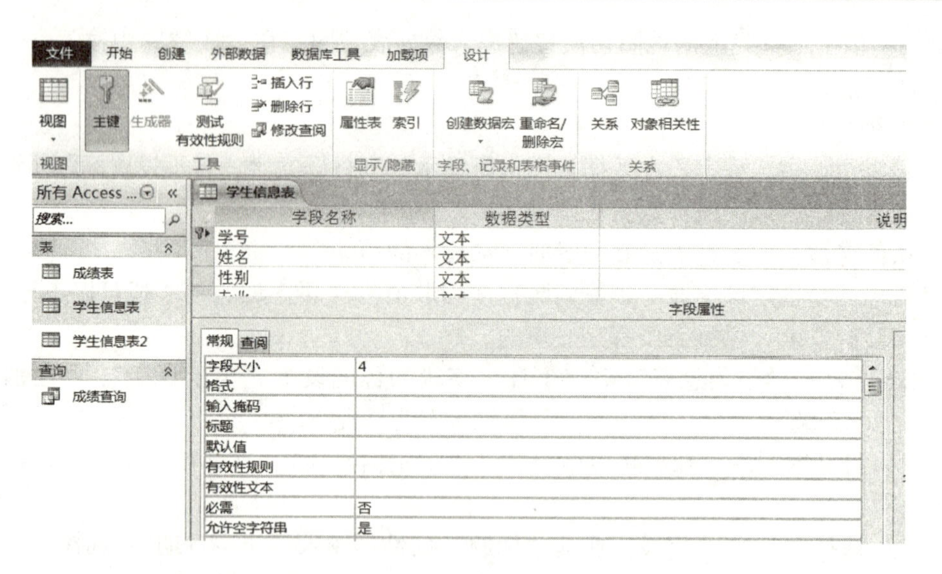

图 6.21　用设计视图修改表的结构

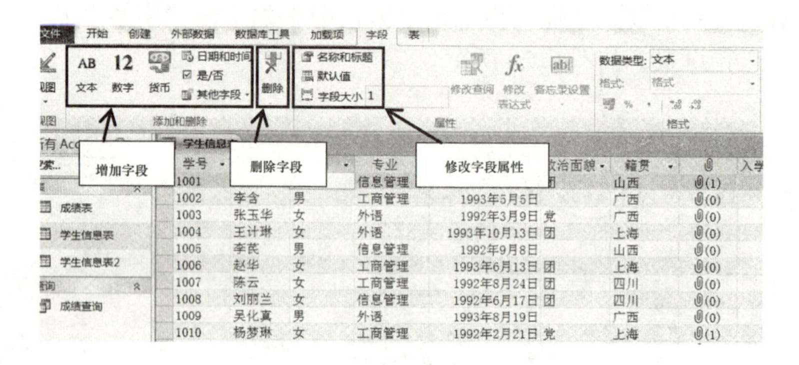

图 6.22　在数据视图中修改表结构

①增加字段：在表中单击要插入的位置，在“添加和删除”组中选择要插入的字段的类型，就会出现一空列，输入相应的字段名及设置相关属性即可。

②删除字段：选中要删除的字段，再单击“删除”按钮。

③选中某列，单击“属性”组的“名称和标题”“默认值”“字段大小”等选项，可以对该列的相应属性进行设置。

3. 维护表的内容

建立数据表就是为了存入大量的数据，所以在数据表视图中输入的数据在光标离开后会自动存盘。

维护表的内容是在数据视图中进行的，主要包括添加、删除和修改记录等操作。

在数据表视图中编辑数据记录时，可以通过观察记录最左端的“记录选择器”来获得有关记录的信息。一般有两种指示符表示不同的含义。

（1）铅笔状标志：编辑记录指示符，表示用户正在编辑修改该记录，但尚未保存。

（2）星号标志 *：新记录指示符，表示在该行输入新记录的内容，通常是空的。

维护表内容包括以下操作：

（1）添加记录：数据表只能在表的末端增加数据，在最后一行单击即可输入数据。

（2）删除记录：表中的记录一旦被删除，就不能再恢复，所以进行此项操作时一定要慎重。操作也很简单，先选中被删除的记录，再按“删除”按钮或删除键即可。

（3）修改记录：Access 数据表视图是一个全屏幕编辑器，只需将光标移动到所需修改的数据处就可以修改光标所处的数据。

6.3.5　建立表之间的关系

在 Access 中要想管理和使用好表的数据，就应该建立表与表之间的关系，只有这样，才能将不同表中的相关数据联系起来，也才能为建立查询、创建窗体和报表打下基础。值得注意的是，为数据库中的多个表之间建立关系，必须关闭所有打开的表。

1. 建立表间关系

【例 6.9】 定义“学生管理”数据库中的关系。

步骤 1：打开“学生管理”数据库，单击“数据库工具”选项卡下的“关系”按钮。

步骤 2：在弹出的“显示表”对话框中分别双击选中“学生信息表”和“成绩表”，然后关闭该对话框。

步骤 3：选定“学生信息表”中的“学号”字段，然后按下左键并拖曳到“成绩表”中的“学号”字段上，松开鼠标，会显示如图 6.23 所示的“编辑关系”对话框。

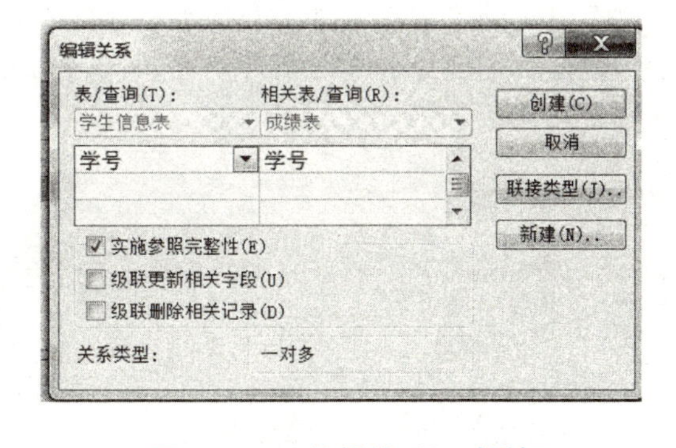

图 6.23　“编辑关系”对话框

建立表之间的关系时应注意：关系的双方都是字段，其类型和字段大小必须相同，字段名称可以不相同。

2. 实施参照完整性

参照完整性是指在输入或删除数据时，为维护表之间已定义的关系而必须遵循的规则，在定义表之间的关系时，应设立一些准则，以保证数据的完整性。

如果实施参照完整性，那么当主表没有相关记录时，就不能将记录添加到相关表中，也不能在相关表中存在匹配的记录时删除主表中的记录，更不能在相关表中有相关记录时更改主表的主键值。

3. 编辑和删除表间关系

（1）编辑表间关系：双击所要修改的关系连线，打开“编辑关系”对话框，即可对其进行修改。

（2）删除表间关系：右击所要修改的关系连线，在弹出的快捷菜单中选择“删除”命令即可。

6.4　数据表的操作

创建好数据库和表以后，可以在数据表视图中对表记录进行查找、替换、排序和筛选等操作。

6.4.1　查找和替换数据

若表中的数据很多时，查找数据就变得很困难，和其他 Office 软件一样，Access 也提供了灵活的“查找和替换”功能。如果要修改多处相同的数据，可以使用替换功能。替换功能会自动地将查找到的数据更改为新数据。

【例 6.10】 查找“成绩表”中课程为“计算机基础”的所有记录，并将其值改为“计算机应用基础”。

步骤 1：打开“学生管理”数据库，双击打开“成绩表”。

步骤 2：单击“开始”选项卡的“替换”按钮。

步骤 3：在弹出的“查找和替换”对话框中，进行如图 6.24 所示的设置，然后单击“确定”按钮。

6.4.2　排序记录

数据表中的数据通常都是按照输入的先后顺序排列的。但在使用表的过程中，可能希望数据能按一定的要求来排列。对数据的排序主要有两种方法，一是利用工具栏的简单排序，另一种就是利用窗口的高级排序。各种排序和筛选的操作都在“开始”选项卡下的“排序和筛选”组中，如图 6.25 所示。

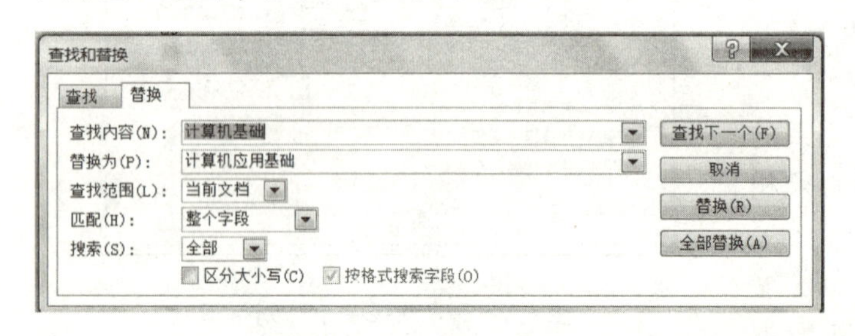

图 6.24　“查找和替换”对话框

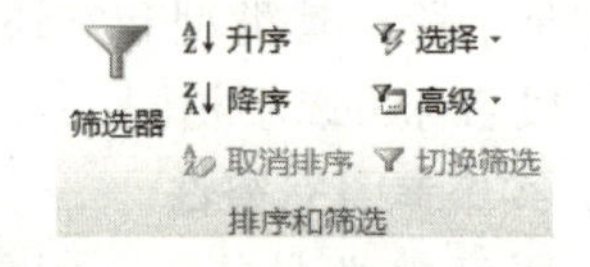

图 6.25　“排序和筛选”组

【例 6.11】 在“学生信息表”中按“籍贯”进行升序排列。

步骤 1：打开“学生管理”数据库，双击打开“学生信息表”。

步骤 2：将鼠标定位于“籍贯”字段列的任意一个单元格内。

步骤 3：单击“开始”选项卡的“升序”按钮即可。

也可在“籍贯”列中右击，在弹出的快捷菜单中选择“升序”。

以单个字段作为排序关键进行的排序是简单排序。但当需要同时对多个列进行排序时，简单排序就无法满足需要了。对数据进行高级排序就可以很简单地解决上面的问题，它可以将多列数据按指定的优先级进行排序。也就是说，数据先按第一个排序准则进行排序，当有相同的数据出现时，再按第二个准则排序，依次类推。

【例 6.12】 在学生信息表中先按专业升序排序，再按入学测试总分的值降序排序。

步骤 1：打开“学生管理”数据库，双击打开“学生信息表”。

步骤 2：单击“开始”选项卡的“高级”按钮，选择“高级筛选/排序”命令，就会出现对话框。

步骤 3：在图下半部分的“字段:”行中选择“专业”和“入学测试总分”字段，然后再在“排序:”行中进行选择排序的方式，如图 6.26 所示。

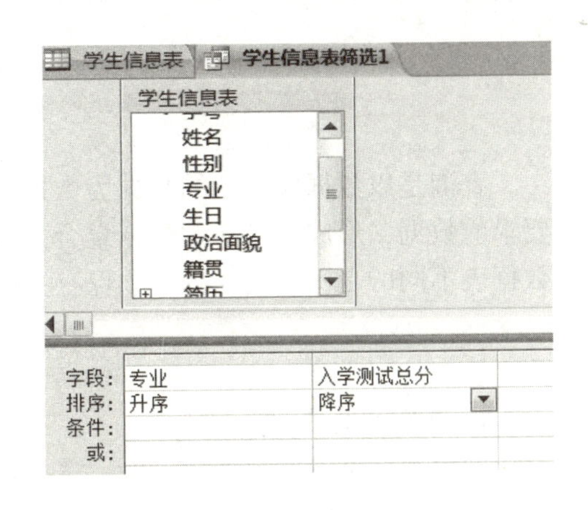

图 6.26　多条件排序的设计视图

步骤 4：单击“开始”选项卡的“高级”按钮，选择“应用筛选/排序”命令，即可实现对数据表的排序。其效果如图 6.27 所示。

6.4.3　筛选记录

在数据表视图中，可以利用筛选只显示出满足条件的记录，将不满足条件的记录隐藏起来，方便用户查看。

学号	姓名	性别	专业	生日	政治	籍贯	附件	入学英	入学	入学测试
1010	杨梦琳	女	工商管理	1992年2月21日	党	上海	(1)	87.0	98	185
1006	赵华	女	工商管理	1993年6月13日	团	上海	(0)	98.0	78	176
1007	陈云	女	工商管理	1992年8月24日	团	四川	(0)	92.0	79	171
1002	李含	男	工商管理	1993年5月5日		广西	(0)	98.0	67	165
1004	王计琳	女	外语	1993年10月13日	团	上海	(0)	102.0	94	196
1003	张玉华	女	外语	1992年3月9日	党	广西	(0)	96.0	87	183
1009	吴化真	男	外语	1993年8月19日		广西	(0)	88.0	89	177
1001	孙纬	男	信息管理	1992年12月10日	团	山西	(1)	100.0	93	193
1008	刘丽兰	女	信息管理	1992年6月17日	团	四川	(0)	93.0	83	176
1005	李芪	男	信息管理	1992年9月8日		山西	(0)	95.0	65	160

图 6.27　排序结果

建立筛选的方法有多种，可以通过“开始”选项卡中“排序和筛选”选项组的“选择”和“高级”按钮来建立筛选。所有的筛选都可以通过“开始”选项卡中“排序和筛选”选项组的“切换筛选”命令来取消筛选的结果，恢复数据表的原来面貌。

【例 6.13】 在学生信息表中筛选出籍贯以“西”字结尾的所有学生的信息。

步骤 1：打开“学生管理”数据库，双击打开“学生信息表”。

步骤 2：选中籍贯字段列中任意的“西”字。

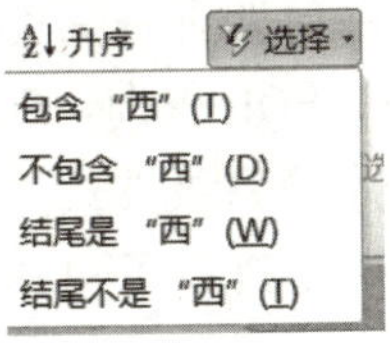

升序　选择
包含 “西” (I)
不包含 “西” (D)
结尾是 “西” (W)
结尾不是 “西” (T)

图 6.28　筛选对话框及菜单

步骤 3：单击“开始”选项卡中“排序和筛选”选项组中的“选择”命令，在弹出的下拉菜单中选择“结尾是西”，如图 6.28 所示。运行筛选后的结果如图 6.29 所示。

提示： 在数据表的“籍贯”列中的任意位置右击，也可以完成以上操作。

步骤 4：单击“籍贯”旁的 按钮，取消筛选显示。

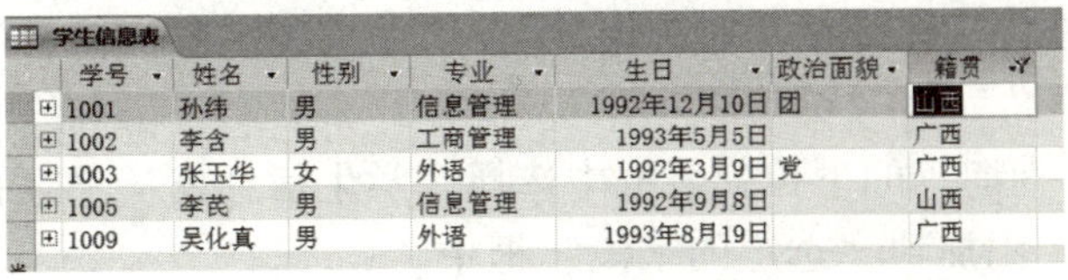

学号	姓名	性别	专业	生日	政治面貌	籍贯
1001	孙纬	男	信息管理	1992年12月10日	团	山西
1002	李含	男	工商管理	1993年5月5日		广西
1003	张玉华	女	外语	1992年3月9日	党	广西
1005	李芪	男	信息管理	1992年9月8日		山西
1009	吴化真	男	外语	1993年8月19日		广西

图 6.29　筛选结果

6.5 查　询

查询是以数据库表中的数据为数据源，根据给定的条件从指定的表或查询中检索出用户要求的数据，形成一个新的数据集合。查询的结果可以随着数据表中的数据变化而变化。与数据表不同的是，查询本身并不保存数据，它保存的是如何去取得信息的方法与定义。

6.5.1 查询概述

1. 查询的功能

利用查询可以实现选择字段、选择记录、编辑记录、实现计算、建立新表及作为其他查询和窗体、报表的数据源。

2. 查询的种类

Access 支持5种不同的查询类型，即选择查询、参数查询、交叉表查询、操作查询、SQL 查询。

（1）选择查询：这是最常用的查询，它可以从数据库的一个或多个表中检索出数据，也可以在查询中对记录进行分组，并对记录做总计、计数、平均值以及其他类型的统计计算。

（2）参数查询：参数查询在执行时会出现对话框，提示用户输入参数的值，系统根据所输入的参数找出符合条件的记录。

（3）交叉表查询：使用交叉表查询可以计算并重新组织数据的结构，这样可以方便地进行数据分析。

（4）操作查询：操作查询可以对数据库中的表进行数据操作。包括生成表、追加、更新、删除等四种查询类型。

（5）SQL 查询：SQL 查询是用户使用 SQL 语句创建的查询，它是查询、更新、管理关系数据库的高级方式。

Access 提供了两种创建查询的方法，一是使用查询向导，二是使用设计视图。

6.5.2 使用向导创建查询

使用向导创建查询是最常用、最简单的查询，可以在向导的指示下一步步地完成。

【**例 6.14**】使用“简单查询向导”，在“学生管理”数据库中查找并显示学号、姓名、课程、成绩四个字段的内容。

步骤1：打开“学生管理”数据库，单击“创建”选项卡，再单击“查询”组中的“查询向导”按钮，弹出的对话框如图 6.30 所示。

步骤2：在对话框中选择“简单查询向导”，单击“确定”按钮，弹出图 6.31 所示的对话框。

步骤3：在“表/查询”的下拉列表框中选择“学生信息表”，然后分别将“可用字段”中的“学号”“姓名”添加到“选定的字段”框中。

步骤4：再次在“表/查询”的下拉列表框中选择“成绩表”，然后分别将“可用字段”中的“课程”“成绩”添加到“选定字段”列表框中。

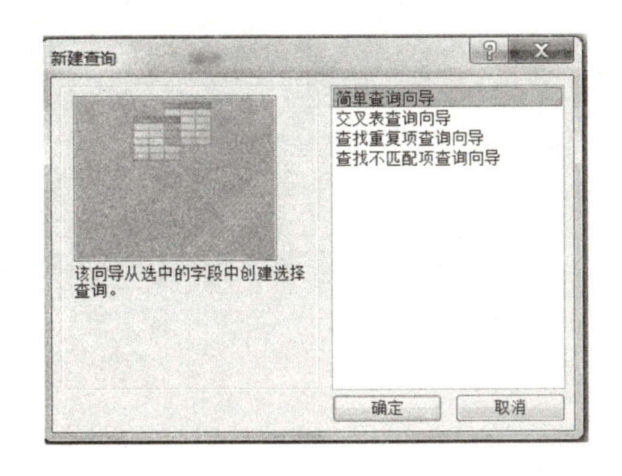

图 6.30　“新建查询”对话框

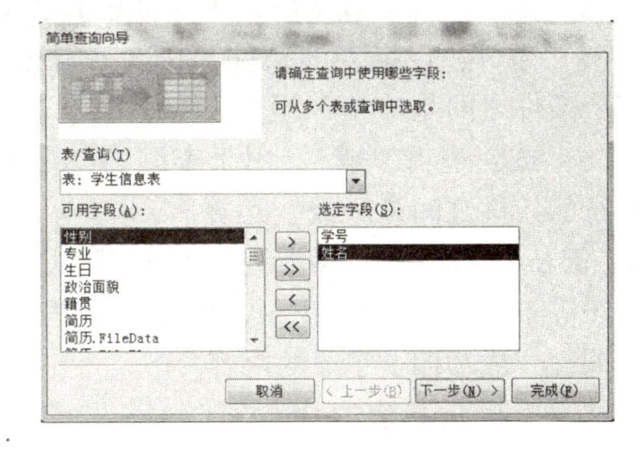

图 6.31　“简单查询向导”对话框

步骤 5：单击“下一步”按钮，在出现的对话框中再单击“下一步”按钮。

步骤 6：在弹出图 6.32 所示的为查询指定标题的对话框，输入查询标题为“简单查询向导例”。

步骤 7：单击“完成”按钮，则系统就为我们建立了查询。查询结果如图 6.33 所示。

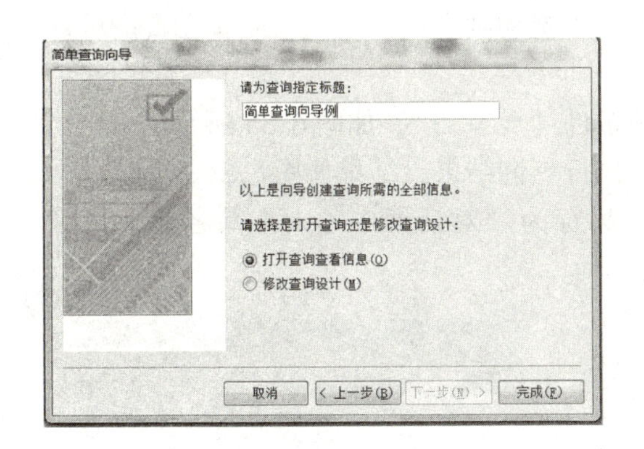

图 6.32　“简单查询向导”第二个对话框

简单查询向导例

学号	姓名	课程	成绩
1001	孙纬	高等数学	75
1001	孙纬	大学英语	89
1001	孙纬	计算机基础	75
1001	孙纬	马列文选	81
1002	李含	高等数学	70
1002	李含	大学英语	78
1002	李含	计算机基础	67
1002	李含	马列文选	85
1003	张玉华	高等数学	67
1003	张玉华	大学英语	90
1003	张玉华	计算机基础	84
1003	张玉华	马列文选	90
1004	王计琳	高等数学	80
1004	王计琳	大学英语	78
1004	王计琳	计算机基础	82
1004	王计琳	马列文选	93

记录: 第 1 项(共 40 项　无筛选器　搜索

图 6.33　“简单查询向导”的查询结果

6.5.3　使用设计视图创建查询

使用“查询向导”只能创建一些简单的查询，但对于有条件的查询，是无法直接利用查询向导建立的，这时需要在“设计视图”中自行创建查询了。

利用查询的“设计视图”，可以自己定义查询的条件和查询的表达式，从而创建灵活的满足自己需要的查询，也可以利用“设计视图”来修改已经创建的查询。

查询的“设计视图”如图 6.34 所示。

“设计视图”的上半部分是数据源表的所有字段，下半部分是“查询设计网格”，用来指定具体的查询条件。查询设计网格中各个行的含义分别如下：

（1）字段：用于选择要进行查询的表中的字段。

（2）表：包含选定字段所在的表。

（3）排序：选择是按升序、降序还是不排序显示。

（4）显示：控制该字段是否为可显示字段。

（5）条件：设定查询条件。在同一行上定义的多个条件之间是“与”运算。

（6）或：逻辑“或”，用于查询第二个条件。不同行的条件之间是“或”运算。

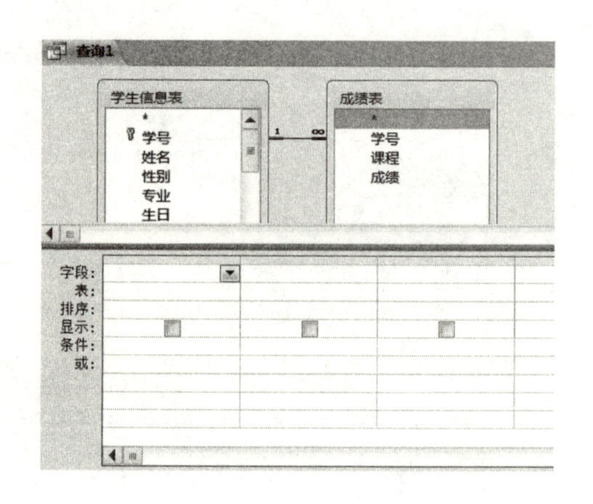

图 6.34　查询的“设计视图”窗口

【例 6.15】 在“学生管理”数据库中查找成绩大于等于 85 分的学生记录，要求显示学号、姓名、课程、成绩四个字段的内容。

在“学生信息表”中含有学号、姓名字段，在“成绩表”中有课程、成绩字段，所以查询的数据源是“学生信息表”和“成绩表”。具体操作如下。

步骤 1：打开“学生管理”数据库，单击“创建”选项卡，再单击“查询”组中的“查询设计”按钮。在弹出的“显示表”对话框中，双击添加查询所需要的两个表，关闭对话框。

步骤 2：分别双击“学生信息表”中的“学号”“姓名”字段，以及“成绩表”中的“课程”“成绩”字段，（也可以直接将字段从表中拖动到字段列表区，或者在查询设计区的“字段”行中选择所需的字段）。

步骤 3：在“成绩”的条件行中输入查询条件“ > =85”，如图 6. 35 所示。

步骤 4：单击工具栏上的“运行”按钮，执行查询结果，结果如图 6. 36 所示。

步骤 5：单击“保存”按钮，在出现的“另存为”对话框中输入查询名称“成绩大于等于 85 分的学生”。

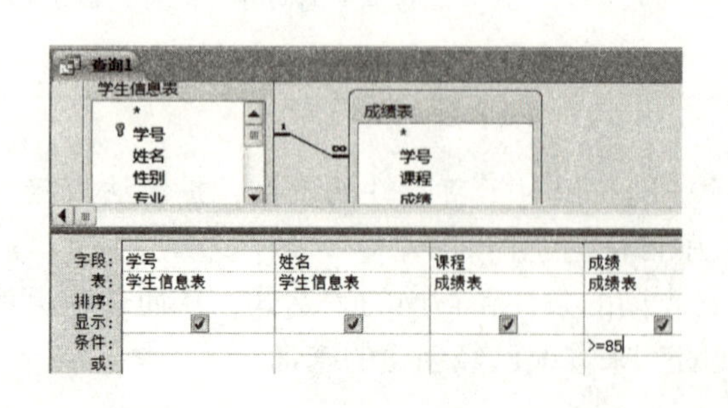

图 6. 35　添加查询字段和查询条件

查询1

学号	姓名	课程	成绩
1007	陈云	高等数学	86
1001	孙纬	大学英语	89
1003	张玉华	大学英语	90
1005	李芪	大学英语	85
1007	陈云	大学英语	89
1008	刘丽兰	计算机基础	90
1009	吴化真	计算机基础	92
1010	杨梦琳	计算机基础	95
1002	李含	马列文选	85
1003	张玉华	马列文选	90
1004	王计琳	马列文选	93
1005	李芪	马列文选	98
1007	陈云	马列文选	91
1008	刘丽兰	马列文选	88
1009	吴化真	马列文选	86
1010	杨梦琳	马列文选	90

记录: 第 1 项(共 16 项)　无筛选器　搜索

图 6. 36　查询结果

【例 6. 16】 在“学生管理”数据库中建立查询，要求显示学号、姓名、入学英语成绩、入学计算机成绩、入学测试总分、入学平均分等六个字段的内容，其中，入学平均分 = 入学测试总分 ÷2，查询结果按入学平均分的值降序排列。

步骤 1：打开“学生管理”数据库，单击“创建”选项卡，再单击“查询”组中的

"查询设计"按钮。在弹出的"显示表"对话框中选择"学生信息表"，关闭对话框。

步骤 2：分别双击"学生信息表"中的"学号""姓名""入学英语成绩""入学计算机成绩""入学测试总分"字段。

步骤 3：在"入学测试总分"的右边一列中输入"入学平均分：[入学测试总分] /2"，如图 6.37 所示。

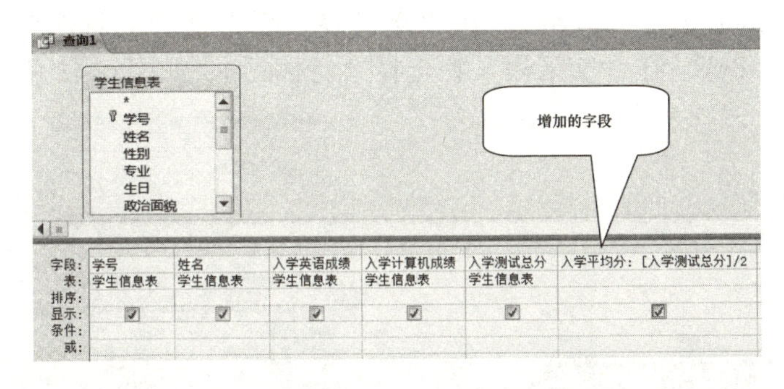

图 6.37　生成新字段的选择查询设计视图

"入学平均分"列的内容也可以通过生成器来得到，方法如下：

在对应的字段单元格内右击，从弹出的快捷菜单中选择"生成器"，或单击工具栏中的生成器按钮，在弹出的"输入表达式"对话框中输入计算公式："[入学测试总分] /2"，再将光标定位到表达式的最左端，输入字段的名称"入学平均分"，再输入一个半角的冒号符号"："，如图 6.38 所示，单击"确定"按钮。

步骤 4：在"入学平均分"的排序行中选择"降序"。

步骤 5：单击工具栏上的"运行"按钮，执行查询结果，结果如图 6.39 所示。

步骤 6：单击"保存"按钮，在出现的"另存为"对话框中输入查询名称"计算平均分"。

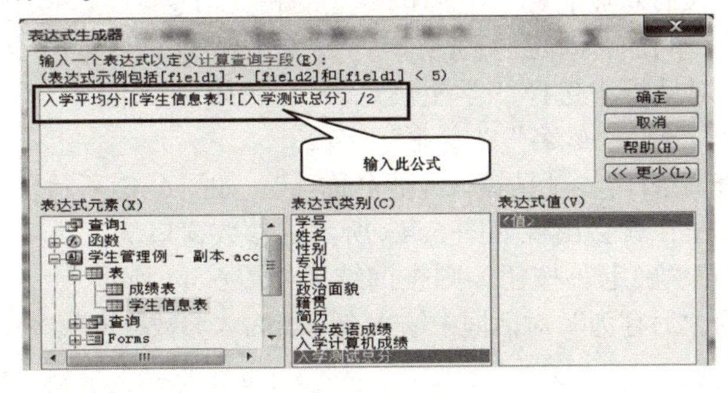

图 6.38　表达式生成器

学号	姓名	入学英语	入学计算机	入学测试	入学平均分
1004	王计琳	102.0	94	196	98
1001	孙纬	100.0	93	193	96.5
1010	杨梦琳	87.0	98	185	92.5
1003	张玉华	96.0	87	183	91.5
1009	吴化真	88.0	89	177	88.5
1008	刘丽兰	93.0	83	176	88
1006	赵华	98.0	78	176	88
1007	陈云	92.0	79	171	85.5
1002	李含	98.0	67	165	82.5
1005	李芪	95.0	65	160	80

图 6.39　计算平均分的查询结果

6.5.4　交叉表查询

交叉表查询主要用于显示某一个字段数据的统计值，比如求和、计数、求平均值等，使查询后生成的数据显示更清晰，结构更紧凑、合理。

【例 6.17】 在"学生管理"数据库中建立交叉表查询，统计各专业的男女生人数，效果如图 6.40 所示。

步骤1：打开“学生管理”数据库，单击“创建”选项卡，再单击“查询”组中的“查询设计”按钮。在弹出的“显示表”对话框中选择“学生信息表”，关闭对话框。

步骤2：单击工具栏中的交叉表按钮。

步骤3：分别双击“学生信息表”中的“学号”“性别”“专业”字段。

步骤4：在“学号”的“总计”栏选择“计数”，“交叉表”栏选择“值”，“性别”的“总计”栏选择“Group By”（分组），在“交叉表”栏选择“列标题”，“专业”的“总计”栏选择“Group By”，在“交叉表”栏选择“行标题”，如图6.41所示。

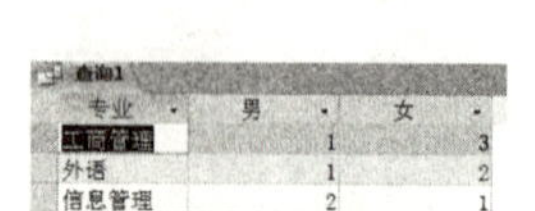

专业	男	女
工商管理	1	3
外语	1	2
信息管理	2	1

图6.40　交叉查询表的效果

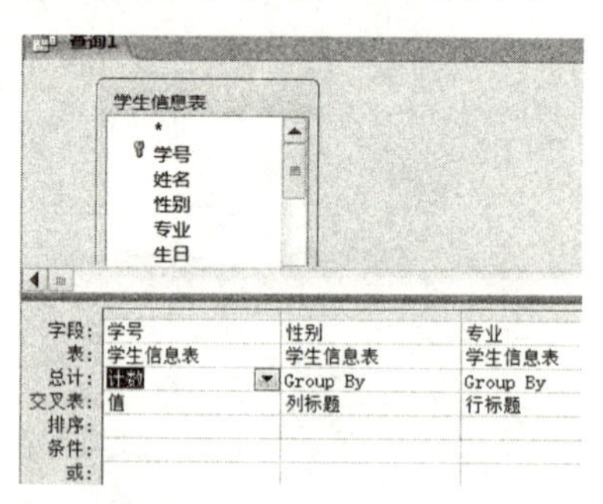

图6.41　交叉表查询的设计视图

步骤5：单击工具栏上的“运行”按钮，执行查询结果，结果如图6.40所示。

步骤6：保存为“交叉表查询”。

6.5.5　参数查询

参数查询是一种可以重复使用的查询，每次使用时都可以改变其准则。当运行一个参数查询时，都会出现一个对话框，提示用户输入新的准则。

参数查询类似于选择查询，只需在选择查询的条件栏中添加查询的条件即可。

【例6.18】建立参数查询，按每次输入的专业名称，查询该专业的相关信息。

步骤1：打开“学生管理”数据库，单击“创建”选项卡，再单击“查询”组中的“查询设计”按钮。在弹出的“显示表”对话框中选择“学生信息表”，关闭对话框。

步骤2：选择“学生信息表”中的“学号”“姓名”“专业”字段。

步骤3：在“专业”的条件行中输入查询条件：“[请输入专业名称:]”，如图6.42所示。

步骤4：单击工具栏上的“运行”按钮，就会出现如图6.43所示的参数窗口。

步骤5：若输入“信息管理”，再单击“确定”按钮，则查询结果如图6.44所示。

步骤6：单击“保存”按钮，在出现的“另存为”对话框中输入查询名称“参数查询”。

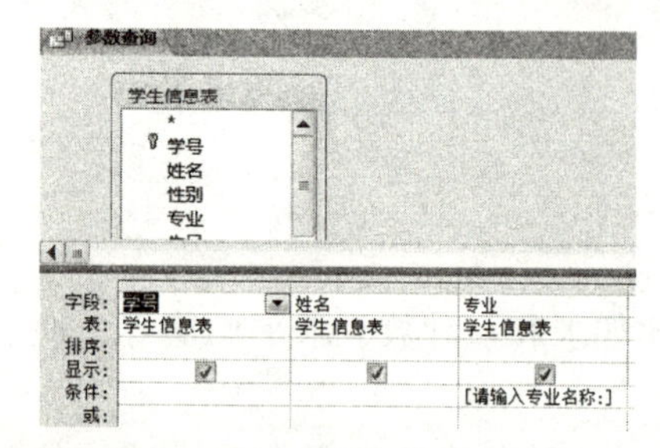

图6.42　参数查询的设计视图

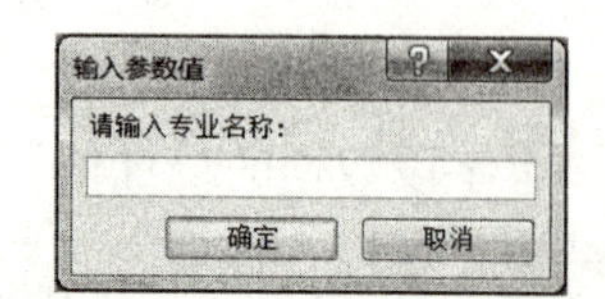

图6.43　参数查询的参数窗口

学号	姓名	专业
1001	孙纬	信息管理
1005	李芪	信息管理
1008	刘丽兰	信息管理

图6.44　交叉表查询结果

6.6 窗　　体

6.6.1 窗体概述

窗体是一种数据库对象，可用于输入、显示数据库中的数据。虽然我们在以前已经介绍过数据表、查询等数据库对象，利用它们来进行数据的管理。但是数据表、查询等对象在显示数据时，界面缺乏友好性，这对于不是很熟悉数据库的用户而言，不是特别方便。因此提供了窗体的功能，让不熟悉 Access 的用户也能方便操作。

1. 窗体的视图

打开任一窗体，然后单击屏幕左上角的“视图”按钮，可以弹出视图选择菜单，如图 6.45 所示。

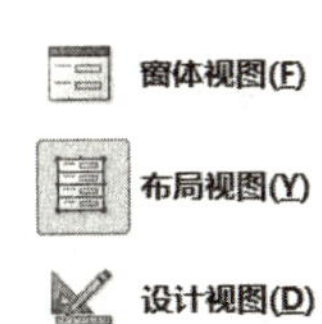

图 6.45　视图选择菜单

（1）窗体视图：这是用得最多的窗体，也是窗体的工作视图，该视图用来显示数据表中的记录。用户通过它查看、添加和修改数据，也可以设计美观人性化的用户界面，如图 6.46 所示。

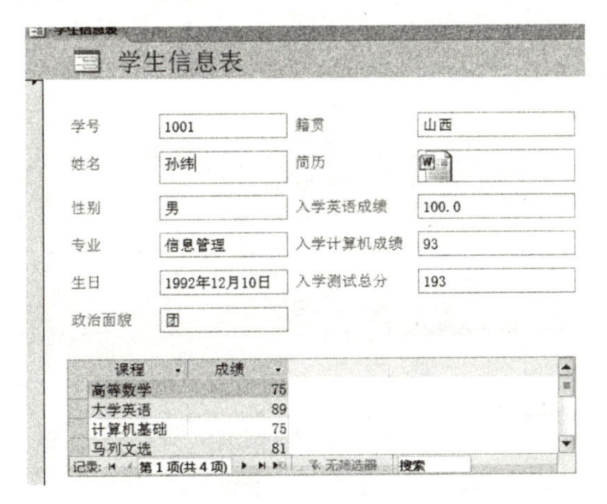

图 6.46　窗体视图

（2）布局视图：界面和“窗体视图”几乎一样，区别在于，里面各个控件的位置可以移动，可以对现有的各控件进行重新布局，但不能添加控件。

（3）设计视图：主要用来设计和修改窗体的结构，美化窗体等。

2. 窗体的创建方法

在“创建”选项卡下的“窗体”组中，可以看到创建窗体的多种方法。

（1）窗体：利用打开（或选定）的数据表或查询自动创建一个窗体。

（2）窗体设计：进入窗体的“设计视图”，通过各种窗体控件完成一个窗体。

（3）空白窗体：建立一个空白窗体，通过将选定的数据表字段拖进该空白窗体，从而建立窗体。

（4）窗体向导：运用“窗体向导”帮助用户创建一个窗体。

（5）多个项目：利用当前打开（或选定）的数据表或查询自动创建一个包含多项目的窗体。

（6）数据表：立即利用打开（或选定）的数据表或查询自动创建一个数据表窗体。

（7）模式对话框：创建一个带有命令按钮的浮动对话框窗口。

（8）数据透视图：一种高级窗体，以图形的方式显示统计数据，增强数据的可读性。

（9）数据透视表：一种高级窗体，通过表的行、列、交叉点来表现数据的统计信息。

6.6.2　自动创建窗体

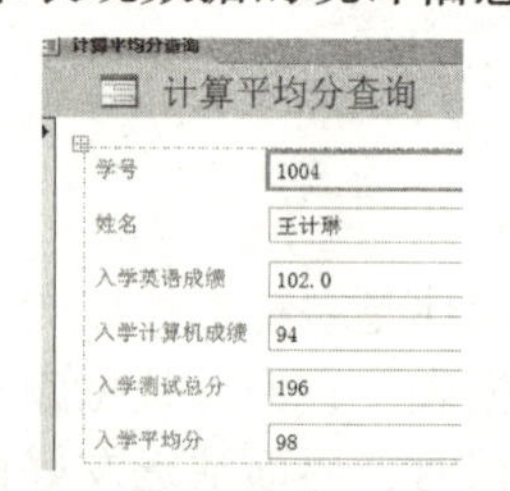

图 6.47　自动创建窗体的效果

【例 6.19】使用“窗体”按钮为“计算平均分查询”自动创建窗体

步骤 1：打开“学生管理”数据库，单击选中查询“计算平均分查询”。

步骤 2：单击“创建”选项卡，再单击“窗体”组中的“窗体”按钮，就自动建好了一个简单的窗体，如图 6.47 所示。

步骤 3：单击“保存”按钮，在出现的“另存为”对话框中输入窗体的名称即可。

6.6.3　使用向导创建窗体

【例 6.20】使用窗体向导为学生信息表创建窗体，选择的字段是学号、姓名、性别、专业、入学英语成绩、入学计算机成绩、入学测试总分等字段。

步骤 1：打开“学生管理”数据库，单击选中“学生信息表”。

步骤 2：单击“创建”选项卡，再单击“窗体”组中的“窗体向导”按钮，就弹出了一个对话框，如图 6.48 所示。

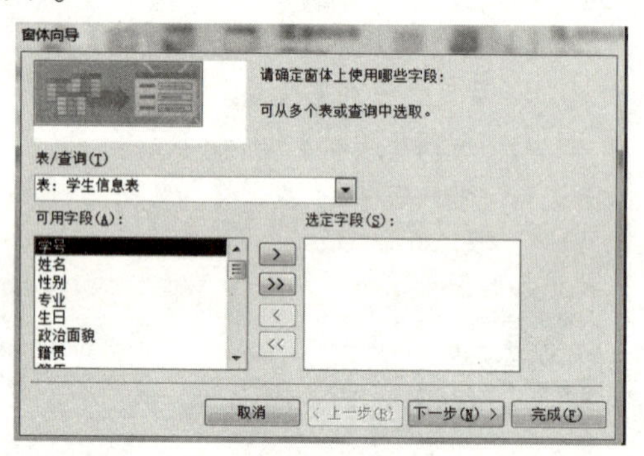

图 6.48　“窗体向导”的选择字段对话框

步骤 3：在“可用字段”列表框中双击所需要的字段，添加到“选定字段”列表框。

步骤 4：单击“下一步”按钮，弹出选择窗体布局的对话框。在本例中选择“纵栏表”，如图 6.49 所示。

步骤 5：单击“下一步”按钮，弹出为窗体定义名称的对话框，输入窗体名称“学生信息表窗体”，单击“完成”按钮，如图 6.50 所示。

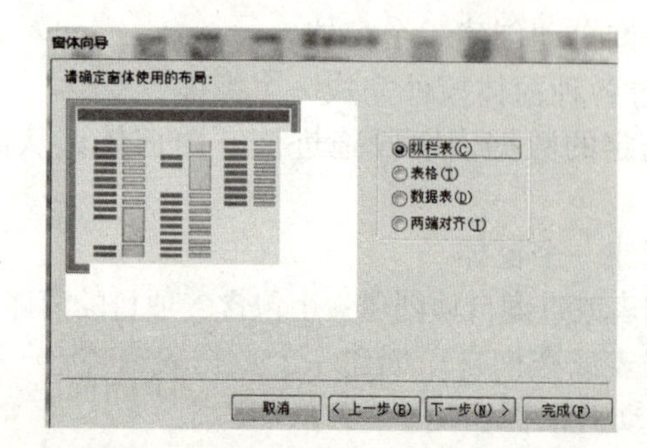

图 6.49　“窗体向导”的窗体布局对话框

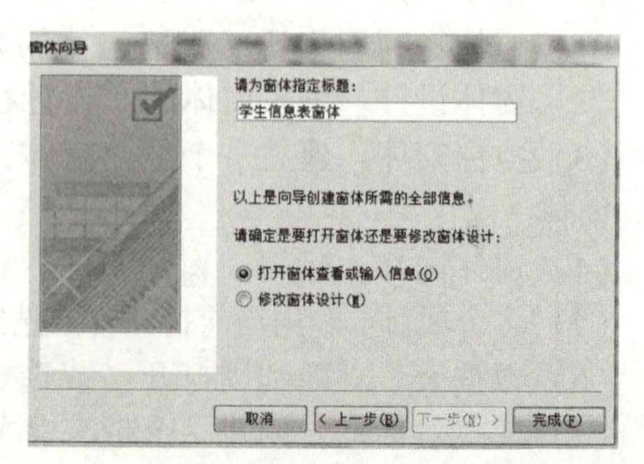

图 6.50　“窗体向导”的指定标题对话框

步骤 6：单击“保存”按钮，在出现的“另存为”对话框中输入窗体的名称即可。

6.7 报 表

报表是为将数据或信息输出到屏幕或者打印设备上而建立的一种对象。报表与窗体不同在于，窗体中可以输入、输出数据，而报表只能输出数据。

6.7.1 报表概述

1. 报表视图

报表提供了多种视图的查看方式，简介如下：

（1）报表视图：报表的显示视图，在里面执行各种数据的筛选和查看方式。

（2）打印预览：该视图中提前让用户观察报表的打印效果，如果打印效果不理想，可以随时更改设置。

（3）布局视图：界面和报表视图几乎一样，但是该视图中各个控件的位置可以移动，用户可以重新布局各种控件，删除不需要的控件，设置各个控件的属性，但是不能像设计视图一样添加各种控件。

（4）设计视图：用来设计和修改报表的结构，添加控件和表达式，设置控件的各种属性，美化报表等。

2. 报表的组成

在 Access 中，报表是按节来设计的。一般地，一个典型的报表应当包含以下报表节：

（1）报表页眉：报表页眉节只在报表开头显示一次。使用“报表页眉”可以放置通常可以出现在报表封面上的信息，如徽标、标题或日期等。

（2）页面页眉：页面页眉节显示在每一页的顶部。一般用来显示报表各个显示列的列标题。

（3）主体：主体是数据输出的主要区域，该节是构成报表主要部分的控件所在的位置。

（4）页面页脚：显示在每一页的结尾。使用页面页脚可以显示页码或每一页的特定信息。

（5）报表页脚：只在报表结尾处显示一次。使用报表页脚可以显示针对整个报表的汇总信息。

创建报表的方法主要有自动创建报表、报表向导、报表设计等。

6.7.2 自动创建报表

自动创建报表是创建报表最快速的方法，用户需要做的就是选定一个作为数据源的数据表或查询。

【例 6.21】使用自动创建报表方法为“计算平均分查询”创建一个报表。

步骤 1：打开“学生管理”数据库，单击选中“计算平均分查询”。

步骤 2：单击“创建”选项卡下的“报表”组中的“报表”按钮。Access 就自动创建了一个报表，如图 6.51 所示。

计算平均分查询

学号	姓名	入学英语成绩	入学计算机成绩	入学测试总分	入学平均分
1001	孙纬	100.0	93	193	96.5
1002	李含	98.0	67	165	82.5
1003	张玉华	96.0	87	183	91.5
1004	王计琳	102.0	94	196	98
1005	李芪	95.0	65	160	80
1006	赵华	98.0	78	176	88
1007	陈云	92.0	79	171	85.5
1008	刘丽兰	93.0	83	176	88

图 6.51　自动创建报表的输出效果

6.7.3　使用报表向导创建报表

用户可以使用报表向导来创建报表。在向导中，可以选择在报表上显示的字段，还可以指定数据的分组和排序方式。

【例 6.22】使用报表向导为学生信息表创建报表，选择的字段是学号、姓名、专业、入学英语成绩、入学计算机成绩、入学测试总分等字段。

步骤 1：打开“学生管理”数据库，单击选中“学生信息表”。

步骤 2：单击“创建”选项卡，再单击“报表”组中的“报表向导”按钮，就弹出了一个对话框，选择所需要的字段，如图 6.52 所示。

步骤 3：单击“下一步”按钮，弹出是否添加分组级别的对话框。在本例中选择“专业”作为分组依据，如图 6.53 所示。

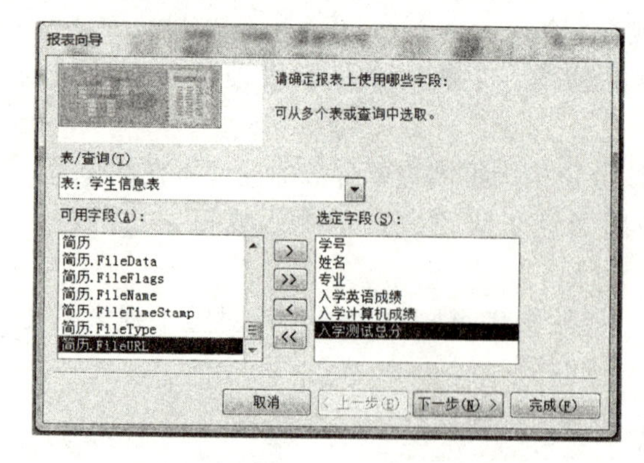

图 6.52　“报表向导”的选定字段对话框

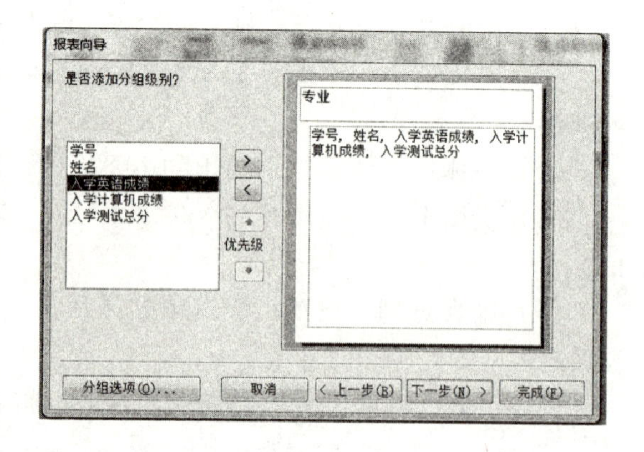

图 6.53　“报表向导”的设置分组级别对话框

步骤 4：单击“下一步”按钮，弹出设置数据排序的对话框。本例选用“学号”的升序，如图 6.54 所示。单击该对话框上的“汇总选项”按钮，弹出“汇总选项”对话框，选择对各门成绩进行平均分汇总，如图 6.55 所示。

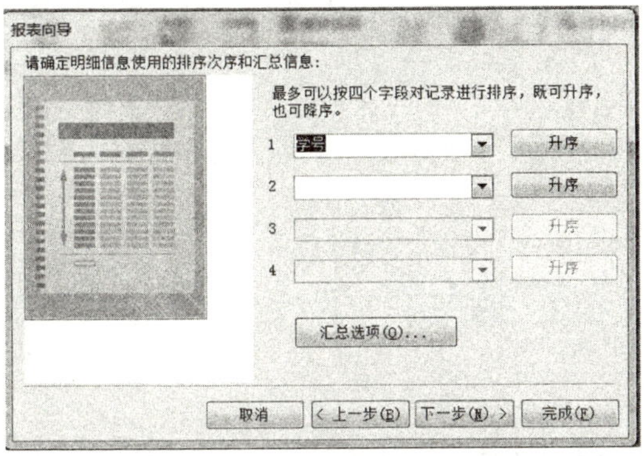

图 6.54　“报表向导”的数据排序对话框

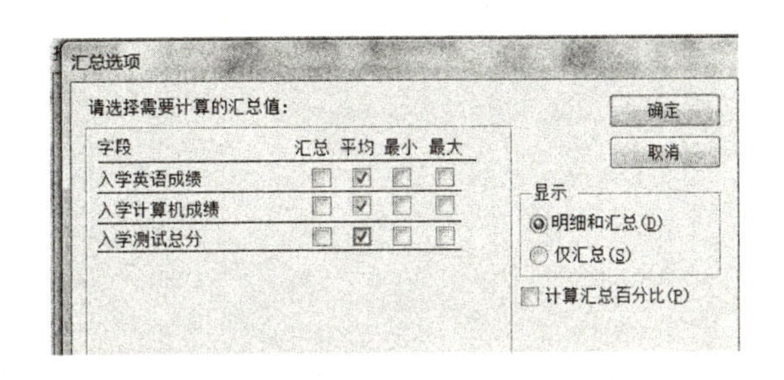

图 6.55　“汇总选项”对话框

步骤 5：单击“确定”，返回到图 6.54，然后单击“下一步”，弹出设置报表布局方式的对话框，这里选择默认方式。

步骤 6：单击“下一步”按钮，弹出设置报表名称的对话框，输入该报表的名称为“学生专业平均分”。

步骤 7：单击“确定”按钮，进入报表预览视图，如图 6.56 所示。

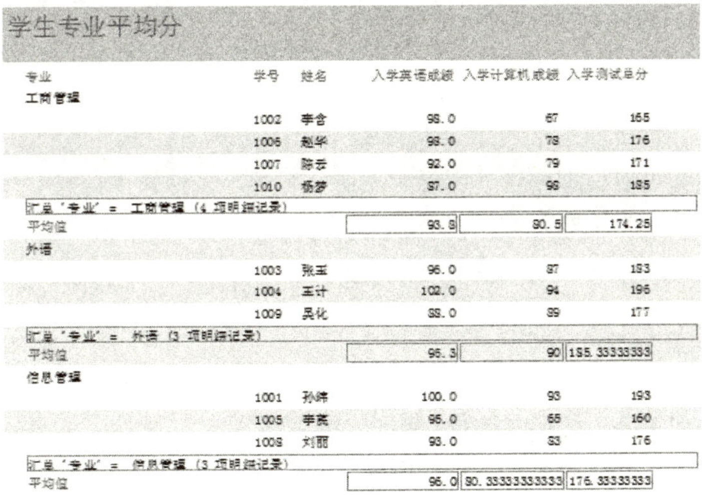

学生专业平均分

专业	学号	姓名	入学英语成绩	入学计算机成绩	入学测试总分
工商管理					
	1002	李含	98.0	67	165
	1006	赵华	98.0	78	176
	1007	陈云	92.0	79	171
	1010	杨梦	87.0	98	185
汇总‘专业’= 工商管理（4 项明细记录）					
平均值			93.8	80.5	174.25
外语					
	1003	张玉	96.0	87	183
	1004	王计	102.0	94	196
	1009	吴化	88.0	89	177
汇总‘专业’= 外语（3 项明细记录）					
平均值			95.3	90	185.3333333
信息管理					
	1001	孙峰	100.0	93	193
	1005	李英	95.0	65	160
	1008	刘丽	93.0	83	176
汇总‘专业’= 信息管理（3 项明细记录）					
平均值			96.0	80.3333333333	176.3333333

图 6.56　报表预览效果

习　题

1. 查询有几种视图？如果要设置查询条件，应在哪种视图中进行设置？
2. Access 中字段的有效性规则是指什么？
3. Access 2010 数据库有几种对象？简单叙述它们各自的作用是什么？
4. 如何建立和修改表与表之间的关系？
5. Access 2010 中的查询种类有哪几种？各自有什么作用？

第7章

多媒体技术基础

多媒体技术是一门迅速发展起来的新兴计算机综合性技术，它以传统的计算机技术为基础，结合现代电子信息技术、音视频技术、图形图像处理技术、视频处理技术、动画技术，使计算机具备了综合处理文本、图形、图像、声音、视频、动画等信息的能力，是计算机科学技术的重要发展方向之一。随着各种多媒体软件的开发和应用，以及多媒体计算机的逐步普及，多媒体技术和产品必将更广泛、深远地影响人们的工作和生活。

本章首先介绍多媒体和多媒体技术的基本概念、多媒体计算机系统的组成，然后介绍多媒体技术中声音、图形、图像、视频等媒体的处理方法，以及 Windows 7 提供的多媒体软件。

7.1 多媒体概述

多媒体技术是计算机技术的重要技术领域，多媒体技术使得计算机从原来只能处理数字、文字信息发展为可以处理声音、图形、图像、视频等多种媒体信息。多媒体技术的应用给人们的工作和生活带来了巨大的变化。

7.1.1 多媒体基本概念

1. 媒体的概念及分类

媒体（media）在计算机信息领域中泛指一切信息载体。媒体的含义有两种：一种是指表示信息的载体，如文字、图形、图像、声音、视频影像、动画等；而另一种是指存储信息的实体，如纸张、半导体存储器、磁带、磁盘、光盘等。

2. 多媒体及多媒体技术

多媒体是数字、文字、声音、图形、图像和动画等多种媒体的组合。计算机能处理的多媒体信息从时效性上可分为两类：静态媒体——包括文字、图形、图像；动态媒体——包括声音、动画、视频。

多媒体技术是指能对多种载体（媒介）上的信息和多种存储体（媒质）上的信息进行处理的技术。也就是一种把文字、图形、图像、视频、动画和声音等表现信息的媒体结合在一起，并通过计算机进行综合处理和控制，将多媒体各个要素进行有机组合，完成一系列随机性交互式操作的技术。

3. 多媒体技术的特点

多媒体的基本特征主要包括信息媒体的多样性、交互性和集成性等几个方面。

（1）多样性。多媒体扩展和放大了计算机处理的信息空间和种类，不再局限于数值和文本，而是广泛采用图形、图像、视频和音频等信息形式来表征内涵。

（2）交互性。交互性是指向用户提供更加有效的控制和使用信息的手段。比如说，人们可以使用键盘、鼠标、触摸屏等设备，通过计算机程序来控制各种媒体的播放。虚拟现实是交互应用的高级阶段。

（3）集成性。主要表现在两个方面：多种信息媒体的集成和处理这些媒体设备的集成。

7.1.2　多媒体的发展及应用

1. 多媒体技术的发展

多媒体是在现代信息技术不断进步的条件下，由多学科不断融合、相互促进而产生出来的。多媒体并不是新的发明，从某种意义上说，它是信息技术与应用发展的必然。多媒体技术真正得以实现是在 20 世纪 80 年代中期。1984 年，美国 Apple 公司首先在其 Macintosh 机上引入位图的概念，并用图标作为与用户的接口。同一年，Microsoft 公司推出了 Windows，它是一个图形操作环境。Windows 使用鼠标驱动的图形菜单，是一个具有多媒体功能、用户界面友好的多层窗口操作系统。随着大容量光盘的出现，为存储和表示声音、文字、图形、音频等高质量的数字化媒体提供了有效手段。

20 世纪 90 年代以来，多媒体技术逐渐成熟。多媒体技术从以研究开发为重心转移到以应用为重心。随着多媒体各种标准的制定和应用，极大地推动了多媒体产业的发展。很多多媒体标准和实现方法（如 JPEG 和 MPEG 等）已被做到芯片级，并作为成熟的商品投入市场。与此同时，涉及多媒体领域的各种软件系统及工具，也如雨后春笋，层出不穷。现在多媒体技术及应用正在向更深层次发展：下一代用户界面、基于内容的多媒体信息检索、保证服务质量的多媒体全光纤通信网、基于高速互联网的新一代分布式多媒体信息系统等。

2. 多媒体技术的应用

多媒体技术问世以来，在较短的时间内，以其信息表达方式直观、形象，交互操作方便、灵活的极大优势，很快风靡整个世界，特别是与电子、通信、网络等技术的完美结合，使多媒体技术的应用遍及人类社会生活的各个方面，领域不断扩大，主要体现在以下几方面。

（1）教育和培训。多媒体丰富多彩的表现形式和传播信息的巨大能力，为现代教育提供了最理想的教学环境。多媒体技术在教学中的应用，改变了传统的教学方法、教学手段和教学模式。多媒体和虚拟现实技术的结合，使各种新的教学形式不断涌现。模拟实验室可以进行物理、化学等仿真实验，能够仿造天文、地理及各种自然现象的真实场景，能够模拟生物进化等过程。

（2）电子出版。电子出版物是多媒体技术应用于新闻出版业的一种新型信息媒体形式。电子出版物分为电子图书、电子报纸、电子杂志、电子教材、游戏软件、影视作品等。它具有集成度高、交互性强、体积小、成本低、信息检索方式灵活方便、信息保存量大和复制容易等特点。电子出版物的大量涌现，使人们的阅读方式和图书馆的借阅方式也发生了巨大变化。

（3）信息展示。查询多媒体信息直观的表现形式，使其在商业服务、信息咨询等方面有着广阔的应用空间。多媒体技术与触摸屏技术结合的产品展示和信息咨询系统，已广泛应用于交通、旅游、宾馆、邮电、娱乐等公共场所。

（4）办公自动化。目前办公自动化的含义已不仅仅是计算机处理文字了，先进的多媒体技术和数字影像技术，将计算机、扫描仪、图文传真机、资料微缩系统等现代化办公设备与网络通信综合管理起来，构成全新的自动化办公系统，为人们提供了高效、便捷的工作条件。

（5）多媒体网络与通信。多媒体网络与通信是多媒体技术与网络通信技术结合，通过局域网与广域网为用户以多媒体方式提供信息服务。如视频会议、可视电话、网上聚会、计算机协同工作系统等形式。

（6）虚拟仿真。这是虚拟现实技术的重要应用。虚拟现实技术融合了数字图像处理、计算机图形学、多媒体技术、传感器技术等多个信息技术分支，是一门新兴的综合性技术。虚拟现实技术的应用领域和交叉领域非常广泛，如虚拟现实战场环境、虚拟现实作战指挥模拟、虚拟现实驾驶训练、虚拟实验室、虚拟现实游戏、虚拟现实影视艺术，等等。

（7）游戏和娱乐。多媒体技术中的三维动画、仿真模拟使计算机游戏变得逼真、精彩。游戏软件的开发已成为一种产业。多媒体技术的应用还涉及其他很多领域，随着多媒体技术的发展、社会信息化程度的加速、网络通信技术的提高，多媒体应用将是我们工作生活不可缺少的重要组成部分。

7.1.3　多媒体信息的类型

（1）文本。文本是以文字和各种专用符号表达的信息形式，它是现实生活中使用得最多的一种信息存储和传递方式。用文本表达信息给人充分的想象空间，它主要用于对知识的描述性表示，如阐述概念、定义、原理和问题以及显示标题、菜单等内容。

（2）图形。又称为矢量图。矢量图是用数学方法描述的一系列点、线、弧和其他几何形状，存放这种图所使用的格式称为矢量图格式，存储的数据主要是绘制图形的数学描述，特点是存储一幅图形的空间占用小，处理速度快，空间变换方便。采用这种图形方式的软件有 AutoCAD、电子 EDA 辅助设计等。

（3）图像。又称为位映像图或光栅图。这种图同电视图像一样，由像素组成，存储这种图所使用的格式称为位映像图格式（简称位图格式），存储的数据是描述像素的数值。图像是多媒体软件中最重要的信息表现形式之一，它是决定一个多媒体软件视觉效果的关键因素。

（4）声音。声音是人们用来传送信息、交流感情最方便、最熟悉的方式之一。在多媒体信息处理中，根据其内容可分为波形声音、语音和音乐。

（5）动画。动画是利用人的视觉暂留特性，快速播放一系列连续运动变化的图形图像，也包括画面的缩放、旋转、变换、淡入淡出等特殊效果。通过动画可以把抽象的内容形象化，使许多难以理解的教学内容变得生动有趣。合理使用动画可以达到事半功倍的效果。

（6）视频影像。视频影像具有时序性与丰富的信息内涵，常用于交代事物的发展过程。视频非常类似于我们熟知的电影和电视，有声有色，在多媒体中充当起重要的角色。

7.1.4　多媒体信息处理的关键技术

1. 数据压缩技术

多媒体数据的显著特点就是其数据量非常大。例如，一张彩色相片其数据量可达近 100 MB，而视频影像和声音的数据量则更加庞大。这给计算机的存储和网络传输都造成了很大的负担，所以要进行数据压缩，压缩后再进行存储和传输，需要时再解压缩、还原。

2. 专用芯片技术

多媒体专用芯片基于超大规模集成电路（VLSI）技术，它是多媒体硬件体系结构的关键技术。因为要实现音频、视频信号的快速压缩、解压缩和播放处理，需大量能快速计算而实现图像的特殊效果：如改变比例尺、淡入淡出，图像的生成、绘制等处理以及音频信号的处理等，只有采用专用芯片进行处理，才能取得满意的效果。除专用处理器芯片外，多媒体系统还需要其他集成电路芯片的支持，如数/模（D/A）和模/数（A/D）转换器、音频、视频芯片、彩色空间变换器及时钟信号产生器等。

3. 大容量光盘存储技术

多媒体的音频、视频、图像等信息虽经压缩处理，但仍需相当大的存储空间，即使大容量的硬盘，也存储不了许多多媒体信息。而近几年快速发展起来的光盘存储器（CD－compact disc）由于其原理简单，存储容量大，便于大量生产和价格低廉，被愈来愈广泛地用于多媒体信息和软件的存储。

4. 多媒体数据检索技术

多媒体技术和 Internet 的发展将人们带入了多媒体信息海洋，这就需要在多媒体信息库中找到一种针对多媒体的有效检索方式，帮助人们快速、准确地找到所需要的多媒体信息。基于内容的信息检索（content－based retrieval）是一种新的检索技术，是对多媒体对象的内容及上下文语义环境进行检索，如对图像中的颜色、纹理，或视频中的场景进行分析和特征提取，并基于这些特征进行相似性匹配。

5. 多媒体输入/输出技术

媒体输入/输出技术包括多媒体输入/输出设备、媒体显示和编码技术、媒体识别技术、媒体变换技术、媒体理解技术和媒体综合技术。

（1）媒体识别技术，对信息进行一对一的映像过程。例如，语音识别是将语音映像为一串字、词或句子。

（2）媒体变换技术，指改变媒体的表现形式，如当前广泛使用的视频卡、音频卡（声卡）都属媒体变换设备。

（3）媒体理解技术，对信息进行更进一步的分析处理和理解信息内容，如自然语言理解、图像语音模式识别等技术。

（4）媒体综合技术，把低维信息表示映像成高维的模式空间的过程，例如语音合成器就可以把语音的内部表示综合为声音输出。

7.2　多媒体计算机系统的组成

多媒体计算机系统是一种复杂的硬件和软件有机结合的综合系统。它把音频、视频等媒体与计算机系统融合起来，并由计算机系统对各种媒体进行数字化处理。通常地，多媒体计算机系统可分为多媒体硬件和多媒体软件两大部分。

7.2.1　多媒体硬件系统

1. 多媒体计算机

多媒体计算机可以是多媒体个人计算机（MPC），也可以是工作站或其他中、大型机。MPC 是目前市场上最流行的多媒体计算机系统，通常可以通过两种途径获取 MPC：一是直接购买厂家生产的MPC；二是在原有的PC机基础上增加多媒体套件升级为MPC，升级套件主要有声卡、CD - ROM驱动器等，再安装其驱动程序和软件支撑环境即可使用。由于多媒体计算机要求有较高的处理速度和较大的主存空间，因此MPC既要有功能强、运算速度高的CPU，又要有较大的内存空间。另外，高分辨率的显示接口也是必不可少的。

多媒体工作站采用已形成的工业标准POSIX和XPG3，其特点是：整体运算速度高、存储容量大、具有较强的图形处理能力、支持TCP/IP网络传输协议以及拥有大量科学计算或工程设计软件包等。如美国SGI公司研制的SGI Indigo多媒体工作站，它能够同步进行三维图形、静止图像、动画、视频和音频等多媒体操作和应用。它与MPC的区别在于不是采用在主机上增加多媒体板卡的办法来获得视频和音频功能，而是从总体设计上采用先进的均衡体系结构，使系统的硬件和软件相互协调工作，各自发挥最大效能，满足较高层次的多媒体应用要求。

2. 多媒体板卡

多媒体板卡是根据多媒体系统获取或处理各种媒体信息的需要插接在计算机上，以解决输入和输出问题。常用的多媒体板卡有显示卡、声音卡和视频卡等。

显示卡又称显示适配器，它是计算机主机与显示器之间的接口，用于将主机中的数字信号转换成图像信号并在显示器上显示出来。

声音卡可以用来录制、编辑和回放数字音频文件，控制各声源的音量并加以混合，在记录和回放数字音频文件时进行压缩和解压缩，采用语音合成技术让计算机朗读文本，具有初步的语音识别功能，另外还有MIDI接口以及输出功率放大等功能。

视频卡是一种基于PC机的多媒体视频信号处理平台，它可以汇集视频源和音频源的信号，经过捕获、压缩、存储、编辑和特技制作等处理，产生非常亮丽的视频图像画面。

3. 多媒体设备

多媒体设备十分丰富，一般为多媒体输入设备或多媒体输出设备。常用的多媒体设备有显示器、光盘存储器、音箱、摄像机、扫描仪、数字相机、触摸屏和投影机等。

7.2.2　多媒体软件系统

构建一个多媒体系统，硬件是基础，软件是灵魂。多媒体软件的主要任务是将硬件有机地组织在一起，使用户能够方便地使用多媒体信息。多媒体软件系统按功能可分为多媒体系统软件和多媒体应用软件。

1. 多媒体系统软件

多媒体系统软件除了具有一般系统软件的特点外，还反映了多媒体技术的特点，如数据压缩、媒体硬件接口的驱动、新型交互方式等。多媒体系统软件主要包括多媒体驱动软件、多媒体操作系统和多媒体开发工具等三种。

下面仅对多媒体开发工具作一介绍。多媒体开发工具是多媒体开发人员用于获取、编辑和处理多媒体信息，编制多媒体应用程序的一系列工具软件的统称。它可以对文本、图形、图像、动画、音频和视频等多媒体信息进行控制和管理，并把它们按要求连接成完整的多媒体应用软件。多媒体开发工具大致可分为多媒体素材制作工具、多媒体著作工具和多媒体编程语言等三类。

多媒体素材制作工具是为多媒体应用软件进行数据准备的软件，其中包括文字特效制作软件Word（艺术字）、COOL 3D，图形图像编辑与制作软件CorelDRAW、Photoshop，二维和三维动画制作软件 Animator Studio、3D Studio MAX，音频编辑与制作软件 Wave Studio、Cakewalk，以及视频编辑软件 Adobe Premiere 等。

多媒体著作工具又称多媒体创作工具，它是利用编程语言调用多媒体硬件开发工具或函数库来实现的，并能被用户方便地编制程序，组合各种媒体，最终生成多媒体应用程序的工具软件。常用的多媒体创作工具有 PowerPoint、Authorware、ToolBook 等。

多媒体编程语言可用来直接开发多媒体应用软件，不过对开发人员的编程能力要求较高。但它有较大的灵活性，适应于开发各种类型的多媒体应用软件。常用的多媒体编程语言有 Visual Basic、Visual C ++ 、Delphi 等。

2. 多媒体应用软件

多媒体应用软件又称多媒体应用系统或多媒体产品，它是由各种应用领域的专家或开发人员利用多媒体编程语言或多媒体创作工具编制的最终多媒体产品，是直接面向用户的。多媒体系统是通过多媒体应用软件向用户展现其强大的、丰富多彩的视听功能。例如，各种多媒体教学软件、培训软件、声像俱全的电子图书等，这些产品都可以光盘形式面世。

一般的多媒体系统主要由四个部分组成：多媒体操作系统、多媒体硬件系统、媒体处理系统工具和用户应用软件。

（1）多媒体操作系统：也称为多媒体核心系统（Multimedia Kernel System），具有实时任务调度、多媒体数据转换和同步控制对多媒体设备的驱动和控制，以及图形用户界面管理等功能。

（2）多媒体硬件系统：包括计算机硬件、声音/视频处理器、多种媒体输入/输出设备及信号转换装置、通信传输设备及接口装置等。其中，最重要的是根据多媒体技术标准而研制生成的多媒体信息处理芯片、光盘驱动器等。

（3）媒体处理系统工具：也称为多媒体系统开发工具软件，是多媒体系统的重要组成部分。

（4）用户应用软件：根据多媒体系统终端用户要求而定制的应用软件或面向某一领域的用户应用软件系统，它是面向大规模用户的系统产品。

7.3　多媒体信息的表示与处理

由于信息最本质的概念是客观事物属性的表面特征，其表现方式是多种多样的。因此多媒体应该是指多种信息类型的综合。这些媒体可以是图形、图像、声音、文字、视频、动画等信息表示形式，也可以是显示器、扬声器、电视机等信息的展示设备，传递信息的光纤、电缆、电磁波、计算机等中介媒质，还可以是存储信息的磁盘、光盘、磁带等存储实体。对于多媒体信息的处理主要包括有声音信息的处理，图形、图像信息的处理及视频信息的处理。

7.3.1　声音信息处理知识

1. 模拟音频信号的数字化

声音是携带信息极其重要的媒体，是通过空气传播的一种连续的波，叫作声波，它具有反射、折射和衍射现象。声音信号是由许多频率不同的分量信号组成的复合信号。复合信号的频率范围称为带宽。带宽为 20 Hz ~ 20 kHz 的信号称为音频（audio）信号，可以被人的耳朵感知。声音是人耳所感觉到的空气分子的振动，由振动的声波组成，通常用随时间变化的连续波形来表示。声音用3个物理量描述：振幅、周期、频率。振幅表示波形最高点（或最低点）与基线间距离，表示声音的强弱；周期表示两个连续波峰间时间长度；频率表示一秒钟内出现的周期数（振动次数），以Hz为单位。

声音信号是时间和幅度上都连续的模拟信号。而计算机内部只能识别0和1，所以计算机处理声音的第一步是将声音数字化，即将模拟信号变为数字信号，这个过程又称为模/数（A/D）转换，A/D转换过程包括三个阶段，即采样、量化、编码，如图7.1所示。

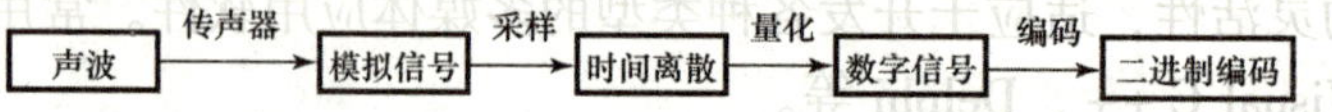

声波 —传声器→ 模拟信号 —采样→ 时间离散 —量化→ 数字信号 —编码→ 二进制编码

图7.1　声音数字化过程

2. 常用的声音压缩标准

声音信息的数据量往往很大。如16 bps样值的PCM编码，采样速率为44.1 kHz，则双声道立体声声音每秒将有176 kB的数据。为了便于声音的存储和传输，国际电报电话咨询委员会（CCITT）和国际标准化组织（ISO）先后提出一系列声音编码的建议，制定了一系列语音压缩的标准，如应用于电话线、卫星通信的具有电话质量的语音压缩标准G.711、G.721、G.723，宽带话音压缩标准G.722。

在计算机多媒体技术中，常用的声音压缩标准是MPEG音频。MPEG音频包括MPEG—1音频、MPEG—2音频和MPEG—2AAC音频。MPEG音频编码是国际上公认的高保真立体声音频压缩标准。为了实现高保真，它的音频信号的采样频率有了很大提高，音频信号的频率范围也大大增加。MPEG—1声音编码标准规定其音频信号采样频率可以有32 kHz、44.1 kHz或48 kHz三种，音频信号的带宽可以选择15 kHz和20 kHz。其音频编码分为3层：Layer 1、Layer 2和Layer 3。Layer 1的压缩比为4:1，编码速率为384 kbps；Layer 2的压缩比为8:1～6:1，编码速率为192～256 kbps；Layer 3即大家熟悉的MP3，其压缩比为12:1～10:1，编码码率为112～128 kbps。MPEG—1标准于1992年完成。MPEG—2标准针对MPEG－1有所改进，兼容MPEG—1标准，并且考虑到了多通道特性。

3. 声音文件的存储格式

经过采样后的声音以文件方式进行存储。声音文件有多种存储格式，目前最常用的声音文件类型主要有以下四种：

（1）波形音频文件（WAV）：波形音频文件是真实声音数字化后的数据文件，其文件所占存储空间都很大，每秒钟音频文件的字节数可用如下公式计算：

（采样频率×采样精度）/8

（2）数字音频文件（MIDI）：由于MIDI文件是一系列指令而不是声音波形，所以要求磁盘空间小，一般用于处理较长的音乐，为多媒体设计和指定播放音乐时间带来很大的灵活性。

（3）光盘数字音频文件（CD－DA）：其采样频率为44.1 kHz，每个采样使用16位存储信息。它可以提供高质量的音源，而且无须硬盘存储声音文件，声音直接通过光盘由CD－ROM驱动器中特定芯片处理后发出。

（4）网络数字音频文件：扩展名为“.au”。文件容量小，适合网上传输。

音频数据处理技术：主要指编辑声音和存储声音不同格式之间的转换。主要包括声音的采集、无失真数字化、压缩/解压缩以及声音的播放。数字音频处理软件主要功能有录制声音信号、声音剪辑、增加特殊效果及文件操作。

7.3.2　图形、图像信息处理知识

图形图像是人类最容易接受的媒体信息类型之一，也是多媒体技术中的重要媒体之一。

1. 图形和图像的基本概念

1）像素、图像与图形

计算机屏幕上的图像是由屏幕上的发光点（常称为像素）构成的，对每个点可用二进制数据来描述其颜色与亮度等属性。可以说，像素是构成点阵图像的基本元素，它是离散的，就像是在绘图纸上一样排列成矩阵形式。每个像素由一对整数（x，y）确定其在图像中的位置，此位置对应着显示器上的一个点或绘图纸上的一个小正方形色块。由连续区域内的像素构成的图像称为点阵图像，也称位图像。或者说，全部的像素形成的矩阵就构成了位图。

计算机科学中的图像（image）和图形（graphics）概念是有区别的。图像指由输入设备捕捉实际场景画面产生的数字图像，图像由像素点构成，每个像素点的颜色信息采用一组二进制数描述，因此图像又称为位图（bitmap），旋转、缩放后图像变得粗糙。图形也称为矢量图，它使用点、直线和曲线来描述。这些直线和曲线由计算机通过某种算法计算获得。图形文件保存的是绘制图形的各种参数，信息量较小，占用存储空间小。对图形进行放大、缩小或旋转等操作都不会失真。图形一般用来表达比较小的，易于用直线、曲线表现的图像，不适合表现色彩层次丰富的逼真图像。

2）图像分辨率和颜色深度

图像由像素组成，影响图像质量的因素主要包括分辨率和颜色深度。分辨率表示图像中像素的密度，单位是 dpi，表示每英寸长度上像素的数量。图像分辨率越高，包含的像素越多，表现细节就越清楚，但分辨率高的图像占用存储空间大，传送和显示速度慢。

数字化图像中每个像素的颜色都要用二进制数表示，表示颜色的二进制数的位数是有限的，所以图像中可以使用的颜色数量也是有限的。表示一个像素需要的二进制数的位数称为颜色深度。彩色或灰度图像的颜色可以使用 4 位、8 位、16 位、24 位和 32 位等二进制数来表示。颜色深度越高，可以描述的颜色数量就越多，图像的质量越好。图像包含像素越多、颜色深度越大，图像质量就越好，占用的存储空间也越大。

3）色彩模型

颜色一般分为两类，即彩色与非彩色。非彩色反映白色、黑色及各种深浅层次的灰色。彩色是指黑、白、灰色以外的各种颜色，这些颜色可由某种色彩模式根据各种特性的几种基本色彩光成分表示出来。表示彩色特性的方法有许多，如 RGB 模式、CMYK 模式、HSB 模式及 HLS 模式等。

RGB 色彩模式是色光的彩色模式，R 代表红色，G 代表绿色，B 代表蓝色。三种色彩相叠加形成了其他的色彩。因为这三种颜色中的每一种颜色都有 256 个亮度水平级，所以三种色彩叠加就能形成 1 670 万种颜色了（俗称“真彩”）。图像各部位的色彩均由 RGB 三个色彩通道上的数值决定。当 RGB 色彩数均为 0 时，该部位为黑色；当 RGB 色彩数值均为 255 时，该部位为白色。

虽然编辑图像时 RGB 色彩模式是首选的色彩模式，但打印所用的是 CMYK 模式，而 CMYK 模式所定义的色彩要比 RGB 模式定义的色彩少得多。当阳光照射到一个物体上时，这个物体将吸收一部分光线，并将剩下的光线进行反射。反射的光就是所见的物体颜色。

这是一种减色色彩模式，是与 RGB 色彩模式的根本不同之处。CMYK 即代表印刷上用的四种油墨色，C 代表青色，M 代表洋红色，Y 代表黄色。因为在实际应用中，以上三色很难形成真正的黑色，最多不过是褐色，因此又引入了 K——黑色。黑色用于强化暗部的色彩。

2. 图像数据的容量、图像压缩

在扫描一幅图像时，实际上就是按一定的图像分辨率和图像色彩深度对图片或照片进行采样，进而生成一幅数字化的图像。图像的分辨率越高、图像色彩深度越深，则数字化后的图像效果就越逼真，但是图像数据量也越大。图像效果与数据量两者的关系应该兼顾。按照像素点及其色彩深度计算的图像数据量有下面的公式：

图像数据量 = 图像的总像素 × 图像色彩深度/8（B）

例如，一幅 1 024 × 768 真彩色（24 位）的图像，其文件大小约为：

1 024 × 768 × 24/8 = 2.25（MB）

图像数据不仅占用很大的存储空间，而且影响传输。因此，图像处理的重要内容之一就是图像的压缩编码。

图像数据之所以能被压缩，就是因为数据中存在着冗余。图像数据的冗余主要表现为：图像中相邻像素间的相关性引起的空间冗余；图像序列中不同帧之间存在相关性引起的时间冗余；不同彩色平面或频谱带的相关性引起的频谱冗余。数据压缩的目的就是减少图像数据中的冗余信息，从而用更加高效的格式存储和传输数据。

图像压缩可以是有损数据压缩也可以是无损数据压缩。对于如绘制的技术图、图表或者漫画优先使用无损压缩，这是因为有损压缩方法，尤其是在低的位速条件下将会带来压缩失真。有损方法非常适合于自然的图像，例如一些应用中图像的微小损失是可以接受的（有时是无法感知的），这样就可以大幅度地减小位速。

3. 常见的图像文件格式

常用的图像格式有 BMP、GIF、JPEG、TIF、PSI、PNG、PCX、TGA 等。其中 BMP 格式是标准的 Windows 和 OS/2 的图像位图格式，文件扩展名是“.bmp”。BMP 格式通用性好，Windows 环境下运行的所有图像处理软件都支持 BMP 格式，但由于 BMP 格式未经过压缩，图像占用存储空间较大。GIF 格式只支持 256 种颜色，采用无损压缩存储，在不影响图像质量的情况下，可以生成很小的文件。虽然 GIF 图像的颜色深度较低，图像质量不高，但 GIF 图像文件短小、下载速度快、可以存储简单动画，所以 GIF 格式在网络上应用广泛。

7.3.3　视频信息处理知识

1. 视频信号及其数字化

视频图像是一种活动影像，它与电影和电视原理是一样的，都是利用人眼的视觉暂留现象，将足够多的画面（frame，帧）连续播放，只要能够达到每秒 20 帧以上，人的眼睛就觉察不出画面之间的不连续性。电影是以每秒 24 帧的速度播放，而电视则依视频标准的不同，有每秒 25 帧（中国用）和每秒 30 帧（美国用）之分。活动影像如果帧率在 15 帧/秒之下，则将产生明显的闪烁感甚至停顿感；而相反，若提高到 50 帧/秒甚至 100 帧/秒，则感觉到图像极为稳定。视频图像的每一帧，实际上就是一幅静态图像，所以图像的存储量大的问题，在视频图像中就显得更加严重。因为播放一秒钟视频就需要 20 ~ 30 幅静态图像，但是由于视频中的每幅图像之间往往变化不大，通常采用数据压缩技术，减小其存储空间。

2. 视频压缩标准

分辨率为 640 × 480 的 24 位真彩色数字视频图像的数据量大约为 1 MB/帧。如果每秒播放 25

帧图像，则 1 秒钟的视频将需要 25 MB 的硬盘空间。由此可见高效实时地压缩视频信号数据量的重要性。对视频数据进行压缩有两种基本途径：一种是通过硬件，如视频采集设备；另一种是通过软件，如视频编码器。视频压缩分为无损压缩和有损压缩。无损压缩是使压缩前后的数据保持一致不变。有损压缩则去掉一些感知不到的图像和音频信息。目前最流行的视频压缩编码标准主要是 MPEG。它是用于动态图像压缩的标准算法，它主要由以下 3 部分组成：

（1）MPEG 影视图像：它是关于影视图像数据的压缩编码技术。

（2）MPEG 声音：它是关于声音数据的压缩编码技术。

（3）MPEG 系统：它是关于图像、声音同步播放以及多路复合的技术。

MPEG－1 用于传输速度为 1.5 Mbps 的数字存储媒体，其质量比 VHS 的质量高。MPEG－2 影视图像的质量是广播级的，它的设计目标是在同一线路上传输更多的Cable－TV 信号，因此它采用了更高的数据传输速率。MPEG－4 制定了低数据传输速率的电视节目标准。

3. 常见的视频文件格式

目前常用的视频格式有 AVI、MPG、MOV、RM/RMVB、ASF、WMV、DIVX 等。其中 AVI 是一种支持音频/视频交叉存取机制的格式，它是 Microsoft 公司开发的一种符合 RIFF 文件规范的数字音频与视频文件格式。AVI 格式视频文件装入内存的速度快，播放效率高，文件播放时可以使用纯软件进行实时解压缩，不需要专门的解压硬件支持。RM 格式是 RealNetworks 公司制定的音频/视频压缩规范 RealMedia 中的一种。RealMedia 规范中主要包括三类文件：RealAudio、RealVideo 和 RealFlash。RealVideo 是一种流式视频文件格式，可以在数据传输过程中一边下载一边播放，实现影像数据的实时传送和实时播放。RM 格式以牺牲画面质量来换取可连续观看性，所以图像质量相对较差。

7.3.4　多媒体开发工具

多媒体符合现代信息社会的应用需求。目前，多媒体应用系统丰富多彩、层出不穷，已经深入到人类学习、工作和生活的各个方面。其应用领域从教育、培训、商业展示、信息咨询、电子出版、科学研究到家庭娱乐，特别是多媒体技术与通信、网络相结合的远程教育、远程医疗、视频会议系统等新的应用领域给人类带来了巨大的变革。

与此同时，多媒体制作的开发工具也得到快速发展。多媒体开发工具是基于多媒体操作系统的多媒体软件开发平台，可以帮助开发人员组织编排各种多媒体数据及创作多媒体应用软件。这些多媒体开发工具综合了计算机信息处理的各种最新技术，如数据采集技术、音频视频数据压缩技术、三维动画技术、虚拟现实技术、超文本和超媒体技术等，并且能够灵活地处理、调度和使用这些多媒体数据，使其能和谐工作，形象逼真地传播和描述要表达的信息，真正成为多媒体技术的灵魂。

1. 多媒体开发工具的类型

基于多媒体创作工具的创作方法和结构特点的不同，可将其划分为如下几类。

（1）基于时基的多媒体创作工具。基于时基的多媒体创作工具所制作出来的节目，是以可视的时间轴来决定事件的顺序和对象上演的时间。这种时间轴包括许多行道或频道，以使安排的多种对象同时展现。它还可以用来编程控制转向一个序列中的任何位置的节目，从而增加了导航功能和交互控制。典型代表有 Director 和 Action。

（2）基于图标或流线的多媒体创作工具。在这类创作工具中，多媒体成分和交互队列（事件）按结构化框架或过程组织为对象。它使项目的组织方式简化而且多数情况下是显示沿各分支路径上各种活动的流程图。创作多媒体作品时，创作工具提供一条流程线，供放置不同类型的图标使用。多媒体素材的展现是以流程为依据的，在流程图上可以对任一图标进行编辑。典型代表有 Authorware 和 IconAuthor。

（3）基于卡片或页面的多媒体创作工具。基于页面或卡片的多媒体创作工具提供一种可以将对象连接于页面或卡片的工作环境。一页或一张卡片便是数据结构中的一个节点，它类似于教科书中的一页或数据袋内的一张卡片。只是这种页面或卡片的结构比教科书上的一页或数据袋内的一张卡片的数据类型更为多样化。在基于页面或卡片的多媒体创作工具中，可以将这些页面或卡片连接成序列。典型代表有 ToolBook 和 HyperCard。

（4）以传统程序语言为基础的多媒体创作工具。编程量较大，而且重用性差、不便于组织和管理多媒体素材、调试困难，例如 VB、VC、Delphi 等。

2. 多媒体开发工具的功能

基于应用目标和使用对象的不同，多媒体创作工具的功能将会有较大的差别。归纳起来，多媒体创作工具的功能如下。

（1）优异的面向对象的编辑环境。多媒体创作工具能够向用户提供编排各种媒体数据的环境，也就是说能够对媒体元素进行基本的信息和信息流控制操作，包括条件算术运算、逻辑运算、数据管理和计算机管理等。多媒体创作工具还应具有将不同媒体信息输入程序的能力，以及时间控制能力、调试能力、动态文件输入与输出能力等。

（2）具有较强的多媒体数据 I/O 能力。多媒体创作工具应具备数据输入输出能力和处理能力，还可以对于参与创作的各种媒体数据进行即时展现和播放，以便能够对媒体数据进行检查和确认。其主要能力表现在：能输入/输出多种图像文件，如 BMP、PCX、TIF、GIF、TAG 等；能输入/输出多种动态图像及动画文件，如 AVS、AVI、MPG 等，同时把图像文件互换；能输入/输出多种音频文件，如 Waveform、CD - Audio、MIDI；具有 ODBC 连接和访问数据库文件的功能。

（3）动画处理能力。为了制作和播放简单动画，利用多媒体创作工具可以通过程序控制实现显示区的位块移动和媒体元素的移动。多媒体创作工具也能播放由其他动画软件生成的动画，以及通过程序控制动画中的物体的运动方向和速度，制作各种过渡等，如移动位图、控制动画的可见性、速度和方向；其特技功能指淡入淡出、抹去、旋转、控制透明及层次效果等。

（4）超链接能力。超链接能力是指从一个对象跳到另一个对象、程序跳转、触发、连接的能力。从一个静态对象跳到另一个静态对象，允许用户指定跳转连接的位置，允许从一个静态对象跳到另一个基于时间的数据对象。

（5）应用程序的连接能力。多媒体创作工具能将外界的应用控制程序与所创作的多媒体应用系统进行连接。也就是一个多媒体应用程序可激发另一个多媒体应用程序并加载数据，然后返回运行的多媒体应用程序。多媒体应用程序能够调用另一个函数处理的程序。多媒体创作工具应能让开发者编成模块化程序，使其能“封装”和“继承”，让用户能在需要时使用。

（6）友好的界面，易学易用。多媒体创作工具应具有友好的人机交互界面。屏幕展现的信息要多而不乱，即多窗口、多进程管理。应具备必要的联机检索帮助和导航功能，使用户在上机时尽可能不凭借印刷文档就可以掌握基本使用方法。多媒体创作工具应该操作简便，易于修改，菜单与工具布局合理，且具有强大的技术支持。

7.4　Windows 7 的多媒体功能

Windows 7 系统全方位支持影音分享、播放和制作，为欣赏音乐、浏览照片和看电影都带来更多的便利。不管是 Windows 7 旗舰版还是 Windows 7 家庭版都具有超强的影音功能，使用起来却简单易用，操作方便。Windows 7 超强的影音功能，给人带来了很大的惊喜。

7.4.1　画图软件

Windows 7 中全新的“画图”工具也引入了类似 Office 2010 的功能区，从而使得这个工具的使用更加方便，如图 7.2 所示。此外，新的画图工具加入了不少新功能，例如刷子功能可以帮助用户更好地进行“涂鸦”，而通过图形工具，可以为任意图片加入设定好的图形框，如五角星图案、箭头图案等。

1. 绘制线条

可以在“画图”窗口中使用多个不同的工具绘制线条。

（1）“铅笔”工具：在“主页”选项卡的“工具”组中单击“铅笔”工具按钮，可打开“铅笔”工具，使用该工具可绘制细的、任意形状的直线或曲线。

在“颜色”组中可设置绘图的颜色，单击“颜色 1”，再单击某种颜色，然后在图片中拖动指针进行绘图；若要使用颜色 2（背景）绘图，可在拖动指针时单击鼠标右键。

（2）刷子：使用“刷子”工具可绘制具有不同外观和纹理的线条，就像使用不同的艺术刷一样。使用不同的刷子可以绘制出具有不同效果的任意形状的线条和曲线。

在“主页”选项卡中单击“刷子”下方的向下箭头，可选择要使用的艺术刷。单击“粗细”按钮，然后单击某个粗细的线条，这将决定刷子笔画的粗细。

（3）“直线”工具。使用“直线”工具可绘制直线。使用此工具时，可以选择线条的粗细，还可以选择线条的外观。

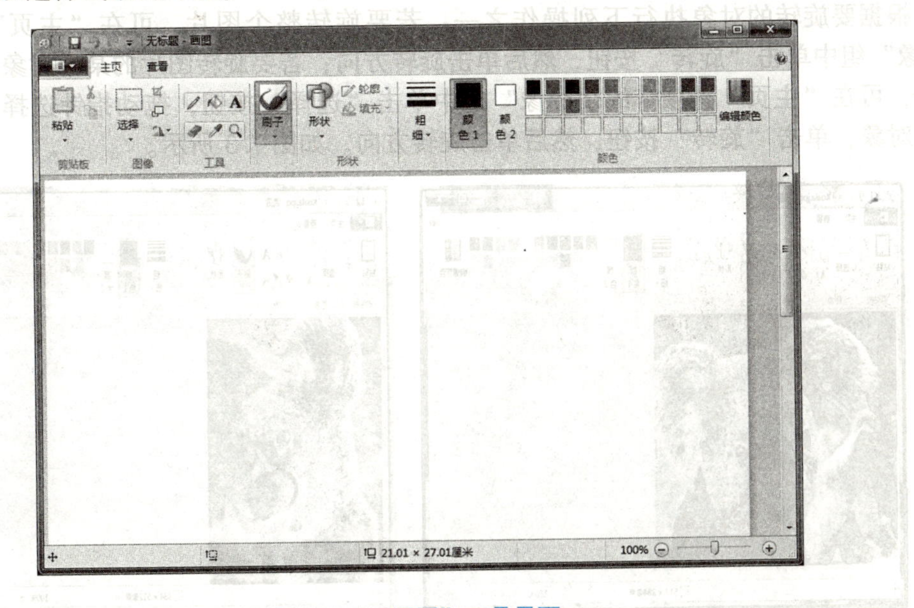

图 7.2　“画图”工具界面

若要更改线条样式，可在“形状”组中单击“边框”按钮，然后单击某种线条样式。

（4）“曲线”工具。使用“曲线”工具可绘制平滑曲线。在“主页”选项卡的“形状”组中单击“曲线”工具按钮。

在绘制时首先通过拖动鼠标创建直线，之后在图片中单击希望曲线弧分布的区域，然后拖动指针调节曲线。

2. 绘制其他形状

用户可以使用“画图”工具在图片中添加其他形状，除了传统的矩形、椭圆、三角形和箭头之外，还包括一些有趣的特殊形状，如心形、闪电形或标注等。如果用户希望自定义形状，还可以使用“多边形”工具。

3. 选择并编辑对象

在“画图”中可能希望对图片或对象的某一部分进行更改，此时就需要选择图片中要更改的部分，然后进行编辑。

（1）“选择”工具。使用“选择”工具可以选择图片中要更改的部分。在“主页”选项卡的“图像”组中单击“选择”下方的向下箭头，根据希望选择的内容执行相应的命令，如“矩形选择”“自由图形选择”“全选”“反向选择”等。

若要在选择中包含背景色，可取消选中“透明选择”复选框。粘贴所选内容时，会同时粘贴背景色，并且填充颜色将显示在粘贴的项目中；若要使选择内容变为透明，以便在选择中不包含背景色，则应选中“透明选择”复选框。粘贴所选内容时，任何使用当前背景色的区域都将变成透明色，从而允许图片中的其余部分正常显示。

（2）裁剪。使用“裁剪”工具可以剪切图片，使图片中只显示所选择的部分。另外，“裁剪”工具还可用于更改，以便只有选定的对象或人可见。

在“主页”选项卡的“图像”组中单击“选择”下方的箭头，然后选择要进行的选择类型，拖动指针以选择图片中要显示的部分，在“图像”组中单击“裁剪”按钮。

（3）旋转。使用“旋转”工具可旋转整个图片或图片中的选定部分。

根据要旋转的对象执行下列操作之一：若要旋转整个图片，可在“主页”选项卡的“图像”组中单击“旋转”按钮，然后单击旋转方向；若要旋转图片的某个对象或某个选定部分，可在“主页”选项卡的“图像”组中单击“选择”按钮，拖动指针选择要旋转的区域或对象，单击“旋转”按钮，然后单击旋转方向。如图 7.3 所示。

图 7.3　将图片旋转 180°的前后效果对比

（4）调整整个图片大小。在“主页”选项卡的“图像”组中单击“重新调整大小”按钮，弹出“调整大小和扭曲”对话框，如图7.4所示。

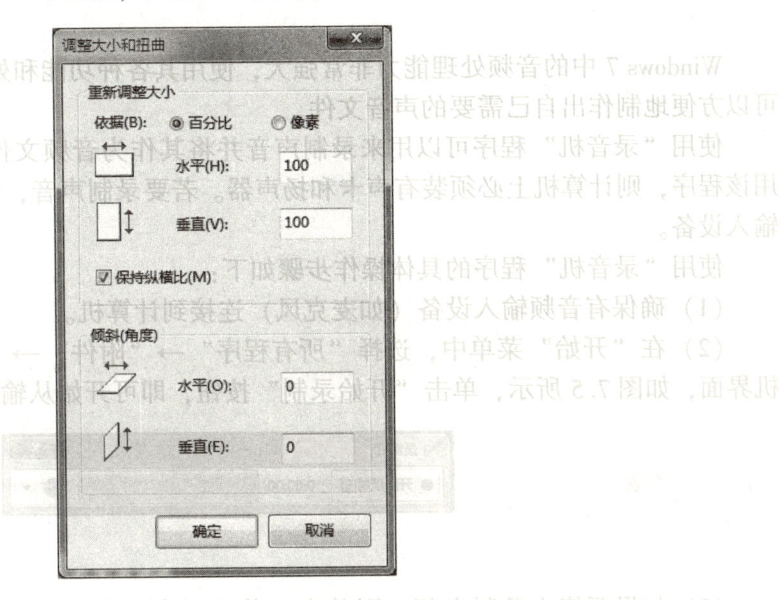

图7.4　“调整大小和扭曲”对话框

（5）扭曲对象。在图7.4的对话框的“倾斜（角度）”栏的“水平”和“垂直”文本框中输入选定区域的扭曲量（度）。

（6）更改绘图区域大小。根据要调整绘图区域大小的方式执行以下操作之一：若要使绘图区域变大，可将绘图区域边缘上其中一个白色小框拖到所需的尺寸；若要通过输入特定尺寸来调整绘图区域大小，可单击“画图”按钮，然后单击“属性”按钮，并在“宽度”和“高度”文本框中输入新的宽度和高度值，然后单击“确定”按钮。

4. 处理颜色

有很多工具专门帮助处理“画图”中的颜色，这些工具允许在“画图”中绘制和编辑内容时使用期望的颜色。

（1）颜料盒。“颜料盒”是指当前的“颜色1（前景色）”和“颜色2（背景色）”颜色，其使用方式取决于在“画图”中进行的操作。

使用颜料盒时，可以进行下列一项或多项操作：若要更改选定的前景色，则需在“主页”选项卡的“颜色”组中单击“颜色1”，然后单击某个色块；若要更改选定的背景色，则需在“主页”选项卡的“颜色”组中单击“颜色2”，然后单击某个色块；若要用选定的前景颜色绘图，则需拖动指针；若要用选定的背景颜色绘图，则需在拖动指针时单击鼠标右键。

（2）颜色选取器。使用“颜色选取器”工具可以设置当前的前景色或背景色。通过从图片中选取某种颜色，可以确保在“画图”中绘图时使用所需的颜色，以使颜色匹配。

（3）用颜色填充。使用“用颜色填充”工具可为整个图片或封闭图形填充颜色。操作方法如下：

在“主页”选项卡的“颜色”组中单击“颜色1”，然后依次单击选择某种颜色，以及要填充该颜色的区域内部；若要删除颜色并将其替换为背景色，则需单击“颜色2”，然后单击某个色块，然后右键单击要填充该颜色的区域。

7.4.2　录音机

Windows 7 中的音频处理能力非常强大，使用其各种功能和处理音频的工具“录音机”，可以方便地制作出自己需要的声音文件。

使用“录音机”程序可以用来录制声音并将其作为音频文件保存在计算机上，若要使用该程序，则计算机上必须装有声卡和扬声器。若要录制声音，则还需要麦克风或其他音频输入设备。

使用“录音机”程序的具体操作步骤如下：

（1）确保有音频输入设备（如麦克风）连接到计算机。

（2）在“开始”菜单中，选择“所有程序”→“附件”→“录音机”命令，打开录音机界面，如图 7.5 所示，单击“开始录制”按钮，即可开始从输入设备录制声音。

图 7.5　录音机界面

（3）如果要停止录制音频，则单击“停止录制”按钮。此时，弹出“另存为”对话框，在“文件名”文本框中为录制的声音输入文件名，然后单击“保存”按钮将录制的声音另存为音频文件（. wma）。

7.4.3　多媒体播放器——Windows Media Player

Windows Media Player 是 Windows 操作系统中的一个重要组件，Windows 7 系统中自带最新版本的 Windows Media Player 12，它不仅在界面上较之前版本发生了显著的变化，而且在功能上也带给用户更好的体验。使用 Windows Media Player 12 可以查找和播放计算机或网络上的数字媒体文件、CD 和 DVD，以及来自 Internet 的数据流，还可以从音频 CD 翻录音乐，将喜爱的音乐刻录成 CD 等。

1. 认识界面

在 Windows 7 中依次选择“开始”→“所有程序”→“Windows Media Player”命令，启动 Windows Media Player，其界面的主要组成部分，如图 7.6 所示。

图 7.6　Windows Media Player 主界面

2. 三种播放模式

使用 Windows Media Player 可以在三种播放模式之间进行切换，即“播放机库”模式、“正在播放”模式和“全屏幕”模式。使用“播放机库”模式可以全面控制播放机的大多数功能，在默认情况下启动时即为“播放机库”模式，如图 7.6 所示。而“正在播放”模式提供最适合播放的简化媒体视图。

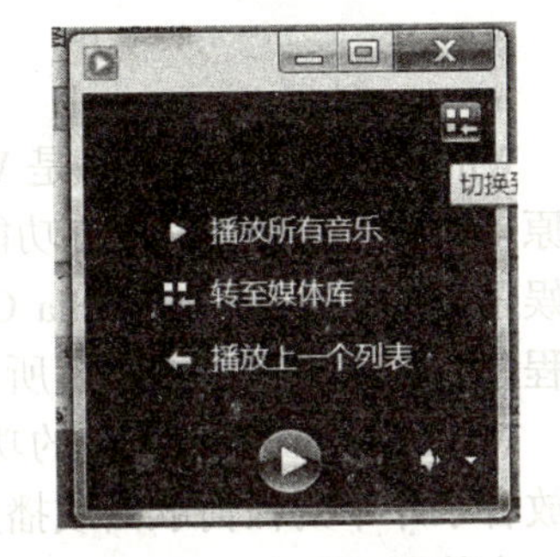

图 7.7　正在播放模式

（1）“正在播放”模式：若要从“播放机库”转至“正在播放”模式，只需单击播放机窗口右下角的“切换到正在播放”按钮即可，如图 7.7 所示。

（2）“播放机库”模式：若要从“正在播放”模式返回到播放机库，可单击播放器窗口右上角的“切换到媒体库”按钮。在播放机库中可以访问并整理数字媒体收藏集，而在导航窗格中可以选择要在细节窗格中查看的类别（如音乐、图片或视频等）。例如，若要查看所有的按流派整理的音乐，则应双击“音乐”按钮，然后单击“流派”按钮，将项目从细节窗格拖动到列表窗格，以创建播放列表、刻录 CD 或 DVD，或与设备同步（如便携式音乐播放机）。

（3）“全屏幕”模式：在“正在播放”模式中单击右下角的“全屏视图”按钮，可以切换到“全屏幕”模式。

3. 播放音频或视频文件

使用 Windows Media Player 可以播放位于播放机库、计算机、网络文件夹或网站上的数字媒体文件。

（1）播放播放机库中的文件。启动 Windows Media Player 后，如果播放机当前已打开且处于“正在播放”模式，那么可单击播放机右上角的“切换到媒体库”按钮。

若要播放播放机库中的文件，需执行以下操作：在“细节窗格”中双击该项以开始播放，单击“播放”选项卡，然后将项目从“细节窗格”拖动到“列表窗格”，此时将开始播放列表中的第一个项目，当第一个项目播放完后接着播放第二个项目，依此类推。另外，也可以用鼠标双击列表中的项目来播放特定的项目。

（2）播放非播放机库中的文件。若要播放非播放机库中的文件，需执行以下操作：在播放机库中单击“播放”选项卡，然后将需要播放的文件从任意位置的文件夹窗口中拖动到列表窗格中。

（3）播放 CD 或 DVD。使用 Windows Media Player 可以播放音频 CD、数据 CD 和包含音乐文件或视频文件的数据 DVD。

如果计算机中安装有 DVD 驱动器和兼容的 DVD 解码器，则可以使用 Windows Media Player 来播放 DVD 视频光盘。播放 CD 或 DVD 的方法是：将要播放的 DVD 光盘插入驱动器，然后光盘将自动开始播放 DVD。如果光盘未自动播放，则需打开 Windows Media Player，然后在播放机媒体库的导航窗格中单击该光盘的名称。如果此时插入的是 DVD，则应单击 DVD 标题或章节名称。

4. Windows Media Player 的快捷操作方法

在使用 Windows Media Player 时，常用的快捷操作方法如下：按【F8】键可降低音量，按【F9】键可提升音量，按【F7】键可静音；按【Ctrl】+【N】用于创建新的播放列表，按【Ctrl】+【O】用于打开媒体文件，按【Ctrl】+【T】用于在打开重复播放和关闭重复播放之间进行快速切换。

7.4.4　多媒体娱乐中心——Windows Media Center

Windows Media Center 是 Windows 7 自带的多媒体工具，具有较强的功能。它实质上是将原来的 Media Player 所有功能、Windows DVD Maker 等其他程序及一些硬件功能构建成一个娱乐程序。Windows Media Center 即多媒体娱乐中心，是 Windows 7 版本中一个多媒体应用程序，其主界面如图 7.8 所示。

Windows Media Center 的功能主要有：观看、暂停和录制直播电视；观看照片和幻灯片；播放音乐库中的任何歌曲或播放 CD 或 DVD。

在使用 Windows Media Center 播放多媒体文件前，需要先将多媒体文件添加到该程序中。其操作方法如下：

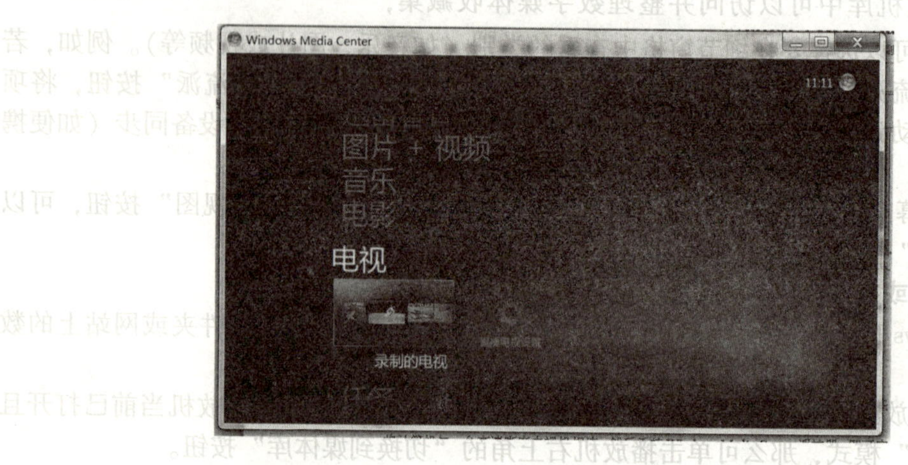

图 7.8　Windows Media Center 的主界面

（1）在 Windows Media Center 的初始界面上，移动鼠标指针到“任务”选项，然后单击“设置”选项。在打开的窗口中单击“媒体库”按钮，如图 7.9 所示。

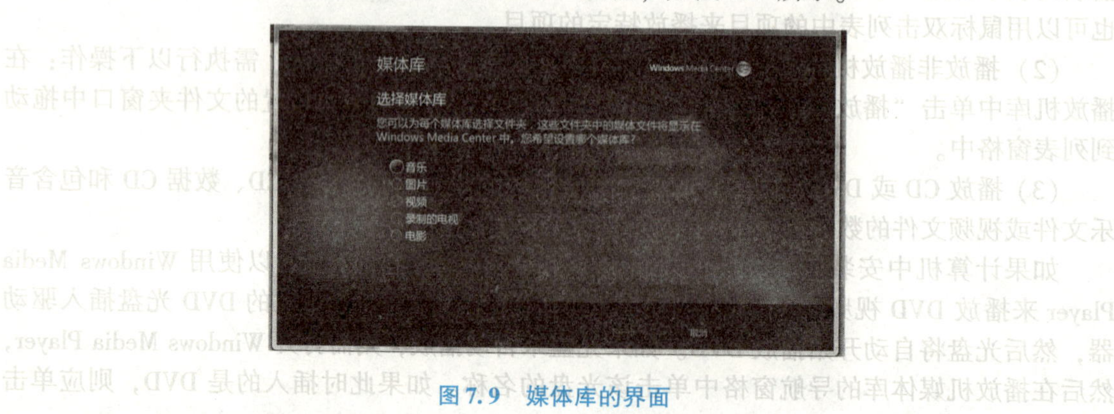

图 7.9　媒体库的界面

（2）选择要添加的媒体类型（如“音乐”），然后单击“下一步”按钮，选中“向媒体库中添加文件夹”单选按钮，然后单击“下一步”按钮。

（3）选择媒体文件的存储位置，然后单击“下一步”按钮，如图 7.10 所示。

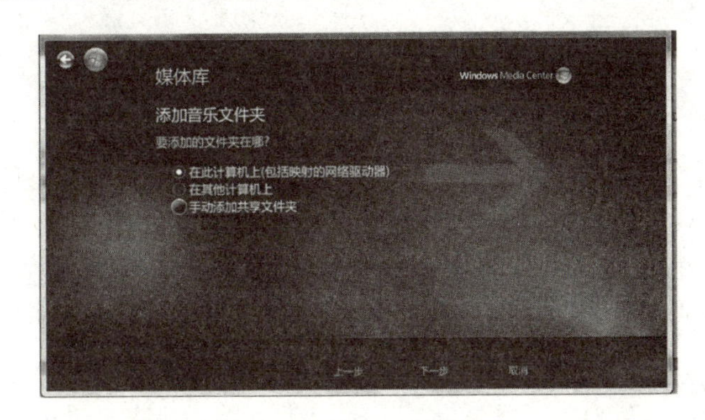

图 7.10　添加音乐文件夹

（4）为媒体库添加媒体文件夹。先找到要添加的文件夹，然后选中文件夹前面的复选框，依次单击“下一步”按钮。在打开的“确认更改”窗口中选中“是，使用这些位置”单选按钮。单击“完成”按钮，即可将媒体文件添加到 Windows Media Center 中。

Windows Media Center 可以播放音频文件，具体操作方法如下：

在 Windows Media Center 的初始界面上，选择“音乐”→“音乐库”选项，在打开的窗口中单击某个分组（如“唱片集”或“艺术家”），然后选择要欣赏的音乐，单击“播放”按钮，即可开始播放音乐。

使用 Windows Media Center 查看图片的具体操作方法如下。

（1）在 Windows Media Center 的初始界面中，选择“图片 + 视频”→“图片库”选项，弹出图 7.11 所示的主界面，其中显示“文件夹”“标记”“拍摄日期”等菜单项，单击“文件夹”按钮，图片文件将按字母顺序排列文件夹和文件；单击“拍摄日期”按钮，将按日期排列文件夹和文件。单击“幻灯片放映”按钮，将新建幻灯片，此时可将需要的图片放入幻灯片中放映。

图 7.11　查看图片文件的界面

（2）单击“幻灯片放映”→“创建幻灯片放映”选项，在打开的“命名幻灯片放映”界面中输入新幻灯片的名字，单击“完成”，再单击“下一步”按钮。

（3）在“选择媒体”的界面中，选择“图片库”，打开文件夹，将需要图片的复选框依次选中，如其他文件夹中还有所需的图片文件，则选“添加其他项目”，最后单击“创建”。

（4）放映幻灯片。单击“创建幻灯片放映”选项下的名称，即可打开幻灯片。单击

“播放幻灯片”按钮，开始播放新建的幻灯片。

7.4.5　音量控制器

Windows 7 系统任务栏的右下方有一个大家熟悉的小喇叭图标，一般地，单击该喇叭图标，可以打开 Windows 7 系统的设备扬声器音量控制界面，如图 7.12 所示，移动中间的滑块，可以增加或者减小音量。如果右击任务栏上的该小喇叭图标，会弹出一个快捷菜单，可以对音量作丰富的设置，如图 7.13 所示，单击“打开音量合成器”菜单项，打开音量控制界面。

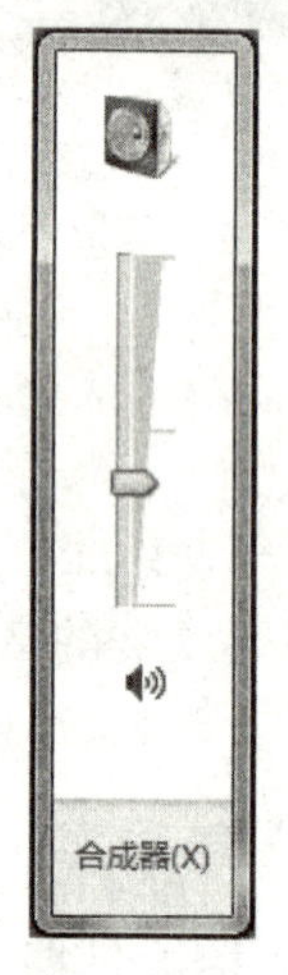

图 7.12　扬声器音量控制界面

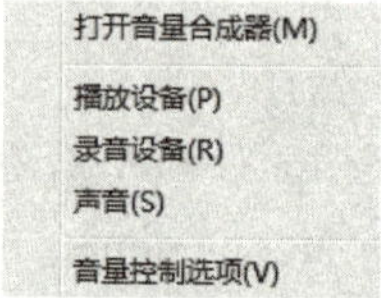

打开音量合成器(M)
播放设备(P)
录音设备(R)
声音(S)
音量控制选项(V)

图 7.13　扬声器音量控制菜单

在 Windows 7 系统的“音量合成器－扬声器”的设置面板中，可以看到 Windows 7 系统当前正在运行的所有声音程序，可以分别调节每一个设备的音量，可以增加也可以减小设备的音量。

习　题

1. 多媒体与传统媒体有何区别？简述多媒体的发展历史。
2. 什么是媒体？什么是多媒体？多媒体信息的类型分哪几种？
3. 信息处理的关键技术有哪些？
4. 简述多媒体系统的组成及层次结构。
5. 多媒体的输入输出设备有哪些？
6. 多媒体计算机软件系统的特点是什么？
7. 简述声音信息处理的基本过程。
8. 多媒体开发工具的类型有哪些？多媒体开发工具的基本功能是什么？
9. 试举出一两个实例说明现实生活中有哪些多媒体应用？
10. 你所关注的新媒体有哪些？说说它们给你的生活带来了哪些变化？
11. 请列举出几种常见的图像、音频、视频处理软件的名称及用途。

第 8 章

演示文稿制作软件 PowerPoint 2010

在我们的日常生活中，经常需要进行产品展示、广告宣传、学术交流、课堂教学和工作汇报等，PowerPoint 是完成这些工作的重要工具。PowerPoint 2010 是微软公司办公软件 Office 2010 中的一个重要组件，它主要用于制作集文字、声音、图形、图像以及视频等多媒体元素为一体的演示文稿。PowerPoint 2010 以全新的界面、更加丰富的主题样式、精美的 SmartArt 图形、触手可及的动画设置、更加便捷的操作方式，让用户快速制作图文并茂、声音与视频兼备的多媒体演示文稿。

通过本章的学习，能够利用 PowerPoint 2010 软件，掌握制作演示文稿的操作方法和基本的操作技巧，能够制作出一个内容丰富多彩、精美的演示文稿。

8.1 PowerPoint 2010 的基本操作

使用 PowerPoint 软件创建的文件称为演示文稿，其文件扩展名为“. pptx”。演示文稿由一张张的幻灯片组成，在幻灯片中可以插入文本、图片、声音和视频等对象。本节将介绍 PowerPoint 2010 的基本操作，包括 PowerPoint 2010 的启动、视图方式，演示文稿的创建和打开等知识。

8.1.1 PowerPoint 2010 的启动和退出

1. 启动 PowerPoint 2010

启动 PowerPoint 2010 有以下两种常用的方法：

（1）单击“开始”菜单，依次选择“所有程序”→“Microsoft Office”→“Microsoft PowerPoint 2010”命令，启动 PowerPoint，其窗口界面如图 8. 1 所示。

（2）利用资源管理器找到事先已建立的演示文稿，双击该演示文稿，即可启动 PowerPoint 2010，同时打开该演示文稿。

2. PowerPoint 2010 的退出方法

（1）单击 PowerPoint 2010 窗口右上角的“关闭”按钮。

（2）单击“文件”按钮菜单的“退出”命令。

（3）双击 PowerPoint 2010 窗口左上角的控制菜单按钮P。

（4）按【Alt】+【F4】组合键。

注意：在退出之前应先将编辑过的演示文稿进行保存，否则，在退出 PowerPoint 时，系统会显示一个对话框，询问是否保存对该文稿的修改。可根据实际需要选择“保存”“不保存”或“取消”操作。

8.1.2　PowerPoint 2010 的工作界面

启动了 PowerPoint 2010 后，系统打开如图 8.1 所示的主窗口。PowerPoint 2010 的菜单栏和工具栏较 PowerPoint 2003 有了较大的改观。

1. 标题栏

标题栏位于主窗口的最上方，显示的是当前编辑的演示文稿的文件名。在启动 PowerPoint 2010 后，系统会自动建立一个空白的演示文稿，默认的名称为“演示文稿 1”。

2. 工具栏

PowerPoint 2010 中，将菜单栏和工具栏合并在一起，以选项卡方式显示，单击菜单名则打开相应的工具栏，称之为“功能区”，它不再使用 PowerPoint 2003 中的下拉式菜单。用户可以单击功能区上某个工具旁的下三角形按钮▼，在弹出的列表中选择要做的具体操作，如图 8.2 所示。

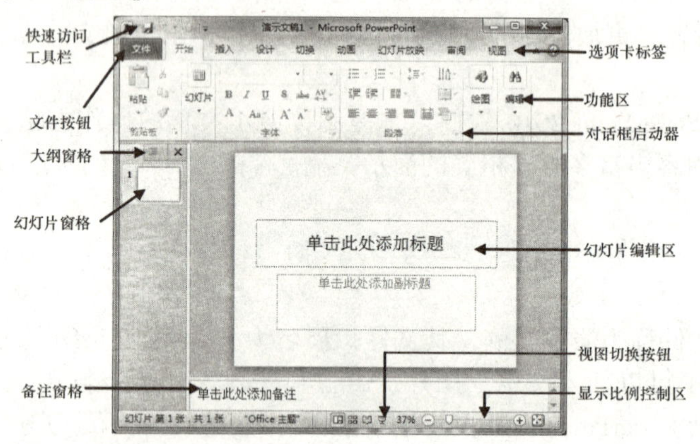

图 8.1　PowerPoint 2010 的工作主窗口

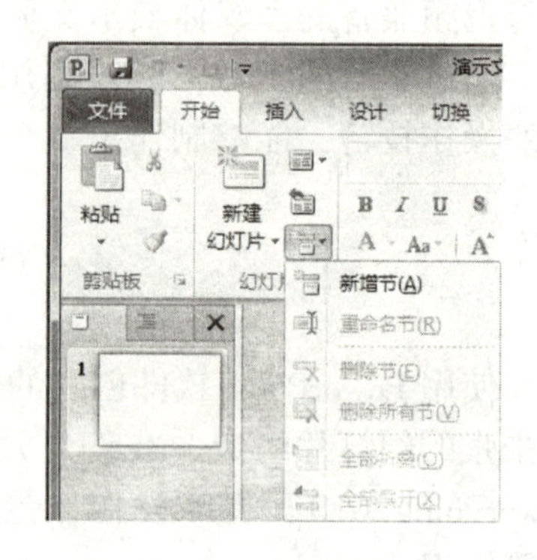

8.2　功能区某个工具的选项

3. 大纲/幻灯片窗格

大纲/幻灯片窗格位于 PowerPoint 工作界面的左边。“大纲”选项卡以大纲形式显示幻灯片文本。“幻灯片”选项卡是在编辑时以缩略图的形式在演示文稿中观看幻灯片。使用缩略图能方便地遍历演示文稿，并观看任何设计更改的效果，还可以轻松地重新排列、移动、添加或删除幻灯片。

用户可以在“幻灯片”和“大纲”选项卡之间进行切换。

说明： 若要打印演示文稿大纲的书面副本，并使其只包含文本（就像大纲视图中所显示的那样）而没有图形或动画，则单击“文件”按钮，然后，依次单击“打印”→“设置”→“整页幻灯片”→“大纲”项，再单击顶部的“打印”。

4. 幻灯片编辑区

幻灯片编辑区显示当前幻灯片的大视图。在此视图中显示当前幻灯片时，可以添加文本，插入图片、表格、SmartArt 图形、图表、图形对象、文本框、电影、声音、超链接和动画等对象。

5. 备注窗格

在幻灯片编辑区下的“备注”窗格中，可以键入要应用于当前幻灯片的备注。用户可以根据需要将备注打印出来，并在放映演示文稿时进行参考。还可以将打印好的备注分发给观众，或者将备注包括在发送给观众或发布在网页上的演示文稿中。

6. 显示比例控制区

显示比例控制区可以放大或缩小幻灯片编辑区的大小，使之适合 PowerPoint 窗口的大小。

8.1.3　PowerPoint 2010 的视图方式

PowerPoint 中有许多视图可帮助您创建出具有专业水准的演示文稿。PowerPoint 2010 提供了演示文稿视图和母版视图模式，演示文稿视图包括普通视图、幻灯片浏览视图、备注页视图、幻灯片放映视图、阅读视图 5 种视图方式，可用于编辑、浏览和放映演示文稿。母版视图包括幻灯片母版、讲义母版和备注母版。可以在功能区中选择“视图”选项卡，然后在“演示文稿视图”组或“母版视图”组中选择相应的按钮，即可改变视图方式，如图 8.3 所示。或者单击主窗口底部的“视图切换”按钮，可以在普通视图、幻灯片浏览、阅读视图和幻灯片放映视图这 4 种方式之间切换。

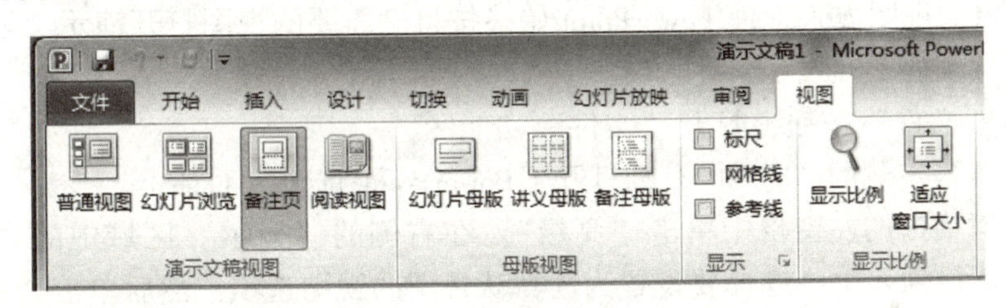

图 8.3　“视图”选项卡

1. 普通视图

普通视图是主要的编辑视图，可用于撰写和设计演示文稿。普通视图有三个工作区域，即大纲/幻灯片窗格、幻灯片编辑区、备注窗格。幻灯片编辑区用于对单张幻灯片进行设计外观、编辑文本、插入图形、声音和影片等多媒体对象，并对某个对象设置动画效果，或者创建超链接。

注：在“视图”功能区的“显示”组中选中“标尺”或“网格线”复选框，可在普通视图中显示出标尺或网格线。

2. 幻灯片浏览视图

幻灯片浏览视图可以缩略图的形式查看幻灯片。通过浏览视图，用户可以在创建演示文稿以及准备打印演示文稿时轻松地对演示文稿的顺序进行排列和组织；还可以在幻灯片浏览视图中添加节，并按不同的类别或节对幻灯片进行排序。

3. 备注页视图

用于输入当前幻灯片的备注。创建备注有两种方法，一是在普通视图下的备注窗格中输入文本内容；二是选择“视图”选项卡，在其“演示文稿视图”组中单击“备注页”项，切换到备注页视图，在备注页视图中，除了输入文本外，还可插入图片。注意，插入到备注页的对象不能在幻灯片放映方式中显示，但可以打印备注页内容。

4. 幻灯片放映视图

幻灯片放映视图用于向观众放映演示文稿。幻灯片放映视图会占据整个计算机屏幕，这与观众观看演示文稿时在大屏幕上显示的演示文稿完全一样。在这种视图方式下，可以看到图形、计时、电影、动画和幻灯片切换在实际演示中的具体效果。若要退出幻灯片放映视图，可按【Esc】键，或单击鼠标右键，选择“结束放映”。

5. 阅读视图

在幻灯片阅读视图下，演示文稿的幻灯片内容以全屏方式显示，如果设置了动画效果、切换效果等，也将全部显示其效果。

6. 母版视图

母版视图包括幻灯片母版视图、讲义母版视图和备注母版视图。它们是存储有关演示文稿信息的主要幻灯片，其中包括背景、颜色、字体、效果、占位符大小和位置。使用母版视图的一个主要优点在于，在幻灯片母版、备注母版或讲义母版上，可以对与演示文稿关联的每个幻灯片、备注页或讲义的样式进行全局更改。

默认情况下，打开 PowerPoint 时以普通视图方式显示演示文稿。如果要将默认的视图方式更改为所需要的视图方式，使 PowerPoint 始终按自己需要的视图打开演示文稿，可以按以下步骤来设置默认视图方式：

（1）单击“文件”按钮，打开“文件”功能区。

（2）单击屏幕左侧的“选项”，则打开“PowerPoint 选项”对话框。

（3）在该对话框的左窗格中单击“高级”。在右侧的“显示”区域中的“用此视图打开全部文档”下拉列表中，选择要设置为新默认视图的视图选项，然后单击“确定”按钮。

8.1.4　演示文稿的创建、保存和打开

与 PowerPoint 2003 相比，PowerPoint 2010 在操作上有了很大的不同，下面介绍如何创建、打开和保存演示文稿。

1. 创建新的演示文稿

（1）打开 PowerPoint 2010 软件，单击“文件”按钮，然后单击“新建”命令，如图 8.4 所示。

（2）选择新建演示文稿的方式。在图 8.4 中可以看到，PowerPoint 2010 提供了多种可用的模板和主题：空白演示文稿、最近打开的模板、样本模板、主题、我的模板、根据现有内容新建等。用户可以根据实际情况来选择某种方式来新建演示文稿。

①空白演示文稿。单击“空白演示文稿”项，然后单击“创建”按钮，创建一个空白的演示文稿，参见图 8.1。这种演示文稿由不带任何模板设计但带有布局格式的空白幻灯片组成。用户可以发挥自己的想象力，创建个性鲜明的演示文稿。不过这种方式的工作量较大，对用户要求较高。

②样本模板。PowerPoint 模板是一个或一组幻灯片的模式或设计图。模板可以包含版式、主题颜色、主题字体、主题效果、背景样式，甚至可以包含内容。用户使用模板可以省去很多工作量，但不能完全满足用户的需要，用户要根据自己的要求修改模板。

③最近打开的模板。如果用户在上次使用 PowerPoint 时已经打开过模板，则“最近打开的模板”项可帮助用户使用最近一次打开过的模板来创建新的演示文稿。

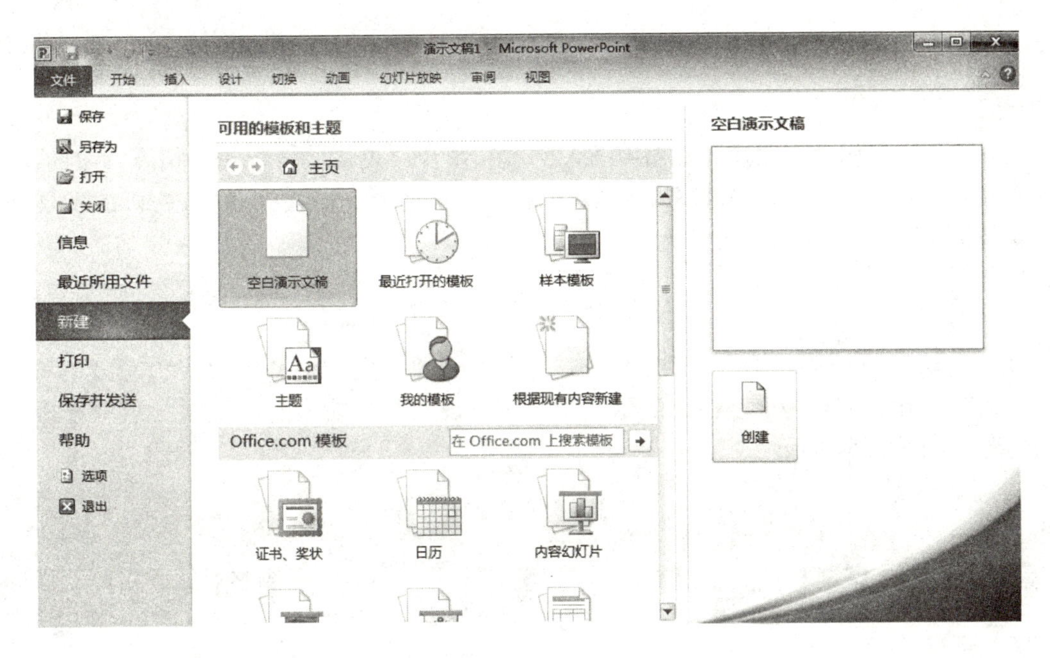

图 8.4　创建新的演示文稿

④主题。若要使演示文稿具有设计高质量的外观，该外观包括一个或多个与颜色、匹配背景、字体和效果协调的幻灯片版式，可以应用一个主题。主题还可以应用于幻灯片中的表格及 SmartArt 图形、形状或图表。

⑤根据现有内容新建。此方式可以用现有演示文稿作为设计模板，在原有的样式和风格的基础上修改内容来生成新的演示文稿。这种方式适合于已经制作出较好作品的用户。

2. 打开演示文稿

启动 PowerPoint 2010 软件，单击“文件”按钮，然后单击“打开”命令，选择所需的演示文稿文件，然后单击“打开”按钮，即可打开所选择的演示文稿文件。

3. 保存演示文稿

（1）保存未命名的演示文稿。在建立新的演示文稿时，PowerPoint 会自动给演示文稿起一个临时的文件名“演示文稿 1”，这时该文稿还没有被保存到硬盘中，如果关机或突然断电，该文稿就会被从内存中清除。所以，需要保存文稿。单击“快速访问”工具栏的“保存”按钮，或者选择“文件”按钮→“保存”或“另存为”命令，在弹出的“另存为”对话框中，键入演示文稿的文件名，选择存放路径，单击“保存”按钮即可。

（2）保存已命名的演示文稿。当编辑一个已经命名的演示文稿时，选择“文件”→“保存”命令，则使用原有的文件名在原来的位置保存文件，并替换文件的原有内容。如果选择“文件”→“另存为”命令，则可以使用新的文件名、选择其他位置保存该演示文稿。

注意：默认情况下，PowerPoint 2010 将演示文稿保存为扩展名是“.pptx”格式的文件。这种格式的文件不能在 PowerPoint 2003 中打开。若要以非“.pptx”格式保存演示文稿，则需在“另存为”对话框中的“保存类型”下拉列表中选择“PowerPoint 97 – 2003 演示文稿（*.ppt）”选项。

8.2 编辑演示文稿

本节将通过案例学习在演示文稿中插入文本、图片、表格、声音和视频等对象的操作。案例内容为：制作一个演示文稿来介绍计算机的发展简史，以文件名“PC 机的发展简史.pptx”保存到“D:\USER”文件夹中。

8.2.1 插入文本

（1）启动 PowerPoint 2010，依次选择“文件”→“新建”→“空白演示文稿”项，单击“创建”按钮，创建一个空白的演示文稿。在“设计”功能区的“主题”组中选择“凸显”主题，如图 8.5 所示。

图 8.5 选择主题

（2）单击幻灯片窗格的“单击此处添加标题”，输入标题文字“PC 机的发展简史”，并以同样的方法输入副标题。

（3）用鼠标选中主标题文字，在“开始”功能区的“字体”组中可根据需要设计主标题文字的字体、字号、颜色等属性。以同样的方法修改副标题的字体、字号和颜色等属性，效果如图 8.6 所示。

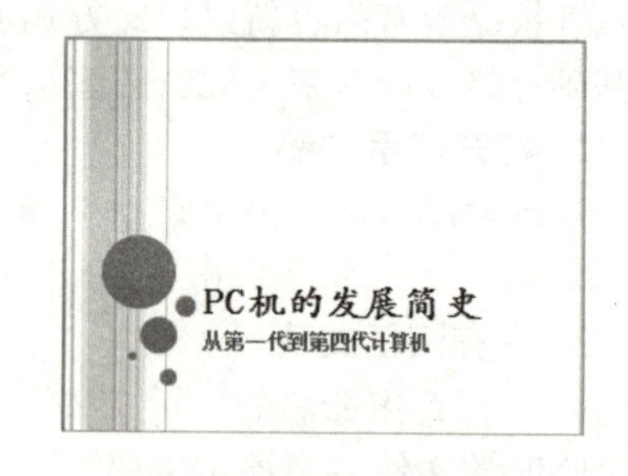

图 8.6 为幻灯片添加标题

（4）单击“开始”功能区，在“幻灯片”中单击“新建幻灯片”，在打开的列表中选择“标题和内容”项，插入第 2 张幻灯片，如图 8.7 所示。新插入的幻灯片效果如图 8.8 所示。在图 8.8 中有 6 个图标，将鼠标移动到这些图标上，会出现相应的功能介绍，分别是插入表格、插入图表、插入 SmartArt 图形、插入来自文件的图片、剪贴画和插入媒体剪辑。单击其中的某个图标，可以插入相应的对象。

（5）在图 8.8 所示的幻灯片中添加标题和文本，并根据需要设置文字的字体、字号、颜色等，效果如图 8.9 所示。

（6）单击“保存”按钮，将该演示文稿命名为“PC 机的发展简史.pptx”，并保存到“D:\USER”文件夹中。

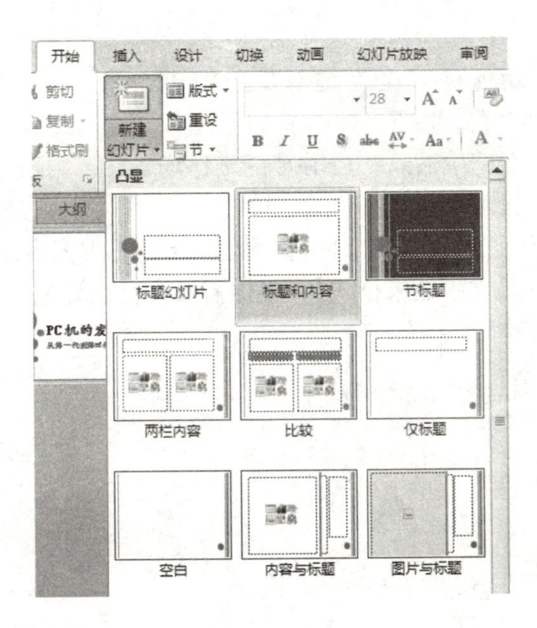

图 8.7　新建幻灯片

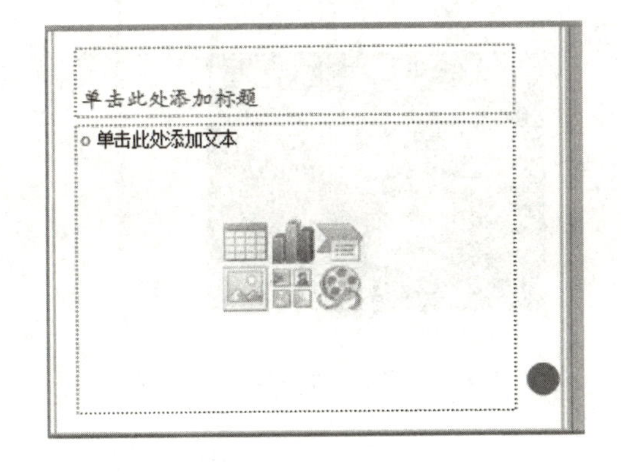

图 8.8　“标题和内容”版式的幻灯片

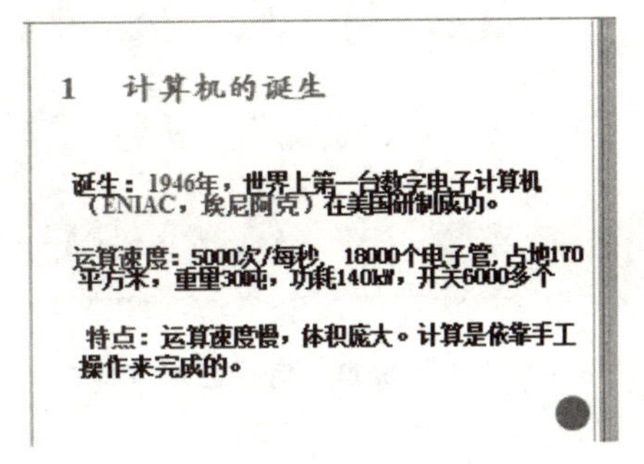

图 8.9　为幻灯片添加标题和文本

8.2.2　插入图片和艺术字

利用 PowerPoint 创作的演示文稿不仅包含文字信息，还可以包含图形、图像、声音和各种视频信息。

1. 插入图片

(1) 打开“PC 机的发展简史 .pptx”文件，单击“开始”功能区，在“幻灯片”组中单击“新建幻灯片”项，在打开的列表中选择“标题和内容”项，插入第 3 张幻灯片，效果如前面的图 8.8 所示。

(2) 单击图 8.8 中的“插入来自文件的图片”图标，打开“插入图片”对话框，选择要插入图片的位置，将图片插入到幻灯片中。插入图片后的效果如图 8.10 所示。

图 8.10　在幻灯片中插入图片

2. 插入艺术字

（1）单击“插入”功能区，在“文本”组中单击“艺术字”项，打开艺术字样式选项，如图 8.11 所示。单击自己喜欢的艺术字样式，则出现编辑艺术字的文本框，在框中输入“ENIAC 的工作场景”，并把该编辑框拖动到幻灯片的顶部，效果如图 8.12 所示。

（2）如果还想让艺术字显示更加个性化的效果，可以在艺术字的文本框上单击右键，在弹出的菜单中选择“设置文本效果格式”，根据需要自行设计艺术字的效果。

（3）单击“保存”按钮。

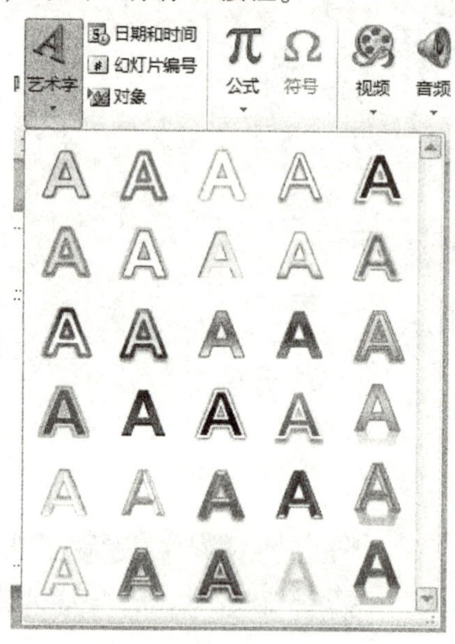

图 8.11　选择艺术字样式

图 8.12　在幻灯片中插入艺术字

8.2.3　插入表格和图表

1. 插入表格

（1）打开“PC 机的发展简史 . pptx”，单击“开始”功能区，在“幻灯片”组中单击“新建幻灯片”项，在打开的列表中选择“标题和内容”项，插入第 4 张幻灯片。

（2）在“添加标题”文本框中输入“计算机的发展阶段”，并设置这些文字的字体、字号等属性。

（3）单击该幻灯片中“插入表格”的图标，在“插入表格”对话框的“列数”框中输入“3”，在“行数”框中输入“5”。单击“确定”按钮，添加了 5 行 3 列的表格。

（4）可在“表格工具”功能区中选择表格的设计和布局格式，如图 8.13 所示。

（5）在表格的相应位置输入内容。

（6）调节表格的行高和列宽，其方法与 Word 表格操作相似。调节好后得到图 8.14 所示的效果。

（7）保存该演示文稿。

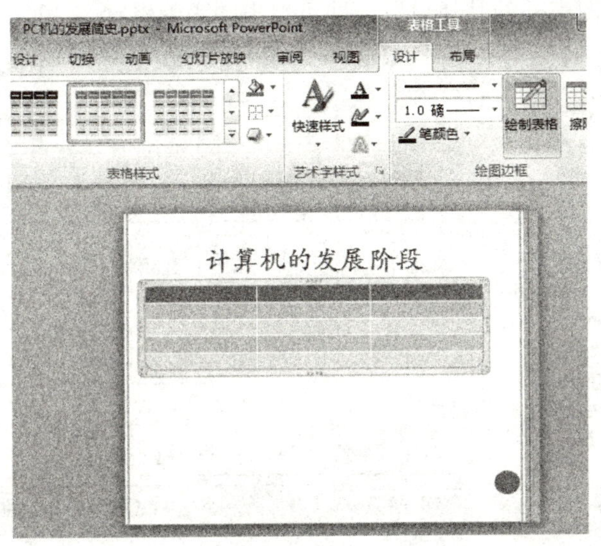

图 8.13　选择表格的设计和布局

计算机的发展阶段

阶段	逻辑器件	时间
第一阶段	真空电子管	1946 - 1957
第二阶段	晶体管	1958 - 1964
第三阶段	集成电路	1965 - 1972
第四阶段	大规模集成电路	1972 - -

图 8.14　在表格中输入内容后的效果

2. 插入图表

（1）打开“PC 机的发展简史 . pptx”，单击“开始”功能区，在“幻灯片”组中单击“新建幻灯片”项，在打开的列表中选择“标题和内容”，插入第 5 张幻灯片。

（2）单击幻灯片中“插入图表”的图标，打开“插入图表”对话框，如图 8. 15 所示。

（3）在图 8. 15 中单击“饼图”项，并单击“确定”按钮，进入图 8. 16 所示的图表编辑界面。

（4）对数据图表中原有的样本数据、文字进行修改，如图 8. 17 所示。

（5）单击数据表的“关闭”按钮，关闭数据表。此时 PowerPoint 会根据修改的数据产生新的图表插入到当前幻灯片中。此时图表处于选定状态，可根据需要修改其外观，如图 8. 18 所示。

（6）用鼠标单击图表外的其他位置，即可退出图表编辑状态，回到幻灯片编辑状态。

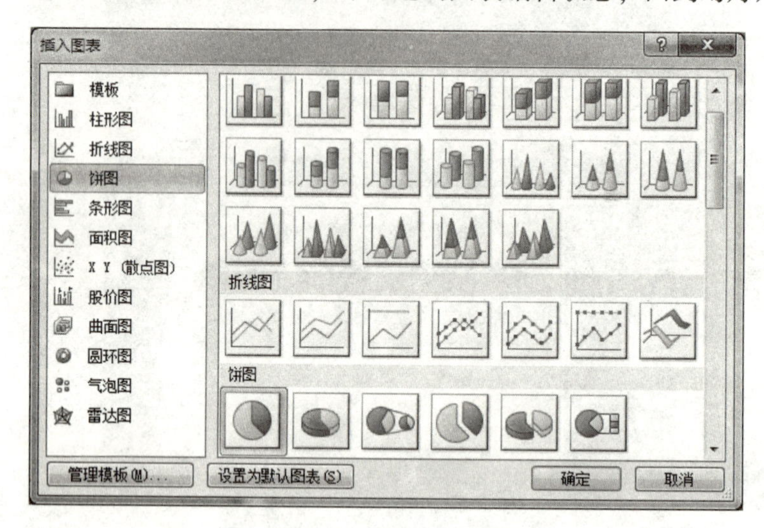

图 8.15　“插入图表”对话框

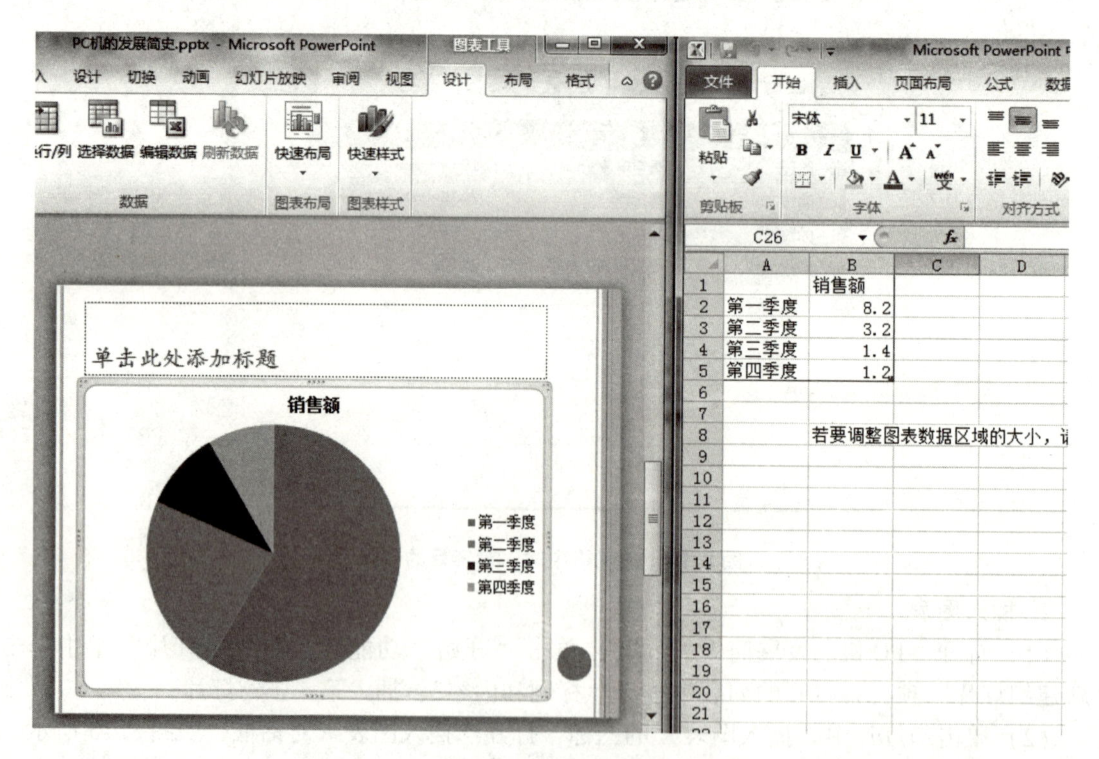

图 8.16　饼图编辑界面

	A	B
1		用户数(亿)
2	微软MSN	5.386
3	Google	4.958
4	Yahoo	4.802

图 8.17　编辑样本数据

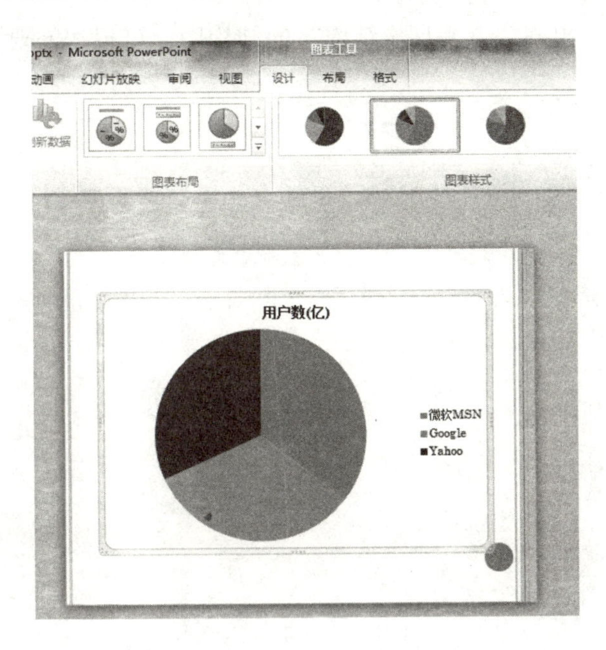

图 8.18　修改图表外观

（7）保存该演示文稿。

提示：也可以在“插入”功能区中单击“图表”按钮，进入图表编辑窗口，按照上述方法创建图表。

8.2.4　插入 SmartArt 图形

PowerPoint 提供了一项名为 SmartArt 的功能。SmartArt 中提供了很多预定义的图形。SmartArt 图形包括层次结构、流程、关系、循环、矩阵等多种类型的图形，利用 SmartArt 图形可以制作出精美、富于立体感的图形。

（1）在“插入”功能区中，单击“插图”组的“SmartArt”按钮。

（2）在出现的“选择 SmartArt 图形”对话框的左侧列出了很多图形的类型，可根据需要选择某一类型的图形，如图 8.19 所示，选择“层次结构”中的“水平层次结构”项。

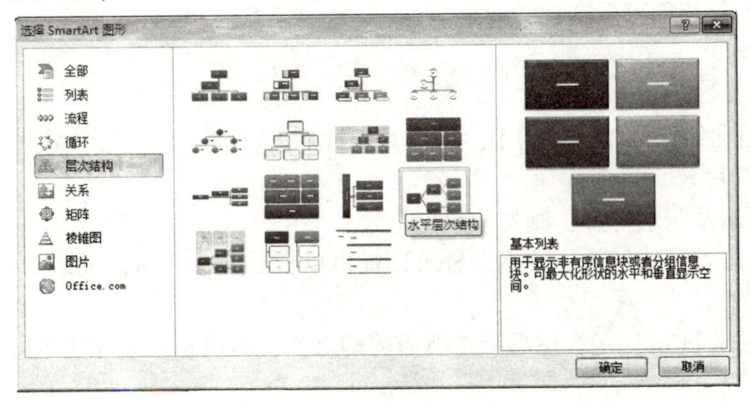

图 8.19　选择 SmartArt 图形

（3）此时幻灯片上出现“水平层次结构”的结构图，可根据需要在每个文本框中输入文字。如图 8.20 所示。

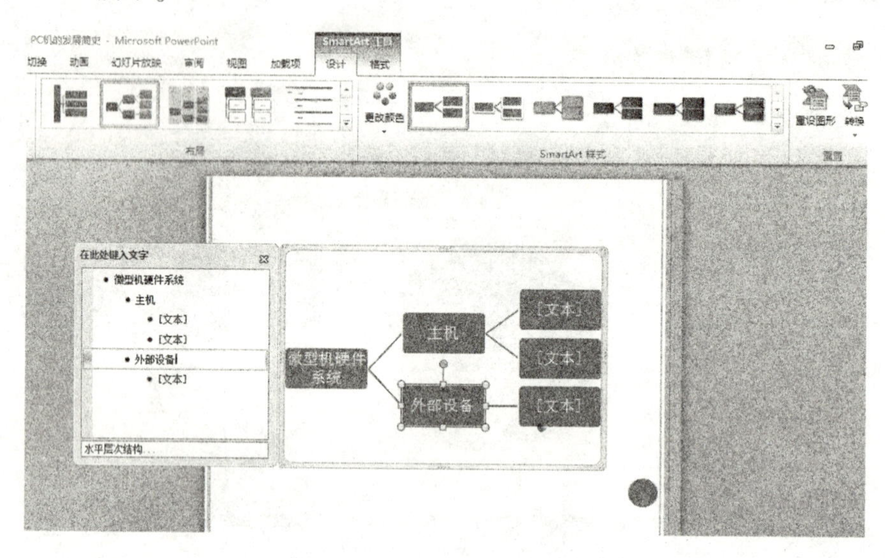

图 8.20　编辑 SmartArt 图形

说明：在插入的 SmartArt 之外或文本窗格之外单击时，“SmartArt 工具”将会隐藏。若要再次显示“SmartArt 工具”，应单击 SmartArt。

8.2.5　插入声音和影片

1. 插入声音

（1）在需要插入声音的幻灯片上，单击“插入”选项卡的“音频”图标，则打开“插入音频”对话框，选择要插入声音的文件后，单击“插入”按钮。

（2）播放幻灯片即可听到声音效果。

2. 插入视频

（1）在需要插入视频的幻灯片上，单击“插入”选项卡上的“视频”图标，则打开“插入视频”对话框，选择要插入视频的文件后，单击“插入”按钮。

（2）播放幻灯片即可看到视频效果。

8.2.6　幻灯片的插入、删除、复制和移动

在普通视图和幻灯片浏览视图中，可以对幻灯片进行插入、删除、复制和移动等操作。

1. 选定幻灯片

方法 1：单击某张幻灯片，则选定该幻灯片。

方法 2：单击首张幻灯片，按下【Shift】键再单击最后一张所需的幻灯片，则可选取多张连续的幻灯片。

方法 3：按下【Ctrl】键，然后单击所需的幻灯片，可以选取多张不连续的幻灯片。

2. 插入幻灯片

可以在演示文稿的任何位置插入新的幻灯片。操作步骤如下：

（1）在“大纲/幻灯片”窗格中选定要插入新幻灯片的位置，例如，要在第 4 张幻灯片前插入一张幻灯片，则定位在第 4 张幻灯片上，或定位在第 3、第 4 张幻灯片之间。

（2）单击“开始”功能区，在“幻灯片”组中单击“新建幻灯片”项，在打开的列表中选择新幻灯片的版式，则可插入新幻灯片。

3. 删除幻灯片

选定要删除的幻灯片，按【Delete】键，即可删除选定的幻灯片。

4. 复制幻灯片

（1）选择要复制的幻灯片（方法如“选定幻灯片”）。

（2）在“开始”功能区中“剪贴板”组上的“复制”按钮旁有个三角符号，单击该三角符号，会出现一个下拉列表，该下拉列表包含两项内容：“复制（C）”和“复制（I）”。

（3）单击“复制（C）”项，或使用键盘【Ctrl】+【C】，则将选定的幻灯片复制到剪贴板，将鼠标移动到要插入幻灯片的位置，单击“粘贴”按钮，即可完成幻灯片的复制。

（4）若单击“复制（I）”项，则复制出完全相同的幻灯片，并放在原选定幻灯片的下面。

5. 移动幻灯片

方法 1：选定要移动的幻灯片，按住鼠标左键拖动到幻灯片的目标位置即可。

方法 2：选定要移动的幻灯片，单击在“开始”功能区中“剪贴板”上的“剪切”项，然后移动鼠标到目标位置，再单击“粘贴”项即可。

8.3 设置演示文稿外观

8.3.1 更改幻灯片版式

版式是指幻灯片内容在幻灯片上的排列方式。更改幻灯片版式的步骤是：选中要更改版式的幻灯片，单击“开始”功能区中“幻灯片”组的“版式”按钮，弹出图 8.21 所示的下拉列表，在列表中单击要使用的版式，即可应用到当前幻灯片中。

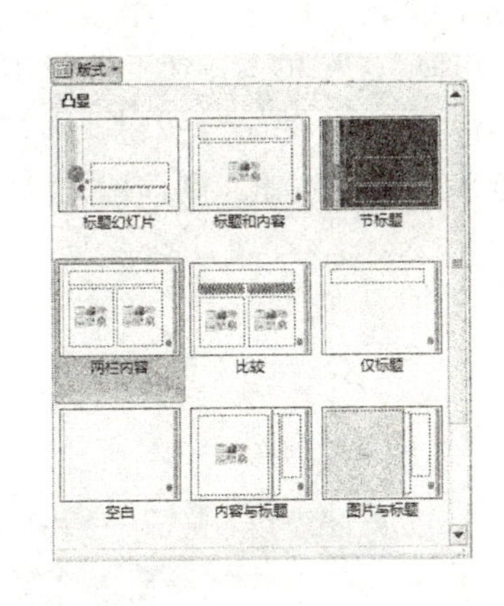

图 8.21　版式的下拉列表

8.3.2 应用主题

主题是一套包含设计元素和配色方案的格式集合，它包括主题颜色、主题文字和显示效果，利用主题可以创建设计精美、时尚的演示文稿。

1. 将新主题应用于所有幻灯片

打开已经创建好的演示文稿，在“设计”功能区的“主题”组中单击某个主题样式，或者右击某个主题样式，在弹出的快捷菜单中选择“应用于所有幻灯片”菜单项，则该演示文稿中所有的幻灯片都会被替换成新的主题。

2. 将新主题应用于某张幻灯片

如果只想将某张幻灯片换成新的主题，而其余幻灯片保持不变，则先选中要更换主题的幻灯片，在“设计”功能区的“主题”中右击某个主题样式，在弹出的快捷菜单中选择“应用于选定幻灯片”菜单项。这样，就只有事先被选中的幻灯片被替换成新的主题，其余幻灯片不变。

8.3.3　设置背景

对于演示文稿的每个主题，PowerPoint 2010 都提供了许多背景颜色、纹理和填充效果。用户可根据需要将幻灯片的背景演示进行修改。

1. 将背景应用于所有幻灯片

在“设计”功能区的“背景”组中单击“背景样式”按钮，在下拉列表中选择某个背景颜色，如图 8.22 所示，或者右击某个背景颜色，在弹出的快捷菜单中选择“应用于所有幻灯片”，则该背景颜色应用于所有幻灯片。

2. 将背景应用于某张幻灯片

如果只想将某张幻灯片换成新的背景颜色，而其余幻灯片保持不变，则先选中要更换背景颜色的幻灯片，在“设计”功能区的“背景”中单击“背景样式”按钮，在其下拉列表中右击某个背景颜色，在弹出的快捷菜单中选择“应用于所选幻灯片”，则原先选中的幻灯片被替换成新的背景颜色，其余的幻灯片不变。

3. 设置填充效果、纹理

如果对系统提供的背景颜色不满意，用户还可以根据具体情况设计背景：在图 8.22 中单击“设置背景格式”，或在“设计”功能区的“背景”组中单击右下角的小箭头，都可打开“设置背景格式”对话框，如图 8.23 所示。在这里，用户可以自行修改填充幻灯片背景的颜色、深浅、图片等属性，设计出千变万化的幻灯片背景效果。还可以选择“图片或纹理填充”单选按钮，选择用某一种纹理、图片文件或剪贴画进行填充。设置好背景格式后，单击“关闭”按钮，则背景格式、填充效果仅应用于事先选定的幻灯片；如果单击“全部应用”按钮，则演示文稿的所有幻灯片的背景都会被新的背景所替换。

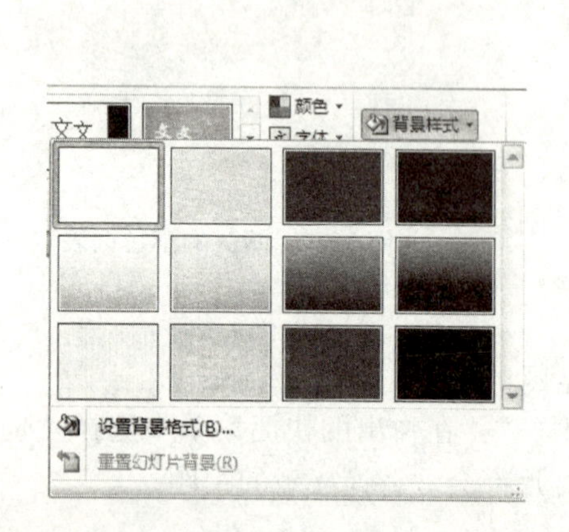

图 8.22　设置背景颜色

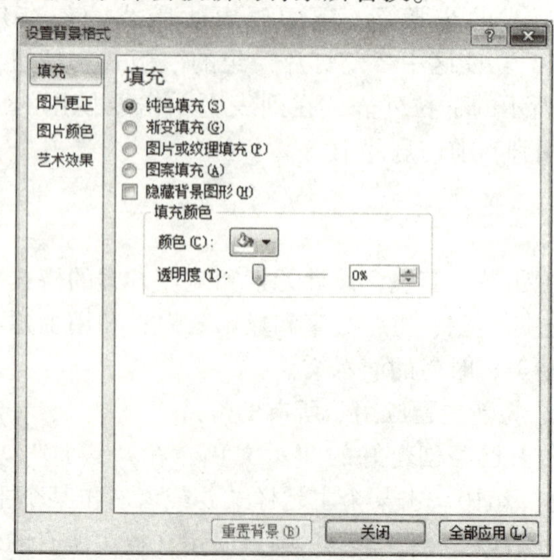

图 8.23　“设置背景格式”对话框

8.3.4　设置母版

母版就是一种特殊的幻灯片，它包含了幻灯片文本和页脚（如日期、时间和幻灯片编号）等占位符，这些占位符，控制了幻灯片的字体、字号、颜色（包括背景色）、阴影和项目符号样式等版式要素。幻灯片母版通常用来统一整个演示文稿的幻灯片格式，一旦修改了幻灯片母版，则所有采用这一母版建立的幻灯片格式也随之发生改变，快速统一演示文稿的格式等要素。设置幻灯片母版的操作步骤如下。

(1) 单击“视图”→“母版视图”→“幻灯片母版”命令，进入“幻灯片母版视图”状态，如图 8.24 所示。

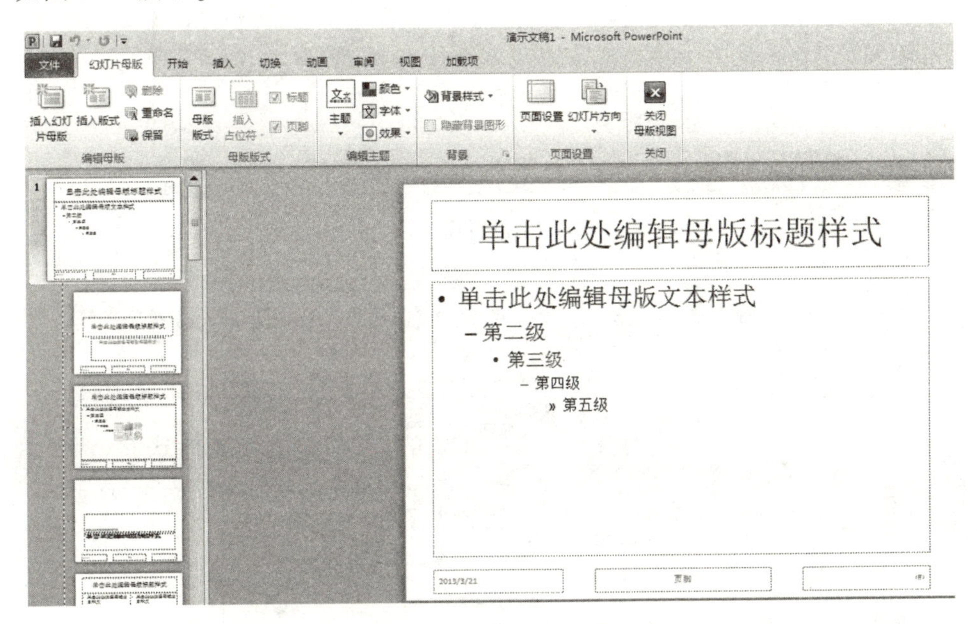

图 8.24　幻灯片母版视图

(2) 右击“单击此处编辑母版标题样式”字符，在弹出的快捷菜单中，选择“字体”菜单项，设置标题的字体格式，单击“确定”按钮返回。

(3) 分别右击“单击此处编辑母版文本样式”及下面的“第二级”“第三级”……字符，仿照上面第（2）步的操作设置好相关格式。

(4) 分别选中“单击此处编辑母版文本样式”“第二级”“第三级”等文本，在右击出现的快捷菜单中选中“项目符号和编号”命令，设置一种项目符号样式后，确定退出，即可为相应的内容设置不同的项目符号样式，如图 8.25 所示。

(5) 执行“插入”→“页眉和页脚”命令，打开“页眉和页脚”对话框，切换到“幻灯片”标签下，可对日期区、页脚区、数字区进行格式化设置，如图 8.26 所示。

(6) 全部修改完成后，在图 8.26 所示的左边窗格的母版上右击，在弹出的快捷菜单中单击“重命名母版”按钮，如图 8.27 所示，输入一个母版名称（如“演示母版”）后，单击“重命名”按钮返回。

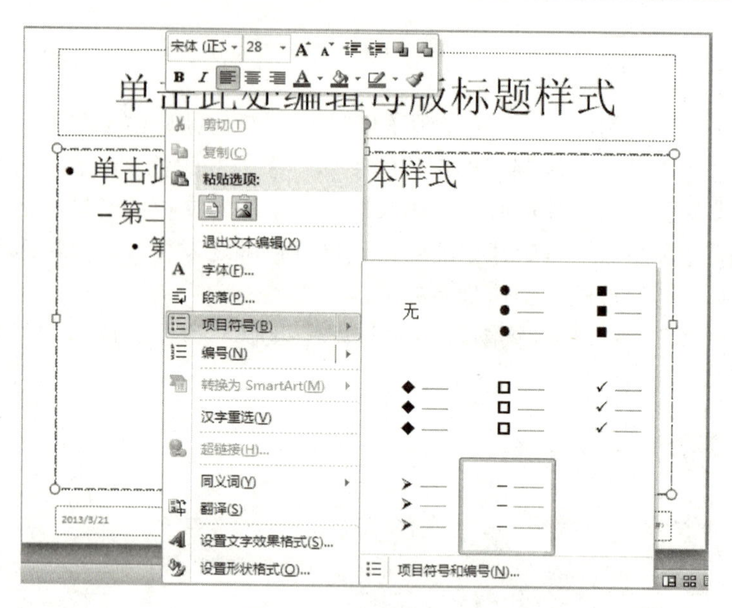

图 8.25　设置项目符号

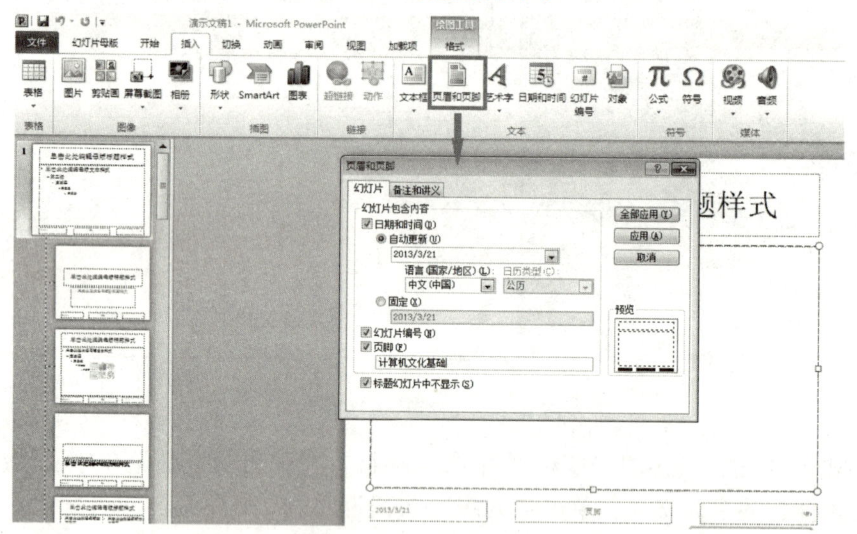

图 8.26　编辑母版的页眉页脚

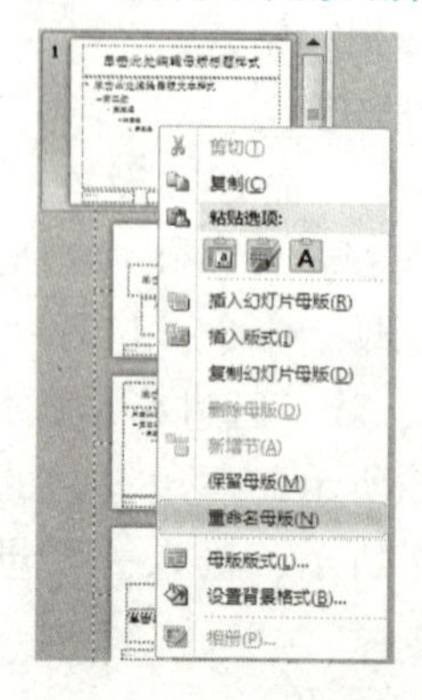

图 8.27　重命名母版

(7) 单击“幻灯片母版”功能区上的“关闭母版视图”按钮退出，幻灯片母版制作完成，返回到幻灯片的普通视图方式下。

8.4　创建动感的演示文稿

PowerPoint 2010 动画效果分为自定义动画以及幻灯片切换效果两种。

8.4.1　添加动画效果

PowerPoint 2010 演示文稿中可以对文本、图片、形状、表格、SmartArt 图形和其他对象添加动画效果，赋予它们进入、退出、大小或颜色变化甚至移动等视觉效果。PowerPoint 的自定义动画包括进入、强调、退出、动作路径 4 种。“进入”动画设置对象以多种动画效果显示；“强调”动画为突出幻灯片的某部分内容而设置特殊动画效果；“退出”动画设置对象退出屏幕的效果；“动作路径”动画指定对象沿预定的路径运行。

1. 添加自定义动画

选中幻灯片的某个对象（文本框、图片等），单击“动画”→“添加动画”项，在出现的自定义动画列表中选择“进入”“强调”“退出”和“动作路径”区中的某一种动画选项，如图 8.28 所示，即可为指定对象添加不同的动画效果。

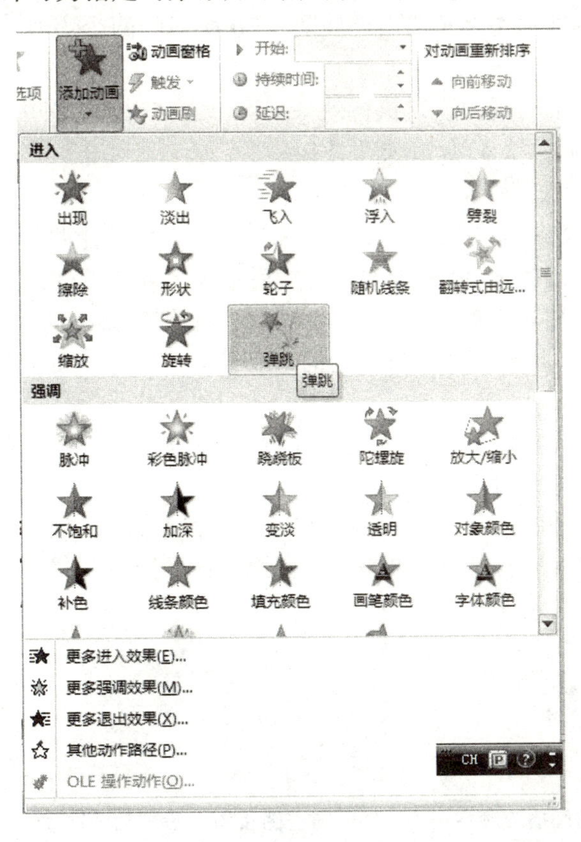

图 8.28　“添加动画”列表

对于同一个对象，可以单独使用任何一种动画，也可以将多种动画效果组合在一起。例如，可以对一个文本框应用“飞入”进入效果及“陀螺旋”强调效果，使它旋转起来。方法如下：

（1）打开事先编辑好的演示文稿，用鼠标单击选取需要添加动画效果的对象，如图 8.29 中的“PC 机的发展简史”文本框。

图 8.29　为幻灯片标题添加动画效果

（2）单击“动画”功能区的“添加动画”按钮。在“进入”效果中选择“飞入”项，如图 8.28 所示。选择好后该文本框会自动执行动画效果供用户预览。

（3）再次单击“动画”功能区的“添加动画”按钮。在“强调”效果中选择“陀螺旋”项，则选择好后该文本框又自动执行动画效果供用户预览。

（4）此时，该文本框的左上角会出现如图 8.30 所示的两个序号，分别表示刚才设置的两个动画的播放顺序。

（5）如果想看到两个动画的连续执行效果，可单击“动画”功能区左边的“预览”按钮，或者单击窗口底部的“幻灯片放映”按钮。

2. 设置动画选项

默认情况下，动画效果需要通过单击鼠标来执行。如果想让两个动画效果连贯而不用单击鼠标，则先用鼠标单击图 8.30 的序号 2，然后单击“动画”功能区“计时”组的“开始”按钮，在其下拉列表中选择“上一动画之后”，如图 8.31 所示。则动画 1 和 2 之间就能连贯执行。用户还可以根据需要设置动画的“持续时间”和“延迟时间”。

3. 动画刷

动画刷是能够复制一个对象的动画，并将这些动画应用到其他对象的工具。

（1）单击有设置动画的对象。

（2）在“动画”功能区的“高级动画”里双击“动画刷”按钮，如图 8.32 所示。当鼠标变成刷子形状的时候，单击你需要设置相同自定义动画的对象便可。

图 8.30　显示动画播放顺序

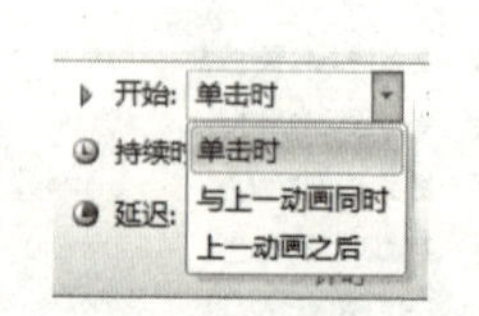

图 8.31　设置动画选项

图 8.32　动画刷

8.4.2　设置幻灯片切换方式

幻灯片切换效果是指如何从一张幻灯片在屏幕消失到下一张幻灯片显示之间的过渡效果。可以为一组幻灯片指定同一种切换方式，也可以为每张幻灯片设置不同的切换方式。方法如下：

（1）打开事先设计好的演示文稿，选定想要使用切换效果的幻灯片。

（2）单击“切换”功能区中的“切换到此幻灯片”组右边的按钮，打开下拉列表，如图 8.33 所示。

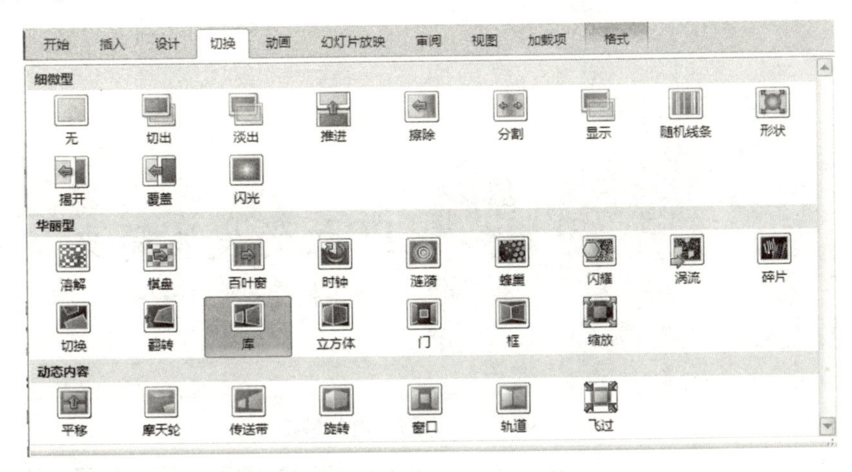

图 8.33　选择幻灯片切换效果

（3）单击要应用于该幻灯片的切换效果选项即可。

8.4.3　使用动作按钮、超链接

演示文稿在放映时，默认方式是以幻灯片排列的次序播放。但是 PowerPoint 允许在演示文稿中通过超链接，跳转到演示文稿中的任何一张幻灯片、其他演示文稿、Internet、电子邮件或其他应用程序继续运行。

1. 创建超链接

超链接用于为某一对象指定其跳转的目标位置。创建超链接的方法如下。

（1）打开事先编辑好的演示文稿，选中要添加超链接的文本或者图像。

（2）单击“插入”功能区，在“链接”选项区中单击“超链接”按钮，如图 8.34所示。

（3）弹出“编辑超链接”窗口，如果要添加网页超链接，则单击“现有文件或网页”项，在“地址”中输入地址，如图 8.35 所示。

（4）如果要跳转到某一张 PPT 幻灯片，则可以单击“本文档中的位置”选项，选择要跳转的幻灯片，如图 8.36 所示。

（5）若是要链接到邮箱，就可以在“电子邮箱地址”文本框中输入电子邮箱地址，如图 8.37 所示。

（6）设置完后，按“确定”按钮，则超链接就设置好了。

建立超链接后，在播放幻灯片时只要鼠标指到选定对象上，就会变成手掌形状，此时单

击鼠标，就会链接到相应的位置了。

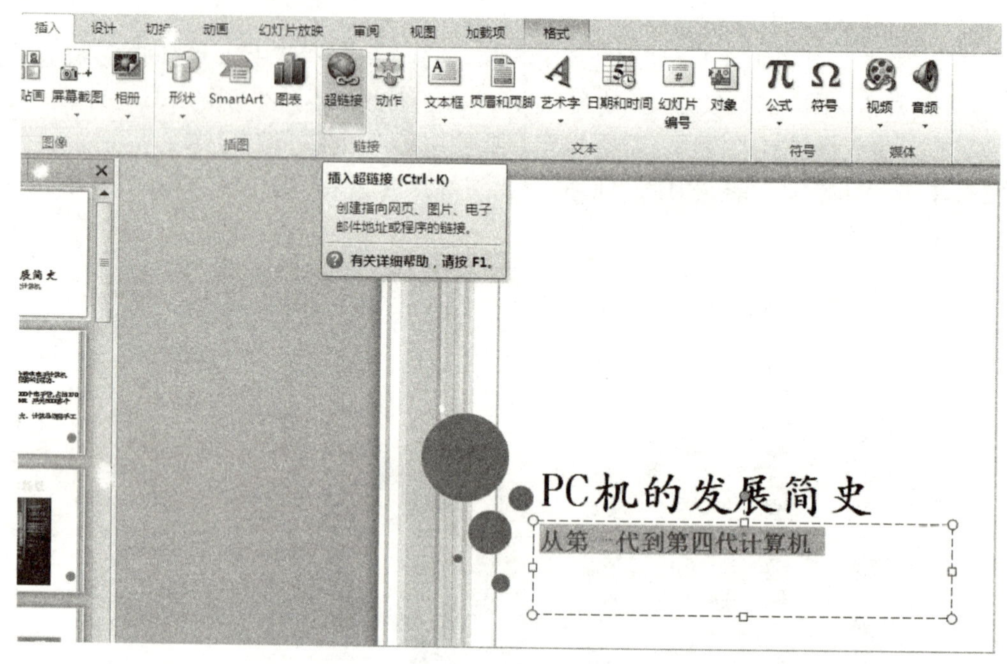

图 8.34　为副标题创建超链接

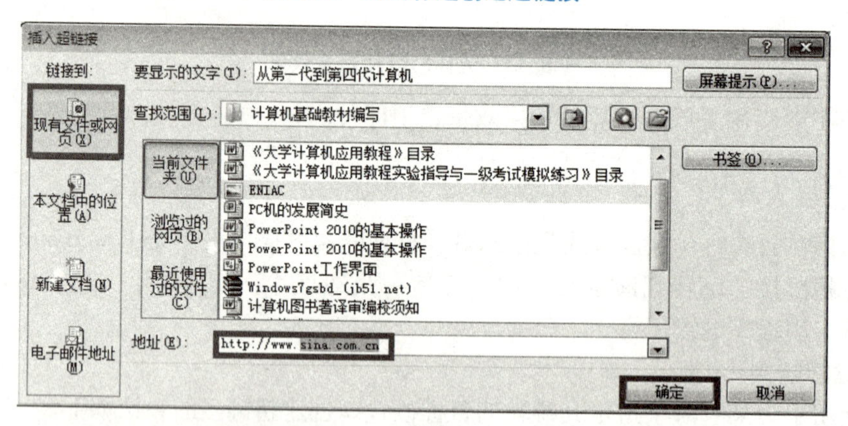

图 8.35　添加网页超链接

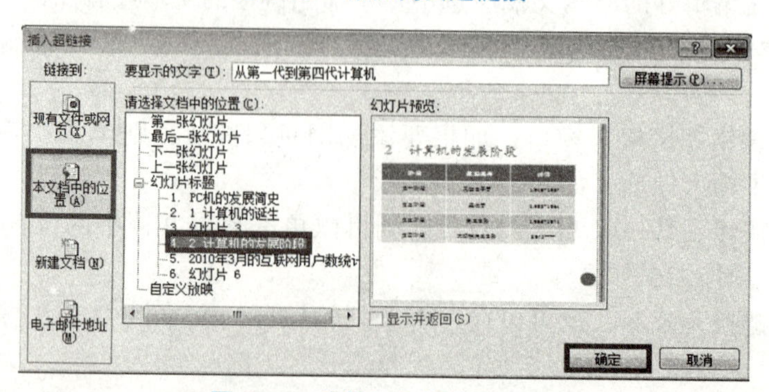

图 8.36　跳转幻灯片的超链接

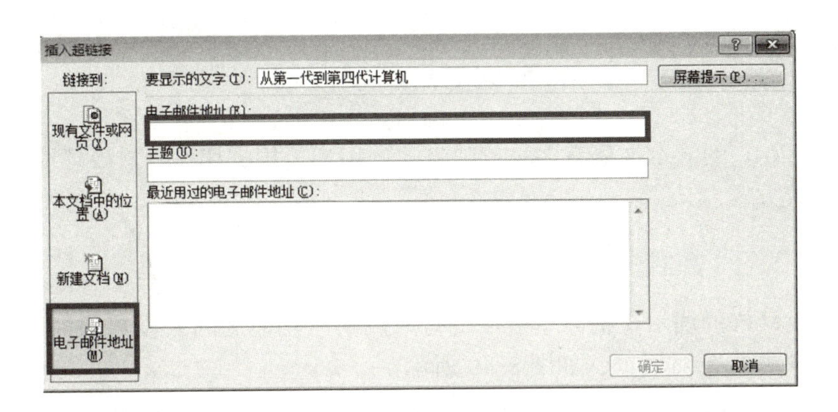

图 8.37　超链接到邮箱

2. 添加动作按钮

动作按钮是预先设置好的一组带有特定动作的图形按钮，这些动作按钮被预先设置为指向前一张、下一张、第一张、最后一张幻灯片等链接，利用动作按钮，可实现放映幻灯片时跳转的目的。

(1) 打开要添加动作按钮的幻灯片，单击“插入”→“形状”按钮，在“动作按钮”选项区（见图 8.38）中选择某一个按钮选项，然后在幻灯片编辑区拖动鼠标，添加一个动作按钮，松开鼠标，弹出“动作设置”对话框，如图 8.39 所示。

图 8.38　添加动作按钮

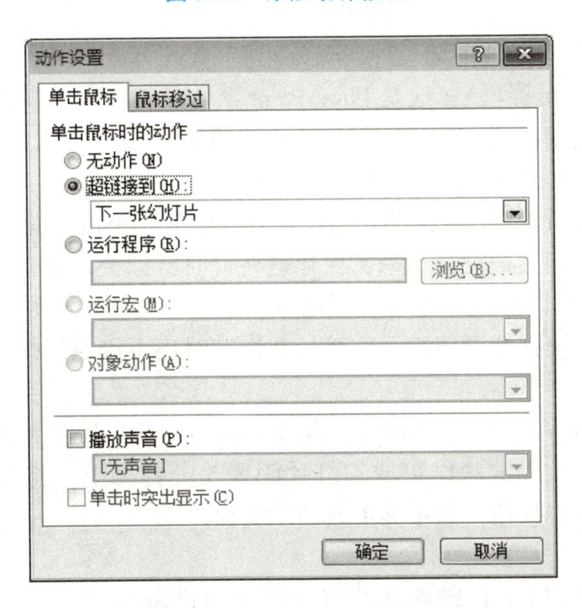

图 8.39　“动作设置”对话框

(2) 在图 8.39 的对话框中根据需要选定“单击鼠标”或“鼠标移过”选项卡，作为激活超链接的方式。然后在“超链接到”下拉列表中选择要链接的位置，单击“确定”按钮。

8.5 放映演示文稿

PowerPoint 2010 的演示文稿有多种放映方式。用户可根据用途、放映环境或观众需求来选择合适的放映方式。

8.5.1 设置幻灯片放映方式

打开事先设计好的演示文稿，单击“幻灯片放映”功能区的“设置幻灯片放映”按钮，打开“设置放映方式”对话框，如图 8.40 所示。

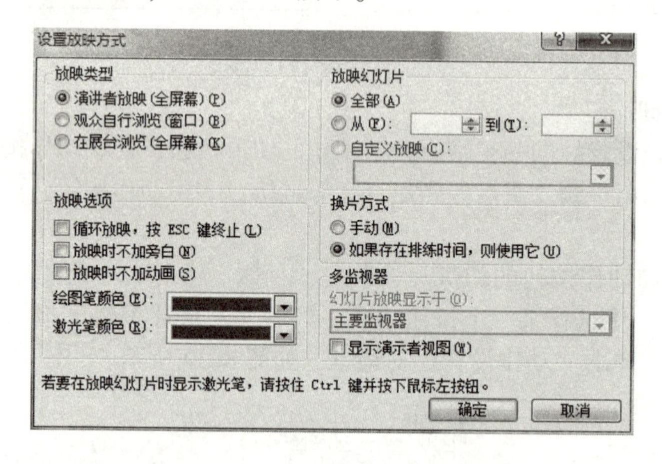

图 8.40 “设置放映方式”对话框

1. 设置放映类型

用户可以在“放映类型”中选一种放映方式。

（1）演讲者放映（全屏幕）。这是 PowerPoint 默认的幻灯片放映方式，每张幻灯片都是全屏放映的，一般用于演讲者亲自讲解的场合。演讲者可以自行控制幻灯片和动画的播放；也可以通过“排练计时”来控制幻灯片和动画的切换速度。

如果要使用“排练计时”，则在设置幻灯片放映前应先单击“排练计时”按钮。此时演示每张幻灯片所用的时间会被记录下来，保存这些计时，以便自动运行放映时使用。

（2）观众自行浏览（窗口）。这种方式是在标准窗口中观看放映，并提供给用户菜单和滚动条，用户可以自行操控和浏览演示文稿；在浏览时还可以对幻灯片进行编辑、复制、打印等。

（3）在展台浏览（全屏幕）。在展览会场或会议中，如果展台无人看管，可以使用“展台浏览”方式。当演示文稿放映结束或幻灯片闲置 5 分钟以上，将自动重新开始放映。观众可以单击超链接和动作按钮，但不能更改演示文稿。

2. 设置放映选项

（1）循环放映，按【Esc】键终止。当选择“演讲者放映”和“观众自行浏览”时，可以使用该选项。当一遍演示文稿放映结束后，会自动转到第一张幻灯片开始重新放映，直到按【Esc】键为止。

（2）放映时不加旁白。如果在设计幻灯片的过程中录制了旁白，选择此选项时，在幻灯片放映过程中不会播放任何事先录制的旁白。（注：要录制旁白，可以选择“幻灯片放映”功能区的“录制幻灯片演示”按钮）。

（3）放映时不加动画。选择此选项，则在幻灯片放映过程中，原来设置的动画效果将不起作用。

（4）绘图笔颜色、激光笔颜色。绘图笔和激光笔是放映时演讲者在幻灯片上做标注用的工具，此选项可以让用户自行选择绘图笔和激光笔的颜色。

3. 设置放映幻灯片

可以选择放映全部幻灯片，或者指定幻灯片起止编号范围内的幻灯片，还可以自定义放映。自定义放映在后面的 8. 5. 3 小节介绍。

4. 设置换片方式

可以选择手动切换幻灯片，也可以选择按事先设定的时间或排练时间自动切换幻灯片。

8. 5. 2　启动和控制幻灯片放映

1. 启动幻灯片放映

设置好幻灯片的放映方式后，就可以启动幻灯片放映了。幻灯片放映有以下两种方法：

（1）单击 PowerPoint 主窗口右下角的“幻灯片放映”按钮，则从当前幻灯片开始播放演示文稿。

（2）在“幻灯片放映”功能区的“开始放映幻灯片”组中单击“从头开始”或“从当前幻灯片开始”项，播放演示文稿。

2. 控制幻灯片放映

放映演示文稿时，可以用键盘或鼠标来控制幻灯片的播放顺序。在没有设置动作按钮的情况下，单击鼠标左键可以切换到下一张幻灯片；放映到最后一张幻灯片或中途按【Esc】键，可回到放映前状态。在放映过程中，如果想临时改变放映次序，可以单击右键，在弹出的快捷菜单里选择“上一张”“下一张”“定位至幻灯片”等来控制播放顺序；也可在右键的快捷菜单里单击“结束放映”来终止演示文稿的放映。

8. 5. 3　设置自定义放映

自定义放映是指用户在演示文稿中自行挑选幻灯片，组成一个较小的演示文稿，并定义一个名字，作为独立的演示文稿来放映。设置方法如下：

打开要设置自定义放映的演示文稿，单击“幻灯片放映”功能区的“自定义幻灯片放映”项，选择“自定义放映”，出现如图 8. 41 所示的对话框。

（1）单击图 8. 41 的“新建”按钮，打开如图 8. 42 所示的“定义自定义放映”对话框。

（2）在对话框左侧的“在演示文稿中的幻灯片”列表中选择需要的幻灯片，单击“添加”按钮。被选中的幻灯片就会被加入到对话框右侧的“在自定义放映中的幻灯片”列表里，该列表中的排列顺序就是放映的顺序。

（3）要改变自定义幻灯片的放映顺序，可先在“在自定义放映中的幻灯片”列表里选定要移动的幻灯片，然后单击对话框最右侧的箭头，可上、下调整该幻灯片的顺序。

（4）设置好放映顺序后，在“幻灯片放映名称”中给自定义放映命名后，单击“确定”按钮。对同一个演示文稿可创建多个自定义放映，每个自定义放映的名字应不同。

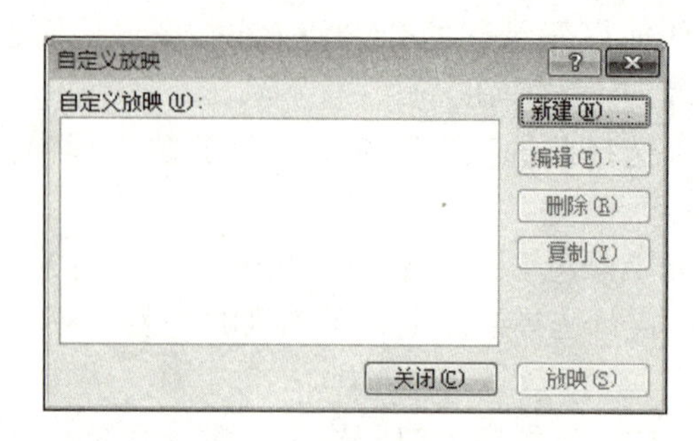

图 8.41　“自定义放映”对话框

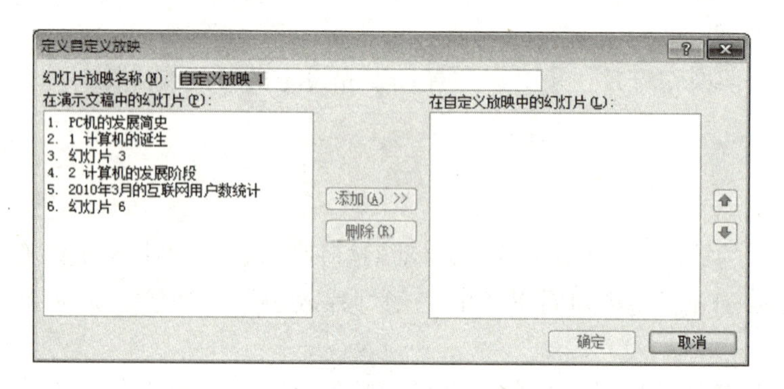

图 8.42　“定义自定义放映”对话框

（5）设置好自定义放映后，在图 8.42 所示的对话框关闭后，会回到图 8.41 所示的对话框，此时新的自定义放映的名字会出现在图 8.41 所示的“自定义放映”列表框内，同时“放映”按钮也变为黑色，此时单击“放映”按钮，就可以看到自定义放映的效果。

习　题

1. 创建演示文稿的步骤是什么？
2. PowerPoint 有哪些主要的视图方式？它们的作用是什么？
3. 如何在幻灯片中插入图片、艺术字？
4. 如何在幻灯片中插入一个图表？
5. SmartArt 图形有哪些主要的类型？
6. 什么是版式？如何更改幻灯片版式？
7. 什么是主题？如何将某一主题应用到选定的幻灯片？
8. 什么是母版？母版与主题有何不同？
9. 如何给文本添加超链接，指向第 4 张幻灯片？
10. 如何在幻灯片中添加一个按钮，使得单击该按钮，打开记事本程序（notepad. exe）？
11. 自定义动画有哪些类别的动画？能否在同一对象上定义多种不同动画？
12. 动画刷有什么作用？
13. 演示文稿的放映类型有哪些？
14. 如何控制幻灯片的放映？

第9章

信息获取与发布

本章主要讲述信息的获取与发布的方法，以及网页设计工具软件 DreamWeaver CS5 的使用方法。通过本章的学习，要求掌握利用搜索引擎查找相关的资料，以及文献数据库查找资料的方法；掌握网页设计软件 DreamWeaver 的常用操作，以及把网站发布到互联网的方法。

9.1 信息概述

在如图 9.1 所示这张熟悉的照片中，大庆油田的“铁人”王进喜头戴大狗皮帽，身穿厚棉袄，顶着鹅毛大雪，握着钻机手柄眺望远方，在他身后散布着星星点点的高大井架。铁人精神感动了 20 世纪五六十年代艰苦奋斗的整整一代人。从这张再普通不过的工作照片中，你能从中获取什么有用的信息吗？

图 9.1 “铁人”王进喜

日本情报专家据此解开了大庆油田之谜，他们根据照片上王进喜的衣着判断，只有在北纬46°～48°的区域内，冬季才有可能穿这样的衣服。因此推断大庆油田位于齐齐哈尔与哈尔滨之间，并通过照片中王进喜所握手柄的架势，推断出油井的直径；从王进喜所站的钻井与背后油田间的距离和井架密度，推断出油田的大致储量和产量。有了如此多的准确情报，日本人迅速设计出适合大庆油田开采的石油设备。当我国政府向世界各国征求开采大庆油田的设计方案时，日本人一举中标。庆幸的是，日本当时是出于经济动机，根据情报分析结果，向我国高价推销炼油设施，而不是用于军事战略意图。

唐诗佳句“梦断美人沉信息，目穿长路倚楼台”的作者是谁？中国在奥运会上第一枚金牌是由谁摘取的？中国已经有哪几位宇航员遨游过浩瀚的太空？喷涂沙发的油漆的化学成分是什么？它对人体有什么样的影响……当面对生活中各种各样存在的疑问，我们应该从哪获取所需要的信息资料呢？

当我们在互联网上浏览各类精美网页的时候，是否也想自己动手建立一个属于自己的网络家园呢？当我们毕业找工作时，为了扩大找到工作的机会是否需要把自己的简历发布到互联网上呢？当我们进到某单位工作时，由于工作业务上的需要，我们不得不把相关的网站发布在互联网……

总之，生活在这个信息时代，我们或主动或被动都要利用相关的信息，同时也要把自身的信息发布到互联网上，以供外界了解和利用。

人类对于信息的认识和利用的历史可以追溯到古代。例如，我国周朝时期就利用烽火台传递边关警报，唐朝诗人杜牧在《寄远》中喟叹“塞外音书无信息，道傍车马起尘埃”，古罗马地中海城市以悬灯来报告迦太基人进攻的消息等。上面的烽火、音书和悬灯都在传递着某种信息。而近代的电报、电话、传真以及互联网等也是为了传递信息。随着社会的不断推进和科学技术的发展，人们对信息的利用和研究越广泛、深入，对信息的认识和理解及应用也就越来越多样化。

9.1.1　信息的定义和主要特征

1. 信息的定义

信息是客观事物状态和运动特征的一种普遍形式，是客观存在的一切事物通过物质载体所发出的消息、情报、指令、数据和信号中所包含的一切可传递和交换的内容。

2. 信息的主要特征

信息作为人类社会科学劳动创造出来的知识资源，是人们认识世界、改造世界取之不尽、用之不竭的宝贵资源。它具有区别于其他事物本质属性的特征。

1）客观性

信息的客观性又称为事实性，是指信息的内容必须真实可靠。信息不是虚无缥缈的事物，它的存在可以被人们感知、获取、传递和利用。信息是客观存在的，是现实世界中各种事物运动与状态的反映，其存在是不以人的意志为转移的，客观、真实是信息最重要的本质特征。

2）普遍性

信息的普遍性是指信息无处不在、无时不在。无论是自然界的电闪雷鸣、海啸地震，还是人类社会活动中的语言文字、运动、创作等无一不是信息的表现形式。信息普遍存在于自然界、人类社会活动中，也存在于人类的思维或精神领域中。只要有事物存在，就会有其运动的状态和方式，就存在着信息。

3）时效性

信息的时效性是信息的重要特征，是指信息从发出、接收到进入利用的时间间隔及其效率。事物是在不断变化着的，那么表征事物存在方式和运动状态的信息也必然会随之改变。信息也是如此，随着事物的发展而发展，随着事物的变化而变化。在现代社会中，信息的使用周期越来越短，信息的价值实现取决于对其及时地把握和运用。信息的时效性与信息的价值性密不可分，信息的价值就是在于被人们所利用。

4）依附性

信息是事物的表象，必须依附于一定的载体。信息没有具体的形状特征，它必须依附于一定的物质形式（如纸张、存储介质、声波、磁性材料等），不可能脱离物质单独存在。信息可用语言、文字、图形、图像、符号等多种方式表达，但如果脱离所依附的物质载体信息则不能存储、加工和传播。但是信息本身内容并不因依附载体的改变而发生变化，如“今天的天气晴朗”这一信息，无论用文字描述或用图形表示或用声音传播，其内容都不会发生改变。

5）共享性

信息的共享性是指信息可由不同个体或群体在同一时间或不同时间共同享用。人们可以利用他人的研究成果进一步创造，避免重复研究，提高信息的利用率。信息在交换和转让过程中，其原有信息一般不会丧失，而且还有可能会同时获得新的信息。如在互联网上发布一则足球新闻信息，所有的用户都可以将此足球新闻阅读、下载、编辑等进一步加工处理使用，而足球新闻内容本身并没有损失。

6）加工传递性

所谓信息加工，是指把信息从一种形式变换成另一种形式。信息作为事物发展变化的一个表征，存在于人类社会的各个方面，是完全可以进行加工整理并传递的。

信息的加工包括两个内容：对信息的整理，即对信息进行认识分析、归纳综合、分类汇编；对信息的加工处理转化为另一有用的信息，即将信息由一种形式转化成为另一种形式。例如，可以将“今天的航班由于大雾原因延误”这一事实信息加工转化成文字语言描述、图像描绘、数据信号指示等多种结果。

信息的传递性是指信息从信源出发，经过信息载体的传递被信宿接收并进行处理和利用的特性。信息可以通过一定的传输工具和载体进行空间上和时间上的传递，是信息产生效益的必要条件。信息传递的途径很多，如古代的烽火台、狼烟和悬灯等，现代的电话、电视和互联网等不同载体的信息可以通过计算机、人际交流、文献交流或大众传媒等手段传递给信息用户，这种跨越时空的传递特性是实现信息资源共享的基础，是将信息最大化利用的保证。

7）增值性

信息通过人脑思维或人工技术的综合、加工和处理，不断积累、丰富，提高其质量和利用价值，信息交换的结果是信息的增值。

9.1.2　信息素养

1. 信息素养的定义

信息素养（Information Literacy）是指一个人在获取信息、处理和发布信息、使用信息方面的知识、能力和品格。它是信息时代到来之后对传统“文化素养”的延续和拓展，其本质是全球信息化需要人们具备的一种基本能力，它包括：能够判断什么时候需要信息，并且懂得如何去获取信息，如何去评价和有效利用所需的信息。它包含了技术和人文两个层面的意义：在技术层面上，信息素养反映的是人们利用信息的意识和能力；在人文层面上，信息素养反映了人们利用信息时表现出来的品格和修养。

社会信息化是当前社会发展的重要趋势。培养大批具有良好信息素养的人才不但是教育的需要，也是个人发展的需要。在校的大学生想要在当今信息社会中生存和发展，就必须具备良好的信息素养。充分获取、利用信息资源提高个人的综合能力已经成为个人学习和工作必不可少的条件。

2. 信息素养的特征

1）信息素养是一种基本能力

信息素养是一种对信息社会的适应能力，包括基本学习技能（指读、写、算）、信息素养、创新思维能力、人际交往与合作精神、实践能力。信息素养是其中一个方面，它涉及信息的意识、信息的能力和信息的应用。

2）信息素养是一种综合能力

信息素养涉及各方面的知识，是一个特殊的、涵盖面很宽的能力，它包含人文的、技术的、经济的、法律的诸多因素，和许多学科有着紧密的联系。信息素养是一种信息能力，信息技术是它的一种工具。信息素养的重点是内容、传播、分析，包括信息检索以及评价，涉及更宽的方面。

9.1.3　信息获取与发布

信息社会的一个重要特点就是数字化和网络化。互联网使得信息的获取与发布更方便、高效，已经成为获取信息和发布信息的重要途径。

1. 信息的获取

现代社会是信息化时代，人类获取信息的途径也比较多。总体说来，获取信息的途径主要有两类：一是自身直接获得，即通过人的眼、耳、鼻、舌、身等感官获得，由于自身存在环境的制约，获取信息的量比较少；二是间接获得，即通过他人、书本、大众传媒等获得，通过媒介获取信息的途径较广，且量多，是当代人们主要获取信息的来源。前者称为直接经验，后者称为间接经验。

获取的信息由于各方面的原因，如信息环境，用户观察角度、时间等，其客观性是相对的，同时有些信息在存储加工传递过程中，也会出现丢失、歪曲和误传的可能，所以用户要对获取的信息加以鉴别和核实。

基于互联网搜索获取信息的主要途径如下。

1）使用 WWW 浏览器

通过 WWW 浏览器搜索信息无疑是获取所需要信息的最方便快捷的途径。但前提是必须知道信息网页所在的网站地址。通常是通过从导航网站页面上的超链接进入所需的页面，也有从搜索引擎搜索后再从超链接转到所需信息的页面。

2）使用网络搜索引擎

现在很多大型网站都提供搜索引擎功能，一般首先进到相应的搜索页面，然后向搜索引擎提供关键词，就可搜索到与关键词相关的网页地址，打开相应的链接后就可以看到与关键词相关的信息。由于采用模糊查询的方法，所以搜索的时间比较长，同时查准率也相当低。

3）使用网络信息数据库

网络信息数据库是按照内容分专题的数据库，能够提供专题内的相关信息资源检索的服务，由于采用有费策略，所以此类服务技术比较成熟，用户对信息的查询查准率及查全率都较好，可快速查询到具有较高学术价值的相关信息。大多数高校或科研机构一般都会购买内容适合本单位使用的数据库的使用权以供内部职工使用。

4）使用虚拟图书馆（Virtual Library）

虚拟图书馆是基于 Web 的一个综合性学科资源目录导航服务。它以树型主题目录或关键词检索方式结合超文本链接提供给用户对某一学科的 Internet 资源的索引，其本身并不真正存储用户所需要的资料信息，但用户通过它能快速地找到自己所需的网络资源信息，它相当于一个遍布全世界的图书馆，将 Internet 上的大量信息资源分类编目，方便用户查询使用。

2. 信息的发布

用户将信息发布到 Internet 上的目的是想让更多的用户了解和使用自己的资源。基于互联网发布信息的主要途径有以下几种。

1）使用网页

这种发布方式具有广播的性质。首先要将自己发布的信息制作成网页，然后再发布到互联网的空间上。只要连接上 Internet 的用户都可以共享此网页信息。

2）BBS

这种方式通常称为“论坛”，它是用户在互联网上发表意见、讨论问题、交流信息的一个平台，它相当于为用户在互联网上提供一块公用空白的电子白板，用户一般经过注册成为其用户后可在上面发表自己的见解，也可以把自己的问题发布，通过其他注册用户的跟帖回答来寻求所需要的答案。国内比较著名的 BBS 网站有新浪论坛、搜狐社区、网易论坛和天涯社区等。

3）博客

博客（BLOG 或 Weblog）通常称为“网络日志”，是互联网上可由用户自己管理和不定时期发表文章的一种交流方式，这种文章一般比较简短且更新速度快，往往是用户把当天发生的事情、感受和自身情绪等进行简单的描述后发布，一般是用户好友才能浏览此信息。撰写 BLOG 或 Weblog 的人叫作 Blogger（即博客）或 Weblog Writer（博主）。

4）电子邮件

电子邮件只能向特定的好友进行联络发布自己的信息，也可通过此种方式与好友进行交流沟通。

5）新闻组

新闻组相当于一个可以离线浏览的 BBS，它是通过电子邮件向新闻服务器发送或下载文件的集散地。新闻组由一组网络上称为“新闻服务器”的计算机提供信息，用户可以通过相应的软件把新闻组里相关的信息下载到本地计算机中进行阅读或加工编辑，也可以将自己的信息发布到新闻组服务器上供其他用户使用。

6）即时通信

即时通信是一种能在计算机网络上与在线用户进行实时交流信息的技术，它能够在互联网上即时发送和接收信息，其功能相当丰富，它逐渐发展成为集交流、资讯、娱乐、搜索、电子商务、办公协作和企业客户服务等一体化的综合信息平台。我国比较出名和流行的即时通信软件是腾讯 QQ。

无论发布个人信息还是企业单位的团体信息，在发布信息时要注意以下问题：

(1) 保守国家机密，不发布有损国家形象的信息。

(2) 遵纪守法，不发布传播黄、赌、毒和暴力等违法信息。

(3) 遵守知识产权法，发布和下载转载他人的成果时必须获得许可，并注明原出处，尊重他人劳动成果。

(4) 不要发布虚假信息，迷惑他人，也不能发布人身攻击和信息骚扰。

9.2　网络信息资源检索

网络信息资源是指通过计算机网络可以利用的各种信息资源的总和，具体地说是指所有以电子数据形式把文字、图像、声音、动画等多种形式的信息存储在光、磁等非纸介质的载体中，并通过网络通信、计算机等方式再现出来的资源。网络信息资源极其丰富，它是知识、信息的巨大集合，是人类的资源宝库。同时，网络的开放性与交互性使其成为全球范围内传播和交流科研信息、教育信息、商业信息和社会信息的最主要渠道。检索是指运用编制好的检索工具或检索系统，根据信息源的外部特征和内容特征，查找出满足用户要求的特定信息。

9.2.1　网络信息资源的特点

网络信息资源是一种新型数字化资源，它与传统文献信息资源相比有较大的区别，从信息资源检索的角度来讲，网络信息资源具有以下特点。

1. 数量巨大、信息源复杂

据不完全统计，目前国际互联网已拥有186个国家的5万余个注册网络，2 500多个数据库，而且正在以每年高于25%的速度剧增。无论是政府部门、商业机构、教育机构，还是个人，都可以随心所欲地在互联网上发布自己的信息。因此，形成了一个纷繁复杂的信息世界，成为无所不有的庞杂信息源，并具有跨地区、分布广、多语种、高度共享的特点。网络信息的这个特点对于用户选择、利用网络信息带来了极大的不利。

2. 信息质量良莠不齐

由于网络的开放性，加上互联网管理机构缺乏必要的质量控制和管理机制，使得网络信息发布具有很大的任意性。网上的信息分散、毫无规范，信息内容繁杂、混乱，各种不良垃圾信息的大量散布，质量良莠不齐导致网络信息来源的可靠性和检索质量受到严重的影响，给广大用户选择、利用网络资源信息带来了很大的不便之处。

3. 类型多、范围广

网上信息资源在内容上可以说是包罗万象，覆盖了不同学科、不同领域、不同语言等，如学术信息、商业信息、政府信息、个人信息等。在形式上可以说是种类繁多，包括文本、图像、声音、软件、数据库等。

4. 动态性高

网络环境下，信息资源瞬息万变。各种信息处在不断生产、随时更新、不断淘汰的状态，任何网络资源都有可能在短时间内建立、更新、更换地址甚至消失。

5. 分布式、非线性

网络信息资源是以分布式数据库的形式存放在不同国家、不同地区的各种服务器上，同时利用链接建立起来的结构网络，通过各种搜索引擎及检索系统使信息检索变得方便快捷。

6. 共享程度高

由于信息存储形式及数据结构具有通用性、开放性和标准化的特点，它在网络环境下，时间和空间范围得到了最大程度的延伸和扩展，用户可随时随地共享信息资源。

9.2.2　网络信息资源的获取途径和方式

面对浩瀚的网络信息资源，虽然网络信息资源丰富，但我们要检索信息却变得越来越困难。那么如何才能在最短的时间里找到最符合要求的信息呢？以下是我们获取网络信息资源的有效途径。

1. 中文综合型搜索引擎

针对汉语的特点，搜索引擎技术中本身存在着分词和切词的难题，在这里列举比较典型的中文搜索引擎，充分利用各种搜索引擎可提高检索中文信息的效率。

（1）百度。百度的网址是：http://www.baidu.com，百度是中文互联网世界中的一大著名门户站点，它拥有世界上最大的中文信息库。

（2）搜狐。搜狐公司成立于1996年8月，该公司已从最初的中国首家大型分类查询搜索引擎发展成为综合型门户站点，搜狐分类搜索主页地址为：http://dir.sohu.com。

（3）新浪。新浪网是中文互联网世界中的又一大著名门户站点，新浪搜索引擎是这个门户站点提供的重要信息服务内容，新浪搜索引擎主页地址为：http://search.sina.com.cn。此外，还有网易（www.163.com）、天网（www.tianwang.com）等搜索引擎。

2. 英文综合型搜索引擎

比较常用的英文搜索引擎有：

（1）美国的 Excite，网址为：http://www.excite.com，概念检索是 Excite 的核心检索技术。

（2）世界上最大的综合型搜索引擎 Google，其主页界面简洁，具有非常强大的信息查询能力，网址为：http://www.google.com。

（3）第一个研究型搜索引擎 Northern Light，在搜索引擎领域获得了许多奖项，网址为：http://www.northernlight.com。

（4）目录浏览型搜索引擎的首创者——Yahoo，Yahoo 是由华裔明星杨致远创建的，网址为：http://www.yahoo.com。

9.2.3 搜索引擎的分类与工作原理

随着互联网日益普及和相关技术的迅猛发展，网络信息资源大量增加，用户要在浩瀚的网络信息资源海洋里寻找自己需要的信息，就像大海捞针般困难重重。为满足广大用户的信息检索需求的专业搜索网站——搜索引擎便应运而生了。它是以一定的策略在互联网中搜集信息，对信息进行梳理、提取、组织和处理，并为用户提供检索的一种服务，搜索引擎已成为未知状态下发现有效信息的最有效方式。

1. 搜索引擎的分类

目前，Internet 上已有成千上万个能提供检索服务的站点，这些站点的搜索引擎在收录的范围、内容、检索方法上都各有千秋，采用的技术也各具特色。但总的来看，根据它们所基于的搜索技术原理不同，一般可把它们分成三大类：机器人（Robot）搜索引擎、分类目录式（Directory Search Engine）搜索引擎和元搜索引擎（Meta - search Engine）。

1）机器人（Robot）搜索引擎

Robot 搜索引擎的一个重要的特征是通过一个用 C++、Perl、Java 或其他语言编写的网页自动搜索程序（即 Robot），自动搜集各种 Web 页面，并存入搜索引擎数据库。Robot 会根据所给的网络地址（URL）自动对用户需要的目标网页进行浏览，并将网页内容存储在搜索引擎的数据库中。同时，它还会根据网页的链接进一步提取其他网页，或转移到其他站点上，直到没有满足要求的新网页或网站为止。

由于专门用于检索信息的“机器人”程序像蜘蛛一样在网络间爬来爬去，因此，搜索引擎的“机器人”程序就被称为“蜘蛛”程序。

Robot 搜索引擎的工作原理为：首先，由自动搜索软件 Robot 根据给定的 URL，访问目标站点，并通过其中的链接遍历 WWW 中的其他站点，然后将获得的站点信息形成一个巨大的网页信息库以备用户查询。当用户通过查询内容提出检索要求时，系统就会在数据库中找到相关内容，并按照既定规则进行排序输出。

由于是通过 Robot 自动寻找网络资源并编制索引摘要，减少了人工操作作业，信息搜集速度快，资源收录较为全面，结果更新及时。但 Robot 搜索引擎也有不足之处：收录的资源质量良莠不齐，查询结果准确度低，用户很难通过检索获得自己所需的结果。这类搜索引擎的主要代表国外的有 Google、AltaVista、Excite、Lycos 等，国内的有天网、悠游等。

2）目录搜索引擎

目录搜索引擎，也称主题查询型搜索引擎，它提供一种可检索和查询的等级式主题目录，以超文本链接方式把资源按不同类型划分成不同的目录，各类目录下面引出属于这一类别的网站名称和网址链接以及每个网站的内容简介。

用户在查询信息时，只需按分类目录逐层查找，搜索引擎就会将找到的相关网站名称、网址及内容简介显示在屏幕上，用户单击网站名称即可进入相应的网站。

目录搜索引擎区别于 Robot 搜索引擎主要是通过人工方式进行资源搜集，且采取人工方式来进行网站的描述。首先，用人工进行广泛的网站或网页搜集，同时对该站点作适当的描述，并根据站点的内容和性质将其归为一个预先分好的类别，把站点的 URL 和描述放在该类别中，即建立了目录数据库。目录搜索范围较小，查全率较低，对偏僻主题、新兴学科、交叉学科不能很好地涵盖，类目间的交叉又会导致重复和资源浪费。同时，由于数据库采用人工方式更新速度比较慢，站点本身的动态变化不能及时地反映到搜索结果中，严重影响了用户对查询数据的时效性。但用户查询信息时操作比较简单，准确性比较高。

3）元搜索引擎

元搜索引擎，是一种调用其他独立搜索引擎的引擎。元搜索引擎就是对多个独立搜索引擎的整合、调用、控制和优化利用。相对元搜索引擎，可被利用的独立搜索引擎称为源搜索引擎（Source Engine）。整合、调用、控制和优化利用源搜索引擎的技术，称为元搜索技术（Meta - searching Technique），元搜索技术是元搜索引擎的核心。

元搜索引擎具有较强的字符和语法转换功能，用户的检索请求可为各元搜索引擎所认知和接受；不同的元搜索引擎对于检索的结果也有着不同的处理技术。由于元搜索引擎设定的检索结果排序依据、最大返回结果数量、相关度参数及优化机制等不同，调用相同的元搜索引擎的不同源搜索引擎显示检索结果的数量多少、排序先后、结果信息描述选择亦有较大差异。虽然元搜索引擎存在着一定的功能局限，但其以涵盖较多的搜索资源，在单位时间内提供相对比较全面、准确率较高的检索结果等，从而逐渐成为一种不可或缺的极具潜力的网络检索工具。

2. 搜索引擎的工作原理

搜索引擎，通常指的是收集了互联网众多相关网页并对网页中的关键词进行索引，建立索引数据库的全文搜索引擎。当用户查找某信息时在网站提供的搜索引擎中输入相关关键词后进行搜索，包含了该关键词的相关网页都将搜索出来。这些结果将按照与搜索关键词的相关度高低等一系列复杂的算法进行排序。搜索引擎的原理，总体可概括为：从互联网上抓取网页→建立索引数据库→在索引数据库中搜索排序，其原理图如图 9. 2、图 9. 3 所示。

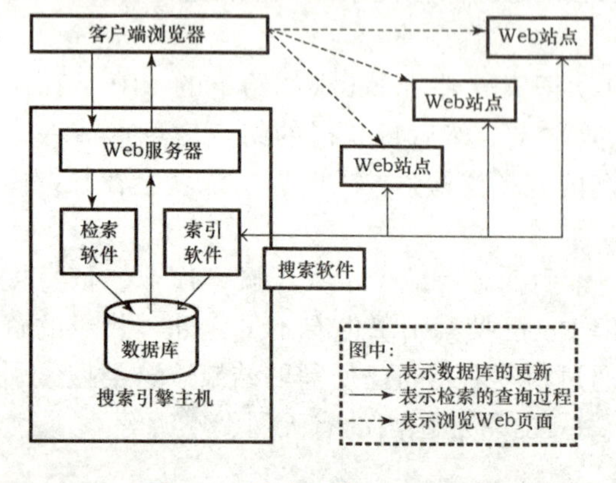

图 9. 2　搜索引擎原理（1）

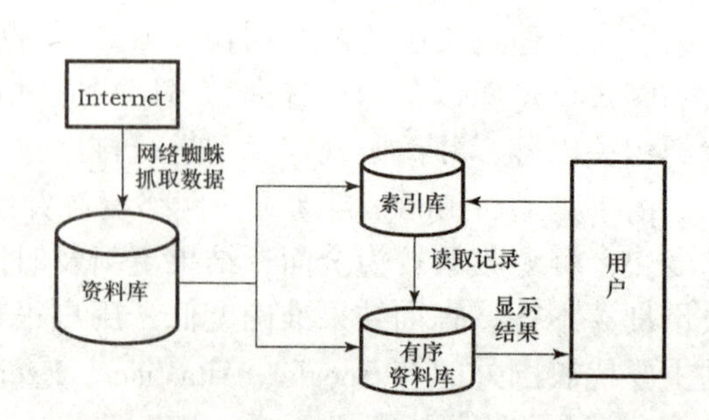

图 9. 3　搜索引擎原理（2）

1）抓取网页

搜索引擎一般都利用高性能的蜘蛛程序（Spider）去自动地在互联网中搜索信息。网络蜘蛛程序首先是查看一个相关的页面，并从此页面中找到相关信息，然后它再从该页面的所有链接中出发，继续寻找相关的信息，依此类推，直至把所有网页找尽。

2）建立索引数据库

不同的搜索引擎会在搜索结果的数量和质量上产生明显的差异。对检索的结果建立索引数据库这一过程关系到用户能否最迅速地找到最准确、最全面的信息。网络蜘蛛程序将抓来的网页信息迅速地建立索引，保证信息与源网络数据同步更新时的及时性。

3）用户检索过程

这个过程是对前两个过程的检验，检验该搜索引擎能否给出最准确、最广泛的信息，检验该搜索引擎能否迅速地给出用户最想得到的信息。搜索引擎索引数据库建立以后，每个搜索引擎都提供有一个良好的信息查询界面，用户把想要查找的关键词输入后，检索器根据用户输入的查询关键词，在索引库中快速检索出相应文档，用户通过搜索引擎提供的链接，即可访问到相关信息。

9.2.4　关键字全文搜索引擎的使用

全文搜索引擎一般都有一种叫“网络机器人”或“网络蜘蛛”的软件，这些软件能遍历 Web 空间，扫描一定 IP 范围内的网站，并沿着网络上的链接从一个网页到另一个网页，从一个网站到另一个网站采集网页资料。为了保持网页资料的最新，它还会回访已抓取的网页。对已经抓取到的网页，搜索引擎还会用一定的程序进行分析，根据一定的相关度算法建立网页索引，添加到索引数据库中。全文搜索引擎因为依靠软件进行采集网页，所以数据库的容量非常庞大，但是，它的查询结果往往不够准确。我们平时看到的全文搜索引擎，实际上只是一个搜索引擎的搜索界面。当我们输入关键字进行查询时，搜索引擎便会从庞大的索引数据库中找到包含该关键字的所有相关网页的索引，并按一定的排名规则呈现给我们。不同的搜索引擎，网页索引数据库也不同，排名规则也不尽相同，所以当我们以同一关键字在不同的搜索引擎上进行查询时，搜索的结果和排列顺序通常也不相同。典型的全文搜索引擎有百度、谷歌等。

9.2.5　关键字分类目录搜索引擎的使用

与全文搜索引擎一样，分类目录搜索引擎的整个工作过程同样也经过收集信息、分析信息和查询信息三部分，只不过分类目录搜索引擎的前两部分，收集信息和分析信息全部由人工来完成。分类目录一般都有专门的编辑人员，负责收集网站的信息。分类目录依靠人工收集和整理网站，能够提供更为准确的查询结果，但收集的内容却非常有限。目前如雅虎、新浪等大型网站，均有自己的分类目录搜索引擎。

9.2.6　常用搜索引擎的使用

各种搜索引擎一般在查询算法上各不相同，但使用时都比较简单，往往只需要输入关键词即可。下面简单介绍常用的搜索引擎，并以百度为例介绍其详细的使用方法。

1. 百度搜索引擎（www. baidu. com）

“众里寻他千百度”，“百度”二字源自辛弃疾的《青玉案》，象征百度对中文信息检索技术执着的追求。百度搜索引擎主要由四部分组成：蜘蛛程序、监控程序、索引数据库、检索程序。百度搜索引擎功能完备，搜索精度高，是目前国内技术水平最高的搜索引擎。百度搜索引擎的创建者为资深信息检索技术专家、超链接分析专利的唯一持有人——百度总裁李彦宏，及其好友——在硅谷有多年商界成功经验的百度执行副总裁徐勇博士。

百度搜索引擎使用方法非常简单，只要输入关键词，然后单击“百度搜索”按钮，或直接按回车键即可获得相关搜索结果。除此以外还有一些常用方法。

1）多个词语搜索

输入多个关键词，每个关键词之间用一个空格隔开，可以获得更精确的搜索结果。例如，想了解南宁东盟博览会相关信息，在搜索框中输入“南宁　东盟博览会”，搜索的效果会比直接输入“南宁东盟博览会”的效果更好。在百度查询时多个关键词之间不需要使用符号“AND”或“+”，百度会在多个以空格隔开的词语之间自动添加“+”。

2）排除无关信息

为了获取更精准的查询资料，有时候，排除含有某些词语的信息有利于缩小查询范围。百度支持此功能，用于有目的地排除无关网页，以获取更高的查询效率。查询时在关键词后再用“—”号把排除的关键词连接起来，但减号之前必须留一空格。例如，要查询关于“唐代诗人”，但不含“白居易”的信息，可输入“唐代诗人—白居易”，这样搜索的范围会缩小很多，获取的效果更佳些。

3）并行搜索

使用“关键词 A | 关键词 B”来搜索包含词语 A 或者词语 B 的相关信息网页。例如当要查询“李白”或“杜甫”的相关资料时，不必分两次查询，只要输入“李白 | 杜甫”搜索即可。百度会提供跟“ | ”前后任何字词相关的信息，并根据复杂的算法把最相关的网页链接信息排在前列。

4）标题搜索

网页标题通常是对网页主要内容提纲挈领式地归纳浓缩。把查询信息内容范围限定在网页标题中，查询效果更好效率更高。使用时查询的关键词用“intitle：关键词”。例如，找姚明的篮球视频，可以输入“篮球视频 intitle：姚明”。需要注意的是“intitle:”和后面的关键词之间不需要空格。

5）用 site 把搜索范围限定在特定站点中

如果知道某站点中有自己需要找的信息，就可以用“site：站点域名”把搜索范围限定在这个站点中，提高查询效率。需要注意的是“site:”后面的站点域名不需要带上“http://”,也不需要加上空格。

6）用 inurl 把搜索范围限定在 url 链接中

用“inurl：关键词”可以把网页 url 中的某些有价值信息进行限定，可以获得良好的效果。需要注意的是“inurl:”与后面的关键词不必带空格。例如，要查找关于信息检索的使用技巧，可以查询“信息检索 inurl：jiqiao”。上面这个查询结果中的“信息检索”是可以出现在网页的任何位置，而“jiqiao”则必须出现在网页 url 中。

7）用双引号和书名号进行精确匹配查询

如果用户输入的关键词过长，为了得出精准的效果，可以把关键词加上双引号，否则百度在经过分析后，一般把关键词进行拆分了。书名号则是百度独有的一个特殊查询语法，百度搜索中，中文书名号是可被查询的，这一点不同于其他的搜索引擎。同时书名号还有一些特别效果，比如，查电视节目“非诚勿扰”，输入时如果不带书名号，很多情况下查到的是“非诚勿扰”这个成语的相关链接，若输入“《非诚勿扰》”，其搜索结果都是《非诚勿扰》电视节目了。

2. Google 搜索引擎（www. google. com）

Google 搜索引擎是由两位斯坦福大学的博士 Larry Page 和 Sergey Brin 在 1998 年创立的，Google 允许以多种语言进行搜索，在操作界面中提供多达 30 余种语言选择，它是目前世界范围内最受欢迎的基于全文检索的搜索引擎。Google 一词是由英文单词“googol”变化而来，“googol”这个词是由美国数学家 Edward Kasner 的侄子 Milton Sirotta 创造的，表示 1 后面带有 100 个零的数字，Google 用这个词作为搜索引擎的名称，代表它想搜索完网上海量信息资料的雄心。目前，Google 的目录中收录了 80 亿多个网址，10 亿多张图片。另外，Google 将其特有的网页级别技术与完善的文本匹配技术结合在一起。由于 Google 的强大智能搜索技术和开创新思维，已使得其成为网络上最具竞争力的搜索引擎。

3. 新浪搜索引擎（www. sina. com. cn）

新浪网搜索引擎是面向全球华人的网上资源查询系统。新浪搜索为用户提供最准确、全面、翔实、快捷的优质服务，以网络用户的需求为本，使用户获得最满意的服务是新浪永恒的追求。近来，新浪网推出新一代综合搜索引擎，最大限度地满足用户的检索需要，使用户得到最全面的信息，这项服务在国内尚属唯一，这是中国第一家可对多个数据库查询的综合搜索引擎。

4. 搜狐搜索引擎（www. sohu. com）

搜狐网搜索引擎是面向全球华人的网上资源查询系统，提供网站、网页、新闻、软件、游戏等查询服务。网站收录资源丰富，分类目录规范细致，遵循中文用户习惯。目前搜狐搜索引擎共有 16 大类目录，一万多个细目录和二十余万个网站，是互联网上最大规模的中文搜索引擎之一。

5. 网易搜索引擎（www. 163. com）

网易旗下搜索引擎，主要提供网页、图片、热闻、视频、音乐、博客等传统搜索服务，同时推出海量词典、阅读、购物搜索等创新型产品。

6. 雅虎搜索引擎（www. yahoo. com）

Yahoo 是由美国斯坦福大学电机工程系博士生杨致远和大卫·费罗创建。它是全球第一个也是目前 WWW 环境下最著名的分类主题索引。Yahoo 属于目录索引类搜索引擎，可以通过两种方式在上面查找信息，一是通常的关键词搜索，一是按分类目录逐层查找。以关键词搜索时，网站排列基于分类目录及网站信息与关键字串的相关程度。包含关键词的目录及该目录下的匹配网站排在最前面。以目录检索时，网站则按字母顺序排列。

雅虎在全球共有 24 个网站，12 种语言版本，其中雅虎中国网站（www. yahoo. com. cn）于 1999 年 9 月正式开通，它是雅虎在全球的第 20 个网站。雅虎中国网站为用户提供了强大的搜索功能，通过其 14 类简单易用、手工分类的简体中文网站目录及强大的搜索引擎，用户可以轻松搜索到政治、经济、文化、科技、房地产、教育、艺术、娱乐、体育等各方面的信息。

9. 2. 7　电子文献查询

电子文献，又称为电子出版物。我国新闻出版署在 1996 年颁发了《电子出版物管理暂行规定》，在规定中将电子文献定义为：电子出版物系指以数字代码方式将图、文、声、像等信息存储在磁光电介质上，通过计算机或具有类似功能的设备阅读使用，用以表达思想、普及知识和积累文化，并可复制发行的大众传播媒体。电子出版物的主要媒体形态有：软磁盘、只读光盘（CD - ROM）、交互式光盘（CD - I）、照片光盘（PHOTO - CD）、集成电路卡（ICCARD）等。

电子文献由于具有全文数据库的结构和相应的检索软件，通过数据库、索引文件、超文本等技术，使得信息可以按自身逻辑关系组织成相互联系的网状结构。读者利用某些软件，可以从“篇名”“作者”“机构”和“关键词”等检索字段入手，通过计算机自动检索出所需的内容，大大方便了用户检索，提高了检索效率。

1. 中文数据库文献检索

1）CNKI 数据库

中国知识基础设施（简称 CNKI），是由清华同方光盘股份公司、清华大学光盘国家工程研究中心、中国学术期刊电子杂志社等联合承担的国家级大规模信息化工程。它是目前世界上的大型中文期刊全文数据库之一，是我国第一个连续出版的学术期刊全文文献检索系统。它收录了 1994 年至今的 8 400 余种核心与专业特色期刊全文，内容覆盖了数理科学、化学化工能源与材料、工业技术、农业、医药卫生、文史哲、经济政治与法律、教育与社会科学、电子技术与信息科学，分九大专辑，126 个专题文献的数据库。

2）万方数据库

万方数据资源建立在万方数据庞大的数据库群之上。它的资料来源于中国科技信息研究所和国家各部委、中科院以及各级信息机构，内容涉及自然科学和社会科学各个专业领域。迄今为止，万方数据自有版权以及与合作伙伴共同开发的数据库总计 112 个，归属 9 个类别，总记录 1 300 多万条。收录范围包括期刊、会议、学位论文、标准、专利和名录等，用户既可以单库、跨库检索，也可以在所有数据库中检索，同时还可按行业需求检索。

3）维普数据库

重庆维普资讯有限公司是科学技术部西南信息中心下属的一家大型的专业化数据公司，其前身是中国科技情报所重庆分所数据库研究中心。该公司的主导产品《中文科技期刊数据库》是我国第一个中文期刊数据库，是国家新闻出版总署批准的大型连续电子出版物。发展至今，已收录中文期刊 12 000 余种，数据量达 3 000 多万篇，引文 4 000 余万条，分三个版本（文摘版、全文版、引文版）和八个专辑（社会科学、自然科学、工程技术、农业科学、医药卫生、经济管理、教育科学、图书情报）定期出版，拥有高等院校、公共图书馆、研究机构、企业、医院等各类大型机构用户 5 000 多家，覆盖数千万个人读者。维普资讯《中文科技期刊数据库》已经成为文献保障系统的重要组成部分，是科技工作者进行科技查新和科技查证的必备数据库。

4）读秀中文学术数据库

读秀知识库是全球最大的中文文献资源服务平台。它集文献搜索、试读、文献传递、参考咨询等多种功能为一体，以海量的数据库资源为基础，为用户提供切入目录和全文的深度检索，以及部分文献的全文试读，读者通过阅读文献的某个章节或通过文献传递来获取他们想要的文献资源，是一个真正意义上的知识搜索及文献服务平台。读秀检索，集成业界领先搜索引擎内核，突破一般检索模式，实现目录和全文的垂直检索，使读者在最短的时间内获得最深入、最准确、最全面的文献信息。

2. 西文数据库文献检索

1）Springer

Springer 科技出版社目前是全球最大的学术与科技图书出版社，每年出版 4 000 种新书，同时也是全球第二大学术期刊出版社。Springer 出版物按学科划分，分为天文学、生物医学、商业与管理、化学、计算机科学、地球科学与地理学、能源学、工程学、环境科学、食品科学与营养学、法律、生命科学、数学、医药、哲学、物理学、心理学、公共卫生、社会科学、经济学等24个学科子库，共计15万多种图书和2800种期刊，489万篇电子文献。资料库原名为 LINK，为德国出版商 Springer－Verlag 所建置。全文大都以 PDF 格式呈现，可免费浏览目次与摘要，订阅目次摘要与新产品通报服务及使用其检索功能，全文资料则限订购者使用，目前国内只引进电子期刊，包括的学科有：化学、计算机科学、经济学、工程学、环境科学、地理学、法学、生命科学、数学、医学、物理学和天文学等11类。该数据库包括以下几种产品：Springer 的在线期刊库、Springer 电子书、Springer 电子参考工具书、Springer 电子丛书系列、Springer 回溯数据库和实验室指南。

2）EBSCO

EBSCO 公司是国际知名的文献信息服务供应商，EBSCO 联机检索系统收录有生物科学、工商经济、资讯科技、通讯传播、工程、教育、艺术、文学、医药学等领域的包括4 286种期刊，系统包括 AcademicSearchElit（学术期刊数据库）、BusinessSourcePremier（商业资源数据库）及 ERIC（美国教育资源信息中心）等9个数据库。数据库将二次文献与一次文献捆绑在一起，为最终用户提供文献获取一体化服务，检索结果为文献的目录、文摘、全文（PDF 格式）。

EBSCO 数据库提供基本检索、高级检索和视觉搜索三种主要检索途径。另外，还提供了多种辅助检索方式，如出版物、科目术语、参考文献、图片和索引检索，辅助检索方式因所选数据库不同而有所改变。

（1）EBSCO 主要检索方式。EBSCO 基本检索也可称为快速检索，通过在输入框中直接输入检索词或检索式进行检索，检索式支持布尔逻辑算符、位置算符和通配符以及字段代码的限定检索。高级检索可实现限定字段的多个检索词的逻辑组配检索。视觉搜索是 EBSCO 数据库推出的较具特色的检索方式，可通过系统推荐的主题词层层单击实现，检索结果有柱状和块状两种显示方式。

（2）EBSCO 特色检索方式。EBSCO 数据库所收录出版物的检索，可通过检索和浏览两种途径查看，详细揭示所收录出版物的年代、内容（文摘/全文）。科目术语检索通过 EBSCO 自建的主题词表和著者提供的关键词来检索，用户可按字母顺序浏览，也可以输入检索词进入到词库中选择。索引检索是指通过 EBSCO 数据库中自建的一些索引，包括常用的著者、期刊名称、主题等近二十种索引类型来确定检索词进行检索。参考文献检索是指通过一篇文献的已知条件，如著者、标题、发表刊物的名称、年代来检索引用过它的其他文献。图像检索是通过关键词来检索 EBSCO 图片数据库中有关自然科学、人物、历史、某个地点以及地图、国旗等的相关图片。

3. 谷歌学术搜索

Google 学术搜索是一个可以免费搜索学术文章的 Google 网络应用，可以快速寻找学术资料，如专家评审文献、论文、书籍、预印本、摘要以及技术报告。2004年11月，Google 第一次发布了 Google 学术搜索的试用版，它过滤掉了普通搜索结果中大量的垃圾信息，排列出文章的不同版本以及被其他文章的引用次数。2006年1月11日，Google 公司宣布将 Google 学术搜索（Google Scholar）扩展至中文学术文献领域，在索引中涵盖了来自多方面的信息，信息来源包括万方数据资源系统、维普资讯、主要大学发表的学术期刊、公开的学术期刊、中国大学的论文以及网上可以搜索到的各类文章。该项索引包括了世界上绝大部分出版的学术期刊。Google 学术搜索可帮助您在整个学术领域中确定相关性最强的研究。

Google 学术搜索使用方法较为简单，首先进入 Google 学术搜索的主页（http://scholar.google.com.hk），然后再输入关键词，如“虚拟学习社区”，单击“搜索”按钮，打开如图 9.4 所示的有关“虚拟学习社区”的学术搜索结果，结果中包括了有关关键词的结果以及搜索所用时间。当然，还可以通过学术高级搜索进一步设置搜索的有关选项，以提高搜索效率。

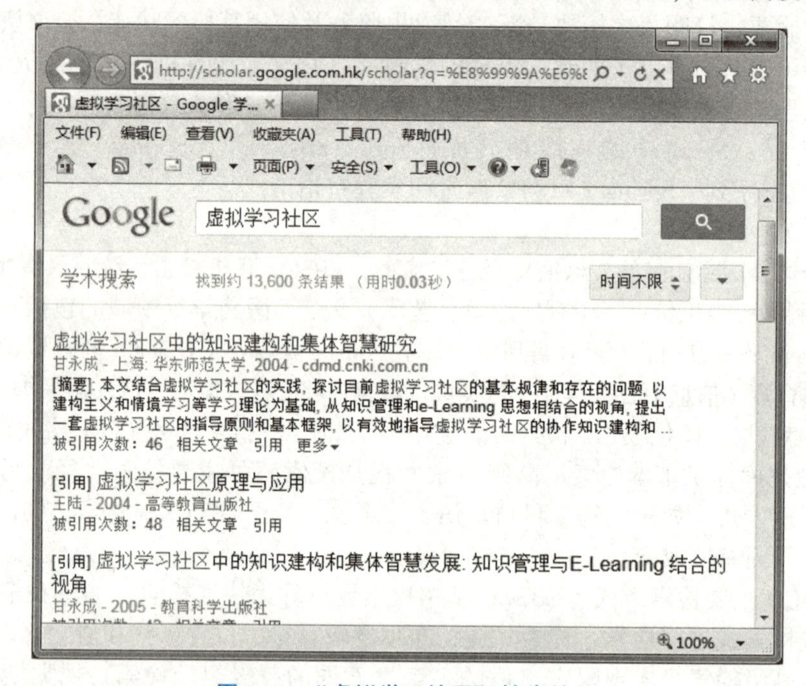

图 9.4　“虚拟学习社区”搜索结果

9.3　网页与网站设计

9.3.1　网页和网站的概念

网页是用 HTML 语言编写，通过 WWW 传播，并被 Web 浏览器翻译为可以显示出来的集文本、超链接、图片、声音和动画、视频等信息元素为一体的页面文件，是网站的基本单位，是 WWW 的基本文档。人们可以通过网页浏览器来访问网站，获取自己需要的资讯或者享受网络服务。

网站（Web Site）也称为站点，是指在互联网上根据一定的规则，使用 HTML 等工具制作的用于展示特定内容的相关网页的集合。它是存放于特定计算机上的一系列网页文档的组合。网站中的文档通过超链接关联起来，实现从一个网页跳转到另一个网页。其中，在浏览器中输入一个网站的域名或 IP 地址后所访问的网页，称为主页（Homepage）。

9.3.2　网页文件与网页设计语言 HTML 及网页设计工具

HTML（Hypertext Marked Language，超文本标记语言）是一种用于制作超文本文档的标记语言。用 HTML 编写的超文本文档叫 HTML 文档，它能独立于各种操作系统平台（如 UNIX、Windows 等）。自 1990 年以来，HTML 就一直被用作 World Wide Web 的信息表示语言，用于描述网页的格式设计以及网页之间的链接信息。使用 HTML 语言描述的文件，需要通过 WWW 浏览器显示出效果。

HTML 文档的扩展名通常是“. html”或“. htm”，可用记事本、FrontPage 或 DreamWeaver 等软件编辑网页，用浏览器进行浏览。HTML 文档的基本结构如下：

```
<html>
<head>
   <title>标题</title>
</head>
<body>
   网页主体部分
</body>
</html>
```

其中，<html>和</html>标签为一对标记，称为<html>标记，表示文档是一个网页。<head>和</head>标签之间定义网页的头部内容，如定义网页的编码、标题、用于搜索的关键词等信息。<body>和</body>标签之间定义了在浏览器窗口内显示的内容，可以包含文字、图片、动画、视频、声音、超链接等信息。

由于网页文件由标准的 HTML 语言所编写而成，所以凡能对文字进行编辑的软件都可以用来做网页的设计工具。如记事本、Word、写字板等。但此类纯文字编写的软件对于开发网站的效率是相当低的。要开发网站，没有功能完善的可视化软件工具是不行的。

在早期的可视化网页设计工具中，最常用的软件是 FrontPage。FrontPage 2000 是微软公司 Office 2000 软件中的一个重要组件，FrontPage 2000 是一个简单易学，功能强大的网页制作利器，特别适合网页初学者使用。FrontPage 也有不少缺点：首先是兼容性不好，利用 FrontPage 做出来的网页往往不能用 Netscape 浏览器正常显示；其次，生成的垃圾代码多；此外，FrontPage 对动态网页支持不好，不支持 Flash，显得有点落伍了。从 Office 2007 版开始将 FrontPage 更名为 Sharepoint Designer。

除了 FrontPage 以外，较为常用的还有与 . NET 紧密结合的 Expression Web Designer，偏重于采用 . NET 技术开发和设计动态网页程序。

随着技术的不断更新进步，在网页设计和网站开发中最常用的软件，主要有网页设计工具 Adobe Dreamweaver、平面设计工具 Adobe Photoshop、网页图设计和切图软件 Adobe Fireworks 及交互式矢量图和 Web 动画的设计工具 Adobe Flash。

1. 网页设计软件 Adobe Dreamweaver

Dreamweaver（梦幻组合之意）最初是美国 Macromedia 公司开发的专业的网页可视化编辑器。由于在 2005 年 Macromedia 公司被美国 Adobe 公司收购，因此，Dreamweaver 也改名为 Adobe Dreamweaver。该软件是集网页制作和网站管理于一身的所见即所得网页设计软件，是第一套针对专业网页设计师特别发展的视觉化网页开发工具，利用它可以轻而易举地制作出跨越平台限制和跨越浏览器限制的网页，它是网站开发者首选软件之一。网站管理是 Dreamweaver 的另一重要功能。在使用 Dreamweaver 开发网站的时候，可利用 FTP、SFTP、WebDAV 及 RDS 等协议与 Web 服务器连接，从而把本地设计好的网页上传到远程服务器上，也可从远程服务器上下载文件或直接在本机上编辑远程服务器上的文件。

2. 平面设计软件 Adobe Photoshop

Photoshop 是世界上久负盛名的图形图像多媒体公司 Adobe 公司推出的一款图像绘制处

理软件。Photoshop 以其简单的操作方法和强大的功能，赢得了全世界众多图像制作人员的青睐，并成为图形图像制作和设计领域事实上的标准软件。Photoshop 软件中拥有众多的插件（滤镜）和工具，能够很容易地实现各种绚丽多彩的效果，很好地满足网页中各种各样复杂图像的设计要求，因此是网页设计中图像设计的首选软件。

3. 网页图片设计和切图软件 Adobe Fireworks

Fireworks 是 Adobe 公司发布的一款专门进行网络图形设计的图形编辑软件。它大大简化了网络图形设计的工作，使用 Fireworks 不仅可以轻松地制作出动感十足的 GIF 动画，还可以轻松地完成大图切割、动态按钮、动态翻转图等，因此，对于辅助网页编辑来说，Fireworks 是非常有用的图像处理工具。

4. 动画设计软件 Adobe Flash

Flash 是一种二维矢量动画软件，用于设计和编辑 Flash 文档，目前 Flash 动画是 Web 动画的标准。

由 Dreamweaver，Fireworks，Flash 三个软件组成一套强大的网页编辑工具，俗称为网页设计的“三剑客”，都是网页设计者首选的工具。

9.4　用 Dreamweaver CS5 工具制作网页

Macromedia Dreamweaver 是建立 Web 站点和应用程序的专业工具。它将可视布局工具、应用程序开发功能和代码编辑支持组合在一起，其功能强大，使得各个层次的开发人员和设计人员都能够快速创建界面吸引人的基于标准的网站和应用程序，是在网页设计与制作领域中用户最多、应用最广、功能最强大的软件。它集网页设计、网站开发和站点管理功能于一身，具有可视化、支持多平台和跨浏览器的特性，是目前网站设计、开发、制作的首选工具。它与 Macromedia 公司开发的 Fireworks 和 Flash 软件，是一套强大的网页编辑工具，俗称为网页三剑客。Dreamweaver 版本较多，各版本的功能上略有不同，本节以 Dreamweaver CS5 版本为内容，介绍较为常用的网页制作知识。

9.4.1　Dreamweaver CS5 的启动和工作界面

1. 启动 Dreamweaver CS5

安装 Dreamweaver CS5 后，单击桌面左下角的“开始”按钮，选择“所有程序”→“Adobe Dreamweaver CS5”，这时 Dreamweaver CS5 的工作界面就展现在面前了。Dreamweaver CS5 的工作界面主要包括标题栏、菜单栏、插入栏、文档工具栏、文档窗口、状态栏、属性面板、面板组和文件面板，如图 9.5 所示。

2. Dreamweaver CS5 工作界面

1）应用程序栏

应用程序栏位于工作区顶部，左侧显示菜单栏，右侧包含一个工作区切换器和程序窗口控制按钮。

菜单栏几乎集中了 Dreamweaver CS5 的全部操作命令，利用这些命令可以编辑网页、管理站点以及设置操作界面等。

单击“工作区切换器”右侧的小三角按钮，可在其下拉菜单中选择不同的工作区模式，其中包括应用程序开发人员、经典、编码器、编码人员、设计器等。

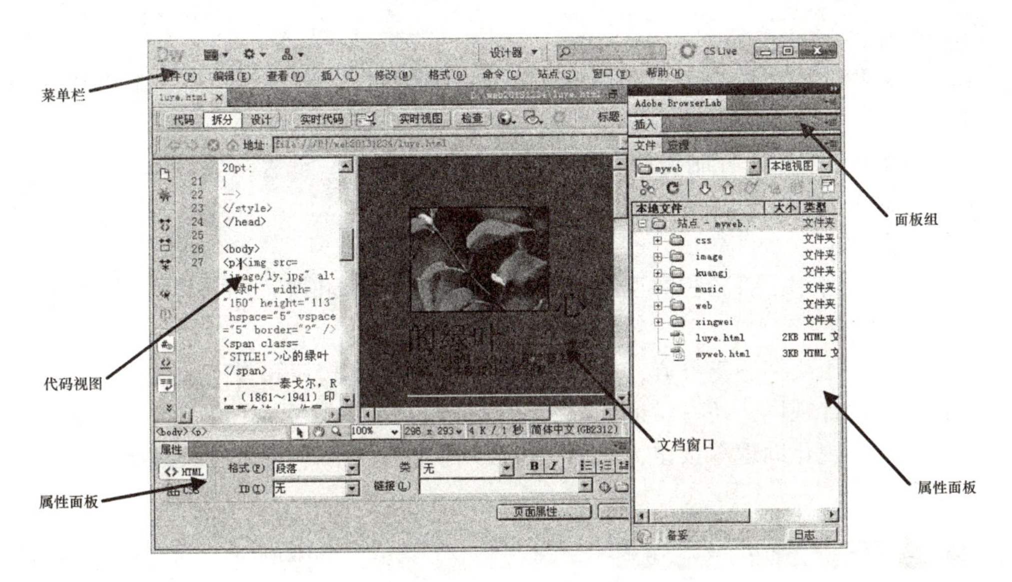

图 9.5　Dreamweaver CS5 的操作界面窗口

程序窗口控制按钮包括“最小化窗口”按钮、“最大化窗口”按钮和“关闭窗口”按钮。

2）标题栏

左边显示 DreamWeaver 软件的图标和名称，以及正在编辑的文档的标题和名称，右边为最小化按钮、最大化按钮和关闭按钮。

3）菜单栏

菜单栏包括了文件、编辑等 10 个菜单，如图 9.6 所示。这些菜单的选项包含了 Dreamweaver CS5 的大部分操作命令，其中：

图 9.6　Dreamweaver CS5 的菜单栏

“文件”菜单主要用于对网页文档进行基本的操作与管理，包括新建、打开、保存、导入、导出和在浏览器中预览及检查网页等常用命令。

“编辑”菜单主要用于对网页文档进行各种编辑操作，其中包括复制、剪切、粘贴、选择、查找和替换等命令。

“查看”菜单主要用于控制工作视图的显示方式，其中包括工作视图的选择与控制，是否显示标尺、网格和追踪图像等。

“插入”菜单主要用于向文档窗口中插入各种网页对象，如表单、表格、图像、框架和应用程序对象等网页元素。

“修改”菜单主要用于修改页面的属性、表格、所选图像、创建链接和排序及对齐方式等操作。

“格式”菜单主要用于设置所选文本的段落属性和文本属性，如缩进、字体样式、颜色和大小等操作。

“命令”菜单主要用于录制、编辑命令列表、清理代码、编辑颜色和创建网站相册等一些较少用的操作。

“站点”菜单主要用于对站点进行各种管理与编辑操作，如新建站点、编辑站点和上传管理等操作。

“窗口”菜单主要用于控制各种面板的显示与隐藏。

“帮助”菜单中提供了 Dreamweaver CS5 的各种帮助信息。

4）插入工具栏

插入工具栏包含用于将各种类型的对象（如图像、表格和层）插入到文档中的按钮。

5）文档工具栏

文档工具栏位于文档标签下方，如图 9.7 所示，它包含按钮和弹出式菜单，提供代码视图、拆分视图和设计视图，还有验证标记、文件管理、在浏览器中预览/调试、刷新设计视图、视图选项和可视化助理等按钮，使用它可以切换网页视图、设置网页标题、检查浏览器支持、管理文件等。

图 9.7　Dreamweaver CS5 的文档工具栏

6）文档标签

文档标签位于应用程序栏下方，如图 9.8 所示，左侧显示当前打开的所有网页文档的名称及其关闭按钮；右侧显示当前文档在本地磁盘中的保存路径以及向下还原按钮；下方显示当前文档中的包含文档以及链接文档。

当用户打开多个网页时，通过单击文档标签可在各网页之间切换。另外，单击下方的包含文档或链接文档，同样可打开相应文档。

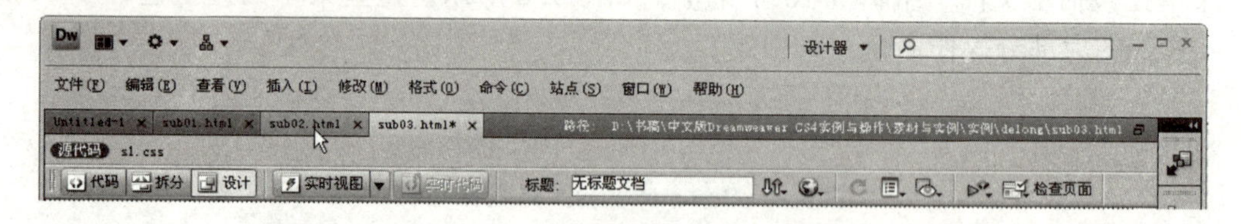

图 9.8　Dreamweaver CS5 的文档标签

7）状态栏

状态栏位于文档窗口底部，如图 9.9 所示，它提供了与当前文档相关的一些信息，如显示了当前所编辑的文档的当前代码标签、页面大小和下载速度等信息。

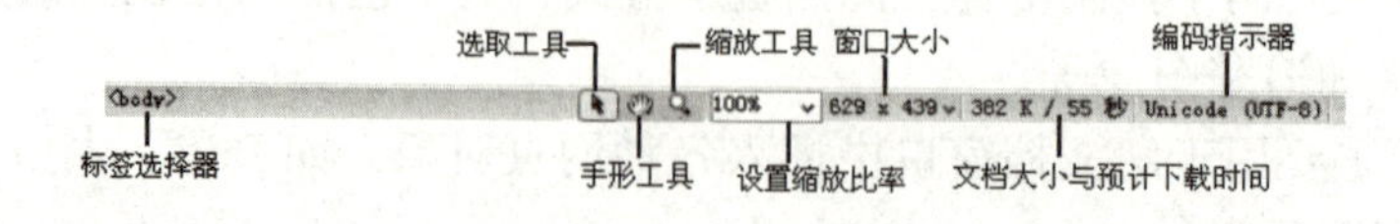

图 9.9　Dreamweaver CS5 的状态栏

8）属性面板

使用“属性检查器”可以检查和设置当前选定页面元素（如文本和插入对象）的最常用属性。“属性检查器”中的内容会根据选定元素的变化而变化。图 9.10 所示为选中图像时的属性检查器。

图 9.10　Dreamweaver CS5 的属性检查器

9）面板组

面板组是分布在某个标题下面的相关面板的集合，如图 9.11 所示。单击所需要的图标，可展开该面板。再单击该图标，则收回该面板，并只显示浮动面板的名称。默认状态下，面板组位于文档窗口右侧。面板组中包含各种类型的面板，Dreamweaver 中的大部分操作都需要在面板中实现。其中最常用的有“插入”面板、“文件”面板和“CSS 样式”面板。

10）文件面板

该面板是用来管理设计网站所需要的文件和文件夹，如图 9.12 所示。

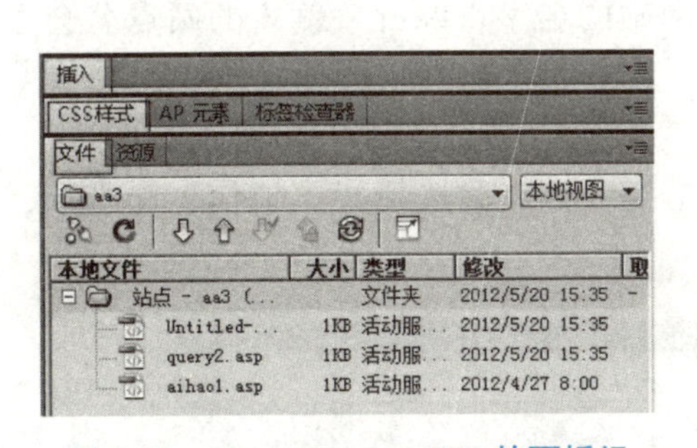

图 9.11　Dreamweaver CS5 的面板组

图 9.12　Dreamweaver CS5 的文件面板

9.4.2　管理器站点

1. 创建站点

Dreamweaver CS5 软件可创建和管理站点，使用它不仅可以创建单独的网页文档，也可以创建完整的 Web 站点。对于网页制作者来说，本地站点就是在制作网站过程中存放网页文件、图像和数据的文件夹。建立本地站点的目的是为了在制作网站过程中，统一管理、即时更新站点文件夹中的所有文件内容。

本地站点的所有文件都分门别类地保存在各类文件夹中。创建本地站点的步骤如下。

1）建立网站文件夹

在本地硬盘上建立一个文件夹，用来存放站点的所有文件，本例建立在 D:\web20131234 文件夹。需要注意的是，最好使用英文作为文件或文件夹的名字，名字中也可以使用中文，但不能包含空格等非法字符。由于某些服务器的操作系统的文件名是区分大小写的，因此建议在构建站点时，尽量使用小写的英文文件名称。

2）命名站点

单击菜单栏中的“站点”→“新建站点”命令，打开“未命名站点 1 的站点定义为”对话框，如图 9.13 所示。

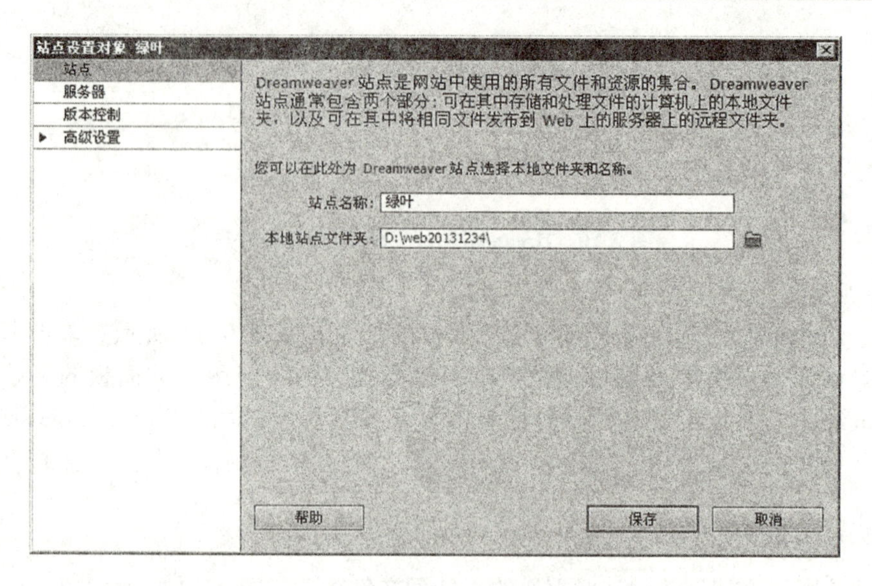

图 9.13　定义站点对话框

在“你打算为您的站点起什么名字”处输入网站的名字：绿叶。输入的站点名会立即显示在对话框的标题栏上。

3）设置本地站点信息

选择“高级”选项，在“高级”选项卡的“分类”列表中选择“本地信息”选项，然后设置本地信息的各项参数，如图 9.14 所示。

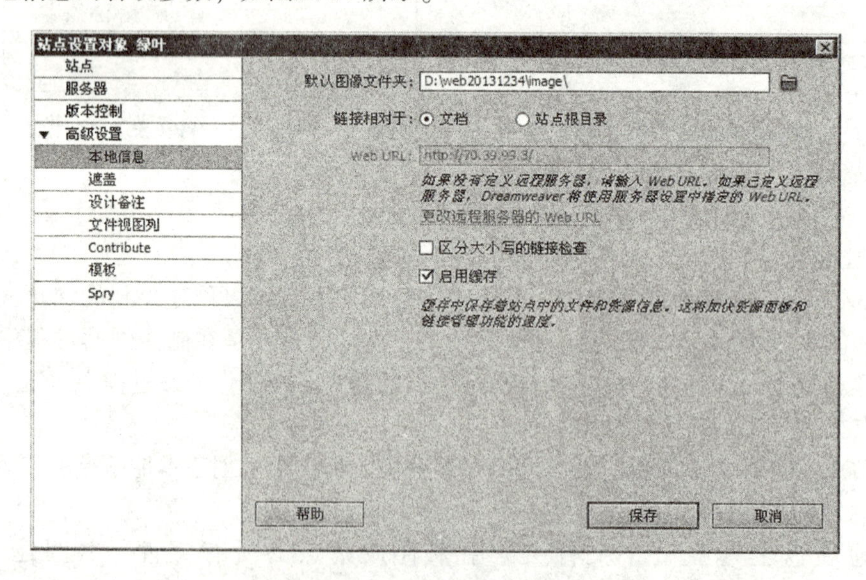

图 9.14　设置本地站点

（1）本地根文件夹：用于指定本地磁盘中用来存储站点文件的总文件夹，此处输入前面已经建立好的文件名称 D:\web20131234，也可以单击右边的浏览按钮选择此文件夹。

（2）默认图像文件夹：用于指定站点的默认图像文件夹路径，可直接输入D:\myweb \ images \，也可单击右边的浏览按钮进行选取。当然也可采用默认的空值设置，在网站实际设计开发中再重新进行设置。

以下的其他选项一般采用默认设置即可。其中：

(3) 链接相对于：用于设置超链接相对目标路径的方式，包括文档和站点根目录两种。一般采用相对于文档的默认值。

(4) HTTP 地址：用于输入已完成的站点将使用的 URL 地址。当站点上传到服务器后，可以使用该网址登录到网站。如还没有申请网址，暂时不填。

(5) 区分大小写链接：选中该复选框时，则使用区分大小写的链接检查。

(6) 缓存：选中该复选框时，可以创建高速缓存，提高链接和站点管理任务的速度。如果不选择此项，Dreamweaver CS5 在创建站点前会再次询问是否希望创建缓存。默认情况下选择该复选框，因为只有创建缓存后"资源"浮动面板才能生效。

4) 完成站点的设置

设置了站点基本信息后，单击"确定"按钮，即可完成本地站点的创建，然后单击菜单栏的"窗口"→"文件"命令，或按功能键【F8】键即可打开"文件"浮动面板，刚刚建立的站点及其文件夹就显示在本地视图中了，如图 9.15 所示。

2. 编辑站点

打开"站点"→"管理站点"，弹出如图 9.16 所示的对话框，选择要修改的站点的名称，选择"编辑"的按钮可对相应的站点重新进行编辑修改。

3. 删除站点

打开"站点"→"管理站点"，弹出如图 9.16 所示的对话框，选择要删除的站点的名称，单击"删除"按钮，出现一个对话框，要求确认删除。单击"是"，从列表中删除站点，或单击"否"保留站点名称，最后单击"完成"，关闭"管理站点"对话框。

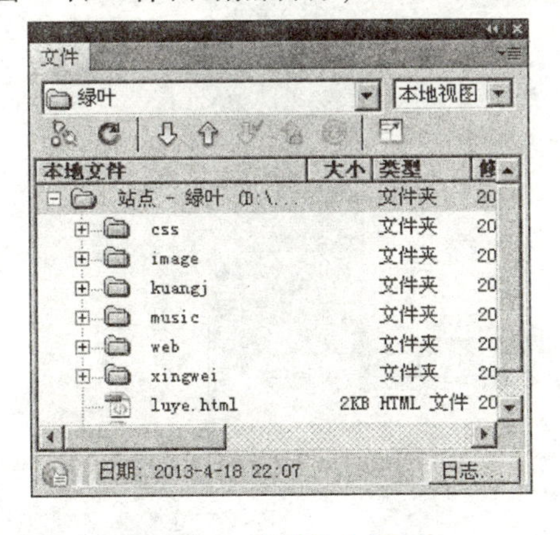

图 9.15　本地站点视图

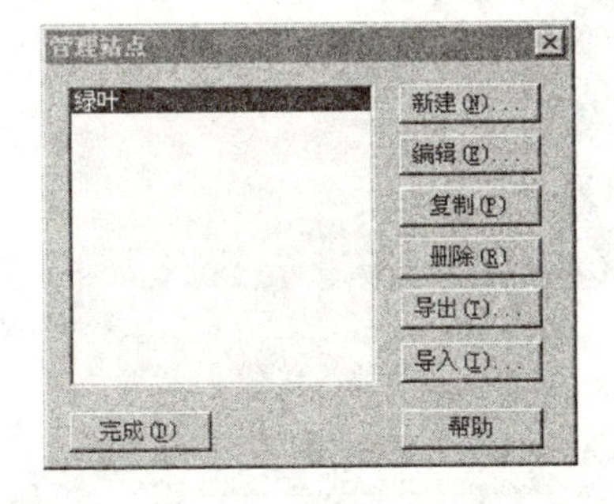

图 9.16　"管理站点"对话框

9.4.3　网页文档基本操作

1. 新建文档

Dreamweaver CS5 中的文档也就是网页，要新建网页文档，可选择"文件"→"新建"菜单，打开如图 9.17 所示的"新建文档"对话框，或者打开 Dreamweaver CS5，在出现的界面单击"新建 HTML"，也可建立新的网页文档文件，如图 9.18 所示。

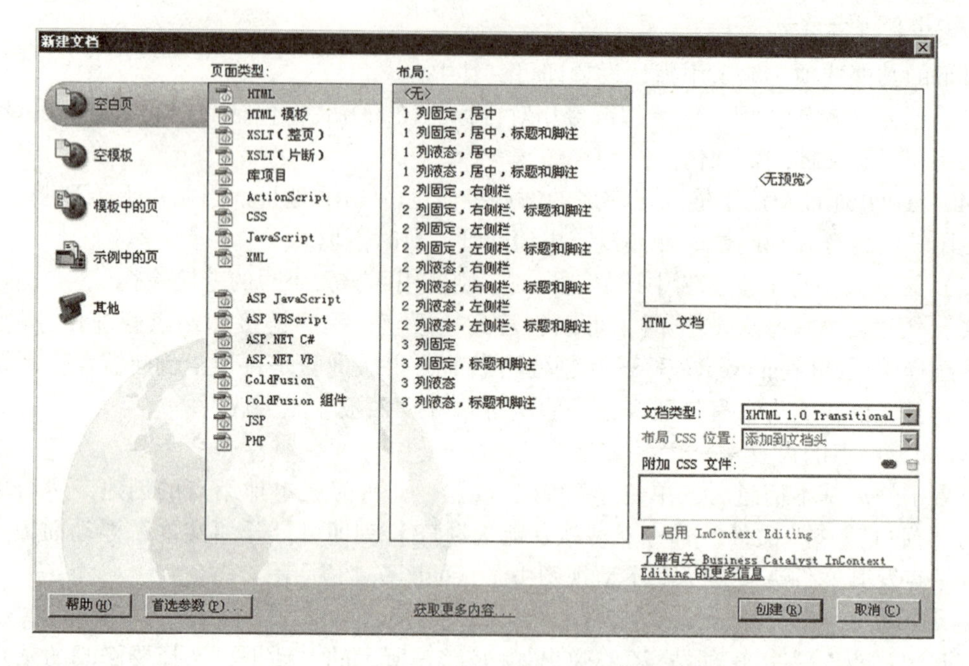

图 9.17　“新建文档”对话框

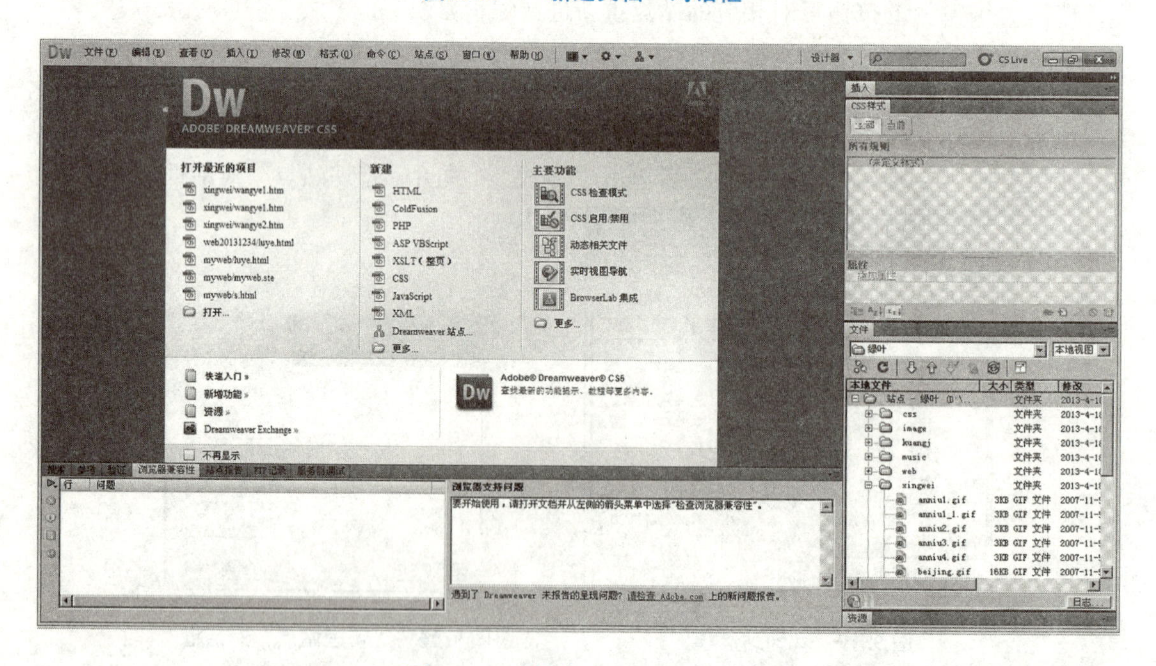

图 9.18　“新建 HTML”对话框

2. 保存文档

要保存网页文档，可选择“文件”→“保存”菜单，或按【Ctrl】+【S】组合键，在弹出图 9.19 所示的“另存为”对话框中选择保存路径，输入网页文件名，新建的网页文档直接关闭或者对修改或编辑过文档进行关闭时，将会弹出如图 9.20 所示的对话框，要求对新建文档进行保存或对修改过的文档进行保存，此时单击“是”按钮即可保存文档。

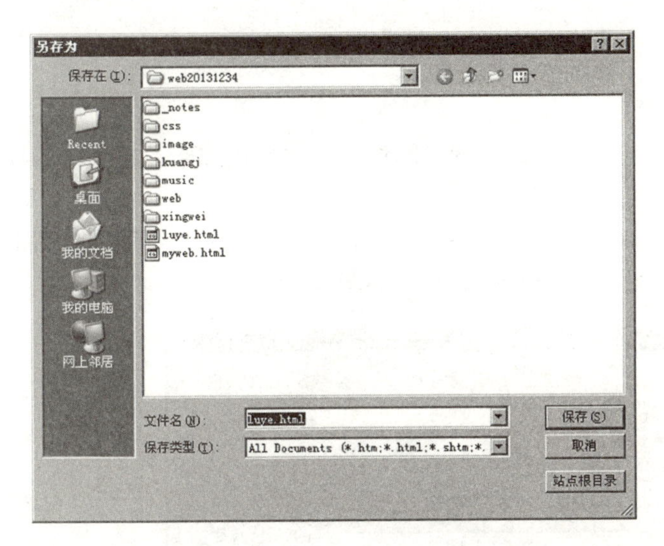

图 9.19　“另存为”对话框

图 9.20　保存命令选择对话框

3. 打开文档

要打开文档，可选择“文件”→“打开”菜单（或按【Ctrl】+【O】组合键），在弹出图 9.21 所示的“打开”对话框中选择要打开的文档，再单击“打开”按钮即可。

4. 关闭文档

关闭文档的操作相当简单，只需单击相应文档右上方的“关闭”按钮即可。如果文档未命名，系统会打开“另存为”对话框，提示用户对文档进行命名并确定是否需要保存。

5. 预览文档

如要预览已经建立好的网页文档，可在打开文档后单击“文档”工具栏中的“在浏览器中预览/调试”按钮，在弹出的菜单中选择“预览在 IExplore”菜单项（或直接按【F12】键）（见图 9.22），在浏览器中打开文档。

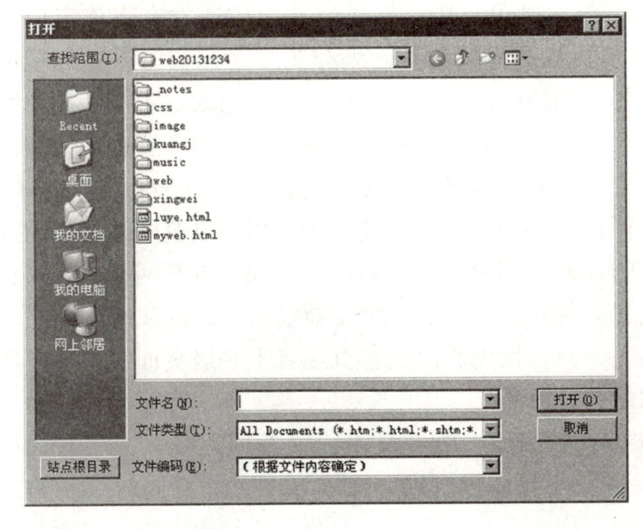

图 9.21　“打开”对话框

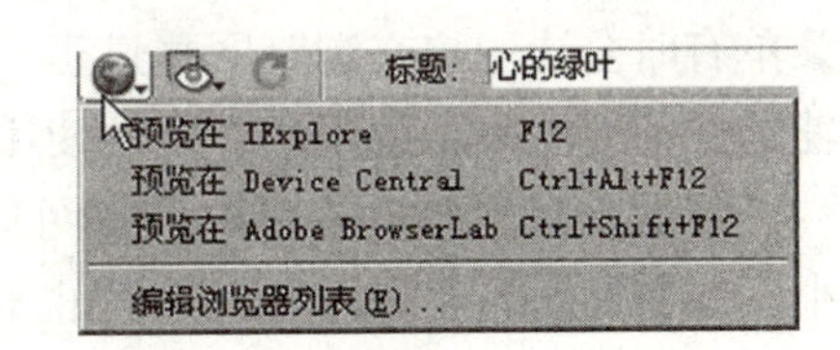

图 9.22　预览对话框

9.4.4　设置网页属性和布局

1. 网页属性

网页属性指网页元素所具备的一些基本性质，如背景图像、文本颜色和文本超链接的样式等。

要设置网页的属性，单击菜单“修改”→“页面属性”命令，在“页面属性”对话框中的分类列表中选择不同的选项，可设置不同的网页属性，如图 9.23 所示。

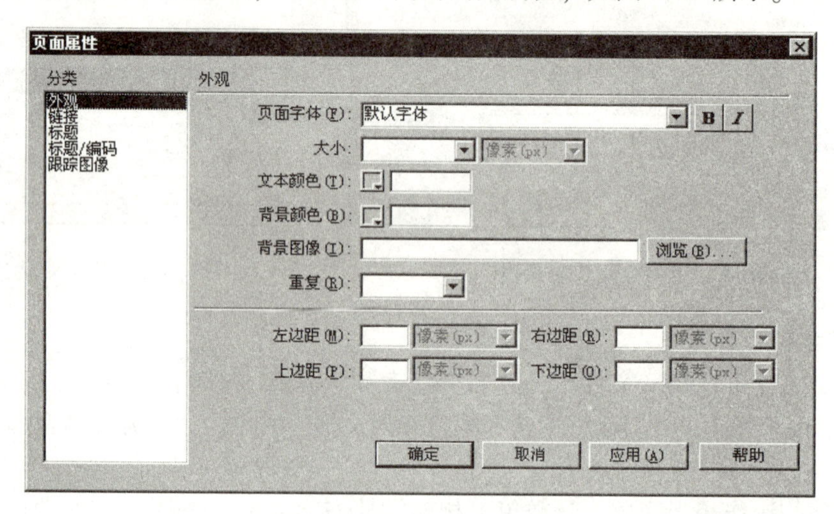

图 9.23　页面属性设置

2. 网页布局

网页布局是指当网站栏目结构确定之后，为了满足栏目设置的要求需要进行的网页模板的规划。网页布局主要包括：网页结构定位方式、网站菜单和导航的设置、网页信息的排放位置等。

网页结构定位：在传统的基于 HTML 的网站设计中，网页结构定位通常有表格定位和框架结构（也称帧结构）两种方式。由于帧结构将一个页面划分为多个窗口时，破坏了网页的基本用户界面，很容易产生一些意想不到的情况，如容易产生链接错误、不能为用户所看到的每一帧都设置一个标题等。在网页结构定位时，有一个很重要的参数需要确定，即网页的宽度。确定网页宽度通常有固定像素模式和显示屏自适应模式。

网站菜单设置：导航设置是在网站栏目结构的基础上，进一步为用户浏览网站提供的提升系统。由于各个网站设计并没有统一的标准，不仅菜单设置各不相同，打开网页的方式也有区别。有些是在同一窗口打开新网页，有些是新打开一个浏览器窗口，因此仅有网站栏目菜单有时会让用户在浏览网页过程中迷失方向，如无法回到首页或者上一级页面等，还需要辅助性的导航来帮助用户方便地使用网站信息。

网页布局类似于杂志排版：网页作为一种版面，既有文字，又有图片等，文字有大有小，还有标题与正文之分；图片也有大小，还有横竖之别。文字和图片需要同时展示给观众，如果将它们简单地罗列在一个页面上，往往会杂乱无章。因此，必须根据内容需要，将它们按照一定的次序合理地编排和布局，使其组成一个有机的整体。虽然网页的布局无规律可循，但也有一些范式成为网页设计者约定俗成的方案，这就决定了网页的布局是有一定规则的，这种规则使得网页布局只能在左右对称结构布局、“同”字型结构布局、“回”字型结构布局、“匡”字型结构布局、“厂”字型结构布局、自由式结构布局、“另类”结构布局等几种布局的基本结构中选择。

1）左右对称结构布局

左右对称结构是网页布局中最为简单的一种。“左右对称”所指的只是在视觉上的相对对称，而非几何意义上的对称，这种结构将网页分割为左右两部分。一般使用这种结构的网站均把导航区设置在左半部，而右半部用作主体内容的区域。左右对称性结构便于浏览者直观地读取主体内容，但是不利于发布大量的信息，所以这种结构对于内容较多的大型网站来说并不合适，如图 9. 24 所示。

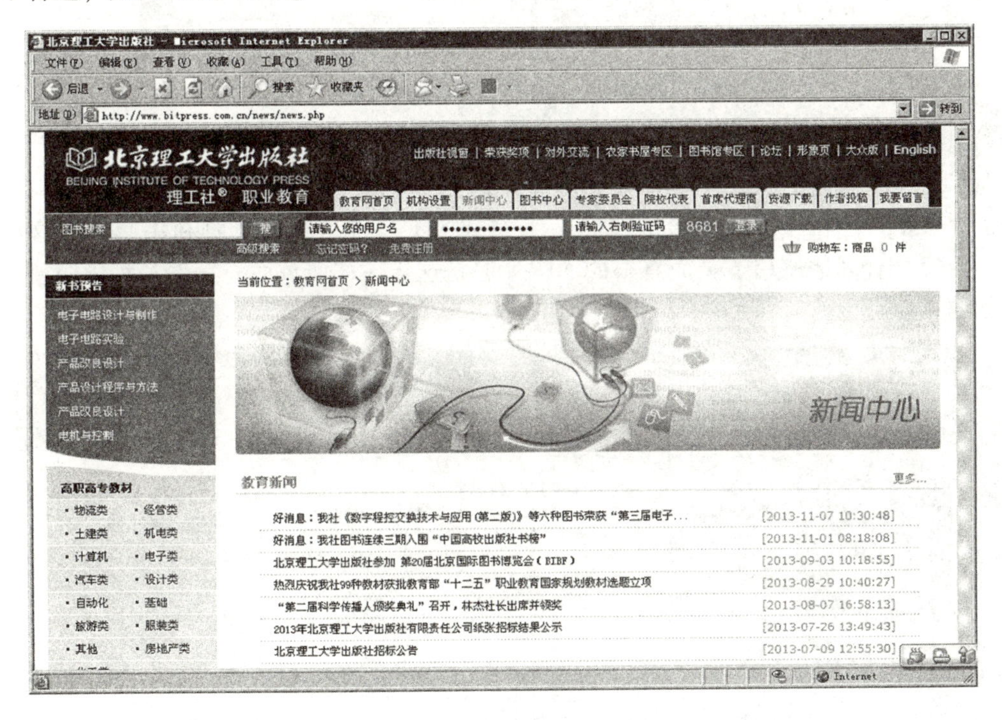

图 9. 24　“左右对称”布局

2）“同”字型结构布局

“同”字结构名副其实，采用这种结构的网页，往往将导航区置于页面顶端，一些如广告条、友情链接、搜索引擎、注册按钮、登录面板、栏目条等内容置于页面两侧，中间为主体内容，这种结构比左右对称结构要复杂一点，不但有条理，而且直观，有视觉上的平衡感，但是这种结构也比较僵化。在使用这种结构时，高超的用色技巧会规避“同”字结构的缺陷，如图 9. 25 所示。

图 9.25　“同”字型结构布局

3）“回”字型结构布局

“回”字型结构实际上是对“同”字型结构的一种变形，即在“同”字型结构的下面增加了一个横向通栏，这种变形将“同”字型结构不是很重视的页脚利用起来，这样增大了主体内容，合理地使用了页面有限的面积，但是这样往往使页面充斥着各种内容，拥挤不堪，如图 9.26 所示。

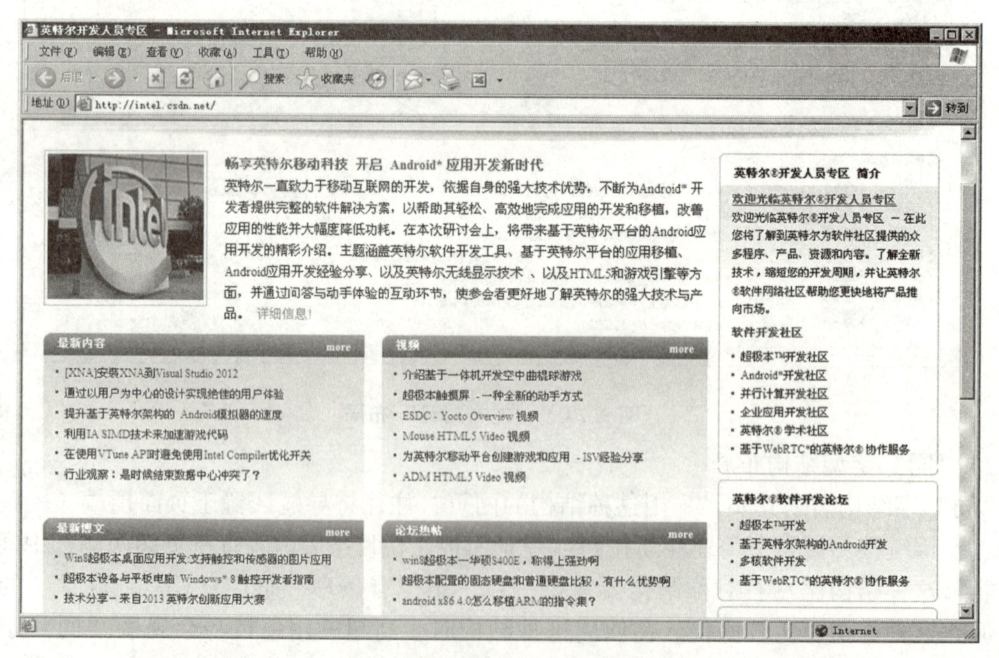

图 9.26　“回”字型结构布局

4）“匡”字型结构布局

和“回”字型结构一样，“匡”字型结构其实也是“同”字型结构的一种变形，也可以认为是将“回”字型结构的右侧栏目条去掉得出的新结构，这种结构是“同”字型结构和“回”字型结构的一种折中，这种结构承载的信息量与“同”字型相同，而且改善了

“回”字型的封闭型结构，如图 9.27 所示。

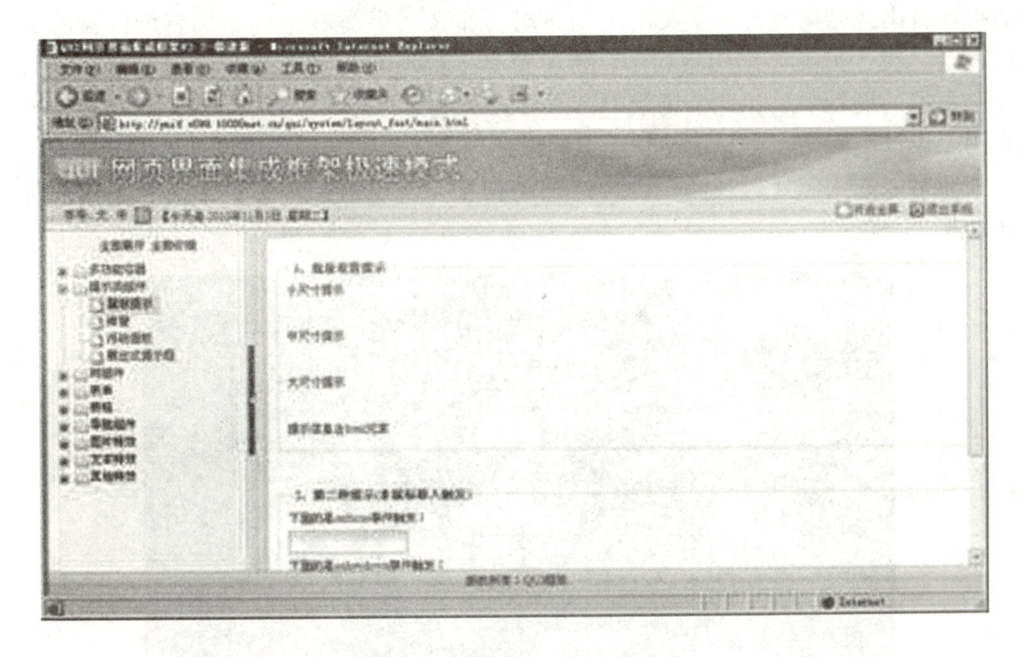

图 9.27　“匡”字型结构布局

5）自由式结构布局

以上 3 种结构是传统意义上的结构布局。自由式结构布局相对而言随意性特别大，颠覆了从前以图文为主的表现形式，将图像、Flash 动画或者视频作为主体内容，其他的文字说明及栏目条均被分布到不显眼的位置，起装饰作用，这种结构在时尚类网站中使用得非常多，尤其是在时装、化妆用品的网站中。这种结构富于美感，可以吸引大量的浏览者欣赏，但是因为文字过少，而难以让浏览者长时间驻足，另外起指引作用的导航条不明显，而不便于操作，如图 9.28 所示。

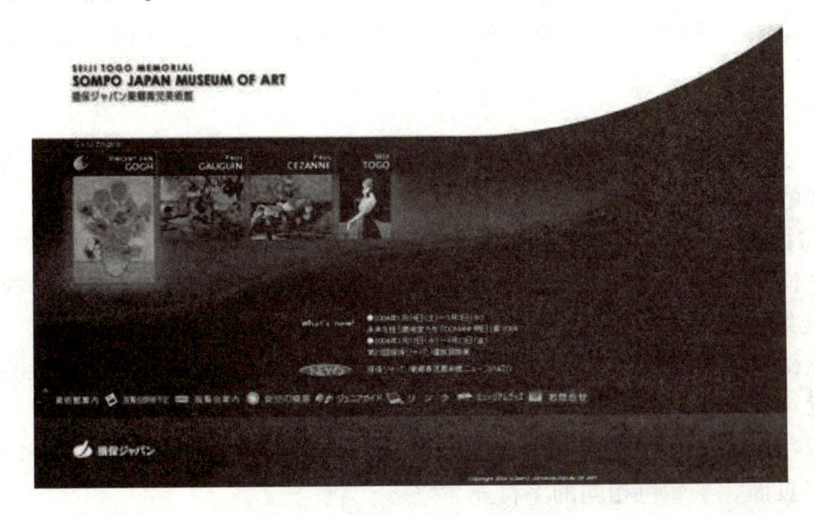

图 9.28　自由式结构布局

6）其他“另类”结构布局

如果说自由式结构是现代主义的结构布局，那么“另类”结构布局就可以被称为后现代的代表了。在“另类”结构布局中，传统意义上的所有网页元素全部被颠覆，被打散后融入一个模拟的场景中。在这个场景中，网页元素化身为某一种实物，采用这种结构布局的网站多用于设计类网站，以显示站长前卫的设计理念，这种结构要求设计者要有非常丰富的想象力和非常强的图像处理技巧，因为这种结构稍有不慎就会因为页面内容太多而拖慢速度，如图 9.29 所示。

图 9.29　“另类”结构布局

一个网页由不同的页面元素所构成，包含文字、图像、动画、声音、影像和表格等。在完成页面布局后，可根据设计要求，对页面元素进行输入和编辑。

9.4.5　插入和编辑文本

在 Dreamweaver CS5 中，可方便地在网页中输入和编辑文字，还可以对文字进行格式化处理。

1. 文字输入

输入文字较为简单，只要在编辑窗口中将光标定位到要插入文字的位置，直接输入文字或粘贴所需要的文字即可。

2. 分段与换行

在输入文本时按【Shift】+【Enter】快捷键，可以进行换行；而按【Enter】键可进行分段。

3. 输入连续的空格

Dreamweaver CS5 在默认的情况下只允许输入一个空格，若需要输入连续的多个空格时，可用以下任意一种方法：

（1）将汉字输入方式设置为全角方式后，再输入空格键。

（2）用与页面背景颜色相同的字符充当空格。

（3）在属性面板中，选择“格式”下拉列表的“预先格式化”选项，可输入空格。

（4）单击菜单“编辑”→“首选参数”命令，打开“首选参数”对话框，在对话框的

"分类"列表中选中"常规"选项，在右侧选中"允许多个连续的空格"复选项。

4. 文本编辑

网页的文本输入后往往还需要进行编辑，如剪切、复制和选择等，当需要修改某一部分文本时，首先要选定文本，然后再完成相应的操作。

1）选定文本

选定文本的常用方法有下列 3 种：

(1) 将光标定位在要选择文本的起始处，按下鼠标左键，并拖动鼠标到要选择文本的结束处。

(2) 将光标指向文本左边的选定栏上，单击鼠标选择光标所在的一行，按下鼠标进行拖动则可选定多行。

(3) 选择菜单"编辑"→"全选"命令，可选定网页中所有的文本。

2）复制与移动文本

复制文本是将选定的文本复制一份，移动文本是将选定的文本移动到另外的位置。这操作与在 Word 中复制或移动文本类似。

3）删除文本

一般要先选定文本，然后再按【Delete】键即可删除。

9.4.6　插入图片、视频和动画

网页中除了文本之外，另一个主要元素就是图像。图像不但能美化页面，而且能直观表达网页的主题。

1. 插入图像

在网页中插入图像的操作步骤如下：

(1) 将鼠标指针移到待插入图像的位置上。

(2) 选择菜单"插入"→"图像"命令，也可单击常用对象属性面板上的图像按钮。

(3) 在打开的"选择图像源文件"对话框中，选择图像文件的路径和文件名。

(4) 单击"确定"按钮，即可在网页中插入相应的图像。

但需要注意的是，由于采用相对路径，所以应事先把所用的图像文件拷贝到站点的相关文件夹中。

2. 插入视频

插入插件对象是在网页中播放视频的解决方案，典型的播放插件有 RealPlayer 和 QuickTime。其操作步骤如下：

(1) 把待插入的影像文件复制到本地站点的相关文件夹内。

(2) 选择菜单"插入"→"媒体"→"插件"命令，弹出"选择媒体文件"对话框。

(3) 选择本地站点相关文件夹下的影像文件，完成插入。

(4) 在插件对象的属性面板中，设置对象的宽、高、水平、垂直、对齐、边框等属性。

(5) 拖动对象周围的控制点，将对象大小调整到播放时想要的尺寸。

(6) 保存页面设置，在浏览器中预览运行效果，可以看到页面出现了 Windows 的媒体播放器控制面板，单击"播放"按钮，就可以播放影像文件了。

3. 插入 Flash 动画

Flash 动画是网页制作中常用的动画，它体积小，动感强，图像质量好，在网页设计中有举足轻重的地位。插入 Flash 动画的步骤如下：

（1）把待插入的 Flash 动画文件复制到本地站点的相关文件夹内。

（2）选择菜单“插入”→“媒体”→“Flash”命令，在弹出“选择媒体文件”对话框中选择本地站点相关文件夹下的动画文件，完成插入。

（3）在插件对象的属性面板中，设置对象的宽、高、水平、垂直、对齐、边框等属性。

9.4.7　插入和设置表格

表格是网页设计制作时不可缺少的重要元素，它以简洁明了、高效快捷的方式将数据、文本、图像、表单等网页元素有序地显示在页面上，从而设计出版式漂亮的页面。

1. 插入表格

在文档窗口上要插入表格，操作步骤如下：

（1）将插入点定位到待插入表格的位置上。

（2）选择菜单“插入”→“表格”命令，在弹出的“表格”对话框中设置表格的相关参数，如图 9.30 所示，单击“确定”按钮完成表格的插入。

其中，“行数”框设置表格的行数；“列数”框设置表格的列数；“表格宽度”框设置表格的宽度，以像素为单位时，表格的宽度为绝对值，以百分比为单位时，表格的宽度将与浏览器窗口的宽度保持相同的百分比；“边框粗细”框设置表格边框的宽度，以像素为单位；“单元格边距”框设置单元格内容和单元格边框之间的像素数；“单元格间距”框设置相邻单元格之间的像素数；“页眉”框设置表格页眉的样式，可以从无、左、顶部三者之间任选一种；“辅助功能”框设置表格的标题、标题对齐方式和表格的内容摘要。

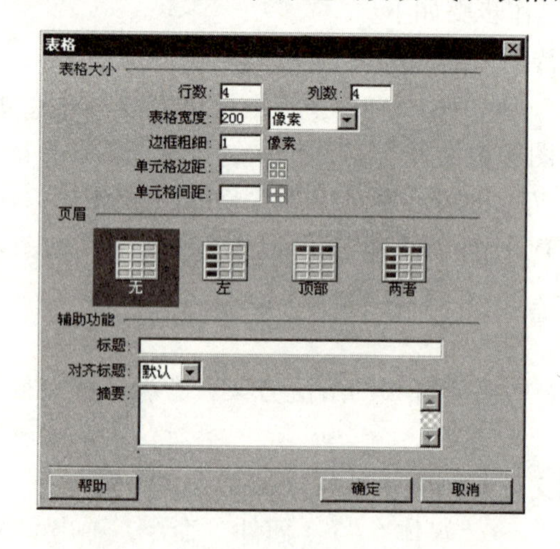

图 9.30　“表格”对话框

2. 编辑表格

若插入的表格不能满足网页设计需要时，可以对其进行各种编辑，如设置表格属性、调整表格的大小、拆分和合并单元格等。

9.4.8　插入和编辑超链接

一个完整的网站由首页和若干个独立的子网页所构成，首页和各子页之间由超链接进行联系，所谓的超链接是指从一个链接源点指向目标的链接关系，它为原先准备好的文本、图像、按钮等对象与其他对象建立一种联系，是网站建设中使用较多的一种技术。

在超链接关系中，使用完整的 URL 地址的链接路径称为绝对路径，绝对路径指明目标所在的具体位置，其中包括所使用的协议，如 http://www. 163. com，而指明目标端点与源端点相对位置关系的路径称为相对路径。对于站点内部的链接来说，使用相对路径是一个很好的办法，利用相对路径的好处在于，如果站点的结构不变，那么建立的内部链接就不会出错，当将一个网站移植到另一网站中时，对于文档中所有的内部链接不需要做任何的修改。绝对路径则多用于建立指向站点外部的链接，这样可以保证链接的目标是绝对的，只要目标网站的地址不变，无论文档在站点中如何移动，链接都不会出现错误。

1. 创建页面链接

页面链接是网页中最常用的一种超链接，其主要作用是实现网站内部网页之间的跳转，或链接到外部的网站。其创建步骤如下：

（1）在设计视图中先选择用于超链接的文本或图像。

（2）打开属性面板，在“链接”选项的文本框中输入目标端点的 URL 地址，或单击“链接”右侧的图标，从弹出的对话框中选择要链接的目标网页或外部网站地址，创建页面链接如图 9. 31 所示。

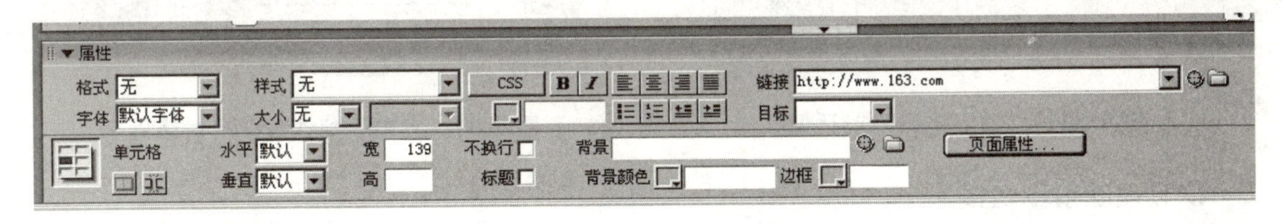

图 9. 31　“超链接”属性对话框

（3）在属性面板的“目标”下拉列表中选择打开目标链接的方式，其参数含义如下：

_ blank：在新的浏览器窗口中显示链接的目标文档。

_ parent：在父框架或上一级窗口中显示链接的目标文档。

_ self：在同一框架或本窗口中显示链接的目标文档。

_ top：在顶层框架中显示链接的目标文档。

2. 创建锚记链接

网站中经常会有一些文档页面由于文本或图像内容过多，导致页面过长，访问者需要不停地使用浏览器的滚动条进行上下拖动来浏览屏幕之外的网页内容，为了方便用户的浏览需要，通常采用锚记来实现快速的定位，如一小说的网站，通常在顶部设置一个目录，浏览时可单击相应的目录即跳到相应的位置。创建锚记链接时必须先要在链接的目标位置上创建锚记，然后才能创建锚记链接。其操作步骤如下：

（1）在文档窗口中，将光标定位到要插入锚记的位置。

（2）选择菜单“插入”→“命名锚记”命令，在弹出的“命令锚记”对话框中输入锚记名称，建立锚记，如图 9. 32 所示。

（3）选择要作为超链接的文字。

（4）在属性面板的“链接”选项中输入锚记的名称，并在名称前加上符号#，如#first，单击“确定”按钮，即可建立锚记链接。

在浏览带有锚记链接的网页中，当单击链接时，跳转到相应的锚记处显示页面内容。

3. 创建 E-mail 链接

在网页中创建电子邮件链接，可以极大地提高网页的交互，为访问者发送邮件提供了便利条件。在网页中创建电子邮件链接的操作步骤如下：

（1）在文档窗口中，将光标定位在要创建链接的位置。

（2）选择菜单“插入”→“电子邮件链接”命令，打开“电子邮件链接”对话框，在“文本”框中输入用于创建链接的文本，在“E-mail”框中输入链接的目标电子邮件地址，如图 9. 33 所示。

另外，也可以在文档窗口中选择要创建电子邮件链接的文本或图像，然后在“属性”面板的“链接”文本框中输入“mailto：目标电子邮箱地址”，此处输入的是“gxczhwf@163. com”。

浏览网页时，当单击含有 E-mail 链接的文本时，将会启动 E-mail 程序，此时可在其中输入邮件内容，并方便地直接发送邮件。

图 9. 32　“命名锚记”对话框

图 9. 33　“电子邮件链接”对话框

4. 创建映射图链接

映像图链接是在一幅图像中划分出几个不同的几何图形区域，然后分别为这些区域建立不同的超链接，这种几何图形区域称为热区。浏览时，当单击热区时就会完成相应的超链接功能，创建映射图链接的操作步骤如下：

（1）在网页文档窗口中插入一幅图像，并选中这幅图像。此时在图像属性面板的左下角出现一个“地图”文本框及 4 个图标按钮，这些图标的功能分别是调整热点区域、创建矩形、圆形和不规则多边形的工具，如图 9. 34 所示。

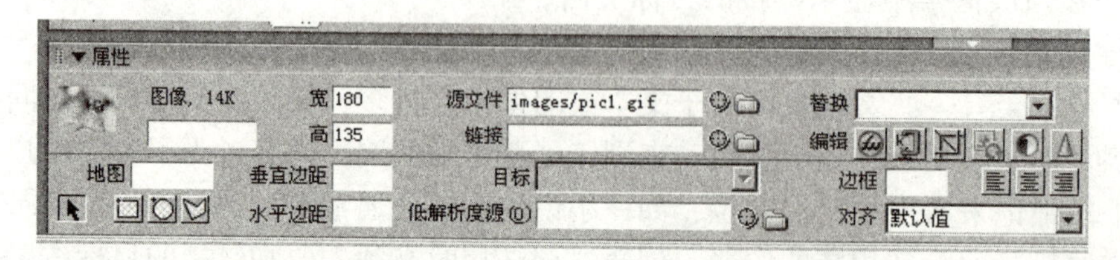

图 9. 34　映像图链接对话框

（2）选择创建多边形工具，然后用鼠标依次在选作映射图链接的几何图形外部轮廓线上单击，可定义一个多边形的热区；选择矩形或圆形工具，在指定映射图上拖曳鼠标，可定义矩形或圆形的热区。

（3）选定一个热区，在相应的属性面板中设置链接文件的路径和名称，根据需要设置链接目标的显示方式和说明文字。

（4）重复第 3 步的操作，完成其他热区的超链接创建。

如果热区的选择有误，可先选择该热区，然后按【Delete】键将其删除，也可单击属性面板上的箭头图标，用鼠标拖曳热区上的控点调整热区，改变其大小；或者用键盘上的方向键移动选定的热区，改变其位置。

5. 创建空链接与脚本链接

在网页中可以创建两类特殊的超链接，即空链接和脚本链接，利用它们可以实现一些特殊的功能。空链接是未指定目标端点的链接，使用空链接可以为网页中的对象或文本附加行为。一旦创建了空链接，就可以为其附加行为，当鼠标指向超链接时进行切换图像或显示图层。脚本链接用于执行一段 JavaScript 代码或调用 JavaScript 函数，以弥补可视化方法设计网页的不足，增强网页的编辑功能。

创建空链接的操作步骤如下：

（1）在文档窗口中，选择用于创建超链接的文本或图像。

（2）在属性面板“链接”选项的文本框中输入符号#，完成空链接的创建。

在浏览器中单击空链接时，页面会自动跳转到文档的开始位置。实际上，空链接是一种锚记链接的特例。

创建脚本链接的操作步骤如下：

（1）在文档窗口中，选择用于创建超链接的文本或图像。

（2）在属性面板“链接”选项的文本框中输入 JavaScript，接着再输入 JavaScript 代码或函数即可。

【例 9.1】 用脚本链接实现信息提示框功能（Exam9 - 1. html）。

选择网页上的文字“提示信息”，在其属性面板的“链接”文本框中输入下列代码：

JavaScript：alert（" 你输入的用户名有错，请重新输入"）

当浏览网页时，单击该链接时就会弹出一个信息提示框，如图 9. 35 所示。

9. 5　网站的测试、上传和发布

1. 网站的测试

网站制作完成后，要经过反复测试、审核和修改，直到无误后才能进行正式发布。基本的测试可以在局域网中完成，也可在一台服务器上实施，如果在互联网真实环境中进行，则在测试之前要申请好空间和域名。

测试项目一般包括链接的准确性、浏览器的兼容性、文字内容的正确性、段落排版的满意性和功能模块的有效性等。在本地机器上进行测试的基本方法是用浏览器浏览网页，从网站的首页开始，一页一页地测试，以保证所有的网页都没有错误。在不同的操作系统以及不

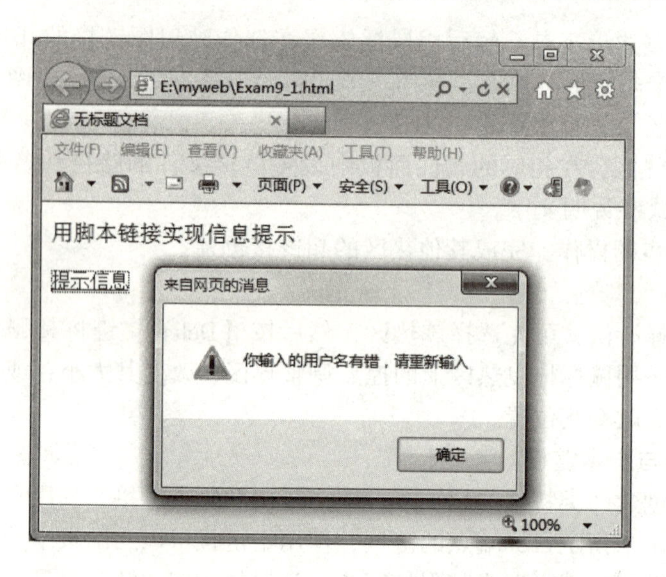

图 9.35　信息提示框

同的浏览器下网页可能会出现不同的效果，甚至无法浏览，即使是同一种浏览器但在不同的分辨率显示模式下，也可能出现不同的浏览效果。

本地测试的另一项重要工作就是要保证各链接的正确跳转，一般应将网页的所有资源相对于网页“根目录”来进行定位，即使用相对路径来保证上传到远程服务器上后能正确使用。本地测试还涉及一些工作如检查网页的大小、脚本程序能否正确运行等。

网站制作的过程本身就是一个不断开发、测试、修改和完善的过程。该过程是将网站内所有的文件上传到测试服务器中，先由开发者进行全面的测试，然后请部分用户上网进行浏览测试，并请浏览者发表意见，开发者再根据浏览用户提出的各方面意见进行修改。

2. 网站的上传和发布

网站做好后，接下来最重要的就是上传发布。也只有上传网站到互联网上，其他用户才能浏览到网站，在上传之后，才能真正地确定所设计的网页是否有问题，以便及时进行更改。

（1）在互联网域名空间服务商的网站上申请自己的域名和空间。如果网站制作并测试完成，就可以进行上传与发布了。首先要在互联网域名空间服务商的网站上申请自己的域名和空间，空间主要是在互联网上存放自己网站内容的地方，域名则为用户提供访问网站的唯一路径。这两项申请一般都是要付费的，当然作为教学练习，可以申请免费的空间和免费的二级域名。申请完后空间服务商会给你提供管理空间的相关信息，其中有一个 IP 地址（也可能是域名），就是自己的服务器 IP，还有为该网站申请的用户名和密码、空间大小和使用日期等。

（2）用 FTP 上传网站。域名空间申请后，可以在 FTP 工具或者 Dreamweaver 自带的上传工具中输入向空间服务商申请的用户名、密码和主机的 IP 地址，就可以登录到自己的空间，进行上传网页了，网页的首页文件要放在空间的根目录，其他要跟首页文件结构保持一致。

（3）网站的发布。网站上传后，通过申请好的域名或 IP 进行访问，在检测无误后即可对外进行发布了。

9.6　网站的管理与维护

网站的管理维护主要包括检测网站的错误，保证网站正常运转，处理用户信息，定期更新网页内容和修正网页错误等。网站的管理维护可以使用一些专业的软件来实现。对于拥有自己服务器的公司、企业等单位，则需要安排专门的网站管理员来管理和维护。

习　　题

1. 信息有哪些基本特性？
2. 什么是信息检索？
3. 信息检索方法有哪些？
4. 文献检索的原理是什么？
5. 什么是文献，文献的三要素是什么？
6. 文献的特征有哪两部分？各部分具体包括哪些？
7. 在申请好域名及主机后，设计网站时通常应遵循什么步骤？
8. 什么是超文本链接？
9. 网页设计的一般步骤是什么？
10. 规划网站目录结构时应遵循的原则是什么？
11. 什么是 HTML？HTML 标记又是什么？
12. HTML 文档的基本结构是什么？
13. 如何进行本地网页的测试？
14. 网站管理和维护的主要工作有哪些？
15. 建设一个网站的具体步骤是什么？

第 10 章

图像处理软件 Photoshop CS6 基础

Photoshop 是由 Adobe 公司开发的图形图像处理软件，它的应用广泛，不论是平面设计、3D 动画、数码艺术、网页制作、矢量绘图、多媒体制作还是桌面排版，Photoshop 都发挥着不可替代的重要作用。

本章主要介绍图像的基础知识、Photoshop CS6 的工作环境以及 Photoshop CS6 的基本应用等，让读者对 Photoshop CS6 的功能有一个大体的了解，以便在以后的图像制作过程中快速、高效地使用 Photoshop CS6。

10.1 图像的基础知识

10.1.1 图像的基本属性

1. 像素

像素是图像的基本单位。图像是由许多个小方块组成的，每一个小方块就是一个像素，每一个像素只显示一种颜色。它们都有自己的位置，并记载着图像的颜色信息，如图 10.1 所示。一个图像包含的像素越多，颜色信息就越丰富，图像效果也会更好，不过文件也会随之增大。

图 10.1 图像中的像素

2. 分辨率

分辨率是指单位长度内包含的像素点的数量，它的单位通常为像素/英寸（ppi），如72 ppi表示每英寸包含 72 个像素点。分辨率决定了位图细节的精细程度，通常情况下，分辨率越高，包含的像素就越多，图像就越清晰。不同分辨率下的图像如图 10.2 所示。

 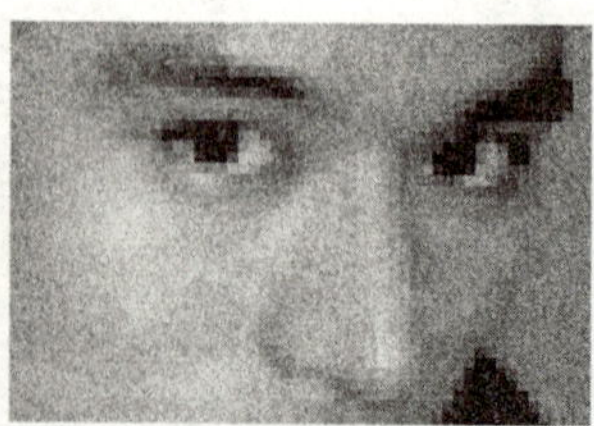 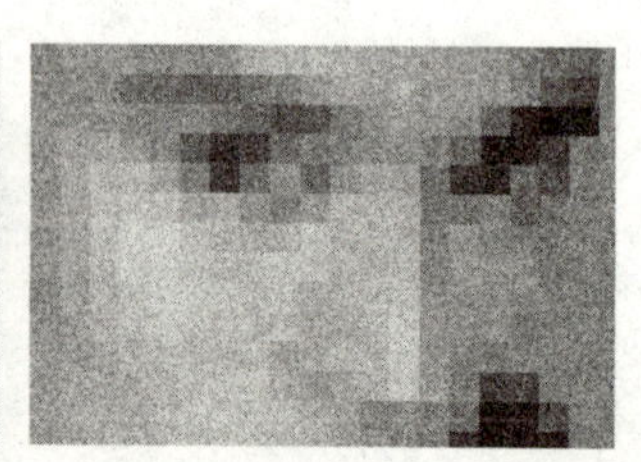

图 10.2 不同分辨率下的图像

3. 位图

位图图像亦称为点阵图像，它由像素（Pixel）组成。位图的特点是可以表现色彩的变化和颜色的细微过渡，产生逼真的效果，并且很容易在不同的软件之间交换使用。但是在保存时，需要记录每一个像素的位置和颜色值，因此，占用的存储空间比较大。位图包含固定数量的像素，在对其缩放或旋转时，无法生成新的像素，位图只能将原有的像素变大以填充多出的空间，因此图像会变得模糊，如图 10.3 所示。

4. 矢量图

矢量图是图形软件通过数学的向量方式进行计算得到的图形，它与分辨率没有直接关系，因此，可以任意缩放和旋转而不会影响图形的清晰度和光滑性。矢量图非常适合制作图标、Logo 等经常缩放，或者按照不同打印尺寸输出的文件内容。矢量图图像如图 10.4 所示。

矢量图占用的存储空间比位图小，但不能创建过于复杂的图形，也无法像照片等位图那样表现丰富的颜色变化和细腻的色调过渡。

图 10.3　位图图像

图 10.4　矢量图图像

10.1.2　图像的色彩模式

Photoshop CS6 提供了多种颜色模式，选择适当的颜色模式是图像正确显示和打印的主要保障。常用的颜色模式有 RGB 模式、CMKY 模式、HSB 模式、Lab 模式、灰度模式等。这里重点讲解 RGB 模式、CMKY 模式、Lab 模式和灰度模式 4 种。

1. RGB 模式

RGB 是一种加色混合模式，它由红（R）、绿（G）、蓝（B）3 种颜色按照不同的比例混合而成，模拟的是光的调色原理，是最佳的图像编辑颜色模式，也是 Photoshop 默认的颜色模式，几乎所有的命令都支持。

在 24 位图像中，每一种颜色都有 256（$2^8=256$）种亮度值，因此，RGB 颜色模式可以组合出约 1 678 万种色彩，（$256\times256\times256=167\ 772\ 16$），通常也被简称为 1 600 万色或千万色，也称为 24 位色（2 的 24 次方）。

RGB 色彩模式通常用格式 RGB（x，x，x）来表示颜色，括号中的 3 个数字分别表示红、绿、蓝的亮度值。对于单独的 R 或 G 或 B 而言，当数值为 0 的时候，代表这个颜色不发光；如果为 255，则该颜色为最高亮度。黑色，是指 RGB 三种色光都没有发光，所以纯黑的 RGB 值是（0，0，0）。而白色正相反，是指 RGB 三种色光都发到最强的亮度，所以纯白的 RGB 值就是（255，255，255）。最红色，意味着只有红色存在，且亮度最强，绿色和蓝色都不发光，因此最红色的数值是（255，0，0）。同理，最绿色就是（0，255，0）；而最蓝色就是（0，0，255）。如图 10.5 所示。

2. CMYK 模式

CMKY 模式下的图像是由青（C）、洋红（M）、黄（Y）和黑（K）4 种颜色组成的，模拟的是颜料、油墨色的调色原理，如图 10.6 所示。CMKY 模式和 RGB 模式一样，每个像素在每种颜色上可以负载 2 的 8 次方（256）种亮度级别，范围值从 0% 至 100%（0 为白色，100 为黑色）。理论上它可以产生 256 的 4 次方种颜色，但由于输出过程中颜色信息的损失、输出技术和环境的限制（如某些油墨的浓度不能过高，否则会产生溢色），实际上能产生的颜色数量比 RGB 还少。只有在制作要用印刷色打印的图像时，才使用该模式。

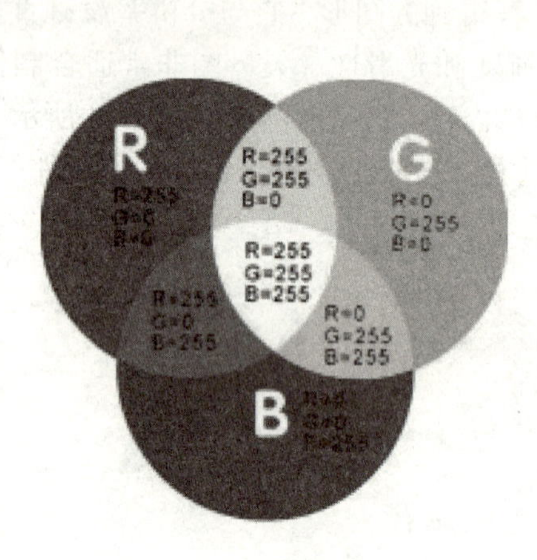

图 10.5　RGB 模式

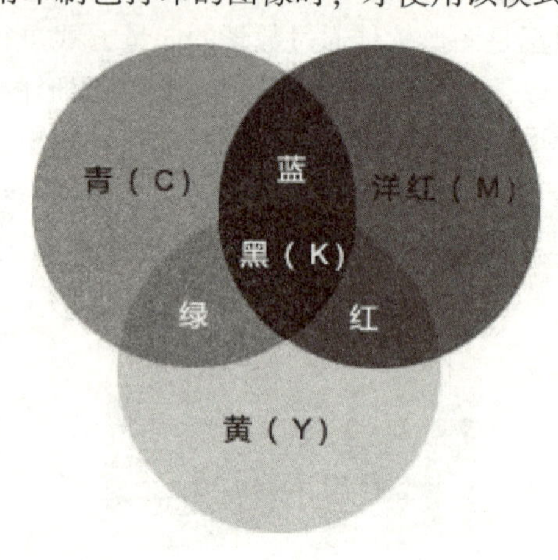

图 10.6　CMKY 模式

3. Lab 模式

Lab 模式由 3 个通道组成：一个通道是透明度，即 L；其他两个是色彩通道，即色彩和饱和度，用 a 和 b 表示。a 通道包括的颜色值从深绿到灰，再到亮粉红色；b 通道是从亮蓝色到灰，再到焦黄色。这种颜色混合后将产生明亮的色彩。

4. 灰度模式

在灰度模式中，每个像素用 8 个二进制位表示，能产生 2^8（即 256）级灰色调。当一个彩色文件被转换为灰度模式文件时，所有的颜色信息都将丢失。尽管 Photoshop CS6 允许将一个灰度文件转换为彩色模式文件，但不可能将原来的颜色完全还原。所以，当要转换灰度模式时，应先做好图像的备份。

10.1.3　图像的格式

Photoshop 支持多种图形文件格式，使用者可以根据需要选择不同的文件格式。

1. PSD 格式

PSD 格式是 Photoshop 软件专用的文件格式，它保存的图像信息最全，是唯一能支持全部图像颜色模式的格式。以 PSD 格式保存的图像能够保存图像数据的细节部分，如图层、通道和颜色模式等信息，但所存储的图像文件较大，占用磁盘的空间较多，而且这种格式在一些图形程序中没有得到很好的支持，所以通用性不强。

2. TIF 格式

TIF 格式对于色彩通道图像来说是最有用的格式，它可在多个图像软件之间进行数据交换，应用相当广泛。该格式支持 RGB、CMYK、Lab 和灰度等色彩模式，允许 Photoshop CS6 中的复杂工具和滤镜特效。TIF 格式非常适合于印刷和输出。

3. BMP 格式

BMP 格式可以用于绝大多数 Windows 下的应用程序，它是一种标准的点阵式（位图）图像文件格式，支持灰度和索引两种颜色模式，但不支持 Alpha 通道。以该格式保存的文件通常比较大。

4. GIF 格式

GIF 格式的文件，支持黑白、灰度和索引等颜色模式，但不支持 Alpha 通道。这种格式的文件比较小，可以是透明背景，能保存动画效果，常用于网络传输。

5. JPEG 格式

JPEG 格式支持真彩色，生成的文件较小，也是常用的文件格式。使用该格式保存的图像文件经过压缩，可使文件更小，但也会丢失部分数据。它支持 RGB、CMYK 和灰度颜色模式，但不支持 Alpha 通道。

10.2　初识 Photoshop CS6

自 1990 年 Adobe 公司推出 Photoshop1.0 至今，Photoshop 的发展经历了多个版本，目前最新的版本是 Photoshop CS6，本书主要以该版本来进行讲解。

10.2.1　Photoshop CS6 的工作界面

随着版本的不断升级，Photoshop 的工作界面布局也更加合理、更加人性化。Photoshop CS6 的工作界面如图 10.7 所示，主要由标题栏、菜单栏、属性栏、工具箱、状态栏、文档窗口和各式各样的控制面板组成。

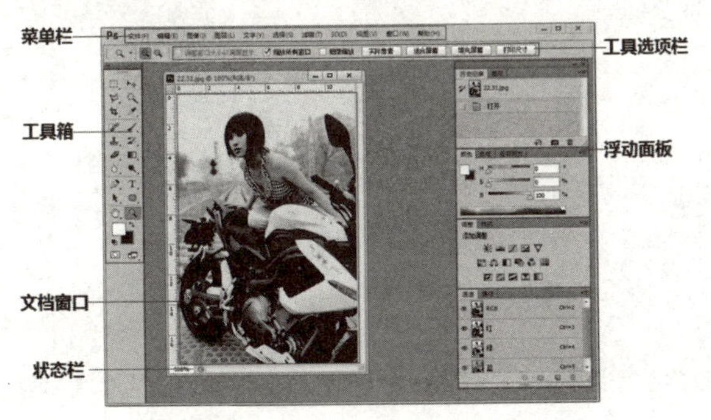

图 10.7　Photoshop CS6 的工作界面

1. 标题栏

打开一个文件以后，Photoshop 会自动创建一个标题栏。在标题栏中会显示这个文件的名称、格式、窗口缩放比例以及颜色模式等信息。

2. 菜单栏

Photoshop CS6 的菜单栏中包含 11 组主菜单，分别是文件、编辑、图像、图层、文字、选择、滤镜、3D、视图、窗口和帮助，如图 10.8 所示。单击相应的主菜单，即可打开该菜单下的命令。

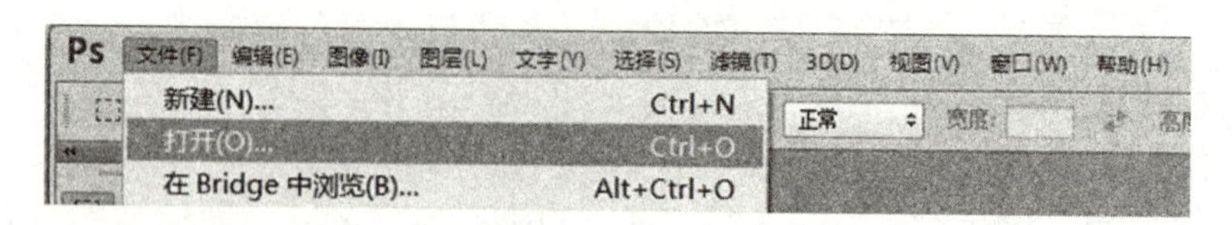

图 10.8　Photoshop CS6 的菜单

3. 文档窗口

文档窗口是显示打开图像的地方。如果只打开了一张图像，则只有一个文档窗口；如果打开了多张图像，则文档窗口会按选项卡的方式进行显示。单击一个文档窗口的标题栏即可将其设置为当前工作窗口。

按住鼠标左键拖动文档窗口的标题栏，可以将其设置为浮动窗口，如图 10.9 所示；按住鼠标左键将浮动文档窗口的标题栏拖动到选项卡中，当出现蓝色横线时放开鼠标，可以将窗口重新放回选项卡中，如图 10.10 所示。

图 10.9　浮动窗口式的文档窗口

4. 工具箱

“工具箱”中集合了 Photoshop CS6 的大部分工具，这些工具共分为 7 组，分别是选择工具、裁剪与切片工具、吸管与测量工具、修饰工具、绘画工具、文字工具和导航工具，外加一组设置前景色和背景色的图标与一个特殊工具“以快速蒙版模式编辑”，如图 10.11 所示。使用鼠标左键单击一个工具，即可选择该工具，如果工具的右下角带有三角形图标，表示这是一个工具组，在工具上单击鼠标右键（或按住左键）即可弹出隐藏的工具。图 10.12 所示为展开后的工具。

图 10.10　选项卡方式的文档窗口

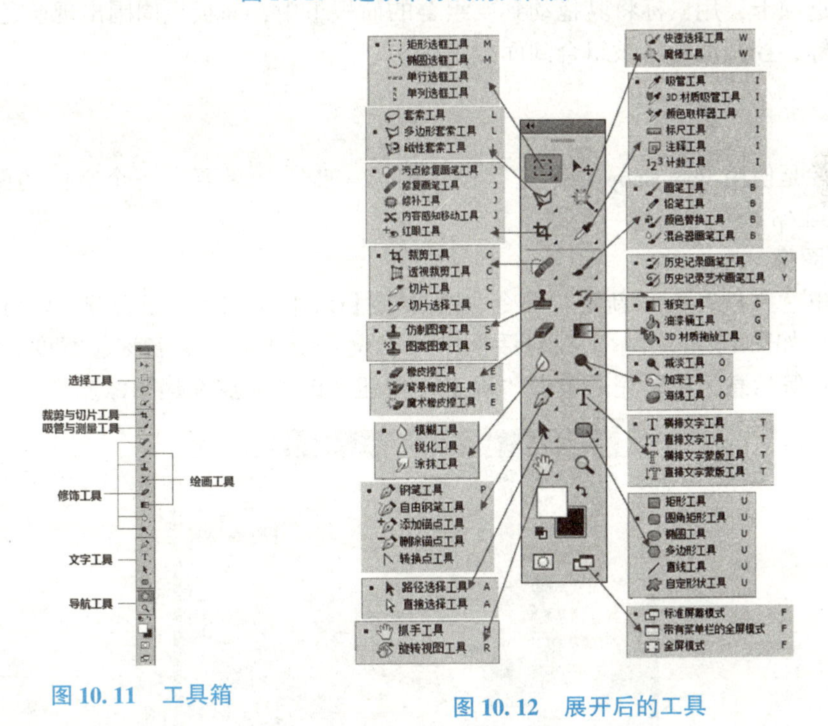

图 10.11　工具箱　　　　图 10.12　展开后的工具

5. 属性栏（工具选项栏）

属性栏主要用来设置工具的参数选项，不同工具的属性栏也不同。比如，当选择“渐变”工具时，工作界面的上方会出现相应的渐变工具属性栏，这样就可以应用属性栏中的各个命令对工具做进一步的设置，如图 10.13 所示。

单击并拖动属性栏最左侧的图标，可以将属性栏从停放的位置拖出，成为浮动的属性栏；将其拖到菜单栏下面，出现蓝色条时放开鼠标，可重新停放回原处。

图 10.13　渐变工具的属性栏

6. 控制面板

Photoshop CS6 一共有 26 个控制面板，这些控制面板主要用来配合图像的编辑、对操作进行控制以及设置参数等。执行"窗口"菜单下的命令可以打开控制面板。比如，执行"窗口"→"色板"菜单命令，使"色板"命令处于勾选状态，那么就可以在工作界面中显示出"色板"控制面板。

控制面板可以根据需要进行伸缩，单击控制面板上方的双箭头图标▸▸，可以将控制面板收缩；如果要展开某个控制面板，可以直接单击其选项卡，相应的控制面板就会自动弹出。

控制面板还可以进行拆分和组合。如需单独拆分某个控制面板，可用鼠标选中该控制面板的选项卡并向工作区拖动，选中的控制面板将被单独地拆分出来。也可以根据需要将两个或多个控制面板组合到一个面板组中，以节省操作的空间。要组合控制面板，可以选中外部控制面板的选项卡，用鼠标将其拖动到要组合的面板组中，面板组周围出现蓝色的边框，此时，释放鼠标，控制面板将被组合到面板组中。

10.2.2　图像文件的操作

新建图像是使用 Photoshop CS6 进行设计的第一步，如果要在一个空白的图像上绘图，就要在 Photoshop CS6 中新建一个图像文件。

1. 新建图像

选择菜单"文件"→"新建"命令，或者按【Ctrl】+【N】组合键，就可以弹出"新建"对话框，如图 10.14 所示。在对话框中可以设置新建图像的名称、宽度、高度、分辨率、颜色模式等信息，设置完后单击"确定"按钮，即可完成新建图像。

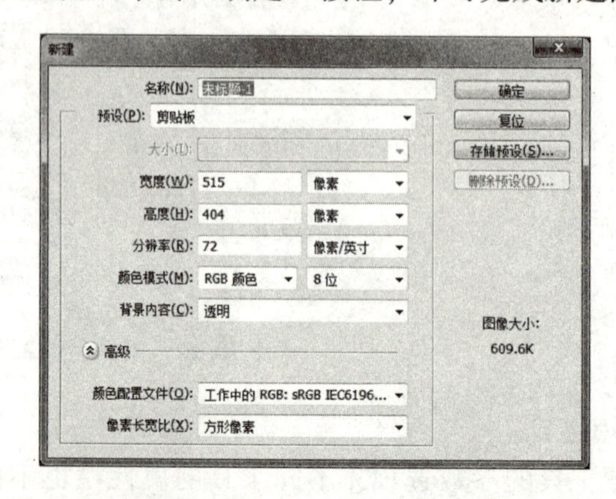

图 10.14　"新建"对话框

2. 打开图像

如果要对原有的图像进行修改，必须先打开图像。

选择菜单“文件”→“打开”命令，或者按【Ctrl】+【O】组合键，就可以弹出“打开”对话框，如图 10.15 所示。在对话框中搜索路径和文件，确认文件类型和名称，然后选择文件，单击“打开”按钮，或直接双击文件，即可打开指定的图像文件。

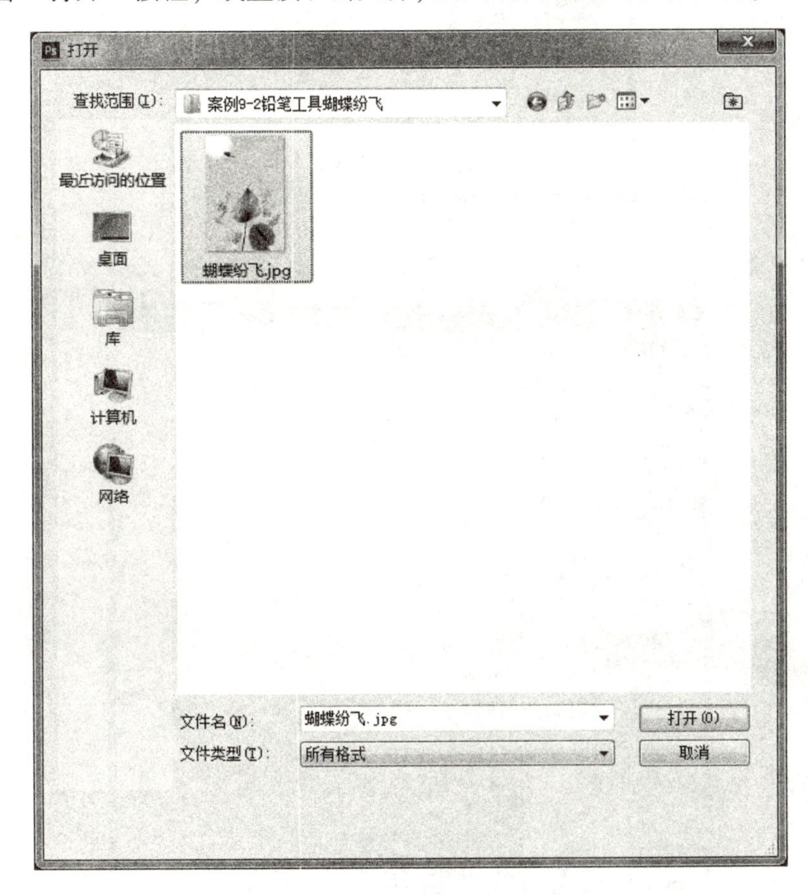

图 10.15　“打开”对话框

3. 更改图像大小

更改图像大小可以通过更改图像的宽度、高度、像素、分辨率来实现。

选择菜单“图像”→“图像大小”命令或者按【Ctrl】+【Alt】+【I】组合键，以弹出“图像大小”对话框，如图 10.16 所示。通过更改对话框中的像素大小、文档大小、分辨率就可以更改图像的大小。

4. 保存图像

编辑和制作完图像后，就需要对图像进行保存，以便在下次打开时继续操作。

选择菜单“文件”→“存储”命令，或者按【Ctrl】+【S】组合键，可以存储图像文件。图像文件进行第一次存储时，使用“存储”命令，将弹出“存储为”对话框，如图 10.17 所示。在对话框中输入文件名，选择文件的格式后，单击“保存”按钮，即可将图像保存。

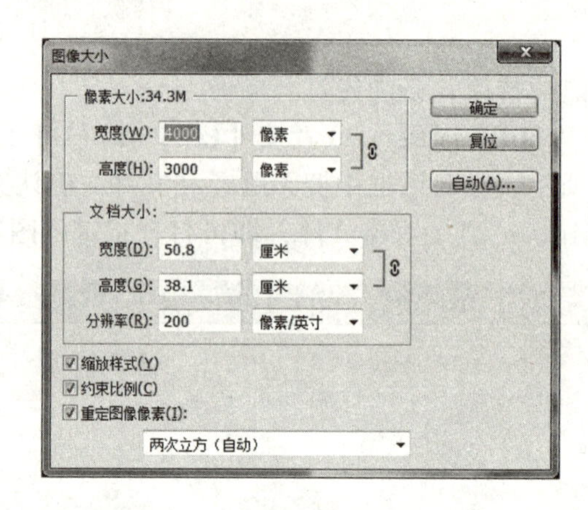

图 10.16　“图像大小”对话框

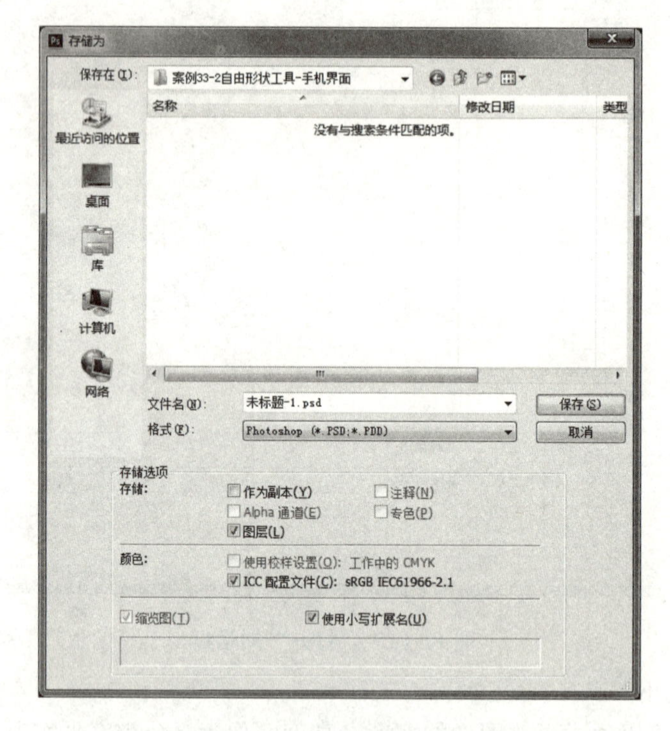

图 10.17　“存储为”对话框

提示：当对已经存储过的文件进行各种编辑操作后，选择“存储”命令，将不会弹出“存储为”对话框，计算机直接保存最终确认的结果，并覆盖原始文件。

如果既要保留修改过的文件，又不想放弃原文件，则可以使用“存储为”命令。

选择菜单“文件”→“存储为”命令，或者按【Shift】+【Ctrl】+【S】组合键，将弹出“存储为”对话框。在对话框中，可以为更改过的文件重新命名、选择路径和设定格式，然后进行保存。原文件保留不变。

5. 关闭图像

将图像进行存储后，可以选择将其关闭。

选择菜单“文件”→“关闭”命令，或者按【Ctrl】+【W】组合键，即可关闭文件。关闭图像时，如果当前文件被修改过或是新建文件，则会弹出对话框，如图 10.18 所示，单击“是”按钮即可保存并关闭图像。

图 10.18　提示是否存储对话框

10.2.3　图像的显示

使用 Photoshop CS6 编辑和处理图像时，可以通过改变图像的显示比例，以使工作更便捷、高效。

1. 放大显示图像

选择“缩放”工具，在图像中鼠标光标变为放大图标，每单击一次鼠标，图像放大显示一级。当图像以 100% 的比例显示时，用鼠标在图像窗口中单击 1 次，图像则以 200% 的比例显示，再单击一次，则以 300% 的比例显示。

当要放大一个指定的区域时，选择放大工具，按住鼠标不放，在图像上框选出需要放大的区域，松开鼠标，选中的区域就会放大显示并填满图像窗口。

提示：放大显示图像，也可以按【Ctrl】+【+】组合键。如果要放大一个指定的区域，必须确认“缩放”工具的属性栏中，没有勾选“细微缩放”选项。

2. 缩小显示图像

选择“缩放”工具，在图像中鼠标光标变为放大图标，按住【Alt】键不放，鼠标变为缩小工具图标，每单击一次鼠标，图像缩小显示一级。

提示：对图像进行缩小显示也可以按【Ctrl】+【-】组合键，或者在缩放工具属性栏中单击缩小工具按钮，则鼠标光标变为缩小工具图标，每单击一次鼠标，图像将缩小显示一级。

3. 图像窗口显示

当打开多个图像文件时，会出现多个图像文件窗口，这就需要对窗口进行布置和摆放。

同时打开多幅图像后，将鼠标光标放在图像窗口的标题栏上，拖曳图像到操作界面的任意位置，可让图像在工作窗口中浮动显示，如图 10.19 所示。此外，还可以通过菜单“窗口”→“排列”命令，来选择图像的排列方式。

10.2.4　图像处理工具

Photoshop CS6 在工具箱中提供了丰富的图像处理工具，通过这些工具，可完成各种图像处理和编辑工作。

图 10.19　图像在操作界面中浮动显示

1. 选框工具

选框工具可以创建规则的选区，包括矩形选框工具、椭圆选框工具、单行选框工具和单列选框工具，如图 10.20 所示。矩形选框工具用于创建矩形和正方形选区；椭圆选框工具用于创建椭圆和正圆选区；使用矩形或椭圆选框选择区域时，按住【Shift】键可将选框限制为正方形或圆形；单行选框和单列选框工具只能创建高度为 1 像素的行或宽度为 1 像素的列。使用选框工具时，可以在“工具选项栏”中指定选择方式：添加新选区、向已有选区中添加选区、从原有选区中减去选区、选择与其他选区交叉的选区。

提示：使用矩形或椭圆选框选择区域时，按住【Shift】键可将选框限制为正方形或圆形；按住【Alt】键会以单击点为中心向外创建选区；按【Alt】+【Shift】组合键可以从中心向外创建正方形选区或圆形选区。

2. 移动工具

移动工具主要用来移动选区、图层和参考线。

3. 套索工具

各种套索工具用于创建不规则选区，包括套索工具、多边形套索工具、磁性套索工具，如图 10.21 所示。其中套索工具用于建立手画选区，常用于选取一些不规则的或外形复杂的区域；多边形套索工具用于建立手画直边的选区，常用于选取一些不规则的，但棱角分明、边缘呈直线的区域；磁性套索工具用于建立贴紧对象边缘的选区边界。

4. 魔棒工具与快速选择工具

魔棒工具和快速选择工具如图 10.22 所示。它们是基于色调和颜色差异来构建选区的工具，使用它们可以快速选择色彩变化不大，且色调相近的区域。用魔棒工具单击图像中的某个点时，附近与它颜色相同或相近的点，都将自动融入到选区中；用快速选择工具在图像上拖动时，选区会自动查找和跟随图像中打印的边缘。

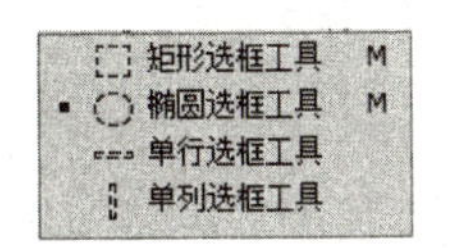

图 10.20　选框工具

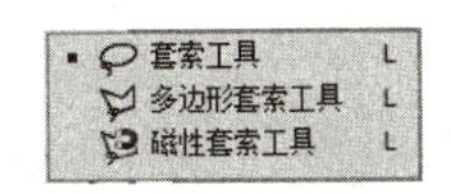

图 10.21　套索工具

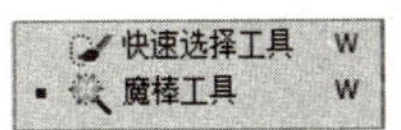

图 10.22　魔棒工具与快速选择工具

5. 裁切类工具

裁切类工具包括裁剪工具、透视裁剪工具、切片工具和切片选择工具，如图 10.23 所示。裁剪工具用于切除选中区域以外的图像，重新定义画布的大小。选择该工具后，在画面中单击并拖出一个矩形定界框，按下回车键就可以将定界框之外的图像裁掉。透视裁剪工具可以用来纠正不正确的透视变形，它与裁剪工具的不同之处在于，裁剪工具只允许以正四边形裁剪画面，而透视裁剪工具允许用户使用任意四边形。使用时，用户只需要分别单击画面中的四个点，即可定义一个任意形状的四边形进行裁剪。切片工具可以直接在图像上绘制切片线条，将大图片分解为几张小图片，多用于网页制作。切片选择工具用于选择图像的切片，单击切片选择工具后可以对切片进行编辑。

6. 吸管工具组

吸管工具组共包括吸管工具、颜色取样器工具、标尺工具和注释工具。如图 10.24 所示。吸管工具用于从图像中采集色样作为前景色或背景色（吸取背景色时应按住【Alt】键）；颜色取样器工具最多可同时在四个位置点取样；标尺工具可度量图像上两个像素之间的距离、位置和角度，显示在信息面板上；注释工具可以为图片添加解释，文字内容不在图片中显示，双击图标后即可在打开的调板中查看。

7. 修复与修补工具组

修复与修补工具组包括污点修复画笔工具、修复画笔工具、修补工具、内容感知移动工具、红眼工具，如图 10.25 所示。修复画笔工具可以从被修饰区域的周围取样，并将样本的纹理、光照、透明度和阴影等与所修复的像素匹配，从而去除照片中的污点和划痕。污点修复画笔工具可以自动从所修饰区域的周围进行取样和修复操作，快速去除照片中的污点、划痕和其他不理想的部分。污点修复画笔工具与修复画笔的工作方式类似，都是使用图像或图案中的样本像素进行绘画，并将样本的纹理、光照、透明度和阴影与所修复的像素匹配，但修复画笔工具要求指定样本，而污点修复画笔工具是自动取样和修复。修补工具与修复画笔工具类似，它也可以用其他区域或图案中的像素来修复选中的区域，并将样本像素的纹理、光照和阴影与所修复的像素匹配，但修补工具需要用选区来定位修补范围。内容感知移动工具将选中的对象移动或扩展到图像的其他区域后，可以重组和混合对象，产生出色的视觉效果。红眼工具可以去除用闪光灯拍摄的人物照片中的红眼，以及动物照片中的白色或绿色反光。

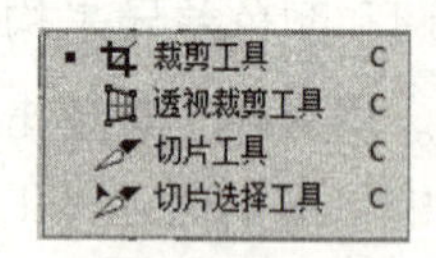

图 10.23　裁切类工具

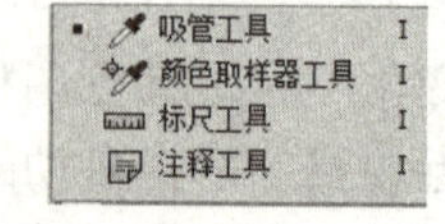

图 10.24　吸管工具组

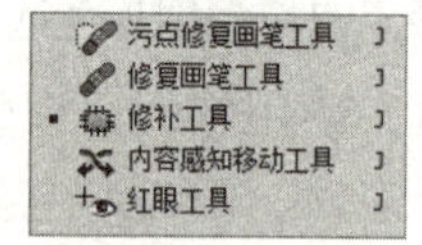

图 10.25　修复与修补工具组

8. 画笔工具组

画笔工具组包括画笔工具、铅笔工具、颜色替换工具和混合器画笔工具，如图 10.26 所示。画笔工具用于绘制柔和的彩色线条，原理同实际的画笔相似。铅笔工具则用于绘画硬边手画线。颜色替换工具可以用前景色替换图像中的颜色，但是它不能用于位图、索引或多通道模式的图像。混合器画笔工具可以混合像素，它能模拟真实的绘画技术，如混合画布上的颜色、组合画笔上的颜色以及在描边过程中使用不同的绘画湿度。

9. 图章工具组

图章工具组包括仿制图章工具、图案图章工具，如图 10.27 所示。仿制图章工具可以从图像中拷贝信息，将其应用到其他区域或者其他图像中，常用于复制图像内容或去除照片中的缺陷。图案图章工具可以利用 Photoshop 提供的图案或者用户自定义的图案进行绘画。

10. 历史记录画笔工具组

该组工具包括历史记录画笔工具和历史记录艺术画笔工具，如图 10.28 所示。历史记录画笔工具可以将图像恢复到编辑过程中的某一步骤状态，或者将部分图像恢复原样，该工具需要配合“历史记录”面板一起使用。历史记录艺术画笔工具与历史记录画笔工具的工作方式相同，但是它在恢复图像的同时会进行艺术化处理，创建出独具特色的艺术效果。

图 10.26　画笔工具组

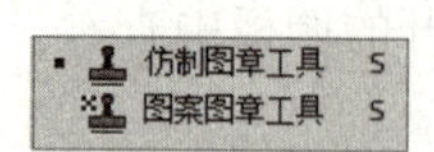

图 10.27　图章工具组

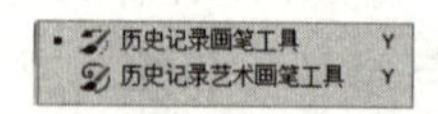

图 10.28　历史记录画笔工具组

11. 橡皮擦工具组

橡皮擦工具组包括橡皮擦工具、背景色橡皮擦工具和魔术橡皮擦工具，如图 10.29所示。橡皮擦工具主要用于擦除图像的背景或层面，用前景色填充；背景色橡皮擦工具使图像的背景变成透明，可与其他图像相融合；魔术橡皮擦工具用于擦除图像中与所选像素相似的像素。

12. 渐变工具与油漆桶工具

渐变工具与油漆桶工具，如图 10.30 所示。渐变工具用于对选定区域进行直线、径向、角度、对称和菱形的渐变填充；油漆桶工具可用前景色填充选定的区域或颜色相似的区域。

13. 模糊工具组

该组工具包括模糊工具、锐化工具和涂抹工具，如图 10. 31 所示。模糊工具可以柔化图像，减少图像的细节；锐化工具可以增强相邻像素之间的对比，提高图像的清晰度；涂抹工具可以创建类似手指在画布上涂抹的效果。

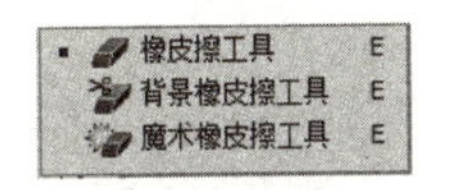

图 10. 29　橡皮擦工具组

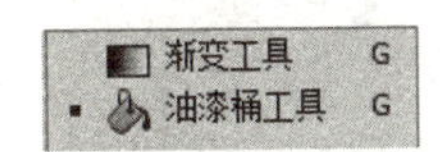

图 10. 30　渐变工具与油漆桶工具

图 10. 31　模糊工具组

14. 颜色变化工具

颜色变化工具包括减淡工具、加深工具和海绵工具，如图 10. 32 所示。减淡工具可将图像中暗的颜色区域变亮；加深工具可将图像中亮的颜色区域变暗；海绵工具可将图像中某个区域的颜色饱和度增加或减淡。

15. 钢笔工具组

该组工具包括钢笔工具、自由钢笔工具、添加锚点工具、删除锚点工具和转换点工具，如图 10. 33 所示。钢笔工具用来绘制平滑边路径；自由钢笔工具用于绘制不规则路径；添加/删除锚点工具可以在已有的路径中增加或删除一个锚点，以调整路径的形状；转换点工具可将锚点在平滑点和角点之间转换。

16. 文字工具组

文字工具组包括横排文字工具、直排文字工具、横排文字蒙版工具和直排文字蒙版工具，如图 10. 34 所示。利用文字工具可以在图像上直接输出文字。其中横排文字工具是在水平方向输出文字；直排文字工具在竖直方向输出文字；横排文字蒙版工具是在水平方向输出文字虚框；直排文字蒙版工具在竖直方向输出文字虚框。

图 10. 32　颜色变化工具

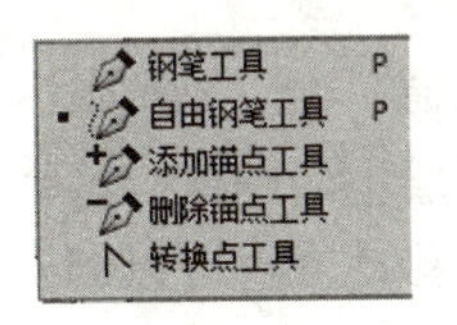

图 10. 33　钢笔工具组

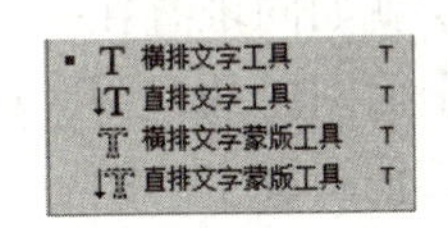

图 10. 34　文字工具组

17. 路径选择工具组

该组工具包括路径选择工具和直接选择工具，如图 10. 35 所示。路径组件选择工具用于选择一个或几个路径并对其进行移动、组合、对齐、发布和变形；直接选择工具用于移动路径中的锚点或线段。

18. 形状工具组

该组工具包括矩形工具、圆角矩形工具、椭圆工具、多边形工具、直线工具和自定形状工具，如图 10. 36 所示。利用形状工具可以创建形状规则的路径，如矩形、圆角矩形、椭圆、多边形、直线和任意一个自定义的封闭形状。

19. 抓手工具与旋转视图工具

抓手工具和旋转视图工具，如图 10. 37 所示。抓手工具用于在图像窗口内移动图像；旋转工具可自由旋转画面，方便规范操作。

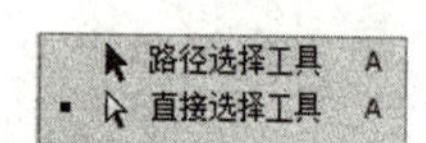

图 10. 35　路径选择工具组

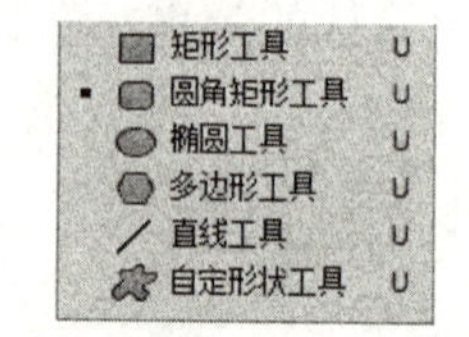

图 10. 36　形状工具组

图 10. 37　抓手工具与旋转视图工具

20. 缩放工具

缩放工具用于放大或缩小图像的视图。

21. 设置前景色/背景色工具

设置前景色/背景色工具用来设置前景色、背景色、切换前景色和背景色，以及将前景色和背景色恢复为默认色（默认前景色为黑色、背景色为白色）。

设置前景色或背景色的方法是：单击前景色或背景色图标，打开拾色器，在色谱上单击鼠标选定一种颜色；或者直接在 R、G、B 框中输入数值，如白色的 RGB 值为（255，255，255）、绿色的 RGB 值为（0，255，0）等。

10. 3　图层和通道

图层是 Photoshop 最为核心的功能之一，它承载了几乎所有的编辑操作，只有熟练掌握了图层的概念和操作，才能在图像处理时得心应手。

10. 3. 1　图层的使用

图层就如同堆叠在一起的透明薄膜，每一张薄膜（图层）上都保存着不同的图像，可以透过上面图层的透明区域看到下面层中的图像。各个图层中的对象都可以单独处理，而不会影响其他图层中的内容。图层可以移动，也可以调整堆叠顺序，利用图层可以方便地将图像进行分层处理和管理，提高图像处理的效率。

1. 新建图层

创建图层的方法主要有在“图层”面板中创建、在编辑图像的过程中创建、使用命令创建等。

（1）在“图层”面板中创建图层。单击“图层”面板右下角的创建新图层按钮，即可在当前图层上面新建一个图层，新建的图层会自动成为当前图层，如果要在当前图层的下面新建图层，可以按住【Ctrl】键单击按钮，但是“背景”图层下面不能创建图层。

（2）用“新建”命令创建图层。如果想要在创建图层的同时设置图层的属性，如名称、颜色和混合模式等，可以执行“图层”→“新建”→“图层”命令，或按住【Alt】键单击创建新图层按钮，打开“新建图层”对话框进行设置，如图 10. 38 所示。

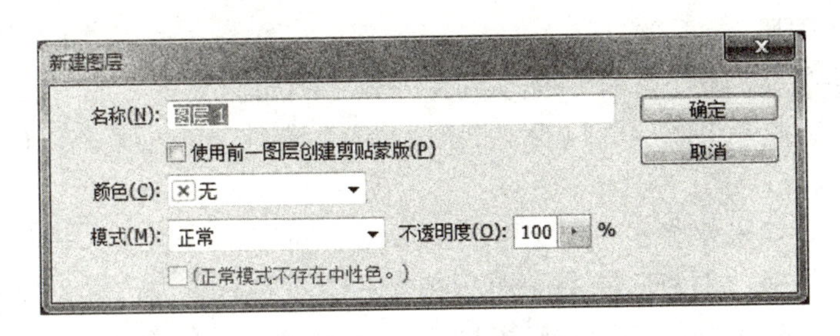

图 10.38　“新建图层”对话框

（3）用“通过拷贝的图层”命令创建图层。如果在图像中创建了选区，执行“图层”→“新建”→“通过拷贝的图层”命令，或按下【Ctrl】+【J】快捷键，可以将选中的图像复制到一个新的图层中，原图层内容保持不变；如果没有创建选区，则执行该命令可以快速复制当前图层。

（4）用“通过剪切的图层”命令创建图层。在图像中创建选区以后，如果执行“图层”→“新建”→“通过剪切的图层”命令，或按下【Shift】+【Ctrl】+【J】快捷键，则可将选区内的图像从原图层中剪切到一个新的图层中。

注意：“背景”图层是一个比较特别的图层，它永远在“图层”面板的最底层，不能调整堆叠顺序，不能设置不透明度、混合模式，也不能添加效果。因此，有时需要将“背景”图层转换为普通图层。方法如下：双击“背景”图层，在打开的“新建图层”对话框中输入一个名称或直接使用默认的名称，然后单击“确定”按钮，即可将“背景”图层转换为普通图层。

2. 编辑图层

（1）选择图层。如果想选择一个图层，单击“图层”面板中的一个图层即可；如果要选择多个相邻的图层，可以单击第一个图层，然后按住【Shift】键单击最后一个图层；如果要选择多个不相邻的图层，可按住【Ctrl】键单击这些图层。

（2）复制图层。复制图层的方法有两种，一是在“图层”面板中，将需要复制的图层拖动到创建新图层按钮上，即可复制该图层；二是选择一个图层，然后执行“图层”→“复制图层”命令，打开“复制图层”对话框，输入图层名称并设置选项，单击“确定”按钮。

（3）修改图层的名称。如果要修改一个图层的名称，可以在“图层”面板中双击该图层的名称，然后在显示的文本框中输入新名称即可。

（4）显示与隐藏图层。图层缩览图前面有眼睛图标的图层为可见的图层，无该图标的是隐藏的图层。单击一个图层前面的眼睛图标，可以隐藏该图层；如果要重新显示图层，可在原眼睛图标处单击。将光标放在一个图层的眼睛图标上，单击并在眼睛图标列拖动鼠标，可以快速隐藏（或显示）多个相邻的图层。

（5）删除图层。将需要删除的图层拖动到“图层”面板中的删除图层按钮上，即可删除该图层。或者执行“图层”→“删除”下拉菜单中的命令，也可以删除当前图层或面板中隐藏的图层。

3. 排列与分布图层

（1）调整图层顺序。将一个图层拖动到另外一个图层的上面（或下面），即可调整图层的堆叠顺序，或者选择一个图层，执行“图层”→“排列”下拉菜单中的命令，也可以调整图层的堆叠顺序。

（2）对齐图层。如果要将多个图层中的图像内容对齐，可以在“图层”面板中选择它们，然后在“图层”→“对齐”下拉菜单中选择一个对齐命令进行对齐操作。

（3）分布图层。如果要让多个图层采用一定的规律均匀分布，可以选择这些图层，然后执行“图层”→“分布”下拉菜单中的命令进行操作。

4. 合并图层

（1）合并图层。如果要合并两个或多个图层，可以在“图层”面板中将它们选择，然后执行“图层”→“合并图层”命令，合并后的图层使用上面图层的名称。

（2）向下合并图层。如果要将一个图层与它下面的图层合并，可以选择该图层，然后执行“图层”→“向下合并”命令，或者按【Ctrl】+【E】组合键，合并后的图层使用下面图层的名称。

5. 图层样式

图层样式是用于制作纹理和质感的重要功能，可以为图层中的图像内容添加诸如投影、发光、浮雕、描边等效果，创建具有真实质感的水晶、玻璃、金属和立体特效。图层样式可以随时修改、隐藏或删除，具有非常强的灵活性。添加图层样式的方法主要有：

（1）选择图层，打开“图层”→“图层样式”下拉菜单，选择一个效果命令，打开“图层样式”对话框，进入到相应效果的设置面板，如图 10. 39 所示，然后进行效果的设定即可。

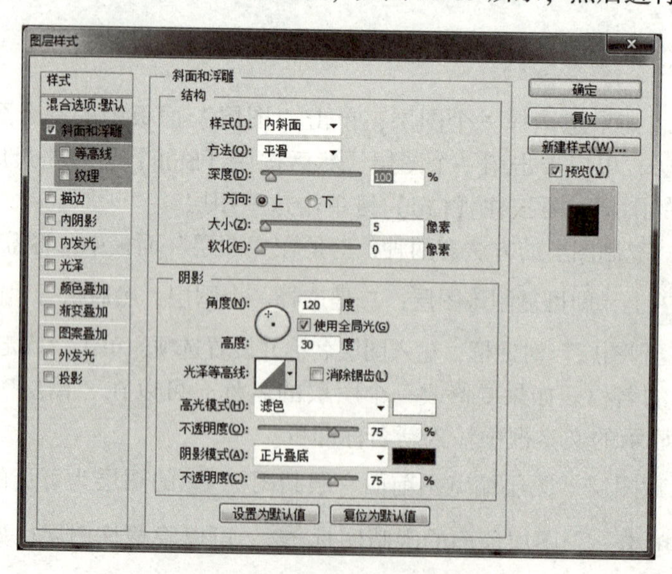

图 10. 39　“图层样式”对话框

（2）在“图层”面板中单击添加图层样式按钮 *fx*，在打开的下拉菜单中选择一个效果命令，打开“图层样式”对话框，进入到相应效果的设置面板进行设置。

（3）双击需要添加效果的图层，打开“图层样式”对话框，在对话框左侧选择要添加的效果，即可切换到该效果的设置面板进行相应的设置。

10.3.2　蒙版和通道的使用

1. 蒙版

蒙版是一种遮盖图像的工具，主要用于合成图像。在处理图像时，可以用蒙版将部分图像遮住，从而控制画面的显示内容，而不会删除图像，可以提供更多的后期修改空间。因此，用蒙版处理图像是一种非破坏性的编辑方式。

Photoshop 提供了 3 种蒙版：图层蒙版、剪贴蒙版和矢量蒙版。图层蒙版通过蒙版中的灰度信息来控制图像的显示区域，可用于合成图像，控制填充图层、调整图层、智能滤镜的有效范围；剪贴蒙版通过一个对象的形状来控制其他图层的显示区域；矢量蒙版则通过路径和矢量形状控制图像的显示区域。

（1）图层蒙版。在图层蒙版中，纯白色区域对应的图像是可见的，纯黑色区域会遮盖图像，灰色区域会根据其灰度值使图像呈现出不同层次的透明效果（灰色越深，图像越透明）。如果要隐藏当前图层中的图像，可以使用黑色涂抹蒙版；如果要显示当前图层中的图像，可以使用白色涂抹蒙版；如果要使当前图层中的图像呈现半透明效果，则使用灰色涂抹蒙版，或者在蒙版中填充渐变。

（2）剪贴蒙版。剪贴蒙版可以用一个图层中包含像素的区域来限制它上层图像的显示范围。它的最大优点是可以通过一个图层来控制多个图层的可见内容，而图层蒙版和矢量蒙版都只能用于控制一个图层。

（3）矢量蒙版。矢量蒙版是由钢笔、自定形状等矢量工具创建的蒙版（图层蒙版和剪贴蒙版都是基于像素的蒙版），它与分辨率无关，常用来制作 Logo、按钮或其他 Web 设计元素。无论图像自身的分辨率是多少，只要使用了该蒙版，都可以得到平滑的轮廓。

2. 通道

Photoshop 提供了 3 种类型的通道：颜色通道、Alpha 通道和专色通道。

（1）颜色通道。颜色通道记录了图像内容和颜色信息。图像的颜色模式不同，颜色通道的数量也不相同。RGB 图像包含红、绿、蓝和一个用于编辑图像内容的复合通道，如图 10.40所示；CMYK 图像包含青色、洋红、黄色、黑色和一个复合通道，如图 10.41 所示；Lab 图像包含明度、a、b 和一个复合通道，如图 10.42 所示；位图、灰度、双色调和索引颜色的图像都只有一个通道。

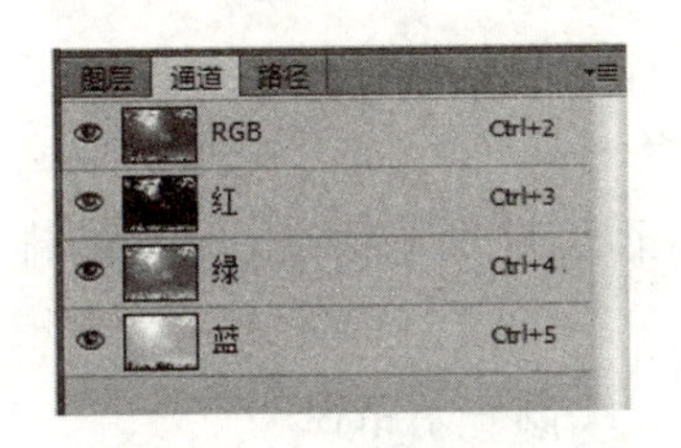

图 10.40　RGB 图像的通道

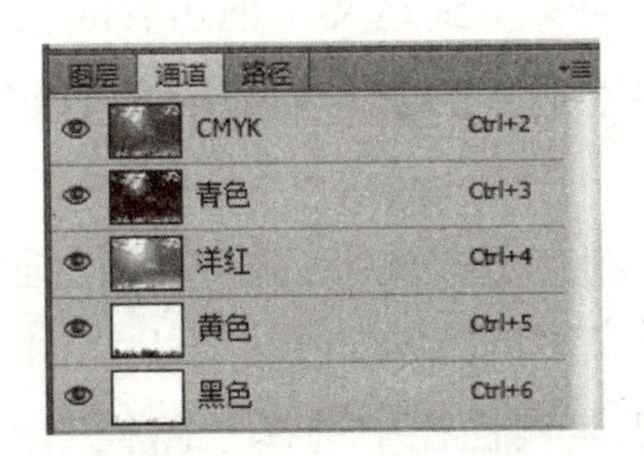

图 10.41　CMYK 图像的通道

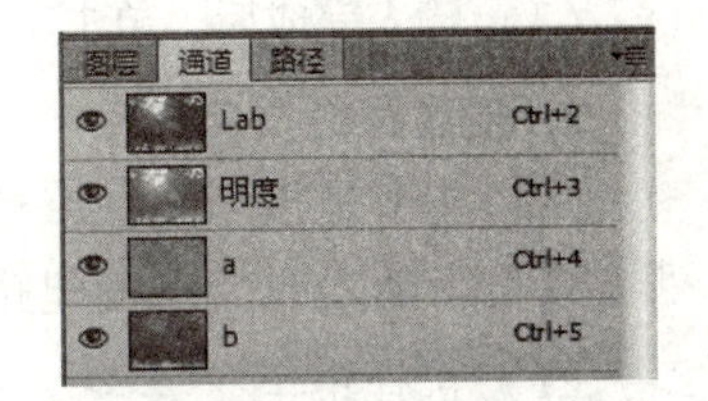

图 10.42　Lab 图像的通道

（2）Alpha 通道。Alpha 通道可用于保存选区、将选区存储为灰度图像、从 Alpha 通道中载入选区等操作。在 Alpha 通道中，白色代表了可以被选择的区域，黑色代表了不能被选择的区域，灰色代表了可以被部分选择的区域（即羽化区域）。用白色涂抹 Alpha 通道可以扩大选区范围；用黑色涂抹则收缩选区；用灰色涂抹可以增加羽化范围。

（3）专色通道。专色通道用来存储印刷用的专色。专色是特殊的预混油墨，如金属金银色油墨、荧光油墨等，它们用于替代或补充普通的印刷色（CMYK）油墨。通常情况下，专色通道都是以专色的名称来命名的。

10.4 创建文字

在 Photoshop 中，文字不仅可以传达信息，还能起到美化版面、强化主题的作用。

创建文字的方法有在点上创建、在段落中创建和沿路径创建 3 种。在 Photoshop CS6 中，文字工具有横排文字工具T、直排文字工具↓T、横排文字蒙版工具T和直排文字蒙版工具↓T 4 个。其中，横排文字工具和直排文字工具用来创建点文字、段落文字和路径文字，横排文字蒙版工具和直排文字蒙版工具用来创建文字状选区。

1. 创建点文字

创建点文字的方法如下。

（1）选择横排文字工具T（或直排文字工具↓T），在工具属性栏中设置字体、大小和颜色。

（2）在需要输入文字的位置单击，设置插入点，画面中会出现一个闪烁的“I”形光标，输入文字，此时，“图层”面板中会生成一个文字图层，输入文字时如果要换行，可以按下回车键。要移动文字的位置，可以将光标放在字符以外，单击并拖动鼠标即可。

（3）文字输入完成后，可单击工具属性栏中的✔按钮，或单击其他工具、按下数字键盘中的回车键、按下【Ctrl】+回车键来结束操作。如果要放弃输入，可以按下工具属性栏中的⊘按钮或【Esc】键。在画面其他位置单击，可再次创建点文字。

2. 创建段落文字

创建段落文字的方法如下：

（1）选择横排文字工具T，在工具属性栏中设置字体、字号和颜色等属性。

（2）在画面中单击并向右下角拖出一个定界框，放开鼠标时，画面中会出现闪烁的“I”形光标，此时可输入文字，当文字到达文本框边界时会自动换行。

（3）输入完成后，单击工具属性栏中的✔按钮或按下【Ctrl】+回车键，即可创建段落文本。

3. 创建路径文字

路径文字是指创建在路径上的文字，文字会沿着路径排列，改变路径形状时，文字的排列方式也会随之改变。创建路径文字的方法如下：

（1）选择钢笔工具，在工具属性栏中选择“路径”选项，绘制一条路径。

（2）选择横排文字工具T，在工具属性栏中设置字体、字号和颜色等属性。

（3）将光标放在路径上，单击设置文字插入点，画面中会出现闪烁的“I”形光标，此时输入文字即可沿着路径排列。

（4）单击工具属性栏中的✔按钮，按下【Ctrl】+回车键结束操作，在“路径”面板的空白处单击隐藏路径。

10.5　滤镜

Photoshop 滤镜可以通过改变像素的位置或颜色来生成各种特殊效果，把普通的图像变为非凡的视觉艺术作品。滤镜不仅可以制作各种特效，还能模拟素描、油画、水彩等绘画效果。

1. 滤镜的种类及主要用途

滤镜分为内置滤镜和外挂滤镜两大类。内置滤镜是 Photoshop 自身提供的各种滤镜，外挂滤镜则是由其他厂商开发的滤镜，它们需要安装在 Photoshop 中才能使用。Photoshop 的内置滤镜主要用于创建具体的图像特效和编辑图像，如生成粉笔画、图章、纹理、波浪等各种效果；减少图像杂色、提高清晰度等。

2. 滤镜的使用方法

使用滤镜的方法如下：

（1）打开图像文件，选择需要添加滤镜效果的区域。

（2）从“滤镜”菜单中选择某种滤镜，并在相应的对话框中根据需要调整好参数，确定后产生滤镜效果。应用滤镜的过程中如果要终止处理，可以按下【Esc】键。

（3）使用滤镜处理图像后，执行“编辑”→“渐隐”命令可以修改滤镜效果的混合模式和不透明度。

（4）可以在一幅图像上同时使用多种滤镜，这些效果叠加在一起，可以产生千姿百态的神奇效果。

习　题

1. “矢量图形”与“位图图像”有什么不同？
2. RGB 颜色模式与 CMYK 颜色模式有什么区别？
3. 图像文件的大小（所占的存储空间）与哪些因素有关？
4. 简述“存储”命令与“存储为”命令的区别。
5. 什么是分辨率？它的重要作用是什么？
6. 简述选区在图像处理过程中的作用？
7. 简述“仿制图章”工具的使用方法。
8. 路径工具包括哪几类？
9. 如何将背景层转换为普通图层？
10. 简述在 Photoshop 中图像缩放的几种方法。
11. 在 Photoshop 中什么是蒙版？简述其作用。
12. 简述蒙版的分类及各自的作用。
13. 路径与选区如何进行互换？
14. 通道的主要功能是什么？有哪几种类型？

* 第 11 章

常用工具软件

在前面的章节中，学习了 Windows 操作，Office 2010 办公软件的 Word、Excel、PowerPoint、Access 软件的操作，以及 Foxmail、IE 浏览器等软件的操作知识。学习这些软件操作知识还是不够的，有必要学习一些工具软件，才能解决使用计算机时可能遇到的一些问题。

本章介绍几款常用的工具软件，包括压缩软件 WinRAR、系统备份软件 Ghost、分区软件 Patition Magic、影音播放软件 KMP 等，通过本章的学习，可以了解并掌握此类软件的使用方法。

11.1 工具软件的分类

工具软件按照其用途可以大致分为以下几类。

（1）办公处理软件。主要有文件管理、文档阅览、文字处理、翻译方面的软件，如 Total Commander 为文件管理软件；WinRAR、7 - zip 等为压缩软件；WPS、Office 为文字处理软件；Adobe Reader 为 PDF 文档阅览软件；金山词霸、有道等为翻译软件。

（2）系统管理软件。主要有计算机系统的维护、清理、系统虚拟等软件，如德国小红伞、卡巴斯基、诺顿杀毒等杀毒软件；CCleaner、鲁大师等系统日常维护软件；Daemon Tools、MagiDisc、VirtualDVD 等虚拟光驱软件；VMware、Microsoft VirtualPC、Oracle VirtualBox 等虚拟系统软件。

（3）图形图像设计软件。主要是图像浏览、编辑和辅助设计软件，如 AutoCAD、Adobe Photoshop、CorelDRAW、Painter、GIMP、MAYA、3D MAX 等。

（4）网络应用软件。主要有网页浏览、通讯、电子邮件管理、网络下载等软件，如 Internet Explorer、Firefox、Chrome、Safari、Opera 等主要用于网页浏览的软件；ICQ、MSN、Skype、QQ 等即时通讯软件；Orbit、电驴、迅雷、快车等下载工具软件；Outlook Express、Foxmail、ThunderBird 等电子邮件软件。

（5）影音播放软件。主要有视频和音频的播放和处理等软件，如 KMP、RealPlayer、GOM Player、WMP、暴风影音、风雷影音、Winamp、Foobar2000、千千静听、酷狗音乐等。

（6）其他工具软件。如实时控制、教育教学和游戏娱乐软件等。

软件一般都有对应的软件授权，软件的用户必须在同意所使用软件许可证的情况下才能够合法地使用软件。按照许可方式的不同，软件授权方式可分为以下几种。

（1）专属软件：此类授权通常不允许用户随意地复制、研究、修改或散布该软件，用户需要购买及注册才可合法使用，传统的商业软件公司会采用此类授权，例如微软的

Windows和办公软件。专属软件的源码通常被公司视为私有财产而予以严密的保护。

(2) 自由软件：此类授权正好与专属软件相反，赋予用户复制、研究、修改和散布该软件的权利，仅给予少量的限制。一些软件还提供源码供用户自由研究、使用和修改，提供源代码的软件又称为开源软件。例如 Linux、Firefox 和 OpenOffice 属于此类软件。

(3) 共享软件：通常可免费地取得并使用其试用版，但在功能或使用期间上受到限制。开发者会鼓励用户付费以取得功能完整的商业版本。

(4) 免费软件：可免费地取得和散布，但并不提供源码，也无法修改。

(5) 公共软件：原作者已放弃权利，著作权过期，或作者已不可考的软件。使用上无任何限制。

11.2　压缩软件 WinRAR

WinRAR 是一款共享软件，它是可以对文件进行压缩的文件管理工具。它可以对文件进行压缩得到比原文件小的压缩文件，从而减少磁盘的占用空间，也可以解压缩 RAR、ZIP 等多种格式的压缩文件。其功能强大，压缩率相比其他的压缩软件较为优秀。

11.2.1　WinRAR 的下载及安装

WinRAR 的简体中文试用版可以通过搜索引擎检索到其下载地址，下载之后运行“.exe”格式的可执行文件，软件会安装到所选择的路径中。在 Windows 7 中默认是系统盘 C 盘的 Program Files 文件夹中。你也可以单击浏览按钮来更改安装的路径，例如图 11.1 所示是更改为 E 盘，这样可以减少系统盘的空间占用。基本上所有的软件下载和安装的方法是类似的，后续章节不再进行下载和安装的说明。

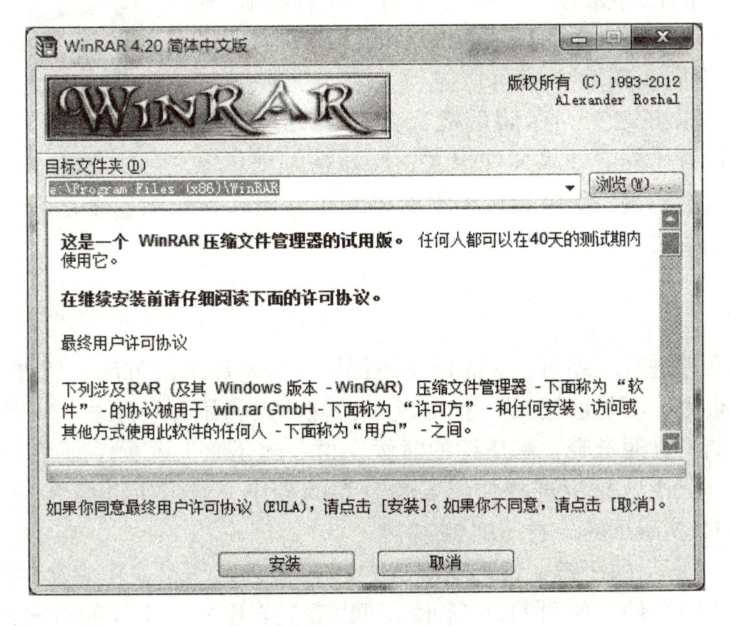

图 11.1　WinRAR 安装界面 (1)

单击“安装”按钮，则出现如图 11.2 所示的选项。可以看到该软件支持的文件类型非常丰富。一般这里不需要改动直接确定即可。

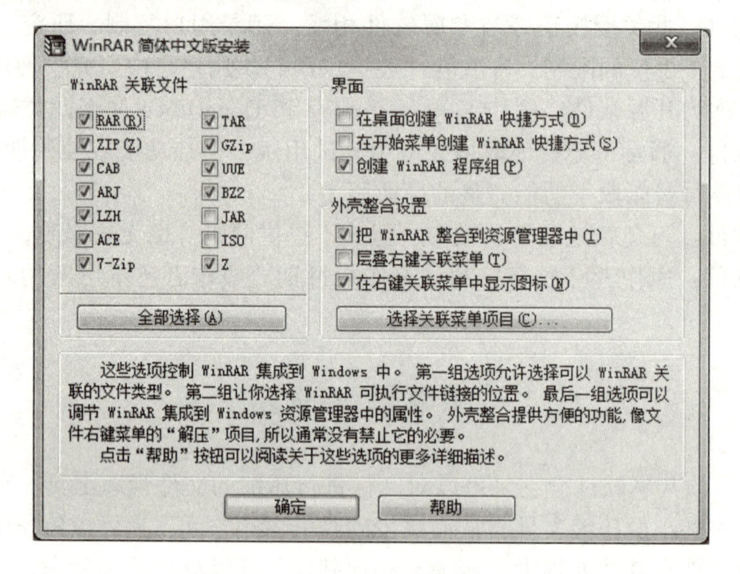

图 11.2　WinRAR 安装界面（2）

11.2.2　文件的压缩

安装完 WinRAR 软件后，可以对文件或文件夹进行压缩，产生压缩文件。选择要压缩的文件或者文件夹，并单击右键即可看到 WinRAR 的快捷菜单，如图 11.3 所示。选择第二个选项“添加到＊＊＊.rar”，则会在当前文件夹中产生一个已经自动命名好的压缩文件。如果选择第一个选项，那么可以进行更详细的设置，如图 11.4 所示。单击“浏览”按钮则可以选择压缩文件的保存路径。压缩文件的格式有 RAR 和 ZIP 两种可选，两种文件格式的压缩算法不同，得到的压缩文件大小也有所不同。压缩方式可以选择存储、最快、较快、标准、较好、最好之一。存储是把文件用 RAR 或 ZIP 格式存储但实际没有压缩。如果文件很大，压缩越好则压缩和解压缩的速度就会越慢，大家可以根据想要的压缩比率和压缩速度之间的平衡做出选择。一般如果没有特别需要，使用标准压缩方式就可以了。

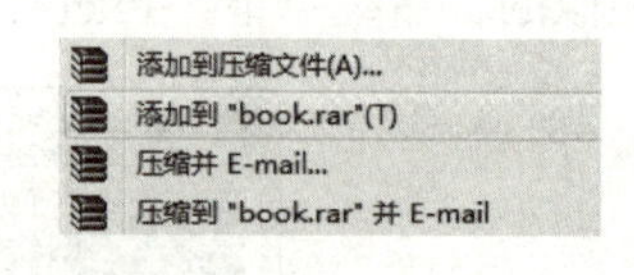

图 11.3　WinRAR 的快捷菜单

11.2.3　分卷压缩和自解压缩

对于超大的文件进行压缩时，WinRAR 还提供了分卷压缩的方法。假如一个文件压缩后得到的体积仍然很大，不能够放入一个 U 盘中，就可以利用分卷压缩，得到多个压缩文件，从而可以分别存储，方便携带，解压缩的时候，再一起还原为源文件即可。如图 11.4 所示，在“压缩为分卷，大小”框中选择你想要的分卷的大小，或者手动填充一个数值。进行分卷压缩后得到图 11.5 所示的分卷压缩包。

如果在图 11.4 所示的压缩文件选项中选中“创建自解压格式压缩文件”复选框，那么会得到一个自解压缩文件，如图 11.6 所示。可以看到自解压缩文件的扩展名为“.exe”，是可执行文件，因为此种压缩文件已经包含了解压缩程序，所以即使没有安装解压缩软件，也可以直接双击运行进行解压缩。

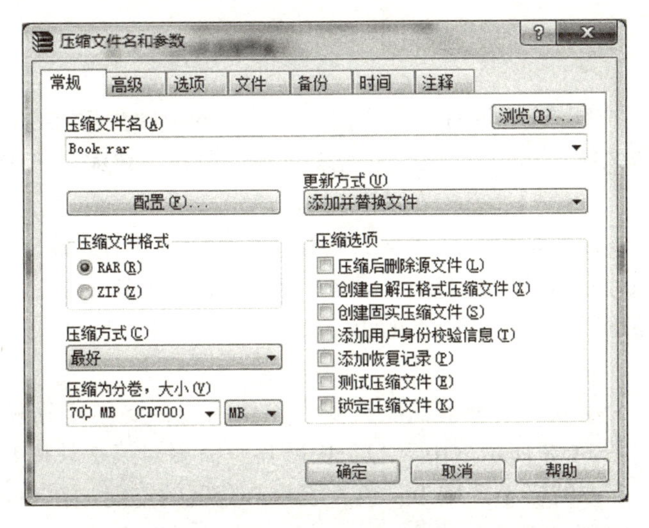

图 11.4　压缩选项界面

图 11.5　分卷压缩文件

图 11.6　自解压缩文件

11.2.4　解压缩

对于自解压文件直接双击运行即可解压。对一般的压缩文件进行解压缩，还原原来的文件，最便捷的方法是对压缩文件右键单击，弹出图 11.7 所示的快捷菜单，选择“解压到当前文件夹”或者“解压到 book”快捷菜单项（这里 book 文件夹会在解压缩时产生，和压缩文件同名）。对分卷压缩文件解压缩时，只要把所有的分卷文件放在同一个文件夹中，在第一个分卷（即名称中有 part1 字样的文件）上右键单击并选择解压即可。

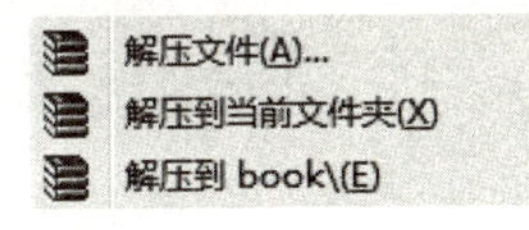

图 11.7　解压缩右键菜单

11.3　磁盘分区软件 PartitionMagic

PartitionMagic 又称磁盘分区魔术师，以下简写为 PQMagic，是 Power Quest 公司出品的一个磁盘分区软件，之后被赛门铁克（Symantec）公司收购。它可以在不损坏磁盘数据的情况下，轻松实现 FAT 和 FAT32、NTFS 分区间相互转换，同时还能非常方便地实现分区的拆分、删除、修改。非常适用于需要对磁盘分区继续做调整的用户。

11.3.1　创建分区

PQMagic 可以对没有分区也没有安装任何操作系统的新硬盘建立分区。如果是新硬盘没有安装 Windows 操作系统，可以在 DOS 下为硬盘建立分区，PQMagic 在 DOS 下的操作方法与 Windows 中相同。

已安装上 Windows 操作系统，但硬盘上只有一个主分区，需要建立其他分区。那么它可以在 Windows 操作系统中进行分区操作。需要注意的是，PQMagic 可以运行在 Windows XP 等操作系统，但不能运行在服务器版本的 Windows Server NT、2000 或 2003，也不能运行在 Windows 7 中。

如果使用的是一个新购置的硬盘，没有安装操作系统，要创建分区，首先在 DOS 中启动 PQMagic 软件，如图 11.8 所示。由于有 2 块磁盘，需要对第 2 块磁盘分区，所以这里显示的是第 2 块磁盘。上方的横条区域为灰色，表示未分区的空间。在 PQMagic 程序主界面中选择“作业”菜单，选择“建立”菜单项。在弹出的对话框中填写信息，首先要建立主分区，如图 11.9 所示。之后程序界面会变为图 11.10 所示的界面，此时再对剩余的未分配空间进行逻辑分区的创建。

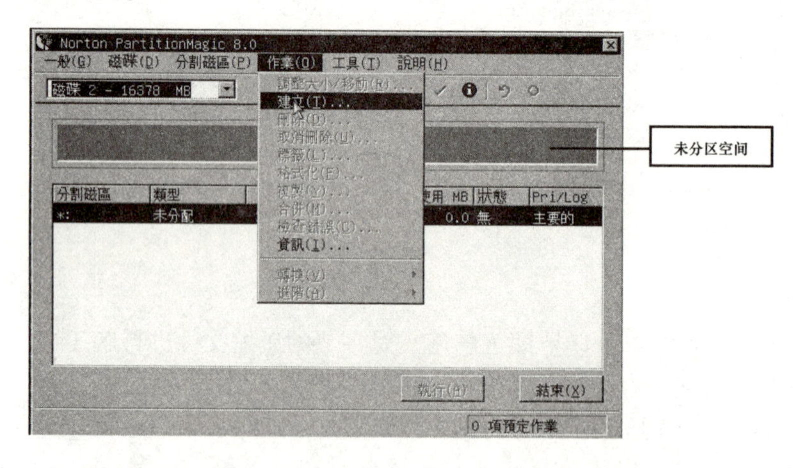

图 11.8　建立分区

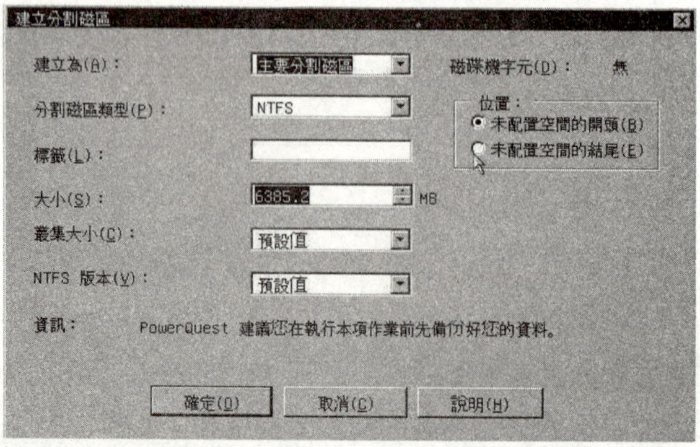

图 11.9　创建主分区对话框

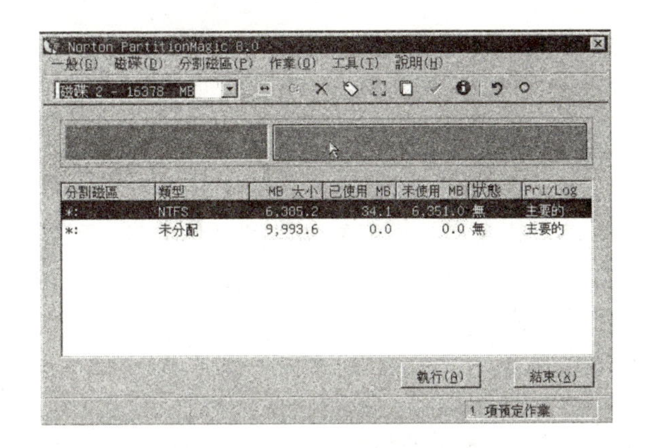

图 11.10　创建主分区后的界面

用同样的方法，对未分配的空间创建逻辑分区。创建好主分区和逻辑分区之后，得到类似于图 11.11 所示的结果，图 11.11 中有 3 个分区，其中第一个分区为主分区，也是操作系统安装的分区，接下来用鼠标单击第一个分区，选择菜单 “作业” → “进阶” → “设定为作用”，如图 11.12 所示。要从磁盘启动操作系统，必须要求主分区为活动作用状态。

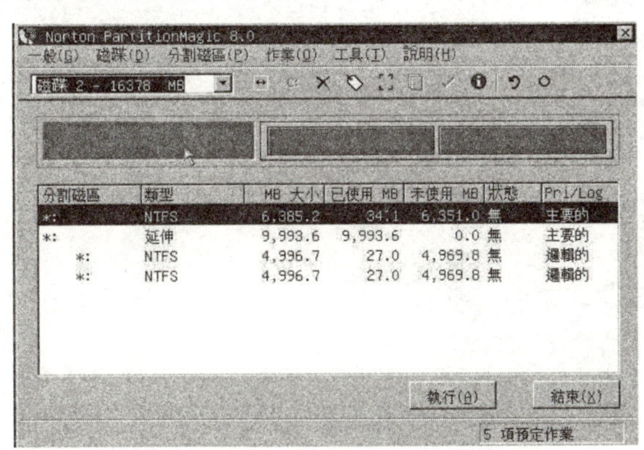

图 11.11　分区的配置结果

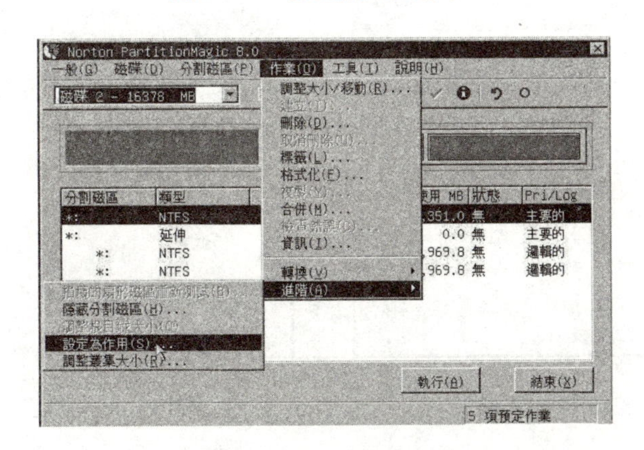

图 11.12　设置活动分区

当前所有的操作仍然处于挂起状态，并没有真正地完成，此时单击 “执行” 按钮，在弹出的对话框中选择确定，PQMagic 就会按照之前的设置进行操作。完毕后会提示重启计算机，重启后，硬盘就划分为主分区和若干个逻辑分区。需特别注意的是，在 PQMagic 执行的过程中，不可断电。

11.3.2　调整分区容量

有时候计算机在分区并安装操作系统之后，发现某个分区的空间太小不够用，这种情况常常发生在系统盘，此时可用 PQMagic 对分区的大小进行调整，减少其他分区的容量产生剩余空间后可增大某个分区的容量。

假如我们想增大 C 盘的容量，那么首先要减小相邻的 D 盘的容量。如图 11.13 所示，启动该软件，在界面中右键单击 D 分区，选择“调整容量/移动”命令，在弹出的对话框中进行容量调整，在 D 盘之前产生剩余空间。如图 11.14 所示，可以直接填写容量大小，也可以用鼠标拖动上方的滑动条进行调整，滑动块前面的灰色区域即为未分配的剩余空间，这部分的空间容量可以添加到 C 盘。用同样的方法，调整 C 盘的容量，如图 11.15 所示。最后确认，执行挂起的操作，重启系统之后即可。

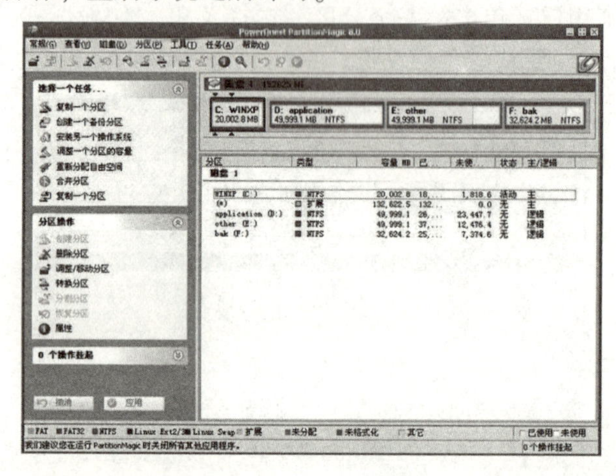

图 11.13　分区情况界面

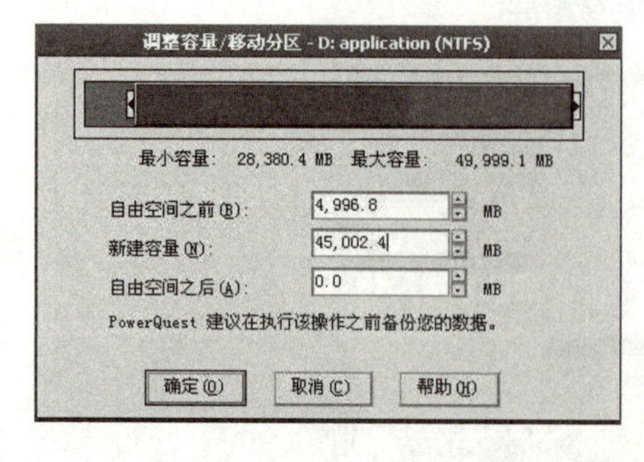

图 11.14　调整 D 盘分区容量

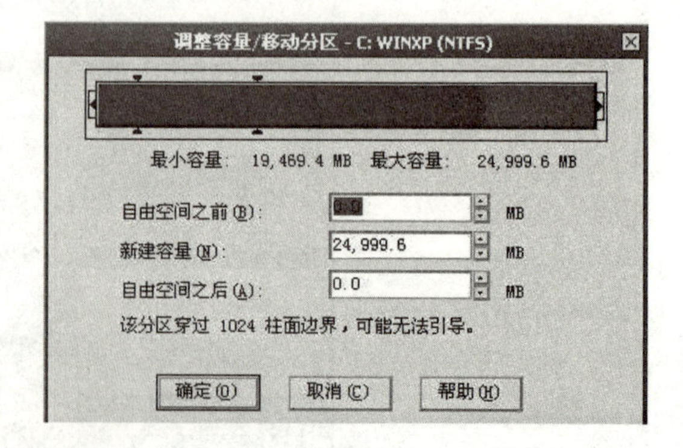

图 11.15　调整 C 盘分区容量

除了 PQMagic 硬盘分区管理软件以外，还有 Acronis Disk Director Suite 硬盘分区管理软件，该软件可以在 Windows XP、Windows 7 上运行，可以对大容量的硬盘进行有效的分区管理。有关 Acronis Disk Director Suite 软件的使用，可以查阅互联网的资料。

11.4　磁盘备份软件 Ghost

诺顿克隆精灵（Norton Ghost），英文名 Ghost 为 General Hardware Oriented System Transfer（通用硬件导向系统转移）的首字母缩略字，是硬盘克隆程序，由 Binary Research 公司编写，后来于 1998 年 6 月 24 日被赛门铁克（Symantec）公司收购。该软件能够完整而快速地复制备份、还原整个硬盘或单一分区。最常用到 Ghost 的场合就是系统盘的备份及恢复了，它避免了烦琐的重装系统步骤。

11.4.1　备份系统

在对整个系统分区进行备份之前，建议选择一个干净的、快速的系统。当你安装好一个操作系统，并为系统安装好必要的驱动、补丁和一些必备软件，清理完垃圾文件、确保系统没有病毒之后，就可以进行系统的备份。

下面以在 DOS 平台下进行 Windows XP 的备份操作为例介绍该软件的使用。由于我们需要对整个系统所在分区进行备份，备份的过程中该分区最好是不处于活动状态，即不要使用操作系统，所以建议在 DOS 中进行 Ghost 的备份操作。用 DOS 启动盘进入 DOS，然后找到 Ghost. exe 这个文件，运行 ghost. exe，出现图 11. 16 所示的运行界面。依次选择“Local”→“Partition”→“To Image”选项，其含义为将本地分区制作成一个镜像文件。接下来会出现一个硬盘列表让你选择硬盘，如果计算机有多个硬盘，那么就选择系统分区所在的那块硬盘。此处只有一个硬盘，如图 11. 17 所示。

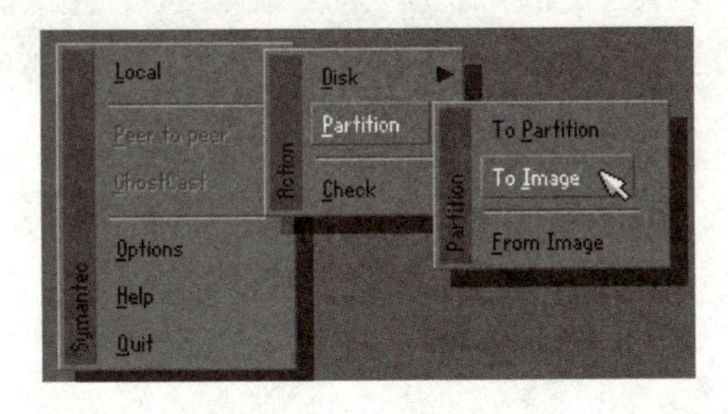

图 11. 16　Ghost 运行选项界面

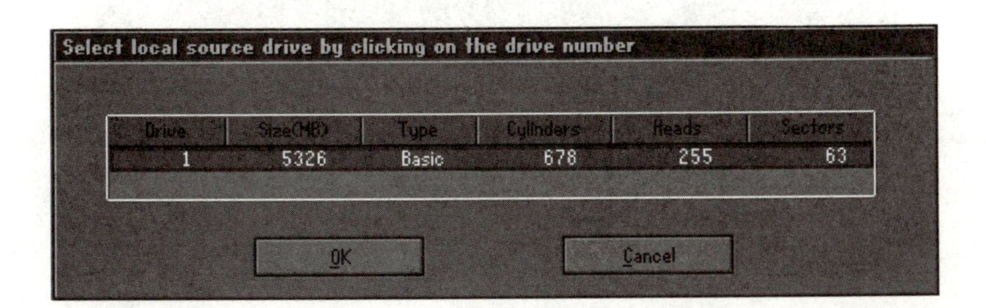

图 11. 17　硬盘选项界面

选择好硬盘后，接下来需要选择分区，此时选择你想要进行备份的分区盘符即可，如图 11. 18 所示选择了第一个分区也就是系统盘。选择好要备份的分区后，下一项选择镜像文件的保存路径，注意路径所在分区不要选择要备份的系统分区，并且要有足够的存储空间容量来保存文件，输入镜像文件名（如 WinXP. gho），然后单击“Save”按钮，出现图 11. 19

所示的对话框，此时根据你的磁盘容量来确定压缩率，如果磁盘空间比较大，可以选择“Fast”选项，如果空间比较小，则选择“High”选项，然后进行镜像文件的制作，如图11.20所示。当压缩进度条达到100%时，结束系统的备份，根据提示重新启动计算机，进入Windows系统，可以看到在保存路径下产生了一个Ghost镜像文件。

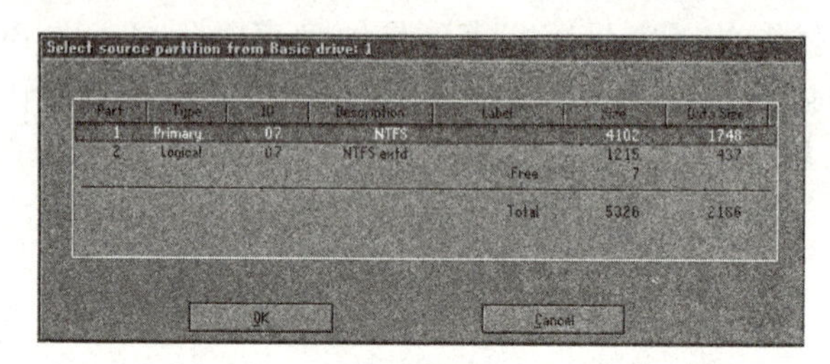

图 11.18　分区选项界面

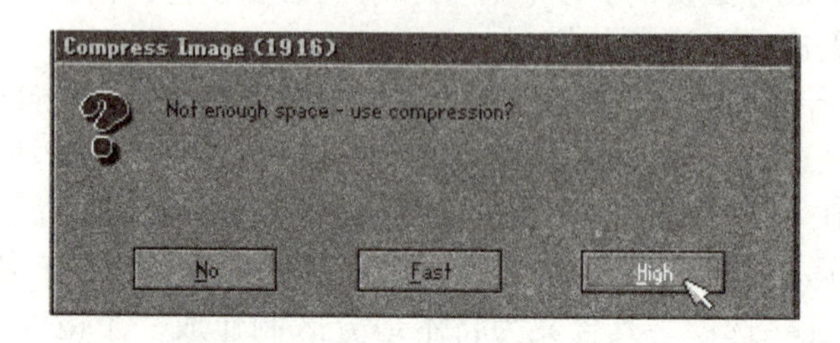

图 11.19　压缩镜像文件方式对话框

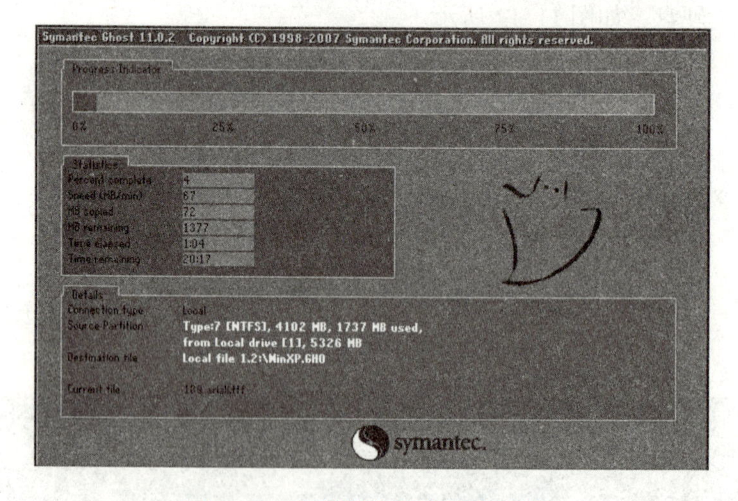

图 11.20　压缩镜像文件进度对话框

11.4.2　还原系统

启动Ghost软件，在图11.16所示的运行界面中，依次选择“Local”→“Partition”→“From Image”选项，其含义为从镜像文件还原一个分区。下一步会让你选择镜像文件（.gho文件），如图11.21所示。确认好镜像文件后，会弹出该镜像文件的相关信息，如图11.22所示，没有问题则单击“OK”按钮确认。然后选择把镜像文件还原到哪一个目标硬盘，再选择还原的目标分区，如图11.23所示，单击“OK”按钮，之后会出现一个

“Proceed with partition restoration”对话框，单击“Yes”按钮，就开始进行系统的还原了。完毕后重新启动计算机，此时你的系统已经恢复为之前备份的状态了。

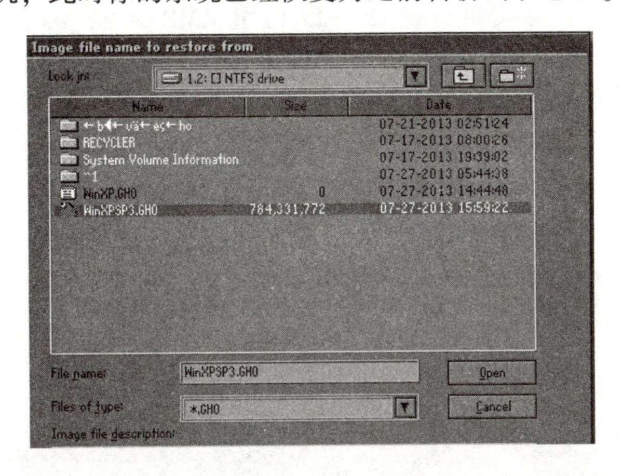

图 11.21　选择镜像文件

Select source partition from image file

Part	Type	ID	Description	Label	Size	Data Size
1	Primary	07	NTFS	No name	4102	1733
				Total	4102	1733

OK　　Cancel

图 11.22　镜像文件信息

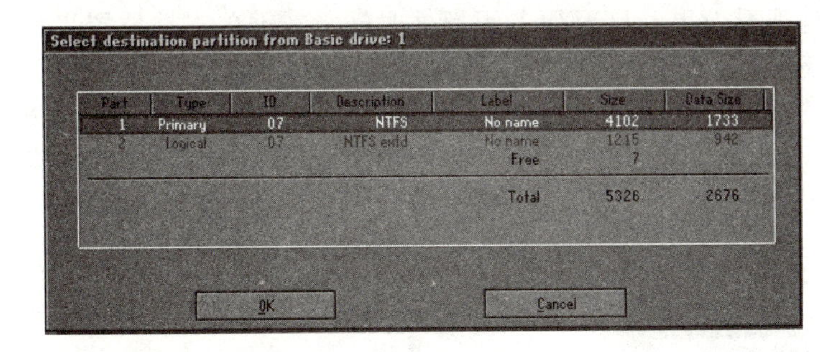

图 11.23　选择还原的分区

11.5　影音播放软件 KMP

K - Multimedia Player（通常称为 The KMPlayer，KMPlayer 或者简称 KMP），是一款功能强大的影音播放器，它所支持的格式非常丰富，如影片类型的 AVI、DAT、MPEG/MPG、WMV、RMVB、FLV、MOV、VOB、MP4、MKV 等，还有常见的图片格式如 gif、jpg、png、bmp 等都可以支持。另外软件还提供字幕加载、视频音频捕获、截图、播放速度调节等各项实用功能。

11.5.1　字幕加载

很多电影有外挂的字幕文件，这样可以利用 KMP 来加载双语字幕学习英语。如图 11.24 所示，该格式为 MKV 的电影文件，有两个字幕文件，后缀为 Chs 的中文字幕和后缀为 Eng 的英文字幕。字幕文件与视频文件放于同一个文件夹中，启动 KMP 播放该视频文件时，会自动加载中文字幕，此时，右键单击 KMP 播放界面，依次选择“字幕”→“字幕语言”→“次字幕”菜单项，如图 11.25 所示，然后选择第二要显示的字幕文件即可。这样设置之后，播放过程中同时显示中文和英文字幕，方便学习英语。

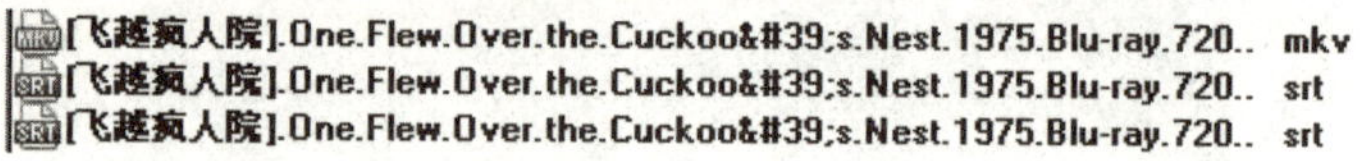

[飞越疯人院].One.Flew.Over.the.Cuckoo's.Nest.1975.Blu-ray.720..　mkv
[飞越疯人院].One.Flew.Over.the.Cuckoo's.Nest.1975.Blu-ray.720..　srt
[飞越疯人院].One.Flew.Over.the.Cuckoo's.Nest.1975.Blu-ray.720..　srt

图 11.24　MKV 格式文件及中英文字幕文件

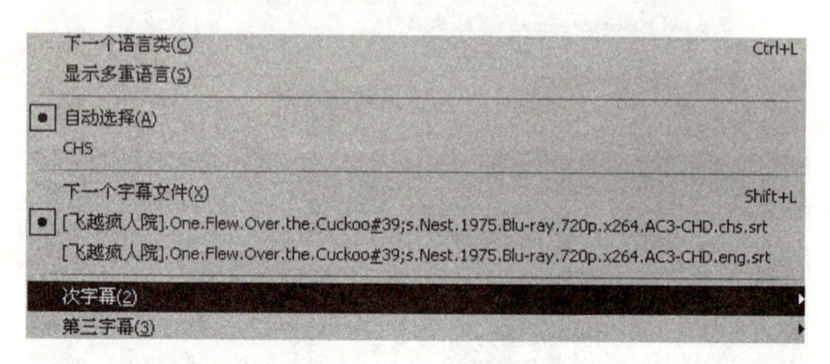

图 11.25　次字幕选项

11.5.2　音频捕获

利用 KMP 的捕获命令，可以很方便地把文件中的音频录制下来，而且声音捕获与电影观看同步，不影响观看效果，且无须占用额外时间。右键单击播放器界面，选择“捕获”菜单项，出现捕获菜单，如图 11.26 所示。选择“音频：捕获”选项，在图 11.27 所示对话框中选择要保存的文件夹路径，选择所采用的音频编码器，这里选择 MP3 编码器；选中“当开始播放时自动捕获”复选框，设置好以后播放视频文件即同时进行捕获，停止后，即可得到一个 MP3 格式文件。

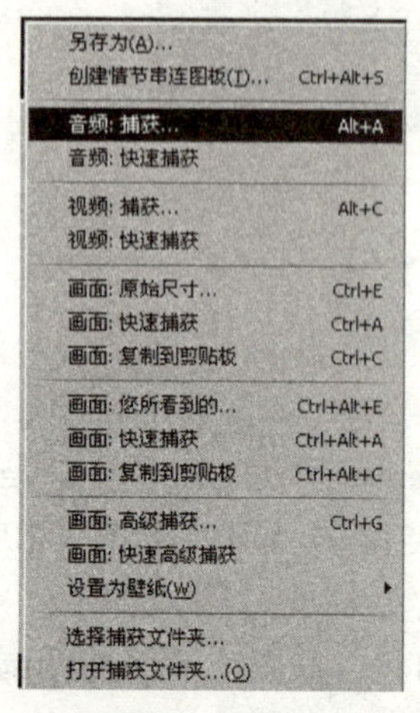

图 11.26　捕获菜单

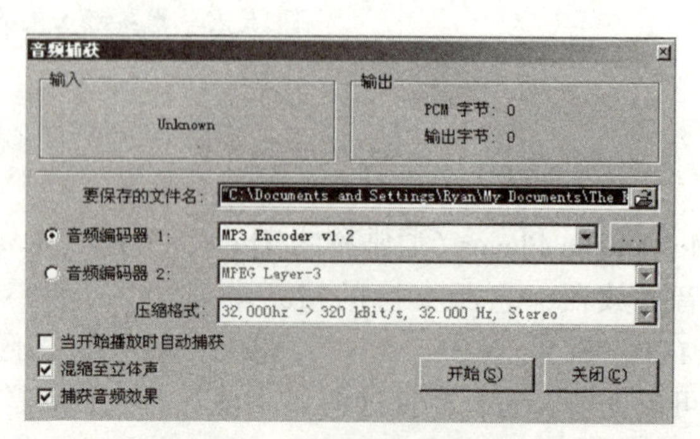

图 11.27　“音频捕获”对话框

11.5.3　视频截图

播放视频的时候，如果需要把当前的视频画面截图保存，可以选择图 11.26 所示菜单中的“画面：快速捕获”项，或者利用快捷键【Ctrl】+【A】。此时捕获的图片会保存到捕获文件夹中，选择“打开捕获文件夹”项，即可看到所捕获的图片。如果选择“画面：复制到剪贴板”项，那么图片会拷贝到剪贴板中，可以立刻粘贴到其他文档，比如画图或者 Word 文档中进行编辑。

11.5.4　播放控制

在 KMP 中可以设置播放速度和 A－B 区间重复播放，这对于英语听写非常有用。右键单击 KMP 播放界面，在弹出的快捷菜单中选择“控制面板”项，弹出图 11.28 所示对话框。可以看到上方是一个滑动横条，可以调节播放速度，如果要还原为 1 倍速，单击“Reset”按钮即可。下方可进行重复播放区间的设置。把视频或者音频定位到要开始重复的位置，单击“Set A”按钮，然后把视频或音频定位到结束的位置，单击“Set B”按钮，这样就设置好了。单击“Repeat”按钮，即可在设置的 A－B 区间重复播放。

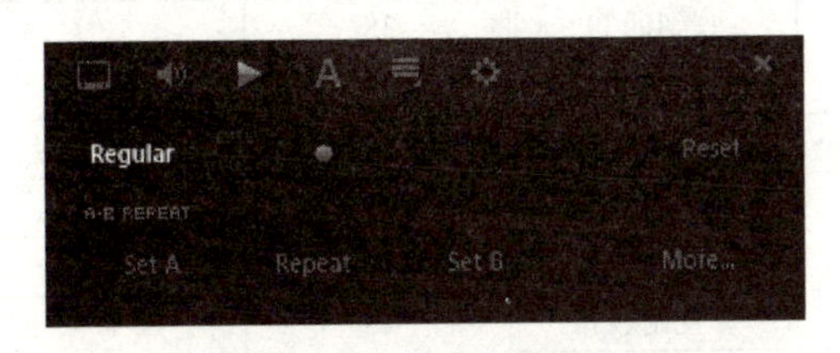

图 11.28　KMP 的控制面板

习　题

1. 什么是开源软件、自由软件、专属软件？
2. 怎样创建压缩文件和解压缩文件？
3. 怎样利用 Ghost 重装系统？
4. 怎样对硬盘进行分区？
5. 如何截取视频图片？
6. 请列举出几款多媒体软件、几款系统管理软件和几款文字处理软件。

附录 1

ASCII 码表

ACSII 值	字符	解释	ACSII 值	字符	解释
00	NUL	空字符	32		空格 <SPACE>
01	SOH	标题开始	33	!	
02	STX	正文开始	34	"	
03	ETX	正文结束	35	#	
04	EOT	传输结束	36	$	
05	ENQ	请求	37	%	
06	ACK	收到通知	38	&	
07	BEL	响铃	39	'	
08	BS	退格	40	(	
09	HT	水平制表符	41	)	
10	LF	换行键	42	*	
11	VT	垂直制表符	43	+	
12	FF	换页键	44	,	
13	CR	回车键	45	-	
14	SO	不用切换	46	.	
15	SI	启用切换	47	/	
16	DLE	数据链路转义	48	0	数字字符
17	DC1	设备控制 1	49	1	
18	DC2	设备控制 2	50	2	
19	DC3	设备控制 3	51	3	
20	DC4	设备控制 4	52	4	
21	NAK	拒绝接收	53	5	
22	SYN	同步空闲	54	6	
23	ETB	传输块结束	55	7	
24	CAN	取消	56	8	
25	EM	介质中断	57	9	
26	SUB	替补	58	:	
27	ESC	溢出	59	;	
28	FS	文件分割符	60	<	
29	GS	分组符	61	=	
30	RS	记录分离符	62	>	
31	US	单元分隔符	63	?	

续表

<table>
<tr><th>ACSII 值</th><th>字符</th><th>解释</th><th>ACSII 值</th><th>字符</th><th>解释</th></tr>
<tr><td>64</td><td>@</td><td>AT</td><td>96</td><td>`</td><td>重音号</td></tr>
<tr><td>65</td><td>A</td><td rowspan="26">大写字母</td><td>97</td><td>a</td><td rowspan="26">小写字母</td></tr>
<tr><td>66</td><td>B</td><td>98</td><td>b</td></tr>
<tr><td>67</td><td>C</td><td>99</td><td>c</td></tr>
<tr><td>68</td><td>D</td><td>100</td><td>d</td></tr>
<tr><td>69</td><td>E</td><td>101</td><td>e</td></tr>
<tr><td>70</td><td>F</td><td>102</td><td>f</td></tr>
<tr><td>71</td><td>G</td><td>103</td><td>g</td></tr>
<tr><td>72</td><td>H</td><td>104</td><td>h</td></tr>
<tr><td>73</td><td>I</td><td>105</td><td>i</td></tr>
<tr><td>74</td><td>J</td><td>106</td><td>j</td></tr>
<tr><td>75</td><td>K</td><td>107</td><td>k</td></tr>
<tr><td>76</td><td>L</td><td>108</td><td>l</td></tr>
<tr><td>77</td><td>M</td><td>109</td><td>m</td></tr>
<tr><td>78</td><td>N</td><td>110</td><td>n</td></tr>
<tr><td>79</td><td>O</td><td>111</td><td>o</td></tr>
<tr><td>80</td><td>P</td><td>112</td><td>p</td></tr>
<tr><td>81</td><td>Q</td><td>113</td><td>q</td></tr>
<tr><td>82</td><td>R</td><td>114</td><td>r</td></tr>
<tr><td>83</td><td>S</td><td>115</td><td>s</td></tr>
<tr><td>84</td><td>T</td><td>116</td><td>t</td></tr>
<tr><td>85</td><td>U</td><td>117</td><td>u</td></tr>
<tr><td>86</td><td>V</td><td>118</td><td>v</td></tr>
<tr><td>87</td><td>W</td><td>119</td><td>w</td></tr>
<tr><td>88</td><td>X</td><td>120</td><td>x</td></tr>
<tr><td>89</td><td>Y</td><td>121</td><td>y</td></tr>
<tr><td>90</td><td>Z</td><td>122</td><td>z</td></tr>
<tr><td>91</td><td>[</td><td></td><td>123</td><td>{</td><td></td></tr>
<tr><td>92</td><td>\</td><td></td><td>124</td><td>|</td><td></td></tr>
<tr><td>93</td><td>]</td><td></td><td>125</td><td>}</td><td></td></tr>
<tr><td>94</td><td>^</td><td>乘幂号</td><td>126</td><td>~</td><td>波浪线</td></tr>
<tr><td>95</td><td>_</td><td>下划线</td><td>127</td><td>DEL</td><td>删除</td></tr>
</table>

附录 2

汉字区位码表

汉字区位码表共分为 94 个区，每个区分为 94 列（位），区号 1 ~94，位号 1 ~94。其中，共收集汉字 6 763 个，分成两级。第一级汉字 3 755 个，置于 16 区至 55 区；第二级汉字 3 008 个，置于 56 区至 87 区。第一级汉字按汉语拼音字母顺序排列，同音字以笔画顺序横、竖、撇、点、折为序。第二级汉字按部首排列，部首次序及同部首字按笔画数排列，同笔画数的字以笔画顺序横、竖、撇、点、折为序。1 ~9 区为非汉字符号，包括标点符号、运算符号、数字、序号、全角字母、日文假名、汉语拼音、俄语字母、希腊字母、制表符等。

汉字区位码为 4 位数，由区号和位号组成，需要查表才能知道汉字的区位码。查表时，首先在目录里按拼音字母在第一级找到所需汉字的对应编码。如果在第一级汉字表中找不到所需的汉字，可在第二级汉字表目录中按部首查找所需汉字对应的区位，再到该区中查找所需汉字的对应编码。本附录只列出 1 ~9 区的符号，以及 16 ~29 区的汉字的区位码。

01 区	01	02	03	04	05	06	07	08	09	10	11	12	13	14	15	16	17	18	19	20	21	22	23	24
01 ~24		、	。	·	ˉ	ˇ	¨	〃	々	—	～	‖	…	‘	’	“	”	〔	〕	〈	〉	《	》	「
25 ~48	」	『	』	〖	〗	【	】	±	×	÷	∶	∧	∨	∑	∏	∪	∩	∈	∷	√	⊥	∥	∠	⌒
49 ~72	⊙	∫	∮	≡	≌	≈	∽	∝	≠	≮	≯	≤	≥	∞	∵	∴	♂	♀	°	′	″	℃	＄	¤
73 ~94	￠	￡	‰	§	№	☆	★	○	●	◎	◇	◆	□	■	△	▲	※	→	←	↑	↓	〓		

02 区	01	02	03	04	05	06	07	08	09	10	11	12	13	14	15	16	17	18	19	20	21	22	23	24
01 ~24	ⅰ	ⅱ	ⅲ	ⅳ	ⅴ	ⅵ	ⅶ	ⅷ	ⅸ	ⅹ							⒈	⒉	⒊	⒋	⒌	⒍	⒎	⒏
25 ~48	⒐	⒑	⒒	⒓	⒔	⒕	⒖	⒗	⒘	⒙	⒚	⒛	⑴	⑵	⑶	⑷	⑸	⑹	⑺	⑻	⑼	⑽	⑾	⑿
49 ~72	⒀	⒁	⒂	⒃	⒄	⒅	⒆	⒇	①	②	③	④	⑤	⑥	⑦	⑧	⑨	⑩			㈠	㈡	㈢	㈣
73 ~94	㈤	㈥	㈦	㈧	㈨	㈩			Ⅰ	Ⅱ	Ⅲ	Ⅳ	Ⅴ	Ⅵ	Ⅶ	Ⅷ	Ⅸ	Ⅹ	Ⅺ	Ⅻ				

03 区	01	02	03	04	05	06	07	08	09	10	11	12	13	14	15	16	17	18	19	20	21	22	23	24
01 ~24	！	＂	＃	￥	％	＆	＇	（	）	＊	＋	，	－	．	／	０	１	２	３	４	５	６	７	８
25 ~48	９	：	；	＜	＝	＞	？	＠	Ａ	Ｂ	Ｃ	Ｄ	Ｅ	Ｆ	Ｇ	Ｈ	Ｉ	Ｊ	Ｋ	Ｌ	Ｍ	Ｎ	Ｏ	Ｐ
49 ~72	Ｑ	Ｒ	Ｓ	Ｔ	Ｕ	Ｖ	Ｗ	Ｘ	Ｙ	Ｚ	［	＼	］	＾	＿	｀	ａ	ｂ	ｃ	ｄ	ｅ	ｆ	ｇ	ｈ
73 ~94	ｉ	ｊ	ｋ	ｌ	ｍ	ｎ	ｏ	ｐ	ｑ	ｒ	ｓ	ｔ	ｕ	ｖ	ｗ	ｘ	ｙ	ｚ	｛	｜	｝	￣		

04 区	01	02	03	04	05	06	07	08	09	10	11	12	13	14	15	16	17	18	19	20	21	22	23	24
01 ~24	ぁ	あ	ぃ	い	ぅ	う	ぇ	え	ぉ	お	か	が	き	ぎ	く	ぐ	け	げ	こ	ご	さ	ざ	し	じ
25 ~48	す	ず	せ	ぜ	そ	ぞ	た	だ	ち	ぢ	っ	つ	づ	て	で	と	ど	な	に	ぬ	ね	の	は	ば

49~72	ぱ	ひ	び	ぴ	ふ	ぶ	ぷ	へ	べ	ぺ	ほ	ぼ	ぽ	ま	み	む	め	も	ゃ	や	ゅ	ゆ	ょ	よ
73~94	ら	り	る	れ	ろ	ゎ	わ	ゐ	ゑ	を	ん													

05 区	01	02	03	04	05	06	07	08	09	10	11	12	13	14	15	16	17	18	19	20	21	22	23	24
01~24	ァ	ア	ィ	イ	ゥ	ウ	ェ	エ	ォ	オ	カ	ガ	キ	ギ	ク	グ	ケ	ゲ	コ	ゴ	サ	ザ	シ	ジ
25~48	ス	ズ	セ	ゼ	ソ	ゾ	タ	ダ	チ	ヂ	ッ	ツ	ヅ	テ	デ	ト	ド	ナ	ニ	ヌ	ネ	ノ	ハ	バ
49~72	パ	ヒ	ビ	ピ	フ	ブ	プ	ヘ	ベ	ペ	ホ	ボ	ポ	マ	ミ	ム	メ	モ	ャ	ヤ	ュ	ユ	ョ	ヨ
73~94	ラ	リ	ル	レ	ロ	ヮ	ワ	ヰ	ヱ	ヲ	ン	ヴ	ヵ	ヶ										

06 区	01	02	03	04	05	06	07	08	09	10	11	12	13	14	15	16	17	18	19	20	21	22	23	24
01~24	Α	Β	Γ	Δ	Ε	Ζ	Η	Θ	Ι	Κ	Λ	Μ	Ν	Ξ	Ο	Π	Ρ	Σ	Τ	Υ	Φ	Χ	Ψ	Ω
25~48									α	β	γ	δ	ε	ζ	η	θ	ι	κ	λ	μ	ν	ξ	ο	π
49~72	ρ	σ	τ	υ	φ	χ	ψ	ω								︵	︶	︹	︺	︿	﹀	︽	︾	﹁
73~94	﹂	﹃	﹄			︻	︼	︷	︸	︱		︳	︴											

07 区	01	02	03	04	05	06	07	08	09	10	11	12	13	14	15	16	17	18	19	20	21	22	23	24
01~24	А	Б	В	Г	Д	Е	Ё	Ж	З	И	Й	К	Л	М	Н	О	П	Р	С	Т	У	Ф	Х	Ц
25~48	Ч	Ш	Щ	Ъ	Ы	Ь	Э	Ю	Я															
49~72	а	б	в	г	д	е	ё	ж	з	и	й	к	л	м	н	о	п	р	с	т	у	ф	х	ц
73~94	ч	ш	щ	ъ	ы	ь	э	ю	я															

08 区	01	02	03	04	05	06	07	08	09	10	11	12	13	14	15	16	17	18	19	20	21	22	23	24
01~24	ā	á	ǎ	à	ē	é	ě	è	ī	í	ǐ	ì	ō	ó	ǒ	ò	ū	ú	ǔ	ù	ǖ	ǘ	ǚ	ǜ
25~48	ü	ê	ɑ	ḿ	ń	ň	ǹ	ɡ					ㄅ	ㄆ	ㄇ	ㄈ	ㄉ	ㄊ	ㄋ	ㄌ	ㄍ	ㄎ	ㄏ	ㄐ
49~72	ㄑ	ㄒ	ㄓ	ㄔ	ㄕ	ㄖ	ㄗ	ㄘ	ㄙ	ㄚ	ㄛ	ㄜ	ㄝ	ㄞ	ㄟ	ㄠ	ㄡ	ㄢ	ㄣ	ㄤ	ㄥ	ㄦ	ㄧ	ㄨ
73~94	ㄩ																							

09 区	01	02	03	04	05	06	07	08	09	10	11	12	13	14	15	16	17	18	19	20	21	22	23	24
01~24				─	━	│	┃	┄	┅	┆	┇	┈	┉	┊	┋	┌	┍	┎	┏	┐	┑	┒	┓	└
25~48	┕	┖	┗	┘	┙	┚	┛	├	┝	┞	┟	┠	┡	┢	┣	┤	┥	┦	┧	┨	┩	┪	┫	┬
49~72	┭	┮	┯	┰	┱	┲	┳	┴	┵	┶	┷	┸	┹	┺	┻	┼	┽	┾	┿	╀	╁	╂	╃	╄
73~94	╅	╆	╇	╈	╉	╊	╋																	

16 区	01	02	03	04	05	06	07	08	09	10	11	12	13	14	15	16	17	18	19	20	21	22	23	24
01~24	啊	阿	埃	挨	哎	唉	哀	皑	癌	蔼	矮	艾	碍	爱	隘	鞍	氨	安	俺	按	暗	岸	胺	案
25~48	肮	昂	盎	凹	敖	熬	翱	袄	傲	奥	懊	澳	芭	捌	扒	叭	吧	笆	八	疤	巴	拔	跋	靶
49~72	把	耙	坝	霸	罢	爸	白	柏	百	摆	佰	败	拜	稗	斑	班	搬	扳	般	颁	板	版	扮	拌
73~94	伴	瓣	半	办	绊	邦	帮	梆	榜	膀	绑	棒	磅	蚌	镑	傍	谤	苞	胞	包	褒	剥		

17 区	01	02	03	04	05	06	07	08	09	10	11	12	13	14	15	16	17	18	19	20	21	22	23	24
01~24	薄	雹	保	堡	饱	宝	抱	报	暴	豹	鲍	爆	杯	碑	悲	卑	北	辈	背	贝	钡	倍	狈	备
25~48	惫	焙	被	奔	苯	本	笨	崩	绷	甭	泵	蹦	迸	逼	鼻	比	鄙	笔	彼	碧	蓖	蔽	毕	毙

49 ~ 72	毙	币	庇	痹	闭	敝	弊	必	辟	壁	臂	避	陛	鞭	边	编	贬	扁	便	变	卞	辨	辩	辫
73 ~ 94	遍	标	彪	膘	表	鳖	憋	别	瘪	彬	斌	濒	滨	宾	摈	兵	冰	柄	丙	秉	饼	炳		

18 区	01	02	03	04	05	06	07	08	09	10	11	12	13	14	15	16	17	18	19	20	21	22	23	24
01 ~ 24	病	并	玻	菠	播	拨	钵	波	博	勃	搏	铂	箔	伯	帛	舶	脖	膊	渤	泊	驳	捕	卜	哺
25 ~ 48	补	埠	不	布	步	簿	部	怖	擦	猜	裁	材	才	财	睬	踩	采	彩	菜	蔡	餐	参	蚕	残
49 ~ 72	惭	惨	灿	苍	舱	仓	沧	藏	操	糙	槽	曹	草	厕	策	侧	册	测	层	蹭	插	叉	茬	茶
73 ~ 94	查	碴	搽	察	岔	差	诧	拆	柴	豺	搀	掺	蝉	馋	谗	缠	铲	产	阐	颤	昌	猖		

19 区	01	02	03	04	05	06	07	08	09	10	11	12	13	14	15	16	17	18	19	20	21	22	23	24
01 ~ 24	场	尝	常	长	偿	肠	厂	敞	畅	唱	倡	超	抄	钞	朝	嘲	潮	巢	吵	炒	车	扯	撤	掣
25 ~ 48	彻	澈	郴	臣	辰	尘	晨	忱	沉	陈	趁	衬	撑	称	城	橙	成	呈	乘	程	惩	澄	诚	承
49 ~ 72	逞	骋	秤	吃	痴	持	匙	池	迟	弛	驰	耻	齿	侈	尺	赤	翅	斥	炽	充	冲	虫	崇	宠
73 ~ 94	抽	酬	畴	踌	稠	愁	筹	仇	绸	瞅	丑	臭	初	出	橱	厨	躇	锄	雏	滁	除	楚		

20 区	01	02	03	04	05	06	07	08	09	10	11	12	13	14	15	16	17	18	19	20	21	22	23	24
01 ~ 24	础	储	矗	搐	触	处	揣	川	穿	椽	传	船	喘	串	疮	窗	幢	床	闯	创	吹	炊	捶	锤
25 ~ 48	垂	春	椿	醇	唇	淳	纯	蠢	戳	绰	疵	茨	磁	雌	辞	慈	瓷	词	此	刺	赐	次	聪	葱
49 ~ 72	囱	匆	从	丛	凑	粗	醋	簇	促	蹿	篡	窜	摧	崔	催	脆	瘁	粹	淬	翠	村	存	寸	磋
73 ~ 94	撮	搓	措	挫	错	搭	达	答	瘩	打	大	呆	歹	傣	戴	带	殆	代	贷	袋	待	逮		

21 区	01	02	03	04	05	06	07	08	09	10	11	12	13	14	15	16	17	18	19	20	21	22	23	24
01 ~ 24	怠	耽	担	丹	单	郸	掸	胆	旦	氮	但	惮	淡	诞	弹	蛋	当	挡	党	荡	档	刀	捣	蹈
25 ~ 48	倒	岛	祷	导	到	稻	悼	道	盗	德	得	的	蹬	灯	登	等	瞪	凳	邓	堤	低	滴	迪	敌
49 ~ 72	笛	狄	涤	翟	嫡	抵	底	地	蒂	第	帝	弟	递	缔	颠	掂	滇	碘	点	典	靛	垫	电	佃
73 ~ 94	甸	店	惦	奠	淀	殿	碉	叼	雕	凋	刁	掉	吊	钓	调	跌	爹	碟	蝶	迭	谍	叠		

22 区	01	02	03	04	05	06	07	08	09	10	11	12	13	14	15	16	17	18	19	20	21	22	23	24
01 ~ 24	丁	盯	叮	钉	顶	鼎	锭	定	订	丢	东	冬	董	懂	动	栋	侗	恫	冻	洞	兜	抖	斗	陡
25 ~ 48	豆	逗	痘	都	督	毒	犊	独	读	堵	睹	赌	杜	镀	肚	度	渡	妒	端	短	锻	段	断	缎
49 ~ 72	堆	兑	队	对	墩	吨	蹲	敦	顿	囤	钝	盾	遁	掇	哆	多	夺	垛	躲	朵	跺	舵	剁	惰
73 ~ 94	堕	蛾	峨	鹅	俄	额	讹	娥	恶	厄	扼	遏	鄂	饿	恩	而	儿	耳	尔	饵	洱	二		

23 区	01	02	03	04	05	06	07	08	09	10	11	12	13	14	15	16	17	18	19	20	21	22	23	24
01 ~ 24	贰	发	罚	筏	伐	乏	阀	法	珐	藩	帆	番	翻	樊	矾	钒	繁	凡	烦	反	返	范	贩	犯
25 ~ 48	饭	泛	坊	芳	方	肪	房	防	妨	仿	访	纺	放	菲	非	啡	飞	肥	匪	诽	吠	肺	废	沸
49 ~ 72	费	芬	酚	吩	氛	分	纷	坟	焚	汾	粉	奋	份	忿	愤	粪	丰	封	枫	蜂	峰	锋	风	疯
73 ~ 94	烽	逢	冯	缝	讽	奉	凤	佛	否	夫	敷	肤	孵	扶	拂	辐	幅	氟	符	伏	俘	服		

24 区	01	02	03	04	05	06	07	08	09	10	11	12	13	14	15	16	17	18	19	20	21	22	23	24
01 ~ 24	浮	涪	福	袱	弗	甫	抚	辅	俯	釜	斧	脯	腑	府	腐	赴	副	覆	赋	复	傅	付	阜	父
25 ~ 48	腹	负	富	讣	附	妇	缚	咐	噶	嘎	该	改	概	钙	盖	溉	干	甘	杆	柑	竿	肝	赶	感

49~72	杆	敢	赣	冈	刚	钢	缸	肛	纲	岗	港	杠	篙	皋	高	膏	羔	糕	搞	镐	稿	告	哥	歌
73~94	搁	戈	鸽	胳	疙	割	革	葛	格	蛤	阁	隔	铬	个	各	给	根	跟	耕	更	庚	羹		

25区	01	02	03	04	05	06	07	08	09	10	11	12	13	14	15	16	17	18	19	20	21	22	23	24
01~24	埂	耿	梗	工	攻	功	恭	龚	供	躬	公	宫	弓	巩	汞	拱	贡	共	钩	勾	沟	苟	狗	垢
25~48	构	购	够	辜	菇	咕	箍	估	沽	孤	姑	鼓	古	蛊	骨	谷	股	故	顾	固	雇	刮	瓜	剐
49~72	寡	挂	褂	乖	拐	怪	棺	关	官	冠	观	管	馆	罐	惯	灌	贯	光	广	逛	瑰	规	圭	硅
73~94	归	龟	闺	轨	鬼	诡	癸	桂	柜	跪	贵	刽	辊	滚	棍	锅	郭	国	果	裹	过	哈		

26区	01	02	03	04	05	06	07	08	09	10	11	12	13	14	15	16	17	18	19	20	21	22	23	24
01~24	骸	孩	海	氦	亥	害	骇	酣	憨	邯	韩	含	涵	寒	函	喊	罕	翰	撼	捍	旱	憾	悍	焊
25~48	汗	汉	夯	杭	航	壕	嚎	豪	毫	郝	好	耗	号	浩	呵	喝	荷	菏	核	禾	和	何	合	盒
49~72	貉	阂	河	涸	赫	褐	鹤	贺	嘿	黑	痕	很	狠	恨	哼	亨	横	衡	恒	轰	哄	烘	虹	鸿
73~94	洪	宏	弘	红	喉	侯	猴	吼	厚	候	后	呼	乎	忽	瑚	壶	葫	胡	蝴	狐	糊	湖		

27区	01	02	03	04	05	06	07	08	09	10	11	12	13	14	15	16	17	18	19	20	21	22	23	24
01~24	弧	虎	唬	护	互	沪	户	花	哗	华	猾	滑	画	划	化	话	槐	徊	怀	淮	坏	欢	环	桓
25~48	还	缓	换	患	唤	痪	豢	焕	涣	宦	幻	荒	慌	黄	磺	蝗	簧	皇	凰	惶	煌	晃	幌	恍
49~72	谎	灰	挥	辉	徽	恢	蛔	回	毁	悔	慧	卉	惠	晦	贿	秽	会	烩	汇	讳	诲	绘	荤	昏
73~94	婚	魂	浑	混	豁	活	伙	火	获	或	惑	霍	货	祸	击	圾	基	机	畸	稽	积	箕		

28区	01	02	03	04	05	06	07	08	09	10	11	12	13	14	15	16	17	18	19	20	21	22	23	24
01~24	肌	饥	迹	激	讥	鸡	姬	绩	缉	吉	极	棘	辑	籍	集	及	急	疾	汲	即	嫉	级	挤	几
25~48	脊	己	蓟	技	冀	季	伎	祭	剂	悸	济	寄	寂	计	记	既	忌	际	妓	继	纪	嘉	枷	夹
49~72	佳	家	加	荚	颊	贾	甲	钾	假	稼	价	架	驾	嫁	歼	监	坚	尖	笺	间	煎	兼	肩	艰
73~94	奸	缄	茧	检	柬	碱	硷	拣	捡	简	俭	剪	减	荐	槛	鉴	践	贱	见	键	箭	件		

29区	01	02	03	04	05	06	07	08	09	10	11	12	13	14	15	16	17	18	19	20	21	22	23	24
01~24	健	舰	剑	饯	渐	溅	涧	建	僵	姜	将	浆	江	疆	蒋	桨	奖	讲	匠	酱	降	蕉	椒	礁
25~48	焦	胶	交	郊	浇	骄	娇	嚼	搅	铰	矫	侥	脚	狡	角	饺	缴	绞	剿	教	酵	轿	较	叫
49~72	窖	揭	接	皆	秸	街	阶	截	劫	节	桔	杰	捷	睫	竭	洁	结	解	姐	戒	藉	芥	界	借
73~94	介	疥	诫	届	巾	筋	斤	金	今	津	襟	紧	锦	仅	谨	进	靳	晋	禁	近	烬	浸		

参 考 文 献

[1] 林士敏．大学计算机基础［M］．桂林：广西师范大学出版社，2010.

[2] 杨有安，陈维，曹惠雅．大学计算机基础教程［M］．北京：人民邮电出版社，2008.

[3] 卢湘鸿．计算机应用教程［M］．第7版．北京：清华大学出版社，2011.

[4] 胡德昆，罗福强．大学计算机应用基础［M］．北京：人民邮电出版社，2011.

[5] 孙新德．计算机应用基础实用教程［M］．北京：清华大学出版社，2011.

[6] 王斌，袁秀利．计算机应用基础案例教程［M］．北京：清华大学出版社，2011.

[7] 卢豫开．计算机网络［M］．北京：北京航空航天大学出版社，2011.

[8] 姜慧霖，徐瑞朝，李科．网页设计与制作基础教程［M］．北京：清华大学出版社，2012.